BARR

El sistema nervioso humano

UNA PERSPECTIVA ANATÓMICA

9.ª edición

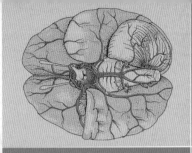

BARR

El sistema nervioso humano

UNA PERSPECTIVA ANATÓMICA

9.ª edición

John A. Kiernan, M.B., Ch.B., Ph.D., D.Sc.

Professor,
Department of Anatomy and Cell Biology,
The University of Western Ontario,
London, Canada

Wolters Kluwer | Lippincott
Williams & Wilkins

Wolters Kluwer | Lippincott
Williams & Wilkins

Av. Príncep d'Astúries, 61, 8.º 1.ª
08012 Barcelona (España)
Tel.: 93 344 47 18
Fax: 93 344 47 16
e-mail: lwwespanol@wolterskluwer.com

Traducción:
Óscar Nabais Simón
Tomás Pérez Pazos
Marta Vigo Anglada
Traductores

Revisión:
Javier Vizcaíno Guillén
Licenciado en Medicina y Cirugía,
Especialista en Neuropsicología cognitiva humana

Edición española de la obra original en lengua inglesa *Barr's The human nervous system, ninth edition*, de John A. Kiernan, publicada por Lippincott Williams & Wilkins.
Copyright © 2009 Lippincott Williams & Wilkins
351 West Camden Street
Baltimore, MD 21201
530 Walnut Street
Philadelphia, PA 19106
ISBN edición original: 978-0-7817-8526-2

Composición: Alimon Estudio, S.L.
Impresión: R.R. Donnelley-Shenzhen
Impreso en: China

Prefacio a la novena edición

Murray Llewellyn Barr (1908–1995) se licenció en Medicina en 1933 en la University of Western Ontario de London, Canadá, y tras algunos años de ejercicio ingresó en el Departamento de Anatomía de esa institución, donde estudió y enseñó neuroanatomía hasta 1978. Este período profesional se vio interrumpido por la Segunda Guerra Mundial, en la que sirvió en la Sección Médica de las Royal Canadian Air Force. En 1949, el director de la investigación que llevaba a cabo Barr cambió bruscamente el tema, que pasó de neurohistología a citogenética. Con Ewart G. ("Mike") Bertram, que por aquel entonces era un estudiante de posgrado, había observado las inclusiones intranucleares en las neuronas de animales hembra. Era la cromatina sexual, que ahora todo el mundo conoce como *corpúsculo de Barr*. Su descubrimiento marcó uno de los primeros hitos en el campo de la citogenética humana. Por este trabajo y su continuación, Murray Barr recibió más de 30 premios y distinciones, incluido el *Kennedy Foundation International Award in Mental Retardation*, un *Fellowship of the Royal Society of London*, la Orden de Canadá y siete doctorados honoríficos.

Aunque la carrera como investigador de Barr se centró principalmente en el diagnóstico citológico de las enfermedades hereditarias, continuó enseñando neuroanatomía. La primera edición de este libro, publicada en 1972, era un texto de alcance intermedio en su campo, redactado para facilitar un primer acercamiento a las neurociencias, especialmente de los estudiantes de Medicina y ciencias afines. Este objetivo no ha cambiado, aunque ahora la variedad de estudiantes de la materia es mayor. Los avances científicos han obligado a revisar el texto varias veces a lo largo de los años, y el tamaño del libro ha ido creciendo en cada edición sucesiva. Esta tendencia se invirtió en la octava edición, en la que se consiguió un volumen algo más pequeño aunque con ilustraciones mejoradas con el empleo de un mayor número de colores.

Novedades de la presente edición

En esta 9.ª edición han continuado las mejoras y cambios en las ilustraciones, y casi todas ellas son ahora en color. Desde luego, también se han actualizado el texto y las lecturas recomendadas. En el enlace http://www.lwwes.com/Barr-El-sistema-nervioso-humano-67.html se puede encontrar material adicional, concretamente las versiones ampliadas de los capítulos 2, 5, 15, 21 y 25. Un icono en los márgenes del libro impreso indica las materias sobre las cuales puede encontrarse material adicional en línea.

Agradecimientos

Una de las características importantes de la producción de esta 9.ª edición ha sido el amplio uso que han hecho los editores de los revisores externos. Quisiera agradecer su colaboración a Robert Cambridge, Erica Grimm, Vaishnav Krishnan, Anna Likhacheva, Sidney L Palmer, Ph.D., James Pinckney II y Maria Thomadaki, D.C.. Indudablemente, el libro ha mejorado mucho como consecuencia de sus recomendaciones y comentarios, por los cuales les doy las gracias. Es un placer reconocer también los útiles consejos ofrecidos por mis compañeros de trabajo actuales y pasados durante la redacción de ésta y las cinco ediciones precedentes: los Dres. J. Ronald Doucette, Jonathan Hore, Kost Elisevich, Brian A. Flumerfelt, Elias B. Gammal, Alan W. Hrycyshyn, Arthur J. Hudson, Peeyush K. Lala, Peter Merrifield, DG. Montemurro, David M. Pelz, N. Rajakumar, David Ramsay, A. Jon Stoessl, Shannon Venance, Tutis Vilis y Chris Watling. Asimismo, agradezco los numerosos y reveladores comentarios del Profesor Ronan O'Rahilly (Villars-sur-Glâne, Suiza), especialmente en cuestiones de embriología y terminología.

Las ilustraciones de las primeras siete ediciones del libro habían sido preparadas por artistas locales (Margaret Corrin, Louise Gadbois, Jeannie Ross y Nancy Somerville) supervisados por los autores. En la presente edición, todas las ilustraciones han sido preparadas en formato electrónico en el departamento de diseño del editor, formado por Jennifer Clements y el artista Kim Battista, a partir de las ilustraciones precedentes y de mis propios esquemas. Cabe destacar entre el personal de Lippincott Williams & Wilkins a Crystal Taylor, que organizó la revisión y el contrato de esta edición, y a Kathleen Scogna, Jessica Heise y John Larkin, que supervisaron la producción del libro. Mis más sinceras gracias a todos ellos por su contribución.

J. A. KIERNAN
London, Canadá

Índice de capítulos

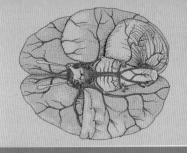

PARTE I

Introducción y neurohistología

Capítulo 1

DESARROLLO, COMPOSICIÓN Y EVOLUCIÓN DEL SISTEMA NERVIOSO

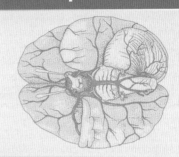

Conceptos básicos

- El sistema nervioso deriva del ectodermo del embrión.

- El sistema nervioso central se forma a partir del tubo neural, y el periférico deriva de la cresta neural.

- Las primeras células que se diferencian en el sistema nervioso son las neuronas, que están especializadas en la comunicación. Posteriormente, se forman unas células de sostén denominadas neuroglia o, simplemente, glía.

- Si el tubo neural no se cierra o la piel y el hueso que lo recubre no se desarrollan correctamente, el encéfalo o la médula espinal pueden no desarrollarse con normalidad.

- La obstrucción del flujo del líquido cefalorraquídeo que se encuentra dentro o fuera de las cavidades del encéfalo produce su acumulación (hidrocefalia).

- Las partes principales del sistema nervioso central se forman a partir de la cuarta semana posterior a la fecundación: médula espinal, bulbo raquídeo, puente, mesencéfalo, diencéfalo y hemisferios cerebrales. El cerebelo se forma más tarde a partir del tronco encefálico.

- Dentro de los límites de la normalidad, el tamaño del encéfalo no es indicativo de la inteligencia.

Todos los organismos vivos reaccionan ante estímulos físicos y químicos, con respuestas que pueden consistir en un movimiento o en la salida de productos biosintéticos de las células. Estas funciones receptoras, motrices y secretoras se combinan en una misma célula tanto en los organismos unicelulares como en los animales multicelulares más simples, las esponjas. En el resto de grupos de animales, las células son capaces de comunicarse, de forma que cuando una de ellas recibe un estímulo puede desencadenarse una actividad motora o secretora en otras células. Las células especializadas que denominamos neuronas o células nerviosas transfieren información con rapidez entre distintas partes del cuerpo de un animal. Todas las neuronas de un organismo, junto con sus células de sostén, constituyen su **sistema nervioso.**

Para cumplir con esta función de comunicación, la neurona lleva a cabo dos actividades distintas pero acopladas: la **conducción** de una señal desde una parte de la célula a otra y la **transmisión sináptica**, que consiste en la comunicación entre células adyacentes. Un **impulso o potencial de acción** es una onda de despolarización eléctrica que se propaga a lo largo de la superficie de la membrana de la neurona. Cuando se aplica un estímulo en una parte de la neurona, se desencadena un impulso que se transmite a las demás partes de la célula. El citoplasma de las neuronas suele poseer unas proyecciones largas denominadas **neuritas**, cuyo extremo se encuentra muy cerca de la superficie de otras células. Estos extremos son las **terminaciones sinápticas**, y los contactos que establecen entre células se denominan **sinapsis**. Las neuritas de los animales superiores suelen especializarse para formar **dendritas** y **axones**, unas prolongaciones que habitualmente conducen impulsos hacia y desde el cuerpo celular, respectivamente. La mayoría de los axones están recubiertos por una vaina de **mielina**, una sustancia rica en lípidos compuesta por capas membranosas muy compactas. La llegada de un impulso a una terminación desencadena la transmisión sináptica, un proceso que implica la liberación desde el citoplasma de la neurona de una sustancia química que produce una determinada respuesta en la célula postsináptica. En algunas sinapsis, las dos células se acoplan eléctricamente, pero existe otro tipo de sinapsis en la cual las neuronas liberan sustancias químicas a la circulación sanguínea y, de este modo, producen cambios en partes lejanas del organismo. Las neuronas de este último tipo, que se denominan células neurosecretoras, están funcionalmente relacionadas con las células glandulares endocrinas.

El **sistema nervioso central** (SNC) consiste en el encéfalo y la médula espinal, y está protegido por el cráneo y la columna vertebral. Los haces de axones denominados **nervios** conectan el SNC con todas las partes del cuerpo. Los nervios son los componentes más visibles del **sistema nervioso periférico**. Los cuerpos celulares de las neuronas del SNC se encuentran en unas regiones denominadas **sustancia gris**. Las acumulaciones compactas de sustancia gris son los **núcleos**, que no deben confundirse con los núcleos celulares. Las regiones de tejido del SNC que contienen axones pero no cuerpos celulares de neuronas se denominan **sustancia blanca**. En el sistema nervioso periférico, los cuerpos celulares neuronales se agrupan formando estructuras nodulares denominadas **ganglios**. Este término también se utiliza (frecuente pero erróneamente) para determinados núcleos del SNC.

Desarrollo del sistema nervioso

Las neuronas y otras células del sistema nervioso se desarrollan a partir del **ectodermo** dorsal del embrión, en sus primeras etapas. El ectodermo es una capa de la que también se origina la **epidermis**, que recubre la superficie del cuerpo. El primer indicio del futuro sistema nervioso es el **neuroectodermo**, que forma la **placa neural** que puede observarse en la línea media dorsal del embrión 16 días después de la fertilización. Las células de la placa neural adquieren posteriormente una altura mayor que las del ectodermo ordinario, un cambio inducido por las células mesodérmicas subyacentes. La placa neural crece con rapidez y en 2 días se convierte en el **surco neural**, que posee un **pliegue neural** a cada lado.

Sobre los tiempos y las edades: en la práctica clínica, el embarazo se calcula desde el primer día del último período menstrual, aproximadamente 14 días antes de la fecundación. La edad del embrión se establece a partir del momento de la fertilización, tanto si se conoce como si se ha calculado. Cuando el embrión tiene 8 semanas y se han formado todos sus órganos, se denomina feto. Basándose en el desarrollo anatómico del embrión, el período embrionario se divide en las 23 etapas de Carnegie. Los pliegues neurales aparecen en la octava etapa, cuando el embrión tiene entre 1,0 y 1,5 cm de largo.

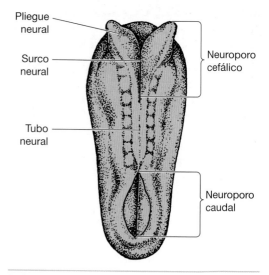

FIGURA I-I. Vista dorsal de un embrión humano alrededor de 22 días después de la fertilización, en una etapa en que el tubo neural se está cerrando.

TUBO NEURAL, CRESTA NEURAL Y PLACODAS

Al final de la tercera semana (décima etapa), los pliegues neurales han empezado a fusionarse entre sí y el surco neural se transforma en un **tubo neural** (fig. 1-1). Esta transformación se inicia en la línea media (en el área donde se formarán los segmentos cervicales de la médula espinal) y continúa en dirección cefálica y caudal. Las aberturas que hay en ambos extremos del tubo neural (los **neuroporos** cefálico y caudal) se cierran alrededor de los días 24 y 27, respectivamente (etapas 11 y 12). El tubo neural es el precursor del encéfalo y la médula espinal. Las células que lo recubren constituyen el **neuroepitelio**, del que se derivan todas las neuronas y la mayor parte de las células del SNC.

Las células neuroectodérmicas que no están incorporadas en el tubo neural forman las **crestas neurales**, que se extienden en dirección dorsolateral a cada lado de dicho tubo. De estas crestas se originan los ganglios de las raíces dorsales de los nervios raquídeos, algunas de las neuronas de los ganglios sensitivos de los nervios craneales, los ganglios autónomos, las células no neuronales (neuroglia) de los nervios periféricos y las células secretoras de la médula suprarrenal. Por tanto, las células de las crestas neurales migran a distancias lejanas de su origen. Muchas de ellas se diferencian incluso en células de tejidos no neuronales, como los melanocitos de la piel, las células secretoras de calcitonina de la glándula tiroides, las células de los cuerpos carotídeo y aórtico, los odontoblastos de los dientes y determinadas células de los huesos, los músculos y otras estructuras de la cabeza de origen mesenquimal. Las células del tejido conjuntivo de los nervios y los ganglios proceden del mesodermo local.

Determinadas estructuras nerviosas periféricas se derivan de las placodas, regiones engrosadas del ectodermo de la superficie de la cabeza. Las células neurosensoriales olfativas, las células sensoriales y los ganglios asociados del oído interno y algunas neuronas de los ganglios sensitivos de los nervios craneales proceden de estas estructuras. Algunas células de la placoda olfativa migran hacia el extremo cefálico del tubo neural y se transforman en neuronas intrínsecas del sistema nervioso central.

PRODUCCIÓN DE NEURONAS Y NEUROGLIA

Las primeras poblaciones de células que se forman en el tubo neural son las **neuronas** (el antiguo término *neuroblastos* ha quedado obsoleto porque estas células no vuelven a dividirse una vez que se han formado). La mayoría de las neuronas se forma entre la cuarta y vigésima semanas. Estas neuronas jóvenes migran, desarrollan prolongaciones citoplasmáticas y establecen conexiones sinápticas con otras neuronas.

El número de neuronas formadas en el tubo neural es superior al de las neuronas del encéfalo y la médula espinal del adulto, debido a que un gran número de neuronas muere durante el desarrollo normal. Este fenómeno, que se denomina **muerte celular** o **apoptosis**, acontece en los sistemas embrionarios de muchos animales. En los invertebrados, la muerte celular está programada genéticamente. En estudios experimentales llevados a cabo en 1930, Hamburger demostró que, en los vertebrados, las células que mueren son las que no lograron establecer conexiones sinápticas. En algunos animales se forman nuevas neuronas en determinadas partes del cerebro a lo largo de la vida, a partir de células precursoras pluripotenciales. Sin embargo, los estudios histoquímicos cuantitativos realizados no han logrado probar que esta actividad tenga lugar también en el cerebro humano.

Las neuronas de los ganglios sensitivos derivan de la cresta neural y dirigen sus neuritas hacia los nervios periféricos y el tubo neural. Alrededor de la octava semana de vida intrauterina, las neuritas orientadas en dirección central han establecido numerosas conexiones sinápticas con neuronas de la médula espinal. El número y la complejidad de las sinapsis continúan aumentando tiempo después del parto, al igual que la generación de células de la neuroglia.

La **neuroglia** —o, simplemente, **glía**— englobaba las células del sistema nervioso que no son neuronas. En el capítulo 2 se explican la estructura y las funciones de los distintos tipos de células de la glía.

Las primeras células gliales, que constituyen la neuroglia radial, se desarrollan junto con las primeras neuronas y poseen extensiones citoplasmáticas que abarcan desde la luz del tubo neural hasta su superficie externa. Las prolongaciones de la neuroglia radial guían la migración de las neuronas jóvenes. Sin embargo, la mayoría de los astrocitos y los oligodendrocitos se producen a partir del neuroepitelio durante el período fetal. Las células gliales maduras pueden observarse mediante métodos clásicos de tinción hacia las 19 semanas, pero algunos pueden detectarse con técnicas inmunohistoquímicas ya desde las 7 semanas. Los microgliocitos proceden de tejido hematopoyético y penetran en el encéfalo y la médula espinal a través de las paredes de los vasos sanguíneos.

En el sistema nervioso periférico, las neuronas (en los ganglios sensitivos y autónomos) y los neurogliocitos (células satélite en los ganglios y células de Schwann en los nervios) derivan de la cresta neural.

FORMACIÓN DEL ENCÉFALO Y LA MÉDULA ESPINAL

Incluso antes del cierre de los pliegues neurales puede apreciarse que la placa neural es más grande en el extremo cefálico del embrión y en ella ya se observan unas irregularidades que corresponden a las grandes divisiones del **encéfalo** en desarrollo. El resto del tubo neural se convierte en la **médula espinal**. El área donde se cierra el neuroporo caudal corresponde a los segmentos espinales lumbares superiores. En sentido más caudal, la médula espinal se forma por «neurulación secundaria», un proceso que consiste en la coalescencia de una cadena de vesículas ectodérmicas en continuidad con la luz del tubo neural alrededor de 3 semanas después del cierre del neuroporo caudal. Las vesículas derivan de la **eminencia caudal**, una masa de células pluripotenciales localizadas dorsalmente con respecto al coxis en desarrollo.

Habitualmente, se describe la aparición de tres divisiones principales del encéfalo al final de la cuarta semana: el **prosencéfalo** (cerebro anterior), el **mesencéfalo** (cerebro medio) y el **rombencéfalo** (cerebro posterior). Durante la quinta semana se forman dos eminencias secundarias en el prosencéfalo y el rombencéfalo, de forma que dichas divisiones principales se amplían a cinco: **telencéfalo, diencéfalo, mesencéfalo, me-** **tencéfalo** y **mielencéfalo** (fig. 1-2), términos que se usan también para definir las partes del encéfalo humano adulto. (En los embriones de pollo, muy utilizados en las investigaciones embriológi-

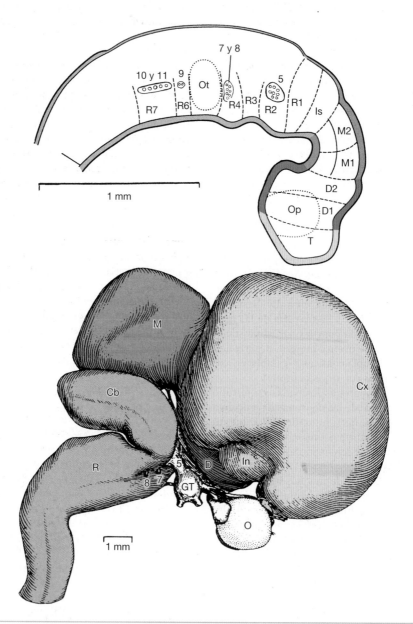

FIGURA I-2.   Principales partes del encéfalo de un embrión humano de 4 semanas (*arriba*, en un corte a través de su línea media) y un feto de 8 semanas (*abajo*, reconstruido a partir de secciones en serie). Telencéfalo (prosencéfalo): *amarillo;* diencéfalo: *azul;* mesencéfalo: *naranja;* rombencéfalo (compuesto por el bulbo, el puente y el cerebelo): *gris.* En el embrión se señalan algunas neurómeras del telencéfalo (T), el diencéfalo (D1, D2), el mesencéfalo (M1, M2), el istmo (Is) y el rombencéfalo (de R1 a R7). Se indican, asimismo, los niveles correspondientes a las vesículas óptica (Op) y ótica (Ot) que se encuentran en posición lateral con respecto al tubo neural (estas vesículas se convertirán en el cristalino y el oído interno, respectivamente). En el feto: Cb, cerebelo; Cx, corteza cerebral; D, diencéfalo; GT, ganglio trigémino; In, ínsula; M, mesencéfalo; O, ojo; R, rombencéfalo; 5, raíz sensitiva del nervio trigémino; 7 y 8, raicillas de los nervios facial y vestibulococlear. (Modificado de O'Rahilly R, Muller F. *The embryonic human brain. An atlas of developmental stages,* 3rd ed. Hoboken [EEUU]: Wiley-Liss, 2006.)

cas, las prominencias del encéfalo se denominan «vesículas cerebrales», un término que no debe aplicarse a la anatomía del ser humano.) El sistema nervioso central embrionario también puede dividirse longitudinalmente en segmentos de menor tamaño, que se denominan **neurómeras**. A medida que se desarrolla la compleja estructura del encéfalo, las neurómeras se hacen cada vez menos visibles, pero la organización segmentaria de la médula espinal se mantiene toda la vida.

Conforme la proliferación y la diferenciación celular avanzan en el tubo neural, aparece un pliegue longitudinal denominado **surco limitante** a lo largo de la cara interna de ambas paredes laterales, que separa la **placa alar** dorsal de la **placa basal** ventral; estas placas desarrollan conexiones aferentes y eferentes, respectivamente, y se extienden desde el extremo cefálico del mesencéfalo hasta el extremo caudal de la médula espinal. Ante la acción inductora de la notocorda, que se encuentra cercana a ellas y marca la posición de las futuras vértebras, las placas basales de los lados izquierdo y derecho quedan separadas por una placa delgada denominada **placa del suelo**. Algunas de las células de la placa basal se diferencian en motoneuronas (o neuronas motoras) y extienden axones hacia fuera, en dirección a los músculos en desarrollo. Los axones de las neuronas de los ganglios sensitivos crecen asimismo y penetran en la placa alar.

DESARROLLO AVANZADO DEL ENCÉFALO

Conforme las distintas partes del encéfalo se desarrollan y crecen, algunos de los términos embriológicos utilizados para describirlas son sustituidos por otros de uso más habitual (tabla 1-1). El mielencéfalo se convierte en el **bulbo raquídeo**, y el metencéfalo deriva en el **puente o protuberancia** y el **cerebelo**. Al mesencéfalo del

cerebro maduro también se refiere como **cerebro medio**. En cambio, los términos *diencéfalo* y *telencéfalo* se mantienen debido a la naturaleza diversa de las partes que derivan de estas estructuras. En el diencéfalo aparece el **tálamo**, una gran masa de sustancia gris, y las regiones adyacentes a él se conocen como **epitálamo**, **hipotálamo** y **subtálamo**; todas ellas poseen características estructurales y funcionales distintas. Las mitades izquierda y derecha del telencéfalo son los **hemisferios cerebrales**. Estos hemisferios alcanzan el mayor desarrollo en el cerebro humano, tanto con respecto a otras partes del encéfalo como en comparación con los cerebros de otros animales. El telencéfalo incluye el sistema olfativo, el cuerpo estriado (una masa de sustancia gris con funciones motoras), una extensa capa superficial de sustancia gris conocida como corteza o palio y un centro medular de sustancia blanca.

La luz del tubo neural se convierte en el **sistema ventricular**. Ambos hemisferios cerebrales desarrollan un **ventrículo lateral**; el **tercer ventrículo** se encuentra en el diencéfalo y el **cuarto ventrículo** está limitado por el bulbo raquídeo, el puente y el cerebelo. El tercer y cuarto ventrículos están conectados por un canal estrecho denominado **acueducto mesencefálico o de Silvio**, a través del mesencéfalo. Esta luz también es estrecha en la región caudal del bulbo raquídeo y a lo largo de la médula espinal, donde se convierte en el **canal central**.

Los **pliegues** del tubo neural ayudan a alojar el encéfalo, que inicialmente es cilíndrico a pesar de que la cabeza del feto acabará siendo redonda. Los primeros pliegues en formarse son el cervical, en la unión del rombencéfalo y la médula espinal, y el cefálico, a la altura del mesencéfalo. Poco tiempo después se forma el pliegue pontino en el metencéfalo. Estos pliegues del encéfalo (fig. 1-3) garantizan que los ejes ópticos de los ojos (que están conectados con el prosencéfalo) formen ángu-

TABLA 1-1. **Desarrollo del encéfalo**

	Principales divisiones del encéfalo del embrión	**Subdivisiones del encéfalo maduro**
Rombencéfalo	Mielencéfalo	Bulbo raquídeo
	Metencéfalo	Puente (protuberancia) y cerebelo
Mesencéfalo	Mesencéfalo	Mesencéfalo, formado por el tectum y los pedúnculos cerebrales
Prosencéfalo	Diencéfalo	Tálamo, epitálamo, hipotálamo y subtálamo
	Telencéfalo	Hemisferios cerebrales, ambos con sistema olfativo, cuerpo estriado, corteza cerebral y sustancia blanca

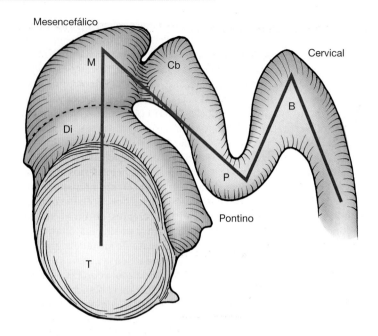

Mesencefálico

Cervical

M

Cb

B

Di

P

Pontino

T

FIGURA I-3. Encéfalo de un embrión de 7 semanas (etapa 20) en el que se observan los tres pliegues que forman, aproximadamente, una letra M. Las principales divisiones del cerebro se muestran con colores distintos: telencéfalo (T): *amarillo;* diencéfalo (Di): *azul;* mesencéfalo (M): *naranja;* rombencéfalo: *gris* (incluye el bulbo raquídeo [B], el puente [P] y el cerebelo [Cb]). (Modificado de O'Rahilly R, Muller F. *The embryonic human brain. An atlas of developmental Stages,* 3rd ed. Hoboken [EEUU]: Wiley-Liss, 2006.)

los rectos con el eje de la columna vertebral, una característica necesaria dada la postura erecta del ser humano, a diferencia de la postura de los animales cuadrúpedos, en los que no se observa este giro brusco en la unión del mesencéfalo con el cerebro anterior.

Desarrollo de las meninges

Las envolturas membranosas del encéfalo y la médula espinal aparecen en la cuarta semana como una única **meninge primaria** o primitiva, un derivado mesodérmico en el que 1 semana después se forman tres espacios llenos de líquido y cuya diferenciación posterior da lugar a las tres láminas que constituyen las meninges: la **piamadre** (que es la más cercana al tejido nervioso), la **aracnoides** y la **duramadre**, que recubre la cavidad craneal y la médula espinal. El **espacio subaracnoideo**, que contiene **líquido cefalorraquídeo** (LCR), se encuentra entre las dos capas meníngeas internas.

Resumen de las principales regiones del sistema nervioso central

A continuación se revisan brevemente algunas características de las principales regiones del SNC, a modo de introducción y con el objeto de intro-

ducir algunos términos de neuroanatomía. (*Antes de leer los siguientes capítulos, el estudiante debe conocer el significado de todos los términos utilizados en los párrafos siguientes.*) Al final del libro hay un glosario que incluye estos términos, y en la figura 1-4 pueden consultarse las principales divisiones del cerebro adulto.

MÉDULA ESPINAL

La médula espinal es la parte menos diferenciada del sistema nervioso central. Su naturaleza segmentaria se refleja en las series de pares de nervios raquídeos, que se fijan a ella por medio de una raíz sensitiva dorsal y una raíz motora ventral. La **sustancia gris** central, donde se encuentran los cuerpos de las células nerviosas, tiene forma aproximada de H en un corte transversal. La **sustancia blanca**, que consiste en axones mielinizados que recorren la médula longitudinalmente, ocupa su periferia. Las conexiones neuronales de la sustancia gris de la médula espinal permiten que tengan lugar los reflejos espinales, y la sustancia blanca contiene axones que conducen información sensorial al encéfalo y otros axones que conducen impulsos, generalmente motores, desde el encéfalo hasta la médula.

BULBO RAQUÍDEO

Los tractos de la médula espinal se prolongan en el bulbo raquídeo, que también contiene acumulaciones de neuronas denominadas **núcleos**. Los

Desarrollo anormal del sistema nervioso

ANENCEFALIA Y ESPINA BÍFIDA

Existen diversas malformaciones congénitas que pueden afectar al sistema nervioso central, como la falta de cierre normal del tubo neural o las anomalías en el desarrollo del hueso y la piel asociados a esta estructura. En la **anencefalia,** los pliegues neurales no se fusionan en el extremo cefálico del tubo neural en desarrollo, por lo que no se forman el cerebro anterior, la bóveda del cráneo ni gran parte del cuero cabelludo, de modo que el encéfalo anormal (el tronco encefálico y, en ocasiones, el diencéfalo) se encuentra expuesto al exterior. La anencefalia afecta a cerca de uno de cada 1.000 neonatos, que acaban falleciendo. La alteración equivalente en el extremo caudal del sistema nervioso central es el **mielocele** o raquisquisis, en la cual hay una amplia área de tejido nervioso no funcional expuesto en la región lumbosacra. En ocasiones, un mismo neonato puede presentar ambas alteraciones.

El mielocele es la forma más grave de **espina bífida.** En los casos menos graves, la médula espinal y el tejido conjuntivo adyacente (las leptomeninges; v. cap. 26) están intactos, pero los derivados mesodérmicos que se encuentran por encima están alterados. En el **mielomeningocele** no se forma duramadre, arcos vertebrales ni piel, sino que se observa una protuberancia que contiene la porción caudal de la médula espinal o sus raíces nerviosas. Si el canal vertebral conserva sus elementos nerviosos, el bulto de su superficie es un **meningocele,** un quiste que contiene líquido cefalorraquídeo. Estos tipos de espina bífida se pueden corregir mediante cirugía, pero con frecuencia producen una parálisis o una debilidad de los miembros inferiores de por vida. La **espina bífida oculta** es una alteración frecuente en la cual la duramadre y la piel permanecen intactas, pero uno o más arcos vertebrales no se desarrollan suficientemente. Por lo general, no se observan otros síntomas que un hoyuelo, un mechón de pelo u otra anomalía sin importancia en la piel que recubre la zona.

HIDROCEFALIA

Cuando el líquido cefalorraquídeo no fluye debido a una oclusión, se acumula en los ventrículos del encéfalo (v. cap. 26). La presión que ejerce este líquido destruye el tejido nervioso y la cabeza puede agrandarse notablemente. Algunas anomalías que pueden causar este fenómeno son la **estenosis del acueducto cerebral** y la **malformación de Chiari,** que consiste en la localización del bulbo raquídeo y parte del cerebelo en la porción cervical superior del canal raquídeo en lugar de en el cráneo. Esta disposición anatómica anómala puede obstruir el flujo de líquido cefalorraquídeo hacia el exterior del sistema ventricular, dando lugar a una **hidrocefalia interna.** Muchos niños que presentan la malformación de Chiari también sufren espina bífida. La hidrocefalia interna se trata creando una vía alternativa para drenar el sistema ventricular del encéfalo.

más prominentes son los núcleos olivares inferiores, que envían fibras al cerebelo a través de los pedúnculos cerebelosos inferiores, que fijan el cerebelo al bulbo raquídeo. Algunos de los núcleos más pequeños forman parte de los nervios craneales.

PUENTE

El puente o protuberancia consta de dos partes diferenciadas. La porción dorsal o **tegumento** comparte características con el resto del tronco encefálico, por lo que incluye vías ascendentes y descendentes, junto con algunos núcleos de nervios craneales. La porción ventral o **puente basal** es propia de esta región del tronco encefálico. Su función es permitir las conexiones extensas entre la corteza de un hemisferio cerebral y el hemisferio cerebeloso contralateral. Estas conexiones contribuyen a lograr la máxima eficiencia de las actividades motoras. Un par de pedúnculos cerebelosos medios fija el cerebelo al puente.

MESENCÉFALO

Al igual que otras partes del tronco encefálico, el mesencéfalo contiene vías ascendentes y descendentes, además de los núcleos de dos nervios craneales. Su región dorsal, el techo o *tectum,* está implicada principalmente con los sistemas visual y auditivo. El mesencéfalo también incluye dos importantes núcleos motores: el **núcleo rojo** y la **sustancia negra o** *locus niger.* El cerebelo se fija al mesencéfalo por medio de los pedúnculos cerebelosos superiores.

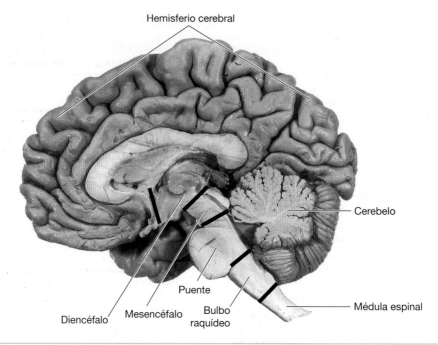

Hemisferio cerebral

Cerebelo

Diencéfalo   Mesencéfalo   Puente   Bulbo raquídeo   Médula espinal

FIGURA 1-4. Regiones del sistema nervioso central maduro, en un corte sagital. (Cedida por el Dr. D. G. Montemurro.)

CEREBELO

El cerebelo tiene un tamaño especialmente grande en el encéfalo humano. Se trata de una estructura que recibe información de la mayoría de los sistemas sensitivos y de la corteza cerebral, y actúa sobre las motoneuronas que inervan la musculatura esquelética. Las funciones del cerebelo son la producción de variaciones en el tono muscular relacionadas con el equilibrio, la locomoción y la postura y la coordinación del momento y la fuerza de contracción de los músculos que se emplean durante los movimientos finos. El cerebelo actúa a un nivel subconsciente.

DIENCÉFALO

El diencéfalo forma el núcleo central del **cerebro**. Su componente de mayor tamaño es el **tálamo**, que posee varias regiones o núcleos, algunos de los cuales reciben información de los sistemas sensitivos y se proyectan a áreas sensitivas de la corteza cerebral. Parte del tálamo está conectado con áreas corticales implicadas en procesos mentales complejos, otras regiones participan en circuitos relacionados con las emociones y ciertos núcleos talámicos forman parte de las vías que comunican el cerebelo y el cuerpo estriado con las áreas motoras de la corteza cerebral. El **epitálamo** contiene pequeños tractos y núcleos y la **glándula**

pineal o epífisis, un órgano endocrino. El **hipotálamo** desempeña una importante función de control de los sistemas simpático y parasimpático que inervan los órganos internos, las glándulas exocrinas y los vasos sanguíneos. Además, las células neurosecretoras del hipotálamo sintetizan hormonas que pasan al torrente circulatorio. Algunas de estas hormonas actúan sobre los riñones y otros órganos, y otras regulan la secreción hormonal del lóbulo anterior de la hipófisis (o glándula pituitaria) a través de un sistema específico de vasos sanguíneos. Algunas de las células neurosecretoras del hipotálamo y de la región adyacente del telencéfalo derivan de la placoda olfativa, y no del epitelio del tubo neural. Estas neuronas contienen y secretan un polipéptido denominado hormona liberadora de gonadotropinas (GnRH), y migran a lo largo del **nervio terminal** hasta el prosencéfalo. El nervio terminal es un pequeño nervio craneal, al que en ocasiones se le asigna el número cero, que se encuentra en posición cefálica con respecto a los nervios olfativos. En el **subtálamo** hay vías sensitivas que se prolongan hasta el tálamo, axones que se originan en el cerebelo y el cuerpo estriado y el **núcleo subtalámico**, que ejerce funciones motoras. La **retina** deriva del diencéfalo; por esta razón, el nervio óptico y el sistema visual están íntimamente relacionados con esta parte del encéfalo.

TELENCÉFALO (HEMISFERIOS CEREBRALES)

El telencéfalo está formado por la corteza cerebral, el cuerpo estriado y la sustancia blanca del cerebro. La **corteza cerebral** posee numerosos pliegues con **circunvoluciones** separadas por **surcos**. Los principales surcos separan los **lóbulos frontal, parietal, occipital** y **temporal** del hemisferio cerebral; estos nombres son los mismos que los de los huesos del cráneo que los cubren. La corteza cerebral tiene áreas diferenciadas en las que están representadas las funciones motrices y las diversas modalidades sensoriales, y existen asimismo grandes extensiones de corteza de asociación en la que se desarrollan las funciones neuronales más complejas, como las propias de la actividad intelectual.

El **cuerpo estriado** es una gran masa de sustancia gris que desempeña funciones motrices y está situada cerca de la base de ambos hemisferios. Contiene el **núcleo caudado** y el **núcleo lenticular**, que forman parte de un sistema denominado **ganglios basales**, que se expone en los capítulos 12 y 23. La **sustancia blanca cerebral** está formada por fibras que conectan áreas corticales del mismo hemisferio, fibras que cruzan la línea media (la mayoría en una gran comisura denominada **cuerpo calloso**) para conectar áreas corticales de los dos hemisferios, y otras fibras que cruzan en ambos sentidos entre la corteza y las porciones subcorticales del sistema nervioso central. Las fibras de este último tipo convergen para formar la **cápsula interna** compacta en la región del tálamo y el cuerpo estriado.

Tamaño del encéfalo humano

Al nacer, el encéfalo pesa alrededor de 400 g. Su incremento de tamaño posterior se debe a la continua formación de conexiones sinápticas, la producción de células de la neuroglia y al engrosamiento de las vainas de mielina que recubren a los axones. El crecimiento más rápido del encéfalo tiene lugar en el útero y durante las primeras 20 semanas después del parto. A la edad de 3 años, su peso medio (1.200 g) es casi el del adulto, aunque se mantiene un crecimiento lento hasta los 18 años. A partir de los 50 años, el encéfalo va perdiendo tamaño paulatinamente, sin que ello se refleje en un deterioro intelectual, salvo que se produzca una atrofia importante causada por alguna enfermedad.

El peso del encéfalo maduro varía con la edad y la estatura. El intervalo normal en el hombre adulto es de 1.100 a 1.700 g (con un promedio de 1.360 g). Los valores más bajos del encéfalo de la mujer adulta (de 1.050 a 1.550 g, con un promedio de 1.275 g) se deben, básicamente, a que su estatura media es inferior a la del hombre. No se ha observado ninguna relación entre el nivel de inteligencia de una persona y el peso de su encéfalo, siempre que se encuentre dentro de los límites normales.

Bibliografía recomendada

Campbell K, Gotz M. Radial glia: multi-purpose cells for vertebrate brain development. *Trends Neurosci* 2002;25:235–238.

Del Bigio MR. Proliferative status of cells in the human dentate gyrus. *Microsc Res Tech* 1999;45:353–368.

Doucette R. Transitional zone of the first cranial nerve. *J Comp Neurol* 1991;312:451–466.

Hill M. UNSW Embryology. Ver. 6.1. An educational resource for learning concepts in embryological development. Available online at http://embryology.med.unsw.edu.au.

Jessen KR, Richardson WD, eds. *Glial Cell Development: Basic Principles and Clinical Relevance*, 2nd ed. Oxford: Oxford University Press, 2001.

Konstantinidou AD, Silos-Santiago I, Flaris N, et al. Development of the primary afferent projection in human spinal cord. *J Comp Neurol* 1995;354:1–12.

Lemire RJ, Loeser JD, Leech RW, et al. *Normal and Abnormal Development of the Human Nervous System*. Hagerstown, MD: Harper & Row, 1975.

Miller RH. Oligodendrocyte origins. *Trends Neurosci* 1996;19:92–96.

Müller F, O'Rahilly R. The timing and sequence of appearance of neuromeres and their derivatives in staged human embryos. *Acta Anat* 1997;158:83–99.

O'Rahilly R, Müller F. Minireview: initial development of the human nervous system. *Teratology* 1999;60:39–41.

O'Rahilly R, Müller F. Two sites of fusion of the neural folds and the two neuropores in the human embryo. *Teratology* 2002;65:162–170.

O'Rahilly R, Müller F. *The Embryonic Human Brain. An Atlas of Developmental Stages*, 3rd ed. New York: Wiley-Liss, 2006.

O'Rahilly R, Müller F. Significant features in the early prenatal development of the human brain. *Ann Anat* 2008;190:105–118.

Webb JF, Noden DM. Ectodermal placodes: contributions to the development of the vertebrate head. *Am Zool* 1993;33:434–447.

Weiss S, Dunne C, Hewson J, et al. Multipotent CNS stem cells are present in the adult mammalian spinal cord and ventricular neuraxis. *J Neurosci* 1996;16:7599–7609.

Zecevic N, Chen Y, Filipovic R. Contributions of cortical subventricular zone to the development of the human cerebral cortex. *J Comp Neurol* 2005;491:109–122.

Capítulo 2

CÉLULAS DEL SISTEMA NERVIOSO CENTRAL

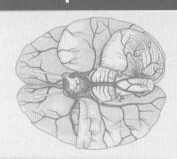

Conceptos básicos

- Las neuronas son células especializadas en la comunicación rápida. La mayor parte del citoplasma de una neurona se encuentra formando parte de unas largas proyecciones denominadas neuritas (dendritas y axón, que conducen impulsos hacia el cuerpo celular y desde él, respectivamente).

- En el sistema nervioso central (SNC), los cuerpos celulares de las neuronas y las dendritas están localizados en la sustancia gris. La sustancia blanca contiene fundamentalmente axones, la mayoría de los cuales posee vainas de mielina que sirven para incrementar la velocidad de conducción.

- Una membrana celular neuronal tiene un potencial de reposo de −70 mV, que se mantiene gracias a la bomba de sodio. En el axón, este potencial se invierte hasta +40 mV durante el paso de un potencial de acción.

- Las señales más rápidas, que se denominan impulsos o potenciales de acción, recorren la superficie de la membrana del axón. En los axones mielínicos la conducción es rápida (saltatoria) porque los canales iónicos del axolema sólo se encuentran en los nódulos.

- La membrana externa del pericarion y las dendritas no conduce impulsos, de modo que los cambios de potencial se desplazan más lentamente y son graduales. El potencial de acción se inicia cuando la región del cono axónico se despolariza hasta superar un umbral determinado.

- La comunicación entre las neuronas tiene lugar en las sinapsis. Las terminales axónicas liberan unas sustancias químicas que actúan como transmisores y provocan cambios en la membrana de la célula postsináptica (la estimulan o la inhiben, dependiendo del tipo de transmisor y la molécula receptora en la membrana postsináptica).

- Las disminuciones localizadas del potencial de membrana (potenciales postsinápticos excitadores o despolarizaciones) se suman y pueden desencadenar un potencial de acción. La hiperpolarización (potenciales postsinápticos inhibidores) reduce la probabilidad de que se inicie un impulso.

- En el interior de los axones, las proteínas y otras sustancias son transportadas a distintas velocidades y en ambos sentidos.

- Cuando se secciona el axón de una neurona, se pierde gran parte de su citoplasma. La porción que queda aislada del cuerpo celular degenera junto con su vaina de mielina, y los fragmentos resultantes acaban siendo fagocitados.

- El cuerpo celular neuronal reacciona inicialmente a la axotomía aumentando la síntesis de proteínas, que se ve acompañada de unos cambios estructurales que se denominan, en conjunto, reacción axónica o cromatólisis. Si no produce la regeneración del axón, el cuerpo celular puede reducirse o morir. Los axones seccionados en el sistema nervioso periférico pueden volver a crecer e inervar de nuevo el área previa.

- En los mamíferos, los axones seccionados de neuronas del SNC no se regeneran eficazmente. Sin embargo, en las regiones de sustancia gris parcialmente desnervadas pueden producirse reordenamientos sinápticos, y se consigue cierta recuperación funcional gracias al reclutamiento de circuitos neuronales alternativos.

- Las células de la neuroglia del SNC normal comprende los astrocitos, los oligodendrocitos, los ependimocitos (que derivan del ectodermo del tubo nervioso) y la microglia (que deriva del mesodermo). Los astrocitos se encuentran distribuidos en todo el encéfalo y la médula espinal. Los oligodendrocitos son células que producen mielina y también se encuentran cerca de los cuerpos celulares de algunas neuronas. Las células de la microglia se convierten en fagocitos ante una lesión o una inflamación localizadas.

- Las células de la neuroglia del sistema nervioso periférico son las células de Schwann en los nervios y las células satélite en los ganglios.

Además de las células que se encuentran habitualmente en la pared de los vasos sanguíneos, en el sistema nervioso central (SNC) hay otros dos tipos de células: las **neuronas o células nerviosas**, que se especializan en la conducción de impulsos nerviosos y el intercambio de señales con otras neuronas (esto las hace responsables de la mayoría de las características funcionales del tejido nervioso), y las **células de la neuroglia o neurogliocitos** (que se denominan en conjunto **neuroglia** o, más simplemente, **glía**), que cumplen importantes funciones complementarias.

El SNC está dividido en sustancia gris y sustancia blanca. La **sustancia gris** contiene los cuerpos celulares de las neuronas, cada uno con su núcleo, que se encuentran incluidas en un **neurópilo** formado en su mayor parte por finas prolongaciones neuronales y gliales. En cambio, la **sustancia blanca** no tiene cuerpos neuronales, sino que está formada básicamente por las prolongaciones neuronales, la mayoría de las cuales están rodeadas por vainas de mielina. Tanto la sustancia gris como la blanca contienen un gran número de neurogliocitos y una red de capilares sanguíneos.

Neuronas

Las neuronas son células especializadas en el envío y la recepción de señales eléctricas transmitidas a través de sustancias químicas. El **cuerpo celular** de la neurona contiene el núcleo, y su citoplasma se conoce como **pericarion**. Las **dendritas** son prolongaciones ramificadas, generalmente cortas, que reciben señales de otras neuronas. La mayoría de las neuronas del SNC posee varias dendritas y, por tanto, tiene una forma multipolar. Al extenderse en varias direcciones, las dendritas permiten que la neurona pueda recibir impulsos de orígenes diversos. Cada neurona tiene un solo **axón**; esta prolongación, cuya longitud puede variar considerablemente dependiendo del tipo de neurona, típicamente conduce impulsos que se alejan del cuerpo celular. Algunas neuronas no tienen axones, por lo que sus dendritas conducen señales en ambas direcciones. Los axones de las neuronas eferentes de la médula espinal y el encéfalo están situados en los nervios raquídeos y craneales y terminan en fibras musculares estriadas o en células nerviosas de ganglios autonómicos. El término **neurita** se aplica a cualquier tipo de prolongación neuronal, ya sea un axón o una dendrita.

Según la **teoría neuronal**, cada neurona es una unidad estructural y funcional. Esta teoría fue propuesta a finales del siglo XIX por contraposición a la idea que se tenía entonces de que las células nerviosas formaban una red continua o sincitio. En el marco de la teoría celular, el concepto de unidad autónoma de la neurona fue postulado por His, basándose en estudios embriológicos, por Forel tras observar las respuestas de las células nerviosas a las lesiones y por Ramón y Cajal a partir de sus observaciones histológicas. La teoría neuronal fue ampliamente difundida gracias a una revisión de Waldeyer sobre la individualidad de las células nerviosas. La ausencia de continuidad citoplasmática entre las neuronas en las sinapsis quedó demostrada de forma concluyente en la década de 1950, al obtenerse microfotografías electrónicas con suficiente resolución para mostrar las estructuras de membranas celulares contiguas muy cercanas.

TAMAÑOS Y FORMAS DIVERSOS DE LAS NEURONAS

Aunque todas las neuronas cumplen con los principios generales que ya hemos indicado, existe una gran diversidad estructural entre ellas. El tamaño del cuerpo celular varía desde los 5 μm de las células más pequeñas de los circuitos complejos hasta los 135 μm de las motoneuronas (o neuronas motoras) de mayor tamaño. La morfología de las dendritas, en especial el patrón de sus ramificaciones, también es muy variable y característico de cada grupo de células. El axón de una neurona de un circuito local puede ser muy corto (de tan sólo 100 μm) y su diámetro puede ser inferior a 1 μm de diámetro, pudiendo carecer de vaina mielínica. En cambio, el axón de una motoneurona que inerva un músculo del pie tiene casi 1 m de largo y 10 μm de diámetro, y está recubierto en una vaina de mielina de hasta 5 μm de grosor. (En los animales de gran tamaño, como las jirafas y las ballenas, pueden encontrarse axones mucho más largos.)

Las neuronas forman **ganglios** en el sistema nervioso periférico y **láminas** (capas) o grupos denominados **núcleos** en el SNC. Las neuronas de gran tamaño de un núcleo o región equivalente se llaman células de Golgi de tipo I o **células principales**, y sus axones llevan la información codificada de la región que contiene sus cuerpos celulares hasta otras partes del sistema nervioso. Las dendritas de una célula principal contactan con las terminales axónicas de células principales de otras áreas y de neuronas de menor tamaño de áreas cercanas denominadas células de Golgi de tipo II, células internunciales, neuronas de los circuitos locales o, simplemente, **interneuronas**. En muchas áreas del encéfalo, el número de interneuronas supera con mucho al de células principales.

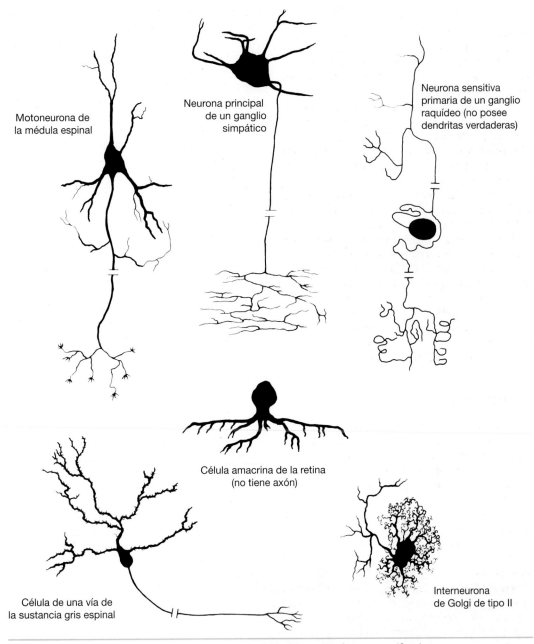

Motoneurona de la médula espinal

Neurona principal de un ganglio simpático

Neurona sensitiva primaria de un ganglio raquídeo (no posee dendritas verdaderas)

Célula amacrina de la retina (no tiene axón)

Célula de una vía de la sustancia gris espinal

Interneurona de Golgi de tipo II

FIGURA 2-1. Ejemplos de neuronas, con sus variaciones de tamaño, forma y ramificaciones.

La figura 2-1 ilustra el aspecto de neuronas grandes y pequeñas tal y como se observan en muestras teñidas por el método de Golgi.

TÉCNICAS NEUROHISTOLÓGICAS

Las características estructurales de las neuronas y los neurogliocitos no pueden apreciarse suficientemente en los cortes preparados por los métodos generales de tinción como el de hematoxilina y eosina, tan utilizado por los anatomopatólogos. En microscopía óptica, son más adecuados otros métodos especializados de tinción. También puede obtenerse información adicional con microscopios electrónicos y a partir de estudios histoquímicos en los que se localizan compuestos químicos funcionalmente importantes en las células y en partes de ellas donde se sintetizan o almacenan dichos compuestos.

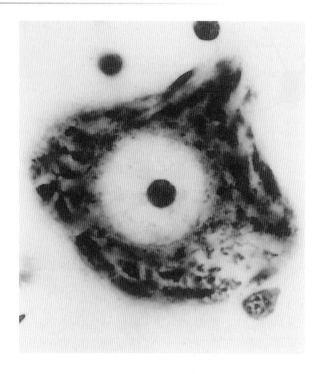

FIGURA 2-2. Motoneurona de la médula espinal. La tinción con violeta de cresilo permite observar sus cuerpos de Nissl y un nucléolo prominente (× 800).

Los **colorantes catiónicos**, que se denominan «tinciones de Nissl» cuando se aplican al tejido nervioso, se fijan al ADN y al ARN. Por ello, permiten identificar los núcleos de todas las células y la sustancia citoplasmática de Nissl (el ARN del retículo endoplasmático rugoso) de las neuronas (fig. 2-2).

Los **métodos de tinción con plata reducida** producen depósitos oscuros de plata coloidal en diversas estructuras, en especial en los filamentos proteináceos que contienen los axones (fig. 2-3). Existen otros métodos de plata que pueden em-

plearse para demostrar la presencia de distintos tipos de neuroglia.

Las **tinciones para mielina** se basan en la afinidad de ciertos colorantes por las proteínas hidrófobas y por las proteínas unidas a fosfolípidos y revelan los principales haces de fibras. Algunas de las fotografías de este libro (v. cap. 7) son cortes teñidos por el método de Weigert para mielina.

El **método de Golgi**, del cual existen numerosas variantes, es de gran valor para el estudio de la morfología neuronal, en particular de las dendritas. En este método se hacen precipitar sales

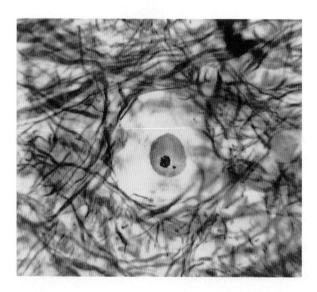

FIGURA 2-3. Cuerpo celular de una neurona del encéfalo, rodeada por axones. Obsérvense el nucléolo y un pequeño cuerpo accesorio de Cajal en el núcleo. (Tinción realizada mediante uno de los métodos de nitrato de plata de Cajal, × 1.000.)

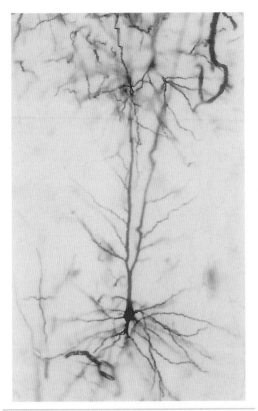

FIGURA 2-4. Célula piramidal de la corteza cerebral, teñida con la técnica de Golgi. El cuerpo celular se encuentra en el tercio inferior de la fotografía y las dendritas se extienden verticalmente hacia la superficie cortical. El axón no es visible. (x 90; cedida por el Dr. E. G. Bertram.)

insolubles de plata o mercurio en el interior de las células de bloques de tejido que, a continuación, se separan en cortes gruesos. Algunas neuronas y las ramas más finas de sus dendritas se observan de color negro sobre un fondo claro (fig. 2-4). En ocasiones, los neurogliocitos se aprecian del mismo modo, pero los axones (sobre todo si están mielinizados) no suelen teñirse.

Una importante característica de estos métodos es la tinción aleatoria de solamente una pequeña proporción de células, lo cual permite obtener una buena resolución de los detalles estructurales de los árboles dendríticos de cada neurona.

Las **técnicas de llenado** proporcionan imágenes similares a las obtenidas por el método de Golgi, pero con neuronas aisladas que han sido estudiadas desde el punto de vista fisiológico. En estos métodos, se inyecta en la neurona un ion, una enzima o un colorante fluorescente que puede detectarse por métodos histoquímicos a través de una micropipeta que se ha usado para realizar un registro eléc-

trico intracelular. Otros colorantes fluorescentes se desplazan lateralmente en las membranas celulares. Esta técnica se puede aplicar en tejido fresco o fijado, y se usa para estudiar las conexiones neuronales a distancias de hasta 5 mm.

Los **métodos histoquímicos e inmunohistoquímicos** se utilizan para localizar sustancias contenidas en poblaciones específicas de neuronas, como neurotransmisores y enzimas que participan en su síntesis o su degradación. Varios sistemas de neuronas que no se conocían con anterioridad se han identificado gracias a estos métodos. En las técnicas inmunohistoquímicas, las sustancias se detectan en los tejidos al unirse a anticuerpos específicos. Los métodos inmunohistoquímicos de detección de proteínas específicas de determinadas células han sustituido en gran medida a los métodos tradicionales de plata para la tinción de axones y células gliales.

La **microscopía electrónica** revela con gran detalle la estructura interna de las neuronas y las especializaciones que existen en las uniones sinápticas, aunque la necesidad de usar cortes muy finos dificulta la reconstrucción en tres dimensiones. La microscopía electrónica se puede combinar con la tinción por métodos de Golgi o con técnicas inmunohistoquímicas.

La **microscopía confocal** permite examinar cortes ópticos finos que se encuentran en muestras de mayor grosor preparadas para microscopia óptica (generalmente, por fluorescencia). Estas técnicas mejoran la resolución y permiten superponer imágenes por medios electrónicos, con lo que se obtiene una visión clara del grosor de la muestra. En las imágenes confocales, las localizaciones inmunohistoquímicas pueden combinarse con técnicas de llenado o de transporte axónico.

CITOLOGÍA DE LA NEURONA

La figura 2-5 muestra las partes de una neurona multipolar.

Superficie celular

La membrana celular que limita la neurona tiene una especial importancia por la función que desempeña en el inicio y la transmisión de señales. La **membrana plasmática** o **plasmalema** es una doble capa de moléculas de fosfolípidos cuyas cadenas hidrófobas de hidrocarburos se dirigen hacia la parte media de la membrana. En esta estructura se encuentran incrustadas moléculas proteicas, muchas de las cuales la atraviesan todo su grosor. Algunas proteínas transmembrana proporcionan **canales** hidrofílicos que permiten la entrada y la

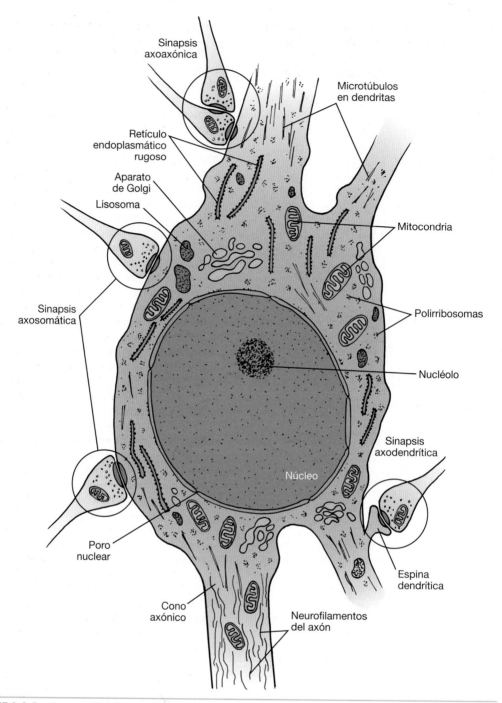

FIGURA 2-5. Imagen dibujada a partir de una microfotografía electrónica que muestra las partes de una neurona. Las mitocondrias se muestran en *verde* y las terminales sinápticas de otras neuronas, en *amarillo*. (Modificado de Heimer L. 2nd ed. New York: Springer-Verlag, 1995.)

salida de la célula de iones inorgánicos por difusión. Los principales iones (Na^+, K^+, Ca^{2+}, Cl^- tienen su propio canal molecular, y existen también canales mixtos por los que pasan diversos iones, como los de Na^+ y K^+ o los de Na^+, K^+ y Ca^{2+}. Algu-

nos canales están controlados por voltaje, lo cual significa que se abren y se cierran en respuesta a cambios de potencial eléctrico transmembrana. Otros canales se abren por la acción de ligandos como los neurotransmisores, que se unen a receptores específicos. Los impulsos nerviosos se propagan (conducen) a lo largo de la membrana celular de la superficie neuronal, en el fenómeno de la conducción. Las **bombas** son moléculas proteicas presentes en las membranas celulares que utilizan energía (del trifosfato de adenosina [ATP]) para mover iones contra gradientes de concentración. La acción de la bomba ATPasa de Na/K permite la entrada de iones potasio y la salida de iones sodio de la célula, lo cual da lugar a una carga neta negativa en su interior y contribuye a crear el potencial de membrana. Los **receptores** son moléculas proteicas que responden a estímulos químicos específicos, normalmente produciendo la apertura de canales asociados.

Los iones más abundantes en el líquido extracelular son el sodio (Na^+) y el cloro (Cl^-). En el interior de las células, el principal catión es el potasio (K^+), que es neutralizado por los aniones orgánicos de los aminoácidos y las proteínas. Tanto el líquido extracelular como el citoplasma son eléctricamente neutros y poseen la misma presión osmótica. Como consecuencia de ello, existe una diferencia de potencial a través de la membrana: cuando la neurona no está transmitiendo una señal, la carga del interior es negativa (-70 mV) con respecto al exterior. Este **potencial de reposo de la membrana** se opone a la difusión de K^+ hacia fuera de la célula y a la de Cl^- hacia su interior, porque las cargas de signo contrario se atraen y las del mismo signo se repelen. La membrana es mucho menos permeable al Na^+, ya que los canales dependientes de voltaje para este catión están cerrados como consecuencia del potencial de reposo. Asimismo, los cationes del citoplasma son demasiado grandes para atravesar la membrana. Las concentraciones de iones se mantienen gracias a la actividad de la **bomba de sodio**.

Las señales transmitidas por una neurona son cambios en la diferencia de potencial a través del plasmalema. En reposo, el citoplasma es negativo (su carga es de alrededor de -70 mV) con respecto al líquido extracelular. Esta diferencia se invierte hasta alcanzar $+40$ mV cuando el axón recibe un estímulo suficientemente intenso. Esta inversión, que se denomina **potencial de acción** o **impulso nervioso**, se propaga a lo largo del axón. Los potenciales de acción son fenómenos de «todo o nada»; en cambio, las dendritas y el cuerpo celular responden a los estímulos mediante cambios graduales de potencial. Cuando el potencial de membrana disminuye hasta un umbral de -55 mV en el segmento inicial de un axón, se desencadena un potencial de acción.

Señalización en las neuronas

Núcleo y citoplasma

El núcleo de la neurona suele estar situado en el centro del cuerpo celular. En las neuronas de gran tamaño es vesicular (es decir, la cromatina se encuentra dispersa en partículas finas), pero en la mayoría de las neuronas más pequeñas, la cromatina forma acumulaciones densas. De forma característica, existe solamente un **nucléolo** prominente. La cromatina sexual (v. fig. 2-5), que sólo tienen las mujeres, fue descubierta inicialmente en los grandes núcleos de motoneuronas.

En el citoplasma del cuerpo celular (fig. 2-6) predominan los orgánulos especializados en la síntesis proteica (retículo endoplasmático rugoso y polirribosomas) y la respiración celular (mitocondrias). También se observa un aparato de Golgi bien desarrollado, donde se añaden cadenas secundarias de hidratos de carbono a las moléculas de proteínas que se empaquetan en vesículas unidas a la membrana que entrarán o pasarán a través de la membrana superficial de la célula. En la microscopía óptica, el retículo endoplasmático rugoso es muy visible en forma de cuerpos estriados de **Nissl** (v. fig. 2-2).

Los orgánulos filamentosos son más visibles en las neuritas. Los **neurofilamentos** (que tienen un diámetro de 7,5 a 10 nm) están formados por proteínas estructurales similares a las de los filamentos intermedios de otros tipos de células. Cuando se reúnen en haces, forman las **neurofibrillas** de la microscopía óptica. Los **microtúbulos**, que tienen un diámetro externo de 25 nm, participan en el transporte rápido de moléculas proteicas y pequeñas partículas en ambas direcciones a lo largo de los axones y las dendritas. Los **microfilamentos** (de 4 nm) están formados por actina, una proteína contráctil; se encuentran en el interior del plasmalema y son particularmente numerosos en los extremos de las neuritas en crecimiento.

El citoplasma de las neuronas contiene también pequeñas cantidades de vesículas unidas a la membrana denominadas **lisosomas**, que contienen enzimas que catalizan la degradación de moléculas de gran tamaño que no son útiles para la célula. Las neuronas pueden contener también dos tipos de gránulos con pigmentos. La **lipofuscina** es un pigmento de color marrón amarillento que se forma en los lisosomas y se acumula con la edad, y la **neuromelanina** es un pigmento negro que se encuentra solamente en las neuronas que utilizan catecolaminas (dopamina o noradrenalina) como neurotransmisores.

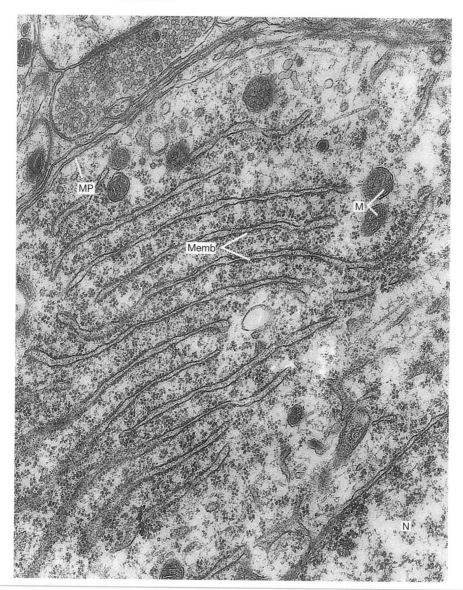

FIGURA 2-6. Microfotografía electrónica de parte del cuerpo celular de una neurona del área preóptica de un encéfalo de conejo. Las series de membranas, junto con los polirribosomas libres entre ellas, constituyen el material de Nissl de la microscopía óptica. M, mitocondria; Memb, membranas del retículo endoplasmático; MP, membrana plasmática de la superficie celular; N, núcleo. (x 36.000; cedida por el Dr. R. Clattenburg.)

Neuritas

Las **dendritas** se originan a partir del cuerpo celular y se ramifican a su alrededor. En algunas neuronas, las ramas de menor tamaño poseen un gran número de prolongaciones diminutas denominadas **espinas dendríticas** o **gémulas**, que participan en las sinapsis. La superficie del cuerpo celular también está incluida en el campo receptor de la neurona.

El **axón**, único, tiene un diámetro uniforme en toda su longitud. En las **interneuronas**, es una prolongación corta y se ramifica en su extremo terminal para establecer sinapsis con neuronas vecinas. Algunas interneuronas no tienen axón, por lo que sólo pueden conducir cambios graduados del potencial de membrana. En las **células principales**, el diámetro del axón aumenta proporcionalmente a su longitud. Del axón también pueden salir ramas **colaterales** en ángulo recto. Las ramas terminales, que se denominan **telodendria**, suelen tener en su extremo **terminales sinápticas** (o botones terminales), que están en contacto con otras células. El citoplasma del axón es el **axoplasma**, y su membrana celular, el **axolema**. En el axoplasma existen neurofilamentos, microtúbulos, mitocondrias diseminadas y fragmentos de retículo endoplasmático liso.

Mielina

El axón de una célula principal suele estar rodeado por una **vaina de mielina**, que empieza cerca del origen del axón y finaliza cerca de su ramificación terminal. La mielina es depositada por células de la neuroglia: células de Schwann en el sistema nervioso periférico y oligodendrocitos en el SNC. La vaina está formada por capas superpuestas de membranas plasmáticas gliales. Las interrupciones en dicha vaina son los **nódulos de Ranvier**, que indican uniones entre regiones formadas por distintas células de Schwann u oligodendrocitos. Los movimientos de iones característicos de la conducción de los impulsos en un axón mielínico se producen solamente en estos nódulos. De este modo, se produce una **conducción saltatoria** en la cual el potencial de acción salta eléctricamente de un nódulo al siguiente, por lo que la señalización es mucho más rápida en los axones mielínicos que en los amielínicos. Una **fibra nerviosa** está constituida por un axón y su vaina de mielina o, en las fibras amielínicas, sólo por el axón. Cuanto mayor es el diámetro de una fibra, más rápida es la conducción del impulso nervioso.

Las vainas de mielina se depositan a lo largo de la última etapa del desarrollo fetal y durante el primer año de vida tal y como se muestra (en

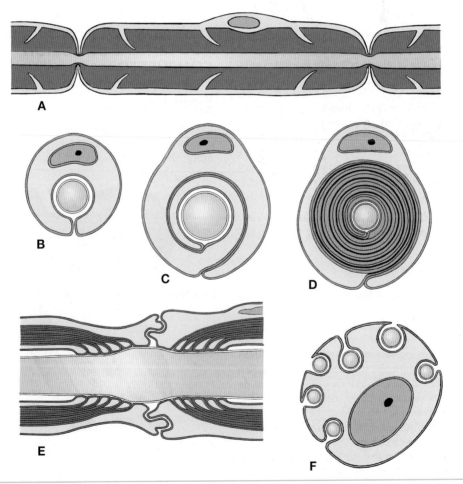

FIGURA 2-7. **(A)** Vaina de mielina y célula de Schwann tal y como se observan (en condiciones ideales) mediante microscopía óptica. **(B-D)** Etapas sucesivas del desarrollo de la vaina de mielina a partir de la membrana plasmática de una célula de Schwann. **(E)** Ultraestructura de un nodo de Ranvier, en sección longitudinal. **(F)** Relación entre una célula de Schwann y varios axones amielínicos.

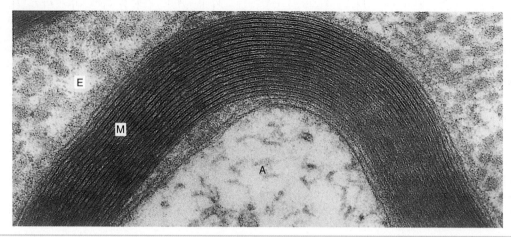

FIGURA 2-8. Ultraestructura de la vaina de mielina (M) de un nervio periférico. Las capas densas y menos densas se alternan, y las últimas incluyen una fina línea interperiódica. A, axoplasma; E, endoneurio, con fibras de colágeno. (× 107.500; cedida por el Dr. R. C. Buck.)

el caso de las fibras periféricas) en la figura 2-7. La ultraestructura de la vaina se muestra en la figura 2-8. Cada célula de Schwann mieliniza solamente un axón pero, en el SNC, cada prolongación de un único oligodendrocito contribuye a la mielinización de un axón diferente (fig. 2-9).

Los experimentos realizados con nervios periféricos de animales muestran que todas las células de Schwann pueden sintetizar vainas de mielina y que cada neurona determina si los neurogliocitos que rodean a su axón formarán o no dicha vaina.

CONDUCCIÓN SALTATORIA EN AXONES MIELÍNICOS

Fibras nerviosas

Una fibra nerviosa es un axón con su vaina de mielina, si la tiene, y las células de la glía envolvente. La velocidad de conducción de un impulso a lo largo de una fibra nerviosa aumenta con su diámetro. Los axones más grandes poseen vainas de mielina más gruesas y, por consiguiente, tienen los mayores diámetros externos. El diámetro de un axón es de alrededor de dos tercios del diámetro externo total de la fibra. Los axones más delgados, que suelen conducir impulsos más lentamente, no tienen mielina.

Las fibras nerviosas periféricas se clasifican en distintos grupos de acuerdo con su diámetro externo y su velocidad de conducción (tabla 2-1). Los axones del SNC no son tan fáciles de clasificar porque existe una gran variabilidad en sus diámetros.

VELOCIDAD DE CONDUCCIÓN Y POTENCIAL DE ACCIÓN COMPUESTO

Sinapsis

Las neuronas actúan sobre otras neuronas en sus puntos de unión o sinapsis. El término que significa conjunción o conexión fue acuñado por

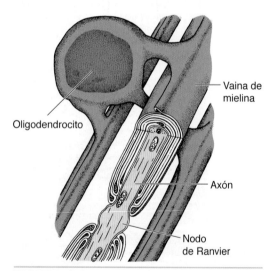

FIGURA 2-9. Vista de un oligodendrocito, con sus extensiones citoplasmáticas que forman las vainas de mielina de axones en el sistema nervioso central. (Modificado de Bunge MB, Bunge RP, Ris H. Ultrastructural study of remyelination in an experimental lesion in adult cat spinal cord. *J Biophys Biochem Cytol* 1961;10:67-94.)

TABLA 2-1.   **Tamaño y velocidad de conducción de las fibras nerviosas**

Nombre y función del tipo de fibra*	Diámetro externo (μm)	Velocidad de conducción (m/s)
Fibras mielínicas		
Aα o IA Motrices del músculo esquelético; sensitivas de las terminales propioceptivas de los husos musculares (fásicas, anuloespirales)	12-20	70-120
Aβ o IB Sensitivas de los tendones (tensión); también de los corpúsculos de Ruffini, en la piel	10-15	60-80
Aβ o II Sensitivas de los corpúsculos de Meissner y de Pacini, así como de terminales similares de la piel y el tejido conectivo; de folículos de pelos grandes y terminales propioceptivas tónicas (secundarias o «en flor») de los husos musculares	5-15	30-80
Aγ Fibras motoras intrafusales de los husos musculares	3-8	15-40
Aδ o III Sensitivas de los folículos de pelos pequeños y terminales nerviosas libres para la temperatura y el dolor	3-8	10-30
B Autónomas preganglionares (ramas blancas y pares craneales 3, 7, 9 y 10)	1-3	5-15
Fibras amielínicas		
C o IV Dolor y temperatura; olfato; autónomas posganglionares	0,2-1,5	0,5-2,5

*Las letras se usan para todos los nervios, y las cifras romanas para las fibras sensitivas de las raíces nerviosas dorsales.

Sherrington en 1897. Los potenciales de acción, que se pueden propagar en cualquier dirección a lo largo de la superficie de un axón, toman una dirección que en condiciones fisiológicas viene determinada por polaridad permanente en la mayoría de las sinapsis, en las que la transmisión se produce desde el axón de una neurona a la dendrita o el pericarion de otra neurona. Por ello, los potenciales de acción se inician en el cono axónico y se propagan alejándose del cuerpo celular.

SINAPSIS QUÍMICAS

Los puntos de contacto funcional entre dos neuronas o entre una neurona y una célula efectora se denominan **sinapsis**. Las características estructurales detalladas de las sinapsis solamente pueden observarse mediante microscopía electrónica. La mayoría de las uniones sinápticas en los animales vertebrados son **sinapsis químicas**. Las membranas superficiales de las dos células están engrosadas por el depósito de proteínas (receptores y canales y únicos) en sus superficies citoplasmáticas. La **hendidura sináptica** que las separa contiene una glucoproteína densa ante los electrones que no se encuentra en el espacio extracelular general.

La neurita presináptica que, en la mayoría de los casos, es una rama de un axón, se denomina **terminal sináptica** o **botón terminal** (por su aspecto en la microscopia óptica). Una terminal sináptica contiene numerosas mitocondrias y una agrupación de **vesículas sinápticas**, que son orgánulos de un diámetro de 40 a 150 nm (fig. 2-10) que están unidos a la membrana y contienen neurotransmisores químicos. Las vesículas pueden ser esféricas (en las sinapsis de tipo I de Gray, que suelen ser excitadoras) o elipsoidales (en las sinapsis de tipo II de Gray, que utilizan el neurotransmisor inhibidor γ-aminobutirato [GABA]). Las sinapsis

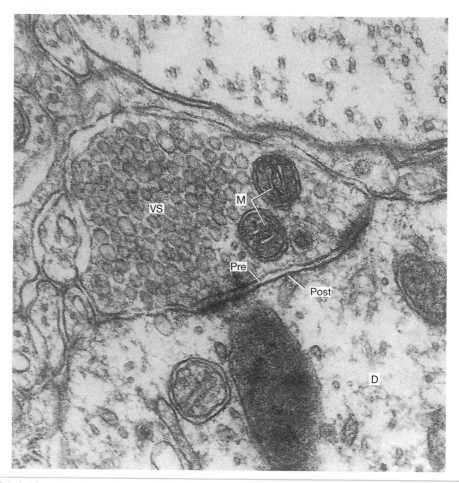

FIGURA 2-10.   Microfotografía electrónica de una sinapsis axodendrítica de tipo I de Gray (asimétrica) en el hipotálamo del conejo. D, dendrita; M, mitocondria; Post, membrana postsináptica; Pre, membrana presináptica; VS, vesículas sinápticas. (× 82.000; cedida por el Dr. R. Clattenburg.)

de tipo I son asimétricas y tienen depósitos de material fibrilar mucho más gruesos en la membrana postsináptica que en la presináptica.

La estructura postsináptica suele ser una dendrita. A menudo, posee una prolongación pedunculada denominada **espina dendrítica**, que invagina la neurita presináptica. Por lo general, las sinapsis se agrupan en una dendrita o una terminal axónica para formar una estructura de gran tamaño denominada **glomérulo** o **complejo sináptico**. En el SNC, las proyecciones citoplasmáticas de los astrocitos protoplasmáticos intervienen estrechamente en los complejos sinápticos, limitando la difusión en los espacios intracelulares de los neurotransmisores y los iones orgánicos liberados como el calcio y el potasio. Estos iones y pequeñas moléculas se absorben hacia el interior del citoplasma de los astrocitos desde donde pueden difundir, gracias a las uniones de hendidura, a los astrocitos adyacentes.

En la figura 2-11 se muestran distintos tipos de sinapsis químicas. Los mecanismos más frecuentes de transmisión de señales de una neurona a otra son las sinapsis axodendrítica y axosomática. Las sinapsis axoaxónicas están situadas estratégicamente para interferir con el inicio de los impulsos en los segmentos iniciales de otros axones o con las actividades de otras terminales sinápticas. Las sinapsis dendrodendríticas pueden modificar la respuesta de una neurona ante señales en otras sinapsis.

Cuando el potencial de membrana de una neurita presináptica se invierte por la llegada de un potencial de acción (o, en el caso de la sinapsis dendrodendrítica, se reduce suficientemente mediante una fluctuación graduada), se abren los canales de calcio y los iones de Ca^{2+} difunden hacia el interior de la célula debido a que se encuentran en una concentración mucho mayor en el líquido extracelular que en el citoplasma. La entrada de calcio activa la fusión de vesículas sinápticas en

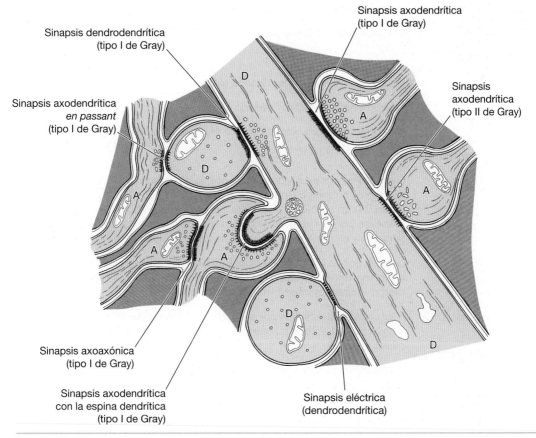

Sinapsis axodendrítica
(tipo I de Gray)

Sinapsis dendrodendrítica
(tipo I de Gray)

Sinapsis
axodendrítica
(tipo II de Gray)

Sinapsis axodendrítica
en passant
(tipo I de Gray)

Sinapsis axoaxónica
(tipo I de Gray)

Sinapsis axodendrítica
con la espina dendrítica
(tipo I de Gray)

Sinapsis eléctrica
(dendrodendrítica)

FIGURA 2-11.   Ultraestructura de varios tipos de sinapsis. Las áreas *verdes* corresponden a las prolongaciones citoplasmásticas de los astrocitos. A, axones; D, dendritas.

el plasmalema terminal, con la consiguiente liberación de neurotransmisores y neuromoduladores en la hendidura sináptica. Los **neurotransmisores** clásicos estimulan o inhiben a la célula postsináptica, mientras que los **neuromoduladores** ejercen otras acciones, entre ellas la modificación de la respuesta a los neurotransmisores.

Después de atravesar la hendidura sináptica, las moléculas de transmisor se combinan con los **receptores** de la célula postsináptica. Si la interacción transmisor-receptor es de tipo excitador, se produce la entrada de iones Na^+ y Ca^{2+} y la salida de iones K^+ en los sitios postsinápticos. En cambio, la inhibición suele dar lugar a la apertura de canales de cloro en la membrana postsináptica, que se hiperpolariza temporalmente como consecuencia de la difusión de iones Cl^- hacia el citoplasma. También causa cierta inhibición la apertura de los canales de K^+, que permite que estos iones salgan de la célula, lo cual resulta en una carga neta negativa en el interior de la célula, como ocurre con la entrada de iones Cl^-. Estos cambios en el potencial de membrana se suman

en toda la superficie receptora de la neurona postsináptica. Si el cambio eléctrico neto alcanza un umbral de despolarización de alrededor de -55 mV en el cono axónico, se inicia un potencial de acción que se propagará a lo largo del axón. Por tanto, la suma de las respuestas postsinápticas en el campo receptivo de una neurona determina si, en determinado momento, se enviará o no un impulso a lo largo del axón.

Algunos neurotransmisores actúan rápidamente (en milisegundos) al combinarse con **receptores ionótropos,** que son también los canales iónicos de la membrana. En cambio, otras sustancias —en especial los péptidos— actúan más lentamente (en segundos, minutos u horas). Los transmisores o moduladores de acción lenta se combinan con **receptores metabótropos** asociados a **proteínas G.** Estas últimas sustancias se unen al trifosfato de guanosina y participan en sistemas intracelulares de segundos mensajeros en el citoplasma de la célula postsináptica. El neurotransmisor inhibidor GABA actúa sobre receptores ionótropos asociados a canales de cloruro y sobre receptores

TABLA 2-2. Neurotransmisores y neuromoduladores

Compuesto	Localización y funciones
Aminoácidos	
Glutamato	Neurotransmisor excitador de todo el SNC
GABA	Neurotransmisor inhibidor de todo el SNC
Glicina	Neurotransmisor inhibidor del tronco encefálico y la médula espinal
Aminas y compuestos afines	
Acetilcolina	Neurotransmisor excitador utilizado por las motoneuronas, todas las neuronas autónomas preganglionares y algunas neuronas autónomas posganglionares (v. cap. 24). En el SNC, la acetilcolina es el neurotransmisor o neuromodulador empleado por las neuronas de ciertos núcleos de la formación reticular (v. cap. 9) y en núcleos del prosencéfalo que se proyectan a la corteza cerebral
Dopamina	Utilizada por las neuronas del hipotálamo, la sustancia negra y el área ventrotegmentaria (v. caps. 11, 12 y 18). Ejerce acciones moduladoras en el cuerpo estriado, el sistema límbico y la corteza prefrontal
Noradrenalina	Neurotransmisor utilizado por la mayoría de las neuronas de los ganglios simpáticos (v. cap. 24); sus acciones varían en función de los receptores de las células inervadas
	Las neuronas del *locus caeruleus* y otras partes de la formación reticular (v. cap. 9) que producen noradrenalina tienen efectos neuromoduladores en el encéfalo y la médula espinal
Histamina	Neurotransmisor excitador usado por las neuronas del núcleo tuberomamilar del hipotálamo. Estas neuronas poseen axones largos y ramificados que llegan hasta la mayor parte del encéfalo y podrían participar en el mantenimiento de la consciencia
Serotonina (5-hidroxitriptamina)	Neuromodulador utilizado por las neuronas de la línea media del tronco encefálico que poseen largos axones ramificados que llegan hasta todas las áreas del SNC. Algunas de sus acciones están relacionadas con el sueño (v. cap. 9), el estado de ánimo (v. cap. 18) y el dolor (v. cap. 19)

GABA, γ-aminobutirato; SNC, sistema nervioso central.

asociados a proteínas G que inducen la apertura de canales de potasio. El glutamato, que es el neurotransmisor excitador más abundante, también actúa sobre receptores ionótropos y metabótropos. Las propiedades de algunos neurotransmisores y neuromoduladores se resumen en la tabla 2-2; sin embargo, esta tabla no incluye los numerosos péptidos que actúan como neurotransmisores y neuromoduladores a lo largo del sistema nervioso.

SINAPSIS ELÉCTRICAS

Las sinapsis eléctricas son frecuentes en los invertebrados y los vertebrados inferiores y se han detectado en algunas áreas del sistema nervioso de los mamíferos. Consiten en la estrecha yuxta-

posición (2 nm) de las membranas pre y postsinápticas de ambas células, a través de la cual sus citoplasmas se unen mediante numerosos túbulos o **conexones** formados por moléculas proteicas de transmembrana de ambas células. El agua y los iones y moléculas pequeñas se mueven con libertad a través de estos conexones. Las sinapsis eléctricas son vías de baja resistencia entre neuronas, y la transmisión es inmediata porque en ella no participan mediadores químicos. A diferencia de la mayoría de las sinapsis químicas, las eléctricas no están polarizadas y el sentido de la transmisión fluctúa con los potenciales de membrana de las células conectadas. A los conjuntos de conexones que unen células se les designa con el término general de **uniones de hendidura**.

Transporte axónico

Las proteínas, entre ellas las enzimas, las lipoproteínas de membrana y las proteínas estructurales citoplasmáticas son transportadas a zonas distales de los axones desde sus sitios de síntesis en el pericarion. Por medio del estudio de la distribución de proteínas marcadas con aminoácidos radiactivos se han identificado dos velocidades principales de transporte. La mayor parte de las proteínas se mueve en sentido distal a una velocidad de cerca de 1 mm/día, una velocidad a la que se desplazan proteínas estructurales, entre ellas las subunidades de neurofilamentos y microtúbulos. Una proporción más baja de moléculas se transporta con mucha mayor rapidez, a una velocidad media de 300 mm/día. Simultáneamente, se produce un transporte en sentido contrario, desde las terminales sinápticas hasta el cuerpo celular. El material transportado en sentido retrógrado pueden ser proteínas absorbidas desde el líquido extracelular por las terminales axónicas o proteínas que alcanzan las terminales axónicas por medio del transporte anterógrado rápido y se envían de nuevo al pericarion. La velocidad del transporte retrógrado es variable, pero la mayoría de los materiales se mueve a una velocidad de casi dos tercios de la del transporte anterógrado rápido.

Los mecanismos de transporte axónico rápido en ambos sentidos se emplean predominantemente para sustancias unidas a partículas y requieren que los microtúbulos del axoplasma estén íntegros. Las partículas se mueven a lo largo de las caras externas de estos túbulos. Puede considerarse una característica asombrosa de la ingeniería biológica que puedan moverse sustancias distintas a distintas velocidades y en diferentes sentidos simultáneamente dentro de unos tubos tan finos como los axones.

Respuestas de las neuronas a las lesiones

Las neuronas pueden sufrir lesiones debidas a traumatismos físicos o enfermedades, como un infarto causado por una oclusión vascular. Mientras que las interneuronas pequeñas son más propensas a desintegrarse por completo, las lesiones de las neuronas de mayor tamaño pueden causar la destrucción del cuerpo celular o la sección del axón con conservación del cuerpo celular. Cuando se desintegra el cuerpo celular de una neurona, su axón queda aislado de la maquinaria sintética de la célula y se fragmenta en poco tiempo; estas partes acaban siendo fagocitadas. Lo mismo ocurre

en áreas distales a la zona de la lesión axónica. La degeneración de un axón que se ha separado del resto de las células se llama **degeneración walleriana**. Se trata de un proceso que no sólo afecta al axón, sino también a su vaina de mielina, aunque ésta no forma parte de la neurona afectada.

REACCIONES EN EL CUERPO CELULAR

Los cambios en el cuerpo celular después de la sección del axón se denominan reacción axónica y varían en función del tipo de neurona. Las células de determinadas áreas degeneran de forma progresiva y, en último término, desaparecen. Esto es lo que sucede con la mayoría de las neuronas cuando la lesión se produce antes o poco después del parto. En cambio, las partes proximales de algunas neuronas adultas no sufren alteraciones significativas tras la sección del axón. En estas células, entre 24 y 48 h después de la separación del axón se produce una transformación de los conglomerados densos de sustancia de Nissl en una dispersión granular fina, en un proceso denominado cromatólisis (fig. 2-3). El núcleo se sitúa en una posición excéntrica, alejándose del cono axónico, y el cuerpo celular se hincha. Estos cambios alcanzan su máxima expresión entre 10 y 20 días después de la sección axónica, y cuanto más cercana sea la lesión al cuerpo celular, mayor es dicha hinchazón. En las neuronas cromatolíticas se produce una síntesis acelerada de ARN y proteínas que promueve el nuevo crecimiento del axón cuando las condiciones permiten dicha regeneración. La recuperación suele producirse en el transcurso de varios meses; si el axón no se regenera, el tamaño del cuerpo celular se reduce.

Estas modificaciones se observan muy claramente en las motoneuronas tras la sección de un nervio periférico. En las células confinadas en el SNC, la reacción axónica es visible sólo en algunas neuronas de gran tamaño. En las células grandes es posible que no se produzca reacción axónica cuando la lesión respeta las ramas axónicas colaterales que se originan cerca del cuerpo celular.

La **degeneración transneuronal** es aparentemente similar a la reacción axónica, pero tiene lugar en los cuerpos de las células neuronales que han perdido la mayoría de sus aferentes. Por ejemplo, a la sección de la cintilla óptica le sigue, después de varias semanas, la atrofia de algunas neuronas del cuerpo geniculado lateral del tálamo, donde terminan la mayoría de las fibras ópticas. Las neuronas postsinápticas no han sufrido lesiones directas y su degeneración se atribuye a la desaparición de una sustancia trófica que, en condiciones normales, proporcionan las neuronas presinápticas. Las neuronas del SNC de los animales inmaduros son especialmente susceptibles a sufrir lesiones por desaferenciación.

CONSECUENCIAS DE LA SECCIÓN DE UN NERVIO PERIFÉRICO

Los axones no tardan en degradarse cuando son separados de su cuerpo celular. Los fagocitos eliminan los fragmentos residuales del axón y la mielina y preparan al nervio para recibir cualquier axón que pueda regenerarse en el muñón distal. Estos acontecimientos se conocen como degeneración walleriana.

DEGENERACIÓN WALLERIANA EN LOS NERVIOS PERIFÉRICOS

Durante el primer día, el axón distal a la lesión se hincha de forma irregular simultáneamente en toda su longitud. Entre el tercer y el quinto día se rompe en fragmentos. La contracción muscular inducida por la estimulación eléctrica del nervio motor que ha degenerado cesa de 2 a 3 días después de la sección del nervio. La vaina de mielina se transforma en una serie de segmentos elipsoidales cortos en el transcurso de los primeros días y, de forma gradual, se desintegra por completo. Paralelamente, a través de las paredes de los vasos sanguíneos se produce una migración de leucocitos mononucleares, que se acumulan en el espacio cilíndrico dentro de la lámina basal de la columna de células de Schwann asociadas a cada fibra nerviosa. Los restos del axón y su vaina de mielina (o solamente de los axones en el caso de las fibras amielínicas) son fagocitados. De este modo, el cabo distal de un nervio que ha degenerado está repleto de formaciones tubulares denominadas bandas de von Bungner, que contienen fagocitos y células de Schwann.

REGENERACIÓN AXÓNICA EN LOS NERVIOS PERIFÉRICOS

Si el axón de una neurona de tamaño grande se secciona a la altura de la mitad de su longitud, la célula pierde más de la mitad de su citoplasma. La parte de la neurona que se pierde puede crecer de nuevo si la lesión se ha producido en el territorio del sistema nervioso periférico. Este proceso de reparación se denomina **regeneración axónica**. Es importante distinguir entre este uso de la palabra y el referente a la restitución de las

células perdidas por mitosis y reorganización del tejido.

En un nervio seccionado, la regeneración de los axones requiere la colocación quirúrgica de sus extremos cortados uno junto a otro. En las lesiones por compresión (o por congelación de un tramo corto de un nervio en un animal de laboratorio) se seccionan los axones, pero se conserva intacta la

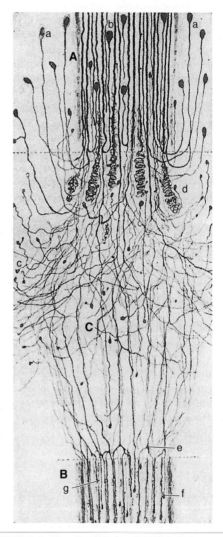

FIGURA 2-12. Sección longitudinal de la regeneración de axones a partir del cabo proximal (A) en la cicatriz del área de corte y reparación (C) y en el cabo distal (B) de un nervio periférico. a, b y c, axones en regeneración mal dirigidos; d, espirales formadas por axones en crecimiento que no logran penetrar en la cicatriz; e, rama axónica en regeneración; f y g, axones en crecimiento en el cabo periférico. (Adaptado de Cajal SR. *Degeneration and regeneration of the nervous system,* vol I. London: Oxford University Press, 1928:243.)

estructura de tejido conectivo que envuelve el nervio, que puede guiar a los axones en crecimiento hacia sus destinos correspondientes.

CRECIMIENTO Y MADURACIÓN DE LOS AXONES

La siguiente descripción se refiere a los nervios que se han seccionado limpiamente y han sido reparados. Durante los primeros días, el intervalo entre los extremos contiguos se llena de fagocitos y fibroblastos. Hacia el cuarto día, aparecen en la zona los axones que se están regenerando y células de Schwann que han migrado. Cada axón se divide en numerosas ramas filamentosas que poseen un extremo engrosado denominado **cono de crecimiento**. La velocidad de crecimiento axónico es inicialmente baja, y los conos de crecimiento pueden tardar hasta 3 semanas en atravesar el área seccionada. Muchos axones crecen en el tejido conectivo cercano, pero otros logran alcanzar las bandas de von Bungner del segmento distal. Si existe un número elevado de axones que no consiguen penetrar en el cabo distal, se produce una tumescencia o **neuroma**, que puede causar dolor espontáneo.

La invasión de un tubo en particular que conduce a un tipo específico de órgano final depende únicamente del azar. Después de cruzar la región donde se ha producido la lesión (fig. 2-12) y penetrar en las bandas de von Bungner, los filamentos axónicos crecen a lo largo de las hendiduras entre las columnas de células de Schwann y las láminas basales circundantes. Por lo general, en cada tubo penetra una sola rama de cada axón, y el resto de brotes retrocede hacia el eje del axón en crecimiento. La velocidad de crecimiento en el nervio distal a la lesión es de 2 a 4 mm/día.

Los axones en regeneración alcanzan finalmente las terminales motrices y sensitivas; la proporción de terminales reinervadas correctamente depende de las condiciones del área de la lesión original. El tiempo que pasa entre la sutura nerviosa y el inicio de la actividad puede calcularse basándose en una velocidad media de regeneración de 1,5 mm/día. En este cálculo se tiene en cuenta el tiempo que se requiere para que las fibras atraviesen la lesión y para que las terminales nerviosas periféricas puedan inervarse de nuevo.

En una extremidad humana, la regeneración axónica puede controlarse mediante el **signo de Tinel**: cuando se golpea con un martillo parte de un nervio que contiene axones que se están regenerando, el paciente refiere un cosquilleo en el área de la piel que normalmente sería inervada por él.

Todos los axones en regeneración se rodean de citoplasmas de células de Schwann. En los axones que deben ser recubiertos por mielina, las células de Schwann depositan las vainas empezando junto a la lesión y progresando en dirección distal.

Incluso años después de la lesión y su reparación, los diámetros de las fibras, las separaciones entre nódulos y las velocidades de conducción no suelen superar el 80% de los valores normales correspondientes. Por otra parte, los axones motores regenerados inervan más fibras musculares que antes de la lesión, por lo que el control de los músculos es menos preciso y la función sensitiva también es inferior a la de los nervios no lesionados.

INJERTOS DE NERVIOS

Cuando se ha perdido una parte importante de la longitud de un nervio, puede repararse mediante la inserción de un injerto tomado de un nervio cutáneo delgado que sea menos importante desde el punto de vista funcional que el que va a ser reparado. Para ello, se colocan varios haces del injerto de nervio uno junto a otro, formando una especie de cable, y se unen al nervio de mayor tamaño. La regeneración axónica en un injerto de un nervio es idéntica a la que se produce en un nervio seccionado y suturado, pero los axones en crecimiento deben ocupar dos zonas de anastomosis. Por tanto, la recuperación funcional dista mucho de ser perfecta. Estos injertos deben ser autoinjertos (es decir, de nervios del mismo individuo) o isoinjertos (de nervios procedentes de un gemelo idéntico); de lo contrario, el sistema inmunitario los rechazará.

DEGENERACIÓN Y REGENERACIÓN AXÓNICA EN EL SNC

La lesión más sencilla de visualizar es una incisión limpia en el encéfalo o la médula espinal. El espacio formado por la hoja del bisturí se llena de sangre y, posteriormente, de tejido conjuntivo rico en colágeno, en continuidad con la piamadre. Los astrocitos del tejido nervioso situado a ambos lados de la cicatriz de colágeno producen prolongaciones citoplasmáticas más largas y numerosas que forman una masa entrelazada. El número de astrocitos en esta zona no aumenta de manera apreciable, pero se produce un gran incremento en la población celular total como consecuencia, fundamentalmente, de la migración de monocitos desde los vasos sanguíneos para formar unas células fagocíticas denominadas **microglia reactiva**.

Los microgliocitos en reposo que ya estaban en la zona antes de la lesión también se transforman en fagocitos.

La degeneración de los axones centrales afectados y sus vainas es diferente del proceso de degeneración walleriana de los nervios periféricos. Los fragmentos de axones mielinizados que están degenerando siguen en la zona meses después de la lesión, y los microgliocitos reactivos que acabarán fagocitando los restos persisten varios años en la zona, con lo cual marcan la localización de las fibras degeneradas.

Los axones cortados en un nervio se renuevan vigorosamente y reinervan los órganos periféricos, como se ha explicado más arriba. En cambio, cuando los axones se cortan dentro del encéfalo o la médula espinal, sus cabos proximales comienzan a regenerarse enviando brotes hacia la región donde se ha producido la lesión, si bien este crecimiento cesa en unas 2 semanas. La falta de regeneración axónica se atribuye, en parte, a un aporte insuficiente de **factores de crecimiento**, unas proteínas que promueven la supervivencia de las neuronas y el crecimiento axónico. Los factores de crecimiento son sintetizados por diversos tipos de células, entre ellas las neuronas y los neurogliocitos. Algunas proteínas inhiben el crecimiento axónico; la que se conoce mejor se encuentra en los oligodendrocitos y la mielina.

En unas pocas circunstancias, los axones se regeneran correctamente en el encéfalo de los mamíferos. Por ejemplo, los axones neurosecretores no mielinizados del tallo hipofisario (v. cap. 11) pueden regenerarse eficazmente en mamíferos adultos. Lo mismo ocurre en los roedores y los marsupiales recién nacidos con varios tipos de axones después de practicar lesiones del encéfalo y la médula espinal. Tanto los axones en crecimiento como los que se están regenerando atraviesan las áreas de la sección y establecen conexiones sinápticas adecuadas con otras neuronas. Estos animales se encuentran en etapas de crecimiento equivalentes al desarrollo inicial e intermedio del feto en el ser humano. En cualquier caso, muchas neuronas de los animales maduros mueren después de la axotomía. En los anfibios y los peces adultos, los axones centrales pueden regenerarse y reconectarse adecuadamente con otras neuronas.

PLASTICIDAD DE LAS CONEXIONES NEURALES

En algunas regiones del encéfalo, después de una lesión traumática o patológica se produce una importante recuperación funcional, sobre todo cuando la lesión no es grande. Por ejemplo, la destrucción de un área pequeña de corteza cerebral que tenía una función motora o sensitiva bien definida produce parálisis o pérdida de la sensibilidad, que se recupera varias semanas más tarde. Lo mismo ocurre después de la sección parcial de tractos de fibras nerviosas. En la práctica clínica es frecuente observar la recuperación de una parálisis causada por la oclusión de vasos sanguíneos en los hemisferios cerebrales (es decir, un ictus), e incluso pueden verse recuperaciones funcionales después de lesiones transversas parciales de la médula espinal.

La recuperación funcional implica que neuronas intactas se hacen cargo de las funciones de la región dañada. La reorganización de las conexiones dentro del encéfalo se denomina **plasticidad**, un fenómeno que podría ser una extensión de la capacidad de adaptación normal utilizada para el aprendizaje de tareas repetidas con frecuencia. Esta plasticidad funcional después de las lesiones del sistema nervioso se acompaña de cambios estructurales. De este modo, cuando un grupo de neuronas pierde algunas señales aferentes, los axones preterminales que restan intactos, que pueden proceder de áreas muy diversas, desarrollan a menudo nuevas ramas que forman sinapsis en los sitios denervados por la lesión original. Este proceso, que se denomina **brote de colaterales axónicos**, puede producirse dentro de un grupo reducido de neuronas o a mayores distancias, como ocurre cuando los axones de células de los ganglios de las raíces dorsales intactas extienden sus ramas tres o cuatro segmentos hacia arriba y hacia abajo de la médula espinal después de la sección de las raíces dorsales vecinas.

TRASPLANTE DE NEURONAS CENTRALES

Las neuronas del SNC adulto mueren poco después de ser extraídas del organismo, probablemente como consecuencia de la separación de sus axones y dendritas. Sin embargo, pueden crecer axones hacia dentro y hacia fuera de pequeños fragmentos o de células aisladas de tejido nervioso central embrionario o fetal y ser trasplantados a ciertas partes del encéfalo adulto. En animales de laboratorio, las neuronas fetales trasplantadas pueden compensar, en parte, los efectos de las lesiones y las enfermedades inducidas en procedimientos experimentales. Se han efectuado numerosos intentos de practicar este tipo de injertos a enfermos de Parkinson (v. cap. 12), pero no se han obtenido beneficios sustanciales o permanentes. Es poco probable que los trasplantes en el encéfalo o médula espinal humanos sean terapéuticamente importantes, debido a que: a) incluso cuando se cuenta con varios fetos donantes (hasta seis en algunos experimentos), el número de neuronas implantadas es muy pequeño en relación con las regiones correspondientes del encéfalo receptor; b) las neuronas que se colocan en lo que deberían ser las localizaciones normales de sus cuerpos celulares es poco probable que generen axones que crezcan varios centímetros en la dirección correcta a través del encéfalo del huésped hacia las poblaciones apropiadas de neuronas postsinápticas, y c) las neuronas depositadas en las regiones que deberían inervar sus axones no reciben suficientes aferentes sinápticas en las áreas correctas de sus cuerpos celulares.

La investigación actual sobre los trasplantes en el cerebro se está centrando en las células madre, a las que se puede inducir para diferenciarse en neuronas o neurogliocitos, y en células gliales derivadas de un adulto como las células de Schwann o las células de la glía envolvente del bulbo olfativo, que pueden promover el crecimiento axónico en el encéfalo adulto. Una línea de investigación muy interesante son las neuronas progenitoras de determinadas áreas del encéfalo de los animales adultos, a las que se puede inducir para que migren y se diferencien en neuronas; este fenómeno podría tener aplicaciones terapéuticas.

Neurogliocitos

El término se aplicó inicialmente sólo a células del SNC, pero en la actualidad designa también a las células no neuronales íntimamente relacio-

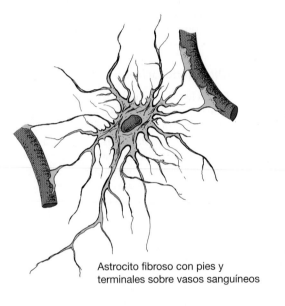

Astrocito fibroso con pies y terminales sobre vasos sanguíneos

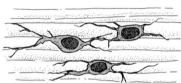

Oligodendrocitos interfasciculares

Microgliocito en reposo de la sustancia gris

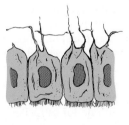

Ependimocitos

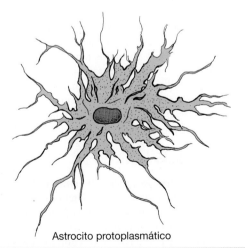

Astrocito protoplasmático

FIGURA 2-13.   Células de la neuroglia del sistema nervioso central.

nadas con las neuronas y sus proyecciones en los ganglios y nervios periféricos. La figura 2-13 muestra las características estructurales de los diversos tipos de neurogliocitos, y la biología de su desarrollo se revisa en el capítulo 1.

NEUROGLIA CENTRAL

Astrocitos

Los astrocitos son células de estructura variable que poseen numerosas prolongaciones citoplasmáticas. Su citoplasma contiene filamentos intermedios compuestos por una molécula denominada **proteína acídica fibrilar glial** (GFAP, *glial fibrillary acidic protein*). Numerosas proyecciones de los astrocitos se encuentran estrechamente unidas a los capilares sanguíneos, donde se les denomina **pies terminales** perivasculares. En cambio, otros pies terminales se sitúan en la piamadre de la superficie externa del SNC y por debajo de la monocapa de ependimocitos que reviste el sistema ventricular formando, respectivamente, las **membranas limitante glial externa** e **interna**.

Es fácil reconocer dos tipos opuestos de astrocitos mediante microscopía óptica o electrónica. Los **astrocitos fibrosos** se presentan en la sustancia blanca y tienen prolongaciones largas con gruesos fascículos de filamentos de GFAP. Los **astrocitos protoplasmáticos** (o **velados**) se encuentran en la sustancia gris y tienen unas proyecciones muy ramificadas y de forma plana para formar láminas finas alrededor de las ramas terminales de los axones, las dendritas y las sinapsis. Las **células de Müller** (en la retina) y los **pituicitos** (en la neurohipófisis, v. cap. 11) son variedades morfológicas de astrocitos protoplasmáticos. En los nervios olfativos y el bulbo olfatorio del prosencéfalo existen **células de la glía envolvente del bulbo olfativo**, que derivan de la placoda olfativa y comparten propiedades con los astrocitos y las células de Schwann.

Las sinapsis y los nódulos de Ranvier están rodeados por proyecciones citoplasmáticas de los astrocitos protoplasmáticos, en cuya superficie hay moléculas transportadoras específicas de neurotransmisores. Los astrocitos pueden absorber algunos neurotransmisores, sobre todo glutamato, y de este modo finalizan sus acciones sobre la membrana postsináptica. La absorción de iones potasio por parte de los astrocitos, alrededor de las sinapsis, los axones amielínicos y los nódulos de Ranvier limita la propagación de los cambios eléctricos en los haces de axones y las regiones del neurópilo. La eliminación de los iones de potasio y otras moléculas de pequeño tamaño aumenta

también gracias a la existencia de uniones de hendidura entre astrocitos vecinos.

Los **cuerpos amiláceos** son estructuras esféricas de 25 a 50 μm de diámetro que pueden observarse en el cerebro y la médula espinal normal de casi todas las personas de mediana edad o avanzada. Su nombre procede de su similitud con los granos de almidón. La mayoría de ellos se forma por acumulación de glucoproteínas y lipoproteínas en las proyecciones de los astrocitos, aunque algunos contienen proteínas que normalmente están presentes en los oligodendrocitos o las neuronas. Los cuerpos amiláceos pueden ser muy abundantes, en especial en la sustancia blanca de la médula espinal, y sorprende que no interfieran con la actividad neuronal. En las áreas de degeneración de la corteza cerebral puede producirse, en ocasiones, un incremento local de la cantidad de cuerpos amiláceos, pero se considera que estas estructuras no están implicadas de forma directa en las causas de las enfermedades.

Oligodendrocitos

El núcleo de los oligodendrocitos es pequeño y está rodeado por un reborde del citoplasma del que salen unas pocas proyecciones largas y delgadas. Este citoplasma es muy visible debido a su alta densidad electrónica y porque contiene gran cantidad de retículo endoplasmático rugoso y numerosos polirribosomas. No tienen filamentos ni glucógeno, pero en sus proyecciones hay numerosos microtúbulos. Los **oligodendrocitos interfasciculares** se encuentran formando filas entre los axones mielínicos, donde sus prolongaciones citoplasmáticas forman vainas de mielina (v. fig. 2-9), con las que permanecen continuos. Esta función es equivalente a la de la célula de Schwann en los nervios periféricos. Cada oligodendrocito está conectado con varias fibras nerviosas mielínicas. Los **oligodendrocitos satélite** están íntimamente asociados a los cuerpos celulares de las neuronas grandes, y los astrocitos también lo están con los cuerpos celulares neuronales. Un tercer tipo de oligodendrocito, que no forma mielina, tiene prolongaciones citoplasmáticas que conectan con los nódulos de Ranvier de la sustancia blanca, junto con proyecciones de astrocitos.

Epéndimo

El epéndimo es un epitelio entre cúbico y columnar simple que reviste el sistema ventricular, y en él existen tres tipos celulares. Los **ependimocitos**, que constituyen la gran mayoría de estas células, tienen un citoplasma que contiene los orgánulos habituales y numerosos filamentos similares a los de los astrocitos. La mayoría de los ependimocitos posee cilios y microvellosidades en sus superficies libres o apicales. En las bases de las células hay prolongaciones del citoplasma que se entremezclan con los pies terminales astrocíticos de la membrana limitante glial interna. Los ependimocitos tapizan el sistema ventricular y, de este modo, están en contacto con el líquido cefalorraquídeo (LCR). Las conexiones entre estas células no son uniones estrechas, y entre el LCR y el tejido nervioso adyacente pueden intercambiarse libremente moléculas de diversos tamaños.

Los **tanicitos** se encuentran fundamentalmente en el suelo del tercer ventrículo. Se diferencian de los ependimocitos en que sus proyecciones basales son largas. Dichas proyecciones terminan en la piamadre y los vasos sanguíneos de la eminencia media del hipotálamo (v. cap. 11). Se ha sugerido que los tanicitos de la región ventral del hipotálamo responden a las variaciones de hormonas derivadas de la sangre en el LCR por medio de la secreción de sustancias hacia los vasos capilares de la eminencia media, una actividad que podría participar en el control del sistema endocrino que ejerce el lóbulo anterior de la hipófisis (v. cap. 11).

Las **células epiteliales coroideas**, que recubren las superficies de los plexos coroideos, poseen microvellosidades en sus superficies apicales e invaginaciones en sus superficies basales, que descansan sobre una membrana basal. Las células epiteliales coroideas vecinas se mantienen unidas por medio de uniones estrechas, de forma que evitan el movimiento pasivo de proteínas del plasma hacia el LCR. El metabolismo activo de estas células controla la composición química del LCR, el cual es secretado por los plexos coroideos hacia los ventrículos cerebrales (v. cap. 26).

Microglia

Cerca del 5% de la neuroglia del SNC está compuesta por microgliocitos en reposo. Estas células tienen un núcleo pequeño y alargado, un citoplasma escaso y varias prolongaciones ramificadas cortas con apéndices espinosos. Los microgliocitos en reposo están uniformemente dispersos tanto en la sustancia gris como en la blanca, y hay muy poca superposición o entrelazamiento entre sus proyecciones.

Los microgliocitos en reposo son equivalentes a los macrófagos de otros tejidos, y pueden adquirir propiedades fagocíticas cuando una lesión o una enfermedad afecta al SNC. También pueden participar en la protección del tejido nervioso de virus y microorganismos y en la de la formación de tumores.

Neuroglia central anómala

Cuando se produce una lesión en el encéfalo o la médula espinal, los astrocitos cercanos se hipertrofian: sus prolongaciones citoplasmáticas se hacen más numerosas y se agrupan en formaciones densas junto con filamentos de GFAP. También puede producirse un pequeño incremento en el número de células causado por mitosis de astrocitos maduros. Estos cambios, conocidos como **gliosis**, son característicos de numerosas alteraciones patológicas; en ocasiones, los astrocitos reactivos también se comportan como fagocitos.

En las áreas del SNC donde se ha producido una lesión o una alteración inflamatoria aparece una gran cantidad de células con propiedades estructurales y tintoriales similares a las de microgliocitos en reposo. Los datos experimentales indican que algunas de estas células patológicas, denominadas **microgliocitos reactivos**, se forman a partir de células de la microglia en reposo, que retraen sus prolongaciones, se dividen y adquieren movimientos ameboides y propiedades fagocíticas. La activación de la microglia del tejido se produce poco después de casi todos los tipos de lesiones. Posteriormente, entra en el sistema nervioso un gran número de monocitos a través de las paredes de los vasos sanguíneos; estos monocitos adquieren un aspecto similar al de los microgliocitos reactivos y fagocitan los residuos de células muertas, bacterias y otros desechos. Esta función es equivalente a la de los macrófagos de otras partes del cuerpo. Los microgliocitos reactivos que están distendidos por el material fagocitado rico en lípidos se denominan **células en enrejado** o *gitter cells*.

NEUROGLIA PERIFÉRICA

Células de Schwann (neurilema)

Las células de Schwann tienen una forma tubular y un núcleo alargado. Recubren íntimamente todos los axones de todas las partes del sistema nervioso periférico, entre ellas las raíces nerviosas y los nervios periféricos. Cada axón se encuentra suspendido en el citoplasma de la célula de Schwann por una doble capa de membrana superficial denominada **mesaxón**. Las células de Schwann forman las vainas de mielina de los nervios periféricos. Los axones mielínicos se exponen al líquido extracelular a intervalos regulares y en toda su longitud, en la cual hay espacios cortos entre células de Schwann vecinas, que son los **nódulos de Ranvier**. Cada célula de Schwann recubre un axón mielínico o varios axones amielínicos. La superficie de un axón amielínico está en contacto con el líquido extracelular en toda su longitud a través de la hendidura que existe entre las capas de su mesaxón (esta hendidura se cierra con la formación de una vaina de mielina). Sobre la superficie externa de las células de Schwann hay una lámina basal.

Células satélite (neurogliocitos ganglionares)

En los ganglios sensitivos y autónomos, las células satélite rodean estrechamente los somas neuronales. Los ganglios también tienen células de Schwann alrededor de los axones.

El sistema nervioso entérico está formado por pequeños ganglios y haces de neuritas (en su mayoría, amielínicas) que los conectan, situados en la pared intestinal (v. cap. 24). Los neurogliocitos de este sistema tienen unas características químicas y estructurales equivalentes a las de los astrocitos y los neurogliocitos periféricos. Los neurogliocitos entéricos no reciben ningún nombre en particular.

Bibliografía recomendada

Altman J. Microglia emerge from the fog. *Trends Neurosci* 1994;17:47–49.

Bahr M, Bonhoeffer F. Perspectives on axonal regeneration in the mammalian CNS. *Trends Neurosci* 1994;17:473–479.

Borlongan CV, Sanberg PR. Neural transplantation for treatment of Parkinson's disease. *Drug Discov Today* 2002;7:674–682.

Brecknell JE, Fawcett JW. Axonal regeneration. *Biol Rev* 1996;71, 227–255.

Bruni JE. Ependymal development, proliferation, and functions: a review. *Microsc Res Tech* 1998;41:2–13.

Bunge RP. Glial cells and the central myelin sheath. *Physiol Rev* 1968;48:197–251.

Cajal SR. *Degeneration and Regeneration of the Nervous System*, vol I. London: Oxford University Press, 1928:243.

Del Bigio MR. The ependyma: a protective barrier between brain and cerebrospinal fluid. *Glia* 1995;14:1–13.

Jones K, ed. Olfactory ensheathing cells: therapeutic potential for spinal cord regeneration [special issue]. *Anat Rec Part B* 2003;271:39–85.

Kettenman N, Ransom BR, eds. *Neuroglia*, 2nd ed. New York: Oxford University Press, 2005.

Landau WM. Artificial intelligence: the brain transplant cure for parkinsonism. *Neurology* 1990;40:733–740.

Leitch B. Ultrastructure of electrical synapses: review. *Electron Microsc Rev* 1992;5:311–339.

Nicholls JG, Wallace BG, Fuchs PA, et al. *From Neuron to Brain*, 4th ed. Sunderland, MS: Sinauer, 2001.

Peters A, Palay SL, Webster HdeF. *The Fine Structure of the Nervous System: Neurons and Their Supporting Cells*, 3rd ed New York: Oxford University Press, 1991.

Ramsay HJ. Ultrastructure of corpora amylacea. *J Neuropathol Exp Neurol* 1965;24:25–39.

Schipper HM, Cisse S. Mitochondrial constituents of corpora amylacea and autofluorescent astrocytic inclusions in senescent human brain. *Glia* 1995;14:55–64.

Shepherd GM. *Neurobiology*, 3rd ed. New York: Oxford University Press, 1994.

Somjen GG. Nervenkitt: notes on the history of the concept of neuroglia. *Glia* 1988;1:2–9.

Thored P, Arvidsson A, Cacci E, et al. Persistent production of neurons from adult brain stem cells during recovery after a stroke. *Stem Cells* 2006;24:739–747.

Weiss S, Dunne C, Hewson J, et al. Multipotent CNS stem cells are present in the adult mammalian spinal cord and ventricular neuroaxis. *J Neurosci* 1996;16:7599–7609.

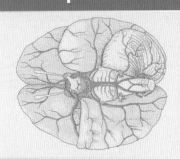

Capítulo 3

SISTEMA NERVIOSO PERIFÉRICO

Conceptos básicos

- Todos los cuerpos celulares de las neuronas del sistema nervioso periférico se encuentran en los ganglios. Los somas de las motoneuronas (o neuronas motoras) y las neuronas preganglionares del sistema nervioso autónomo están situados en la médula espinal y el tronco encefálico.

- Un nervio es un haz de axones con su neuroglia asociada, sus vainas de mielina y el tejido conjuntivo de sostén. Una fibra nerviosa está compuesta por un axón, su vaina de mielina y neurogliocitos (células de Schwann). Las fibras nerviosas de conducción más rápida (las de mayor diámetro) inervan fibras musculares extrafusales o transmiten señales de la propiocepción, la vibración y el tacto epicrítico. Los axones de menor tamaño son para el dolor, el olfato y la inervación de las vísceras.

- Los ganglios sensitivos están localizados en las raíces dorsales de los nervios raquídeos y algunos nervios craneales. Estos ganglios contienen neuronas unipolares, cuyos axones penetran en el sistema nervioso central (SNC).

- La piel tiene diversos tipos de terminaciones nerviosas sensitivas para el tacto, la temperatura, el dolor y otras sensaciones externas. Los músculos, los tendones y las articulaciones poseen terminaciones propioceptivas. Los husos musculares informan al SNC de los cambios en la longitud de los músculos; los receptores tendinosos responden a la tensión. La mayor parte de las sensaciones cinestésicas (es decir, la propiocepción consciente) se origina en los husos musculares; una parte también procede de las articulaciones.

- El músculo estriado esquelético está inervado por motoneuronas, cuyos cuerpos celulares se encuentran en la médula espinal y el tronco encefálico.

- La placa motora terminal es una estructura especializada del músculo estriado esquelético que posee funciones efectoras.

El neurotransmisor sináptico utilizado es la acetilcolina, que provoca la contracción de las fibras musculares.

- Los axones de las neuronas preganglionares forman sinapsis con las neuronas de los ganglios vegetativos. El músculo liso y las glándulas están inervados por las neuronas de los ganglios vegetativos.

- Las terminaciones de los axones del sistema nervioso autónomo son dilataciones (varicosidades) de axones amielínicos que contienen diversas sustancias que actúan como transmisores químicos que estimulan o inhiben el músculo liso, la musculatura cardíaca y las células secretoras.

Organización general

Ciertos aspectos del sistema nervioso periférico son especialmente pertinentes para el estudio del encéfalo y la médula espinal: los receptores sensitivos, las terminales motoras, la histología de los nervios periféricos y la estructura de los ganglios. Los comentarios introductorios que se exponen a continuación se refieren a todos los nervios raquídeos y a los nervios craneales que no se limitan a los sentidos especiales. Las estructuras revisadas en este capítulo se muestran en la figura 3-1, que representa un nervio raquídeo de la región dorsal o lumbar superior que incluye neuronas para la inervación de las vísceras.

Las terminaciones sensitivas generales se encuentran diseminadas profusamente en todo el cuerpo. Se trata de transductores biológicos, ya que generan potenciales de acción ante estímulos físicos o químicos. Los impulsos nerviosos resultantes alcanzan el sistema nervioso central (SNC), donde generan respuestas reflejas, la conciencia de los estímulos o ambos fenómenos. Las terminaciones sensitivas superficiales, como las de la piel, se denominan **exteroceptores** y responden a los estímulos del dolor, la temperatu-

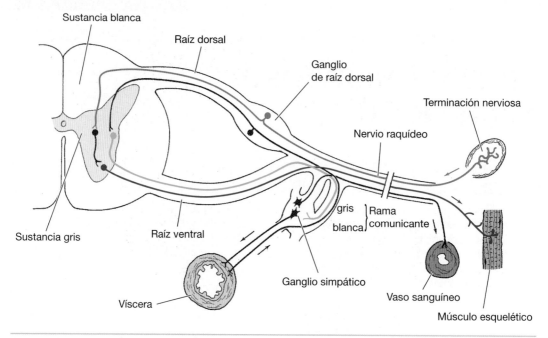

FIGURA 3-1. Componentes funcionales de un nervio raquídeo «típico», en este caso entre D1 y L2. Motoneuronas somáticas: *rojo*; neuronas sensitivas primarias: *azul*; neuronas preganglionares vegetativas (simpáticas): *verde*, e interneuronas de la médula espinal y neuronas simpáticas posganglionares: *negro*.

ra, el tacto y la presión. Los **propioceptores** de los músculos, los tendones y las articulaciones transmiten señales que permiten que se produzca un ajuste reflejo de la actividad muscular y la conciencia de la posición y el movimiento.

Componentes de nervios, raíces y ganglios

Las señales de los exteroceptores y los propioceptores son conducidas centrípetamente por neuronas sensitivas primarias, cuyos cuerpos celulares se encuentran en los ganglios de la raíz dorsal (o en un ganglio equivalente de un nervio craneal). Tras su entrada en la médula espinal, las fibras de la raíz dorsal se dividen en ramas ascendentes y descendentes que se distribuyen de la forma necesaria para generar respuestas reflejas (algunas de ellas se explican en el cap. 5) y para transmitir información sensitiva hacia el encéfalo (v. cap. 19).

Existe una tercera clase de terminaciones sensitivas denominadas **interoceptores**, que se encuentran en las vísceras. La conducción central la llevan a cabo neuronas sensitivas primarias como las mencionadas anteriormente, pero sus prolongaciones periféricas siguen una vía distinta. En el caso de los receptores del dolor,

las fibras alcanzan el tronco simpático a través del ramo comunicante blanco y continúan su trayecto hacia las vísceras por una rama del tronco simpático. En cuanto a los receptores relacionados con la regulación funcional de la actividad de los órganos internos, algunos axones sensoriales pueden seguir trayectos similares, pero los axones «aferentes fisiológicos» mejor conocidos tienen sus cuerpos celulares en ganglios de nervios craneales y están conectados en dirección central con el tronco encefálico. Por tanto, hay dos grandes categorías de terminaciones sensitivas y neuronas aferentes: las **aferentes somáticas** de la piel, los huesos, los músculos y el tejido conjuntivo que constituyen la mayor parte de la masa corporal (soma), y las **aferentes viscerales** para los órganos internos de los sistemas circulatorio, respiratorio, digestivo, excretor y reproductor.

También hay dos categorías de neuronas eferentes. Los cuerpos celulares de las neuronas **eferentes somáticas** (o **motoneuronas**) se encuentran en las astas ventrales de la sustancia gris de la médula espinal y los núcleos motores de los nervios craneales. Los axones de las neuronas de estas astas atraviesan las raíces ventrales y los nervios raquídeos y llegan hasta las placas motoras de las fibras musculares esqueléticas. En cambio, las **eferentes viscerales** o sistema autónomo poseen una característica especial: en la

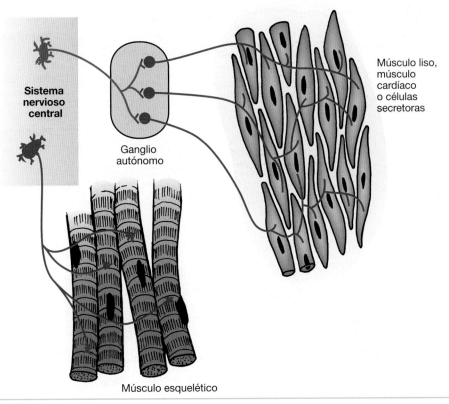

Sistema
nervioso
central

Ganglio
autónomo

Músculo liso,
músculo
cardíaco
o células
secretoras

Músculo esquelético

FIGURA 3-2.   Comparación entre las inervaciones somática y autónoma.

transmisión desde el SNC hasta el músculo liso, el miocardio o las células secretoras participan un mínimo de dos neuronas (fig. 3-2).

Terminaciones sensitivas

Las terminaciones sensitivas están inervadas por axones que pueden variar en cuanto a tamaño y otras características. Estas diferencias son importantes, porque la velocidad de conducción del potencial de acción depende del diámetro de la fibra y las terminaciones sensitivas funcionalmente distintas están inervadas por fibras de tamaños específicos. La tabla 2-1 muestra una nomenclatura muy utilizada para las fibras nerviosas periféricas, en la que se emplean letras griegas y latinas. La tabla incluye, asimismo, las funciones de cada tipo de fibra.

TERMINACIONES SENSITIVAS DE LA PIEL

De acuerdo con su estructura, pueden distinguirse dos tipos de terminaciones cutáneas y sensitivas en general: las **terminaciones no encapsuladas**, que son las ramas terminales del axón, que

pueden encontrarse en estrecho contacto con las células o estar libres en el espacio extracelular del tejido conjuntivo, y las **terminaciones encapsuladas**, en las que hay células no neuronales en diversas disposiciones específicas que engloban por completo las partes finales de los axones. A continuación, se describen los receptores en función de su localización; en las figuras 3-3 y 3-4 se muestran exteroceptores y algunos propioceptores, respectivamente.

La mayor parte de la piel tiene pelo, que varía considerablemente en cuanto a longitud, grosor y abundancia en cada parte del cuerpo. En las caras palmares de las manos y los dedos, en las plantas de los pies y en partes de la cara y los genitales externos, la piel es lampiña. Los patrones de inervación de la piel lampiña y con pelo son diferentes.

HISTOLOGÍA DE LA INERVACIÓN CUTÁNEA

Las ramas cutáneas de los nervios raquídeos y craneales pasan a través del tejido conjuntivo subcutáneo y llegan a la dermis, donde sus axones se extienden horizontalmente para formar

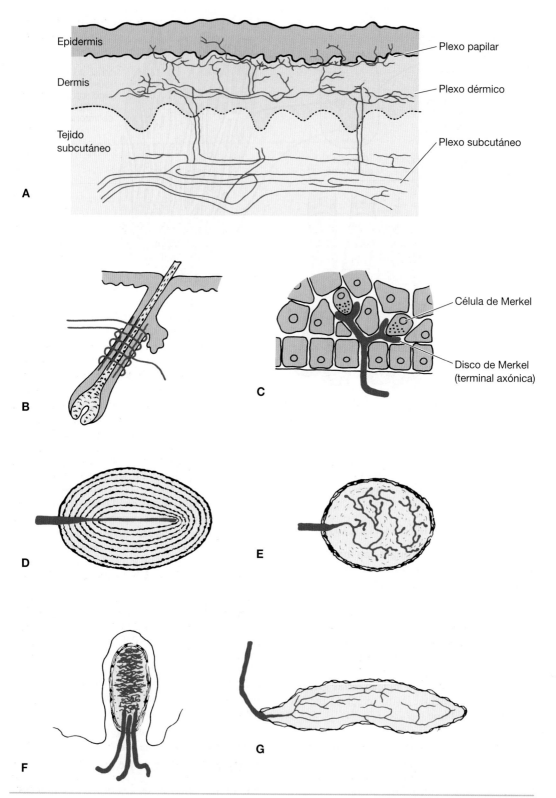

FIGURA 3-3. Inervación sensitiva de la piel. **(A)** Plexos. **(B)** Terminación peritriquial. **(C)** Receptores de Merkel de la epidermis. **(D)** Corpúsculo de Pacini. **(E)** Bulbo terminal. **(F)** Corpúsculo de Meissner. **(G)** Corpúsculo de Ruffini.

tres plexos paralelos a la superficie de la piel: el **plexo subcutáneo**, que se encuentra en el tejido conjuntivo laxo por debajo de la piel, el **plexo dérmico** de la densa lámina reticular de colágeno, que constituye la parte más profunda de la dermis, y el **plexo papilar**, situado en la capa papilar de la dermis, justo por debajo de la epidermis. Los axones de cada uno de estos plexos envían ramas a los tejidos vecinos. La densidad de la inervación cutánea varía considerablemente de una región a otra; por ejemplo, la cara y las manos están más inervadas que la porción dorsal del tronco.

Las **terminaciones nerviosas libres** se localizan en el tejido subcutáneo y la dermis, pero algunas se extienden entre las células de la epidermis. Estas terminaciones son las ramas terminales de fibras del grupo C y las ramas terminales amielínicas de fibras del grupo A, y son sensibles a todas las modalidades de sensibilidad cutánea. Aunque se les llama «terminaciones libres», estos axones están siempre cubiertos por células de Schwann (la neuroglia de los nervios periféricos) y no están en contacto directo con el líquido extracelular. De hecho, no es posible determinar el punto exacto dentro de la piel donde termina un axón. La existencia de terminaciones nerviosas libres puede deducirse de la sensibilidad de áreas de piel en las que no se observan otros tipos de terminaciones sensitivas.

Los **receptores de Merkel** se encuentran en la capa germinativa (estrato basal) de la epidermis. Los extremos de las ramas axónicas terminan en forma de expansiones planas, que se encuentran muy cerca de una **célula de Merkel**. Estas células pequeñas se diferencian de otras células de la epidermis en que tienen un núcleo indentado y poseen gránulos citoplasmáticos electrodensos. Se encuentran células de Merkel en la piel lampiña y las vainas radiculares externas de los folículos pilosos.

Las **terminaciones nerviosas peritriquiales** son unas formaciones de axones en forma de reja que rodean a los folículos pilosos. Cada axón envía ramificaciones a muchos folículos pilosos, cada uno de los cuales se encuentra inervado por entre 2 y 20 axones. Los axones llegan hasta áreas profundas del folículo, en su glándula sebácea, y se ramifican en el tejido conjuntivo por fuera de la vaina radicular externa. Algunas ramas rodean al folículo, otras discurren paralelamente a su eje longitudinal, y otras terminan en las células de Merkel de la vaina radicular externa.

La piel contiene varios tipos de terminaciones encapsuladas. Los **corpúsculos de Ruffini**, que tienen, normalmente, 1 mm de largo y de 20 a 30 μm de ancho, son series de ramificaciones terminales de un axón mielínico rodeadas por células capsulares. Los **corpúsculos de Pacini** (o de Vater-Pacini) consisten en un solo axón que pierde su vaina de mielina y está encapsulado por varias capas de células aplanadas con un citoplasma muy atenuado. Estos corpúsculos elipsoidales tienen una longitud media de 1 mm y un diámetro de 0,7 mm. Los corpúsculos de Ruffini y de Pacini se encuentran en el tejido subcutáneo y la dermis, tanto de la piel pilosa como de la lampiña. Los **corpúsculos de Meissner** para el tacto se encuentran en cantidades elevadas en las crestas papilares de la punta de los dedos y, en menor número, en otras áreas de piel sin pelo. Cada corpúsculo de Meissner está inervado por tres o cuatro axones mielínicos, cuyas ramas terminales forman un nudo complejo que está encapsulado por células y colágeno. Estos corpúsculos tienen un tamaño aproximado de 80 × 30 μm, y sus ejes longitudinales están orientados perpendicularmente a la superficie cutánea. Los **bulbos terminales** varían en tamaño y forma; aunque existen varios tipos (p. ej., los bulbos terminales de Krause, las terminaciones de Golgi-Mazzoni, los corpúsculos genitales o las terminaciones mucocutáneas), todos ellos podrían ser variantes de una misma estructura. Por lo general, son redondos, tienen un diámetro transversal de 50 μm y contienen una terminal axónica ramificada y enrollada, rodeada por una fina cápsula celular. La mayoría de los bulbos terminales se encuentra en las membranas mucosas (boca, conjuntiva, conducto anal) y en la dermis de la piel lampiña, cerca de los orificios (labios, genitales externos).

CORRELACIONES FISIOLÓGICAS

Los tipos de sensibilidad cutánea que se perciben de forma consciente se denominan **modalidades**. Aunque no siempre pueden discriminarse de forma precisa las diferentes sensaciones, en la práctica médica se acostumbra distinguir entre cinco modalidades, que se valoran fácilmente en el examen clínico: tacto epicrítico (fino o discriminativo), vibración, presión ligera, temperatura (calor o frío) y dolor. Además, las sensaciones de cada modalidad tienen una determinada **cualidad**; por ejemplo, el dolor puede ser sordo o urente y la temperatura puede variar de forma continua desde el frío que causa dolor hasta el calor también doloroso. Las vías centrales que procesan estas sensaciones se conocen relativamente bien (v. cap. 19), pero en el caso de otras modalidades (como el picor, el cosquilleo, el roce o la presión firme) apenas se conocen. Un examen detallado de la piel humana muestra que se trata de un mosaico de zonas, cada una de las cuales responde selectivamente a una sola de las cuatro sensaciones elementales (tacto, calor, frío y dolor). La respuesta de cualquiera de estas zonas es siempre la misma, con independencia de la naturaleza del estímulo. Por ejemplo, una «zona de frío» transmitirá una sensación de frío aunque se caliente o se lesione, aunque su sensibilidad es mayor (o, en los términos que utilizan los fisiólogos, el umbral es más bajo) para su propia modalidad.

Se ha intentado establecer correlaciones entre las modalidades de sensibilidad en el ser humano y la morfología de las terminaciones nerviosas, sin resultados concluyentes. No obstante, los resultados de estudios electrofisiológicos realizados con animales indican que, aunque ningún tipo de receptor cutáneo tiene una especificidad absoluta, ciertos órganos terminales poseen un alto grado de selectividad.

Una importante propiedad fisiológica de cualquier tipo de receptor es la **adaptación**, que consiste en la reducción de la respuesta a un estímulo continuo. Un receptor que se adapta lentamente y proporciona información de forma continua sobre los estímulos que lo activan, mientras que un receptor de adaptación rápida comunica los cambios que se suceden en los estímulos que recibe. Los *corpúsculos de Meissner* son sensibles a la deformación mecánica y se adaptan con rapidez (es decir, dejan de responder a una deformación sostenida). Estas propiedades, junto con la alineación de los receptores en las crestas papilares, permiten que un grupo de receptores identifique con gran precisión las posiciones y los movimientos de los objetos que tocan la superficie de la piel o se mueven por ella. Por ello, los corpúsculos de Meissner son los órganos sensitivos que se activan cuando se percibe la textura de una superficie con las puntas de los dedos. Los *receptores de Merkel* también responden preferentemente a estímulos táctiles, pero se adaptan mucho más lentamente a ellos que los corpúsculos de Meissner, por lo que responden a la presión mantenida en la superficie de la piel, con una mejor sensibilidad a estos estímulos gracias a que se encuentran en la epidermis. Los *corpúsculos de Pacini* también desencadenan impulsos nerviosos al deformarse; son los receptores que se adaptan más rápidamente, por lo que tienen una especial sensibilidad para la vibración. Se cree que la adaptación rápida se produce gracias al líquido que se encuentra entre las distintas capas del corpúsculo, una deformación continua produce un cambio de forma sin afectar mecánicamente al axón de su centro. Los *corpúsculos de*

Ruffini responden a los estímulos mecánicos que tiran de las fibras de colágeno unidas a su cápsula, cuando la presión o el estiramiento de la piel produce un movimiento en el tejido subcutáneo, y las *terminaciones peritriquiales* responden al desplazamiento mecánico del tallo del pelo, de forma que los folículos pilosos sirven como órganos receptores para la presión ligera. No se conocen con detalle los diversos tipos de *bulbos terminales,* pero se cree que responden a estímulos táctiles.

Se cree que los receptores para las modalidades del tacto (en la piel con pelo que no tiene terminaciones encapsuladas) y la temperatura (en toda la piel) tienen que ser terminaciones libres derivadas de los plexos dérmico y papilar. Las características fisiológicas de algunos de estos receptores se conocen gracias a los registros eléctricos de la actividad de axones aislados de nervios periféricos de animales y humanos. Los receptores del tacto son **mecanorreceptores de umbral bajo**, una categoría que incluye todas las terminaciones nerviosas encapsuladas y algunas de las libres.

Las sensaciones del dolor se reciben en terminaciones libres denominadas **nociceptores**, de los cuales existen tres tipos: los **mecanorreceptores de umbral elevado** o nociceptores mecánicos, que responden solamente a estímulos mecánicos como el estiramiento o los cortes, los **nociceptores polimodales**, que responden a estímulos mecánicos y térmicos (≥ 45 °C) y a los mediadores químicos liberados por las células lesionadas, y los nociceptores, que responden solamente a mediadores químicos y podrían contribuir a la **hiperalgesia** (reducción del umbral del dolor) asociada a la inflamación.

TERMINACIONES SENSITIVAS EN ARTICULACIONES, MÚSCULOS Y TENDONES

Los propioceptores de las cápsulas de las articulaciones, los músculos y los tendones aportan al SNC la información que necesita para realizar movimientos coordinados a través de acciones reflejas. Además, la información propioceptiva alcanza el nivel consciente, lo que permite conocer la posición de las partes del cuerpo y sus movimientos (**sentido cinestésico o propiocepción consciente**). Probablemente, el dolor que se origina en los músculos, los tendones, los ligamentos y los huesos se detecte en terminaciones nerviosas libres del tejido conjuntivo. Estas terminaciones nociceptivas responden a las lesiones físicas y a los cambios locales de índole química, como los causados por la inflamación o la isquemia.

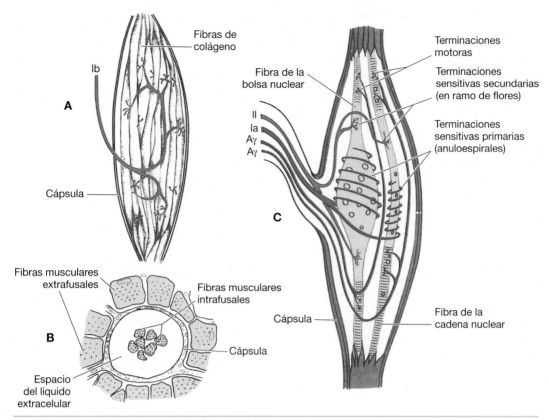

FIGURA 3-4. Terminaciones sensitivas especializadas del músculo esquelético y los tendones. Los axones sensitivos se muestran en distintos tonos de *azul,* los axones fusales motores en *rojo,* las fibras musculares en *amarillo* y el tejido conjuntivo en *negro* y *gris.* **(A)** Órgano tendinoso de Golgi. **(B)** Huso neuromuscular, en corte transversal. **(C)** Inervación de un huso muscular.

Músculos

Los órganos propioceptivos de los músculos esqueléticos son los **husos neuromusculares** o, más simplemente, husos musculares. Están inervados tanto por neuronas sensitivas como por motoneuronas.

Los husos neuromusculares tienen una anchura de fracciones de milímetros y hasta 6 mm de largo. Se encuentran en el eje longitudinal del músculo y sus cápsulas de colágeno están en continuidad con los tabiques fibrosos que separan las fibras musculares; a su vez, los tabiques fibrosos tienen continuidad mecánica con las inserciones óseas del músculo, por lo que los husos se dilatan siempre que el músculo se estira de manera pasiva. Los husos suelen estar cerca de las inserciones tendinosas de los músculos, y son muy numerosos en los que deben realizar movimientos de gran destreza, como los de la mano.

Los husos (fig. 3-4) consisten en una cápsula fusiforme de tejido conjuntivo y de dos a 14 fibras musculares **intrafusales**, que se diferencian en varios aspectos de las fibras musculares principales o **extrafusales**: su tamaño es mucho menor, su región ecuatorial carece de estrías transversales y contienen muchos núcleos que no están en la posición subsarcolémica característica del músculo estriado maduro.

Cada huso muscular está inervado por dos axones sensoriales. Uno de ellos es una fibra Aα o Ia (v. tabla 2-1); el axón pierde su vaina de mielina al penetrar en la cápsula y gira en espiral alrededor de la parte media de las fibras musculares intrafusales, formando una **terminación anuloespiral**. La segunda es una fibra sensorial un poco menor (Aβ o II) que se ramifica en su extremo y forma unas varicosidades en las fibras musculares intrafusales a cierta distancia de la región media (**terminaciones en ramo de flores**). Las terminaciones anuloespirales y en ramo de flores también se denominan terminaciones sensitivas primarias y secundarias del huso, respectivamente.

Las fibras extrafusales que componen la masa principal de un músculo están inervadas por motoneuronas grandes (**motoneuronas alfa**), cuyos axones son del tamaño Aα. Las fibras musculares intrafusales del interior del huso son inervadas por motoneuronas más pequeñas (**motoneuronas gamma**), que tienen axones Aγ.

La función más sencilla de los husos musculares es ser receptores de los **reflejos miotáticos o de estiramiento**. Un estiramiento ligero de un músculo produce el alargamiento de las fibras musculares intrafusales, lo cual provoca la estimulación de las terminaciones sensitivas. Los estímulos nerviosos son transmitidos a la médula espinal, donde las ramas terminales de los axones sensitivos establecen sinapsis con motoneuronas alfa que inervan la masa principal del músculo, que se contrae en respuesta al estiramiento mediante un arco reflejo en el que intervienen dos neuronas. Cuando el músculo se contrae, cesa la estimulación de los husos porque sus fibras, junto con el resto de fibras musculares, recuperan su longitud inicial. El reflejo miotático actúa constantemente para ajustar el tono muscular y es la base de los **reflejos osteotendinosos**, como el reflejo rotuliano (la extensión de la rodilla al golpear el tendón del cuádriceps), que son pruebas habituales en la exploración clínica.

Los husos también son importantes para la acción muscular producto de la actividad del encéfalo. Las fibras motoras que descienden del encéfalo hacia la médula espinal influyen sobre las motoneuronas alfa y gamma en las astas ventrales de sustancia gris, por medio de sinapsis directas o a través de interneuronas. La contracción de las fibras musculares intrafusales en respuesta a la estimulación por parte de motoneuronas gamma produce un alargamiento de sus porciones medias y desencadena una descarga de impulsos en los axones sensitivos, que da lugar a la contracción de las fibras musculares normales a través de la estimulación refleja de las motoneuronas alfa. En el **circuito reflejo gamma** participan una motoneurona gamma, un huso neuromuscular, una neurona sensitiva y una motoneurona alfa que inerva las fibras musculares extrafusales. Complementa al control muscular más directo que ejercen las fibras descendentes que descienden desde el encéfalo y controlan las motoneuronas alfa. La activación del circuito reflejo gamma puede establecer la longitud del músculo antes de que se inicie un movimiento.

Tendones

Los **órganos tendinosos de Golgi**, también denominados **husos neurotendinosos**, son más abundantes cerca de los sitios de fijación de los tendones a los músculos. Estos receptores poseen una cápsula delgada de tejido conjuntivo que envuelve algunas fibras de colágeno del tendón. El axón de una fibra de tipo Aβ o Ib (puede haber más de una) se divide en ramos terminales amielínicos después de entrar en el huso, y las ramificaciones finalizan como varicosidades sobre los haces tendinosos intrafusales. Este tipo de terminación sensitiva es estimulada por la *tensión* en el tendón, a diferencia del huso muscular, que responde a cambios en la *longitud* de la región que contiene las terminaciones nerviosas sensitivas. Las señales aferentes procedentes del órgano tendinoso de Golgi llegan a las interneuronas de la médula espinal que, a su vez, ejercen un efecto inhibidor sobre las motoneuronas alfa provocando la relajación del músculo al cual está adherido el tendón correspondiente. Las funciones de los husos neuromusculares y los órganos tendinosos de Golgi se equilibran en el contexto de la integración total de la actividad refleja de la médula. Controlando constantemente la tensión, los husos neurotendinosos también protegen a los músculos y los tendones de las lesiones que podría causar una contracción muscular demasiado intensa.

Articulaciones

En torno a las cápsulas de las articulaciones sinoviales existen pequeños corpúsculos de Pacini y formaciones similares a los corpúsculos de Ruffini; estas estructuras responden, respectivamente, a la finalización y la iniciación del movimiento. En los ligamentos articulares hay unos receptores idénticos a los órganos tendinosos de Golgi, que controlan el reflejo de inhibición de la musculatura cuando se aplica una tensión excesiva en la articulación. En la membrana y la cápsula sinoviales y el tejido conjuntivo periarticulares hay numerosas terminaciones nerviosas libres, que podrían actuar ante una fuerza mecánica que pudiera ser perjudicial y participan en la transmisión del dolor que se origina en las articulaciones lesionadas o enfermas.

PROPIOCEPCIÓN CONSCIENTE

Los distintos tipos de propioceptores proporcionan información esencial para el control neuromuscular a un nivel subconsciente, mediante reflejos en los que participan la médula espinal, el tronco encefálico, el cerebelo y la corteza cerebral. Todavía no se han establecido claramente las funciones de cada receptor en la propiocepción consciente (**cinestesia**). Según se ha observado en experimentos realizados en el ser humano, los nervios de las articulaciones y los músculos conducen impulsos que se perciben a un nivel consciente como posición y movimiento. La infiltración de una articulación pequeña con anestesia local no altera estas sensaciones, pero las lesiones en los ligamentos principales de una articulación grande, como la de la rodilla, producen una pérdida del sentido de la posición. Se cree que los principales receptores cinestésicos son los husos neuromusculares.

TERMINACIONES SENSITIVAS DE LAS VÍSCERAS

Con excepción de los corpúsculos de Pacini —que se encuentran, en su mayor parte, en el mesenterio—, las terminaciones sensitivas de las vísceras son básicamente ramas terminales no encapsuladas de fibras nerviosas, algunas de ellas bastante complejas. En general, las aferentes viscerales intervienen en los reflejos viscerales fisiológicos, en las sensaciones de llenado del estómago, el recto y la vejiga urinaria y ante un dolor causado por una disfunción o una enfermedad en las vísceras. Las fibras aferentes del dolor suelen encontrarse en nervios distintos de los que participan en el control funcional y tienen otras conexiones en el SNC (v. cap. 24).

Terminaciones efectoras

El sistema nervioso actúa sobre las fibras musculares y las células secretoras. El control de estas células no neurales se efectúa a través de un mecanismo similar al de la transmisión sináptica química entre neuronas (v. cap. 2). En las uniones neuroefectoras, los axones contactan con las fibras musculares esqueléticas, cardíacas y lisas y con las células de las glándulas exocrinas y endocrinas. Muchos órganos endocrinos están bajo el control directo o indirecto de neuronas hipo-talámicas neurosecretoras, que liberan sus productos a los vasos sanguíneos para su posterior distribución a las células diana.

PLACAS MOTORAS

Las **placas motoras** o **uniones neuromusculares** de las fibras extrafusales e intrafusales del músculo esquelético son unas estructuras sinápticas que tienen dos componentes: la terminación de una fibra motora y la parte subyacente de la fibra muscular. El axón de una motoneurona alfa se divide en su porción terminal para inervar un número variable de fibras musculares. Una **unidad motora** está formada por una motoneurona y las fibras musculares que inerva. El número de fibras musculares de cada unidad motora es muy variable; puede ser de entre 10 y varios cientos, en función del tamaño y la función del músculo. Los músculos pequeños, como los extraoculares y los intrínsecos de las manos, deben contraerse con mayor precisión, por lo que sus unidades motoras incluyen pocas fibras musculares. En cambio, en los músculos del tronco y de las porciones proximales de las extremidades las unidades motoras son grandes; para efectuar movimientos súbitos y potentes se requiere la contracción simultánea de un número elevado de fibras musculares.

Las ramas de la fibra nerviosa motora pierden su vaina de mielina al aproximarse a la fibra muscular, y finalizan formando varias ramas colaterales que constituyen el componente neural de la placa terminal (fig. 3-5). Las placas terminales suelen tener entre 40 y 60 μm de diámetro y encontrarse a la mitad de la longitud de la fibra muscular. La vaina neurilemal (que consiste en la porción citoplasmática nucleada de las células de Schwann) continúa alrededor de las ramas terminales de la fibra motora, pero no entre la terminación nerviosa y la fibra muscular. Además,

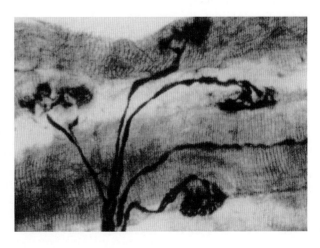

FIGURA 3-5. Placas motoras. (Técnica de cloruro de oro, × 800; cedida por los Dres. R. Mitchell y A. S. Wilson.)

la fibra nerviosa posee, por fuera del neurilema, una vaina endoneural delgada de tejido conjuntivo endoneural, que se fusiona en las placas motoras con el endomisio (el tejido conjuntivo que recubre las fibras musculares).

Las terminaciones axónicas del interior de la placa terminal tienen mitocondrias y vesículas sinápticas; estas últimas contienen **acetilcolina**, que es el neurotransmisor de las placas motoras. Cada rama axónica ocupa un surco o «canal sináptico» en la superficie de la fibra muscular. La hendidura sináptica tiene una anchura de 20 a 50 nm. La membrana plasmástica y su membrana basal asociada, que constituyen el sarcolema de la fibra muscular, tienen un contorno ondulado en las áreas cercanas a las terminaciones nerviosas (pliegues de unión). Esta región plegada del sarcolema es el **aparato subneural**, que puede observarse con métodos histoquímicos gracias a su contenido en **acetilcolinesterasa**, la enzima que inactiva la acetilcolina.

La acetilcolina, que es liberada de las vesículas sinápticas por los impulsos nerviosos que se propagan a lo largo del axón, se une a los **receptores de acetilcolina** de los pliegues del sarcolema del aparato subneural. Cuando se produce la llegada de una secuencia adecuada de impulsos nerviosos, se libera suficiente acetilcolina para despolarizar la membrana presináptica, y el potencial de acción resultante se propaga a la fibra muscular (por medio de las invaginaciones del sarcolema que constituye el sistema tubular transverso o sistema T) hasta las miofibrillas contráctiles.

TERMINACIONES AUTÓNOMAS POSGANGLIONARES

Las terminaciones efectoras presinápticas del músculo liso, el miocardio y las células secretoras forman unas dilataciones que se denominan **varicosidades**, en el trayecto y en los extremos de axones amielínicos. Estas dilataciones contienen acumulaciones de mitocondrias junto con grupos de vesículas sinápticas. Las terminaciones se colocan sobre las células efectoras, en ocasiones con la misma proximidad que en el músculo esquelético, sin especializaciones estructurales postsinápticas aparentes. Las terminaciones noradrenérgicas del sistema nervioso simpático contienen vesículas sinápticas electrodensas, pero las terminaciones colinérgicas (características del sistema parasimpático) contienen pequeñas vesículas electrotransparentes. Con frecuencia, se observan también otros tipos de vesículas sinápticas; los estudios inmunohistoquímicos indican que la mayoría de las terminaciones nerviosas autónomas contiene uno o más péptidos, además de los dos neurotransmisores clásicos.

Ganglios

Los **ganglios raquídeos** son dilataciones de las raíces dorsales de los nervios raquídeos localizadas en los agujeros intervertebrales, en situación inmediatamente proximal a la unión de las raíces dorsal y ventral. Estos ganglios contienen los cuerpos celulares de neuronas sensitivas primarias, sobre todo en el amplio territorio periférico. El centro de los ganglios está ocupado por las porciones proximales de las neuritas. Los ganglios de la raíz dorsal y de los nervios craneales implicados en la sensibilidad general tienen la misma estructura histológica.

Las neuronas de los ganglios sensitivos son, inicialmente, bipolares, pero sus dos neuritas se unen en seguida para formar una única prolongación. (A menudo se denomina con el término *neurona seudounipolar* a las neuronas ganglionares

---

Miastenia grave

En las enfermedades autoinmunes, el organismo produce anticuerpos que se fijan a células o proteínas que son componentes normales del cuerpo. En la miastenia grave, dichos anticuerpos se combinan con los receptores de acetilcolina de las placas motoras, bloqueando la acción normal de este neurotransmisor. En muchos casos, las células productoras de anticuerpos derivan de un tumor benigno del timo. Todos los músculos esqueléticos se debilitan y pierden fuerza con facilidad, por lo

que los primeros signos de la enfermedad aparecen en los músculos de uso más frecuente, como los que mueven los ojos y los parpados y los que participan en la respiración. Los síntomas pueden aliviarse con la administración de fármacos que inhiben la acetilcolinesterasa, lo cual permite que se acumulen unas concentraciones más elevadas de acetilcolina en la hendidura sináptica. Los tratamientos que producen una inmunosupresión (como la extirpación del timo, los corticoesteroides y otros fármacos) también son de gran utilizad para tratar la miastenia grave.

sensitivas, cuando en realidad se trata de neuronas unipolares formadas por la fusión de las prolongaciones de una neurona bipolar embrionaria.) La neurita se divide en las ramas periférica y central; la primera finaliza en una terminación sensitiva y la segunda entra en la médula espinal a través de la raíz dorsal. Los impulsos nerviosos pasan directamente de la rama periférica a la central, sin atravesar el cuerpo celular. Ambas ramas tienen las mismas características estructurales y electrofisiológicas que los axones.

Los cuerpos celulares esféricos de los ganglios sensitivos tienen entre 20 y 100 µm de diámetro, y sus prolongaciones tienen un tamaño proporcional (desde fibras amielínicas pequeñas del grupo C hasta las grandes fibras mielínicas del grupo A [v. tabla 2-1]). Las neuronas grandes se utilizan para la propiocepción y el tacto epicrítico; las de tamaño medio transmiten impulsos relacionados con la presión, el dolor y la temperatura, y las más pequeñas, con el dolor y temperatura. Los cuerpos celulares poseen una capa de **células satélite** muy cercana, en continuidad con la vaina de células de Schwann que rodea el axón. En la parte externa, las neuronas están sostenidas por tejido conjuntivo, que contiene fibras de colágeno y vasos sanguíneos.

Los **ganglios autonómicos viscerales** comprenden los de los troncos simpáticos que discurren a los lados de los cuerpos vertebrales, los ganglios colaterales o prevertebrales de los plexos del tórax y abdomen (los plexos cardíaco, celíaco y mesentérico) y algunos ganglios cercanos a las vísceras. Las **células principales** de los ganglios autonómicos son neuronas multipolares de 20 a 45 µm de diámetro. Su cuerpo celular está rodeado por células satélite similares a las de los ganglios raquídeos. Estas neuronas tienen varias dendritas que se ramifican por fuera de la cápsula de células satélite y establecen sinapsis con axones preganglionares. Los axones delgados y amielínicos (fibras del grupo C) de las células principales salen de los ganglios e inervan la musculatura lisa y las células glandulares de

algunas vísceras, el músculo cardíaco, los plexos entéricos, vasos sanguíneos en todo el cuerpo y las glándulas sudoríparas y los músculos erectores del pelo. Los ganglios viscerales también contienen pequeñas **interneuronas** con dendritas cortas que son postsinápticas a los axones preganglionares y presinápticas a las dendritas de las células principales.

Nervios periféricos

DISPOSICIÓN Y VAINAS DE LAS FIBRAS NERVIOSAS

Las fibras que constituyen todos los nervios periféricos (salvo los más pequeños) se organizan en haces o fascículos, en los cuales se observan tres cubiertas de tejido conectivo (fig. 3-6). El **epineuro**, que recubre todo el nervio, está formado por tejido conectivo normal y llena también los espacios entre los fascículos. Las ondulaciones de las fibras de colágeno del epineuro en torno a cada fascículo permiten el estiramiento del nervio que acompaña a la flexión de las articulaciones y otros movimientos. Las raíces nerviosas del interior del canal raquídeo no poseen epineuro, ya que esta cubierta protectora se inicia cuando el nervio penetra en la duramadre al pasar por un agujero intervertebral. (La duramadre es la más externa de las tres meninges; estas capas del tejido conjuntivo que envuelven al encéfalo y la médula espinal se describen en el cap. 26.)

La vaina que recubre cada pequeño grupo de fibras de un nervio está formada por varias capas de células planas que se conocen en conjunto como **perineuro**. En su interior, cada fibra nerviosa tiene una capa fina de tejido conjuntivo que constituye el **endoneuro**, o vaina de Henle. Las células de estas tres capas de tejido conjuntivo de los nervios periféricos derivan de células mesodérmicas, el lugar de originarse el neuroectodermo. En el endoneuro, los axones están recubiertos estrechamente por neurogliocitos (células

Herpes zóster

El **herpes zóster** (o **culebrilla**) es un trastorno bastante frecuente de los ganglios de nervios craneales o espinales en el cual una infección vírica en un ganglio causa dolor y otras alteraciones sensitivas, así como una erupción cutánea en el área de distribución de la raíz o el nervio craneal afecto.

La inflamación cutánea se debe, en parte, a la conducción antidrómica espontánea de impulsos en las fibras del grupo C del nervio. Éstas liberan péptidos en sus terminales como la sustancia P y el péptido relacionado con el gen de la calcitonina. Ambas sustancias producen la dilatación de venas pequeñas, que se hacen más permeables y permiten la exudación de plasma.

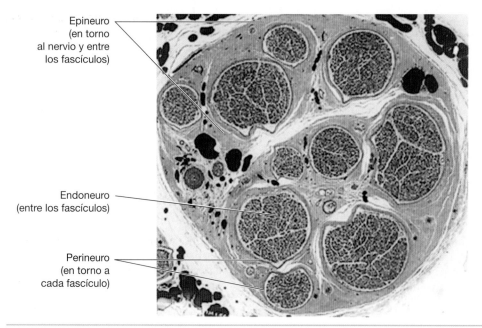

Epineuro
(en torno
al nervio y entre
los fascículos)

Endoneuro
(entre los fascículos)

Perineuro
(en torno a
cada fascículo)

FIGURA 3-6.   Vainas de tejido conjuntivo en un nervio seccionado transversalmente, en una imagen procedente de una biopsia de nervio sural humano. Los adipocitos aparecen en *negro* (tras el tratamiento con tetraóxido de osmio), y el resto de estructuras en *azul*, debido a la tinción del corte fino en resina con azul de toluidina. (Cedida por el Dr. William McDonald.)

de Schwann), que derivan de la cresta neural y constituyen el **neurilema**, neurolema o vaina de Schwann.

FIBRAS NERVIOSAS MIELÍNICAS

Una **fibra nerviosa** consiste en un axón, la vaina de mielina (de las fibras de los grupos A y B) y el neurolema (vaina de Schwann). Estos axones no son distintos de los axones largos del SNC. El citoplasma (axoplasma) contiene neurofilamentos, microtúbulos, áreas de retículo endoplasmático liso y mitocondrias. La membrana plasmática del axón se denomina **axolema**. El neurolema y la **vaina de mielina** son componentes de las células de Schwann. La ultraestructura de la mielina y su proceso de formación a partir de la membrana de la célula de Schwann se describen e ilustran en el capítulo 2. El neurolema consiste en el citoplasma de la célula de Schwann, por fuera de la vaina de mielina. La mayor parte de este citoplasma se encuentra en la región del núcleo elipsoidal, pero hay partes de él y de la membrana plasmática que rodean estrechamente a la vaina de mielina.

La vaina de mielina está interrumpida a intervalos por los **nódulos de Ranvier**. La distancia entre estos nódulos varía desde 100 μm hasta cerca de 1 mm, en función de la longitud y el grosor de la fibra; cada internódulo posee solamente una célula de Schwann. Mediante microscopía óptica, pueden observarse unas hendiduras en forma de embudo entre las vainas de mielina en los cortes longitudinales de los nervios, denominadas **incisuras de Schmidt-Lanterman**. En las microfotografías electrónicas se aprecian en estas hendiduras espacios entre las capas y, en ocasiones, la retención del citoplasma de células de Schwann, lo cual podría permitir el paso de materiales hacia el axón a través de la vaina de mielina.

La vaina de mielina aísla eléctricamente a las áreas internodulares del axón. Sin embargo, en todos los nódulos hay partes del citoplasma de las células de Schwann adjuntas que tienen bordes irregulares, y existe un pequeño espacio entre las dos células a través del cual el axolema de cada nódulo entra en contacto con el líquido extracelular (v. fig. 2-7E). Los canales de sodio dependientes de voltaje del axolema sólo se encuentran en los nódulos, de forma que los impulsos nerviosos saltan eléctricamente (de forma instantánea) de nódulo a nódulo. Este tipo de transmisión rápida de los impulsos nerviosos a lo largo de una neurona mielínica se denominan **conducción saltatoria**. Las fibras mielínicas de conducción más rápida de un nervio son las de mayor diámetro e internódulos más largos.

Lesiones y enfermedades de los nervios periféricos

La neuropatía periférica es una causa frecuente de pérdida de sensibilidad y debilidad motora. De forma característica, los nervios afectos pierden su vaina de mielina. Las partes distales de los nervios son las que resultan comprometidas en primer lugar, por lo que los primeros síntomas aparecen en las manos y los pies. La neuropatía periférica puede deberse a numerosas causas, entre ellas procesos autoinmunes, déficits nutricionales, sustancias tóxicas de diversos tipos (como el alcohol) y trastornos metabólicos (sobre todo, la diabetes mellitus).

Por otra parte, las lesiones en los nervios pueden causar pérdidas de función en caso de sección del axón o de deficiencias de la conducción cuando se ha producido solamente una lesión. Esta última afección se conoce como neurapraxia; las personas que la sufren suelen recuperarse con rapidez, pero en algunos casos es permanente, por causas que todavía no se conocen. Como se ha explicado en el capítulo 2, los axones que han sido seccionados se regeneran considerablemente en el sistema nervioso periférico, aunque muchos de ellos crecen en direcciones erróneas. Las lesiones causadas en un nervio por una herida penetrante pueden producir un trastorno incapacitante denominado causalgia, que cursa con un dolor intenso en la extremidad afecta y con cambios de la textura de la piel. Los síntomas de la causalgia pueden deberse, al menos en parte, a la formación en el nervio lesionado de contactos excitadores anormales entre axones simpáticos y sensitivos. A menudo, puede aliviarse el dolor mediante la extirpación quirúrgica del ganglio simpático correspondiente que inerva la piel afecta.

Si el cabo proximal de un nervio seccionado no conecta con el cabo distal, los axones continúan regenerándose y, junto con los neurogliocitos asociados, forman un neuroma en el cual se establecen contactos anómalos entre las superficies de axones y otras células. Los neuromas pueden producir un dolor que se percibe procedente de la extremidad amputada, en un trastorno denominado dolor del miembro fantasma. Estas sensaciones, que también pueden ser relativas al tamaño, la posición y el movimiento, las experimentan no sólo los amputados sino también aproximadamente una tercera parte de las personas que nacen sin una de las cuatro extremidades. Por tanto, el sistema de circuitos del SNC determinado genéticamente podría proporcionar un mapa consciente de todas las partes que tenemos normalmente en el cuerpo.

Otro trastorno resulta de la compresión de un nervio en la zona en que pasa sobre una protuberancia ósea o a través de una apertura estrecha; por ejemplo, el nervio cubital está sometido a presión en el codo, y el nervio mediano puede comprimirse en el túnel carpiano de la muñeca. Estos síndromes de atrapamiento producen alteraciones motrices y sensitivas en el área de distribución del nervio. Los principales plexos, en especial el braquial, también pueden comprimirse (como ocurre en la parálisis de las muletas). Las raíces nerviosas son más frágiles que los nervios porque carecen de epineuro, y pueden ser irritadas o comprimidas por una inflamación de las meninges, una protrusión anormal de partes de los discos intervertebrales (espondilitis) o irregularidades óseas (artrosis vertebral). Las manifestaciones clínicas de las lesiones de las raíces nerviosas son atrofia muscular y debilidad, así como dolor en las áreas cutáneas afectas. En el capítulo 5 se explica la distribución de los axones de las raíces nerviosas sensitivas segmentarias en la piel en relación con la médula espinal.

FIBRAS AMIELÍNICAS

Los nervios contienen numerosos axones que no poseen vainas de mielina. Cada célula de Schwann recubre varios axones (hasta 15), como muestra la figura 2-7F. Esta célula y los axones que incluye constituyen una **fibra de Remak**. Cada axón está rodeado por una sola capa de la membrana plasmática de neurogliocitos; por consiguiente, es amielínico, y no posee nódulos de Ranvier. El impulso nervioso consiste en un potencial de acción autopropagado a lo largo del axolema, sin la aceleración que proporciona la conducción saltatoria o de nódulo a nódulo. Por esta razón, los axones amielínicos (del grupo C) conducen lentamente los impulsos nerviosos.

Los axones amielínicos más delgados son los de los nervios olfativos, en los cuales cada mesoaxón envuelve un haz de varios axones amielínicos. En el sistema nervioso entérico existen estructuras similares, que consisten en los ganglios y los nervios de la pared del tubo digestivo y sus órganos asociados. Los neurogliocitos entéricos y la glía envolvente del bulbo olfativo se diferencian de las células de Schwann de los nervios normales, y contienen algunas sustancias químicas características de los astrocitos del SNC (v. cap. 2).

Bibliografía recomendada

Arroyo EJ, Scherer SS. On the molecular architecture of myelinated fibers. *Histochem Cell Biol* 2000;113:1–18.

Bunge MB, Wood PM, Tynan LB, et al. Perineurium originates from fibroblasts: demonstration in vitro with a retroviral marker. *Science* 1989;243:229–231.

Ferrell WR, Gandevia SC, McCloskey DI. The role of joint receptors in human kinesthesia when intramuscular receptors cannot contribute. *J Physiol (Lond)* 1987; 386:63–71.

Fu SY, Gordon T. The cellular and molecular basis of peripheral nerve regeneration. *Mol Neurobiol* 1997; 14:67–116.

Halata Z, Grim M, Christ B. Origin of spinal cord meninges, sheaths of peripheral nerves, and cutaneous receptors including Merkel cells: an experimental study with avian chimeras. *Anat Embryol* 1990;182:529–537.

Houk JC. Reflex control of muscle. In: Adelman A, ed. *Encyclopedia of Neuroscience*, vol 2. Boston: Birkhauser, 1987:1030–1031.

Iggo A, Andres KH. Morphology of cutaneous receptors. *Annu Rev Neurosci* 1982;5:1–31.

Janig W. Causalgia and reflex sympathetic dystrophy: in which way is the sympathetic nervous system involved? *Trends Neurosci* 1985;8:471–477.

Luff SE. Ultrastructure of sympathetic axons and their structural relationship with vascular smooth muscle. *Anat Embryol* 1996;193:515–531.

Matthews PBC. Where does Sherrington's muscular sense originate? *Annu Rev Neurosci* 1982;5:189–218.

Melzack R, Israel R, Lacroix R, et al. Phantom limbs in people with congenital limb deficiency or amputation in early childhood. *Brain* 1997;120:1603–1620.

Risling M, Dalsgaard C-J, Cukierman A, et al. Electron microscopic and immunohistochemical evidence that unmyelinated ventral root axons make U-turns or enter the spinal pia mater. *J Comp Neurol* 1984;225:53–63.

Schott GD. Mechanisms of causalgia and related clinical conditions: the role of the central and of the sympathetic nervous systems. *Brain* 1986;109:717–738.

Stolinski C. Structure and composition of the outer connective tissue sheaths of peripheral nerve. *J Anat* 1995;186:123–130.

Sunderland S. *Nerves and Nerve Injuries*, 2nd ed. Edinburgh: Churchill-Livingstone, 1978.

Swash M, Fox KP. Muscle spindle innervation in man. *J Anat* 1972;112:61–80.

Terenghi G. Peripheral nerve regeneration and neurotrophic factors. *J Anat* 1999;194:1–14.

Valeriani M, Restuccia D, Dilazzaro V, et al. Central nervous system modifications in patients with lesion of the anterior cruciate ligament of the knee. *Brain* 1996;119:1751–1762.

Winkelmann RK. Cutaneous sensory nerves. *Semin Dermatol* 1988;17:236–268.

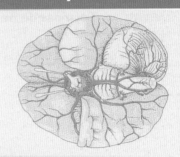

Capítulo 4

TÉCNICAS DE IMAGEN Y MÉTODOS DE INVESTIGACIÓN NEUROANATÓMICA

Conceptos básicos

- El uso de rayos X permite obtener imágenes diagnósticas del encéfalo *in vivo*. La tomografía computarizada (TC) ha sustituido en gran medida a la neumoencefalografía y la ventriculografía. La angiografía proporciona información acerca del estado y la posición de los vasos sanguíneos, en especial de las arterias.

- Las imágenes de la resonancia magnética (RM) se obtienen a partir de la distribución y la concentración de los átomos de hidrógeno. El hueso es invisible en esta técnica, y la resolución anatómica es superior a la de la tomografía convencional. La tomografía por emisión de positrones (TEP) y los estudios de flujo sanguíneo cerebral regional permiten la visualización de áreas del encéfalo con un metabolismo activo. Las imágenes obtenidas por TEP tienen menos precisión anatómica que las de la TC o la RM. La RM funcional es otra técnica para observar zonas metabólicamente activas.

- Sólo puede obtenerse información exacta sobre las conexiones entre grupos de neuronas a partir de los estudios experimentales con animales.

- La distribución de los fragmentos de axones que están degenerando puede proporcionar pruebas de la existencia previa de conexiones neuronales en la médula espinal o el encéfalo lesionados o enfermos.

- La investigación de actividades neuronales, como el transporte axónico y el metabolismo de la glucosa o el oxígeno, se usa ampliamente en la actualidad para estudiar las conexiones y las funciones del sistema nervioso central. Los marcadores pueden ser transportados en sentido anterógrado o retrógrado a lo largo de los axones, y pueden establecerse correlaciones entre su distribución y la información obtenida sobre los neurotransmisores y sus acciones en las células postsinápticas. Algunos virus se diseminan en el interior de las neuronas

y a través de la sinapsis, por lo que pueden emplearse para identificar cadenas de neuronas con conexiones funcionales.

Durante los dos últimos siglos, los investigadores clínicos han buscado establecer correlaciones entre las alteraciones funcionales y las anomalías encontradas en distintas partes del encéfalo. Las funciones normales se deducen de los efectos de lesiones destructivas. La experimentación con animales proporciona información más precisa acerca del modo en que se interconectan las poblaciones de neuronas. Parece lógico pensar que si se observan las mismas conexiones en diversas especies de mamíferos, el sistema nervioso humano está organizado de forma similar.

Imágenes del sistema nervioso

Desde la década de 1970, se utilizan métodos que permiten crear imágenes del encéfalo humano vivo casi tan exactas como las observaciones de un anatomopatólogo. Por tanto, es posible registrar síntomas y signos físicos e identificar las partes afectas al mismo tiempo. También se pueden ver imágenes que proporcionan información acerca de regiones del encéfalo en las cuales hay un incremento de la actividad metabólica en el momento de realizar una tarea sensitiva, motora o mental.

Las técnicas usadas para obtener información estructural y funcional sobre el encéfalo humano vivo se resumen en la tabla 4-1. A continuación se explican algunos métodos que proporcionan la mayor parte de la información anatómica y funcional.

RADIOGRAFÍA

Una radiografía simple de la cabeza o la columna vertebral apenas proporciona información acerca

TABLA 4-1. Técnicas de neuroimagen

Técnica	Comentarios
Métodos que usan radiografías	
Radiografía simple del cráneo y la columna vertebral	El tejido nervioso es invisible; la lesión o la alteración se pueden deducir a partir de las anomalías óseas. La glándula pineal calcificada de los adultos sí puede observarse, y su desplazamiento de la línea media puede indicar la presencia de un tumor intracraneal unilateral
Angiografía	Proyecciones bidimensionales detalladas de vasos sanguíneos, entre ellos ramas pequeñas de las arterias. Las anomalías del encéfalo se pueden deducir a partir del desplazamiento de los vasos
Neumoencefalografía y ventriculografía (el aire o un medio de contraste radiopaco hacen que el espacio subaracnoideo y los ventrículos sean visibles en las imágenes radiológicas)	La TC ha sustituido a estas técnicas. La neumoencefalografía es dolorosa para el paciente, y la ventriculografía es demasiado cruenta
Mielografía (introducción de un medio de contraste radiopaco en el espacio subaracnoideo de la médula)	Esta técnica todavía se utiliza para trazar el trayecto de la médula espinal y las raíces nerviosas, en especial cuando no puede utilizarse la RM
Tomografía computarizada (TC)	Proporciona planos de imágenes con una resolución de 2 mm y suficiente contraste para discriminar el tejido cerebral, el LCR, la sangre y el hueso
Métodos que utilizan ultrasonidos	Estas técnicas se utilizan principalmente para detectar un flujo anormal en las arterias, en especial en la arteria carótida interna
Métodos que utilizan la resonancia magnética	
Resonancia magnética (RM)	Proporciona imágenes en cortes de 3 a 5 mm de grosor con una resolución de 0,5 a 1 mm y un considerable detalle anatómico. Las distintas modalidades pueden hacer más visible la sustancia gris o blanca, el LCR o los grandes vasos (angiografía por RM). Es una técnica cara y se tardan 30 min para obtener imágenes de la cabeza, que pueden echarse a perder por el movimiento. Los angiogramas obtenidos con RM tienen menor detalle que los obtenidos por métodos radiológicos
RM con medio de contraste	La inyección intravenosa de un compuesto de gadolinio permite mejorar la observación de las regiones anómalas (como los tumores) que poseen vasos sanguíneos permeables
Resonancia magnética funcional (RMf)	Las señales dependientes del nivel de oxigenación sanguínea (BOLD), que se basan en la observación de imágenes basadas en las concentraciones locales de oxígeno, permiten detectar partes del encéfalo metabólicamente más activas durante la realización de una tarea física o mental
Métodos que utilizan radioisótopos	
Estudios de permeabilidad vascular	Se marca con un isótopo emisor de radiación gamma un compuesto que escapa de los vasos sanguíneos de un tumor que tienen una permeabilidad anormal. El registro de los rayos gamma emitidos permite determinar la posición aproximada del tumor
Estudios de flujo sanguíneo regional	Se marca con un isótopo emisor de radiación gamma un compuesto que permanece en la sangre. El estudio de la superficie de la cabeza permite observar un aumento de flujo sanguíneo en las áreas activas de la corteza cerebral, con una resolución de 5 a 10 mm
Tomografía por emisión de fotón único (SPECT)	Permite obtener planos de imágenes de la distribución de un isótopo emisor de radiación gamma, con el que se marca un compuesto que se concentra en las regiones activas o en áreas de mayor permeabilidad vascular. La resolución de esta técnica es inferior a la de la TEP, pero el equipo necesario para realizarla es más barato
Tomografía por emisión de positrones (TEP)	Las imágenes en cortes indican las áreas de concentración de isótopos de vida corta, de forma que es posible detectar las áreas de mayor metabolismo con una resolución de 5 a 10 mm. Para utilizar esa técnica, debe disponerse de un ciclotrón y un laboratorio para realizar síntesis químicas de forma rápida. La TEP sólo puede emplearse en grandes centros de investigación

de la anatomía normal del encéfalo o la médula espinal. El desplazamiento de la glándula pineal calcificada en los adultos puede revelar un desplazamiento de las estructuras de la línea media (v. cap. 11). El uso de medios de contraste permite obtener más información de las imágenes. En las **angiografías**, se inyecta un líquido radiopaco en una de las arterias carótidas o vertebrales, lo cual permite ver las ramas de estos vasos y, un segundo o dos después, las venas. En el capítulo 25 se muestran algunos angiogramas normales. La principal utilidad de esta técnica es la detección de alteraciones arteriales (oclusión, estenosis, aneurisma) o desplazamientos de los vasos sanguíneos producidos por lesiones como los tumores. La tomografía computarizada (TC) ha sustituido a las antiguas técnicas de la **neumoencefalografía** y la **ventriculografía** (v. tabla 4-1).

Tomografía computarizada

Esta aplicación de las imágenes radiológicas se basa en el examen de la cabeza con un haz móvil y fino de rayos X y en la medición de la atenuación del haz emergente. Las lecturas de densidad de «cortes» finos (tomogramas) de la cabeza se procesan en un ordenador para generar una imagen cuyo brillo depende de los valores de absorción de los tejidos. Esta técnica es útil en el diagnóstico clínico gracias a que la densidad de la mayoría de las lesiones cerebrales es superior o inferior que la del tejido cerebral normal.

Para evitar la irradiación en los ojos, el plano «axial» de los cortes tomados con TC es oblicuo, algo más próximo al plano horizontal que al coronal. Existen atlas neuroanatómicos especiales en los cuales las imágenes de TC se comparan con fotografías de cortes del encéfalo en el mismo plano.

Resonancia magnética

Esta técnica de imagen se desarrolló a partir de la resonancia magnética (RM), un método físico utilizado en análisis químico. En un campo magnético intenso, los núcleos de los átomos absorben energía de radiofrecuencia; la frecuencia absorbida es característica del elemento y del entorno molecular inmediato de sus átomos. En el diagnóstico por RM se escoge una frecuencia que es absorbida sobre todo por los núcleos de los átomos de hidrógeno del agua. La cabeza del paciente se coloca en un campo magnético y se expone a señales de radiofrecuencia que excitan a los protones. Las absorciones de energía que se han medido se integran en un ordenador, que genera una serie de imágenes de cortes de la cabe-

za que pueden reconstruirse en cualquier plano. Los planos o proyecciones más habituales son los horizontales (paralelos al plano que pasa a través de las comisuras anterior y posterior), los sagitales y los coronales (frontales). El grosor de las secciones reconstruidas suele ser de 4 a 5 mm.

Las imágenes suelen presentarse de tres formas, aprovechando diferentes componentes de la señal de RM. Las **imágenes ponderadas en T1** acentúan la diferencia entre el tejido nervioso central (más brillante) y otros líquidos y tejidos (oscuros) y permiten obtener cierta discriminación entre la sustancia gris (más brillante) y la blanca (menos brillante). Las **imágenes ponderadas en T2** destacan el líquido cefalorraquídeo (LCR; brillante) del espacio subaracnoideo y los ventrículos, con mejor resolución anatómica pero con poco contraste entre las sustancias gris y blanca. Las **imágenes de densidad protónica** recalcan, sobre todo, las diferencias entre la sustancia gris (brillante) y la sustancia blanca (más oscura). Las figuras 4-1, 4-2 y 4-3 muestran varias imágenes del encéfalo. Los capítulos posteriores, en especial el 16, abordan las estructuras anatómicas que ilustran dichas imágenes. Los datos obtenidos por RM pueden procesarse para observar los grandes vasos (**angiografía por RM**), pero con menor detalle que las angiografías convencionales.

Las ventajas de la RM son la ausencia de radiación potencialmente perjudicial y una resolución anatómica muy superior a la que se obtiene con las radiografías. El hueso y el flujo sanguíneo son invisibles en las imágenes de RM; las sustancias gris y blanca y el LCR tienen diferentes densidades y, en ocasiones, pueden identificarse regiones de sustancia blanca que contienen axones que están degenerando. Mediante la introducción en la circulación sanguínea de un medio de contraste especial (un compuesto de gadolinio) pueden verse regiones del encéfalo en los que existen anomalías en la permeabilidad de vasos sanguíneos, un defecto frecuente en las áreas enfermas. El principal inconveniente de la RM es su lentitud, ya que se requiere cerca de 1 h para obtener resultados, frente a los pocos minutos de la TC.

Resonancia magnética funcional

La actividad neuronal produce un incremento del riego sanguíneo y del uso de oxígeno. Durante la obtención de imágenes mediante RM, pueden recogerse imágenes dependientes del grado de oxigenación sanguínea (BOLD, *blood oxygen level-dependent*) que son indicativas de la concentración de oxígeno en el tejido que está siendo ob-

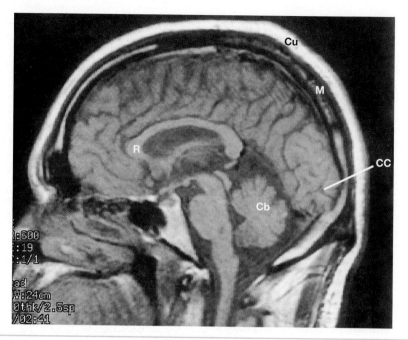

FIGURA 4-1. Imagen de RM en el plano sagital ponderada en T1 del encéfalo normal. Obsérvese que el hueso compacto y la sangre circulante no son visibles. Pueden verse muchas otras estructuras neuroanatómicas, entre ellas el lobulillo paracentral, el trígono cerebral, un cuerpo mamilar, el acueducto de Silvio, el puente y el bulbo. Compárese esta imagen con la figura 1-3. Cb, cerebelo; CC, cisura calcarina; Cu, cuero cabelludo; M, médula del hueso parietal; R, rodilla del cuerpo calloso. (Cedida por el Dr. D. M. Pelz.)

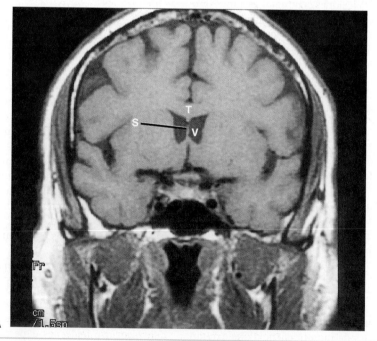

FIGURA 4-2. Tres imágenes de RM coronales (en el plano frontal) en las que pueden observarse la ínsula, el núcleo lenticular, la cápsula interna y la cabeza del núcleo caudado. **(A)** Imagen ponderada en T1: S, septo pelúcido; T, tronco del cuerpo calloso; V, ventrículo lateral. (*Continúa.*)

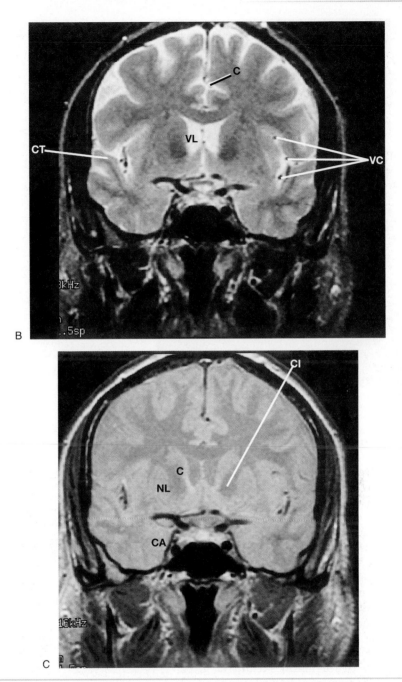

FIGURA 4-2.   *(Cont.)* Tres imágenes de RM coronales (en el plano frontal) en las que pueden observarse la ínsula, el núcleo lenticular, la cápsula interna y la cabeza del núcleo caudado. **(B)** Imagen ponderada en T2: C, cisura callosomarginal, con la arteria callosomarginal; CT, circunvolución temporal superior; VC, vasos cerebrales medios del espacio subaracnoideo; VL, ventrículo lateral. **(C)** Imagen de densidad protónica: C, cabeza del núcleo caudado; CA, cuerpo amigdaloide; CI, cápsula interna; NL, núcleo lenticular. (Cedida por el Dr. D. M. Pelz.)

jeto de examen. Los valores elevados de actividad metabólica local pueden traducirse en señales de alta intensidad en una imagen, por lo que permiten resaltar cualquier parte del encéfalo con mayor actividad que las regiones que la rodean.

De este modo, puede obtenerse una resolución anatómica precisa e información funcional sin necesidad de utilizar radiografías ni radioisótopos. Esta técnica se usa ampliamente en los estudios sobre el metabolismo cerebral inherente a

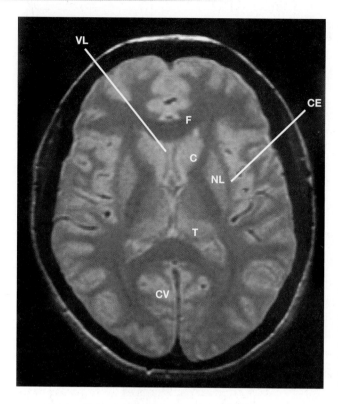

FIGURA 4-3. Imagen por RM de densidad protónica en el plano horizontal a través del nivel de la ínsula. C, cabeza del núcleo caudado; CE, cápsula externa; CV, corteza visual primaria; F, fórceps frontal; NL, núcleo lenticular; T, tálamo; VL, ventrículo lateral. (Cedida por el Dr. D. M. Pelz.)

actividades físicas y mentales normales, y podría adquirir mayor importancia para el diagnóstico de enfermedades.

Pueden utilizarse dos tipos de señales BOLD: en la RM funcional (RMf) en T2, que es el tipo de señal más utilizada, ésta se debe a la hemoglobina desoxigenada, y la «activación» se observa normalmente en las venas de mayor calibre y en el tejido nervioso. Sin embargo, puede conseguirse una localización más precisa con la RMf BOLD con eco de espín de Hahn (HSE, *Hanh spin-echo*), que detecta el movimiento del agua dentro y fuera de los eritrocitos; los capilares proporcionan señales de mucha mayor intensidad que los grandes vasos. La resolución espacial de la RMf BOLD HSE es de alrededor de 0,1 mm, pero esta técnica sólo puede utilizarse en determinados centros de investigación porque requiere utilizar un campo magnético más intenso (de 7 a 9 Tesla) que el utilizado habitualmente para la RM (1,5 Tesla).

CARTOGRAFÍA FUNCIONAL CON MARCADORES RADIACTIVOS

Puede relacionarse una estructura con la función que desempeña por medio de la cartografía de la distribución de una sustancia importante en su metabolismo, que se ha marcado previamente con un radioisótopo.

Flujo sanguíneo cerebral regional

Aunque el flujo de sangre a través del cerebro es bastante uniforme, la actividad neuronal produce incrementos de flujo transitorios pero marcados. Para observar el flujo sanguíneo cerebral regional, se introduce en la sangre un radiomarcador como el xenón (^{133}Xe) y se miden las intensidades de rayos gamma emitidos mediante una batería de detectores colocados en la superficie de la cabeza del paciente. La intensidad de la radiación en cualquier punto varía en función de la perfusión vascular de los tejidos subyacentes. Este método se emplea para examinar diferentes partes de la corteza cerebral. Para ello, se integran en un ordenador los valores de radiactividad, con lo que se obtienen imágenes anatómicas de las áreas activas. Los médicos usan este método para identificar regiones corticales en las cuales la circulación es anómala, y la investigación con voluntarios sanos aporta pruebas de la localización funcional en la corteza cerebral.

El flujo sanguíneo cerebral regional también puede estudiarse por medio de la tomografía por emisión de fotón único (SPECT, *single-photon emission computed tomography*), usando ^{133}Xe o

^{99}Tc como marcadores, y de la tomografía por emisión de positrones (TEP), con dióxido de carbono [^{15}O]. La SPECT y la TEP proporcionan series de cortes reconstruidos, por lo que aportan información tanto sobre la corteza cerebral como del interior del encéfalo.

Tomografía por emisión de fotón único

Cada átomo de un isótopo emisor de radiación gamma genera un fotón al desintegrarse. La técnica de SPECT permite obtener cartografías en planos basados en la captación por el tejido de compuestos radiomarcados que han sido introducidos en la sangre y su posterior dispersión. En las imágenes resultantes, el flujo sanguíneo regional se representa en forma de variaciones de la intensidad de señal. Estas imágenes tienen una resolución baja (de 2 a 3 cm), pero se obtienen en una fracción del tiempo necesario para obtener una imagen por TEP, y con un coste mucho menor.

Tomografía por emisión de positrones

Ciertos radioisótopos emiten positrones, y el ^{15}O, el ^{13}N, el ^{11}C y el ^{18}F son los más útiles. Al chocar con un electrón, el positrón se destruye y emite dos fotones de rayos gamma. La detección de estos pares de fotones y su procesamiento en un ordenador permite conocer las zonas en que se encuentra concentrado el isótopo, que se ha incorporado a un compuesto importante para el metabolismo. Por ejemplo, el agua [^{15}O] puede indicar flujo sanguíneo, y la fluorodesoxiglucosa [^{18}F] es absorbida por las células del mismo modo que la glucosa. Las imágenes de cortes del encéfalo generadas mediante TEP se basan en funciones como el flujo sanguíneo, la captación de un análogo de la glucosa, el metabolismo de un precursor de un neurotransmisor o la fijación de un fármaco marcado a los receptores de la superficie de las células. La resolución anatómica de la TEP (de 5 a 10 mm) es superior a la de un estudio del flujo sanguíneo cortical o una SPECT, pero inferior a la de la TC (2 mm) y la RM (de 0,5 a 1,0 mm).

La semivida de los isótopos emisores de positrones varía desde 2 min (^{15}O) hasta 2 h (^{18}F); durante este período, deben producise, incorporarse a compuestos adecuados y administrarse al paciente. Por tanto, esta técnica sólo puede utilizarse en hospitales que disponen de un ciclotrón y un laboratorio de síntesis radioquímica rápida. Las imágenes obtenidas por TEP, algunas de las cuales muestran la distribución de las neuronas que utilizan o responden a determinados transmisores sinápticos, pueden ser más informativas para el médico que las imágenes anatómicas puras obtenidas con TC o RM.

Métodos para investigar las vías y funciones neurales

Las correlaciones clinicopatológicas y las técnicas de imagen funcional permiten conocer las partes del encéfalo y la médula espinal que se activan en situaciones concretas, pero no proporcionan excesiva información sobre el modo en que las neuronas, con sus largos axones, se comunican con las distintas partes del sistema nervioso.

En el material histológico de animales sanos, es muy difícil seguir el trayecto de los axones desde sus cuerpos celulares de origen hasta el sitio distante donde terminan. Los diámetros reducidos y las trayectorias curvadas de los axones, junto con el hecho de que el mismo territorio puede estar ocupado por diferentes vías, hacen imposible la observación directa de las conexiones. Por ello, es preciso utilizar métodos experimentales para determinar las conexiones de los numerosos grupos de neuronas del encéfalo y la médula espinal. Los resultados de las investigaciones sobre la conectividad neuronal en animales de laboratorio, en especial con gatos y monos, se pueden aplicar al cerebro humano. Esta extrapolación de la información del animal al ser humano es válida cuando no hay diferencias importantes entre las conexiones encontradas en diversos grupos de animales. En ocasiones, la lesión y la enfermedad en el sistema nervioso humano pueden causar la degeneración de vías axónicas concretas. El examen autópsico de las fibras degeneradas puede proporcionar una valiosa información acerca de las conexiones neurales normales en el ser humano.

MÉTODOS NEUROANATÓMICOS BASADOS EN LA DEGENERACIÓN

Antes de la introducción de los métodos basados en el transporte axoplásmico, estas vías se observaban mediante la tinción de fibras que sufrían degeneración walleriana (v. cap. 2) después de producir lesiones destructivas en una determinada zona del sistema nervioso central (SCN) de un animal. El método de tinción más antiguo para la degeneración anterógrada es la **técnica de Marchi**, con la que se tiñe selectivamente la mie-

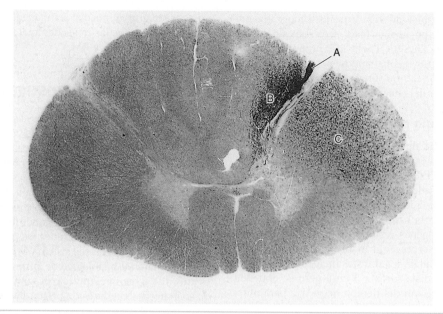

FIGURA 4-4. Corte del tercer segmento cervical de una médula espinal humana. El paciente falleció 9 días después como consecuencia de una lesión que afectó a las raíces posteriores de los nervios cervicales segundo, tercero y cuarto, junto con la parte posterior del cordón lateral derecho del segmento C2. En este corte tisular, que se tiñó mediante el método de Marchi, puede verse la mielina en degeneración en las fibras que entran en la tercera raíz posterior cervical derecha (A), en las ramas de las fibras derivadas de las raíces posteriores de C3 y C4 y en la parte lateral del cordón posterior (B) y en las fibras corticoespinales descendentes en el cordón lateral (C).

lina en degeneración con tetraóxido de osmio, en presencia de un agente oxidante. De este modo, se puede seguir el trayecto de una vía en cortes efectuados a intervalos apropiados (fig. 4-4). La técnica de Marchi no muestra las ramas terminales amielínicas de los axones que están degenerando pero, en cualquier caso, es el único método que proporciona datos útiles en material cadavérico humano. Los **métodos de plata**, que pueden mostrar axones amielínicos en degeneración y terminaciones sinápticas, fueron muy utilizados con animales de laboratorio hasta 1975. Sin embargo, no son adecuados para observar el sistema nervioso humano, ya que los axones en degeneración sólo pueden observarse durante un período crítico de 4 a 8 días después de una lesión. Estas terminales axónicas también pueden observarse mediante **microfotografías electrónicas.**

MÉTODOS NEUROANATÓMICOS BASADOS EN EL TRANSPORTE AXOPLASMÁTICO

Los métodos de investigación basados en el estudio de axones que están en degeneración fueron sustituidos en la década de 1970 por técnicas mucho más sensibles que revelan tanto las células de origen como las áreas donde terminan los axones. En estos procedimientos se inyecta una sustancia marcadora en una región de sustancia gris, que es absorbida por las terminales axónicas o los cuerpos celulares de las neuronas (o por ambos) y transportada por el interior del citoplasma. Los **marcadores retrógrados** se acumulan en los cuerpos celulares de las neuronas cuyos axones finalizan en la región de la inyección, mientras que los **marcadores anterógrados** penetran los cuerpos celulares y son transportados a las terminales presinápticas de los axones. Estos marcadores pueden ser un aminoácido marcado radiactivamente, un colorante fluorescente, una enzima detectable por métodos histoquímicos (sobre todo, la peroxidasa de rábano [HRP, *horseradish peroxidase*]) o una proteína que se ha unido químicamente a un colorante fluorescente o a moléculas de HRP.

SONDAS DE MEMBRANA

Algunos compuestos fluorescentes hidrófobos, en especial el colorante **DiI**, una carbocianina, penetran en los dominios lipídicos de las membranas celulares (como el axolema neuronal) y difunden por el plano de la membrana. Esto ocurre incluso en tejido muerto, lo cual permite observar el trazado de las vías neuronales a partir del lugar de aplicación del colorante. La difusión por el axolema es lenta: se necesitan varios meses para observar el trayecto de los axones a distancias inferiores a 1 cm. Estos métodos se han utilizado con material cadavérico humano, pero no han proporcionado datos neuroanatómicos de importancia.

RASTREO TRANSINÁPTICO DE VÍAS

En el rastreo neuronal experimental se usan también algunos virus que se reproducen dentro de las neuronas, son transportados a través del axón y pasan de una célula a otra en las sinapsis. Estos virus pueden modificarse para que las células que los contienen sinteticen una enzima que pueda detectarse por métodos histoquímicos, o bien puede teñirse la proteína vírica por métodos inmunohistoquímicos. La transferencia transináptica de virus se produce de forma natural en algunas enfermedades, como la rabia.

Métodos de marcado metabólico

El azúcar **2-desoxi-D-glucosa**, un análogo de la D-glucosa común, entra en las células de la misma forma que la glucosa, pero no puede ser metabolizada. Por tanto, si se proporciona 2-desoxiglucosa a una célula metabólicamente activa, este azúcar se acumulará en el citoplasma y podrá ser detectado mediante autorradiografía. El método de la desoxiglucosa puede permitir la observación de estructuras cerebrales que se activan cuando está funcionando un determinado sistema de vías neuronales. Por consiguiente, es posible determinar cuáles de las numerosas conexiones del sistema nervioso que pueden observarse mediante marcado neuroanatómico son las más importantes para cada función.

La función catalítica que poseen determinadas enzimas utilizadas en las actividades metabólicas de todas las células también puede ponerse de manifiesto mediante métodos histoquímicos. Un buen ejemplo de ello es la enzima **citocromo oxidasa**; en las regiones que contienen neuronas activas, la actividad de esta enzima es más elevada que en las áreas vecinas en reposo. Los métodos histoquímicos de detección de la citocromo oxidasa se han utilizado con muy buenos resultados para identificar las columnas de células que responden a distintos estímulos visuales en la corteza del lóbulo occipital del cerebro (v. cap. 14).

Métodos fisiológicos y farmacológicos

Los estudios neuroanatómicos se complementan a menudo mediante la estimulación eléctrica de neuronas y el registro de los potenciales provocados en otras áreas. El tiempo que tarda en producirse esta respuesta puede ayudar a determinar el número de neuronas, o relevos sinápticos, que componen una vía. El rastreo neuroanatómico y los experimentos electrofisiológicos se combinan con frecuencia con técnicas inmunohistoquímicas para identificar neurotransmisores y para confirmar sus acciones sobre las neuronas postsinápticas. Los estudios de electrofisiología del SNC humano son, necesariamente, de un alcance menor que los realizados con animales; sin embargo, la observación de los efectos de la estimulación de la corteza cerebral ha proporcionado datos muy valiosos. En el capítulo 15 se explican algunos de estos estudios.

En otro tipo de estudios neuroanatómicos se administran algunas **sustancias tóxicas** a animales de laboratorio. Por ejemplo, hace un siglo Langley usó **nicotina** para bloquear sinapsis y, de este modo, determinar su localización en los ganglios vegetativos. La inyección local de **ácido caínico** o **ácido iboténico** mata muchos tipos de neuronas sin seccionar las fibras. Estas sustancias se denominan **excitotoxinas**, ya que son análogas del neurotransmisor excitador ácido glutámico. Cuando una excitotoxina se une a los receptores de glutamato, se produce una activación prolongada e inusual de canales catiónicos dependientes de ligandos no específicos en las células postsinápticas. Los iones de calcio difunden hacia el interior de las neuronas y activan enzimas proteolíticas que destruyen el citoplasma; la lesión resultante es más selectiva que la producida mediante métodos físicos. Las células que utilizan monoaminas como neurotransmisores sinápticos pueden resultar afectadas selectivamente por análogos de estas sustancias o de sus precursores metabólicos. En consecuencia, las neuronas que utilizan dopamina o noradrenalina son sensibles a la acción nociva de la **6-hidroxidopamina**, y las neuronas serotoninérgicas, a la de la **5,6-dihidroxitriptamina**.

Algunas lectinas tóxicas (como la **ricina 60** de la semilla de ricino) y otras sustancias (p. ej., el antibiótico **doxorrubicina**) son absorbidas por las terminaciones axónicas y las fibras de paso lesionadas, después de lo cual son transportadas en sentido retrógrado hacia los cuerpos celulares de las neuronas, donde inhiben los ácidos nucleicos y la síntesis proteica. Esta técnica, denominada **transporte suicida**, produce lesiones selectivas que pueden proporcionar modelos experimentales de enfermedades que cursan con una generación espontánea de determinadas poblaciones de neuronas.

Bibliografía recomendada

DeYoe EA, Bandettini P, Neitz J, et al. Functional magnetic resonance imaging (FMRI) of the human brain. *J Neurosci Methods* 1994;54:171–187.

Frackowiak RSJ, ed. *Human Brain Function*, 2nd ed. Amsterdam: Elsevier, 2004.

Heimer L. Neuroanatomic Techniques. In Heimer L, ed. *The Human Brain and Spinal Cord*, 2nd ed. New York: Springer-Verlag, 1995:172–184.

Krassioukov AV, Bygrave MA, Puckett WR, et al. Human sympathetic preganglionic neurons and motoneurons retrogradely labelled with DiI. *J Autonom Nerv Syst* 1998; 70:123–128.

Lukas JR, Aigner M, Denk M, et al. Carbocyanine postmortem neuronal tracing: influence of different parameters on tracing distance and combination with immunocytochemistry. *J Histochem Cytochem* 1998;46: 901–910.

McLean JH, Shipley MT, Bernstein DI. Golgi-like trans-neuronal retrograde labelling with CNS injections of Herpes simplex virus type 1. *Brain Res Bull* 1989;22:867–881.

Purves D. Assessing some dynamic properties of the living nervous system. *Q J Exp Physiol* 1989;74:1089–1105.

Raichle ME. Functional brain imaging and human brain function. *J Neurosci* 2003;23:3959–3962.

Rajakumar N, Elisevich K, Flumerfelt BA. Biotinylated dextran: a versatile anterograde and retrograde neuronal tracer. *Brain Res* 1993;607:47–53.

Rao SM, Binder JR, Hammeke TA, et al. Somatotopic mapping of the human primary motor cortex with functional magnetic resonance imaging. *Neurology* 1995;45:919–924.

Ugurbil K, Toth L, Kim DS: How accurate is magnetic resonance imaging of brain function? *Trends Neurosci* 2003;26:108–114.

Vercelli A, Repici M, Garbossa D, et al. Recent techniques for tracing pathways in the central nervous system of developing and adult mammals. *Brain Res Bull* 2000;51:11–28.

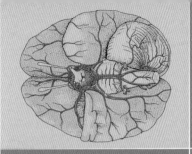

PARTE II

Anatomía regional del sistema nervioso central

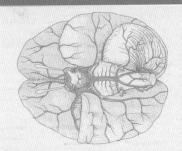

Capítulo 5

MÉDULA ESPINAL

Conceptos básicos

- La médula espinal es más corta que el canal raquídeo, dentro del cual se encuentra suspendida. Salvo en el cuello, los segmentos de la médula espinal se encuentran en situación cefálica con respecto a la vértebra correspondiente, mientras que su extremo caudal se encuentra en la altura de la vértebra L2.

- Se pueden tomar muestras de líquido cefalorraquídeo mediante la inserción de una aguja en el espacio subaracnoideo por debajo del nivel del cono medular.

- El área de sustancia gris central en un corte transversal indica el número de neuronas que contiene; dicha área es mayor en los segmentos que inervan las extremidades.

- El área de la sustancia blanca en un corte transversal se va reduciendo en sentido caudal, ya que va perdiendo fibras ascendentes y descendentes.

- Las motoneuronas (o neuronas motoras) se encuentran en el asta anterior; los axones sensitivos entran en el asta posterior y los cordones posteriores. Las neuronas autónomas preganglionares ocupan una posición lateral, en los segmentos D1 a L2 y S2 a S4.

- Entre los tractos ascendentes se encuentran los fascículos grácil y cuneiforme (de los ganglios sensitivos), que son directos, y el tracto espinotalámico, cruzado (desde el asta posterior). Estos tractos transmiten señales relacionadas con distintos tipos de sensibilidad.

- Los tractos motores descendentes son el tracto vestibuloespinal (directo) y corticoespinal lateral o piramidal, cruzado. Las fibras hipotalamoespinales y algunas reticuloespinales participan en las funciones autónomas.

- La mayor parte del tiempo, el reflejo miotático o de estiramiento y el reflejo de retirada están inhibidos por la actividad de las vías descendentes.

- Las lesiones en distintas partes de la médula espinal producen alteraciones sensitivas y motoras en las funciones de los tractos que resultan seccionados. El nivel segmentario de la lesión puede comprobarse con los dermatomas y los movimientos afectados.

La médula espinal y los ganglios de la raíz posterior son responsables de la inervación de la mayor parte del cuerpo. Las fibras aferentes sensoriales entran en la médula a través de las raíces posteriores de los nervios raquídeos, y las fibras motoras y otras fibras eferentes salen de ella por las raíces anteriores (ley de Bell-Magendie). Las señales que se originan en las terminaciones nerviosas desencadenan reflejos en la médula espinal y son retransmitidos al tronco encefálico y al cerebelo y contribuyen a formar los circuitos que controlan la actividad motora y otras funciones. La información sensorial se transmite también en sentido craneal hacia el tronco encefálico, el tálamo y la corteza cerebral, donde entra a formar parte de la experiencia consciente y puede generar respuestas conductuales inmediatas o diferidas. Las motoneuronas de la médula espinal pueden ser excitadas o inhibidas por impulsos que se originan en diversos niveles del encéfalo, desde el bulbo raquídeo hasta la corteza cerebral. En este capítulo, tras la identificación de los fascículos y los tractos de la médula espinal se hace referencia a componentes del encéfalo que se explicarán en capítulos posteriores. Cuando se describen las regiones del sistema nervioso central (SNC), es necesario mencionar estructuras más allá de la región que se está tratando, y el estudio de los grandes sistemas se realiza paso a paso. Los sistemas generales sensitivos y motores se repasan en los capítulos 19 y 23, respectivamente.

Anatomía macroscópica de la médula espinal y las raíces nerviosas

La médula espinal es una estructura cilíndrica y ligeramente aplanada en dirección anteroposterior, que está contenida en el canal raquídeo de la columna vertebral. La protección de la médula espinal la garantizan no sólo las vértebras y sus ligamentos, sino también las meninges y la amortiguación que proporciona el líquido cefalorraquídeo (LCR).

CANAL RAQUÍDEO Y MENINGES

La capa más interna de las meninges es la piamadre, una capa delgada que se adhiere a la superficie de la médula espinal. La duramadre es la capa más externa; forma un tubo grueso que se extiende desde la segunda vértebra sacra hasta el agujero occipital en la base del cráneo, donde se continua con la duramadre que rodea el encéfalo. La aracnoides se encuentra por el lado interno de la duramadre, donde forma el límite externo del espacio subaracnoideo, un área llena de lí-

quido. La médula espinal está suspendida en la vaina de la duramadre por medio de **ligamentos dentados** a cada lado, unas estructuras de tejido pioaracnoideo en forma de cinta que están fijadas a la médula en un área media entre las raíces anteriores y posteriores (fig. 5-1). El borde lateral del ligamento dentado tiene forma de sierra y está unido en 21 puntos a la vaina de la duramadre, a intervalos entre el agujero occipital y el nivel en el cual la duramadre está perforada por las raíces del primer nervio raquídeo lumbar. La duramadre está separada de la pared del canal raquídeo por el **espacio epidural**, una zona llena de tejido adiposo que contiene un plexo venoso. El espacio epidural caudal a la segunda vértebra sacra también contiene las raíces de la mayoría de los nervios raquídeos caudales.

SEGMENTOS DE LA MÉDULA ESPINAL, RAÍCES Y COLUMNA VERTEBRAL

La naturaleza segmentaria de la médula espinal la demuestran la presencia de 31 pares de **nervios raquídeos**, pero su estructura interna apenas muestra indicios de segmentación. Cada raíz posterior se divide en una serie de **raicillas** que se fijan a la médula a lo largo del segmento correspondiente (fig. 5-2). Del mismo modo, la raíz anterior surge como una serie de raicillas.

Cada nervio raquídeo se divide en dos **ramos primarios**, uno anterior y otro posterior. El ramo primario posterior inerva la piel de la espalda y los músculos que se insertan en ambos extremos a diversas partes de la columna vertebral. En los **plexos** cervical, braquial y lumbosacro, los ramos primarios anteriores se unen, intercambian fibras y se ramifican en nervios mixtos que llevan fibras nerviosas motoras y sensitivas hacia la piel y los músculos de las partes lateral y anterior del tronco y las extremidades. En la tabla 5-1 se muestran la relaciones numéricas entre los nervios raquídeos y las vértebras.

EMBRIOLOGÍA Y CRECIMIENTO

En el capítulo 1 de esta obra se describe el desarrollo inicial de la médula espinal a partir del tubo neural y la eminencia caudal. Los distintos segmentos del tubo neural (neurómeras) corresponden a la posición donde se encuentran los segmentos de la columna vertebral (esclerómeras) hasta el tercer mes del desarrollo fetal. Durante el resto de la vida del feto, la columna vertebral crece longitudinalmente con más rapidez que la médula. Al nacer, el extremo caudal de la médula

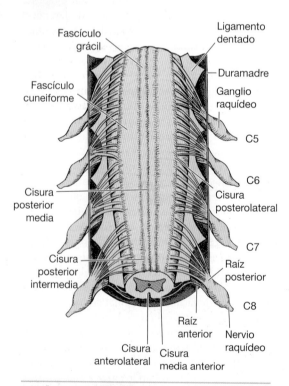

Fascículo grácil
Fascículo cuneiforme
Cisura posterior media
Cisura posterior intermedia
Cisura anterolateral
Cisura anterolateral
Cisura media anterior
Raíz anterior
Ligamento dentado
Duramadre
Ganglio raquídeo
C5
C6
Cisura posterolateral
C7
Raíz posterior
C8
Nervio raquídeo

FIGURA 5-I. Vista posterior de la intumescencia cervical de la médula espinal, que muestra las uniones del ligamento dentado.

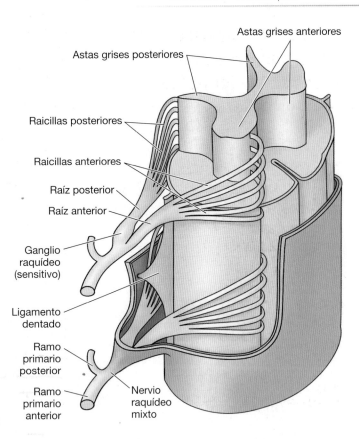

Astas grises anteriores

Astas grises posteriores

Raicillas posteriores

Raicillas anteriores

Raíz posterior

Raíz anterior

Ganglio raquídeo (sensitivo)

Ligamento dentado

Ramo primario posterior

Ramo primario anterior

Nervio raquídeo mixto

FIGURA 5-2. Un segmento de la médula espinal que muestra las raicillas y raíces posteriores y anteriores, los ganglios sensitivos y los nervios raquídeos mixtos. (Reproducido con autorización de Moore KL, Dalley AF. *Clinically oriented anatomy*, 5th ed. Philadelphia: Lippincott Williams & Wilkins, 2006.)

se encuentra a la altura del disco intervertebral entre la segunda y la tercera vértebras lumbares. Durante la infancia, esta ligera diferencia en la velocidad de crecimiento se mantiene, por lo que el extremo caudal de la médula espinal del adulto se encuentra en el nivel del disco que separa la primera y la segunda vértebras lumbares (fig. 5-3). Sin embargo, esta localización es sola-

mente el promedio en el ser humano, ya que este extremo caudal puede encontrarse más arriba (hasta el decimosegundo cuerpo vertebral dorsal) o más abajo (hasta el tercer cuerpo vertebral lumbar). El espacio subaracnoideo caudal al extremo de la médula espinal es la **cisterna lumbar**; contiene LCR y está atravesado por las raíces de los nervios lumbares y sacros.

TABLA 5-1.   Numeración de las vértebras y los nervios raquídeos*

Segmento	Número de nervios	Nivel de salida de la columna vertebral
Cervical	8	Nervio C1* (nervio suboccipital): pasa *por encima* del arco de la vértebra C1 Nervios C2 a C7: pasan a través del agujero de la vértebra correspondiente
		Nervio C8: pasa a través del agujero entre los arcos de las vértebras C7 y D1
Dorsal Lumbar	12 5	Nervios D1 a L5: también pasan a través de los agujeros *por debajo* de los arcos de las vértebras correspondientes
Sacro	5	Nervios S1 a S4: se ramifican en ramos principales en el sacro, que atraviesan los agujeros sacros anterior y posterior
Coccígeo	1	El quinto nervio sacro y el nervio coccígeo pasan a través del hiato del sacro

*Los primeros nervios cervicales carecen de raíces posteriores en el 50% de las personas; en algunos casos, no hay nervios coccígeos.

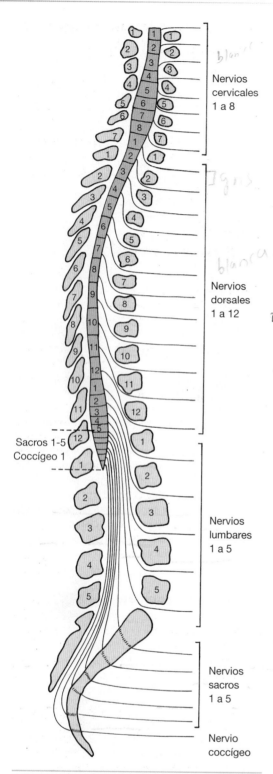

Sacros 1-5
Coccígeo 1

El desplazamiento cefálico de la médula espinal durante el desarrollo determina la dirección de las raíces de los nervios raquídeos en el espacio subaracnoideo. Como se ilustra en la figura 5-3, los nervios espinales C1 a C7 salen del canal raquídeo a través de los orificios intervertebrales por encima de la vértebra correspondiente. (El primer y el segundo nervios cervicales descansan en los arcos vertebrales del atlas y axis, respectivamente.) El octavo nervio cervical pasa a través del orificio que se encuentra entre la séptima vértebra cervical y la primera vértebra dorsal, porque la médula cervical tiene ocho segmentos y hay siete vértebras cervicales. Desde este punto y en sentido caudal, los nervios raquídeos abandonan el canal raquídeo a través del orificio situado inmediatamente por debajo de los pedículos de la vértebra correspondiente.

NIVELES MEDULARES Y VERTEBRALES

Las raíces anteriores y posteriores atraviesan el espacio subaracnoideo y perforan la aracnoides y la duramadre; en este punto, la duramadre tiene continuidad con el epineuro. Después de pasar a través del espacio epidural, las raíces alcanzan los agujeros intervertebrales, donde se encuentran los ganglios de la raíz posterior. Las raíces anterior y posterior se unen en la región inmediatamente distal al ganglio para formar el nervio raquídeo. La longitud y la inclinación de las raíces aumentan progresivamente en sentido cefalocaudal como consecuencia del incremento de la distancia entre los segmentos medulares y los segmentos vertebrales correspondientes (v. figura 5-3). Por esta razón, las raíces lumbosacras son las más largas y constituyen la **cola de caballo** en la parte más baja del espacio subaracnoideo. La médula termina en el **cono medular**, que se estrecha de forma abrupta en un ligamento delgado denominado *filum terminal*. Los 3 cm caudales de la médula contienen la mayoría de los segmentos que comunican con las extremidades inferiores y el perineo. Justo por debajo del cono medular se encuentran todas las raíces nerviosas inferiores a L1.

El *filum terminal* está situado en la parte media de la cola de caballo y tiene un color azulado característico que lo distingue de las raíces nerviosas blancas. Esta estructura, que está formada por piamadre y por elementos de la neuroglia, es un vestigio de la médula espinal de la cola embrionaria. A nivel del segundo segmento del sacro adquiere una envoltura de duramadre, y el **ligamento coccígeo** resultante se une al dorso del coxis.

FIGURA 5-3. Relación entre los segmentos de la médula espinal y los nervios raquídeos con la columna vertebral. Los cuerpos vertebrales están a la derecha y las apófisis espinosas de las vértebras, a la izquierda.

Discos lumbares y nervios raquídeos

Todos los agujeros intervertebrales se encuentran en posiciones ligeramente cefálicas con respecto a los discos intervertebrales. Si el núcleo de un disco lumbar se hernia lateralmente a través de su anillo fibroso externo, presiona al nervio espinal que no ha salido todavía del canal raquídeo. Por ejemplo, la hernia del disco que se

encuentra entre las vértebras L4 y L5 produce la compresión del nervio raquídeo L5 o S1.

Cuando se explora a un paciente en quien se sospecha una posible lesión en la médula espinal o en una raíz nerviosa, es de utilidad determinar la localización de los segmentos medulares con respecto a las apófisis espinosas, los cuerpos vertebrales y los discos intervertebrales. Los niveles correspondientes se muestran en la figura 5-3.

PROMINENCIAS PARA LAS EXTREMIDADES

La médula espinal se agranda en dos regiones para inervar las extremidades. La **prominencia cervical** incluye los segmentos C4 a D1, donde la mayor parte de los nervios raquídeos correspondientes forman el plexo braquial que inerva las extremidades superiores. La **prominencia lumbosacra** abarca los segmentos L2 a S3, y los nervios correspondientes constituyen la mayor parte del plexo lumbosacro, para la inervación de las extremidades inferiores.

Estructura interna de la médula espinal

La superficie de la médula está marcada por surcos longitudinales. La profunda **cisura media anterior** contiene tejido conjuntivo de la piamadre y la arteria espinal anterior y sus ramas. El **surco medio posterior** es un estrecho canal en la línea media. Muchos libros de texto mencionan también un tabique posterior, presuntamente compuesto por tejido pial, que se extiende desde la base de este surco casi hasta la sustancia gris. En realidad, en la línea media posterior de la médula espinal no hay tejido conjuntivo colagenoso, por lo que el «tabique posterior» no existe.

SUSTANCIA GRIS Y SUSTANCIA BLANCA

En un corte transversal, la sustancia gris tiene una forma similar a una H (figs. 5-4 a 5-6). El pequeño **conducto central** está tapizado por epéndimo y su luz se puede obliterar en algunos puntos. La sustancia gris situada a ambos lados forma las **astas posteriores y anteriores** y una **zona intermedia**. En los segmentos dorsales y lumbares superiores se añade un **asta lateral**, que contiene neuronas preganglionares simpáticas.

Existen tres categorías principales de neuronas en la sustancia gris medular. Las **motoneuronas** del asta anterior inervan la musculatura esquelética; son motoneuronas alfa y gamma cuyas funciones se describen en el capítulo 3. Los cuerpos celulares de las **células de tractos**, cuyos axones constituyen los fascículos ascendentes de la sustancia blanca, se encuentran principalmente en el asta posterior. Las células que participan en los circuitos nerviosos locales se denominan **interneuronas**, a pesar de que muchas de ellas tienen unos axones muy largos (v. Fascículo propio, más adelante).

La sustancia blanca consiste en tres cordones (v. figs. 5-4 a 5-6). (Con frecuencia, a estos cordones se les llama «columnas», pero esta palabra es más apropiada para las formaciones longitudinales alineadas de cuerpos celulares neuronales de la sustancia gris.) El **cordón posterior** (columna

Punción lumbar

En ocasiones, es necesario insertar una aguja en el espacio subaracnoideo para obtener una muestra de LCR para realizar un análisis posterior, o por otras razones. La punción lumbar es el procedimiento más adecuado para ello; la aguja

se inserta entre las apófisis espinosas de la tercera y la cuarta vértebras lumbares a fin de que entre en la cisterna lumbar sin riesgo de lesionar la médula espinal. En la línea media de la cisterna lumbar, la aguja no puede tocar las raíces nerviosas lumbosacras.

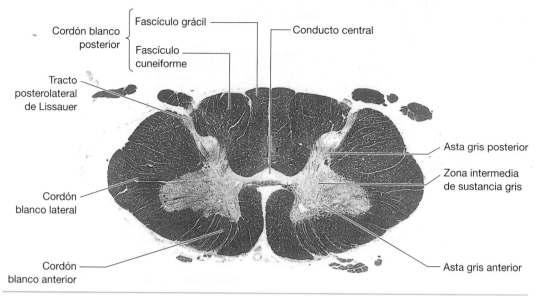

FIGURA 5-4. Séptimo segmento cervical. (Corte transversal teñido por el método de Weigert para la mielina, × 6.)

posterior) está limitado por la línea media y el asta gris posterior; consiste en un **fascículo grácil**, que se prolonga en toda longitud de la médula, y, por encima del nivel dorsal medio, un **fascículo cuneiforme** en situación lateral. El resto de la sustancia blanca lo ocupan los **cordones anterior y lateral**, entre los cuales no hay una demarcación anatómica. Las fibras nerviosas se decusan en la **comisura blanca anterior**. El **tracto posterolateral** (o de Lissauer) ocupa el área situada entre

el vértice del asta posterior y la superficie de la médula. La sustancia blanca consiste en haces de fibras (tractos o fascículos) parcialmente superpuestas, como se describe más adelante.

Aunque el patrón general de sustancia gris y sustancia blanca es el mismo en toda la médula espinal, existen diferencias regionales que pueden apreciarse en cortes transversales (v. figs. 5-4 a 5-6). Por ejemplo, la cantidad de sustancia blanca aumenta en sentido caudocefálico, ya que los

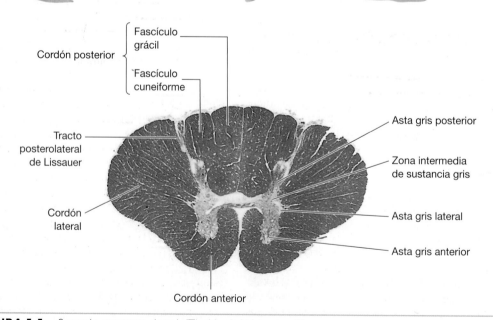

FIGURA 5-5. Segundo segmento dorsal. (Tinción de Weigert, × 7.)

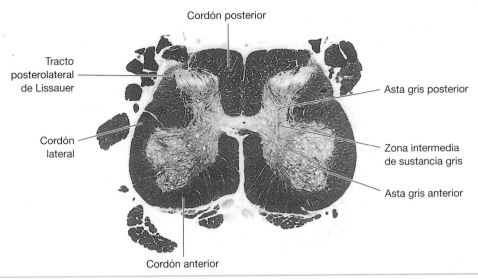

Cordón posterior

Tracto
posterolateral
de Lissauer

Cordón
lateral

Cordón anterior

Asta gris posterior

Zona intermedia
de sustancia gris

Asta gris anterior

FIGURA 5-6.   Primer segmento sacro. (Tinción de Weigert, × 7.)

tractos ascendentes van incorporando fibras, y de los tractos descendentes se desprenden algunas fibras que llegan hasta la sustancia gris. La principal variación en la sustancia gris es el aumento de volumen en las intumescencias cervical y lumbosacra para la inervación de las extremidades inferiores y superiores. El asta lateral de la sustancia gris es característica de los segmentos dorsales y lumbares superiores. En situación caudal a S2, la cisura anterior es estrecha, por lo que las astas anteriores izquierda y derecha se unen en una banda amplia de sustancia gris anterior al canal central.

ARQUITECTURA NEURONAL DE LA SUSTANCIA GRIS MEDULAR

Como ocurre con otras partes del SNC, la sustancia gris medular está compuesta por varias poblaciones de neuronas. Estos tipos celulares se clasifican de acuerdo con su aspecto al microscopio; se ha comprobado que, con frecuencia, las células del mismo tipo se reúnen en grupos. Debido a que la arquitectura de la sustancia gris medular es, básicamente, la misma en toda longitud de la médula espinal, las poblaciones de neuronas similares se disponen en largas columnas. Cuando se observa la médula en cortes transversales, muchas de las columnas celulares aparecen formando láminas, en especial en el asta posterior. Existen 10 láminas de neuronas, que se denominan **láminas de Rexed**. Antes de su descubrimiento en 1952, se dieron nombres a muchas de las columnas celulares, pero el uso de términos y sinónimos distintos por parte de

cada autor daba lugar a confusiones. El esquema laminar se resume en la figura 5-7.

La sustancia gris medular se organiza de la siguiente forma: las fibras sensitivas de la raíz posterior terminan predominantemente en el asta posterior, y los impulsos relacionados con el dolor, la temperatura y el tacto alcanzan las células de tracto; los cuerpos celulares de la mayoría de estas neuronas se encuentran en las láminas profundas del asta posterior, desde donde se origina el tracto espinotalámico. La información sensitiva transmitida al encéfalo, en especial la del dolor, puede modificarse al interaccionar con otras modalidades de sensibilidad y por acción de los impulsos que alcanzan el asta posterior a través de varios fascículos descendentes. La lámina II o **sustancia gelatinosa** contiene neuronas que desempeñan una función importante en la modificación de la percepción del dolor (v. cap. 19). Las motoneuronas (lámina IX) inervan la musculatura esquelética. A través de la intervención de interneuronas, las motoneuronas suelen estar sometidas a la influencia de aferentes de la raíz posterior, para los reflejos medulares, y de varios tractos descendentes mediante los que el encéfalo controla la actividad motora. De entre las columnas de motoneuronas que constituyen la lámina IX, las que inervan la musculatura axial se encuentran en la parte medial del asta anterior, y las que inervan las extremidades están localizadas en situación más lateral. Existen columnas diferenciadas de motoneuronas como los **núcleos frénico** y **accesorio** en los segmentos cervicales (motoneuronas para los nervios frénico y accesorio) y el **núcleo de Onuf** en la médula sacra (iner-

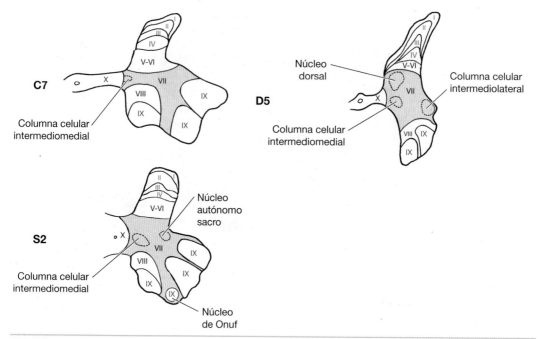

FIGURA 5-7.   Posiciones de las láminas citoarquitectónicas de la sustancia gris en tres niveles distintos de la médula espinal humana. Los números romanos de color *azul* corresponden a láminas que reciben señales de las raíces posteriores, mientras que las de color *rojo* representan láminas que contienen motoneuronas. La lámina VIII, que contiene las denominadas columnas celulares, está coloreada en *amarillo*.

vación de la musculatura del suelo pélvico). Las columnas celulares diferenciadas de los segmentos dorsales y lumbares superiores (que, en rigor, se incluyen en la lámina VII) son el **núcleo dorsal**, que da lugar al tracto espinocerebeloso directo, y la **columna celular intermediolateral**, que está formada por neuronas simpáticas preganglionares. Los segmentos sacros medios contienen una columna intermediolateral menos diferenciada, el **núcleo autónomo sacro**. Las **células del borde medular** dispersas en la interfase entre la sustancias gris y blanca del asta anterior de los segmentos lumbares participan en los tractos espinocerebelosos anteriores.

ASTA POSTERIOR

Cada raíz posterior se ramifica en seis a ocho raicillas a medida que se aproxima a la médula, y dentro de cada raicilla los axones se separan en dos divisiones (fig. 5-8). La división lateral contiene la mayoría de los axones amielínicos (del grupo C) y algunos axones mielínicos delgados (del grupo A). Estos axones entran en el **tracto posterolateral** (o de Lissauer), donde se dividen en ramas ascendentes y descendentes; de ambas surgen colaterales que entran en el asta posterior. La mayoría de estas fibras termina en su segmento o en segmentos inmediatamente adyacentes, formando sinapsis con interneuronas y con **células de tracto** que dan lugar a las fibras espinotalámicas. La mayor parte de las células de tracto se encuentra en el **núcleo propio** en las láminas profundas del asta posterior.

La división medial de las fibras de la raíz posterior, para la modalidades de sensibilidad distintas del dolor y la temperatura, consiste en su mayor parte en axones mielínicos, entre ellos todas las fibras sensitivas de diámetro grueso y conducción rápida. Dichas fibras entran en la sustancia blanca medular en situación medial al asta posterior donde, al igual que las fibras de la división lateral, se separan en ramas ascendentes y descendentes. Estas últimas discurren en sentido caudal dentro del fascículo posterior durante una distancia variable y terminan en el asta posterior (algunas de las fibras descendentes largas del cordón posterior se agrupan en fascículos diferenciados, el **fascículo septomarginal** y el **fascículo interfascicular**, cuyas localizaciones se indican en la fig. 5-9). Muchas de las fibras sensitivas ascendentes del cordón posterior terminan en los núcleos grácil y cuneiforme del bulbo raquídeo. En el otro extremo, los axones de la división medial de la raíz posterior penetran en la sustancia gris en sus propios niveles segmentarios; estas

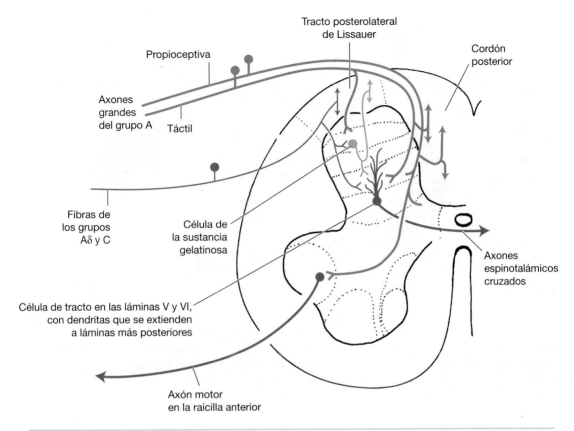

FIGURA 5-8. Circuitos neuronales del asta posterior de la sustancia gris medular, en los que se observan fibras aferentes en las divisiones medial *(azul)* y lateral *(negro)* de la raíz posterior. Las células principales de la médula espinal se muestran en *rojo,* y una interneurona de la sustancia gelatinosa, en *verde.* Compárese esta figura con la 5-11.

fibras son visibles en la lámina IV del asta posterior (v. figs. 5-4 y 5-6). Algunas de las ramas de los axones sensitivos primarios que conducen señales desde los husos musculares terminan en motoneuronas y participan en el reflejo miotático. La figura 5-8 muestra algunas sinapsis del asta gris posterior.

ASTA ANTERIOR

Las columnas de células que forman la lámina IX contienen motoneuronas de dos tipos, que se nombran con arreglo a sus diámetros y, por tanto, a las velocidades de conducción de sus axones. Las **motoneuronas alfa** inervan las fibras normales (extrafusales) de la musculatura estriada esquelética. Las **motoneuronas gamma**, que son más pequeñas, son también menos numerosas; inervan las fibras intrafusales de los husos neuromusculares. Las superficies de ambos tipos de motoneuronas están densamente cubiertas por terminaciones sinápticas que liberan sustancias excitadoras o inhibidoras. Cada motoneurona alfa establece un mínimo de 20.000 contactos sinápticos. Los orígenes de las aferencias son muy diversos; algunas provienen de tractos descendentes de la médula espinal, y otras son ramas de axones de neuronas aferentes primarias. Sin embargo, la mayor parte pertenecen a células intrínsecas de la sustancia gris medular que, desde el punto de vista fisiológico, actúan como interneuronas. Las interneuronas se localizan principalmente en la lámina VII; reciben sus aferentes de otras interneuronas, de tractos descendentes o de neuronas ganglionares de las raíces posteriores relacionadas con todas las modalidades de sensibilidad.

Un tipo especial de interneuronas desde el punto de vista fisiológico son las **células de Renshaw**, que reciben señales excitadoras sinápticas de ramas de los axones de las motoneuronas cercanas. El axón ramificado de una célula de Renshaw establece uniones sinápticas inhibidoras con motoneuronas, entre ellas las mismas que

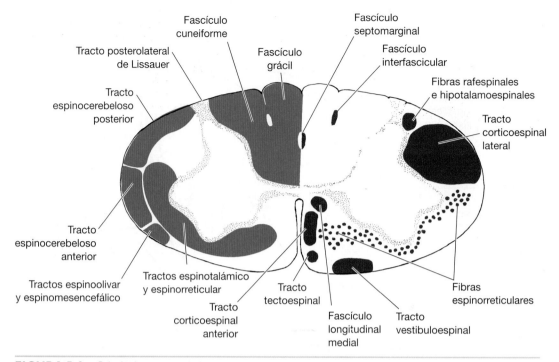

FIGURA 5-9. Principales tractos de la sustancia blanca medular en un nivel cervical medio. Los tractos ascendentes *(azul)* son los de la izquierda, mientras que los descendentes *(rojo)* se encuentran a la derecha de la figura. Las *áreas de puntos* adyacentes a la sustancia gris corresponden a fibras propioespinales.

son presinápticas para la propia célula de Renshaw. Al inhibir a las motoneuronas cercanas, el circuito de la célula de Renshaw focaliza las órdenes motoras a los músculos que proceden de las motoneuronas que descargan con mayor frecuencia. Los circuitos del asta anterior se resumen en la figura 5-10.

TRACTOS DE FIBRAS ASCENDENTES Y DESCENDENTES

La sustancia blanca medular se divide en tres **cordones** alineados longitudinalmente, cuyas posiciones ya se han descrito anteriormente. Cada cordón contiene tractos de fibras ascendentes y descendentes. Las posiciones de los tractos se determinaron de manera aproximada en estudios clínicos y patológicos y mediante la comparación de esta información clínica con los datos más exactos obtenidos de estudios con animales. La mayoría de los libros de texto de neuroanatomía y neurología clínica contienen esquemas como el de la figura 5-9, que muestra la ubicación de los principales tractos. Es importante recordar que las posiciones de algunos tractos no se conocen con precisión, y que los territorios de los diferentes tractos se superponen.

Cordón posterior

El componente más importante de los cordones posteriores es una gran masa de axones ascendentes derivados de neuronas localizadas en los ganglios de la raíz posterior. Hay otras fibras ascendentes que son axones de neuronas del asta posterior; las fibras ascendentes son ipsilaterales y participan fundamentalmente en las cualidades discriminativas de la sensibilidad, como la capacidad para detectar cambios en la posición de los estímulos táctiles aplicados sobre la piel o la conciencia del movimiento y de la posición de las articulaciones. Anteriormente se creía que para percibir conscientemente la vibración era necesario que el cordón posterior conservara su integridad, algo que se ha descartado en las observaciones clínicas; los estímulos vibratorios se transmiten a través de impulsos iniciados tanto por el cordón posterior como por el lateral.

A medida que se asciende en la médula espinal, la región lateral de los cordones posteriores va incorporando axones. Por consiguiente, los niveles más bajos de inervación segmentaria en la médula cervical superior se representan en la parte más medial del fascículo grácil, y los niveles más altos, en la porción más lateral del fascículo

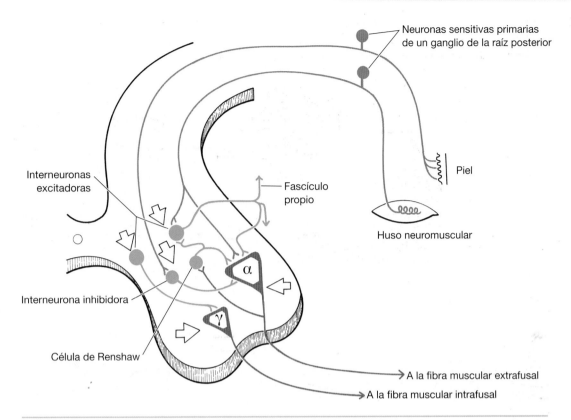

FIGURA 5-10. Circuitos neuronales del asta posterior de la sustancia gris espinal, en la que se muestran las aferentes *(azul)* de motoneuronas *(rojo)* alfa (α) y gamma (γ). Las *flechas grandes* señalan la terminación de los axones de los tractos descendentes desde el encéfalo. Las interneuronas son de color *verde*.

cuneiforme. Ambos fascículos terminan, respectivamente, en los núcleos grácil y cuneiforme, que se encuentran en la porción posterior del bulbo raquídeo. Simplificando, puede afirmarse que el fascículo y el núcleo gráciles participan en la transmisión de la sensibilidad del miembro inferior, mientras que el fascículo y el núcleo cuneiformes tienen que ver con la sensibilidad del miembro superior. La organización de los distintos niveles del cuerpo en el cordón posterior es un ejemplo de **laminación somatotópica** en un tracto. Como se explica más adelante, algunos tractos de la médula y el encéfalo también poseen una laminación similar.

Cordón lateral

A continuación, se describen por separado las mitades posterior y anterior del cordón lateral.

Tracto posterolateral

El tracto más visible de la mitad posterior del cordón lateral es el **tracto corticoespinal (piramidal) lateral**, que consta de axones de neuro-

nas de la corteza de los lóbulos frontal y parietal del hemisferio cerebral contralateral. Estas fibras pasan a través de la cápsula interna, la base de los pedúnculos del mesencéfalo, el puente y la pirámide medular antes de entrecruzarse y entrar en el cordón lateral de la médula. Las fibras corticoespinales de la corteza frontal terminan principalmente en la sustancia gris intermedia y el asta anterior, mientras que las del lóbulo parietal lo hacen en el asta posterior. La organización laminar somatotópica del tracto piramidal cruzado hace que las fibras que se dirigen a los niveles más inferiores de la médula sean las que se encuentran en situación más lateral.

Los experimentos con animales indican que el componente reticuloespinal del cordón posterolateral se origina en el núcleo magno del rafe, en la formación reticular del bulbo raquídeo, y termina en las láminas I, II y III. Estas fibras amielínicas, que constituyen el **tracto rafespinal** de la parte más posterior del cordón lateral, contienen cantidades de serotonina detectables por métodos histoquímicos que, probablemente, actúan como neurotransmisores. El tracto rafespinal modifica la transmisión de impulsos iniciados por estímulos nociceptivos desde el asta posterior, que producen sensaciones dolorosas. Las **fibras hipotalamoespinales** amielínicas, que se encuentran en áreas similares, parten del núcleo paraventricular del hipotálamo y terminan entre las neuronas autónomas preganglionares en los segmentos D1 a L3 y S2 a S4. Algunos axones hipotalamoespinales contienen el péptido oxitocina.

El grupo más voluminoso de fibras ascendentes de la parte posterior del cordón lateral es el **tracto espinocerebeloso posterior**, en situación superficial, que sólo está presente por encima del nivel de L3. Sus axones surgen de células del núcleo dorsal (columna de Clarke) del mismo lado de la médula espinal y terminan en la corteza ipsilateral del cerebelo, al cual entran a través del pedúnculo cerebeloso inferior.

Tracto anterolateral

En la mitad anterior del cordón lateral se encuentran varios tractos. El mayor es el **tracto espinotalámico**, que consiste en axones ascendentes de neuronas localizadas en la sustancia gris de la mitad opuesta de la médula. Las células de dichos axones se encuentran, en su mayor parte, en el núcleo propio del asta posterior (láminas IV y V a VI). Dichos axones cruzan la línea media en la comisura blanca anterior, junto al conducto central, y atraviesan el asta anterior para entrar en los cordones anterolateral y anterior. Las fibras del fascículo espinotalámico terminan en los núcleos talámicos. Cuando atraviesan el tronco encefálico, algunos de estos axones emiten ramas colaterales para la formación reticular del bulbo raquídeo y el puente y para la sustancia gris periacueductal del mesencéfalo. El fascículo espinotalámico conduce impulsos relacionados con la sensibilidad táctil, térmica y dolorosa. Sus fibras se ordenan de forma somatotópica; las de la extremidad inferior son más superficiales que las de la extremidad superior, que se encuentran más cerca de la sustancia gris. Aunque antes se distinguían los fascículos espinotalámicos anterior y lateral (para el tacto y para el dolor y la temperatura, respectivamente), dicha subdivisión no está suficientemente justificada. Las funciones de las fibras espinotalámicas se explican con mayor detalle en el capítulo 19.

El **tracto espinocerebeloso anterior** se encuentra en la superficie del cordón anterolateral. Se origina en la base del asta posterior y en las células del borde espinal del asta anterior de los segmentos lumbosacros, y consiste en su mayor parte en fibras cruzadas. Este fascículo asciende hasta el mesencéfalo y describe un giro agudo en sentido caudal, entrando en el pedúnculo cerebeloso superior. Las fibras cruzan la línea media por segunda vez dentro del cerebelo antes de terminar en la corteza cerebelosa. De este modo, ambos tractos espinocerebelosos conducen información sensorial (sobre todo, propioceptiva) de una extremidad inferior hasta el mismo lado del cerebelo. Los otros componentes ascendentes de la mitad anterior del cordón lateral son pequeños. Las fibras del **tracto espinotectal** (también denominado, más acertadamente, **tracto espinomesencefálico**) parten de las mismas áreas de sustancia gris que las fibras espinotalámicas, cruzan la línea media y se proyectan en sentido cefálico hacia la sustancia gris periacueductal, el tubérculo cuadrigémino superior y varios núcleos de la formación reticular del mesencéfalo. Tradicionalmente, se ha considerado que el **tracto espinorreticular** incluye fibras cruzadas que terminan en la formación reticular del puente y fibras directas que acaban en la formación reticular del bulbo raquídeo. Además, muchas fibras espinotalámicas tienen ramas colaterales que hacen sinapsis con neuronas de la formación reticular. Estas proyecciones de la médula espinal hacia el tronco encefálico forman parte del sistema reticular activador ascendente (v. cap. 9) y también podrían participar en la percepción del dolor y de varias sensaciones que se originan en los órganos internos. También se describe habitualmente un pequeño **fascículo espinoolivar** en la médula humana, pero se desconoce si lo poseen los primates.

El cordón anterolateral también contiene **fibras reticuloespinales** descendentes, que también posee el cordón anterior, que se describe a continuación.

Cordón anterior

Todos los largos fascículos de esta zona de la sustancia blanca medular son descendentes. El **fascículo corticoespinal o piramidal anterior** comprende una pequeña proporción de fibras corticoespinales, las que no cruzan la línea media en la parte inferior del bulbo raquídeo. La mayoría de las fibras corticoespinales anteriores se entrecruzan a niveles segmentarios y terminan cerca de las del tracto piramidal lateral, de mayor tamaño. En algunas personas, la mayoría de las fibras corticoespinales no se entrecruza en el bulbo raquídeo y, por tanto, descienden ipsilateralmente por el cordón anterior o, con menor frecuencia, por el anterolateral.

El **tracto vestibuloespinal** es directo; surge del núcleo vestibular lateral (de Deiters) en el bulbo raquídeo y desciende por la sustancia blanca anterolateral y anterior de la médula espinal, cerca de la superficie (v. fig. 5-9). En la médula cervical superior, sus fibras se encuentran en la parte más medial del cordón lateral. A partir de ahí se dirigen en sentido medial, de forma que en los segmentos cervicales inferiores se encuentran cerca del margen de la cisura media anterior. En la médula dorsal, este tracto se desplaza a una localización más lateral en el fascículo anterior, entre los axones que forman las raicillas anteriores, y se mantiene en esta posición hasta los niveles más caudales. La mayoría de los axones vestibuloespinales terminan la parte medial del asta anterior. La función de este tracto es controlar los reflejos del equilibrio, que se desencadenan por la actividad del aparato vestibular del oído interno y llevan a cabo principalmente la musculatura axial y los músculos extensores de las extremidades.

Los **tractos reticuloespinales** se originan en varios núcleos de la formación reticular (v. cap. 9) del mesencéfalo, el puente y el bulbo raquídeo. La mayoría de ellos terminan contactando con interneuronas en el asta anterior a todos los niveles, pero con mayor densidad en los segmentos cervicales. En la médula espinal humana, las fibras reticuloespinales se extienden a lo largo del cordón anterior y la mitad anterior del cordón lateral. La mayoría son del mismo lado del tronco encefálico, y algunos de los axones cruzan la línea media anterior al canal central. Muchas fibras reticuloespinales pasan del cordón anterior al lateral a medida que descienden por la médula. Los fascículos reticuloespinales constituyen una de las vías descendentes a través de las cuales el encéfalo dirige y controla la actividad de las motoneuronas. Mientras que el fascículo piramidal está relacionado fundamentalmente con movimientos volitivos que requieren destreza, los fascículos reticuloespinales controlan las actividades normales que no requieren un esfuerzo consciente y constante. Existen otras fibras reticuloespinales que influyen en el sistema nervioso autónomo. El **haz descendente del asta lateral** es una población de estos axones que corre a lo largo del asta lateral en los siete u ocho segmentos dorsales superiores. Las pruebas clínicas indican que estas fibras, que se originan, probablemente, en el puente ipsilateral, son excitadoras para las neuronas simpáticas preganglionares que controlan los vasos sanguíneos y las glándulas sudoríparas de todo el cuerpo. Los estudios de degeneración (v. cap. 4) de material

humano confirman la descripción de las fibras que se ha hecho en este capítulo y parecen rebatir la explicación clásica de la existencia de tractos reticuloespinales separados y definidos del bulbo y el puente.

Los restantes tractos del cordón anterior son pequeños. El componente descendente del **tracto longitudinal medial** (o **tracto vestibuloespinal medial**, en cuyo caso el tracto vestibuloespinal descrito más arriba se designa como lateral) se origina en el núcleo vestibular medial del bulbo raquídeo; participa en los movimientos de la cabeza necesarios para el mantenimiento del equilibrio y, probablemente, no desciende más allá de los niveles cervicales de la médula espinal. Las pocas fibras que constituyen el **tracto tectoespinal** procedente del tubérculo cuadrigémino superior contralateral tampoco bajan más allá de dichos niveles.

Fascículo propio

El fascículo propio, una zona que contiene tanto fibras mielínicas como amielínicas, se encuentra en todos los cordones, adyacente a la sustancia gris (v. fig. 5-9). Contiene las **fibras propioespinales (espinoespinales)** que conectan distintos niveles segmentarios de la sustancia gris. Los axones más cortos están más cerca de la sustancia gris que las fibras más largas. Las fibras propioespinales discurren tanto en sentido cefálico como en sentido caudal, y tienen ramas colaterales que terminan en la sustancia gris que se encuentra cerca de sus propios cuerpos celulares, con lo que constituyen un equivalente funcional de las interneuronas para los reflejos dentro de los segmentos. Algunas neuronas que tienen axones que ascienden por el fascículo propio abarcan casi toda la médula espinal y son necesarias para los reflejos medulares intersegmentarios. Las fibras propioespinales descendentes no suelen extenderse más de dos segmentos medulares.

Reflejos medulares

La base de los reflejos medulares es la existencia de determinadas conexiones neuronales en la médula espinal. Ejemplos de estos reflejos son el reflejo de estiramiento o miotático y el reflejo flexor o de retirada.

El **reflejo miotático** se produce mediante un arco monosináptico o de dos neuronas (fig. 5-11). El estiramiento ligero de un músculo estimula las terminaciones sensitivas en los husos neuromusculares, y la excitación resultante llega a la médula por medio de neuronas sensitivas pri-

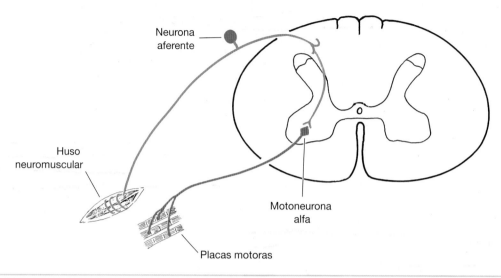

FIGURA 5-11. Ramas aferentes *(azul)* y eferentes *(rojo)* del arco reflejo miotático.

marias que tienen axones grandes (del grupo A). Las ramas proximales de estos axones del cordón posterior emiten colaterales que excitan las motoneuronas alfa, que hacen que se contraiga el músculo que se ha estirado. Se trata de un reflejo postural importante. Los husos neuromusculares registran cada pequeña variación en la longitud de los músculos, y el reflejo miotático varía la tensión a fin de mantener una longitud constante. El reflejo miotático es la base de las pruebas de **reflejos tendinosos** que forman parte de las exploraciones físicas. Un golpe seco en un tendón genera descargas sincrónicas en los husos musculares que dan lugar a una contracción refleja inmediata. La disminución o la ausencia de reflejo tendinoso indican una alteración en las neuronas aferentes o eferentes del reflejo miotático, mientras que los reflejos exagerados son indicativos de pérdida de la inhibición de las motoneuronas debida a la actividad de los fascículos descendentes del encéfalo.

Además del reflejo miotático monosináptico simple, cuando se estira un músculo de contracción voluntaria se produce una respuesta con una latencia más prolongada. Los estudios fisiológicos indican que en este reflejo más lento, que se observa con más facilidad en la mano, participan áreas somatosensoriales y motoras de la corteza cerebral.

La tensión de los músculos es registrada por los órganos tendinosos de Golgi. Cuando dicha tensión alcanza cierto nivel, se produce un incremento característico en la descarga de estos re-

ceptores. Los potenciales de acción resultantes llegan a interneuronas de la sustancia gris medular que, a su vez, inhiben motoneuronas alfa, produciendo una relajación del músculo. Este reflejo permite evitar que se someta a los músculos y los tendones a una tensión excesiva. Cuando un músculo se contrae de forma anormal (espasmo o espasticidad), el estiramiento pasivo puede inducir una relajación al estimular los órganos tendinosos de Golgi.

El **reflejo de retirada** también tiene una función protectora, ya que hace que se retire una extremidad en respuesta a un estímulo doloroso. En él participan un mínimo de tres neuronas, por lo que se trata de un reflejo polisináptico (fig. 5-12). Los receptores cutáneos son terminaciones nerviosas libres que responden a estímulos que pueden ser perjudiciales, y las ramas proximales de las fibras aferentes establecen sinapsis con el asta posterior mediante interneuronas. Estas interneuronas terminan en motoneuronas alfa de diferentes segmentos espinales, ya que la respuesta de alejamiento requiere la acción de grupos musculares. Algunas neuronas del asta posterior tienen axones que se entrecruzan y conectan con neuronas del asta anterior contralateral para estimular, en una respuesta completa, la extensión de la extremidad contralateral; este reflejo se denomina **reflejo cruzado de retirada.**

Reflejos en la infancia

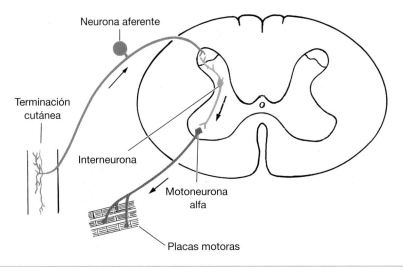

FIGURA 5-12. Neuronas aferentes *(azul)* y eferentes *(rojo)* del arco del reflejo de retirada, que incluye la participación de una interneurona *(verde)*.

NOTAS CLÍNICAS

Correlaciones clinicoanatómicas

La médula puede sufrir lesiones como consecuencia de traumatismos, trastornos degenerativos y desmielinizantes, tumores, infecciones y disminución del riego sanguíneo. Las siguientes explicaciones sobre algunas de estas lesiones ponen de manifiesto la necesidad de conocer la anatomía intrínseca de la médula para interpretar los signos y los síntomas que producen.

EXPLORACIÓN CLÍNICA

Las pruebas utilizadas para detectar una alteración o una pérdida de la sensibilidad cutánea son una parte importante del examen neurológico, y son especialmente útiles para localizar lesiones en la médula espinal o las raíces nerviosas. La figura 5-13 muestra la distribución de las áreas cutáneas **(dermatomas)** inervadas por los nervios raquídeos. Las áreas cutáneas que están inervadas por nervios raquídeos contiguos se superponen. Por ejemplo, la mitad superior del área inervada por D6 también está inervada por D5, y la mitad inferior, por D7. Por consiguiente, cuando se interrumpe un solo nervio raquídeo o una raíz posterior no se producen pérdidas de sensibilidad, o bien dicha pérdida es ligera. La superposición de los dermatomas contrasta con las áreas inervadas por los nervios cutáneos, que están muy demarcadas; estos nervios se forman en los plexos de

las extremidades por entrecruzamiento de fibras de varias raíces nerviosas segmentarias.

La contracción refleja de los músculos también se utiliza para determinar la integridad de segmentos de la médula y de los nervios raquídeos. Los segmentos que participan en cuatro de los **reflejos miotáticos o tendinosos** más estudiados son: reflejo bicipital (C5 y C6); reflejo tricipital (de C6 a C8); reflejo del cuádriceps (rotuliano) (de L2 a L4); reflejo del gastrocnemio (aquíleo) (S1 y S2).

Antes de abordar enfermedades específicas, es preciso tener en cuenta la diferencia que se hace entre los efectos de las lesiones que afectan a motoneuronas y las que alteran vías motoras descendentes. La destrucción o la atrofia de las **motoneuronas inferiores** (en este contexto, las del asta anterior) producen la parálisis fláccida de los músculos afectados, una disminución o una pérdida de los reflejos tendinosos y la atrofia progresiva de los músculos privados de las fibras motoras. El término **lesión de la motoneurona superior** suele utilizarse en la clínica, pero no es preciso, porque la lesión puede haberse producido en la corteza cerebral o en cualquier otra parte del hemisferio cerebral, el tronco encefálico o la médula espinal. Por tanto, el término *motoneurona superior* es una denominación colectiva que incluye todas las vías descendentes que controlan las actividades de las neuronas que inervan los músculos. Los

Continúa

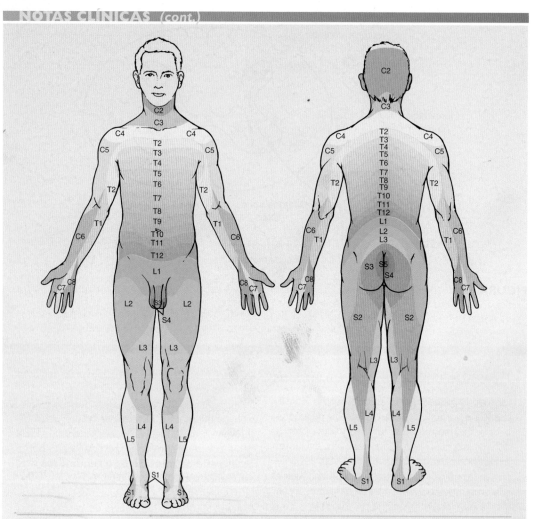

FIGURA 5-13. Distribución cutánea de los nervios raquídeos (dermatomas).

siguientes signos se asocian con una lesión de motoneuronas superiores después de que desaparezcan los efectos agudos: diversos grados de parálisis voluntaria, que es más grave en el miembro superior; signo de Babinski positivo (es decir, desviación hacia arriba del dedo gordo del pie y separación de los otros dedos al frotar la planta) y la espasticidad con reflejos tendinosos exagerados.

SECCIÓN TRANSVERSAL DE LA MÉDULA ESPINAL

La médula espinal puede lesionarse debido a heridas penetrantes (por puñaladas o armas de fuego) o por fracturas o dislocaciones de la columna vertebral (sobre todo, por accidentes automovilísticos o por tirarse a aguas poco profundas). La sección completa produce la pérdida total de la sensibilidad y el movimiento voluntario por debajo de la lesión; la persona queda **tetrapléjica** (parálisis de ambos brazos y piernas) si se ha seccionado la médula en un nivel cervical alto o **parapléjica** (parálisis de ambas piernas) si la sección se ha producido entre las intumescencias cervical y lumbosacra. Durante un período inicial de **choque medular,** que dura entre unos días y varias semanas, se suprime toda la actividad refleja somática y visceral. Al reanudarse la actividad refleja, los músculos están espásticos y los reflejos tendinosos son exagerados. Además, las extremidades inferiores se flexionan porque el fascículo vestibuloespinal (que estimula los extensores) es una de las vías descendentes seccionadas. También se pierde el control voluntario de la vejiga urinaria y el esfínter rectal.

Continúa

La sección parcial de la médula espinal tiene distintas consecuencias en función del tamaño y la localización de la lesión. La **hemisección**, aunque es infrecuente en su forma estricta, es una lesión útil para entender la estructura anatómica de la médula espinal. Los signos neurológicos en situación caudal a la región hemiseccionada constituyen el síndrome de Brown-Séquard. En *el lado de la lesión* se pierden el sentido de la posición, la discriminación táctil y la sensibilidad a la vibración como consecuencia de la interrupción de los cordones posterior y posterolateral, mientras que en *el lado opuesto,* la interrupción del tracto espinotalámico produce una anestesia para el dolor y la temperatura. La presión ligera no resulta especialmente afectada debido principalmente a que esta sensibilidad se conduce de forma bilateral en los cordones posterior y lateral. Si la lesión se ha producido en la parte alta de la médula cervical, la persona queda **hemipléjica** (parálisis del brazo y la pierna derechos o izquierdos), mientras que la hemisección de la médula dorsal produce la parálisis de una pierna **(monoplejía).** La parálisis es ipsilateral a la lesión y del tipo de motoneurona superior.

El tratamiento inmediato de una sección incompleta de la médula espinal se centra principalmente en prevenir lesiones adicionales debidas a vértebras fracturadas o dislocadas y en la supresión de la reacción inflamatoria intensa y destructiva que tiene lugar en la médula durante los días posteriores a la lesión. A largo plazo, el tratamiento está dirigido a prevenir las úlceras de decúbito en la piel que ha perdido la sensibilidad, evitar las infecciones urinarias y mejorar la actividad motora que se ha conservado.

Durante más de 100 años se han estudiado posibles tratamientos curativos como la inducción del crecimiento de los axones seccionados en la cicatriz de la herida. Entre las investigaciones más recientes se encuentran la extracción de células de la glía envolvente de la mucosa olfativa (v. caps. 2 y 17) de la nariz del paciente; estos neurogliocitos pluripotentes pueden multiplicarse en un cultivo y ser introducidos en la médula espinal lesionada. En experimentos realizados con animales de laboratorio, las células injertadas promueven el crecimiento axónico y, gracias a que proceden del mismo sujeto, no se produce rechazo. Se están llevando a cabo ensayos clínicos sobre este tratamiento.

ENFERMEDADES DEGENERATIVAS

Las siguientes enfermedades degenerativas también ilustran las bases anatómicas de los signos neurológicos. En la **degeneración combinada subaguda** se produce una desmielinización bilateral y una pérdida de fibras nerviosas en los cordones posterior y posterolateral. El principal factor que causa esta enfermedad es la deficiencia de vitamina B_{12}, y es característico que este trastorno se acompañe de anemia perniciosa. La lesión ocasiona la pérdida de los sentidos de la posición, el tacto epicrítico y la vibración, así como una marcha atáxica (sin coordinación) debida a que el paciente no es consciente de la posición de las piernas.

La **esclerosis lateral amiotrófica** (o enfermedad de la motoneurona) es una enfermedad degenerativa bilateral. El proceso degenerativo afecta casi exclusivamente al sistema motor; en concreto, a los tractos corticobulbar y piramidal (y, tal vez, a otras vías motoras descendentes) y a núcleos motores de nervios craneales y motoneuronas del asta anterior. Se produce una combinación de signos clínicos de motoneurona superior e inferior, con predominio de los últimos en las etapas terminales de la enfermedad. La **poliomielitis** se debe a un virus que infecta a motoneuronas y mata a muchas de ellas. La parálisis es del tipo motoneurona inferior y afecta a los músculos inervados por las neuronas infectadas. Las correlaciones entre los datos clínicos y los hallazgos autópsicos en esta enfermedad es la principal fuente que permite conocer la distribución de las motoneuronas que inervan a músculos concretos en el asta anterior humana.

La **siringomielia** se diferencia de los trastornos mencionados hasta ahora en que la principal alteración patológica no es la degeneración neuronal. Se produce una cavitación central de la médula, que suele iniciarse en la región cervical y se acompaña de reacción glial (gliosis) en áreas vecinas a la cavidad. Desde etapas precoces de la enfermedad se interrumpen las fibras que transmiten el dolor y la temperatura que se entrecruzan en la comisura blanca anterior. La cavitación y la gliosis se extienden a las sustancias gris y blanca y en sentido longitudinal, lo cual produce signos y síntomas variables en función de las regiones involucradas. El cuadro clínico clásico es el de una anestesia «en yugo» para el dolor y la temperatura en los hombros y los brazos, acompañada de debilidad de las motoneuronas inferiores y la consiguiente atrofia de los músculos de los brazos. La extensión de la cavitación y la reacción glial en los cordones laterales pueden producir una paresia voluntaria del tipo motoneurona superior, en especial en las piernas.

Bibliografía recomendada

Abdel-Maguid TE, Bowsher D. The gray matter of the dorsal horn of the adult human spinal cord, including comparisons with general somatic and visceral afferent cranial nerve nuclei. *J Anat* 1985;142:33–58.

Atkinson PP, Atkinson JLD. Spinal shock. *Mayo Clin Proc* 1996;71:384–389.

Coggeshall RE, Carlton SM. Receptor localization in the mammalian dorsal horn and primary afferent neurons. *Brain Res Rev* 1997;24:28–66.

Feron F, Perry C, Cochrane J, et al. Autologous olfactory ensheathing cell transplantation in human spinal cord injury. *Brain* 2005;128:2951–2960.

LaMotte C. Distribution of the tract of Lissauer and the dorsal root fibers in the primate spinal cord. *J Comp Neurol* 1977;172:529–561.

Martin JH. *Neuroanatomy: Text and Atlas*, 2nd ed. Stamford, CT: Appleton & Lange, 1996.

Matthews PBC. The human stretch reflex and the motor cortex. *Trends Neurosci* 1991;14:87–91.

Nathan PN, Smith MC, Deacon P. The corticospinal tracts in man: course and location of fibres at different segmental levels. *Brain* 1990;113:303–324.

Nathan PN, Smith MC, Deacon P. Vestibulospinal, reticulospinal and descending propriospinal nerve fibers in man. *Brain* 1996;119:1809–1833.

Norenberg MD, Smith J, Mercillo A. The pathology of human spinal cord injury: defining the problems. *J Neurotrauma* 2004;21:429–440.

Parkinson D, Del Bigio MR. Posterior 'septum' of human spinal cord: normal developmental variations, composition, and terminology. *Anat Rec* 1996;244:572–578.

Pullen AH, Tucker D, Martin JE. Morphological and morphometric characterization of Onuf's nucleus in the spinal cord in man. *J Anat* 1997;191:201–213.

Ralston DD, Ralston HJ. The terminations of corticospinal tract axons in the macaque monkey. *J Comp Neurol* 1985;242:325–337.

Renshaw B. Central effects of centripetal impulses in axons of spinal nerve roots. *J Neurophysiol* 1946;9:191–204.

Routal RV, Pal GP. A study of motoneuron groups and motor columns of the human spinal cord. *J Anat* 1999;195:211–224.

Routal RV, Pal GP. Location of the phrenic nucleus in the human spinal cord. *J Anat* 1999;195:617–621.

Smith MC, Deacon P. Topographical anatomy of the posterior columns of the spinal cord in man: the long ascending fibres. *Brain* 1984;107:671–698.

Wall PD, Noordenbos W. Sensory functions which remain in man after complete transection of dorsal columns. *Brain* 1977;100:641–653.

Willis WD, Coggeshall RE. *Sensory Mechanisms of the Spinal Cord*, 3rd ed. 2 vols. New York: Kluwer, 2004.

Wolf JK. *Segmental Neurology*. Baltimore: University Park Press, 1981.

Yezierski RP. Spinomesencephalic tract: projections from the lumbosacral spinal cord of the rat, cat and monkey. *J Comp Neurol* 1988;267:131–146.

Capítulo 6

TRONCO ENCEFÁLICO: ANATOMÍA EXTERNA

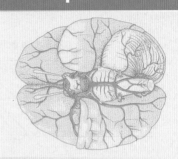

- En este capítulo se presentan las estructuras anatómicas del tronco encefálico, partiendo de la línea media en el plano anterior y avanzando en sentido lateral. Todas ellas son núcleos o tractos importantes desde el punto de vista funcional. El estudiante también debe conocer los sitios de donde parten los nervios craneales III a XII en relación con dichas estructuras.

- **Bulbo raquídeo:** pirámide, oliva, pedúnculo cerebeloso inferior, tubérculos cuneiforme y grácil (por debajo del *obex*), suelo del cuarto ventrículo (por encima del *obex*).

- **Protuberancia:** parte basal de la protuberancia, pedúnculo cerebeloso medio, pedúnculo cerebeloso superior, suelo del cuarto ventrículo.

- **Mesencéfalo:** fosa interpeduncular, base del pedúnculo cerebral, tubérculo cuadrigémino inferior o superior.

- En el suelo del cuarto ventrículo, los núcleos motores de los nervios craneales se encuentran en situación medial con respecto al surco limitante, y los nervios sensitivos, en situación lateral. Hay áreas especiales para los núcleos vestibulares y los núcleos de los nervios hipogloso y vago. El tubérculo cuadrigémino facial contiene fibras del nervio facial que pasan por detrás del núcleo del nervio motor ocular (u oculomotor) externo *(abducens)*.

- Los velos medulares superior e inferior forman el techo del cuarto ventrículo, que se estrecha en el conducto central en la parte caudal y en el acueducto mesencefálico en la parte cefálica.

- El líquido cefalorraquídeo entra en el cuarto ventrículo desde el acueducto mesencefálico y sale de él a través de las aberturas media y lateral.

El tronco encefálico está formado por el bulbo raquídeo, la protuberancia y el mesencéfalo. Cada una de estas tres regiones posee características propias, entre ellas núcleos de nervios craneales diferenciados, pero los tractos largos de las fibras se encuentran en todos los niveles. Una parte del **cuarto ventrículo** está situada en el bulbo raquídeo, y la otra parte, en la protuberancia. En el presente capítulo se abordan las principales estructuras superficiales del tronco encefálico. En el capítulo 7 y en el índice pueden consultarse más detalles sobre las características internas (como ciertos núcleos y tractos) que se mencionan en este capítulo. Las conexiones centrales y las funciones de los nervios craneales se explican en el capítulo 8.

Bulbo raquídeo

El bulbo raquídeo (o bulbo) tiene cerca de 3 cm de longitud y se ensancha gradualmente en sentido cefálico. Descansa sobre la parte central del hueso occipital y está cubierto por el cerebelo en su cara posterior. La unión de la médula espinal y el bulbo raquídeo se encuentra a la altura del agujero occipital. El límite cefálico del bulbo raquídeo puede observarse en la cara anterior por la presencia de un surco prominente (figs. 6-1 y 6-2); en la cara posterior, la unión entre la protuberancia y el bulbo raquídeo la marca una línea transversal imaginaria que pasa entre los márgenes caudales de los pedúnculos cerebelosos medios (fig. 6-3). De este modo, la superficie posterior contiene la mitad inferior del cuarto ventrículo; este extremo cefálico del bulbo raquídeo se conoce como **parte abierta**, porque el delgado techo del cuarto ventrículo suele extraerse durante las disecciones, mientras que la región caudal del bulbo raquídeo es la **parte cerrada**, que contiene una continuación del conducto central de la médula espinal.

La superficie del bulbo raquídeo posee varias protuberancias o eminencias limitadas por surcos. En su parte anterior, la **pirámide** (v. fig. 6-1) está formada por fibras corticoespinales; de ahí deriva el uso del término *tracto piramidal* como sinónimo de *tracto corticoespinal*. En la parte más caudal del bulbo raquídeo, la mayoría de las

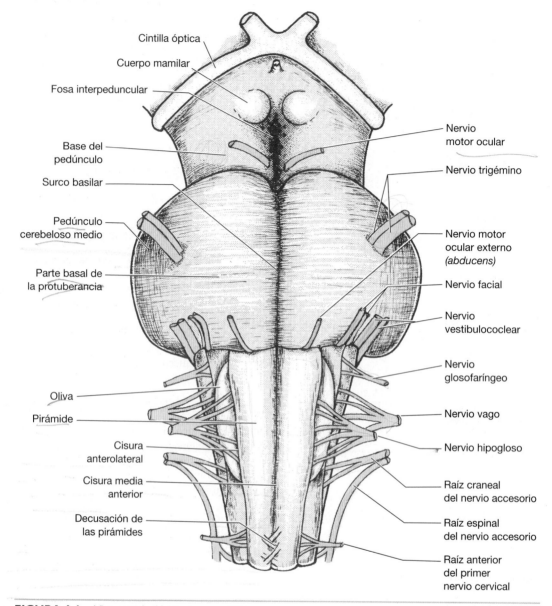

FIGURA 6-1.   Vista anterior del tronco encefálico.

fibras piramidales atraviesa la línea media; las fibras que se entrecruzan oscurecen el surco medio anterior a esta altura. En situación lateral a la pirámide, la **oliva bulbar** (fig. 6-2) es una elevación oval que marca la posición del núcleo olivar inferior. En posición lateral con respecto a la oliva, el **pedúnculo cerebeloso inferior** es una masa de sustancia blanca que conecta el bulbo con el cerebelo y constituye la pared de la mitad inferior del cuarto ventrículo. En la superficie posterior de la parte cerrada del bulbo raquídeo, los **fascículos grácil** y **cuneiforme** se prolongan desde la médula espinal (figs. 6-2 y 6-3). Los axones de

estos fascículos terminan en los núcleos grácil y cuneiforme, que forman ligeras elevaciones denominadas **tubérculos grácil** y **cuneiforme.** El vértice del límite en forma de V de la porción inferior del cuarto ventrículo es el *obex,* que se pliega en sentido caudal a 1 a 2 mm por encima del conducto central.

Desde el bulbo raquídeo o desde su unión con la protuberancia salen siete nervios craneales (v. figs. 6-1 a 6-3). El **nervio motor ocular externo** *(abducens)* surge cerca de la línea media entre la protuberancia y la pirámide. Los **nervios facial** y **vestibulococlear** están unidos a la cara lateral

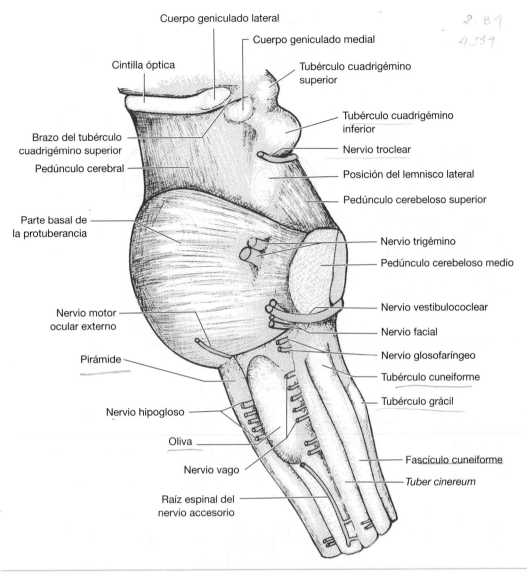

FIGURA 6-2.   Vista lateral del tronco encefálico.

del tronco encefálico en el límite caudal de la protuberancia. El nervio facial, que se encuentra en la posición más medial, tiene dos raíces. La raíz sensitiva y parasimpática, más pequeña, descansa entre la raíz motora, de mayor tamaño, y el nervio vestibulococlear; por ello, se denomina **nervio intermedio.** La división coclear del nervio vestibulococlear termina en los núcleos cocleares anterior y posterior, que se encuentran en la base del pedúnculo cerebeloso inferior, mientras que la división vestibular penetra en el tronco encefálico en la parte profunda de la raíz del pedúnculo cerebeloso inferior.

Las raíces de los **nervios glosofaríngeo** y **vago**, así como las de la división craneal del **nervio ac-**cesorio, están unidas al bulbo raquídeo en situación cefálica y posterior a la oliva bulbar. A la raíz craneal del nervio accesorio se le une la raíz espinal, y los nervios glosofaríngeo, vago y accesorio salen de la fosa craneal posterior a través del agujero yugular. Las raicillas del **nervio hipogloso** surgen del surco entre la pirámide y la oliva bulbar.

Protuberancia

La protuberancia o puente tiene una longitud de cerca de 2,5 cm. Su nombre deriva del aspecto que presenta su superficie anterior (v. fig. 6-1), que

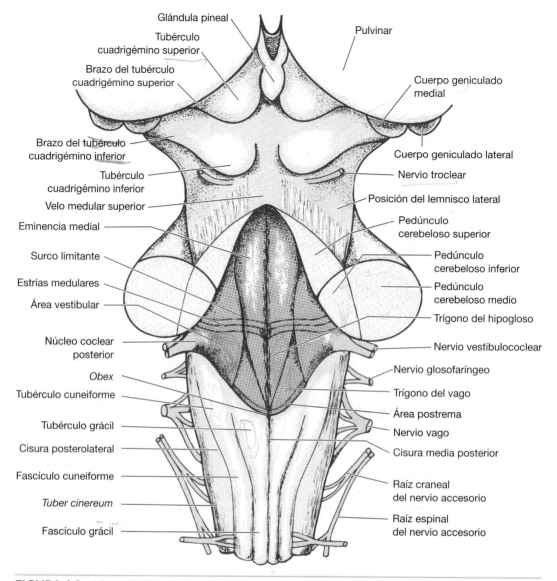

FIGURA 6-3. Vista posterior del tronco encefálico.

aparece como un puente que conecta los hemisferios cerebelosos derecho e izquierdo. (Esta apariencia es engañosa, como se explicará más adelante.) La protuberancia tiene una parte basal (anterior) y otra posterior bien diferenciadas (v. figs. 7-9 y 7-10).

La superficie anterior de la **porción basal** presenta un surco poco profundo en su línea media denominado **surco basilar**, que aloja la arteria basilar. La protuberancia basal se une lateralmente con los **pedúnculos cerebelosos medios**, en los que la unión del **nervio trigémino** marca la transición entre la protuberancia y el pedúnculo (v. figs. 6-1 y 6-2). La raíz motora del nervio trigémino se encuentra en situación cefálica y medial

con respecto a la raíz sensitiva, que es de mayor tamaño. Las fibras que provienen de la corteza cerebral terminan en el lado ipsilateral en las neuronas que forman los núcleos protuberanciales, y los axones de estas neuronas atraviesan la línea media y forman el pedúnculo cerebeloso medio contralateral. Por tanto, la parte basal de la protuberancia constituye una gran estación de relevo sináptico en la que se conectan las cortezas de ambos hemisferios cerebrales con el hemisferio cerebeloso contralateral. Los tractos corticoespinales atraviesan la parte basal de la protuberancia antes de entrar en las pirámides (v. fig. 7-9).

La **parte posterior o tegmento** de la protuberancia es similar a la mayor parte del bulbo raquídeo y el mesencéfalo, ya que contiene tractos ascendentes y descendentes y núcleos de nervios craneales. La superficie posterior de la protuberancia está formada por el suelo del cuarto ventrículo. La porción más cefálica de la protuberancia es el **istmo del tronco encefálico**; se encuentra justo debajo de los pedúnculos cerebrales y los tubérculos cuadrigéminos inferiores del mesencéfalo (v. fig. 6-2).

Cuarto ventrículo

Cuando se extirpa el cerebelo cortando sus seis pedúnculos, se desprende con él una estructura delgada denominada suelo del cuarto ventrículo, dejando expuesto el **suelo del ventrículo** en la cara posterior del tronco encefálico (v. fig. 6-3).

El suelo del cuarto ventrículo, también denominado **fosa romboidal**, tiene forma de rombo y se estrecha hacia el *obex* en su parte caudal y hacia el acueducto del mesencéfalo en su parte cefálica (v. fig. 6-3). El suelo se divide en dos mitades simétricas separadas por un surco medio, y el **surco limitante** subdivide cada mitad en regiones medial y lateral. La región lateral se denomina área vestibular porque, en ella, el complejo de núcleos vestibulares se encuentra por debajo de la mayor parte del suelo del ventrículo.

Los núcleos motores y parasimpáticos están situados bajo el suelo del área medial. En la parte caudal de la fosa romboidal se observa la presencia de dos triángulos o trígonos. El **trígono del nervio vago** (o ala cinérea) marca la zona donde se encuentran los extremos superior del núcleo posterior del nervio vago y el extremo superior del núcleo solitario. El trígono del **nervio hipogloso** indica el extremo cefálico del **núcleo hipogloso**. El **tubérculo cuadrigémino facial**, que forma un abombamiento en el extremo inferior de la **eminencia medial** (v. fig. 6-3), está formado por fibras del núcleo motor del nervio facial, que forman una curva sobre el núcleo del nervio motor ocular externo.

El *locus caeruleus* es un área pigmentada situada en el extremo superior del surco limitante e indica la zona donde se agrupa un conjunto de neuronas noradrenérgicas que contienen el pigmento melanina. En la parte media del suelo del cuarto ventrículo salen del surco medio unas bandas finas de fibras nerviosas, que discurren en dirección lateral formando las **estrías medulares** y entran en el pedúnculo cerebeloso inferior. Las conexiones de estas fibras, que son más visibles en algunos encéfalos, se explican en el capítulo 7.

El techo del cuarto ventrículo tiene forma de tienda y se proyecta posteriormente hacia el cerebelo. La parte cefálica del techo está formada, a ambos lados, por los **pedúnculos cerebelosos superiores**, que consisten en su mayoría en fibras que se extienden desde los núcleos cerebelosos hacia el mesencéfalo. Uniendo el espacio con forma de V entre la convergencia de los pedúnculos se encuentra el **velo medular superior**, una lámina fina de sustancia blanca. El resto del techo lo ocupa el **velo medular inferior**, una membrana pioependimaria más delgada que se adhiere a la superficie inferior del cerebelo. En el velo medular inferior se encuentra la **abertura media** del cuarto ventrículo o **agujero de Magendie**, una imperfección de tamaño variable. Este

FIGURA 6-4. Abertura media del cuarto ventrículo (agujero de Magendie) que se abre desde el cuarto ventrículo hasta la cisterna cerebelobulbar del espacio subaracnoideo (× 2,5).

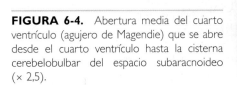

orificio es la principal vía de comunicación entre el sistema ventricular y el espacio subaracnoideo (fig. 6-4).

En las paredes laterales del cuarto ventrículo se encuentran los **pedúnculos cerebelosos inferiores**, que describen una curva desde el bulbo raquídeo hasta el interior del cerebelo en las caras mediales de los pedúnculos medios (véase fig. 6-3). Los recesos laterales del ventrículo se extienden a los lados del bulbo y se abren en la parte anterior formando las **aberturas laterales** del cuarto ventrículo (o **agujeros de Luschka**), que son otros dos canales a través de los cuales el líquido cefalorraquídeo entra en el espacio subaracnoideo (fig. 6-5). Estos orificios se encuentran en la unión del bulbo raquídeo, la protuberancia y el cerebelo (los ángulos pontocerebelosos), cerca del sitio de conexión al tronco encefálico de los nervios vestibulococlear y glosofaríngeo.

El **plexo coroideo** del cuarto ventrículo está suspendido del velo medular inferior; se extiende en los recesos laterales y tiene un pequeño penacho que suele sobresalir a través de las aberturas laterales. El plexo coroideo es el tejido que secreta líquido cefalorraquídeo (v. cap. 26); la mayor parte se sintetiza en los ventrículos laterales y el tercer ventrículo y fluye al cuarto ventrículo a través del acueducto de Silvio. El plexo coroideo del cuarto ventrículo produce cierta cantidad de líquido cefalorraquídeo que se añade al volumen que ocupa la cavidad del ventrículo y, directamente, al del espacio subaracnoideo del ángulo pontocerebeloso (v. fig. 6-5).

Mesencéfalo

El mesencéfalo tiene una longitud de alrededor de 1,5 cm. Su superficie anterior abarca desde la protuberancia hasta los cuerpos mamilares del diencéfalo (v. fig. 6-1). Las gruesas columnas de sustancia blanca que se extienden a ambos lados forman la **base o pie del pedúnculo** (cruz del cerebro), que está formada por fibras corticoespinales, corticobulbares y corticoprotuberanciales; las columnas están separadas por una hendidura profunda denominada **fosa interpeduncular**. Muchos vasos sanguíneos de pequeño calibre penetran en el mesencéfalo por el suelo de la fosa interpeduncular; por ello, esta región se conoce como **sustancia perforada posterior**. El **nervio oculomotor** emerge desde el lado de la fosa interpeduncular.

La superficie lateral del mesencéfalo (v. figura 6-2) la forma, principalmente, el **pedúnculo cerebral**, que constituye la porción de mayor tamaño de esta región del tronco encefálico a ambos lados. El pedúnculo cerebral comprende la base del pedúnculo y varias estructuras internas, la sustancia negra y el tegmento, que se describen en el capítulo 7.

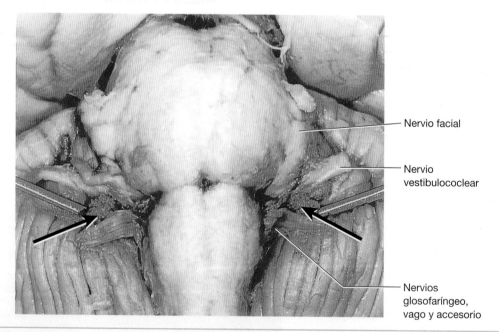

Nervio facial

Nervio vestibulococlear

Nervios glosofaríngeo, vago y accesorio

FIGURA 6-5.   Aberturas laterales del cuarto ventrículo (agujeros de Luschka). El agujero está ocupado por los penachos del plexo coroideo *(flechas)* en los que se han insertado unas varillas metálicas.

La superficie posterior del mesencéfalo posee cuatro elevaciones redondeadas denominadas **cuerpos o tubérculos cuadrigéminos** (o **colículos inferior** y **superior**). Estos tubérculos cuadrigéminos (v. figs. 6-2 y 6-3) forman el *tectum* (o **techo**) y marcan el límite de la extensión de su superficie posterior. Las fibras que conectan el tubérculo cuadrigémino inferior con el núcleo geniculado medial, situado en el tálamo, forman una elevación denominada **brazo del tubérculo cuadrigémino inferior** (v. figs. 6-2 y 6-3). El tubérculo cuadrigémino superior participa en el control de los movimientos oculares y la cabeza en respuesta a estímulos visuales o de otro tipo. El **brazo del tubérculo cuadrigémino superior** contiene fibras procedentes de la corteza cerebral y la retina que se dirigen al tubérculo cuadrigémino superior. Otras fibras del brazo del tubérculo cuadrigémino superior terminan en el **área pretectal** anterior e inmediatamente por encima de los tubérculos cuadrigéminos superiores; estas fibras forman parte de una vía que procede de la retina para el reflejo pupilar a la luz. El **nervio troclear** sale del tronco encefálico justo por debajo del tubérculo cuadrigémino inferior y se curva alrededor del mesencéfalo en su trayecto hacia la órbita.

La parte posterior del tálamo se proyecta en dirección caudal más allá del plano de transición entre el diencéfalo y el mesencéfalo (v. fig. 6-3). Por ello, en los cortes transversales realizados a la altura de los tubérculos cuadrigéminos superiores pueden observarse núcleos talámicos, en particular los cuerpos geniculados medial y lateral, y una parte prominente del tálamo denominada pulvinar (v. figs. 6-3, 7-14 y 7-15).

Bibliografía recomendada

Barr ML. Observations on the foramen of Magendie in a series of human brains. *Brain* 1948;71:281–289.

England MA, Wakely J. *Color Atlas of the Brain and Spinal Cord. An Introduction to Normal Neuroanatomy*, 2nd ed. Orlando, FL: Mosby, 2005.

Haines DE. *Neuroanatomy: An Atlas of Structures, Sections and Systems*, 5th ed. Philadelphia: Lippincott, Williams & Wilkins, 2000.

Montemurro DG, Bruni JE. *The Human Brain in Dissection*, 2nd ed. New York: Oxford University Press, 1988.

Noback CR, Strominger NL, Demarest RJ, et al. *The Human Nervous System: Structure and Function*, 6th ed. Totowa, NJ: Humana Press, 2005.

Smith CG. *Serial Dissections of the Human Brain*. Baltimore: Urban & Schwarzenberg, 1981.

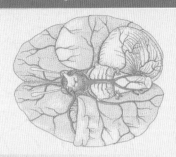

Capítulo 7

TRONCO ENCEFÁLICO: NÚCLEOS Y TRACTOS

Conceptos básicos

- El tronco encefálico contiene tractos ascendentes y descendentes, núcleos de nervios craneales y otros y fibras que conectan con el cerebelo.

- El tracto espinotalámico, que se cruza en la médula espinal, se encuentra en situación lateral a todo lo largo del tronco encefálico.

- El lemnisco medial, que está formado por axones que proceden de los núcleos grácil y cuneiforme contralaterales, está situado cerca de la línea media del bulbo raquídeo, se desplaza lateralmente a la altura de la protuberancia y en el tegmento del mesencéfalo se sitúa en la parte lateral.

- En la base del pedúnculo cerebral hay fibras corticoprotuberanciales y corticoespinales; las primeras terminan en los núcleos protuberanciales, y las segundas continúan en sentido caudal para formar la pirámide. La mayoría de las fibras piramidales se entrecruzan en la parte inferior del bulbo raquídeo.

- El complejo olivar inferior y los núcleos protuberanciales se extienden a través de la línea media hasta el cerebelo en los pedúnculos cerebelosos inferior y medio, respectivamente.

- Los pedúnculos cerebelosos superiores consisten, en su mayor parte, en fibras que proceden del cerebelo y se cruzan a la altura del tubérculo cuadrigémino inferior; algunas terminan en el núcleo rojo a la altura del tubérculo cuadrigémino superior.

- La sustancia negra y la sustancia gris periacueductal se encuentran en todos los niveles del mesencéfalo.

- Los siete núcleos motores de los nervios craneales son el oculomotor (o motor ocular) y el troclear en el mesencéfalo, el motor del trigémino en la protuberancia, el motor del facial y el ocular externo (*abducens*) a nivel de la unión entre el bulbo raquídeo y la protuberancia, y los núcleos ambiguo y del hipogloso en el bulbo raquídeo.

- Los núcleos parasimpáticos preganglionares son el de Edinger-Westphal, el núcleo dorsal del vago y algunas de las neuronas del núcleo ambiguo.

- Los únicos núcleos sensitivos somáticos generales son los del trigémino (espinal, protuberancial y mesencefálico), y el único núcleo sensitivo visceral es el solitario, cuya parte más superior es el núcleo gustativo.

- Los dos núcleos cocleares y cuatro núcleos vestibulares reciben fibras sensitivas somáticas específicas. El lemnisco lateral se extiende a todo lo largo de la protuberancia. El fascículo longitudinal medial mantiene su posición posteromedial en la totalidad del tronco encefálico.

- El nivel de las lesiones del tronco encefálico lo indica la afectación de los nervios craneales y sus núcleos. Puede conocerse la posición de la lesión en un determinado nivel a partir de las alteraciones funcionales de tractos ascendentes o descendentes.

En el presente capítulo se identifican y describen los principales núcleos y tractos del tronco encefálico. Se identifican los tractos largos que atraviesan esta estructura a nivel del bulbo raquídeo, la protuberancia y el mesencéfalo, mientras que algunas vías se revisan como sistemas funcionales en los capítulos 19 y 23. Los núcleos de los nervios craneales se incluyen entre los grupos celulares identificados, pero las descripciones sistemáticas de los componentes funcionales de estos nervios se explican en el capítulo 8.

El capítulo se completa con cortes teñidos por el método de Weigert que ilustran el texto; los niveles de las secciones se muestran en la figura 7-1. Aunque algunos tractos o fascículos no aparecen como estructuras diferenciadas en dichos cortes,

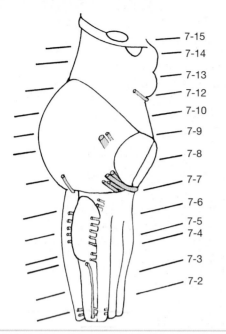

FIGURA 7-1. Diagrama de referencia de los niveles de las series de cortes del tronco encefálico con tinción de Weigert que ilustran este capítulo.

su localización y sus funciones se han determinado estableciendo relaciones con datos clinicopatológicos en humanos y a partir de experimentos con animales de laboratorio.

La **formación reticular** es una estructura que se menciona someramente aquí debido a que se hace referencia a ella en varios apartados de este capítulo; se encuentra en la parte posterior del bulbo raquídeo y la protuberancia y se extiende en sentido cefálico hasta el tegmento del mesencéfalo. Está atravesada por pequeños haces de axones mielínicos que cursan en todas las direcciones, y contiene poblaciones superpuestas de neuronas que no pueden clasificarse fácilmente en grupos, aunque es posible reconocer los diversos núcleos que forman. La formación reticular tiene varias funciones de gran importancia: participa en el establecimiento de los niveles de consciencia y los grados de alerta (sistema reticular activador ascendente), así como en el control del movimiento mediante aferencias a la médula espinal y a los núcleos motores de los nervios craneales, y participa también en actividades viscerales y en otros procesos involuntarios a través de grupos neuronales que funcionan como «centros» cardiovasculares y respiratorios. Debido a sus especiales características histológicas y a su importancia funcional, esta estructura se estudia por separado en el capítulo 9, junto con varios núcleos del tronco encefálico de menor tamaño.

Bulbo raquídeo

A la altura de la decusación piramidal se observa una amplia reorganización de la sustancia gris y la sustancia blanca en la zona de transición entre la médula espinal y el bulbo raquídeo. Las **astas grises anteriores** se prolongan en la región de la decusación, donde incluyen neuronas motoras (o motoneuronas) del primer nervio cervical y la raíz espinal del nervio accesorio. En esta región, la sustancia gris está atravesada oblicuamente por haces de fibras que pasan desde las pirámides hasta los haces corticoespinales laterales (figs. 7-2 y 7-3). Las astas grises posteriores de la médula espinal son sustituidas por el **núcleo espinal del trigémino.** En los extremos superiores de los fascículos posteriores, a nivel de la decusación piramidal, se encuentran los extremos inferiores de los **núcleos grácil** y **cuneiforme.** Por encima de la decusación, el bulbo raquídeo tiene una estructura compleja y completamente distinta de la de la médula espinal (figs. 7-4 a 7-7). El **núcleo olivar inferior,** que está localizado en situación posterolateral con respecto a la pirámide, es la principal estructura de la mitad superior del bulbo raquídeo, y la base del **pedúnculo cerebeloso inferior** se observa como un área definida de sustancia blanca en la parte posterolateral del bulbo raquídeo (v. fig. 7-7).

VÍAS ASCENDENTES

Sistema del lemnisco medial

El cordón posterior de la médula espinal transmite información del tacto epicrítico y la propiocepción ipsilaterales. El **fascículo grácil** está relacionado con las sensaciones de la pierna y la parte inferior del tronco, mientras que el **fascículo cuneiforme** transmite impulsos de la parte superior del tronco, el brazo y el cuello. El **núcleo grácil,** en el cual terminan las fibras del fascículo correspondiente, se extiende en toda la parte cerrada del bulbo raquídeo. Las fibras del fascículo cuneiforme terminan en el **núcleo cuneiforme,** que está en situación lateral y ligeramente cefálica con respecto al núcleo grácil (v. fig. 7-3).

Los axones mielínicos de las neuronas del núcleo grácil y el núcleo cuneiforme siguen un trayecto curvo hacia la línea media, formando las **fibras arqueadas internas,** que se muestran con claridad en la figura 7-4. Después de cruzar la línea media en la **decusación de los lemniscos mediales,** estas fibras giran en sentido cefálico en el **lemnisco medial.** Se trata de uno de los tractos más visibles del tronco encefálico, y ocupa el espacio entre la línea media y el núcleo olivar in-

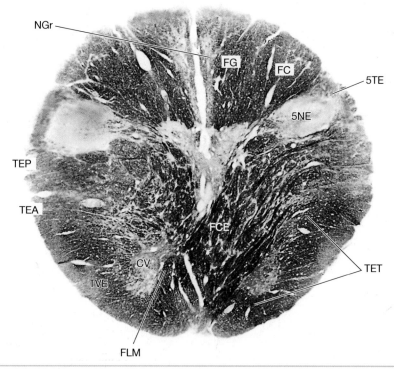

FIGURA 7-2.   Unión del bulbo raquídeo y la médula espinal. Las fibras corticoespinales pasan desde la decusación piramidal hasta el tracto piramidal lateral (tinción de Weigert). (Las siglas pueden consultarse en la parte interior de la contraportada del libro.)

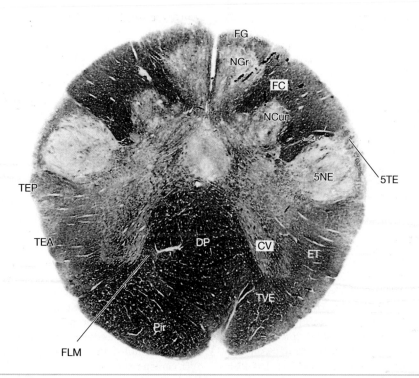

FIGURA 7-3.   Bulbo raquídeo en el extremo superior de la decusación piramidal (tinción de Weigert). (Las siglas pueden consultarse en la parte interior de la contraportada del libro.)

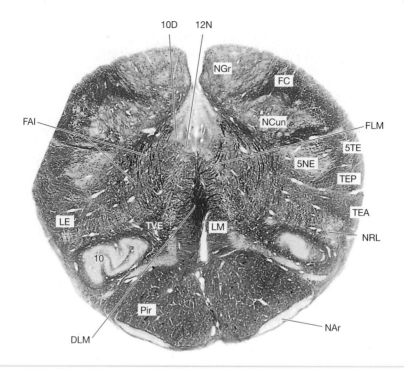

FIGURA 7-4. Bulbo raquídeo en el extremo inferior del núcleo olivar inferior (tinción de Weigert). (Las siglas pueden consultarse en la parte interior de la contraportada del libro.)

ferior del bulbo raquídeo (v. figs. 7-6 y 7-7). Las fibras que conducen impulsos sensitivos del pie contralateral se encuentran en situación más anterior (es decir, junto a la pirámide). El lado opuesto del cuerpo se representa de modo secuencial, de forma que las fibras para el cuello están en la parte más posterior del lemnisco medial. Después de atravesar la protuberancia y el mesencéfalo, este tracto termina en la división lateral del núcleo ventral posterior del tálamo. Éste es el núcleo talámico de las sensaciones somáticas generales.

Tractos espinotalámico y espinotectal

El tracto espinotalámico para el dolor, la temperatura y el tacto del lado contrario del cuerpo continúa en el bulbo raquídeo sin cambios apreciables de posición. Esto también ocurre con el tracto espinotectal (o espinomesencefálico), que conduce información somatoestésica hacia el tubérculo cuadrigémino superior y la formación reticular del mesencéfalo. Los dos tractos se funden en seguida para formar el **lemnisco espinal**, que atraviesa el área lateral del bulbo raquídeo por detrás del núcleo olivar inferior (v. figs. 7-4 a 7-7). Las fibras espinotalámicas continúan hasta el núcleo ventral posterior del tálamo y también envían ramas hacia

los grupos de núcleos intralaminares y posteriores del tálamo. (Los núcleos talámicos se describen en el capítulo 11.)

Fibras espinorreticulares

Los tractos espinorreticulares de la sustancia blanca anterior y lateral de la médula espinal continúan hasta el tronco encefálico, donde sus axones establecen sinapsis con neuronas de la formación reticular. Transmiten información sensitiva, sobre todo procedente de la piel y los órganos internos. Algunas fibras espinorreticulares son ramas colaterales de fibras del tracto espinotalámico. Los axones de las neuronas de la formación reticular se extienden en sentido caudal hacia la médula espinal, y en sentido cefálico hacia el tálamo.

Hay al menos tres vías que conectan la médula espinal con el tálamo y la corteza cerebral. El **sistema del lemnisco medial** no tiene interrupciones y sigue su trayecto sobre todo hasta el núcleo talámico ventral posterior, que, a su vez, se proyecta hacia el área somatosensitiva primaria de la corteza cerebral. El **sistema neoespinotalámico** es una vía característica de los mamíferos formada por los axones de las células de tractos que no envían ramas colaterales hacia la formación reticular. La

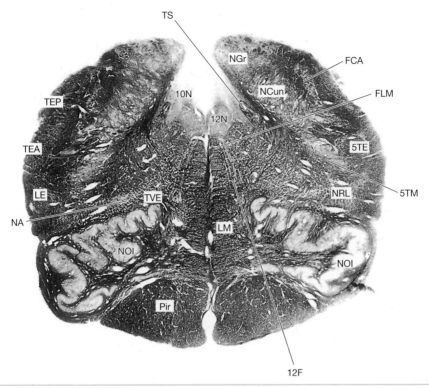

FIGURA 7-5.   Bulbo raquídeo a nivel de la transición entre sus partes cerrada y abierta (tinción de Weigert). (Las siglas pueden consultarse en la parte interior de la contraportada del libro.)

información sensitiva también alcanza el grupo intralaminar de núcleos talámicos a través del **sistema paleoespinotalámico**, que poseen todos los animales vertebrados. Se trata de una vía menos directa que consiste en fibras espinorreticulares (es decir, las que no son colaterales del tracto espinotalámico) y reticulotalámicas, que son los axones de neuronas de la formación reticular que se extienden en sentido cefálico. Estas fibras ascendentes de la formación reticular terminan en los núcleos intralaminares, que a su vez se conectan a toda la corteza cerebral. Esta vía difusa influye sobre los niveles de consciencia y los grados de alerta y participa en la consciencia del dolor (pero no en su localización).

Tractos espinocerebelosos

Los **tractos espinocerebelosos anterior** y **posterior**, que transmiten impulsos propioceptivos principalmente de la extremidad inferior, se encuentran cerca de la superficie lateral del bulbo raquídeo (v. figs. 7-2 a 7-6). El tracto posterior, que no es cruzado, se origina en el núcleo torácico (núcleo dorsal o columna de Clarke) de los segmentos dorsales y lumbares superiores de la médula espinal. En cambio, el tracto anterior es

cruzado en su mayor parte, y la mayoría de sus neuronas de origen se encuentra en la intumescencia lumbosacra de la médula espinal. Las fibras espinocerebelosas posteriores entran en el pedúnculo cerebeloso inferior (v. figs. 7-7 y 7-8), mientras que el tracto espinocerebeloso anterior continua a través de la protuberancia y entra en el cerebelo por el pedúnculo cerebeloso superior. Los tractos espinocerebelosos inervan la extremidad inferior. Para la superior, existen vías equivalentes que integran el núcleo cuneiforme accesorio (externo).

NÚCLEOS DEL BULBO RAQUÍDEO CONECTADOS CON EL CEREBELO

Núcleo cuneiforme accesorio

El núcleo cuneiforme accesorio o externo se encuentra en posición lateral con respecto al núcleo cuneiforme (v. fig. 7-5). Sus aferentes son fibras que entran en la médula espinal por las raíces cervicales posteriores, y muchas de ellas son ramas colaterales de fibras que terminan en el núcleo cuneiforme. Las eferentes del núcleo cuneiforme

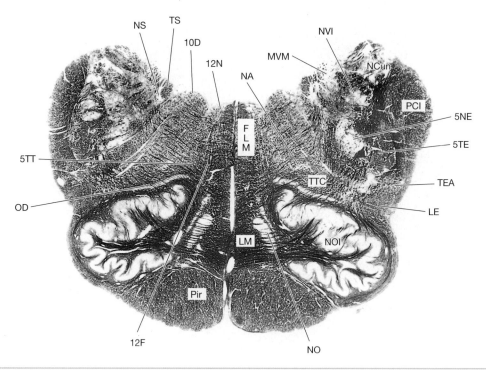

FIGURA 7-6.   Bulbo raquídeo a nivel olivar medio (tinción de Weigert). (Las siglas pueden consultarse en la parte interior de la contraportada del libro.)

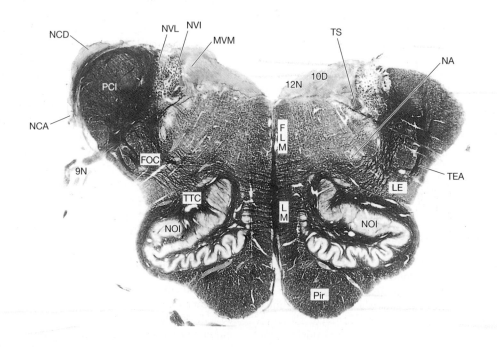

FIGURA 7-7.   Extremo superior del bulbo raquídeo (tinción de Weigert). (Las siglas pueden consultarse en la parte interior de la contraportada del libro.)

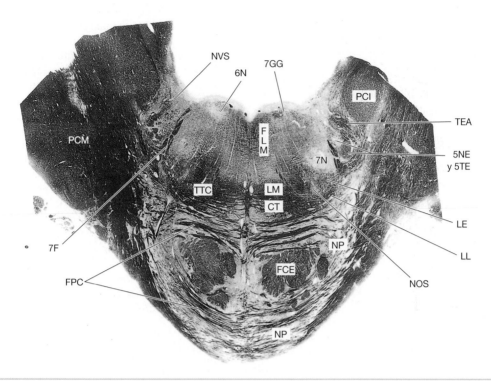

FIGURA 7-8. Región inferior de la protuberancia (tinción de Weigert). (Las siglas pueden consultarse en la parte interior de la contraportada del libro.)

accesorio entran en el cerebelo por medio del pedúnculo inferior. Estas **fibras cuneocerebelosas** transmiten al cerebelo señales de la propiocepción y de otras terminaciones sensitivas del cuello y las extremidades superiores. Las funciones del núcleo cuneiforme accesorio y el tracto cuneocerebeloso son equivalentes a las del núcleo dorsal y el tracto espinocerebeloso posterior: ambos transmiten información propioceptiva a lo largo de axones de conducción rápida hacia áreas de la corteza que se encuentran en la línea media del cerebelo o cerca de ella (v. cap. 10).

Complejo olivar inferior

Los **núcleos precerebelosos** están formados por grupos de neuronas del bulbo raquídeo y la protuberancia que reciben aferentes de distintas procedencias y se extienden hacia el cerebelo. Estos núcleos incluyen los componentes del complejo olivar inferior, siendo el de mayor tamaño el **núcleo olivar inferior**, que tiene forma de bolsa desinflada, con el hilio dirigido hacia la parte medial (v. figs. 7-5 a 7-7). Este complejo recibe aferentes del asta posterior contralateral de todos los niveles de la médula espinal y del núcleo rojo (en el mesencéfalo) y la corteza cerebral ipsilaterales.

El **tracto tegmental central** es, en parte, una vía que conecta el núcleo rojo y la sustancia gris periacueductal del mesencéfalo con el complejo olivar inferior. Su parte terminal forma una lámina densa que recubre la superficie posterior del núcleo olivar inferior, como muestra la figura 7-7. Este tracto también contiene numerosas fibras que ascienden hasta el diencéfalo procedentes de la formación reticular del tronco encefálico y el núcleo solitario del bulbo raquídeo.

Las **fibras olivocerebelosas** son una proyección del complejo olivar inferior; las fibras del núcleo principal ocupan su interior y salen a través del hilio. Después de cruzarse en su línea media, las bandas de fibras olivocerebelosas mielínicas describen una curva en sentido posterolateral a través de la formación reticular y entran en el pedúnculo cerebeloso inferior, del cual son el componente de mayor tamaño (v. fig. 7-7). El complejo olivar inferior es el lugar de procedencia de **fibras trepadoras**, que terminan en y excitan las células de Purkinje de la corteza cerebelosa. Los estudios fisiológicos indican que el complejo nuclear olivar inferior canaliza hacia el cerebelo instrucciones para la coordinación y los patrones aprendidos del movimiento.

Núcleo arqueado

El núcleo arqueado se encuentra en la superficie de la pirámide (v. fig. 7-4), donde recibe ramas colaterales de fibras corticoespinales. Los axones de las neuronas del núcleo arqueado, que entran en el cerebelo a través del pedúnculo cerebeloso inferior, alcanzan esta estructrura por medio de dos vías. Algunas de ellas discurren formando las **fibras arqueadas externas** en la superficie lateral del bulbo raquídeo mientras que las restantes viajan en situación posterior por la línea media del bulbo raquídeo y, a continuación, en sentido lateral en las **estrías bulbares** del suelo del cuarto ventrículo. Las conexiones del núcleo arqueado son similares a las de los núcleos protuberanciales (en su parte anterior, v. cap. 10). Ambas estructuras reciben aferentes de la corteza cerebral ipsilateral y se extienden a través de la línea media hacia el cerebelo.

Núcleo reticular lateral

Este grupo de células de la formación reticular, que posee unas características propias muy distintivas, está situado por detrás del núcleo olivar inferior y en situación medial con respecto al lemnisco espinal, cerca de la superficie del bulbo raquídeo (v. figs. 7-4 a 7-6). Recibe aferentes de la médula espinal y se extiende hasta el cerebelo. En el capítulo 9 se describen otros núcleos reticulares precerebelosos.

TRACTOS DESCENDENTES

Tracto piramidal (corticoespinal)

Los cuerpos celulares de las fibras del tracto piramidal (corticoespinal) se encuentran en un área de la corteza cerebral que ocupa regiones adyacentes de los lóbulos frontal y parietal. Sus axones atraviesan la sustancia blanca subcortical, la cápsula interna y el tronco encefálico. En el bulbo, cada tracto piramidal forma una masa compacta de sustancia blanca situada en la pirámide (v. figs. 7-4 a 7-7).

En la mayoría de las personas, cerca del 85 % de las fibras corticoespinales se entrecruzan en la **decusación piramidal**. La figura 7-3 muestra el límite superior de esta decusación, y la figura 7-2 ilustra un haz de axones que pasa a través de la sustancia gris de una pirámide hacia el **tracto piramidal lateral** opuesto. El 15 % de las fibras que no se han entrecruzado continúa su trayecto en el cordón anterior de la médula espinal formando el **tracto piramidal anterior**. Las fibras corticoespinales terminan en la base del asta posterior, la sustancia gris intermedia y el asta anterior; algunas pocas establecen sinapsis directas con motoneuronas. Cada pirámide contiene alrededor de un millón de axones de distintos tamaños. Los más gruesos y de conducción más rápida proceden de las células piramidales gigantes de Betz del área motora primaria; se cree que estas fibras terminan estableciendo sinapsis con los cuerpos celulares de motoneuronas de la médula espinal.

A menudo, se considera que los tractos corticoespinales tienen una actividad exclusivamente motora (de hecho, ésta es su principal función). Muchos axones de origen cortical provienen del área somatosensitiva primaria (v. cap. 15); sin embargo, regulan la transmisión de señales sensitivas hacia el encéfalo estableciendo sinapsis con neuronas de los núcleos grácil y cuneiforme y en el asta posterior de la médula espinal.

Tractos que se originan en el mesencéfalo

En secciones previas de este capítulo se ha explicado que el **tracto tegmental central** se origina en el núcleo rojo ipsilateral y en otras áreas de sustancia gris del mesencéfalo. Este tracto termina en el complejo olivar inferior, si bien un pequeño haz de axones del núcleo rojo contralateral continúa en sentido caudal formando el **tracto rubroespinal**, que ocupa una posición anterior con respecto al tracto piramidal lateral. En el ser humano, este tracto termina en los dos segmentos cervicales superiores de la médula espinal.

El **tracto tectoespinal** se origina en el tubérculo cuadrigémino superior del mesencéfalo, y sus fibras se entrecruzan a dicho nivel hacia el lado opuesto del tronco encefálico. Este tracto (v. fig. 5-10) es, probablemente, pequeño en los seres humanos. Las **fibras tectobulbares**, que discurren desde el tubérculo cuadrigémino superior hasta la formación reticular de la protuberancia y la parte superior del bulbo raquídeo, participan en el control de los movimientos oculares (v. cap. 8).

NÚCLEOS DE LOS NERVIOS CRANEALES Y TRACTOS RELACIONADOS

Nervios hipogloso, accesorio, vago y glosofaríngeo

El **núcleo del hipogloso**, que contiene motoneuronas para la musculatura de la lengua, se encuentra cerca de la línea media a lo largo de la mayor parte del bulbo raquídeo, en la sustancia gris central de su parte cerrada (v. fig. 7-4) y bajo el trígono del hipogloso de la fosa romboidal (v. figs. 7-5 a 7-7). Los axones que salen de este núcleo pasan en situación anterior entre el lemnisco medial y el núcleo olivar inferior (v. figs. 7-5 y 7-6), continúan lateralmente a la pirámide y surgen como las raicillas del nervio hipogloso a lo largo del surco anterolateral, entre la pirámide y la oliva bulbar. El **núcleo ambiguo** se encuentra dentro de la formación reticular, en situación posterior con respecto al núcleo olivar inferior (v. figs. 7-5 a 7-7). Esta importante columna celular inerva la musculatura del paladar blando, la faringe, la laringe y la parte superior del esófago a través de la raíz craneal del nervio accesorio y los nervios vago y glosofaríngeo. También contiene neuronas parasimpáticas cuyos axones terminan en los ganglios cardíacos, que controlan la frecuencia cardíaca. El **núcleo dorsal del vago** es el más grande de los núcleos parasimpáticos del tronco encefálico; contiene los cuerpos celulares de neuronas preganglionares que regulan la actividad de la musculatura lisa y elementos glandulares de las vísceras torácicas y abdominales. Este núcleo se encuentra en posición lateral con respecto al del hipogloso, en la sustancia gris que rodea al conducto central (v. fig. 7-4), y se extiende en sentido cefálico bajo el trígono del nervio vago de la fosa romboidal (v. figs. 7-5 a 7-7).

El **fascículo solitario** es un haz de fibras aferentes viscerales que discurre a lo largo de la parte lateral del núcleo dorsal del nervio vago (v. figuras 7-5 a 7-7). Contiene axones descendentes de los ganglios inferiores de los nervios vago y glosofaríngeo y del ganglio geniculado del nervio facial; estas fibras terminan en el **núcleo del fascículo solitario**, una columna de células situada junto al fascículo, al que rodea parcialmente. Las aferentes vagales y glosofaríngeas de la parte inferior del núcleo solitario desempeñan funciones importantes para los reflejos viscerales. Las fibras que transmiten el sentido del gusto (principalmente, desde los ganglios de los nervios facial y glosofaríngeo) llegan hasta la zona superior de este núcleo.

Nervio vestibulococlear

Los núcleos de la parte superior del bulbo raquídeo reciben axones de las divisiones coclear y vestibular del octavo nervio craneal. El **núcleo coclear posterior** descansa sobre la base del pedúnculo cerebeloso inferior, como muestra la figura 7-7, y parte del **núcleo coclear anterior** se observa en situación lateral con respecto al pedúnculo en dicha figura. Las fibras que salen de los núcleos cocleares se mencionan más adelante, cuando se describa la protuberancia.

Los **núcleos vestibulares** (**superior, lateral, medial e inferior**) están situados bajo el área vestibular de la fosa romboidal y difieren en su citoarquitectura y sus conexiones. El núcleo superior está en la protuberancia (v. fig. 7-8), pero los restantes se encuentran en el bulbo raquídeo (v. figs. 7-6 y 7-7). El nervio vestibular entra en el tronco encefálico en situación anterior con respecto al pedúnculo cerebeloso inferior y en situación medial y ligeramente cefálica al origen del nervio coclear. La mayoría de las fibras del nervio vestibular termina en los núcleos vestibulares, pero algunas entran en el cerebelo a través del pedúnculo inferior. Además de las fibras vestibulocerebelosas primarias, numerosas fibras secundarias discurren desde los núcleos vestibulares hasta el cerebelo a través del pedúnculo inferior.

Los núcleos vestibulares se extienden hacia la médula espinal por medio de dos tractos. El mayor es el **tracto vestibuloespinal** (que en ocasiones se conoce como tracto vestibuloespinal lateral), cuyas neuronas de origen se encuentran en el núcleo vestibular lateral. Las fibras vestibuloespinales discurren en sentido caudal y posteriormente al núcleo olivar inferior, como muestran las figuras 7-4 y 7-5. El tracto vestibuloespinal se desvía hacia una posición anterior a nivel de la decusación piramidal (v. figs. 7-2 y 7-3) y continúa en el cordón anterior ipsilateral de la médula espinal.

Las fibras de los núcleos vestibulares mediales izquierdo y derecho forman la mayor parte de los **fascículos longitudinales mediales**, que se extienden en los sentidos cefálico y caudal junto a la línea media (v. figs. 7-2 a 7-7). Sus fibras ascendentes se identifican más adelante cuando se explican la protuberancia y el mesencéfalo; en cuanto al pequeño haz de fibras descendentes, que se originan en su mayor parte en cuerpos celulares ipsilaterales, también se denomina a veces tracto vestibuloespinal medial. Por debajo de la decusación piramidal, se unen a este tracto los tractos tectoespinal y corticoespinal anterior cercanos a él.

Nervio trigémino

El nervio trigémino aporta un tracto y un núcleo a la estructura interna del bulbo raquídeo. Muchas fibras de la raíz sensitiva del trigémino giran en sentido caudal al entrar en la protuberancia, formando el **tracto espinal del trigémino**, que recibe este nombre porque muchos de sus axones se extienden hasta el tercer segmento cervical de la médula espinal. Este tracto transmite información del dolor, la temperatura y el tacto procedentes de la extensa área de distribución del nervio trigémino, que ocupa la mayor parte de la cabeza (v. cap. 8), y recibe también fibras aferentes primarias de los otros tres nervios craneales (facial, glosofaríngeo y vago) que tienen funciones sensitivas somáticas generales. De este tracto surgen axones en todos los niveles, desde la parte inferior de la protuberancia hasta el segundo o el tercer segmento cervical de la médula espinal, y terminan en el **núcleo espinal del trigémino** (núcleo del tracto espinal del trigémino), que se encuentra a lo largo del tracto, en posición medial. El tracto espinal del trigémino y su núcleo comparten algunas características estructurales y funcionales con el tracto posterolateral de Lissauer y las cuatro láminas más externas del asta posterior de la sustancia gris espinal, con la que el núcleo tiene continuidad.

Las fibras descendentes más largas del tracto espinal del trigémino son amielínicas o finamente mielinizadas, y conducen impulsos relacionados con el dolor y la temperatura. Por consiguiente, la primera sinapsis de las vías de estos tipos de sensibilidad se encuentra en la parte más inferior del núcleo espinal del trigémino, en la parte cerrada del bulbo raquídeo, y en los niveles cervicales más altos de la médula espinal.

El **tracto trigeminotalámico anterior** (v. figura 7-6) es un tracto cruzado que se origina en neuronas de los núcleos espinal (y protuberancial) del trigémino y en la parte adyacente de la formación reticular. Este tracto termina en la división medial del núcleo ventral posterior del tálamo. Debido a que conduce impulsos sensitivos del lado opuesto de la cabeza, el tracto trigeminotalámico anterior es funcionalmente similar al tracto espinotalámico para las partes del cuerpo situadas por debajo del cuello.

Parte posterior de la protuberancia (tegmento)

Las principales características que se observan en las secciones de la protuberancia son su división en las regiones basal (anterior) y tegmental (posterior) y los prominentes pedúnculos cerebelosos (figs. 7-8 y 7-9). El tegmento de la protuberancia es estructuralmente similar al bulbo raquídeo y el mesencéfalo, y, por tanto, contiene tractos que

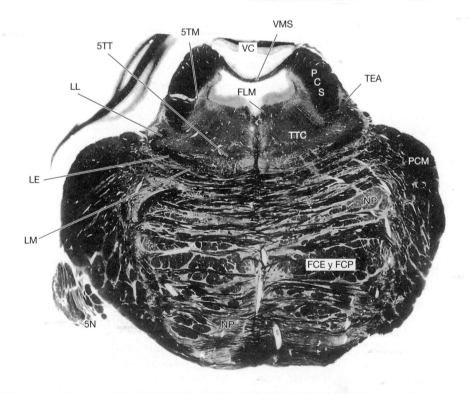

FIGURA 7-9.   Corte a través de la parte media de la protuberancia (tinción de Weigert). (Las siglas pueden consultarse en la parte interior de la contraportada del libro.)

ya encontramos en el bulbo raquídeo y componentes de varios nervios craneales.

TRACTOS Y PEDÚNCULOS CEREBELOSOS

El **lemnisco medial** gira cuando sale del bulbo raquídeo, trazando una rotación de tal forma que, en el tegmento anterior de la protuberancia, las fibras que proceden del núcleo cuneiforme son mediales a las del núcleo grácil. Por consiguiente, su representación somatotópica, en sentido medial a lateral, es: cuello, brazo, tronco y pierna. El **lemnisco espinal** se encuentra cerca del borde lateral del lemnisco medial en toda la protuberancia (v. figs. 7-8 a 7-10). El **tracto espinocerebeloso anterior** atraviesa la parte más lateral del tegmento (v. fig. 7-8), describe una curva en sentido posterior y entra en el cerebelo a través del pedúnculo superior (v. figs. 7-9 y 7-11).

En cuanto a los tractos descendentes, el **tracto tegmental central** está en posición medial con respecto a las fibras del pedúnculo cerebeloso superior, a la altura del istmo protuberancial (v. fig. 7-10), en el área central del tegmento en los niveles medios de la protuberancia (v. fig. 7-9) y en situación posterior al lemnisco medial en la región inferior de esta estructura (v. fig. 7-8). Al igual que en el bulbo raquídeo y la médula espinal, el **fascículo longitudinal medial** está cerca de la línea media en el tegmento protuberancial (v. figs. 7-8 a 7-10).

Los **pedúnculos cerebelosos inferiores** entran en el cerebelo por la parte inferior de la protuberancia. A este nivel se encuentran en situación medial con respecto a los pedúnculos cerebelosos medios y forman las paredes laterales del cuarto ventrículo (v. fig. 7-8). Las fibras olivocerebelosas son las más numerosas en el pedúnculo inferior, seguidas por las fibras del tracto espinocerebeloso posterior. La región del pedúnculo cerebeloso inferior inmediatamente adyacente al cuarto ventrículo consiste en fibras que entran en el cerebelo desde el nervio vestibular y los núcleos vestibulares, junto con fibras que proceden de partes del cerebelo relacionadas con el mantenimiento del equilibrio; la mayoría de estas últimas fibras termina en los núcleos vestibulares.

Los **pedúnculos cerebelosos superiores** (v. figura 7-9) son, en su mayoría, fibras que se originan en los núcleos cerebelosos y entran en el tronco encefálico por debajo del tubérculo cuadrigémino inferior del mesencéfalo. Estas fibras cruzan la línea media a la altura de los tubérculos cuadrigémi-

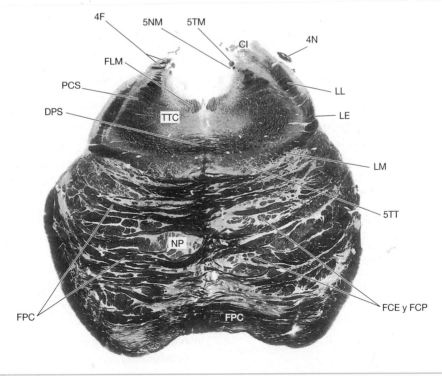

FIGURA 7-10.   Parte superior de la protuberancia que incluye la región del istmo del tegmento de la protuberancia (tinción de Weigert). (Las siglas pueden consultarse en la parte interior de la contraportada del libro.)

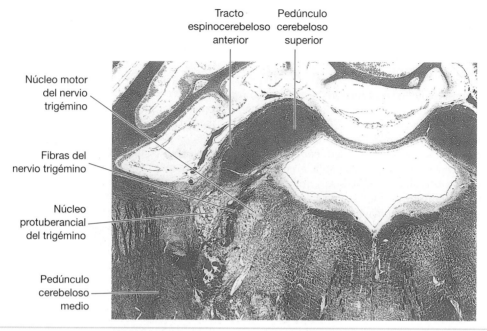

FIGURA 7-11.   Parte de un corte a través de la región media de la protuberancia, a nivel de los núcleos protuberancial y motor del trigémino (tinción de Weigert).

nos inferiores en la **decusación de los pedúnculos cerebelosos superiores** (v. figs. 7-10, 7-12 y 7-13). La mayor parte de ellas continúa su trayecto en sentido cefálico hasta el tálamo, y el resto termina en el núcleo rojo y la formación reticular. El pedúnculo cerebeloso superior también contiene fibras que entran en el cerebelo: el tracto espinocerebeloso anterior y algunos axones del núcleo mesencefálico del trigémino y el núcleo rojo.

NÚCLEOS DE LOS NERVIOS CRANEALES Y TRACTOS ASOCIADOS

Nervio vestibulococlear

Las fibras de los núcleos cocleares posterior y anterior cruzan la protuberancia para ascender por el lemnisco lateral del lado opuesto. La mayoría de las fibras que se entrecruzan forma el **cuerpo trapezoide** (v. fig. 7-8), que cruza el lemnisco medial. Estos tractos delgados de las fibras acústicas son difíciles de distinguir de los haces circundantes de fibras pontocerebelosas. Los axones de los núcleos cocleares anteriores terminan en el **núcleo olivar superior** (v. fig. 7-8), desde donde se añaden más fibras ascendentes a la vía auditiva. Las fibras de los núcleos coclear posterior y olivar superior giran en sentido cefálico en la parte

lateral del tegmento para formar el **lemnisco lateral** (v. fig. 7-8). Este tracto es lateral al lemnisco medial en la primera parte de su trayecto (v. fig. 7-9) y, a continuación, se mueve en sentido posterior para terminar en el tubérculo cuadrigémino inferior del mesencéfalo (v. figs. 7-10 y 7-12). La vía auditiva, que continúa hasta el tálamo y la corteza cerebral, se describe con mayor detalle en el capítulo 21.

Uno de los cuatro núcleos vestibulares, el **núcleo vestibular superior**, se extiende en la protuberancia (v. fig. 7-8). Las fibras de los núcleos vestibulares, algunas de las cuales son cruzadas y otras directas, ascienden en el **fascículo longitudinal medial**, que discurre junto a la línea media y cerca del suelo del cuarto ventrículo en toda la protuberancia (v. figs. 7-8 a 7-12). Las fibras terminan, principalmente, en los núcleos motor ocular externo, troclear y oculomotor, estableciendo conexiones que coordinan los movimientos de los ojos con los de la cabeza. El fascículo longitudinal medial también contiene otros grupos de fibras relacionadas con los movimientos de los ojos; estas fibras se explican en el capítulo 8.

Nervios facial y oculomotor externo (abducens)

El **núcleo motor del nervio facial**, que inerva la musculatura de la expresión facial, es un promi-

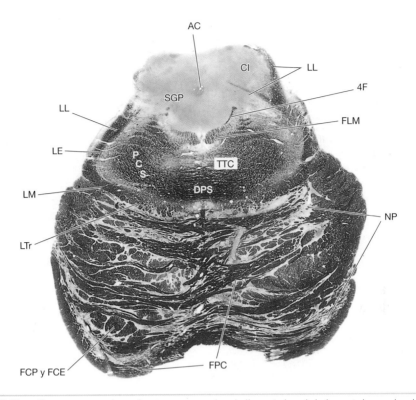

FIGURA 7-12.   Corte que atraviesa el extremo superior de la parte basal de la protuberancia y los extremos inferiores de los tubérculos cuadrigéminos inferiores del mesencéfalo (tinción de Weigert). (Las siglas pueden consultarse en la parte interior de la contraportada del libro.)

nente grupo de motoneuronas típicas situado en la parte anterolateral del tegmento (v. fig. 7-8). Los axones que se originan de este núcleo discurren en sentido posteromedial y forman un fascículo compacto, la **rodilla interna**, que se curva en el extremo inferior del núcleo motor ocular externo bajo el tubérculo cuadrigémino facial de la fosa romboidal. El haz de fibras que forma la rodilla continúa a lo largo del lado medial del núcleo del nervio motor ocular externo y describe una nueva curva en su extremo superior (v. el lado derecho de la fig. 7-8). Después de dejar la rodilla, las fibras pasan entre su núcleo de origen y el núcleo espinal del trigémino para salir como la raíz motora del nervio facial en la unión de la protuberancia y el bulbo raquídeo.

El **núcleo del nervio motor ocular externo** inerva el músculo recto lateral del ojo y contiene también neuronas internucleares. Se encuentra bajo el tubérculo cuadrigémino facial, como se ha mencionado más arriba (v. fig. 7-8). Las fibras eferentes de este núcleo continúan en sentido anterior siguiendo una inclinación caudal y salen del tronco encefálico formando el nervio motor

ocular externo, entre la protuberancia y la pirámide del bulbo raquídeo (v. fig. 6-1). Los axones de las **neuronas internucleares** discurren por el fascículo longitudinal medial contralateral hasta la división del núcleo oculomotor que inerva el músculo recto medial. Esta disposición permite que, cuando los ojos se mueven en el plano horizontal, se contraigan simultáneamente el recto lateral y el recto medial contralateral.

Nervio trigémino

El **tracto** y el **núcleo espinales del trigémino** se encuentran en la parte lateral del tegmento de la mitad inferior de la protuberancia (v. fig. 7-8), en situación lateral con respecto a las fibras del nervio facial. El tegmento de la protuberancia también contiene otros dos núcleos trigeminales (v. fig. 7-11). El **núcleo protuberancial del trigémino** (o núcleo **principal**), que está situado en el extremo superior del núcleo espinal del mismo nervio, recibe fibras para el sentido del tacto, en especial el epicrítico. Las fibras del núcleo protuberancial del trigémino se extienden hasta el tálamo, junto con las del núcleo espinal, en el **tracto trigemino-**

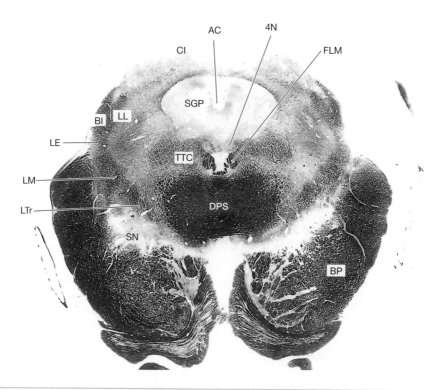

FIGURA 7-13.   Mesencéfalo a nivel de los extremos superiores de los tubérculos cuadrigéminos inferiores (tinción de Weigert). (Las siglas pueden consultarse en la parte interior de la contraportada del libro.)

talámico anterior (v. figs. 7-9 y 7-10). El **tracto trigeminotalámico posterior** consiste en fibras cruzadas y directas que se originan exclusivamente en los núcleos protuberanciales del trigémino. (También se puede afirmar que todas las fibras trigeminotalámicas componen el **lemnisco trigeminal**.) El **núcleo motor**, que es medial al núcleo protuberancial del trigémino (v. fig. 7-11), contiene las motoneuronas que inervan los músculos de la masticación, entre otros.

El **núcleo mesencefálico del nervio trigémino** es una columna delgada de células que se encuentra bajo el borde lateral de la parte superior del cuarto ventrículo (v. figs. 7-9 y 7-10) y se extiende hasta el mesencéfalo. Estas neuronas unipolares presentan la particularidad de que son cuerpos celulares de neuronas sensitivas primarias, por lo que son el único grupo de este tipo de neuronas del sistema nervioso central. Los axones de estas neuronas unipolares forman el **tracto mesencefálico del nervio trigémino** (v. figs. 7-9 y 7-10); la mayoría de ellos se distribuye a través de la división mandibular del nervio hasta las terminaciones propioceptivas de los músculos de la masticación.

Parte anterior o basal de la protuberancia

La parte basal o anterior de la protuberancia (v. figs. 7-8 a 7-10) es especialmente grande en el ser humano debido a sus conexiones con las cortezas de los hemisferios cerebrales y cerebelosos. Esta región contiene tractos longitudinales, haces de fibras transversales y los núcleos protuberanciales, que son grupos de neuronas localizados entre los haces de fibras. Los haces longitudinales son numerosos y pequeños en los niveles superiores (v. figs. 7-9 y 7-10), pero la mayoría se unen al aproximarse al bulbo raquídeo (v. fig. 7-8).

Los tractos longitudinales son fibras descendentes que entran en la protuberancia desde los pedúnculos basales del mesencéfalo. Muchas de ellas son **fibras corticoespinales** que pasan a través de la protuberancia y se reúnen de nuevo en las pirámides del bulbo raquídeo. También hay numerosas **fibras corticoprotuberanciales**, que parten de amplias áreas de la corteza cerebral y establecen sinapsis con las células de los **núcleos protuberanciales** del mismo lado. Excepto en el tercio inferior de la protuberancia, donde hay grandes regiones de sustancia gris (v. fig. 7-8), los núcleos protuberanciales son pequeños grupos de células diseminados entre los tractos longitudinales y transversales (v. figs. 7-9 y 7-10). Los axones de las neuronas de los núcleos protuberanciales cruzan la línea media, formando los haces transversales de las **fibras pontocerebelosas**, que son muy visibles, y entran en el cerebelo a través del **pedúnculo cerebeloso medio**. De este modo, la actividad de la corteza cerebral llega a la corteza cerebelosa a través de relevos sinápticos en los núcleos protuberanciales. La corteza cerebelosa influye sobre las áreas motoras del lóbulo frontal del hemisferio cerebral a través de una vía que comprende el núcleo dentado del cerebelo y el núcleo anterolateral del tálamo. Este circuito, que está muy desarrollado, une las cortezas cerebral y cerebelosa y contribuye a que los movimientos voluntarios sean de gran precisión y eficiencia.

Mesencéfalo

La estructura interna del mesencéfalo se muestra en las figuras 7-12 a 7-15; los cortes mostrados en las figuras 7-12 y 7-13 se han realizado a través de los tubérculos cuadrigéminos inferiores. Estos cortes muestran distintos planos: en la figura 7-12

se observa la parte basal de la protuberancia, y en la figura 7-13, el extremo del labio superior de la parte basal de dicha estructura (v. fig. 7-1). Las figuras 7-14 y 7-15 muestran niveles más cefálicos que incluyen los tubérculos cuadrigéminos superiores y algunos núcleos talámicos que se encuentran en el mismo plano transversal.

Con fines meramente descriptivos, podemos dividir el mesencéfalo en las siguientes regiones (v. fig. 7-14): el *tectum* o techo, que consta de los dos pares de tubérculos cuadrigéminos superior e inferior; la **base del pedúnculo**, que consiste en una masa densa de fibras descendentes, y la **sustancia negra**, una zona prominente de sustancia gris situada inmediatamente por detrás de la base del pedúnculo. El resto del mesencéfalo engloba el **tegmento**, que contiene tractos de fibras, el núcleo rojo, que es prominente, y la sustancia gris periacueductal que rodea el acueducto mesencefálico. Con el término **pedúnculo cerebral** se designa la totalidad del mesencéfalo, salvo el *tectum*.

TECTUM Y TRACTOS ASOCIADOS

Tubérculo cuadrigémino inferior

El tubérculo cuadrigémino inferior es un gran núcleo de la vía auditiva. Las fibras del lemnisco

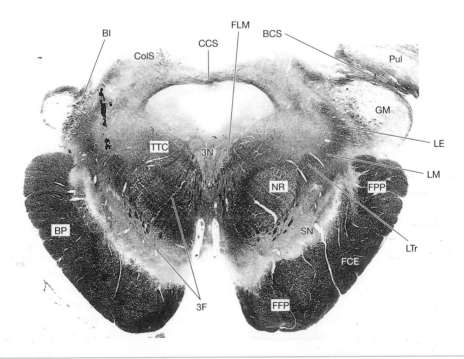

FIGURA 7-14. Mesencéfalo a nivel de los tubérculos cuadrigéminos superiores (tinción de Weigert). (Las siglas pueden consultarse en la parte interior de la contraportada del libro.)

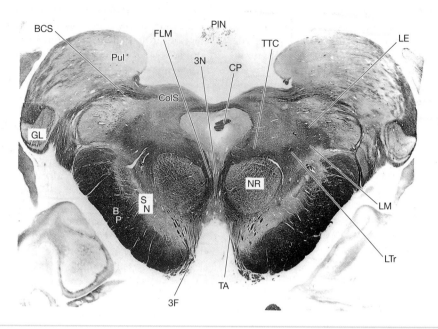

FIGURA 7-15. Mesencéfalo a nivel de los extremos superiores de los tubérculos cuadrigéminos superiores. La figura muestra también partes del tálamo y de la corteza de los lóbulos temporales (tinción de Weigert). (Las siglas pueden consultarse en la parte interior de la contraportada del libro.)

lateral lo envuelven y entran en él (v. fig. 7-12), y las fibras que salen del tubérculo cuadrigémino inferior atraviesan el brazo inferior para alcanzar el cuerpo geniculado medial del tálamo (v. figuras 7-13 a 7-15) que, a su vez, se proyecta a la corteza auditiva del lóbulo temporal. Entre los tubérculos cuadrigéminos inferiores hay fibras comisurales, lo cual explica, en parte, la proyección cortical bilateral desde ambos oídos.

Algunos axones del tubérculo cuadrigémino inferior continúan su trayecto hasta el tubérculo cuadrigémino superior. Desde esta estructura, y a través de una vía polisináptica que se describe en el capítulo 8, las señales auditivas alcanzan los núcleos de nervios craneales que inervan los músculos extraoculares, y algunas fibras tectoespinales influyen en las motoneuronas espinales de la región cervical. De este modo, se establece una vía que permite la rotación refleja de los ojos y la cabeza hacia la fuente de un sonido inesperado.

Tubérculo cuadrigémino superior

El tubérculo cuadrigémino superior (v. figs. 7-14 y 7-15) tiene una estructura compleja que consiste en siete capas alternas de sustancia blanca y gris; esta estructura establece conexiones con el sistema visual. Las fibras corticotectales proceden de la corteza visual del lóbulo occipital,

de la corteza parietal vecina y de un área del lóbulo frontal denominada campo ocular frontal. Las fibras corticotectales (que son ipsilaterales) constituyen la mayor parte del **brazo superior**, el cual llega hasta el tubérculo cuadrigémino superior pasando entre el pulvinar y el cuerpo geniculado medial del tálamo (v. figs. 7-14 y 7-15). A través de eferentes coliculares (que se describen más adelante), esta conexión entre la corteza y el tubérculo cuadrigémino superior es responsable de los movimientos voluntarios e involuntarios de los ojos y la cabeza; esto ocurre, por ejemplo, cuando se cambia rápidamente la dirección de la mirada (sacudida ocular o movimiento sacádico) o se sigue el trayecto de objetos a través del campo visual (movimientos de seguimiento ocular). Las fibras corticotectales que se originan en la corteza occipital también participan en la respuesta ocular de acomodación (es decir, aumento de la curvatura del cristalino y miosis), que acompaña a la convergencia de los ojos cuando se observa un objeto cercano.

Algunas fibras del tracto óptico alcanzan el tubérculo cuadrigémino superior por medio del brazo superior y constituyen la rama aferente de una vía refleja que ayuda a girar los ojos y la cabeza para poder seguir el trayecto de un objeto que se desplaza a lo largo del campo visual. Además, las fibras espinotectales terminan en el tubérculo cuadrigémino superior y transmiten información de las terminaciones sensitivas generales, sobre todo de la piel; estas conexiones podrían servir para dirigir los ojos y la cabeza hacia la fuente de un estímulo cutáneo. Otro origen de aferencias hacia el tubérculo cuadrigémino superior es la porción reticular de la sustancia negra que, de este modo, conecta el cuerpo estriado (v. cap. 12) con las partes del mesencéfalo que controlan los movimientos de los ojos y la cabeza.

Las eferentes del tubérculo cuadrigémino superior se distribuyen a la médula espinal y los núcleos del tronco encefálico. Las escasas fibras que llegan a la médula espinal describen una curva alrededor de la sustancia gris periacueductal, cruzan hasta el lado opuesto en la **decusación tegmental posterior** y continúan en sentido caudal cerca de la línea media formando el tracto tectoespinal. Las eferentes al tronco encefálico se denominan **fibras tectobulbares**; en su mayor parte, se dirigen bilateralmente de forma directa hacia el área pretectal, los núcleos accesorios del oculomotor y la formación reticular paramediana de la protuberancia. Estas regiones se proyectan a los núcleos de los nervios oculomotor, troclear y motor ocular externo, que inervan los músculos de los ojos (el control neuronal de estos músculos se explica en el cap. 8). Otras fibras eferentes del tubérculo cuadrigémino superior terminan en la formación reticular, cerca del núcleo motor del nervio facial, con lo que forman una vía refleja que permite que se cierren los párpados para proteger los ojos ante un estímulo visual repentino.

Los tubérculos cuadrigéminos superiores están interconectados por la **comisura de los tubérculos cuadrigéminos superiores** (v. fig. 7-14). La **comisura posterior** es un fascículo robusto de fibras que discurre transversalmente, justo por detrás de la transición entre el acueducto cerebral y el tercer ventrículo. En el corte mostrado en la figura 7-15 se observa una pequeña parte de esta comisura. Las fibras de la comisura posterior proceden del tubérculo cuadrigémino superior y de los siguientes núcleos cercanos a él, que son más pequeños: área pretectal, núcleos habenulares (en el epitálamo del diencéfalo) y núcleos accesorios del oculomotor del mesencéfalo, que se explican en el capítulo 9.

Área pretectal

El área pretectal está formada por cuatro pares de núcleos pequeños situados por encima del borde lateral del tubérculo cuadrigémino superior. Uno de los ellos, el **núcleo olivar pretectal**, recibe fibras de ambas retinas a través del tracto óptico ipsilateral y el brazo superior. Los axones que salen de este núcleo se dirigen al núcleo de Edinger-Westphal de cada lado; este último núcleo es el origen de las fibras parasimpáticas preganglionares del nervio oculomotor. Por tanto, el área pretectal forma parte de una vía refleja que hace posible la contracción de la pupila ante el aumento de la intensidad luminosa. El área pretectal también tiene conexiones a través de las cuales participa en las vías de control de los movimientos oculares, mediante mecanismos como la convergencia (v. cap. 8).

TEGMENTO

Tractos que se dirigen al tálamo

El **lemnisco medial** atraviesa el mesencéfalo en el área lateral del tegmento hasta su fin en el núcleo anteroposterior del tálamo (v. figs. 7-13 a 7-15). El **lemnisco espinal** está en situación posterolateral con respecto al lemnisco medial; estas posiciones se mantienen desde el tegmento protuberancial. Las fibras espinotectales salen del lemnisco espinal y entran en el tubérculo cuadrigémino superior y la sustancia gris periacueductal, y las fibras espinotalámicas continúan hasta el diencéfalo donde terminan en el núcleo ventral posterior y otros núcleos del tálamo. Algunas fibras espinotalámicas envían ramas hacia la sustancia gris periacueductal del mesencéfalo.

Núcleo rojo y tractos relacionados

El núcleo rojo tiene una forma ovoide (que, en un corte transversal, aparece redondo) y se extiende desde el límite inferior del tubérculo cuadrigémino superior hasta la región subtalámica del diencéfalo. Está más vascularizado que el tejido circundante, y su nombre se debe al color rosado que presentan las muestras frescas. Los axones mielínicos que pasan a través del núcleo rojo le dan un aspecto punteado en los cortes teñidos mediante tinción de Weigert (v. figs. 7-14 y 7-15).

Las fibras aferentes del hemisferio cerebeloso contralateral alcanzan el núcleo rojo por medio del pedúnculo cerebeloso superior y su decusación (v. fig. 7-13). Las fibras corticorrubras proceden de áreas motoras del hemisferio cerebral ipsilateral. Se han detectado muchas otras aferentes del núcleo rojo en animales, pero no se conoce su función en el encéfalo humano.

Del núcleo rojo surge un pequeño número de axones que atraviesan la línea media en la **decusación tegmental anterior** y continúan por el tronco encefálico en el cordón lateral de la médula espinal formando el tracto rubroespinal, una vía menor del encéfalo humano cuyas escasas fibras terminan en los dos primeros segmentos de la sustancia gris cervical. En animales de laboratorio, algunas de las fibras descendentes del núcleo rojo terminan en el núcleo motor del facial y en los núcleos de la formación reticular que se proyectan al cerebelo. Además de estas proyecciones cruzadas, un gran número de **fibras rubroolivares** forman parte del **tracto tegmental central** ipsilateral y terminan en el complejo olivar inferior, que se proyecta a través de la línea media hacia el cerebelo.

NÚCLEOS DE NERVIOS CRANEALES Y TRACTOS ASOCIADOS

El mesencéfalo contiene los núcleos de tres nervios craneales y algunos tractos que parten de núcleos sensitivos de nervios craneales del bulbo raquídeo y la protuberancia.

Nervio vestibulococlear

El **lemnisco lateral** se menciona más arriba, en el apartado en que se explica el tubérculo cuadrigémino inferior. El **fascículo longitudinal medial** se encuentra junto a la línea media (v. figs. 7-12 a 7-15), en la misma posición general que en los niveles inferiores. La mayoría de sus fibras procede de los núcleos vestibulares; las que llegan al mesencéfalo terminan en los núcleos troclear, oculomotor y accesorio del oculomotor. Este fascículo también contiene los axones de **neuronas internucleares**, que conectan los núcleos motor ocular externo, el troclear y el oculomotor.

Nervio trigémino

El **lemnisco trigeminal**, que incluye fibras de los núcleos espinal y protuberancial del trigémino, se encuentra en posición medial con respecto al lemnisco medio (v. figs. 7-12 a 7-15). El **núcleo mesencefálico** del nervio trigémino continúa desde la protuberancia hacia la región lateral de la sustancia gris periacueductal, hasta el nivel del tubérculo cuadrigémino superior.

Nervios troclear y oculomotor

El **núcleo troclear** está situado en la sustancia gris periacueductal a nivel del tubérculo cuadrigémino inferior, justo por detrás del fascículo longitudinal medial (v. fig. 7-13). Las fibras de este núcleo describen una curva en sentido posterior alrededor de la sustancia gris periacueductal, con una inclinación caudal (v. figs. 7-10 y 7-12). Al alcanzar la superficie posterior del tronco encefálico, estas fibras se entrecruzan en el velo medular superior y emergen formando el nervio troclear justo por debajo de los tubérculos cuadrigéminos inferiores; este nervio inerva el músculo oblicuo superior del ojo.

El **núcleo oculomotor** es, en realidad, un grupo de subnúcleos situados en la línea media y, junto a ella, en la parte anterior de la sustancia gris periacueductal, a nivel del tubérculo cuadrigémino superior. En los cortes, estos núcleos tienen un contorno en forma de V (v. figs. 7-14 y 7-15). Los haces de axones del núcleo oculomotor se curvan anteriormente a través del tegmento, donde muchas de sus fibras pasan a través del núcleo rojo (v. fig. 7-14) y salen junto a la fosa interpeduncular para formar el nervio oculomotor (v. figs. 6-1 y 7-15). Este nervio inerva cuatro de los seis músculos extraoculares (todos excepto el recto lateral y el oblicuo superior) y las fibras estriadas del músculo elevador del párpado superior. Existen subnúcleos propios para cada uno de estos músculos. El núcleo oculomotor tiene un componente parasimpático, funcionalmente diferenciado, denominado **núcleo de Edinger-Westphal**, que está relacionado con los movimientos de los músculos ciliar y esfínter de la pupila (v. cap. 8).

SUSTANCIA NEGRA

La sustancia negra es un gran núcleo situado entre el tegmento y la base del pedúnculo cerebral, en todo el mesencéfalo (v. figs. 7-13 a 7-15), y se proyecta a la región subtalámica del diencéfalo. Su color negro se debe a las neuronas dopaminérgicas de la **porción compacta** adyacente al tegmento. Estas células contienen gránulos del pigmento melanina en inclusiones citoplasmáticas. El número de gránulos de melanina es escaso tras el parto, aumenta con rapidez durante la infancia y, posteriormente, lo hace más lentamente. Este pigmento, que también tienen los albinos, se denomina en ocasiones neuromelanina para distinguirlo de la melanina cutánea. Es probable que la neuromelanina sea un producto intermedio del metabolismo de la **dopamina**, que es el neurotransmisor usado por estas neuronas. La sustancia negra está conectada con el cuerpo estriado, una gran masa de sustancia gris situada en el prosencéfalo, y forma parte del sistema funcional de los **ganglios basales**.

El origen principal de las fibras aferentes de la porción compacta es el estriado (una parte del cuerpo estriado que abarca el núcleo caudado y el putamen del núcleo lenticular). Las fibras efe-

Enfermedad de Parkinson

La importancia de la sustancia negra se hace patente cuando se consideran los trastornos de la función motora que causa la **enfermedad de Parkinson.** Las características clínicas de este trastorno incapacitante son: rigidez muscular, temblor lento y bradicinesia o escasez de movimientos. Este último signo se manifiesta como facies de máscara, dificultad para iniciar los movimientos y pérdida de todos los movimientos involuntarios asociados como el balanceo de los brazos durante la marcha. La combinación de estas tres características da lugar a una marcha desordenada típica, con tendencia a caer hacia adelante y dificultad para detenerse. El hallazgo patológico más claro de esta enfermedad es la degeneración de las células que contienen melanina de la porción compacta de la sustancia negra. En la mayoría de los pacientes no se conoce su causa, si bien se sabe que algunos casos se deben a sustancias tóxicas como los compuestos de manganeso (por la exposición industrial en algunas minas) y el MPTP (1-metil-4-fenil-1,2,4,6-tetrahidropiridina), una sustancia que contiene la heroína producida ilegalmente. Algunos fármacos (v. más adelante) pueden causar síntomas parkinsonianos transitorios a través del bloqueo de las acciones normales de la dopamina en la sinapsis.

La investigación bioquímica e histoquímica en la década de 1960 proporcionó las bases del tratamiento farmacológico actual de la enfermedad de Parkinson. Se sabe que las altas concentraciones de dopamina que hay en condiciones normales en la sustancia negra y el estriado se reducen considerablemente en estos pacientes. La administración de dopamina puede reemplazar la acción reguladora de la sustancia negra sobre el estriado, pero esta amina no cruza la barrera hematoencefálica, por lo que se acostumbra utilizar un precursor metabólico que sí alcanza el tejido cerebral. Este precursor es la L-dopa (L-dihidroxifenilalanina o levodopa), cuya conversión en dopamina tiene lugar en las neuronas de la porción compacta que todavía no han degenerado. La administración de L-dopa no detiene la pérdida de neuronas, pero reduce las alteraciones motoras de la enfermedad hasta que ya no quedan suficientes neuronas en la sustancia negra para enviar dopamina al estriado.

Otros fármacos usados para el tratamiento del parkinsonismo son los inhibidores de una en-

zima que degrada la dopamina, y los fármacos anticolinérgicos, que actúan de forma indirecta al inhibir las acciones de las interneuronas colinérgicas del estriado.

El tratamiento quirúrgico tradicional de la enfermedad de Parkinson consiste en la destrucción de partes del encéfalo que se hiperactivan cuando la regulación dopaminérgica del estriado es insuficiente. Gracias a la experimentación clínica en la década de 1940 y 1950 se concluyó que esta lesión debía realizarse en el globo pálido o el núcleo anterolateral, pero al alivio transitorio de los síntomas parkinsonianos puede seguirle una lesión quirúrgica o patológica espontánea en casi cualquier área de la base de los hemisferios cerebrales. La imagen por resonancia magnética (RM; v. cap. 4) permite registrar y estimular eléctricamente determinadas áreas del diencéfalo y el cuerpo estriado, con lo cual ahora es posible localizar las regiones con mayor precisión que en los primeros años de este proceso patológico. Las ablaciones quirúrgicas del tálamo **(talamotomía)** alivian el temblor y la rigidez, pero no la bradicinesia, mientras que con las lesiones de la parte anteromedial del globo pálido **(palidotomía)** se alivia la rigidez y la bradicinesia. Recientemente, se ha logrado este alivio sintomático mediante la implantación crónica de electrodos que estimulan el pálido, el tálamo y el núcleo subtalámico.

En la década de 1980 y 1990 se hicieron muchos intentos por tratar a enfermos de Parkinson mediante el trasplante de células que podían secretar dopamina (extraídas de fetos humanos abortados) en el cuerpo estriado. Sin embargo, en estudios de seguimiento clínico y en autopsias, que empezaron a realizarse a principios de los años 90, se comprobó que el alivio sintomático que se lograba con esta técnica era transitorio. La experimentación con trasplantes de fetos humanos ha continuado, y en la actualidad existe un consenso generalizado respecto a que cualquier mejoría clínica que pueda lograrse es leve y raramente perdura más allá de unos meses, excepto en los pacientes más jóvenes. En ensayos que han incluido la realización de operaciones quirúrgicas simuladas se ha comprobado que estas mejorías transitorias pueden actuar mediante un efecto placebo. Otra vía de investigación en el campo del injerto neuronal terapéutico se centra en el posible uso de células genéticamente modificadas que podrían producir dopamina y establecer conexiones sinápticas adecuadas en el cuerpo estriado.

rentes de la porción compacta se dirigen hacia el estriado; estas conexiones forman parte de un componente más grande de circuitos neuronales que se explica en los capítulos 12 y 23.

La región de la sustancia negra que limita con la base del pedúnculo cerebral es la **porción reticular**, que está formada por células que carecen de pigmento. Se trata de una parte separada del segmento interno del globo pálido, que es uno de los componentes del cuerpo estriado (v. capítulo 12). La porción reticular contiene neuronas que se proyectan a los mismos núcleos talámicos que reciben aferencias del pálido, y también envía fibras al tubérculo cuadrigémino superior; por ello, es una vía a través de la cual los ganglios basales pueden participar en el control de los movimientos oculares.

Área tegmental anterior

El área tegmental anterior es otra población de neuronas dopaminérgicas situada en la cara medial del pedúnculo cerebral, entre la sustancia negra y el núcleo rojo (v. fig. 7-15). Los axones de estas neuronas terminan en el hipotálamo, la amígdala, la formación hipocámpica, el núcleo *accumbens* y otras áreas. Estas proyecciones, que también se denominan **sistema dopaminérgico mesolímbico**, se han estudiado extensamente en animales porque pueden bloquearse sus acciones mediante la administración de fármacos que son útiles para tratar la esquizofrenia y otros trastornos mentales. Estos fármacos son antagonistas de la dopamina en los receptores postsinápticos, y su efecto adverso más importante es un síndrome de sintomatología similar a la de la enfermedad de Parkinson.

BASE DEL PEDÚNCULO CEREBRAL

La base o pilar del pedúnculo cerebral (*crus cerebri*) está formada por fibras de los sistemas piramidal y corticoprotuberancial (v. figs. 7-13 a 7-15 y cap. 23).

Las tres quintas partes centrales de la base del pedúnculo cerebral las constituyen **fibras corticoespinales**; en su disposición somatotópica, estas fibras inervan el cuello, el brazo, el tronco y la pierna, en sentido de medial a lateral.

Las **fibras corticobulbares (corticonucleares)** se encuentran entre los tractos corticoespinal y frontoprotuberancial, pero muchas de ellas salen de la base del pedúnculo cerebral y se dirigen a otras áreas a través del tegmento del mesencéfalo y la protuberancia. La mayoría de las fibras corti-

cobulbares termina en la formación reticular cercana a los núcleos motores de los nervios craneales (los núcleos motores del trigémino y facial, el núcleo ambiguo y el núcleo del hipogloso). Algunas de estas fibras establecen sinapsis directas con las neuronas motoras de estos núcleos. Además de estas vías que, obviamente, tienen funciones motoras, existen fibras corticobulbares que se dirigen hacia los núcleos protuberancial y espinal del trigémino y hacia el núcleo solitario. Los axones de origen cortical que terminan en los núcleos grácil y cuneiforme también se consideran corticobulbares. Por tanto, las conexiones corticobulbares participan en la regulación de la transmisión de la información sensitiva en sentido ascendente desde el tronco encefálico, así como en el control del movimiento.

Las **fibras corticoprotuberanciales** se dividen en dos grandes fascículos: el **tracto frontoprotuberancial**, que ocupa la quinta parte medial de la base del pedúnculo cerebral, y el **tracto parietotemporoprotuberancial**, que ocupa la quinta parte lateral de esta estructura y contiene fibras de los lóbulos parietal, occipital y temporal. Las fibras corticoprotuberanciales terminan en la parte basal de la protuberancia, donde establecen sinapsis con las neuronas de los núcleos protuberanciales.

Vías viscerales del tronco encefálico

Las **vías viscerales ascendentes** de la médula espinal se encuentran en los cordones anterior y anterolateral, y puede considerarse que forman parte de los tractos espinotalámico y espinorreticular. Las señales de origen visceral alcanzan la formación reticular, el tálamo y el hipotálamo.

Las aferentes viscerales importantes desde el punto de vista fisiológico llegan al **núcleo solitario** del bulbo raquídeo por medio de los nervios vago y glosofaríngeo (v. cap. 8). El núcleo solitario también recibe aferentes del gusto a través de los nervios vago, glosofaríngeo y facial. Las fibras ascendentes del núcleo solitario pasan ipsilateralmente en el **tracto tegmental central** y terminan en el hipotálamo y en la parte más medial del núcleo anterior posteromedial del tálamo. Desde esta área, la información del sentido del gusto se envía de nuevo hacia el área cortical del gusto situada en los lóbulos parietal y de la ínsula. Del núcleo solitario y de partes vecinas de la formación reticular sale un pequeño **tracto solitario espinal** que termina en neuronas autónomas preganglionares de la médula espinal y, probablemente, también en

Correlaciones anatomoclínicas

Las lesiones vasculares son algunas de las principales causas de lesiones cerebrales. Las **hemorragias** del tronco encefálico suelen tener consecuencias graves (como la muerte súbita o el coma), ya que la salida de sangre destruye regiones de la formación reticular que controlan funciones vitales para la respiración, la circulación y la consciencia. Algunos efectos de estas lesiones amplias del tronco encefálico se explican en el capítulo 9. La **oclusión vascular** puede producir pequeñas lesiones destructivas que dan lugar a signos neurológicos distintos en función de la localización y el tamaño de la región afectada. Estos signos y síntomas pueden ayudar a determinar en

qué nivel del tronco encefálico se ha producido la lesión, así como su localización medial, lateral, anterior o posterior. Esto puede hacerse, fundamentalmente, gracias al conocimiento de la estructura anatómica de los núcleos de los nervios craneales afectos. La interrupción de vías sensitivas o de las conexiones con el cerebelo permite determinar la posición lateral, medial, anterior o posterior de estas lesiones. En cuanto a las imágenes diagnósticas del tronco encefálico, en especial la RM, son también herramientas válidas pero su precisión es menor y, por consiguiente, los datos que pueden proporcionar son menos concluyentes que las deducciones basadas en el conocimiento de la neuroanatomía.

neuronas que inervan los músculos de la respiración. Algunos axones ascienden desde los núcleos de la formación reticular hasta el hipotálamo en el **fascículo longitudinal posterior**, que también contiene fibras descendentes (v. el siguiente párrafo y el cap. 11).

Hay dos vías descendentes cuyas neuronas de origen se encuentran en el hipotálamo. Las **fibras mamilotegmentales** se originan en el cuerpo mamilar del hipotálamo y terminan en la formación reticular del mesencéfalo, que se proyecta a los núcleos autónomos del tronco encefálico y la médula espinal. Las fibras de otros núcleos hipotalámicos, en especial las del paraventricular, discurren en sentido caudal en el **fascículo longitudinal posterior**, un haz de fibras principalmente amielínicas situadas en la sustancia gris periacueductal del mesencéfalo. Algunas terminan en la formación reticular del tronco encefálico y el núcleo dorsal del vago, y las fibras hipotalamoespinales continúan hasta los núcleos autónomos de la médula espinal. De este modo, los impulsos de origen hipotalámico alcanzan las neuronas preganglionares simpáticas y parasimpáticas de la zona sacra tanto directamente como a través de relevos sinápticos en la formación reticular. Las pruebas clínicas indican que las fibras que influyen sobre el sistema nervioso simpático descienden ipsilateralmente a través de la parte lateral del bulbo raquídeo.

A continuación, se exponen algunos ejemplos que ilustran la relación entre algunos síndromes clínicos y la localización de las lesiones del tronco encefálico que los causan; estos datos se resumen en la tabla 7-1. Para poder entender la

información que contiene esta tabla, es necesario haber leído los capítulos 8, 9 y 10.

El **síndrome bulbar medial** se debe a la oclusión de una rama bulbar de la arteria vertebral; el tamaño del infarto depende de la distribución de la arteria afecta. En el ejemplo que ilustra la figura 7-16, el área dañada incluye la pirámide y la mayor parte del lemnisco medial en un lado, y la lesión se extiende lo suficiente en sentido lateral como para incluir fibras del nervio hipogloso que pasan entre el lemnisco medio y el núcleo olivar inferior. Una persona que sufre este tipo de lesión tiene hemiparesia contralateral y una alteración de las sensaciones de posición y movimiento y del tacto epicrítico en el lado opuesto del cuerpo. La parálisis de los músculos de la lengua es ipsilateral. Se trata de un ejemplo de parálisis «cruzada» o «alterna», en la cual se afecta todo el cuerpo por debajo del cuello en el lado opuesto de la lesión, mientras que los músculos inervados por un nervio craneal resultan afectados en el mismo lado de la lesión.

La oclusión de un vaso que irrigue el área lateral del bulbo raquídeo produce un **síndrome bulbar lateral** (o de Wallenberg). En su forma más característica, el vaso obstruido es una rama bulbar de la arteria cerebelosa posteroinferior. El área infartada (fig. 7-17) puede ser: a) la base del pedúnculo cerebeloso inferior y los núcleos vestibulares, lo cual causa mareos, ataxia cerebelosa y nistagmo; b) el tracto y el núcleo espinal del trigémino, lo que produce una pérdida ipsilateral de la sensibilidad al dolor y la temperatura en el área de distribución del nervio trigémino; c) el tracto espinotalámico, que ocasiona una pérdida contrala-

TABLA 7-1.   **Algunos síndromes clínicos causados por lesiones localizadas del tronco encefálico**

Características clínicas	Localización de la lesión	Nombre del síndrome y comentarios
Parálisis del hipogloso ipsilateral con hemiplejía contralateral	Región anteromedial del bulbo raquídeo, que incluye las pirámides y axones del nervio hipogloso	Síndrome bulbar medial (v. fig. 7-16)
Vértigo, ataxia, parálisis del paladar y la cuerda vocal ipsilaterales, pérdida de las sensaciones térmica y nociceptiva en el mismo lado de la cara y el lado opuesto del cuerpo, síndrome de Horner ipsilateral y pérdida de la sudoración facial	Región lateral del bulbo raquídeo (territorio de la arteria cerebelosa posteroinferior), que incluye los núcleos vestibulares, el pedúnculo cerebeloso inferior, el núcleo ambiguo, el núcleo y el tracto espinales del trigémino, el tracto espinotalámico y las fibras descendentes de neuronas simpáticas preganglionares	Síndrome de Wallenberg (v. fig. 7-17 y caps. 8 y 24); las lesiones de menor tamaño producen síndromes parciales (v. la siguiente fila de esta tabla)
Parálisis del paladar y la cuerda vocal ipsilaterales y pérdida de las sensaciones térmica y nociceptiva en el mismo lado de la cara y el lado opuesto del cuerpo	Región lateral del bulbo raquídeo, que incluye el núcleo ambiguo, el núcleo y el tracto espinales del trigémino y el tracto espinotalámico	Síndrome de Avellis; se debe a una lesión en la parte anterior del área sombreada de la figura 7-17
Parálisis facial del tipo motoneurona inferior ipsilateral con hemiplejía contralateral	Protuberancia, que incluye el núcleo motor del nervio facial y fibras motoras descendentes	Síndrome de Millard-Gübler (v. fig. 7-19)
Parálisis facial del tipo motoneurona inferior ipsilateral, parálisis ocular conjugada ipsilateral y hemiparesia transitoria contralateral	Región anteromedial de la protuberancia, que incluye el núcleo motor ocular externo, axones y el núcleo motor del facial, en posición posterior con respecto a las fibras motoras descendentes	Síndrome de Foville (v. figs. 7-20 y 8-5)
Parálisis ipsilateral del nervio motor ocular externo con hemiparesia contralateral	Región posterior, que incluye axones (pero no el núcleo) del nervio motor ocular externo y fibras motoras descendentes	Síndrome de Raymond (v. fig. 7-18)
Parálisis ipsilateral del nervio oculomotor con hemiplejía o hemiparesia contralaterales	Región anterior del pedúnculo cerebral, que incluye axones del nervio oculomotor y fibras motoras descendentes de la base del pedúnculo	Síndrome de Weber (v. fig. 7-21)
Parálisis ipsilateral del nervio oculomotor con temblor y hemiparesia contralaterales	Pedúnculo cerebral, con fibras motoras descendentes y axones del oculomotor, y con extensión posterior para incluir el núcleo rojo y fibras del lado contralateral del cerebelo	Síndrome de Benedikt (v. fig. 7-21 y cap. 10); el temblor es similar al cerebeloso
Parálisis de la mirada vertical superior, sin parálisis de la convergencia	Mesencéfalo posterior; de forma característica, un tumor de la glándula pineal que presiona la comisura posterior, el área pretectal y los tubérculos cuadrigéminos superiores	Síndrome de Parinaud (cap. 8 y fig. 8-6)

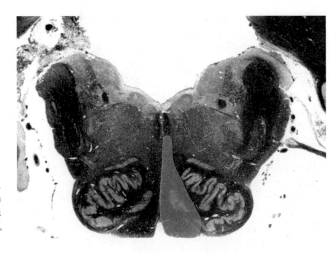

FIGURA 7-16. Situación de una lesión que causa un síndrome bulbar medial. Esta lesión secciona axones del lemnisco medial, la pirámide y el nervio hipogloso.

teral de la sensibilidad al dolor y la temperatura por debajo del cuello, o d) el núcleo ambiguo, lo cual produce la parálisis de la musculatura del paladar blando, la faringe y la laringe ipsilaterales y causa dificultades de deglución y fonación. La vía descendente para la columna celular intermediolateral de la médula espinal suele estar en el área de degeneración, causando el **síndrome de Horner** (miosis y ptosis [descenso del párpado superior]) y alterando la piel de la cara, que se seca y aumenta de temperatura, todo ello en el lado de la lesión. Los signos cerebelosos son más pronunciados si al infarto del bulbo raquídeo se añade el del cerebelo (trombosis de la arteria cerebelosa posteroinferior). Los síndromes parciales, como el de Avellis (v. tabla 7-1) son producto de lesiones menores en la parte lateral del bulbo raquídeo.

Las lesiones de la región basal de la protuberancia o del mesencéfalo pueden producir una parálisis alterna similar a la descrita en el síndrome bulbar medial. La figura 7-18 muestra un área de infarto en un lado de la región inferior de la protuberancia producida por la oclusión de una rama protuberancial de la arteria basilar, lo que causa un **síndrome de Raymond**. La interrupción de las fibras corticoespinales y de otras fibras motoras descendentes ocasiona hemiparesia contralateral. Cuando la lesión afecta a las fibras del nervio motor ocular externo se produce una parálisis del músculo recto lateral ipsilateral, lo cual provoca estrabismo medial. Las lesiones más anterolaterales (fig. 7-19) afectan a fibras motoras descendentes y al núcleo motor y los axones del nervio facial, produciendo el **síndrome de Millard-Gübler**, en el que hay hemiparesia contralateral y parálisis facial ipsilateral.

Las lesiones de la protuberancia localizadas en una posición más posteromedial pueden implicar al núcleo motor ocular externo junto con las fibras motoras cercanas del nervio facial o el núcleo motor del facial (v. fig. 7-8), lo cual produce el **síndrome de Foville**, en el cual existe una parálisis ipsi-

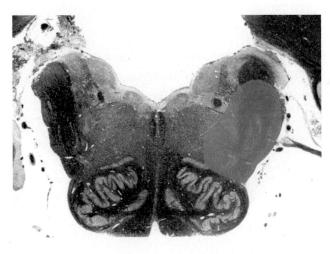

FIGURA 7-17. Situación de una lesión que causa un síndrome bulbar lateral. Esta lesión (que fue descrita por Wallenberg) afecta a los núcleos vestibulares y al pedúnculo cerebeloso inferior, el núcleo y el tracto espinales del trigémino, el tracto espinotalámico, el núcleo ambiguo y las fibras descendentes que controlan la inervación simpática de los ojos y la cara. En las lesiones de menor tamaño se conservan algunas funciones como las del sistema vestibular y el cerebelo, la musculatura de la laringe y la faringe o el control simpático del iris.

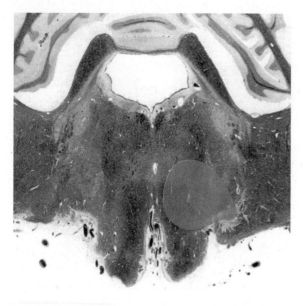

FIGURA 7-18. Situación de una lesión de la región basal de la protuberancia que afecta a fibras motoras corticoespinales y otras fibras descendentes, así como a fibras del nervio motor ocular externo. La lesión, que causa un síndrome de Raymond, no afecta al núcleo motor ocular externo ni al núcleo y los axones del nervio facial.

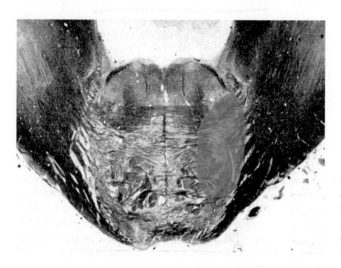

FIGURA 7-19. Situación de una lesión en la parte inferior de la protuberancia que afecta a fibras motoras descendentes y a los axones y el núcleo del nervio facial, pero no al núcleo y los axones del nervio motor ocular externo. Esta lesión causa un síndrome de Millard-Gübler.

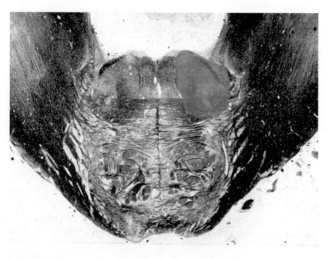

FIGURA 7-20. Localización de la lesión en el síndrome de Foville. La lesión del núcleo motor ocular externo causa parálisis del recto medial contralateral y el recto lateral ipsilateral. Esta lesión afecta también al núcleo motor y los axones del nervio facial y se extiende hacia delante causando lesiones parciales en fibras corticoespinales y otros tractos motores descendentes.

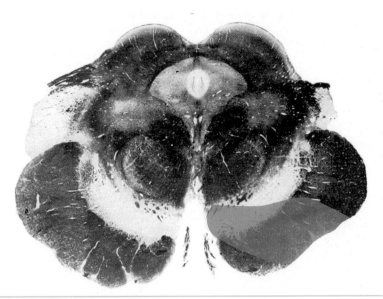

FIGURA 7-21. Situación de una lesión de la región inferior del mesencéfalo que afecta a fibras motoras corticoespinales y a otras fibras descendentes, así como a axones del nervio oculomotor. Esta lesión causa un síndrome de Weber.

lateral de la musculatura facial y del músculo recto lateral, que es inervado por el nervio motor ocular externo. Además, el músculo recto medial del ojo contralateral no puede contraerse cuando se intenta realizar un movimiento ocular lateral conjugado, pero se contrae cuando los ojos convergen para mirar un objeto cercano. El efecto de la lesión del recto medial contralateral se debe a la destrucción de neuronas internucleares. Los axones de estas neuronas, que están situadas junto a las motoneuronas del núcleo motor ocular externo, atraviesan la línea media, suben por el fascículo longitudinal medial y estimulan las motoneuronas del subnúcleo oculomotor del músculo recto medial. (Las complejas conexiones neuronales que permiten los movimientos oculares conjugados se explican en el capítulo 8 y se resumen en la figura 8-5.) Los tractos sensitivos y motores pasan por delante de la lesión que causa el síndrome de Foville y, de forma característica, hay hemiparesia contralateral de breve duración debida a una presión o una isquemia transitorias (fig. 7-20).

La figura 7-21 muestra la posición de una lesión vascular en la región basal de un pedúnculo cerebral que puede deberse a la oclusión de una rama de la arteria cerebral posterior. Esta lesión causa el **síndrome de Weber,** que consiste en una hemiparesia contralateral debida a la interrupción de las fibras corticoespinales y de otras fibras motoras descendentes y una parálisis ipsilateral de los músculos oculares como consecuencia de la inclusión de las fibras del nervio oculomotor en el área infartada. Las personas que presentan este síndrome sufren una parálisis de todos los músculos extraoculares salvo el recto lateral y el oblicuo superior. Los signos más evidentes de este síndrome son la pérdida de la capacidad para elevar el párpado superior y el estrabismo lateral, junto con una midriasis debida a la interrupción de las fibras parasimpáticas que controlan el músculo esfínter de la pupila. Las lesiones que se extienden en un área más amplia en sentido posterior que la que se muestra en la figura 7-21 afectan a fibras eferentes cerebelosas y producen un temblor similar al que causan los trastornos del cerebelo, en las extremidades contralaterales paréticas. Este trastorno se denomina, entonces, **síndrome de Benedikt.**

Bibliografía recomendada

Bassetti C, Bogousslavsky J, Mattle H, Bernasconi A. Medial medullary stroke: report of seven patients and review of the literature. *Neurology* 1997;48:882–890.

Damier P, Hirsch EC, Agid Y, et al. The substantia nigra of the human brain. *Brain* 1999;122:1421–1448.

Defer GL, Geny C, Ricolfi F, et al. Long-term outcome of unilaterally transplanted Parkinsonian patients, 1: clinical approach. *Brain* 1996;119:41–50.

Finnis KW, Starreveld YP, Parrent AG, et al. Three-dimensional database of subcortical electrophysiology for image-guided stereotactic functional neurosurgery. *IEEE Trans Med Imaging* 2003;22:93–104.

Freed CR, Greene PE, Breeze RE, et al. Transplantation of embryonic dopamine neurons for severe Parkinson's disease. *N Engl J Med* 2001;344:710–719.

Hirsch WL, Kemp SS, Martinez AJ, et al. Anatomy of the brainstem: correlation of in vitro MR images with histologic sections. *Am J Neuroradiol* 1989;10:923–928.

Landau WM. Artificial intelligence: the brain transplant cure for parkinsonism. *Neurology* 1990;40:733–740.

Nathan PW, Smith MC. The rubrospinal and central tegmental tracts in man. *Brain* 1982;105:223–269.

Nathan PW, Smith MC. The location of descending fibres to sympathetic neurons supplying the head and neck. *J Neurol Neurosurg Psychiatr* 1986;49:187–194.

Nieuwenhuys R, Voogd J, van Huijzen C. *The Human Central Nervous System. A Synopsis and Atlas*, 3rd ed. Berlin: Springer-Verlag, 1988.

Olszewski J, Baxter D. *Cytoarchitecture of the Human Brain Stem*, 2nd ed. Basel: S Karger, 1954; reprint, 1982.

Riley HA. *An Atlas of the Basal Ganglia, Brain Stem and Spinal Cord*. New York: Hafner, 1960.

Vuilleumier P, Bogousslavsky J, Regli E. Infarction of the lower brainstem: clinical, aetiological and MRI-topographical correlations. *Brain* 1995;118:1013–1025.

Wolf JK. *The Classical Brain Stem Syndromes*. Springfield, IL: Thomas, 1971.

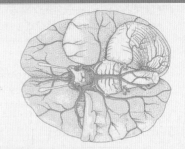

Capítulo 8

LOS NERVIOS CRANEALES

Conceptos básicos

- Los nervios (o pares) craneales I-XII desempeñan funciones motoras, parasimpáticas y sensoriales.

Movimientos oculares

- Los nervios craneales II, IV y VI inervan los músculos extraoculares, que pueden paralizarse seccionando los axones motores en los nervios o en el tronco encefálico.

- Los movimientos sacádicos voluntarios del ojo son controlados por el campo visual frontal, y los movimientos de persecución visual son controlados por la corteza occipital y parietal posterior.

- Las vías asociadas a la mirada horizontal conjugada descienden desde la corteza y el tubérculo cuadrigémino superior hacia la formación reticular protuberancial paramediana (FRPP) contralateral y el núcleo motor ocular externo (*abducens*), y a continuación ascienden por el fascículo longitudinal medial (FLM) ipsilateral hacia el subnúcleo recto medial del núcleo motor ocular (u oculomotor). Una lesión de la FRPP o del núcleo del VI produce parálisis de la visión lateral; la interrupción del FLM produce oftalmoplejía internuclear.

- Los núcleos del mesencéfalo cefálico intervienen en los movimientos verticales de los ojos.

Otras funciones motoras

- El núcleo motor del trigémino inerva los músculos masticadores y algunos otros músculos a través de la división mandibular del nervio craneal V.

- El núcleo motor del facial inerva los músculos faciales y el estapedio. La mitad inferior de la cara está controlada por el hemisferio cerebral contralateral. La mitad superior de la cara está controlada bilateralmente y, por consiguiente, no queda paralizada por una lesión de la «neurona motora superior» (o motoneurona).

- Los músculos de la laringe, la faringe y el esófago superior están inervados por neuronas del núcleo ambiguo, la mayoría a través del nervio craneal X.

- El nervio craneal XI está formado, en gran parte, por fibras motoras procedentes de los segmentos C1 al C5 de la médula espinal que inervan el trapecio y el músculo esternocleidomastoideo.

- Al protruir la lengua, ésta se desvía hacia el lado lesionado si el paciente tiene paralizados los músculos inervados por el XII.

Fibras parasimpáticas preganglionares

- El nervio craneal III contiene fibras preganglionares procedentes del núcleo de Edinger-Westphal. Terminan en el ganglio ciliar, que inerva el esfínter de la pupila y los músculos lisos ciliares. La pérdida del reflejo fotomotor es el primer síntoma de compresión del nervio craneal III.

- Las glándulas salivales y lagrimales están inervadas por ganglios parasimpáticos, que reciben inervación preganglionar de los nervios craneales VII y IX. Los axones preganglionares del nervio craneal X proceden de dos núcleos de la médula.

Funciones sensoriales generales

- Todas las fibras sensitivas somáticas generales procedentes de los ganglios de nervios craneales (V y IX y algunas del VII y el X) terminan en los núcleos del trigémino.

- El sentido del tacto se transmite a través del núcleo protuberancial del trigémino y la parte cefálica del núcleo espinal del trigémino.

- Las fibras de la temperatura y el dolor descienden ipsilateralmente por el tracto espinal del trigémino y terminan en la parte caudal de su núcleo.

- Las fibras trigeminotalámicas cruzan la línea media del tronco encefálico y ascienden hacia el tálamo contralateral (núcleo ventral posterior medial [VPm]).
- La parte ventral del núcleo solitario recibe fibras viscerales aferentes (IX y X) para los reflejos cardiovasculares y respiratorios.

Sentidos especiales

- Los nervios craneales I, II y VIII se describen en el capítulo 17 y del 20 al 22.
- Las fibras gustativas (de los nervios craneales VII y IX y algunas del X) viajan por el tracto solitario hacia el extremo cefálico del núcleo solitario. Las fibras solitariotalámicas viajan hacia la parte más medial del núcleo talámico VPm.

Los nervios craneales se listan a continuación, en el mismo orden en que se les asignan los números. Estos números los introdujo von Sömmering en 1798.

1. (o I) Olfatorio
2. (o II) Óptico
3. (o III) Motor ocular común
4. (o IV) Patético o troclear
5. (o V) Trigémino
6. (o VI) Motor ocular externo o *abducens*
7. (o VII) Facial
8. (o VIII) Vestibulococlear o estatoacústico
9. (o IX) Glosofaríngeo
10. (o X) Neumogástrico o vago
11. (o XI) Accesorio o espinal
12. (o XII) Hipogloso

Un nervio extremadamente fino denominado **nervio terminal** o *nervus terminalis,* que discurre junto a la cara medial del tracto y el bulbo olfatorios, se numera a veces como nervio craneal 0. El nervio terminal sirve de vía de conducción para una población de neuronas que migran desde la placoda olfatoria (una región de ectodermo de la nariz embrionaria) hasta el área preóptica y el hipotálamo. Estas neuronas son esenciales para la función reproductora en ambos sexos (v cap. 11).

Los nervios craneales I, II y VIII inervan los sistemas olfatorio, visual, auditivo y vestibular, por lo que se describen en los capítulos 17, 20, 21 y 22, respectivamente. El sentido especial del gusto (es decir, del sistema gustativo) se trata en este capítulo porque las neuronas sensitivas de primer orden para el gusto se localizan en el mismo ganglio que las que desempeñan otras funciones en los nervios craneales VII, IX y X.

Este capítulo está dividido en dos partes. La primera describe los movimientos de los ojos e incluye información sobre el control de los músculos inervados por los nervios craneales III, IV y VI. La segunda parte del capítulo está dedicada al resto de nervios craneales, excepto el I, el II y el VIII, citados en el párrafo anterior. La vía gustativa central se describe junto con el nervio facial.

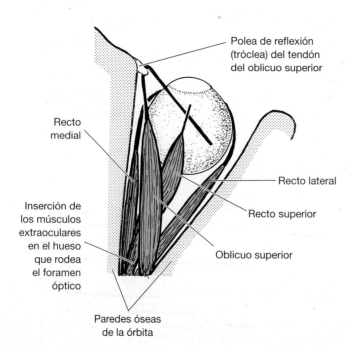

FIGURA 8-1. Músculos que actúan sobre el ojo derecho, en visión superior. (El recto inferior y el oblicuo inferior no son visibles.) Obsérvese que cuando el ojo mira hacia delante, tal como muestra la figura, la contracción del músculo oblicuo superior hace que la pupila se mueva hacia abajo y hacia el lado. Si el ojo mirase al centro, el músculo oblicuo superior movería la pupila hacia abajo. Si el ojo mirase hacia un lado, el músculo oblicuo superior haría rotar el globo ocular pero no cambiaría la dirección de la mirada.

Polea de reflexión (tróclea) del tendón del oblicuo superior

Recto medial

Recto lateral

Recto superior

Oblicuo superior

Inserción de los músculos extraoculares en el hueso que rodea el foramen óptico

Paredes óseas de la órbita

El sistema motor ocular

El control del movimiento de los ojos, que es un tema complicado, se describe una parte en este capítulo y otra parte en el capítulo 22. Para los que no estén familiarizados con la anatomía de los músculos que mueven el globo ocular, la acción de dichos músculos se resume en la figura 8-1.

El músculo recto lateral está inervado por el nervio motor ocular externo, y el músculo oblicuo superior, por el nervio patético. Los demás músculos están inervados por ramas del nervio motor ocular común, que también inerva el elevador del párpado superior.

Los nervios craneales III, IV y VI inervan los músculos extraoculares. Los núcleos en los que se originan, llamados colectivamente **núcleos oculomotores**, contienen neuronas motoras y **neuronas internucleares**, con axones que conectan las neuronas motoras de los músculos que mueven el ojo opuesto en la misma dirección. Las neuronas internucleares forman parte del circuito que coordina los movimientos conjugados (de acoplamiento) de ambos ojos. El núcleo motor ocular también contiene un componente parasimpático. El deterioro funcional de cualquier músculo extraocular causa la alineación defectuosa de los ojos y, consiguientemente, visión doble (diplopía).

NERVIO MOTOR OCULAR COMÚN

El **núcleo motor ocular** se encuentra en la sustancia gris periacueductal del mesencéfalo, en posición ventral respecto del acueducto y a nivel del tubérculo cuadrigémino superior (v. figs. 7-14, 7-15 y 8-2). Los axones mielínicos de cada núcleo motor ocular se curvan centralmente a través del tegmento y emergen de la cara medial del pedúnculo cerebral, en la fosa interpeduncular. El nervio atraviesa el espacio subaracnoideo, el seno cavernoso y la fisura orbitaria superior. En la órbita, las ramas inervan los músculos rectos superior, medial e inferior; el músculo oblicuo inferior, y el músculo elevador del párpado superior (que levanta el párpado superior).

En el núcleo motor ocular, las neuronas motoras de los músculos individuales se localizan en distintos grupos de subnúcleos. El pequeño tamaño de las unidades motoras, en las que aproximadamente seis fibras musculares están inervadas por una neurona, da fe del elevado grado de precisión que se requiere para los movimientos coordinados de los ojos en la visión binocular.

El **núcleo de Edinger-Westphal** se sitúa dorsalmente al núcleo motor ocular principal, y sus células más pequeñas son neuronas parasimpáticas preganglionares. Los axones del núcleo de Edinger-Westphal acompañan las otras fibras

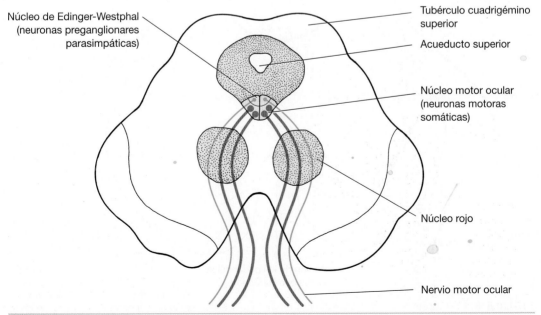

FIGURA 8-2.   Origen de los nervios motores oculares en el mesencéfalo a nivel del tubérculo cuadrigémino superior. Las neuronas motoras se representan en *rojo* y las neuronas parasimpáticas preganglionares, en *verde*.

motoras oculares hacia el interior de la órbita, donde terminan en el **ganglio ciliar**, detrás del ojo. Las fibras posganglionares (los axones de las neuronas del ganglio) pasan a través de los **nervios ciliares cortos** hacia el globo ocular, donde inervan el músculo esfínter de la pupila del iris y el músculo ciliar.

NERVIO PATÉTICO O TROCLEAR

El **núcleo patético** del músculo oblicuo superior se sitúa en posición caudal respecto del núcleo motor ocular, a nivel del tubérculo cuadrigémino superior (v. figs. 7-13 y 8-3). Las fibras del nervio patético tienen un trayecto poco usual, y éste es el único nervio que emerge de la cara posterior del tronco encefálico. Pequeños haces de fibras se curvan alrededor de la materia gris periacueductal, inclinados hacia la parte caudal, y se cruzan en el velo bulbar superior.

El músculo oblicuo superior desempeña una función depresora y de rotación hacia dentro del globo ocular (v. fig. 8-1). Si inicialmente el ojo mira hacia delante, el oblicuo superior también causa abducción.

NERVIO MOTOR OCULAR EXTERNO O *ABDUCENS*

El núcleo motor ocular externo del músculo recto lateral se sitúa debajo del tubérculo cuadrigémino facial en el piso del cuarto ventrículo (v. figs. 7-8 y 8-4). Un haz de fibras nerviosas faciales (conocidas como rodilla interna del nervio) se curva hacia el núcleo y también forma parte del tubérculo cuadrigémino facial. Las neuronas motoras del nervio motor ocular externo originan axones que pasan a través de la protuberancia en dirección ventrocaudal y emergen del tronco encefálico en el punto de unión de la protuberancia con la pirámide. El núcleo motor ocular externo también contiene neuronas internucleares cuyos axones cruzan hacia el fascículo longitudinal medial contralateral y viajan cefálicamente hacia el subnúcleo motor ocular que inerva el músculo recto medial (fig. 8-5).

MOVIMIENTOS COORDINADOS DE AMBOS OJOS

Los movimientos oculares conjugados iniciados voluntariamente son los que se ejecutan cuando

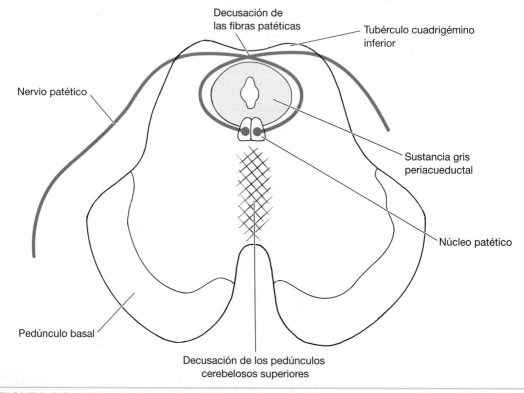

Decusación de las fibras patéticas

Tubérculo cuadrigémino inferior

Nervio patético

Sustancia gris periacueductal

Núcleo patético

Pedúnculo basal

Decusación de los pedúnculos cerebelosos superiores

FIGURA 8-3. Origen de los nervios patéticos en el mesencéfalo. Los axones procedentes de los núcleos patéticos derecho e izquierdo viajan dorsalmente y caudalmente; se cruzan en el velo bulbar superior, que se encuentra debajo del tubérculo cuadrigémino inferior.

Debilidad de los músculos extraoculares

Todos los músculos extraoculares son sensibles a las enfermedades que afectan al músculo esquelético en general. En la miastenia grave la transmisión neuromuscular queda inhibida (v. cap. 3). El primer síntoma suele ser la debilidad del elevador del párpado superior, lo que causa ptosis. Va seguida de la debilidad de los demás músculos extraoculares.

A veces los nervios craneales III, IV y VI se ven afectados por una misma lesión destructiva. Ello puede ser debido a una inflamación, de causas desconocidas, de la región de la fisura orbitaria superior o bien a la compresión de los nervios en el seno cavernoso (v. cap. 26).

El alineamiento defectuoso de los ojos recibe el nombre de mirada bizca o estrabismo. A menudo no está causado por la debilitación o la parálisis de los músculos, de modo que ambos ojos pueden moverse por todas las posiciones. Si uno de los ojos no converge, puede convergir cuando se tapa el otro ojo. Éste es un trastorno común que recibe el nombre de estrabismo concomitante.

La disfunción de uno o más de los músculos extraoculares causa estrabismo paralítico. Si la parálisis es total, no suele ser difícil detectar el músculo o músculos que no trabajan. Cuando la parálisis no es total (paresia), el estrabismo sólo se observa cuando el ojo intenta moverse en la dirección del músculo afectado. El primer síntoma es la diplopía (visión doble), debida a que la fóvea central de ambos ojos deja de recibir imágenes del mismo objeto. Al cabo de un tiempo, el cerebro suprime la imagen falsa, y diplopía desaparece. Las dos reglas de oro para el diagnóstico de la diplopía son:

1. La separación de las imágenes se incrementa con la cantidad de movimiento en la dirección de estiramiento del músculo (o músculos) debilitado.
2. La imagen falsa (la del ojo con un movimiento anormal) se desplaza en la dirección de acción del músculo (o los músculos) debilitado o paralizado.

Si el paciente no identifica qué ojo genera cada imagen, se puede poner un vidrio coloreado ante uno de los ojos para resolver la incertidumbre.

PARÁLISIS (PERLESÍA) DEL TERCER PAR

«Perlesía» es un término antiguo que se usaba a menudo para denominar la parálisis en trastornos de músculos o nervios concretos. Una lesión que corte las fibras del nervio motor ocular común causa la parálisis de todos los músculos extraoculares excepto el oblicuo superior y el recto lateral. El músculo esfínter de la pupila del iris y el músculo ciliar del cuerpo ciliar quedan funcionalmente paralizados, aunque no quedan denervados. Las consecuencias de una lesión de este tipo son:

1. Caída del párpado superior (ptosis).
2. Estrabismo lateral causado por acciones no contrarrestadas del músculo recto lateral.
3. Incapacidad para mover el ojo verticalmente o por la línea media.
4. Dilatación de la pupila, intensificada por la acción no contrarrestada del músculo dilatador de la pupila del iris, que tiene una inervación simpática.

La pupila deja de contraerse para responder al incremento de la intensidad de la luz y para acomodarse a objetos más cercanos. El músculo ciliar no se contrae para permitir al cristalino incrementar su grosor y enfocar objetos más cercanos. Las fibras parasimpáticas preganglionares discurren por la parte superficial del nervio y son por tanto los primeros axones dañados cuando un nervio es afectado por una presión externa. El primer síntoma de compresión del nervio motor ocular común es, pues, la lentitud ipsilateral de la respuesta pupilar a la luz.

PARÁLISIS DEL CUARTO PAR

La parálisis del músculo oblicuo superior, por ejemplo una lesión aislada del nervio patético, causa diplopía vertical, que es máxima cuando el ojo se dirige hacia abajo y hacia adentro (dificultades para bajar las escaleras). El trastorno puede ser debido a una neuropatía periférica. Sólo ocasionalmente es una complicación persistente de un traumatismo craneal. Pequeñas lesiones vasculares del mesencéfalo son las causas más habituales de las parálisis patéticas y oculomotoras no traumáticas de la vejez.

PARÁLISIS DEL SEXTO PAR

El **nervio motor ocular externo** puede verse afectado por una neuropatía periférica, o el propio músculo recto lateral puede degenerar por causas desconocidas. La consecuencia es un estrabismo medial que se manifiesta por la incapacidad de mover lateralmente el ojo, ya que el recto lateral es el principal nervio abductor del globo ocular. La destrucción del **núcleo motor ocular externo** también causa la parálisis del músculo recto medial contralateral, y el paciente no puede dirigir su mirada hacia el lado lesionado. Una lesión nuclear también puede afectar a los axones o a los núcleos cercanos del nervio facial, lo que causa parálisis de todos los músculos faciales ipsilaterales.

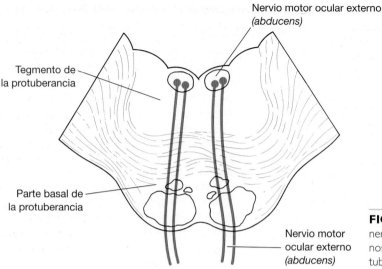

FIGURA 8-4. Origen de los nervios motores oculares externos en la parte caudal de la protuberancia.

exploramos un paisaje o leemos una página impresa. Estos movimientos, conocidos como **movimientos oculares sacádicos**, son rápidos y cada uno de ellos se completa en 20 a 50 ms. Una sacudida o movimiento sacádico enfoca el ojo sobre un objeto recordado u observado del campo visual. Las sacudidas frecuentes que se ejecutan cuando la imagen de la retina está cambiando constantemente reciben el nombre de **movimientos optocinéticos**.

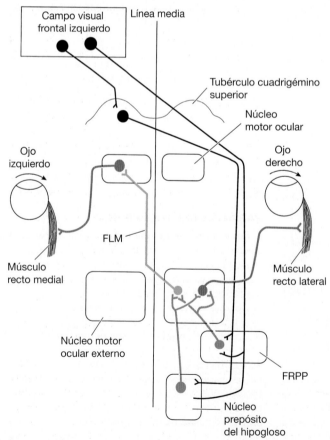

FIGURA 8-5. Algunas vías implicadas en los movimientos conjugados laterales de los ojos. Las neuronas motoras se representan en *rojo,* las neuronas internucleares, en *verde,* las demás neuronas preoculomotoras en *azul* y el resto de neuronas, en *negro.* FLM, fascículo longitudinal medial; FRPP, formación reticular protuberancial paramediana.

Sólo cuando se sigue un objeto que se mueve por el campo visual se realizan movimientos oculares conjugados más lentos. A estos **movimientos de seguimiento lentos**, básicamente involuntarios, se hace referencia más adelante en conexión con la fijación visual. Los **movimientos de vergencia**, en los que ambos ojos se mueven medialmente para mirar un objeto cercano o lateralmente para mirar lejos, también pueden ser lentos.

Los **movimientos oculares vestibulares**, que responden a estímulos sensoriales procedentes del aparato vestibular del oído interno, se describen en el capítulo 22.

La sincronización precisa de las contracciones de los músculos extraoculares viene determinada por la actividad de neuronas cuyos axones terminan en los núcleos de los nervios craneales III, IV y VI. Para el análisis clínico de daños más complejos que la lesión de un solo músculo o nervio craneal es esencial conocer las bases neuroanatómicas de los movimientos oculares, que se describen más adelante en este mismo capítulo y en el capítulo 22.

Movimientos oculares voluntarios

El área de la corteza cerebral que controla los movimientos voluntarios de los ojos es el **campo visual frontal**, que se localiza delante de la corteza motora general y que se conoce como área 8 de Brodmann (v. cap. 15). La estimulación del campo visual frontal provoca la desviación conjugada de los ojos hacia el lado opuesto. El control voluntario de los movimientos oculares se realiza a través de una vía polisináptica en la que están implicados la corteza prefrontal, el campo visual frontal, el tubérculo cuadrigémino superior, otros grupos de neuronas del tronco encefálico y los núcleos motor ocular común, patético y motor ocular externo (v. fig. 8-5). Los «otros grupos de neuronas del tronco encefálico» se encuentran en el área pretectal, el tubérculo cuadrigémino superior, la formación reticular protuberancial paramediana (FRPP), el núcleo prepósito, el núcleo intersticial cefálico del fascículo longitudinal medial y el núcleo intersticial de Cajal. Estos núcleos, cuyas localizaciones se muestran en el capítulo 9, intervienen de maneras distintas en el mantenimiento de la posición de los ojos (actividad tónica), la generación de movimientos sacádicos (actividad física) y para determinar si los ojos se moverán en el plano vertical o en el horizontal.

La **FRPP** se ha considerado un «centro para la mirada lateral». Recibe fibras aferentes de la corteza cerebral contralateral (incluido el campo visual frontal), el tubérculo cuadrigémino superior

contralateral y los núcleos vestibulares ipsilaterales. Algunas de sus neuronas proyectan los axones al núcleo motor ocular externo ipsilateral, axones que terminan tanto en neuronas motoras como en neuronas internucleares (v. fig. 8-5). Las neuronas internucleares poseen axones que atraviesan la línea media y ascienden por el fascículo longitudinal medial contralateral hacia las células del núcleo motor ocular externo lateral que inerva el músculo recto medial. Por lo tanto, las acciones del recto lateral y del recto medial están coordinadas en los movimientos oculares horizontales.

Las neuronas de la FRPP envían *ráfagas* de impulsos (hasta 1.000/s) a las neuronas internucleares y motoras, lo que causa la rápida contracción de los músculos recto lateral y recto medial contralateral. La estimulación *tónica* más lenta de las neuronas motoras oculares, que envían impulsos con la frecuencia justa para mantener la dirección de la mirada, proviene del **núcleo prepósito**, que se encuentra en posición cefálica respecto del núcleo hipogloso del bulbo raquídeo. Las neuronas de este núcleo reciben fibras aferentes procedentes de la corteza cerebral contralateral y el tubérculo cuadrigémino superior, y poseen axones que se proyectan cefálicamente en el fascículo longitudinal medial hacia todos los núcleos motores oculares.

Los movimientos conjugados de los ojos en el plano vertical están controlados por grupos de células del mesencéfalo superior. Del **núcleo intersticial cefálico** del **fascículo longitudinal medial** emergen ráfagas de impulsos que estimulan movimientos sacádicos verticales (v. fig. 9-7). Este núcleo contiene neuronas cuyos axones terminan en el núcleo patético y en los subnúcleos motores oculares comunes para el músculo oblicuo inferior y el recto inferior. Los axones que se dirigen a los núcleos motores oculares contralaterales se cruzan en la comisura posterior. Las neuronas tónicas que mantienen el componente vertical de la dirección de la mirada se localizan en el **núcleo intersticial de Cajal** (v. fig. 9-7). En la figura 8-6 se muestran algunas de las conexiones nerviosas que intervienen en los movimientos verticales voluntarios de los ojos.

Movimientos de seguimiento lentos

Normalmente los ojos enfocan un objeto del centro del campo visual. Si el objeto se mueve, ambos ojos ejecutan movimientos de seguimiento lentos para mantener la **fijación visual**, que contribuye de manera importante en la percepción de la posición de la cabeza y que, integrada junto con otra información sensorial, ayuda a mantener el cuerpo en equi-

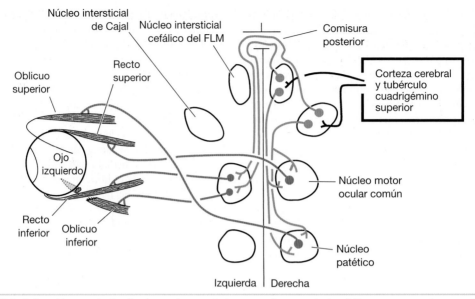

FIGURA 8-6. Algunas vías implicadas en los movimientos oculares verticales. Sólo se muestran las conexiones del ojo izquierdo. Las neuronas motoras se representan en *rojo,* las neuronas preoculomotoras, en *azul,* y el resto de neuronas, en *negro.* FLM, fascículo longitudinal medial.

librio. Estos movimientos oculares lentos son, en gran parte, involuntarios. Están controlados principalmente por el **campo visual parietal posterior,** adyacente a la corteza visual de asociación de la cara lateral del lóbulo occipital. Las conexiones descendentes de este campo visual parietal son esencialmente las mismas que las del campo visual frontal (v. fig. 8-5). El estímulo visual directo que la retina envía al tubérculo cuadrigémino superior también interviene en los movimientos reflejos de los ojos que permiten la fijación visual. El circuito nervioso necesario para los movimientos de seguimiento incluye el **cerebelo** y los **núcleos vestibulares.** Sus conexiones se resumen en la figura 8-7. Este diagrama muestra algunas conexiones del **área pretectal** que intervienen en las sacudidas breves (movimientos optocinéticos) que tienen lugar cuando el punto de fijación visual se mueve constantemente, como ocurre cuando miramos a través de la ventanilla de un vehículo en marcha. Los movimientos oculares que responden principalmente a estímulos sensoriales del nervio vestibular se describen en el capítulo 22.

Movimientos de vergencia

La **convergencia** ocurre cuando ambos ojos se enfocan sobre un objeto cercano. Este movimiento no conjugado se acompaña de la constricción de la pupila y la acomodación del cristalino (enfoque). Las vías nerviosas de la convergencia se parecen a las de la fijación visual, descritas ante-

riormente. La convergencia requiere la integridad de la corteza occipital, pero no la integridad del campo visual frontal ni de la FRPP. La orientación visual también se ejerce a través del tubérculo cuadrigémino superior. Éste se proyecta hacia el **área pretectal,** que contiene, como mínimo, un grupo de células (el **núcleo del tracto óptico**) con axones que contactan con las neuronas motoras del recto medial en los núcleos motores oculares comunes de ambos lados (v. fig. 8-7).

REFLEJO FOTOMOTOR Y REFLEJO DE ACOMODACIÓN

El **núcleo de Edinger-Westphal** contiene neuronas parasimpáticas preganglionares implicadas en las respuestas reflejas de los músculos oculares lisos a la luz y a la acomodación. El **reflejo fotomotor** tiene lugar cuando un aumento de la intensidad de la luz que incide sobre la retina causa la contracción de la pupila. La rama aferente del arco reflejo está constituida por fibras del nervio óptico y del tracto óptico que llegan a uno de los núcleos del área pretectal (el **núcleo pretectal olivar**) a través del brazo superior (fig. 8-8). Esta parte del área pretectal se proyecta hacia el núcleo de Edinger-Westphal, a partir del cual las fibras recorren el nervio motor ocular común en dirección al ganglio ciliar de la cavidad de la órbita. Las fibras posganglionares viajan por los nervios ciliares cortos hacia el músculo esfínter

Lesiones corticales que afectan a la mirada conjugada

La destrucción del campo visual frontal causa la desviación de ambos ojos hacia el lado lesionado. No es posible realizar movimientos oculares voluntarios (sacádicos) para apartar los ojos del lado que ha sufrido la lesión cortical. Normalmente este trastorno está causado por la lesión isquémica de una gran área de la corteza cerebral, incluidas las áreas motora y premotora, lo que provoca la parálisis de las extremidades y la mitad inferior de la cara del lado contralateral. Los ojos desviados miran hacia el lado no paralizado del cuerpo.

Una lesión destructiva del lóbulo parietal posterior puede mermar la capacidad de realizar movimientos de seguimiento lentos hacia el lado no lesionado. Los movimientos sacádicos voluntarios no resultan afectados, y para intentar seguir un objetivo que se mueve por el campo visual se realizan una serie de movimientos oculares pequeños y rápidos.

LESIONES DEL TRONCO ENCEFÁLICO QUE AFECTAN A LA MIRADA

Las lesiones que destruyen el **núcleo motor ocular externo** ya se han descrito, y se han comparado con las consecuencias de cortar los axones motores del nervio motor ocular externo, tanto a nivel de la parte ventral de la protuberancia como a nivel del mismo nervio. El **síndrome de Foville,** que es causado por un infarto localizado en la región dorsal de la parte caudal de la protuberancia, comprende la parálisis nuclear ipsilateral del nervio VI y la parálisis facial de la neurona motora inferior, con hemiplejía contralateral. La parálisis de los miembros se recupera porque la mayor parte de las fibras motoras descendentes se localizan ventralmente respecto del infarto.

La **oftalmoplejía internuclear** es causada por la pequeña lesión de un fascículo longitudinal medial entre los núcleos de los nervios craneales III y VI. La causa habitual suele ser la esclerosis múltiple. La interrupción de las fibras que van desde el núcleo motor ocular externo del lado opuesto hasta el núcleo motor ocular común del mismo lado impide la abducción del ojo situado en el lado lesionado. El paciente también presenta nistagmo del ojo en abducción, lo que es un signo diagnóstico muy útil, a pesar de que el mecanismo generador del nistagmo no se comprende del todo. Estas anormalidades sólo se ponen en evidencia cuando se pide al paciente que mire hacia el lado opuesto a la lesión; la contracción del recto medial ocurre normalmente con convergencia de los ojos al mirar un objeto cercano. Una lesión algo mayor puede afectar a ambos fascículos longitudinales mediales y causar oftalmoplejía internuclear bilateral.

Una lesión que destruya la FRPP impedirá las contracciones sacádicas del recto lateral y el recto medial contralateral, pero se conservarán los movimientos de seguimiento y vergencia. Las lesiones incompletas provocan movimientos sacádicos anormalmente pequeños y lentos.

La **parálisis de la mirada vertical** es debida a una lesión del mesencéfalo cefálico. Puede ser causada por la presión que ejerce un tumor cercano o por lesiones aisladas debidas a varias enfermedades que provocan cambios difusos en el cerebro. Un tumor que emerja de la glándula pineal puede comprimir la comisura posterior y las estructuras adyacentes y causar parálisis de la mirada hacia arriba **(síndrome de Parinaud).** En los monos, una pequeña lesión confinada en el núcleo intersticial cefálico del fascículo longitudinal medial causa parálisis selectiva de la mirada hacia abajo; este trastorno se ha descrito en seres humanos pero es muy raro.

de la pupila del iris. Algunas neuronas pretectales proyectan sus axones a través de la línea media de la comisura posterior hacia el núcleo de Edinger-Westphal contralateral.

Cuando la luz incide sobre un solo ojo, se contraen ambas pupilas. La respuesta del iris contralateral se conoce como **reflejo fotomotor consensual.** El otro ojo responde por dos razones: a) los dos tractos ópticos contienen fibras de ambas retinas (v. cap. 20) y b) el área pretectal se proyecta hacia el núcleo de Edinger-Westphal tanto ipsilateral como contralateral.

La **acomodación del cristalino** acompaña la convergencia ocular producida por la fijación de la vista sobre un objeto cercano. Ambas acciones se desencadenan por señales originadas en la retina y en la corteza occipital y se envían a través del tubérculo cuadrigémino superior hacia el núcleo de Edinger-Westphal.

El tramo eferente de la vía está formado por fibras preganglionares y posganglionares del núcleo de Edinger-Westphal y del ganglio ciliar, respectivamente. Las fibras posganglionares inervan el músculo ciliar que, al contraerse, hace que

Reflejos pupilares anómalos

No se puede inducir ningún reflejo pupilar enfocando un haz de luz sobre un ojo que ha quedado ciego por cualquier causa. Sin embargo, ambas pupilas se contraen rápidamente cuando la luz se aplica al ojo normal. Si a continuación se desplaza rápidamente la luz hacia el ojo ciego («prueba de la luz alterna»), ambas pupilas se dilatan. Este reflejo motor aparentemente paradójico se conoce como **pupila de Marcus Gunn.** Se observa, sobre todo, en pacientes con **neuritis óptica,** trastorno en el que una lesión desmielinizante de un nervio óptico hace que en pocos días se desarrolle un déficit visual en un ojo. La neuritis óptica es a menudo un signo de **esclerosis múltiple,** una enfermedad en la que se observan focos de desmielinización esparcidos por el cerebro y la médula espinal.

El reflejo visual anormal más común es la debilitación de la reacción pupilar a la luz en pacientes con el nivel de consciencia deteriorado debido a una **herida en la cabeza.** La causa más habitual es la compresión del nervio motor ocular común por el *uncus*, que es empujado mas allá del extremo libre de la tienda del cerebelo a consecuencia de la presión ejercida por una hemorragia subdural o extradural (v. cap. 26).

Un **aneurisma de la arteria comunicante posterior** puede dañar el nervio motor ocular vecino.

La **pupila de Holmes-Adie,** que se observa con mayor frecuencia en mujeres jóvenes, responde más lentamente que la otra pupila, tanto a la luz como a la acomodación. Se atribuye a la muerte de algunas neuronas del ganglio ciliar, posiblemente a consecuencia de una infección vírica, y puede ir asociada (sin ninguna razón conocida) a la lentitud de los reflejos tendinosos de todo el cuerpo. La pequeña pupila propia del **síndrome de Horner** se describe en el capítulo 24.

Las diferentes vías utilizadas por las respuestas pupilares a la luz y a la acomodación pueden verse afectadas de distinta manera por diversas enfermedades. Por ejemplo, en la **pupila de Argyll-Robertson** la contracción tiene lugar cuando se dirige la atención a un objeto cercano, pero no hay contracción pupilar en respuesta a la luz. La pupila de Argyll-Robertson es característica de los pacientes con una enfermedad sifilítica del sistema nervioso central (SNC). La pérdida aislada del reflejo pupilar a la luz probablemente es debida a una pequeña lesión de la región pretectal o del periacueducto, pero no siempre se pueden encontrar cambios patológicos en estas regiones. Una pupila de Argyll-Robertson es irregular y más pequeña de lo normal, probablemente a causa de la enfermedad del mismo iris.

el cristalino aumente en grosor, lo que incrementa el poder de refracción y permite enfocar un objeto cercano. Al mismo tiempo se contrae el músculo esfínter de la pupila, lo que aumenta la nitidez de la imagen al reducir el diámetro de la pupila y reducirse la aberración esférica del medio de refracción del ojo.

Otros nervios craneales

NERVIO TRIGÉMINO

El nervio trigémino se llama así porque se ramifica en tres ramas dentro del cráneo. Estas ramas suministran inervación sensitiva general a la mayor parte de la cabeza (fig. 8-9) y fibras motoras a los músculos masticadores y a otros músculos más pequeños.

Componentes sensitivos

La mayor parte de los cuerpos celulares de las neuronas sensitivas de primer orden se encuen-

tra dentro del **ganglio trigémino** (semilunar o de Gasser), y el resto se localizan en el núcleo mesencefálico del trigémino.

Las prolongaciones periféricas de las células del ganglio trigémino constituyen los nervios maxilar y oftálmico y los componentes sensitivos del nervio mandibular. El nervio trigémino es responsable de las sensaciones procedentes de la piel de la cara y la frente, de todo el cuero cabelludo hasta el vértice de la cabeza, de la mucosa de las cavidades bucal y nasal y los senos paranasales, y de los dientes (v. fig. 8-9). El nervio trigémino también aporta fibras sensitivas a la mayor parte de la duramadre y a las arterias cerebrales (v. cap. 26).

Núcleos sensitivos del trigémino

Los procesos centrales de las células del ganglio trigémino constituyen la gran raíz sensitiva del nervio; estas fibras entran en el puente y acaban en los núcleos protuberancial y espinal del trigémino. El **núcleo protuberancial del trigémino**

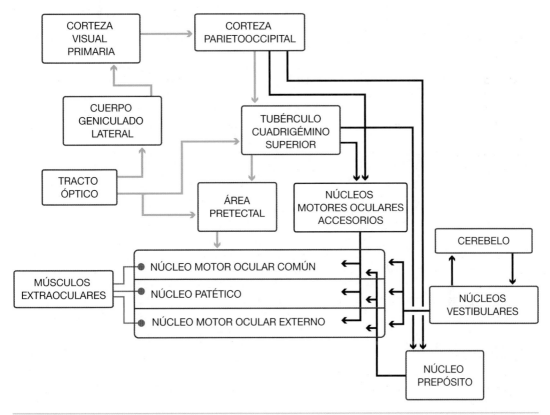

FIGURA 8-7.   Algunas vías implicadas en el seguimiento visual y los movimientos de vergencia. Las vías representadas en *verde* se usan cuando los ojos convergen para enfocar un objeto cercano.

(llamado también núcleo superior o principal) se sitúa en el área dorsolateral del tegmento, a nivel de la entrada de los axones sensitivos (v. figs. 7-8 y 8-10). En el núcleo protuberancial del trigémino terminan fibras de gran diámetro para la discriminación del tacto. Otros axones entrantes se dividen; una de sus ramas termina en el núcleo protuberancial del trigémino y la otra gira caudalmente en el tracto espinal y termina en el extremo cefálico del núcleo espinal del trigémino. Estas fibras aferentes son principalmente para el tacto suave y, por consiguiente, ambos núcleos participan en esta modalidad sensitiva. El núcleo protuberancial del trigémino también recibe algunas ramas de los axones de neuronas del núcleo mesencefálico del trigémino.

Un número elevado de fibras de la raíz sensitiva de tamaño intermedio y muchas fibras finas, amielínicas, giran caudalmente dentro de la protuberancia. Estas fibras para el dolor, la temperatura y el tacto suave forman el **tracto espinal del trigémino** (fig. 8-10). Este tracto también incorpora fibras procedentes del nervio facial, el glosofaríngeo y el vago. Conducen las sensaciones somáticas generales procedentes de parte del oído externo, la mucosa de la parte posterior de la lengua, la faringe y la laringe.

Algunas fibras del tracto espinal descienden incluso hasta los dos o tres segmentos superiores de la médula, donde se entremezclan con los axones del tracto dorsolateral de Lissauer.

Los axones del tracto espinal terminan en el **núcleo espinal del trigémino** subyacente (v. figura 8-10). El núcleo espinal se extiende desde el núcleo protuberancial del trigémino hasta el límite caudal del bulbo raquídeo, donde se fusiona con el asta dorsal de la sustancia gris espinal. En base a su citoarquitectura, el núcleo espinal se divide en tres partes (v. fig. 8-10). La **parte caudal**, que se extiende desde la decusación piramidal hasta el segmento medular C3, recibe fibras para el dolor y la temperatura. La integridad de la parte caudal y del extremo caudal de tracto espinal del trigémino es esencial para la percepción del dolor que se origina en el mismo lado de la cabeza. La **parte interpolar** se extiende desde el tercio cefálico del núcleo olivar inferior hasta la decusación piramidal. La **parte oral** se extiende cefálicamente desde la parte interpolar hasta el

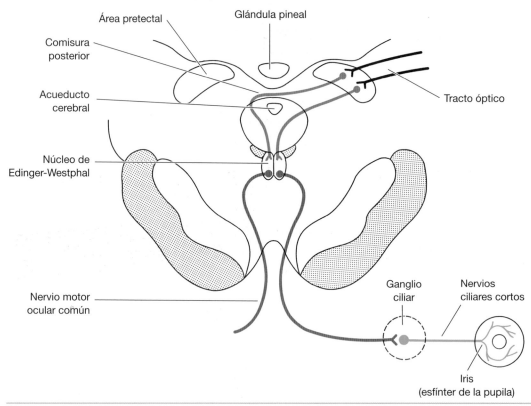

FIGURA 8-8.   Reflejo pupilar a la luz. Los axones procedentes de la retina se representan en *negro,* las interneuronas centrales, en *azul,* las neuronas parasimpáticas preganglionares, en *rojo,* y las neuronas posganglionares, en *verde.*

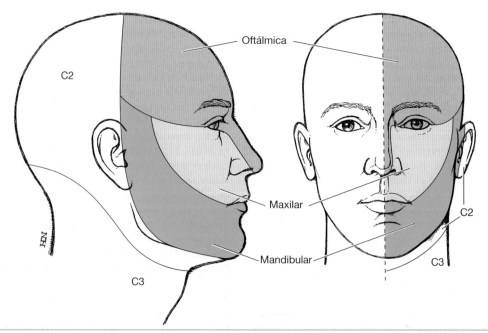

FIGURA 8-9.   Inervación cutánea de la cabeza y el cuello. Los límites entre los territorios de las tres divisiones del nervio trigémino no se superponen de manera apreciable, como sí lo hacen los límites entre los dermatomas de la médula espinal.

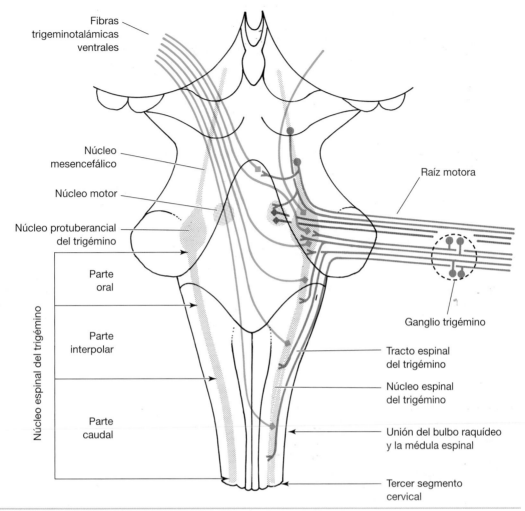

Fibras trigeminotalámicas ventrales

Núcleo mesencefálico

Núcleo motor

Núcleo protuberancial del trigémino

Parte oral

Parte interpolar

Parte caudal

Núcleo espinal del trigémino

Raíz motora

Ganglio trigémino

Tracto espinal del trigémino

Núcleo espinal del trigémino

Unión del bulbo raquídeo y la médula espinal

Tercer segmento cervical

FIGURA 8-10.   Núcleos del nervio trigémino y sus conexiones. Las neuronas sensitivas de primer orden se representan en *azul,* las neuronas trigeminotalámicas, en *verde,* y las neuronas motoras, en *rojo.*

núcleo protuberancial del trigémino, al que se le parece por su arquitectura celular y por su implicación en las sensaciones táctiles.

Algunas fibras eferentes procedentes de los núcleos sensitivos del trigémino terminan en los núcleos motores de los nervios facial y trigémino, el núcleo ambiguo y el núcleo hipogloso. Estas fibras intervienen en las respuestas reflejas a los estímulos aplicados al área de distribución del nervio trigémino. Un ejemplo de ello es el **reflejo corneal**: el contacto con la córnea hace que se cierren ambos párpados; las fibras aferentes se localizan en el nervio oftálmico, y las fibras eferentes del arco reflejo se localizan en el nervio facial. El cierre bilateral (parpadeo) es provocado por un estímulo nocivo en cualquier punto cercano a los ojos. Los estudios de pacientes con pequeñas lesiones en el tronco encefálico indican

que la vía refleja se inicia en la parte caudal del núcleo espinal del trigémino y pasa a ambos núcleos motores faciales en las partes laterales del tegmento. La proyección hacia el núcleo motor del facial contralateral cruza la línea media en el bulbo raquídeo inferior.

Otro ejemplo es el **estornudo**, causado por irritación de la mucosa. Para este reflejo, los impulsos aferentes del nervio maxilar se envían a los núcleos motores de los nervios trigémino y facial, al núcleo ambiguo, al núcleo hipogloso y, a través de vías reticuloespinales, al núcleo frénico y a las células motoras de la médula espinal que inervan los músculos intercostales y otros músculos respiratorios. La vía principal que va desde el núcleo protuberancial y el núcleo espinal del trigémino hasta el tálamo es el **tracto trigeminotalámico ventral** (v. fig. 8-10 y cap. 7), que asciende cerca del lemnisco medial. Un pequeño número de fibras, cruzadas y directas, se dirigen desde el núcleo protuberancial del trigémino hasta el tálamo a través del **tracto trigeminotalámico dorsal**. En el puente cefálico y el mesencéfalo, los tractos combinados forman lo que suele llamarse **lemnisco del trigémino**. Estos axones terminan en la división medial del núcleo ventral posterior medial (VPm) del tálamo, que se proyecta hacia el extremo inferior del área somatosensorial primaria de la corteza cerebral.

El delgado **núcleo mesencefálico del trigémino** es una hebra de grandes neuronas unipolares que se extienden desde el núcleo protuberancial del trigémino hasta el mesencéfalo (v. fig. 8-10). Estas células son neuronas sensitivas de primer orden que se encuentran en un sitio poco habitual; son las únicas células de este tipo que se

incorporan al SNC en vez de permanecer en los ganglios.

Sus axones mielínicos constituyen el **tracto mesencefálico** del nervio trigémino, que discurre a lo largo del núcleo. Cada axón se divide en una rama periférica y una central. La mayor parte de ramas periféricas entran en la raíz motora del nervio trigémino y se distribuyen por la división mandibular. Estas fibras terminan en receptores profundos de tipo propioceptivo situados al lado de los dientes del maxilar inferior y en los husos neuromusculares de los músculos de la masticación. Algunos axones procedentes del núcleo mesencefálico entran en la división maxilar y se dirigen a las terminaciones que rodean las raíces de los dientes superiores. Las ramas centrales de los axones de las neuronas mesencefálicas del trigémino terminan en los núcleos

Trastornos que afectan al nervio trigémino y sus núcleos

Entre las enfermedades que afectan al nervio trigémino, es especialmente importante la **neuralgia del trigémino** o **tic doloroso.** En este trastorno, los axones de la raíz sensitiva pierden la mielina, la mayor parte de las veces debido a la presión que ejerce una pequeña arteria aberrante. Se producen paroxismos de un dolor agudísimo en el área de distribución de una de las divisiones del trigémino, generalmente con períodos de remisión y exacerbación. El nervio que más a menudo resulta afectado es el nervio maxilar, seguido del nervio mandibular y, con menor frecuencia, el nervio oftálmico. El paroxismo a menudo se desencadena al tocar un área especialmente sensible de la piel. Se cree que la señal anormal de dolor es amplificada por la conducción efáptica (eléctrica) entre los axones desmielinizados, que se disponen muy juntos sin que se interponga el citoplasma glial. En la mayoría de pacientes, los síntomas se pueden aliviar con carbamazepina, un fármaco que se usa para el tratamiento de la epilepsia. Si el tratamiento médico falla, la gravedad del dolor justifica la cirugía intracraneal. Separar la arteria aberrante de la raíz sensitiva del nervio suele ser suficiente para curar la enfermedad. Otros procedimientos interrumpen la vía del dolor que va desde el área cutánea afectada hasta el núcleo espinal del trigémino. Las incisiones pueden practicarse en el ganglio trigémino o en la raíz sensitiva del nervio, pero esto

puede disminuir la sensibilidad corneal, que proporciona protección contra los daños que podrían derivar en una úlcera corneal. Si se secciona el tracto espinal del trigémino en el bulbo inferior, se suprime la capacidad de notar dolor en la cara. La laminación somatotópica del tracto permite practicar una pequeña incisión que restringe el área analgésica al territorio de una sola división del nervio trigémino.

Otra enfermedad dolorosa que afecta habitualmente al nervio trigémino es el **herpes zóster** (v. caps. 3 y 19).

Los núcleos sensitivos y motores y las fibras intracraneales del nervio trigémino pueden quedar incluidos en áreas dañadas por una oclusión vascular, un trauma, el crecimiento de un tumor o la presencia de lesiones del tronco encefálico o de estructuras cercanas a él. La interrupción de las fibras motoras causa parálisis y, con el tiempo, atrofia de los músculos masticadores. La mandíbula se desvía hacia el lado afectado a causa de la acción no contrarrestada del músculo pterigoideo lateral contralateral, que impulsa hacia delante la mandíbula. La interrupción de las fibras corticobulbares no causa parálisis de los músculos masticadores del lado opuesto a la lesión, porque el núcleo motor también recibe algunas fibras directas procedentes de la corteza motora. Las lesiones que se localizan en la parte lateral del bulbo interrumpen el tracto espinal del trigémino y disminuyen las sensaciones orales y faciales de dolor y temperatura; esto forma parte del síndrome de Wallenberg (que se explica en el cap. 7).

El nervio facial y el oído medio

El nervio facial es vulnerable a nivel del oído medio, ya que esta región es invadida frecuentemente por bacterias y es susceptible de cirugía. Si se conocen las ramas que contienen los distintos componentes funcionales, se puede determinar el sitio exacto de la lesión (fig. 8-11).

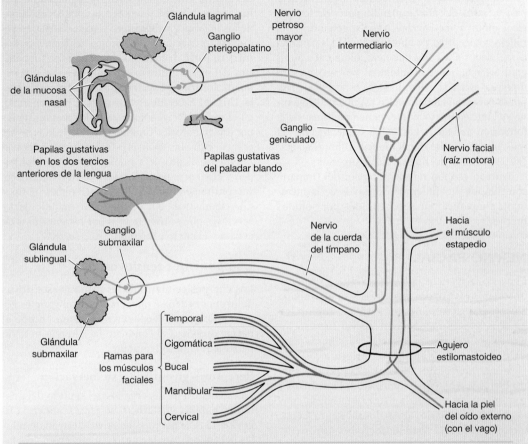

FIGURA 8-11.   Componentes de las partes periféricas del nervio facial. Las neuronas sensitivas de primer orden se representan en *azul,* las neuronas motoras, en *rojo,* y las neuronas parasimpáticas preganglionares y posganglionares, en *verde.*

motores del nervio trigémino. Esta conexión establece el reflejo tendinoso que se origina en los husos neuromusculares de los músculos masticadores, junto con un reflejo para el control de la fuerza del mordisco. Otras ramas centrales establecen sinapsis con neuronas de la formación reticular y del núcleo protuberancial del trigémino, y unas pocas entran en el cerebelo a través del pedúnculo superior.

Componente motor

El **núcleo motor del trigémino** se encuentra en posición medial respecto del núcleo protuberan-cial del trigémino (v. figs. 7-11 y 8-10). Los axones de sus neuronas entran en la raíz motora, que recibe las fibras sensitivas del nervio mandibular distalmente respecto del ganglio trigémino. Este nervio inerva los músculos de la masticación (es decir, el masetero, el temporal y los músculos pterigoideo medial y lateral) y algunos otros músculos más pequeños (concretamente, el tensor del tímpano, el tensor del paladar blando, el vientre anterior del digástrico y el milohioideo).

El núcleo motor recibe fibras aferentes descendentes procedentes de la corteza de ambos hemisferios cerebrales a través del tracto corticobulbar.

Las fibras aferentes para los reflejos proceden, principalmente, de los núcleos sensitivos del trigémino, incluido el núcleo mesencefálico. Los reflejos tendinosos bilaterales de los músculos que cierran las mandíbulas se prueban clínicamente mediante el **reflejo mandibular** provocado golpeando suavemente hacia abajo el mentón; el arco reflejo pasa a través del nervio mandibular y de los núcleos motor y mesencefálico del trigémino. En el **reflejo nociceptivo de abertura bucal** las contracciones de los músculos masetero, temporal y pterigoideo medial quedan inhibidas por una presión dolorosa aplicada a los dientes. Este reflejo pasa por la parte caudal del núcleo espinal del trigémino y el núcleo motor, e intervienen neuronas de la formación reticular. Las células que inervan el músculo tensor del tímpano reciben fibras acústicas procedentes del núcleo olivar superior.

Por contracción refleja, el tensor del tímpano controla los movimientos excesivos de la membrana timpánica que son causados por sonidos fuertes.

NERVIO FACIAL

El nervio facial tiene dos componentes sensitivos: uno inerva las papilas gustativas y el otro aporta fibras cutáneas que inervan parte del oído externo. Los axones motores del nervio inervan los músculos de la expresión facial, y las fibras parasimpáticas preganglionares se dirigen a los ganglios que inervan las glándulas lagrimales, submaxilares y sublinguales. Los axones sensitivos y parasimpáticos preganglionares se localizan en el **nervio intermediario**, que se localiza entre la raíz motora y el nervio vestibulococlear (v. cap. 6).

Ramas del nervio facial

Después de atravesar el meato auditivo interno, las dos ramas del nervio facial entran en el **conducto facial** y alcanzan el **ganglio geniculado**, que contiene los cuerpos celulares de todas las fibras sensitivas. El **nervio petroso mayor**, que contiene fibras gustativas y preganglionares, abandona el nervio facial a nivel de este ganglio. Distalmente al ganglio, el conducto facial y el nervio que contiene giran abruptamente hacia atrás y hacia abajo para situarse en la pared media de la caja del tímpano (oído medio), donde sólo la membrana mucosa y una capa de hueso muy delgada los separan del aire. Una rama motora se dirige al músculo **estapedio**. Cerca del piso de la parte posterior de la caja del tímpano, la **cuerda del tímpano**, que contiene fibras gustativas y preganglionares, pasa anteriormente por debajo de la membrana

mucosa de la superficie interior de la membrana timpánica; a continuación, a través de un pequeño conducto de la parte timpánica del hueso temporal, alcanza la fosa infratemporal. El tronco principal del nervio facial desciende desde el oído medio hasta el agujero estilomastoideo, dentro del cual la única rama sensitiva somática pasa al hueso que le rodea y se une a las pequeñas ramas de los nervios glosofaríngeo y vago. Estas tres pequeñas poblaciones de axones entremezclados inervan parte de la piel de la membrana timpánica y del meato auditivo externo, así como una pequeña área de piel vecina situada detrás de la oreja. Una vez estas fibras sensitivas se han separado, en el nervio facial sólo quedan los axones de las neuronas motoras. Cuando emerge de la base del cráneo, entre las apófisis estiloides y mastoides, el nervio facial proyecta ramas hacia el estilohioideo y el vientre posterior del músculo digástrico, y a continuación se divide en cinco ramas (temporal, cigomática, bucal, marginal mandibular y cervical), que se distribuyen por los músculos de la cara y el cuero cabelludo.

Componentes sensitivos

Los cuerpos celulares de las neuronas sensitivas de primer orden se encuentran en el ganglio geniculado, que se localiza en el punto en que el nervio atraviesa el conducto facial en la porción petrosa del hueso temporal.

Receptores gustativos y su inervación

La estructura de los órganos del sentido del gusto, las **papilas gustativas**, se representa en la figura 8-12. Las papilas gustativas derivan de células del endodermo faríngeo y aparecen en la octava semana de vida intrauterina. A los 5 meses ya se encuentran por toda la cavidad bucal y la faringe, pero posteriormente su número disminuye. Poco después del nacimiento, la distribución de los receptores gustativos es idéntica a la del adulto: se localizan en el paladar blando, la epiglotis y, con la máxima abundancia, por ciertas papilas de la lengua. En la parte posterior de la lengua, alineadas transversalmente, se encuentran aproximadamente 10 grandes **papilas caliciformes**, cada una rodeada por una fosa profunda. Por toda la superficie dorsal de la lengua se encuentran **papilas fungiformes** microscópicas, esparcidas entre **papilas filiformes** más numerosas. Estas últimas confieren a la lengua una textura rugosa y no contienen botones gustativos. Las **papilas foliadas**, aplanadas y con botones gustativos, se alinean longitudinalmente en ambos lados de la lengua.

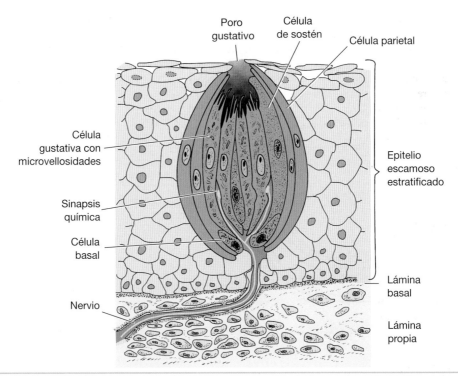

FIGURA 8-12. Estructura de una papila gustativa. Los receptores químicos son las microvellosidades apicales de las células gustativas. La sinapsis química comunica con los axones sensitivos. Las células gustativas y las células de soporte se renuevan cada pocos días con células procedentes de la población de células basales en división.

Los cilios de las células gustativas (v. fig. 8-12) poseen receptores de superficie que se unen a sustancias de sabores específicos. La activación de estos receptores provoca la despolarización de la membrana celular. Esto activa la transmisión química: las células gustativas son presinápticas respecto de los axones sensitivos que las inervan. Cada botón gustativo responde a un tipo concreto de estímulos químicos. Estudios fisiológicos, farmacológicos y bioquímicos indican que cada célula gustativa responde a uno de los cinco sabores elementales: salado (p. ej., iones sodio), agrio (sustancias ácidas), dulce (p. ej., azúcar), amargo (sustancias alcalinas, y también numerosos componentes orgánicos), y umami (aminoácidos, especialmente glutamato). Los receptores gustativos que responden al sabor dulce son más abundantes en la punta de la lengua. Los sabores agrios se detectan, sobre todo, con los extremos laterales, y las sustancias amargas, con la parte posterior de la lengua. Los receptores para otros sabores se distribuyen por toda la lengua.

Se cree que los sabores ordinarios son el resultado de la mezcla de señales nerviosas procedentes de, como mínimo, cuatro tipos de receptores gustativos, que se integran en el cerebro con la información procedente del sistema olfativo.

Del sentido del gusto se encargan los nervios craneales VII, IX y X. Las neuronas sensitivas primarias para el gusto constituyen la mayoría de cuerpos celulares del ganglio geniculado. Las ramas periféricas de sus axones ingresan en cualquiera de las dos ramas del nervio facial (v. figura 8-11).

1. La **rama petrosa mayor** ingresa en la fosa pterigopalatina por encima del paladar, donde los axones gustativos se unen a las ramas palatinas de la división maxilar del nervio trigémino y se distribuyen por las papilas gustativas del paladar, la mayoría de las cuales se encuentran en la mucosa del paladar blando (v. fig. 8-11).

2. La rama de la **cuerda del tímpano** del nervio facial se une a la rama lingual del nervio mandibular. Estas fibras se distribuyen por las papilas gustativas de las dos terceras partes anteriores de la lengua, la mayoría de las cuales se encuentra en la punta de este órgano y a lo largo de sus bordes laterales. (Más adelante, en este mismo capítulo, se describen otros nervios gustativos, conjuntamente con el nervio glosofaríngeo y el vago.)

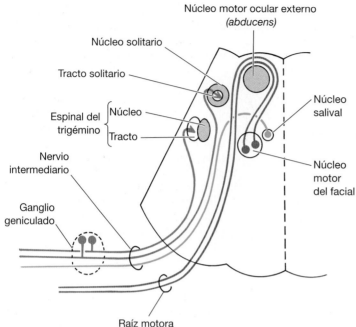

Núcleo motor ocular externo
(abducens)

Núcleo solitario

Tracto solitario

Espinal del { Núcleo
trigémino { Tracto

Nervio
intermediario

Ganglio
geniculado

Núcleo
salival

Núcleo
motor
del facial

Raíz motora

FIGURA 8-13. Componentes del nervio facial en el tronco encefálico. Las neuronas sensitivas de primer orden se representan en *azul,* las neuronas motoras, en *rojo,* y las neuronas parasimpáticas preganglionares y posganglionares, en *verde.*

Los axones de las células del ganglio geniculado que se encargan del gusto ingresan en el tronco encefálico a través del **nervio intermediario** y giran caudalmente en el **tracto solitario** (v. figuras 7-6 y 8-13). Más caudalmente, las fibras nerviosas faciales de este fascículo se unen a los axones gustativos procedentes del nervio glosofaríngeo y del nervio vago. Las fibras de las tres procedencias terminan en el **núcleo solitario**, una columna de células que se disponen adyacente al tracto y rodeándolo parcialmente. Sólo la parte cefálica del núcleo solitario, formada por células de gran tamaño, recibe fibras gustativas; esta parte es llamada a veces **núcleo gustativo.** (La parte caudal, cuyas células son más pequeñas, recibe fibras aferentes viscerales generales.)

Vía gustativa ascendente

Las fibras procedentes del núcleo gustativo viajan rostralmente por el **tracto tegmental central** ipsilateral, a través del mesencéfalo y la región subtalámica, y terminan en la parte más medial del **núcleo ventral posterior del tálamo.** Este núcleo del tálamo se proyecta hacia el **área gustativa cortical**, adyacente al área sensitiva general de la lengua, y se extiende por la ínsula y más adelante hacia el opérculo frontal.

Pruebas fisiológicas han demostrado que, en los animales, los estímulos gustativos influyen sobre el hipotálamo, la amígdala y la corteza del sistema límbico, pero probablemente no a través de proyecciones ascendentes específicas del tron-

co encefálico. De manera parecida a como ocurre en el sistema olfativo, con el que está funcionalmente relacionado (v. cap. 17), las vías del gusto no cruzan la línea media (fig. 8-14).

Fibras cutáneas

Los axones sensitivos cutáneos abandonan el nervio facial a nivel de la unión del conducto facial con el agujero estilomastoideo (v. fig. 8-11). Estas fibras se distribuyen por la piel de la concha de la oreja, un área pequeña de detrás del pabellón auricular, la pared del meato auditivo externo y la superficie externa de la membrana timpánica. Las prolongaciones centrales de las células del ganglio geniculado encargadas de las sensaciones cutáneas entran en el tronco encefálico por el nervio intermediario. A continuación, siguen por el tracto espinal del trigémino (v. fig. 8-13) y acaban en el núcleo espinal del trigémino subyacente.

Componentes eferentes

Inervación de los músculos estriados

Desde el punto de vista clínico, el componente motor es la parte más importante del nervio. El **núcleo motor del facial** se localiza en el tercio caudal de la parte ventrolateral del tegmento de la protuberancia (v. figs. 7-8 y 8-13). Los axones que abandonan el núcleo siguen un recorrido inesperado. Estas fibras se dirigen inicialmente hacia el piso del cuarto ventrículo, dan la vuelta alrededor del extremo caudal del núcleo motor ocular exter-

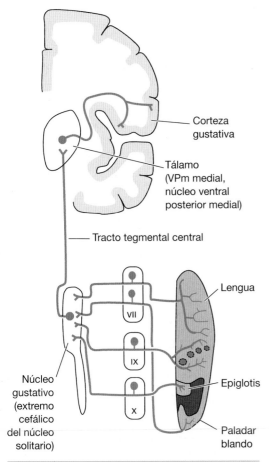

Corteza
gustativa

Tálamo
(VPm medial,
núcleo ventral
posterior medial)

Tracto tegmental central

Lengua

VII

IX

Núcleo
gustativo
(extremo
cefálico
del núcleo
solitario)

X

Epiglotis

Paladar
blando

FIGURA 8-14. Vía central para el sentido del gusto, desde las papilas gustativas hasta la corteza cerebral ipsilateral.

no, rodean su borde medial y vuelven a enrollarse en su extremo cefálico. A continuación estos axones pasan entre el núcleo donde se han originado y el núcleo espinal del trigémino y siguen hasta el punto en que emerge la raíz motora del nervio facial. La configuración del haz de fibras alrededor del núcleo motor ocular externo recibe el nombre de **rodilla interna**. (La rodilla externa del nervio facial se localiza en el conducto facial, a nivel del ganglio geniculado.)

La raíz motora del nervio facial está formada enteramente por fibras procedentes del núcleo motor. Estas fibras inervan los músculos de la expresión (músculos miméticos), los músculos estilohioideo y platisma, y el vientre posterior del músculo digástrico. El nervio facial también inerva el músculo estapedio del oído medio; al contraerse de manera refleja en respuesta a sonidos fuertes, este pequeño músculo evita que se produzcan movimientos excesivos del estribo.

El núcleo motor del facial recibe fibras aferentes de distintas fuentes, incluidas importantes conexiones para los reflejos:

1. Fibras tectobulbares del tubérculo cuadrigémino superior que completan una vía refleja que cierra los párpados en respuesta a una luz intensa o a un objeto que se acerca a gran velocidad.
2. Las fibras procedentes de los núcleos sensitivos del trigémino intervienen en el reflejo corneal y en las respuestas de mascar o succionar al entrar comida en la boca.
3. Las fibras del núcleo olivar superior (que forman parte de la vía auditiva) permiten el reflejo de contracción del músculo estapedio.

Núcleo parasimpático

Las glándulas salivales y lagrimales están inervadas por ganglios parasimpáticos. En animales de laboratorio se han identificado las neuronas del tronco encefálico que inervan estos ganglios, y en los sitios correspondientes del cerebro humano se

Control descendente de los movimientos faciales

Las fibras corticobulbares aferentes están cruzadas, excepto las que terminan en las células que inervan los músculos oculares frontal y orbicular, que reciben tanto fibras cruzadas como fibras directas. **La parálisis voluntaria contralateral de únicamente los músculos faciales inferiores es, por consiguiente, una característica de las lesiones que afectan a la neurona motora superior.** En tales circunstancias, sin embargo, los músculos faciales continúan respondiendo involuntariamente —y a menudo de manera excesiva— a los cambios de humor y a las emociones. En cambio, los pacientes de Parkinson pierden típicamente las expresiones faciales relacionadas con cambios emocionales (cara de máscara), aunque conservan el uso voluntario de los músculos faciales. Las bases neuroanatómicas para el control de los movimientos faciales voluntarios y emocionales no se conocen. En este control deben participar distintas vías descendentes procedentes de los hemisferios cerebrales.

encuentran células estructuralmente parecidas y con las mismas propiedades histoquímicas (que contienen las enzimas acetilcolinesterasa y NA-DPH-diaforasa). La mayoría se localiza en posición dorsolateral y ventrolateral respecto del núcleo motor del facial (v. fig. 8-13). Estos grupos de células constituyen el **núcleo salival**, donde probablemente se originan las fibras parasimpáticas preganglionares de los nervios facial y glosofaríngeo. (Tradicionalmente se consideraba que las fibras preganglionares de los ganglios pterigopalatino, submaxilar y óptico se originaban en un núcleo lagrimal y en los núcleos salivales superior e inferior, mal localizados. Esta consideración tradicional no es consistente ni con las observaciones ni con los datos experimentales.)

El núcleo salival contiene los cuerpos celulares de fibras parasimpáticas preganglionares que controlan las glándulas salivales submaxilares y sublinguales y la glándula lagrimal. Los axones procedentes del núcleo salival abandonan el tronco encefálico por el nervio intermediario, y se continúan por el nervio facial hasta que emiten las ramas en el conducto facial del hueso petroso temporal (v. fig. 8-11). Las fibras pregan-

glionares siguen distintas rutas para alcanzar sus destinos, y realizan parte del viaje en ramas del nervio trigémino.

Las fibras que controlan las secreciones lagrimales entran en el **nervio petroso mayor** y acaban en el ganglio pterigopalatino (llamado también ganglio esfenopalatino) de la fosa pterigopalatina. Las fibras posganglionares, que estimulan la secreción y causan vasodilatación, alcanzan la glándula lagrimal a través de la rama cigomática del nervio maxilar. Otras fibras posganglionares secretomotoras se distribuyen por las glándulas mucosas de la mucosa que reviste la cavidad nasal y los senos paranasales.

Otros axones procedentes del núcleo salival abandonan el nervio facial en la rama de la **cuerda del tímpano** y son transportados por la rama lingual del nervio mandibular hacia el suelo de la cavidad bucal. Allí terminan en el **ganglio submandibular** y en neuronas diseminadas por el interior de la glándula submandibular. Las fibras posganglionares cortas se distribuyen por el parénquima de las glándulas submaxilares y sublinguales, donde estimulan la secreción y causan vasodilatación.

NOTAS CLÍNICAS

Parálisis facial

La parálisis facial suele acompañar la hemiplejía causada por la oclusión de una arteria que abastece la cápsula interna contralateral o las áreas motoras de la corteza cerebral. Por razones ya citadas, sólo queda afectada la mitad inferior de la cara. Cuando una parálisis facial unilateral afecta a los músculos de alrededor de los ojos y de la frente, además de la musculatura de alrededor de la boca, la lesión debe afectar, bien a los cuerpos de las células del núcleo facial, bien a sus axones. En un trastorno común conocido como **parálisis de Bell,** el nervio facial se ve afectado en el tramo que atraviesa el conducto facial en el hueso petroso temporal. Ello provoca rápidamente debilidad (paresia) o parálisis de todos los músculos faciales del lado afectado. La causa es un edema (posiblemente debido a una infección vírica) del nervio facial y de los tejidos adyacentes del conducto facial. Los signos de la parálisis de Bell no dependen sólo de la gravedad de la compresión que sufren los axones sino también del sitio exacto en el que el nervio ha sido dañado en su paso a través del conducto facial (v. fig. 8-11). Si el daño se produce en el ganglio geniculado o en situación proximal al mismo, todas las funcio-

nes del nervio se pierden. Además de la parálisis de los músculos faciales, se observa una pérdida del gusto **(ageusia)** en los dos tercios anteriores de la lengua y en el paladar del lado afectado, junto con una disminución de la secreción de las glándulas submaxilares, sublinguales y lagrimales. Además, los sonidos parecen anormalmente fuertes **(hiperacusia)** debido a la parálisis del músculo estapedio. En cambio, una compresión cercana al agujero estilomastoideo sólo afecta a las fibras motoras del nervio.

En los casos leves de parálisis de Bell, los axones no sufren un daño suficientemente grave como para provocar una degeneración walleriana, y el pronóstico es favorable. Cuando interviene una regeneración de los axones, la recuperación es lenta y frecuentemente incompleta. Las fibras sensitivas del tronco encefálico que han quedado interrumpidas en la cara central del ganglio geniculado no se regeneran. Cuando una lesión de este tipo se da en la parte proximal del nervio, algunas fibras salivales pueden regenerarse y encontrar un camino dentro del nervio petroso mayor para alcanzar el ganglio pterigopalatino. Esto produce lagrimeo **(lágrimas de cocodrilo)** en vez de salivación cuando los aromas y los sabores estimulan las células del núcleo salival superior.

El núcleo salival está influenciado por el hipo-tálamo, quizás a través del fascículo longitudinal dorsal, y por el sistema olfativo, a través de relevos en la formación reticular. El gusto y la sensibili-dad general de la mucosa de la cavidad bucal in-ducen la salivación a través de conexiones del nú-cleo solitario y de los núcleos sensitivos del tri-gémino, respectivamente.

EL NERVIO GLOSOFARÍNGEO, EL NERVIO VAGO Y LOS NERVIOS ACCESORIOS

Los nervios craneales IX, X y XI son funcional-mente muy similares y comparten determinados núcleos del bulbo raquídeo. Para evitar repeticio-nes, se comentarán conjuntamente.

Componentes sensitivos

Los nervios glosofaríngeo y vago contienen fibras sensitivas para el sentido visceral especial del gus-to, fibras viscerales aferentes generales proceden-tes de los barorreceptores y los quimiorreceptores y de las vísceras del tórax y del abdomen, y fibras sensitivas generales para el dolor, la temperatura y el tacto procedentes de la parte posterior de la lengua, la faringe y las regiones que la rodean, la piel de parte de la oreja y algunas partes de la du-ramadre. Los cuerpos celulares de las neuronas sensitivas de primer orden se localizan en los gan-glios superiores e inferiores de los nervios cranea-les IX y X.

Vías aferentes viscerales

Los cuerpos celulares unipolares de las **fibras gus-tativas** se sitúan en los dos **ganglios glosofarín-geos** (un ganglio superior pequeño y otro inferior más grande) y en el **ganglio inferior** del **nervio vago**. Este último es llamado frecuentemente **gan-glio nodoso**. A través del nervio glosofaríngeo, las ramas axónicas distales se distribuyen por las pa-pilas gustativas de los dos tercios posteriores de la lengua y por las pocas papilas de la mucosa de la faringe. Las fibras neumogástricas inervan las pa-pilas gustativas de la epiglotis. Los procesos cen-trales de las células ganglionares se unen al tracto solitario y terminan en la porción cefálica del nú-cleo solitario: el **núcleo gustativo** (v. figs. 7-6 y 8-15). La vía gustativa ascendente se describe y se ilustra en la figura 8-14, conjuntamente con el componente visceral aferente del nervio facial.

Las **neuronas viscerales aferentes generales** reciben señales que se usan para la regulación re-fleja de las funciones cardiovascular, respiratoria y alimentaria. Sus cuerpos celulares se localizan en el ganglio glosofaríngeo y en el ganglio vago inferior, junto con las neuronas del gusto. Estas

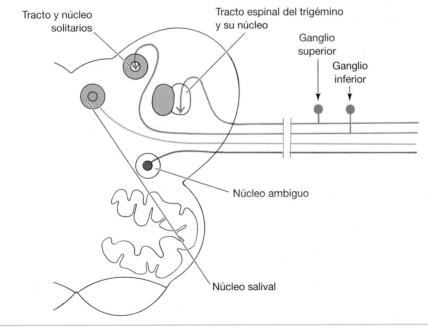

FIGURA 8-15.   Componentes del nervio glosofaríngeo en el bulbo raquídeo. Las neuronas sensitivas de pri-mer orden se representan en *azul,* las neuronas motoras, en *rojo,* y las neuronas parasimpáticas preganglionares, en *verde.*

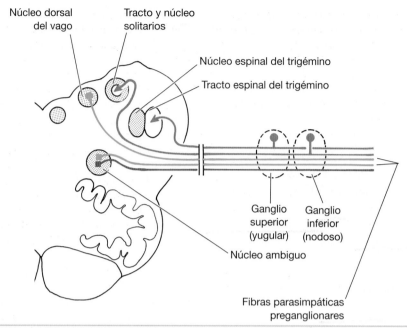

FIGURA 8-16.   Componentes del nervio vago en la médula. Las neuronas sensitivas de primer orden se representan en *azul*, las neuronas motoras, en *rojo*, y las neuronas parasimpáticas preganglionares, en *verde*.

fibras del nervio glosofaríngeo inervan el seno carotídeo a nivel de la bifurcación de la arteria carótida común y el cuerpo carotídeo adyacente. Las terminaciones sensitivas de la pared del **seno carotídeo** funcionan como **barorreceptores** que controlan la tensión arterial. El **cuerpo carotídeo** contiene **quimiorreceptores** que controlan la concentración de oxígeno en la sangre circulante. De manera parecida, las fibras neumogástricas inervan barorreceptores del **arco de la aorta** y quimiorreceptores de los pequeños **cuerpos carotídeos** adyacentes al arco de la aorta. El nervio vago también contiene numerosas fibras aferentes que se distribuyen por las **vísceras del tórax y el abdomen**; los impulsos transportados centralmente son importantes para el control reflejo de las funciones cardiovascular, respiratoria y alimentaria. Las ramas centrales de los axones de las neuronas viscerales aferentes generales descienden por el tracto solitario y terminan en la parte más caudal del **núcleo solitario** (figs. 8-15 y 8-16). En este último sitio se establecen conexiones de manera bilateral con varias regiones de la formación reticular. Las proyecciones reticulobulbares y reticuloespinales, junto con un pequeño tracto solitario espinal, proporcionan vías para las respuestas reflejas mediadas por los sistemas nerviosos simpático y parasimpático y por neuronas motoras somáticas que inervan los músculos de la respiración.

Algunos axones procedentes del núcleo solitario viajan cefálicamente hacia el hipotálamo. Otros se dirigen, probablemente, al núcleo posteromedial ventral del tálamo y proveen una vía para las sensaciones conscientes distintas al dolor, como las sensaciones de tener el estómago vacío o lleno.

Fibras aferentes somáticas

El **nervio glosofaríngeo** contiene fibras para las sensaciones generales de dolor, temperatura y tacto en la mucosa del tercio posterior de la lengua, la parte superior de la faringe (incluida el área amigdalina o tonsilar), la trompa auditiva o trompa de Eustaquio y el oído medio. El **nervio vago** transporta fibras con las mismas funciones hacia la parte más inferior de la faringe, la laringe y el esófago. Los cuerpos celulares de estas neuronas sensitivas se localizan en el **ganglio glosofaríngeo** y en el **ganglio superior del nervio vago**, que también recibe el nombre de **ganglio yugular**. Las ramas centrales de sus axones entran en el **tracto espinal del trigémino** y terminan en el **núcleo espinal del trigémino** (v. figuras. 8-15 y 8-16). Las fibras aferentes para el tacto procedentes de la faringe son importantes para el **reflejo nauseoso**: el contacto con la faringe hace que el paladar blando se levante y la lengua se mueva, lo que ocurre a través de una vía que pasa por el núcleo ambiguo y el núcleo hipogloso.

El **nervio vago** proyecta fibras sensitivas generales (del dolor) hacia la duramadre, que reviste la fosa posterior de la cavidad craneal. A través de su rama auricular, contribuye con fibras sensoriales a la concha del oído externo, una pequeña área de detrás del pabellón auricular, la pared del meato auditivo externo y la membrana timpánica. Los cuerpos celulares se encuentran en el ganglio superior del nervio, y los procesos centrales se incorporan al tracto espinal del trigémino. El área de piel y de membrana timpánica inervada por la rama superior del nervio vago coincide con el área inervada por el nervio facial. El nervio vago también proyecta fibras sensitivas generales a la laringe, la tráquea, los bronquios y el esófago.

Componentes eferentes

Los nervios craneales IX, X y XI contienen fibras motoras destinadas a los músculos estriados, y los nervios craneales IX y X contienen fibras eferentes parasimpáticas.

Inervación de los músculos estriados

El **núcleo ambiguo** es una columna delgada de neuronas motoras que se sitúa dorsalmente respecto del núcleo olivar inferior (v. figs. 7-5 a 7-7 y 8-15 a 8-17).

Los axones que salen de este núcleo se dirigen primero hacia la parte dorsal. A continuación, giran bruscamente y se mezclan con otras fibras en el nervio glosofaríngeo y el vago, y algunos de ellos constituyen toda la raíz craneal del nervio accesorio. El núcleo ambiguo inerva los músculos del paladar blando, la faringe y la laringe, así como las fibras musculares estriadas de la parte superior del esófago. (El único músculo de esta región que no está inervado por este núcleo es el tensor del velo del paladar, que está inervado por el nervio trigémino.)

Un pequeño grupo de células del extremo cefálico del núcleo ambiguo inerva el músculo estilofaríngeo a través del **nervio glosofaríngeo** (v. fig. 8-15). A través del **nervio vago**, una gran región del núcleo inerva el resto de músculos de la faringe, el cricotiroideo (un músculo externo de la laringe) y el músculo estriado del esófago (v. fig. 8-16). Las fibras que salen de la parte caudal del núcleo ambiguo abandonan el tronco encefálico por la **raíz craneal del nervio accesorio** (fig. 8-17). Estas fibras se unen temporalmente a la raíz espinal del nervio accesorio y a continuación forman la rama interna del nervio, que pasa sobre el nervio vago en la región del agujero yugular. Estas fibras inervan los músculos

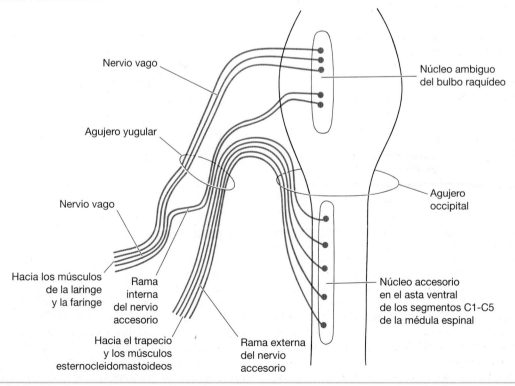

FIGURA 8-17. Raíz espinal y raíz craneal del nervio accesorio.

del paladar blando y los músculos intrínsecos de la laringe.

El núcleo ambiguo recibe fibras aferentes procedentes de los núcleos sensitivos del tronco encefálico, principalmente del núcleo espinal del trigémino y del núcleo solitario. Estas conexiones establecen reflejos para la tos, las arcadas y el vómito, cuyos estímulos se originan en la mucosa de las vías digestivas y respiratorias.

Las *fibras corticobulbares aferentes son tanto cruzadas como directas;* por consiguiente, los músculos inervados por el núcleo ambiguo no quedan paralizados en caso de que se produzca una lesión unilateral de la neuronas motoras superiores. El núcleo ambiguo no está formado únicamente por neuronas motoras.

Tal como se describe más adelante, algunas de sus células son neuronas parasimpáticas preganglionares para el control de la frecuencia cardíaca.

Las neuronas motoras destinadas a los músculos esternocleidomastoideo y trapecio se encuentran en la médula espinal (segmentos C1 a C5) y constituyen el **núcleo accesorio** del asta gris ventral. La **raíz espinal del nervio accesorio** se origina en una serie de raicillas laterales de la médula espinal que se disponen dorsalmente respecto del ligamento denticulado, y asciende junto a la médula espinal (v. fig. 8-17). Cuando alcanza el lado del bulbo, al pasar a través del agujero occipital, las raíces espinal y craneal se unen y continúan en forma de nervio accesorio, pero sólo llegan al agujero yugular.

Entonces, como ya se ha mencionado, las fibras procedentes del núcleo ambiguo se incorporan al nervio vago. Las de origen espinal discurren a través del trígono posterior del cuello e inervan a los músculos esternocleidomastoideo y trapecio.

Núcleos parasimpáticos

Los nervios glosofaríngeo y vago contienen fibras parasimpáticas preganglionares. El **núcleo salival** está formado por grupos de neuronas situadas en posición lateral y medial respecto del núcleo motor del facial. Este núcleo suministra fibras preganglionares a los nervios facial y glosofaríngeo. (No hay pruebas de la existencia de núcleos salivales superiores e inferiores diferenciados.) A través de la rama timpánica del nervio glosofaríngeo, del plexo timpánico y del nervio petroso inferior, los axones del núcleo salival se dirigen al **ganglio ótico**, que se encuentra debajo del agujero oval, cercano a la división mandibular del nervio trigémino. Las neuronas del ganglio ótico poseen axones (es decir, fibras posganglionares) que se incorporan a la rama auriculotemporal del nervio mandibular y a través de ella llegan a la **glándula parótida**. La inervación parasimpática de la glándula parótida estimula la secreción y la vasodilatación. El núcleo salival es estimulado por el hipotálamo, el sistema olfativo, el núcleo solitario y los núcleos sensitivos del trigémino.

El núcleo parasimpático de mayor tamaño es el **núcleo dorsal del nervio vago** (llamado también *núcleo motor dorsal,* aunque no inerva directamente los músculos). Esta columna de células se sitúa en la sustancia gris de los lados del conducto central y se extiende por debajo del trígono neumogástrico en el suelo del cuarto ventrículo (v. figs. 7-4 y 7-7). Los axones de las células del núcleo dorsal constituyen la mayor parte de fibras parasimpáticas preganglionares del nervio vago. Terminan en diminutos ganglios del **plexo pulmonar** y en las **vísceras del abdomen**, principalmente en el estómago. Para más detalles, véase el capítulo 24.

Otras neuronas parasimpáticas vagales tienen los cuerpos celulares cerca y entre las neuronas motoras del **núcleo ambiguo**. Los axones de estas neuronas terminan en pequeños ganglios asociados al **corazón**. En algunos animales de laboratorio, aproximadamente el 10% de las neuronas cardioinhibidoras se localiza en el núcleo dorsal del vago. En otros animales, los ganglios cardíacos reciben todas sus fibras aferentes del núcleo ambiguo, y ninguna del núcleo dorsal. Pare-

---

NOTAS CLÍNICAS

Parálisis del nervio accesorio

Si el nervio accesorio resulta dañado (típicamente por la caída de un objeto sobre la parte posterior del hombro o el cuello), el músculo esternocleidomastoideo y el músculo trapecio se paralizarán o se debilitarán ipsilateralmente.

Las fibras corticoespinales que controlan las neuronas espinales accesorias son tanto cruzadas como directas. Las del trapecio proceden del cerebro contralateral. Las del esternocleidomastoideo proceden del cerebro ipsilateral, disposición consistente con la acción de este músculo, que gira la cabeza hacia el lado opuesto. ***Por consiguiente, la lesión de las neuronas motoras superiores causa debilidad (paresia) del trapecio contralateral y del músculo esternocleidomastoideo ipsilateral.***

Parálisis del nervio hipogloso

La destrucción del núcleo hipogloso o la interrupción de los axones motores en el bulbo raquídeo o en el nervio provoca parálisis y, eventualmente atrofia, de los músculos afectados. Al protruir la lengua ésta se *desvía hacia el lado paralizado* debido a que ninguna acción se opone a la del músculo geniogloso contralateral.

No todas, pero sí la mayoría de las fibras corticobulbares aferentes que se dirigen al núcleo hipogloso son cruzadas. Una lesión unilateral de la neurona motora superior causa paresia del lado opuesto de la lengua, pero generalmente se recupera bastante rápido, ya que el hemisferio cerebral ipsilateral asume las funciones de la vía descendente que ha sido dañada.

ce probable que el núcleo ambiguo contenga la mayoría o todas las neuronas vagales que controlan el corazón humano. El núcleo dorsal del nervio vago y las neuronas eferentes viscerales del núcleo ambiguo están influenciadas, directa o indirectamente, por el núcleo solitario, el hipotálamo, el sistema olfativo y los «centros» vegetativos de la formación reticular (v. cap. 9).

A pesar de la importancia funcional de las fibras viscerales aferentes y de las fibras parasimpáticas preganglionares, la sección del nervio vago no provoca síntomas cardiovasculares. La denervación neumogástrica del estómago suprime la secreción de ácido en este órgano y provoca una distensión gástrica debida al vaciamiento inadecuado a través del píloro.

NERVIO HIPOGLOSO

El **núcleo hipogloso** se sitúa entre el núcleo dorsal del nervio vago y la línea media del bulbo raquídeo (v. figs. 7-4 a 7-7 y 8-18). El trígono del hipogloso del suelo del cuarto ventrículo marca la posición de la parte cefálica del núcleo. Los axones de las neuronas del hipogloso viajan centralmente por la cara lateral del lemnisco medial y emergen a lo largo del surco entre la pirámide y la oliva. El nervio hipogloso inerva los músculos intrínsecos de la lengua y los tres músculos extrínsecos (geniogloso, estilogloso e hipogloso). El núcleo recibe fibras aferentes procedentes del núcleo solitario y de los núcleos sensitivos del trigémino para los movimientos reflejos de la lengua al tragar, mascar y succionar en respuesta a estímulos gustativos y otros estímulos de las mucosas de la boca y la faringe.

Resumen de los núcleos y los componentes de los nervios craneales

Los núcleos de origen o terminación de las fibras que componen los nervios craneales se asocian a funciones diferenciadas. La tabla 8-1 resume las funciones de los núcleos y destaca los núcleos compartidos por distintos nervios craneales.

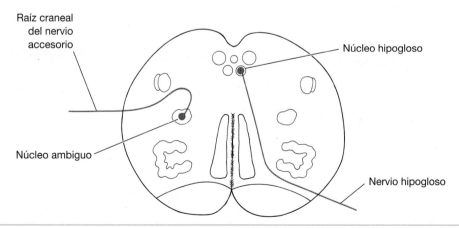

FIGURA 8-18.   Nervio hipogloso derecho y origen de la raíz craneal del nervio accesorio izquierdo en el bulbo raquídeo.

TABLA 8-1. Núcleos de los nervios craneales, ganglios asociados a ellos y funciones que desempeñan

Núcleo	Nervio	Ganglio	Músculos, ganglios o funciones sensoriales
Motor ocular común	III		Elevador de los párpados y todos los músculos extraoculares excepto el oblicuo superior y el recto lateral
Edinger-Westphal	III	Ciliar	Esfínter de la pupila y músculo ciliar
Patético o troclear	IV		Músculo oblicuo superior
Motor del trigémino	V (mandibular)		Músculos masticadores; tensor del tímpano
Mesencefálico del trigémino	V (mandibular y maxilar)	Ninguno	Propiocepción procedente de los músculos masticadores y de la articulación temporomandibular; presión alrededor de las raíces de los dientes
Protuberancial del trigémino	V (todas las divisiones)	Trigémino	Tacto (cara, boca y demás)
Espinal del trigémino	V (todas las divisiones)	Trigémino	Tacto, dolor, temperatura (cara, boca y demás)
	VII	Geniculado	Sensaciones cutáneas procedentes de parte del oído externo (junto con el nervio craneal X)
	IX	Ganglios glosofaríngeos	Sensaciones generales procedentes de la faringe, el tercio posterior de la lengua y el oído medio
	X	Ganglio vago superior (yugular) para el oído; ganglio inferior (nodoso) para otros órganos	Sensación general procedente de oído externo, la laringe y demás
Abducens o motor ocular externo	VI		Músculo recto lateral
Motor del facial	VII		Músculos faciales y estapedio
Salival	VII (petroso mayor y nervio intermediario)	Pterigopalatino	Glándulas lagrimales y nasales
	VII (cuerda del tímpano y nervio intermediario)	Submandibular	Glándulas submaxilares y sublinguales
	IX	Ótico	Glándula parótida
Núcleos cocleares	VIII (coclear)	Espiral	Audición (v. cap. 21)
Núcleos vestibulares	VIII (vestibular)	Vestibular	Equilibrio (v. cap. 22)

Continúa

TABLA 8-I. **Núcleos de los nervios craneales, ganglios asociados a ellos y funciones que desempeñan** *(cont.)*

Núcleo	Nervio	Ganglio	Músculos, ganglios o funciones sensoriales
Núcleo ambiguo	IX		Estilofaríngeo
	X y raíz craneal del XI		Músculos de la laringe, la faringe y el esófago
Solitario; extremo cefálico (núcleo gustativo)	VII (petroso mayor y ramas de la cuerda del tímpano y nervio intermediario)	Geniculado	Gusto, paladar blando y dos tercios anteriores de la lengua
	IX	Glosofaríngeo	Gusto, tercio posterior de la lengua
Solitario; extremo caudal	IX	Glosofaríngeo	Cuerpo y seno carotídeos
	X	Vago inferior (nodoso)	Sensación reguladora (no dolorosa) procedente de los órganos torácicos y abdominales
Núcleo dorsal del vago	X	Numerosos, junto a los órganos torácicos y abdominales	Véase capítulo 24
Núcleo ambiguo	X	Ganglios cardíacos	Corazón (reduce la frecuencia y el gasto cardíacos)
Núcleo accesorio	XI (raíz espinal)		Esternocleidomastoideo y trapecio
Hipogloso	XII		Músculos de la lengua

Bibliografía recomendada

Bear MF, Connors BW, Paradiso MA. *Neuroscience: Exploring the Brain*. Philadelphia: Lippincott, Williams & Wilkins, 2007:252–263.

Beckstead RM, Morse JR, Norgren R. The nucleus of the solitary tract in the monkey: projections to the thalamus and brain stem nuclei. *J Comp Neurol* 1980;190:259–282.

Bender MB. Brain control of conjugate horizontal and vertical eye movements: a survey of the structural and functional correlates. *Brain* 1980;103:23–69.

Bianchi R, Rodella L, Rezzani R, et al. Cytoarchitecture of the abducens nucleus of man: a Nissl and Golgi study. *Acta Anat* 1996;157:210–216.

Blessing WW. Lower brain stem regulation of visceral, cardiovascular and respiratory function. In: Paxinos G, Mai JK, eds. *The Human Nervous System*, 2nd ed. Amsterdam: Elsevier Academic Press, 2004: 464–478.

Cagan RH, ed. *Neural Mechanisms in Taste*. Boca Raton, FL: CRC Press, 1989.

Cruccu G, Berardelli A, Inghilleri M, et al. Corticobulbar projections to upper and lower facial motorneurons: a study by magnetic transcranial stimulation in man. *Neurosci Lett* 1990;117:68–73.

Davies AM, Lumsden A. Ontogeny of the somatosensory system: origins and early development of primary sensory neurons. *Annu Rev Neurosci* 1990;13:61–73.

Gai WP, Blessing WW. Human brainstem preganglionic parasympathetic neurons localized by markers for nitric oxide synthesis. *Brain* 1996;119:1145–1152.

Horn AKE, Büuttner-Ennever JA. Premotor neurons for vertical eye movements in the rostral mesencephalon of monkey and human: histologic identification by parvalbumin immunostaining. *J Comp Neurol* 1998;392: 413–427.

Horn AKE, Büuttner-Ennever JA, Suzuki Y, et al. Histological identification of premotor neurons for horizontal saccades in monkey and man by parvalbumin immunostaining. *J Comp Neurol* 1995;359:350–363.

Ito S, Ogawa H. Cytochrome oxidase staining facilitates unequivocal visualization of the primary gustatory area in the fronto-operculo-insular cortex of macaque monkeys. *Neurosci Lett* 1991;130:61–64.

Jenny A, Smith A, Decker J. Motor organization of the spinal accessory nerve in the monkey. *Brain Res* 1988;441:352–356.

Keller EL, Heinen SJ. Generation of smooth pursuit eye movements: neuronal mechanisms and pathways. *Neurosci Res* 1991;11:79–107.

Kourouyan HD, Horton JC. Transneuronal retinal input to the primate Edinger-Westphal nucleus. *J Comp Neurol* 1997;381:68–80.

Lekwuwa GU, Barnes GR. Cerebral control of eye movements, 1: the relationship between cerebral lesion sites and smooth pursuit deficits. *Brain* 1996;119:473–490.

Love S, Coakham HB. Trigeminal neuralgia: pathology and pathogenesis. *Brain* 2001;124:2347–2360.

Lui F, Gregory KM, Blanks RHI, et al. Projections from visual areas of the cerebral cortex to pretectal nuclear complex, terminal accessory optic nuclei, and superior colliculus in macaque monkey. *J Comp Neurol* 1995;363:439–460.

May M, ed. *The Facial Nerve*. New York: Thieme, 1986.

O'Rahilly R. On counting cranial nerves. *Acta Anat* 1988;133:3–4.

Plecha DM, Randall WC, Geis GS, et al. Localization of vagal preganglionic somata controlling sinoatrial and atrioventricular nodes. *Am J Physiol* 1988;255:R703–R708.

Pritchard TC, Norgren R. Gustatory System. In: Paxinos G, Mai JK, eds. *The Human Nervous System*, 2nd ed. Amsterdam: Elsevier Academic Press, 2004:1171–1196.

Robinson FR, Phillips JO, Fuchs AF. Coordination of gaze shifts in primates: brainstem inputs to neck and extraocular motoneuron pools. *J Comp Neurol* 1994; 346:43–62.

Routal RV, Pal GP. Location of the spinal nucleus of the accessory nerve in the human spinal cord. *J Anat* 2000;196:263–268.

Ruskell GL, Simons T. Trigeminal nerve pathways to the cerebral arteries in monkeys. *J Anat* 1987;155:23–37.

Tarozzo G, Peretto P, Fasolo A. Cell migration from the olfactory placode and the ontogeny of the neuroendocrine compartments. *Zool Sci* 1995;12:367–383.

Tehovnik E, Sommer MA, Chou IH, et al. Eye fields in the frontal lobes of primates. *Brain Res Rev* 2000;32:413–448.

Thömke F. Brainstem diseases causing isolated ocular motor palsies. *Neuro-Ophthamology* 2004;28:53–67.

Urban PP, Hopf HC, Connemann B, et al. The course of cortico-hypoglossal projections in the human brainstem: functional testing using transcranial magnetic stimulation. *Brain* 1996;119:1031–1038.

Wilson-Pauwels L, Akesson EJ, Stewart PA, et al. *Cranial Nerves in Health and Disease*, 2nd ed. Toronto, British Columbia, Canada: Dekker, 2002.

Witt M, Reutter K. Innervation of developing human taste buds: an immunohistochemical study. *Histochem Cell Biol* 1998;109:281–291.

Zakrzewska JM. *Trigeminal Neuralgia*. London: Saunders, 1995.

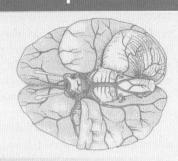

Capítulo 9

LA FORMACIÓN RETICULAR

Conceptos básicos

- La formación reticular del tronco encefálico contiene diversas poblaciones de neuronas provistas de largas dendritas rodeadas por haces entrelazados de axones mielínicos.

- Los **núcleos reticulares precerebelosos** probablemente están relacionados con la coordinación de las contracciones musculares.

- Los **núcleos del rafe** contienen numerosas neuronas serotoninérgicas, provistas de axones que se distribuyen ampliamente. Las neuronas serotoninérgicas que se proyectan cranealmente están activas durante el sueño. Las neuronas que se proyectan caudalmente, que reciben conexiones aferentes desde la sustancia gris periacueductal, modulan la sensación dolorosa.

- Los núcleos del **grupo central** contienen las células donde se originan las fibras motoras reticuloespinales. Las proyecciones craneales intervienen en los movimientos oculares y en el estado de consciencia.

- Los **núcleos reticulares colinérgicos** intervienen en los movimientos estereotipados a través de conexiones con el grupo central y los ganglios basales del prosencéfalo. También están activos durante el sueño de movimiento ocular rápido. El circuito neuronal para la consciencia y el sueño también incluye el hipotálamo, el tálamo y la corteza cerebral.

- Las **neuronas catecolaminérgicas** del *locus caeruleus* y de otras partes poseen axones que se dirigen a la mayor parte del cerebro y la médula espinal, probablemente para incrementar la velocidad de las respuestas reflejas y el nivel general de alerta.

- A través de conexiones con las neuronas sensitivas, motoras y autónomas apropiadas, las áreas reticulares parvocelular, parabraquial y bulbar superficial, de localización lateral, intervienen en la regulación de la alimentación y de los sistemas circulatorio y respiratorio.

- El área postrema, que contiene vasos sanguíneos permeables, es un quimiorreceptor que controla algunas respuestas fisiológicas a estímulos que son transportados por la sangre, como el vómito inducido por fármacos.

- La formación reticular protuberancial paramediana, los núcleos perihipoglosos y los núcleos oculomotores (o motores oculares) accesorios intervienen en el control de los movimientos oculares.

En este capítulo se describen la anatomía y las conexiones de los grupos de neuronas que constituyen la formación reticular del tronco encefálico, y se analiza el papel que desempeña la formación reticular en el sueño y en el estado de consciencia, así como en las funciones sensoriales y motoras. También se describen algunos núcleos del tronco encefálico que no se han comentado en los capítulos 7 y 8.

A grandes rasgos, se puede definir la **formación reticular** como una parte sustancial de la región dorsal del tronco encefálico en la que los grupos de neuronas y los haces de fibras entrecruzadas tienen un aspecto de red (reticular) en las secciones transversales. Esta formación no incluye los núcleos de los nervios craneales, ni los largos fascículos que atraviesan el tronco encefálico, como tampoco las masas más claramente visibles de sustancia gris. Sin embargo, algunas de las estructuras «excluidas», como el lemnisco medial y el núcleo ambiguo, se localizan dentro del territorio de la formación reticular. Todas las neuronas de los núcleos reticulares poseen dendritas anormalmente largas que se extienden hasta partes del tronco encefálico alejadas de los cuerpos celulares. Su arquitectura les permite recibir e integrar impulsos sinápticos procedentes de todos o la mayor parte de los axones que se proyectan hacia el tronco encefálico o a través de él.

Mediante sus conexiones directas e indirectas con todos los niveles del sistema nervioso central

(SNC), la formación reticular participa en distintas funciones, como el ciclo de sueño-vigilia, la percepción del dolor, el control del movimiento y la regulación de la actividad visceral. Aunque a la formación reticular se le han aplicado adjetivos como «primitiva» y «difusa», no se trata de una masa de neuronas conectadas al azar.

Las distintas partes de la formación reticular se diferencian unas de otras por su citoarquitectura, sus conexiones y sus funciones fisiológicas. Ello permite reconocer agregados de neuronas que reciben el nombre de núcleos, aunque no todos están tan claramente delimitados como los núcleos de otras regiones. Como ocurre con cualquier par-

te del sistema nervioso, la investigación continúa aportando información que revela grados de organización estructural cada vez más complejos cuya existencia no se sospechaba.

Núcleos de la formación reticular

Los núcleos de la formación reticular (fig. 9-1) se pueden clasificar de la manera siguiente: núcleos precerebelosos, núcleos del rafe, núcleos del grupo central, grupos de células colinérgicas y catecolaminérgicas, área reticular parvocelular

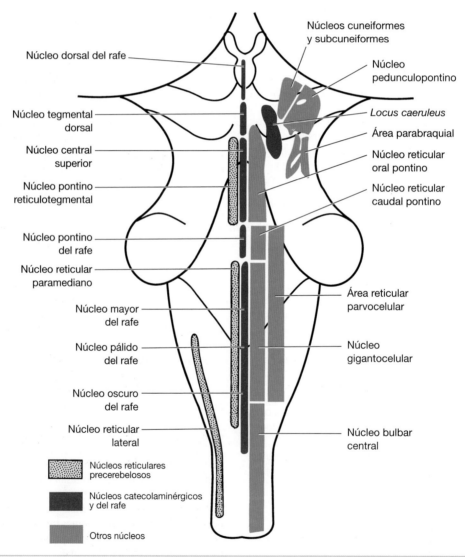

FIGURA 9-1. Diagrama que muestra la posición de los grandes núcleos de la formación reticular del tronco encefálico.

lateral, área parabraquial y neuronas bulbares superficiales.

Existen otros «centros» funcionales, identificados principalmente a partir de experimentos con animales, que no siempre se corresponden con poblaciones de cuerpos celulares neuronales definidas anatómicamente.

NÚCLEOS RETICULARES PRECEREBELOSOS

El **núcleo reticular lateral** (v. figs. 9-1 y 9-2A), el **núcleo reticular paramediano** (v. fig. 9-2A) y el **núcleo pontino reticulotegmental** (v. figs. 9-1 y 9-2D) se proyectan hacia el cerebelo. Desde el punto de vista funcional, estos núcleos reticulares precerebelosos se diferencian bastante del resto de la formación reticular; se describen brevemente en el capítulo 10, que está dedicado al cerebelo.

NÚCLEOS DEL RAFE

Los núcleos del rafe son grupos de neuronas que se localizan dentro o cerca de la línea media (rafe) del tronco encefálico, dispersos entre haces de axones que se decusan. Se han identificado núcleos del rafe con una citoarquitectura y unas proyecciones eferentes distintas a cada nivel (v. figuras 9-1 y 9-2). Muchas neuronas del rafe sintetizan y secretan **serotonina** (5-hidroxitriptamina), y se cree que esta amina es su principal transmisor sináptico. Los axones de las neuronas serotoninérgicas del rafe son delgados, amielínicos y muy ramificados. Se distribuyen por la sustancia gris de todo el SNC. Las proyecciones más prominentes de los mismos se resumen en la figura 9-3.

La importancia clínica de las conexiones de los núcleos bulbares del rafe con la sustancia gris periacueductal y el asta dorsal de la médula (y los núcleos sensitivos del trigémino) radica en que la actividad de esta vía puede suprimir la consciencia del dolor (v. cap. 19). Los núcleos del rafe protuberanciales y mesencefálicos se proyectan hacia el cerebelo y todas las partes del cerebro, incluida la corteza cerebral, los ganglios basales y el sistema límbico.

Las funciones mejor conocidas de los núcleos del rafe situados más rostralmente son las que se relacionan con el sueño. Se describen más adelante en este mismo capítulo.

GRUPO CENTRAL DE NÚCLEOS RETICULARES

El grupo central está formado por los núcleos que se localizan en la parte media del bulbo raquídeo y el puente y por los **núcleos cuneiforme y subcuneiforme** del mesencéfalo (v. figs. 9-1 y 9-2). Los dos últimos se encuentran en la parte lateral, pero se incluyen en el grupo central porque tienen funciones y conexiones similares. La **formación reticular protuberancial paramediana (FRPP)**, que desempeña un papel importante en los movimientos laterales conjugados de los ojos (v. cap. 8), contiene neuronas de la porción media de los dos núcleos reticulares del puente. El núcleo reticular gigantocelular (fig. 9-2B) contiene algunas neuronas serotoninérgicas que poseen proyecciones parecidas a las de las neuronas del cercano núcleo mayor del rafe.

Los núcleos centrales reciben fibras aferentes procedentes de todos los sistemas sensoriales especiales y generales, como también de la formación reticular del mesencéfalo, los núcleos reticulares colinérgicos (v. más abajo), el hipotálamo y el área premotora de la corteza cerebral (fig. 9-4).

Las neuronas del grupo central de núcleos reticulares poseen, típicamente, axones con largas ramas ascendentes y descendentes. En el tronco encefálico, estos axones también poseen numerosas ramas colaterales horizontales, que establecen sinapsis con las largas dendritas de otras neuronas reticulares (fig. 9-5), como las de los núcleos catecolaminérgicos y del rafe. Los largos axones descendentes constituyen las **vías reticuloespinales**, que se localizan en los cordones anterior y lateral de la sustancia blanca espinal (v. fig. 5-10). Las vías reticuloespinales son vías motoras importantes (se describen más adelante en este mismo capítulo y en los caps. 5 y 23). Los axones ascendentes de los núcleos del grupo central viajan por el **fascículo tegmental central**. El papel que desempeñan las proyecciones ascendentes en el mantenimiento del estado de consciencia se analiza más adelante en este mismo capítulo. La proyección reticulotalámica también interacciona con el cuerpo estriado, que desempeña funciones motoras y de otro tipo (v. capítulos 12 y 23).

NEURONAS COLINÉRGICAS

La porción rostral de la formación reticular contiene dos grupos de neuronas que usan la acetilcolina como transmisor sináptico. El mayor de dichos grupos se encuentra en el **núcleo pedunculopontino** (v. figs. 9-1, 9-2 y 9-6), en el puente rostral y el mesencéfalo caudal. El **núcleo tegmental dorsal lateral**, más pequeño, se encuentra cerca y se extiende desde la sustancia gris periventricular del puente hasta la sustancia gris periacueductal. Es-

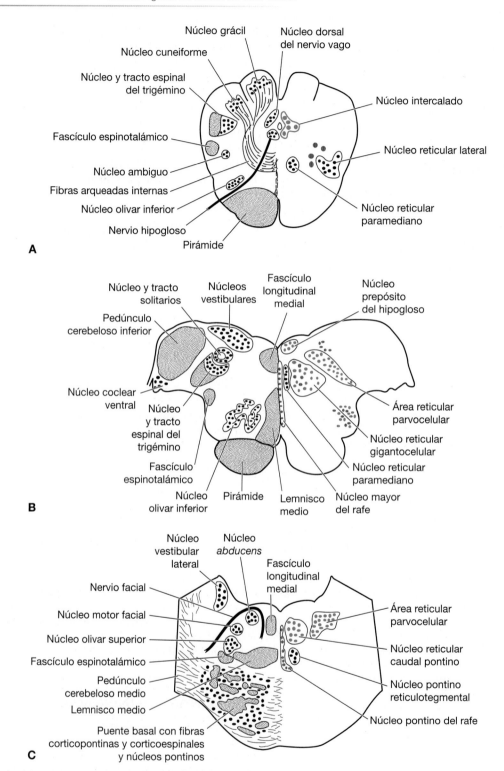

A

B

C

FIGURA 9-2. Sección transversal del tronco encefálico. La parte izquierda de cada figura muestra los núcleos y los nervios que constituyen referentes anatómicos importantes. La parte derecha muestra la posición de los núcleos reticulares y otros núcleos que se describen en este capítulo. Los *puntos negros* representan núcleos precerebelosos; los *puntos rojos* representan grupos de neuronas que contienen serotonina y catecolamina, y los *puntos azules* representan otros núcleos. *(Continúa.)*

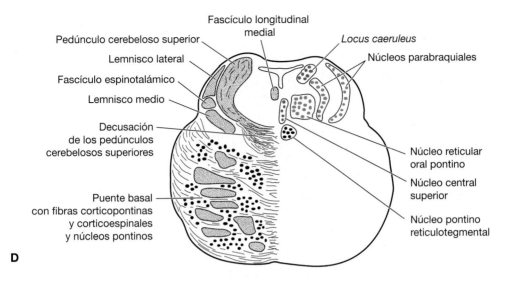

Fascículo longitudinal medial

Pedúnculo cerebeloso superior

Locus caeruleus

Núcleos parabraquiales

Lemnisco lateral

Fascículo espinotalámico

Lemnisco medio

Decusación de los pedúnculos cerebelosos superiores

Núcleo reticular oral pontino

Núcleo central superior

Puente basal con fibras corticopontinas y corticoespinales y núcleos pontinos

Núcleo pontino reticulotegmental

D

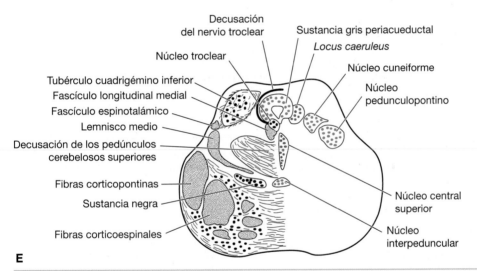

Decusación del nervio troclear

Sustancia gris periacueductal

Locus caeruleus

Núcleo troclear

Núcleo cuneiforme

Tubérculo cuadrigémino inferior

Núcleo pedunculopontino

Fascículo longitudinal medial

Fascículo espinotalámico

Lemnisco medio

Decusación de los pedúnculos cerebelosos superiores

Fibras corticopontinas

Sustancia negra

Núcleo central superior

Fibras corticoespinales

Núcleo interpeduncular

E

FIGURA 9-2. *(Cont.)* Sección transversal del tronco encefálico. La parte izquierda de cada figura muestra los núcleos y los nervios que constituyen referentes anatómicos importantes. La parte derecha muestra la posición de los núcleos reticulares y otros núcleos que se describen en este capítulo. Los *puntos negros* representan núcleos precerebelosos; los *puntos rojos* representan grupos de neuronas que contienen serotonina y catecolamina, y los *puntos azules* representan otros núcleos. **(A)** Núcleos a nivel del polo caudal del núcleo olivar inferior, en la parte cerrada del bulbo. (Los *puntos rojos no rotulados* representan neuronas adrenérgicas dispersas.) **(B)** Núcleos a nivel del polo craneal del núcleo olivar inferior, en la parte abierta del bulbo. (Los *puntos rojos no rotulados* representan grupos de neuronas adrenérgicas y noradrenérgicas. Los *puntos azules* en posición dorsolateral respecto del núcleo olivar inferior indican la probable posición del área reticular ventral superficial del bulbo.) **(C)** Núcleos del tegmento caudal del puente, a nivel de la rodilla interna del nervio facial. **(D)** Tegmento pontino a un nivel rostral respecto del núcleo motor del trigémino. **(E)** Núcleos a nivel del extremo caudal del tubérculo cuadrigémino inferior.

tos núcleos reciben fibras aferentes procedentes de los núcleos noradrenérgicos (*locus caeruleus*) y serotoninérgicos (rafe) cercanos y de las neuronas histaminérgicas del hipotálamo. Además reciben fibras descendentes inhibidoras (γ-aminobutirato [GABA]) procedentes del pálido (v. cap. 12) y del área preóptica.

Las neuronas colinérgicas de la formación reticular poseen axones largos y ramificados que establecen sinapsis con las neuronas del grupo central de los núcleos reticulares del puente y el *locus caeruleus*. Los axones de las neuronas colinérgicas del puente también se han podido rastrear cranealmente hasta la sustancia negra, el

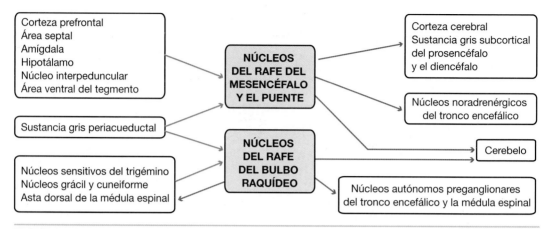

FIGURA 9-3.   Conexiones principales de los núcleos serotoninérgicos del rafe.

núcleo subtalámico, los núcleos talámicos intra-laminares y los núcleos colinérgicos basales del prosencéfalo (v. cap. 12).

Estudios electrofisiológicos demuestran la participación de los núcleos reticulares colinérgicos en las funciones motoras estereotipadas, como la locomoción, en la consciencia y el estado de alerta.

NÚCLEOS CATECOLAMINÉRGICOS

Las catecolaminas son la noradrenalina, la adre-nalina y la dopamina. El grupo mayor de neuronas noradrenérgicas centrales, y el único que puede observarse con facilidad en las preparaciones anatómicas ordinarias es el *locus caeruleus* o núcleo pigmentoso (v. figs. 9-2C y 9-2D) de la unión pontomesencefálica. En la parte lateral de la formación reticular del bulbo raquídeo, el puente y el mesencéfalo hay seis grupos más pe-queños de neuronas noradrenérgicas. En el bulbo raquídeo se encuentran dos grupos de neuronas adrenérgicas, uno en la formación reticular ven-trolateral y el otro dentro del núcleo solitario (v. figs. 9-2A y 9-2B).

No se conocen las conexiones aferentes del *locus caeruleus* y otros núcleos noradrenérgicos del tronco encefálico humano. Los trabajos experimentales (la mayoría con no primates) sugieren que las neuronas noradrenérgicas se activan de manera espontánea, pero están moduladas por neuronas de otras partes de la formación reticular y del hipotálamo. Las proyecciones nora-drenérgicas se conocen algo mejor, incluso en los primates, porque los axones y sus ramas terminales se pueden evidenciar mediante técnicas histoquímicas.

Cada neurona noradrenérgica posee un axón amielínico con ramas numerosas y largas. Estas ramas se dirigen a distintas regiones del SNC. La mayor parte de axones eferentes del *locus caeruleus*

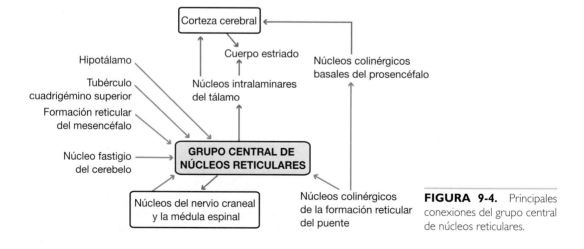

FIGURA 9-4.   Principales conexiones del grupo central de núcleos reticulares.

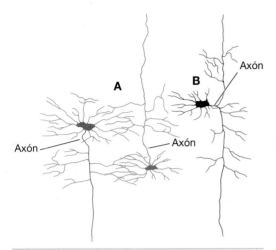

A

B

Axón

Axón

Axón

FIGURA 9-5. Neuronas de la formación reticular. **(A)** Interacción entre las dendritas y las ramas axónicas colaterales de las neuronas con sus proyecciones ascendentes *(azul)* y descendentes *(rojo)*. **(B)** Neuronas cuyos axones se dividen en largas ramas ascendentes y descendentes.

viaja rostralmente por el fascículo tegmental central y el haz prosencefálico medial. Los axones noradrenérgicos descendentes se originan principalmente en los núcleos catecolaminérgicos de la parte lateral del bulbo raquídeo.

La distribución del sistema noradrenérgico central se resume en la figura 9-7.

Es probable que la noradrenalina liberada por los axones del *locus caeruleus* y otros grupos celulares relacionados actúe principalmente como

moduladora en las sinapsis entre otras neuronas. Los efectos sobre los reflejos espinales y sobre el estado de alerta son generalmente excitadores. Las lesiones destructivas del *locus caeruleus* no causan la pérdida de la consciencia.

ÁREA RETICULAR PARVOCELULAR

El área reticular parvocelular se localiza en el bulbo raquídeo y en el puente, en situación lateral respecto al grupo central y medial respecto a los núcleos del trigémino (v. figs. 9-1 y 9-2). Las fibras aferentes proceden de estos núcleos sensitivos y de la corteza cerebral. Las neuronas del área reticular parvocelular proyectan sus axones a los núcleos motores de los nervios hipogloso, facial y trigémino. Estas conexiones sugieren que participan en los reflejos relacionados con la alimentación. Mediante estimulación eléctrica, se ha identificado en animales un **«centro espiratorio»** dentro del área reticular parvocelular del bulbo raquídeo. La estimulación de esta región también puede acelerar el corazón e incrementar la tensión arterial.

ÁREA PARABRAQUIAL

En posición rostral respecto del área reticular parvocelular, los **núcleos parabraquiales** laterales y mediales se sitúan en la parte lateral de la formación reticular del mesencéfalo caudal, cerca del pedúnculo cerebeloso superior. Esta área

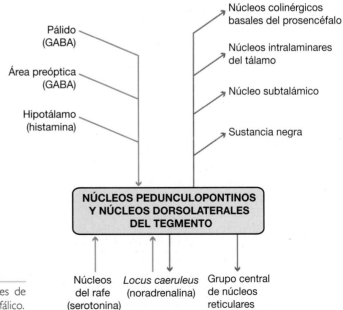

Pálido (GABA)

Área preóptica (GABA)

Hipotálamo (histamina)

Núcleos colinérgicos basales del prosencéfalo

Núcleos intralaminares del tálamo

Núcleo subtalámico

Sustancia negra

NÚCLEOS PEDUNCULOPONTINOS Y NÚCLEOS DORSOLATERALES DEL TEGMENTO

Núcleos del rafe (serotonina)

Locus caeruleus (noradrenalina)

Grupo central de núcleos reticulares

FIGURA 9-6. Conexiones principales de los núcleos colinérgicos del tronco encefálico.

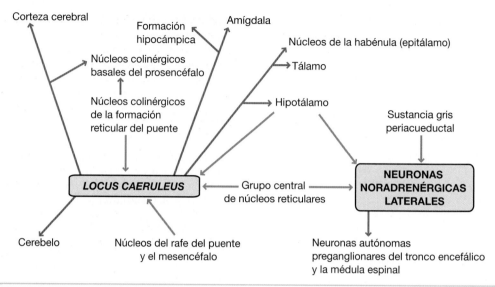

FIGURA 9-7.   Conexiones principales de los núcleos noradrenérgicos del tronco encefálico.

posee muchas conexiones. Las fibras aferentes proceden del núcleo solitario y de la corteza de la ínsula y de las porciones adyacentes del lóbulo parietal. Los axones de las neuronas parabraquiales se proyectan cranealmente hacia el hipotálamo, el área preóptica, los núcleos intralaminares del tálamo y la amígdala.

En muchos mamíferos, aunque no en los primates, los núcleos parabraquiales también forman parte de la vía sensitiva gustativa. Así, el área parabraquial sirve de estación de relevo de las vías ascendentes encargadas de las sensaciones viscerales. En esta región también se puede incluir el «centro neumotáxico», que los fisiólogos identifican como una región implicada en la regulación del ritmo respiratorio. Las lesiones de la parte dorsal del puente pueden causar **respiración apnéusica**, en la que existe una pausa de unos pocos segundos entre el final de la inspiración y el comienzo de la espiración.

NEURONAS RETICULARES SUPERFICIALES DEL BULBO RAQUÍDEO

El área reticular superficial ventral del bulbo raquídeo es otra región que interviene en la regulación de las funciones cardiovasculares y respiratorias. Las vías **aferentes** proceden de la médula espinal y el núcleo solitario. Contienen fibras que son activadas por los barorreceptores de los senos carotídeo y aórtico y por los quimiorreceptores sensibles al oxígeno de los cuerpos carotídeo y aórtico. Algunas de estas neuronas bulbares res-

ponden directamente a cambios del pH o de la concentración de dióxido de carbono en el líquido cefalorraquídeo de su alrededor. El área reticular superficial ventral envía **proyecciones eferentes** al hipotálamo y a las neuronas autónomas preganglionares del bulbo y la médula espinal. También se establecen conexiones funcionales con las neuronas motoras (o motoneuronas) que inervan los músculos de la respiración.

Funciones de la formación reticular

SUEÑO Y VIGILIA

Aspectos fisiológicos del estado de consciencia

El estado de consciencia, que consiste en darse cuenta de uno mismo y de lo que le rodea, se acompaña de actividad neuronal en toda la corteza cerebral. La consciencia se pierde de manera normal durante el sueño, y de manera anormal al sufrir daños o enfermedades que afectan al cerebro. La pérdida profunda de consciencia puede deberse a daños extensos de la corteza cerebral o a lesiones destructivas locales que afectan a determinadas partes del tronco encefálico que envían numerosas proyecciones divergentes hacia la corteza. El deterioro del nivel de consciencia se evalúa clínicamente analizando las respuestas a estímulos sensoriales (v. la nota clínica sobre la **escala de coma de Glasgow**).

Los estados de sueño y vigilia normalmente siguen un ritmo con la misma periodicidad que la alternancia del día y la noche. Durante la fase nocturna, el sueño puede ser ligero (puede despertarse fácilmente a la persona) o profundo (la persona requiere un estímulo sensitivo fuerte para despertarse). Además, en determinados episodios del sueño se da un movimiento rápido de los ojos (**sueño REM**, *rapid eyes movement*). En estos momentos, los músculos del tronco y las extremidades están relajados, y para que la persona se despierte se requiere un estímulo sensitivo importante; sin embargo, la corteza cerebral presenta mucha actividad. Cuando a una persona se la despierta repentinamente durante la fase REM generalmente afirma que estaba soñando.

La dificultad para despertarse durante el sueño REM se atribuye a que durante esta fase queda inhibida la transmisión en todas las vías sensitivas específicas (somática, auditiva, etc.) entre el tálamo y la corteza cerebral. La relajación muscular está mediada por neuronas de la formación reticular que inhiben las neuronas motoras de la médula espinal.

Los distintos niveles de consciencia se corresponden con cambios en el **electroencefalograma (EEG)**, que es un indicador grosero de la actividad de la corteza cerebral. Las fluctuaciones en el voltaje que se registran en un punto del cuero cabelludo corresponden a la suma de las variaciones de los potenciales de membrana de las dendritas de las neuronas de la corteza cerebral subyacente (v. también cap. 14). Los potenciales dendríticos son las respuestas a la actividad de los axones aferentes, la mayoría de los cuales proceden de neuronas del tálamo. Cuando se estimulan sincrónicamente distintos grupos de neuronas talámicas se registran potenciales elevados, mientras que una actividad de bajo voltaje indica que cada neurona cortical está respondiendo de manera distinta a los estímulos aferentes procedentes del tálamo. Las ondas del EEG de una persona en estado de alerta tienen un voltaje bajo y una frecuencia elevada, lo que indica la

NOTAS CLÍNICAS

La escala de coma de Glasgow

Esta sencilla prueba cuantitativa sobre la disminución del nivel de consciencia se realiza puntuando la apertura ocular y las respuestas motoras y verbales inducidas por estímulos de intensidad variable (tabla 9-1). La máxima puntuación (plena consciencia), de 15, se registra como E4 V5 M6. En estado de **coma** —término que se reserva para el nivel de inconsciencia en que las respuestas a estímulos son inexistentes o muy pequeñas—, la puntuación total en la escala de Glasgow es igual o inferior a 8. Los tres componentes se registran por separado, ya que no siempre es posible evaluarlos todos. Por ejemplo, las heridas y tumefacciones faciales pueden impedir la apertura ocular, la intubación de la tráquea impide determinar la respuesta verbal, y una herida espinal concurrente o fracturas múltiples pueden impedir respuestas motoras. Normalmente tampoco se pueden obtener puntuaciones significativas en niños menores de 2 años. La escala de coma de Glasgow no sólo es muy útil porque es muy sencilla sino también porque sus puntuaciones se correlacionan bien con los resultados clínicos en caso de daños cerebrales. No es sorprendente que el coma profundo se asocie habitualmente con un pronóstico malo.

TABLA 9-1.   Escala de coma de Glasgow

Apertura ocular (E)	Respuesta verbal (V)	Respuesta motora (M)
Espontánea = 4	Conversación normal = 5	Normal = 6
Al estímulo verbal = 3	Conversación confusa = 4	Localiza el dolor = 5
Al estímulo doloroso = 2	Palabras inapropiadas = 3	Retira al dolor (flexión) = 4
Ausente = 1	Sonidos incomprensibles = 2	Rigidez en flexión («postura de decorticación») = 3
	Ausente = 1	Rigidez en extensión («postura de descerebración») = 2
		Ausente = 1
		Total = E + V + M

desincronización de los circuitos talamocorticales. A medida que el sueño se hace más profundo, las ondas se vuelven más altas (sincronización) y más largas («sueño de ondas lentas»). En el sueño REM, el EEG es asincrónico, a pesar de que este tipo de sueño es más profundo, en el sentido de que es más resistente a la estimulación sensorial. En los EEG de los pacientes en coma se observan diversas anomalías, principalmente una reducción del voltaje y de la frecuencia. La ausencia de actividad eléctrica registrable (EEG plano) indica la muerte de la corteza cerebral.

Correlaciones neuroanatómicas de la consciencia y el sueño

La actividad generalizada de la corteza cerebral, que constituye el estado de alerta o vigilia de una persona despierta sólo se da cuando las neuronas que tienen sus cuerpos celulares en el tronco encefálico y el tálamo realizan una excitación cortical adecuada.

Las vías ascendentes que estimulan la totalidad de la corteza están anatómicamente separadas de los sistemas sensoriales específicos (v. caps. 17 y 19-22) y de las proyecciones corticópetas del cerebelo (v. cap. 10) y los ganglios basales (v. caps. 12 y 23). La destrucción bilateral de las partes mediales del tronco encefálico a nivel del puente superior o por encima de él causa coma irreversible. Las lesiones de localización medial que causan coma no interrumpen la transmisión a través de las vías sensitivas localizadas más lateralmente. La integridad de la formación reticular rostral del puente y del fascículo tegmental central es esencial para el mantenimiento del estado de consciencia. A nivel del mesencéfalo y el puente rostral, el fascículo tegmental central contiene tres poblaciones de axones procedentes de la formación reticular que estimulan directa o indirectamente la totalidad de la corteza cerebral:

1. Las **neuronas noradrenérgicas** (v. fig. 9-7) proporcionan una proyección ascendente que excita las neuronas de la corteza cerebral. Las células del *locus caeruleus* están más activas en animales despiertos y atentos; están menos activas en el sueño no REM e inactivas en el sueño REM.
2. Las **neuronas colinérgicas** del núcleo pedunculopontino (v. fig. 9-6) se proyectan hacia el hipotálamo, los núcleos colinérgicos basales del prosencéfalo (v. más adelante) y los núcleos intralaminares del tálamo, que, a su vez, mandan proyecciones extensas, aunque dispersas, a todas las partes de la corteza cerebral. Estas neuronas están activas durante la vigilia y durante el sueño REM, pero están quiescentes durante el sueño no REM.
3. El **grupo central de núcleos reticulares** (especialmente el núcleo reticular oral pontino) proyectan axones hacia los núcleos intralaminares del tálamo y hacia los núcleos colinérgicos basales del prosencéfalo (v. más adelante). Las neuronas reticulares centrales constituyen una población mixta, y muestran distintos grados de actividad en todos los niveles de consciencia.

Grupos de neuronas del diencéfalo y el telencéfalo estimulan la corteza cerebral de manera general. Los **núcleos intralaminares del tálamo** (v. cap. 11) constituyen un enlace esencial para la mayoría de vías ascendentes implicadas en el despertar y el sueño REM (fig. 9-8). Además de las conexiones citadas, los núcleos intralaminares reciben ramas colaterales procedentes de todos los tractos sensitivos que se dirigen a otros núcleos del tálamo. Es probable que los estímulos sensoriales que hacen que nos despertemos del sueño realicen su acción a través de estas ramas. Las lesiones que provocan un daño bilateral de los núcleos intralaminares causan coma. La parte posterior del **hipotálamo** (v. cap. 11) contiene el **núcleo tuberomamilar**, que está formado por **neuronas secretoras de histamina**, cuyos axones se ramifican profusamente en el tálamo y se extienden también por otras muchas partes del SNC, incluida la corteza cerebral. Los estudios farmacológicos indican que la histamina de origen neuronal participa en el estado de alerta. Los efectos secundarios sedantes de los fármacos antihistamínicos tradicionales (antagonistas de los receptores H_1) probablemente se deben a la inhibición competitiva de la acción de la histamina sobre las neuronas corticales. Los **núcleos colinérgicos basales del prosencéfalo** (v. cap. 12) también estimulan neuronas por toda la corteza cerebral.

El sueño profundo (no REM) va asociado a una disminución de la actividad de los sistemas que se acaban de describir. Además, algunas neuronas del tronco encefálico y el hipotálamo inducen activamente el sueño:

1. Las **neuronas serotoninérgicas del rafe** poseen axones que se dirigen a todas las partes del SNC. Las neuronas del rafe están activas durante el sueño profundo, que puede ser causado, en parte, por una amplia acción inhibidora de la serotonina sobre la corteza cerebral y el tálamo. Las neuronas seroto-

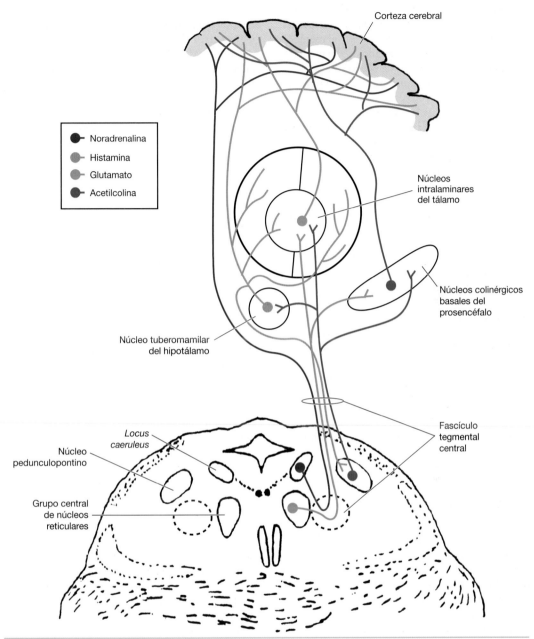

FIGURA 9-8. Sistema reticular activador ascendente. Este diagrama muestra los grupos de neuronas que están más activos en el estado de alerta y menos activos durante el sueño de ondas lentas (no REM). Con la notable excepción del *locus caeruleus*, estas neuronas están activas también durante el sueño REM.

ninérgicas son menos activas en el sueño REM, que puede ser causado, en parte, porque las neuronas del telencéfalo se liberan ocasionalmente de la acción inhibidora serotoninérgica. La reducción simultánea de la inhibición del núcleo reticular de la parte caudal del puente puede explicar los movimientos oculares que acompañan esta fase del sueño.

2. En la **parte lateral del hipotálamo**, algunas neuronas producen una pareja de péptidos, la orexina A y la orexina B, que están activos durante la vigilia. Las **orexinas** también son llamadas **hipocretinas 1** y **2**. Los largos axones de las neuronas de orexina se extienden por la mayor parte del encéfalo. Una de sus acciones consiste en estimular las neuronas colinérgicas del núcleo pedunculopontino.

En los perros, los ratones y los seres humanos, la deficiencia de orexina se asocia a **narcolepsia**, un trastorno en el que el estado de vigilia se ve interrumpido frecuentemente por breves episodios de sueño REM.

3. El núcleo **supraquiasmático** del hipotálamo (v. cap. 11) contiene neuronas cuyos patrones de activación siguen un ciclo de 24 h, de manera que sirven de reloj interno para el cerebro. Los axones del núcleo supraquiasmático contactan con las neuronas de orexina de la parte lateral del hipotálamo y con el núcleo hipotalámico dorsomedial (v. fig. 11-14), que se proyecta caudalmente hacia el *locus caeruleus*. Estas conexiones proporcionan un sistema de circuitos que podría facilitar el sueño durante la noche en lugar de durante el día.

4. Las **neuronas colinérgicas** de los núcleos pedunculopontino y tegmentales dorsolaterales están tan activas durante el sueño REM como lo están durante el estado de vigilia.

5. En el **área preóptica**, situada justo delante del hipotálamo, existe una población de neuronas GABA-érgicas que contiene el péptido galanina. Estas neuronas inhibidoras están activas durante el sueño profundo (no REM). Sus axones se dirigen al núcleo tuberomamilar, al *locus caeruleus* y a los núcleos reticulares colinérgicos. Las lesiones destructivas del área preóptica causan insomnio, lo que indica que esta región es esencial para que aparezca el sueño.

Durante el sueño REM se suprime la transmisión en determinadas vías sensitivas, lo que explica que el umbral de alerta ante los estímulos sensitivos sea más elevado. Se cree que esta situación es mediada por neuronas colinérgicas que se proyectan cranealmente (fig. 9-9) y estimulan el núcleo reticular del tálamo (v. también cap. 11). Este núcleo contiene neuronas GABA-érgicas que inhiben la transmisión de las señales que proceden de otros núcleos talámicos y se dirigen hacia la corteza cerebral. La relajación de los músculos de las extremidades que se observa durante el sueño REM es mediada por las fibras reticuloespinales, algunas de las cuales usan glicina como transmisor inhibidor.

DOLOR

A través de vías espinales aferentes y proyecciones que se dirigen hacia el tálamo, el grupo central de núcleos reticulares forma una **vía ascendente** para la percepción del dolor poco localizado. Esta sensación se conserva después de seccionar los fascículos espinotalámicos (v. cap. 19).

Los axones de las neuronas serotoninérgicas del rafe que se proyectan hacia el asta dorsal y el núcleo espinal del trigémino forman una **vía inhibidora descendente**. Este sistema inhibe la transmisión craneal de los potenciales de acción que transmiten dolor. La estimulación eléctrica de la sustancia gris periacueductal (que se proyecta hacia los núcleos del rafe del bulbo raquídeo) provoca una pérdida de la capacidad de experimentar dolor en los sitios dañados o enfermos. Esta vía descendente se describe en el capítulo 19.

FUNCIONES MOTORAS SOMÁTICAS

Los fascículos reticuloespinales constituyen una de las principales vías descendentes que intervienen en el control del movimiento; las otras dos son el haz corticoespinal y el haz vestibuloespinal. Conexiones reticulobulbares equivalentes inervan los núcleos motores de los nervios craneales. Experimentos con animales indican que muchas fibras reticuloespinales están formadas por axones de las células de los núcleos reticulares de las partes oral y caudal del puente y del núcleo gigantocelular del bulbo raquídeo. La mayor parte de estas fibras descienden hacia la médula espinal sin cruzar la línea media. Algunas finalizan en el asta ventral ipsilateral, mientras que otras se cruzan antes de terminar su recorrido. Por consiguiente, ambos fascículos reticuloespinales se proyectan ipsilateralmente y bilateralmente hacia la sustancia gris medular. Finalizan en interneuronas, y ejercen una influencia indirecta sobre las neuronas motoras a través de relevos sinápticos en el seno de la médula espinal.

Por lo que respecta a las funciones motoras, los núcleos reticulares de la formación central reciben importantes fibras aferentes que proceden de la corteza motora de los hemisferios cerebrales, el núcleo colinérgico pedunculopontino (v. figs. 9-2D y 9-6), los núcleos cerebelosos y la médula espinal.

El **fascículo rafespinal** es una vía reticuloespinal conocida fundamentalmente por el papel que desempeñan sus neuronas serotoninérgicas en la modulación de la sensación de dolor. Las proyecciones rafespinales también pueden modular la actividad de las neuronas motoras, que la serotonina vuelve más excitables. Los fármacos que bloquean la acción de la serotonina se han usado clínicamente para aliviar los espasmos provocados por la lesión de las principales vías motoras descendentes.

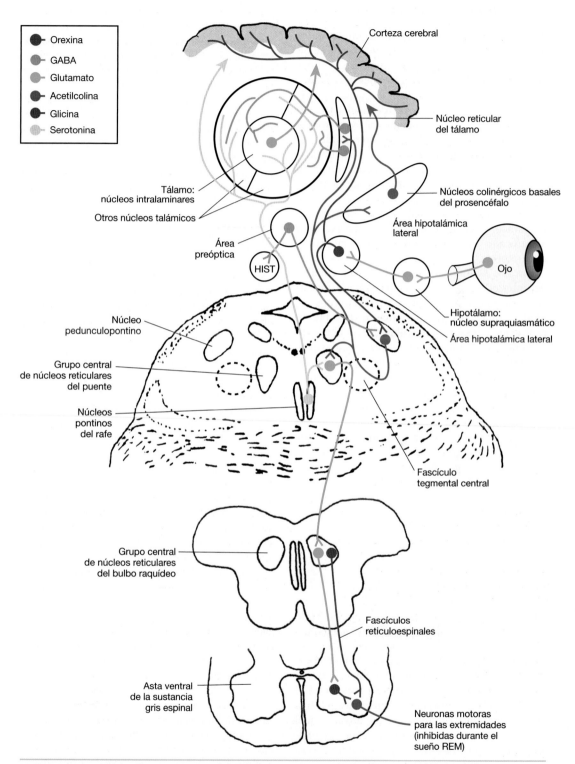

FIGURA 9-9.   Diagrama que muestra grupos de neuronas activos durante el sueño. Las neuronas serotoninérgicas y las neuronas GABA-érgicas del hipotálamo están más activas durante el sueño de ondas lentas (no REM). Las otras vías están activas durante el sueño REM, aunque el papel fisiológico de las neuronas de orexina todavía no está claro. Las *flechas* que señalan hacia arriba indican una distribución extensa de ramas axónicas hacia la corteza. Las vías descendentes participan en la inhibición de la actividad motora durante los períodos de sueño REM.

ACTIVIDADES VISCERALES

Determinadas regiones de la formación reticular regulan las **funciones viscerales** y la **respiración** a través de conexiones ascendentes con la amígdala y el hipotálamo y de conexiones descendentes con los núcleos vegetativos eferentes y con las neuronas motoras respiratorias del núcleo frénico y la médula dorsal. Las funciones de las neuronas reticulares de la superficie del bulbo raquídeo relacionadas con las respuestas reflejas a la tensión arterial sistémica y al grado de oxigenación de la sangre ya se han mencionado anteriormente en este mismo capítulo.

Mediante estimulación eléctrica del tronco encefálico, en los animales de laboratorio se han identificado otras regiones cardiovasculares y respiratorias, a las que normalmente se les llama «centros». Algunos de estos centros son campos del interior de la red de dendritas de la formación reticular y no agrupaciones de cuerpos celulares compactos. Las máximas **respuestas de espiración e inspiración** se obtienen en el núcleo gigantocelular bulbar y en el área reticular parvocelular bulbar, respectivamente. La frecuencia respiratoria está controlada por el centro neumotáxico del área parabraquial.

La estimulación de la parte medial de la formación reticular del bulbo raquídeo tiene un efecto depresor del **sistema circulatorio,** ya que disminuye tanto la frecuencia cardíaca como la tensión arterial. La estimulación de la parte lateral tiene efectos opuestos. Las lesiones del tronco encefálico pueden ser mortales debido a la presencia de estas regiones implicadas en el control de funciones vitales.

Miscelánea de núcleos del tronco encefálico

El **área postrema** es una estrecha franja de tejido nervioso que se encuentra en la parte caudal del piso del cuarto ventrículo, cerca del *obex* (v. figura 6-3). Aquí no existe la barrera hematoencefálica, que en el resto de sitios impide que determinadas sustancias de la sangre penetren en el tejido nervioso. Entre otras conexiones, el área postrema establece conexiones recíprocas con el núcleo solitario. Se ha demostrado experimentalmente que esta área es una región quimiorreceptora de los fármacos eméticos como la apomorfina y la digoxina. Por lo tanto, podría desempeñar una función en la fisiología del vómito.

Los **núcleos perihipoglosos** son tres grupos bastante aparentes de neuronas de la parte caudal del bulbo raquídeo: el núcleo intercalado (v. fig. 9-2A), el núcleo de Roller (ventrolateral respecto del núcleo hipogloso) y el núcleo prepósito del hipogloso (v. fig. 9-2B). El núcleo prepósito del hipogloso es el mayor de los tres y por su extremo craneal se continúa con la FRPP (v. fig. 8-5).

Estos núcleos reciben aferencias de diversas fuentes, como la corteza cerebral, los núcleos vestibulares, los núcleos oculomotores accesorios y la FRPP. Las fibras eferentes viajan principalmente hacia los núcleos de los nervios craneales III, IV y VI, a los que llegan a través del fascículo longitudinal medial. Los núcleos perihipoglosos forman parte del complejo circuito que controla el movimiento de los ojos. Las lesiones del núcleo prepósito del hipogloso reducen la capacidad de mantener los ojos fijos sobre un objetivo visual, aunque los movimientos conjugados siguen llevándose a cabo con precisión.

Los **núcleos oculomotores accesorios** son el núcleo intersticial de Cajal, el núcleo de Darkschewitsch, el núcleo de la comisura posterior y el núcleo intersticial craneal del fascículo longitudinal medial. Se sitúan en la unión entre el mesencéfalo y el diencéfalo (fig. 9-10), y están implicados en los movimientos de los ojos en el plano vertical (v. cap. 8).

La **sustancia gris periacueductal** rodea el acueducto cerebral del mesencéfalo. En los animales de laboratorio se han rastreado las conexiones aferentes y eferentes que abarcan desde la médula espinal hasta determinadas partes del telencéfalo. Sin embargo, el papel fisiológico que desempeña la sustancia gris periacueductal es, en gran parte, desconocido. Como ya se ha mencionado, la estimulación eléctrica de la sustancia gris periacueductal causa analgesia, y este efecto es procesado por la vía de las proyecciones descendentes del núcleo mayor del rafe del bulbo raquídeo. El núcleo de Darkschewitsch se localiza dentro del territorio de la sustancia gris periacueductal, pero generalmente se considera como uno de los núcleos oculomotores accesorios.

El **núcleo interpeduncular** se localiza en la línea media, en posición ventral respecto de la sustancia gris periacueductal y cerca del techo de la parte más rostral de la fosa interpeduncular. Este núcleo se encuentra en una vía a través de la cual el sistema límbico se proyecta hacia los núcleos autónomos del tronco encefálico y la médula espinal. En posición lateral respecto del núcleo interpeduncular, en la parte medial del pedúnculo cerebral, hay una población de neuronas secretoras de dopamina conocida como **área tegmental ventral.** Esta área también establece conexiones con el sistema límbico y se describe en el capítulo 18.

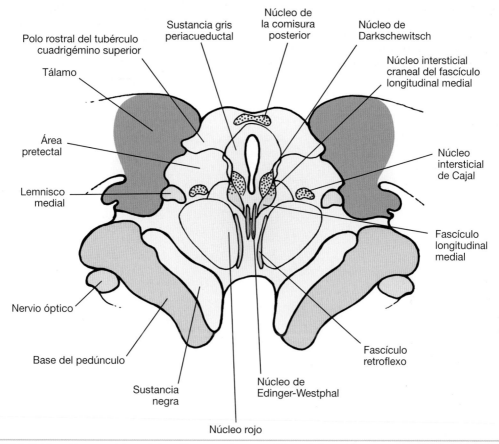

FIGURA 9-10.   Algunos núcleos de la unión entre el mesencéfalo y el diencéfalo, a un nivel intermedio entre las figuras 7-15 y 11-7. Los núcleos oculomotores accesorios se representan en *rojo*, y el núcleo parasimpático de Edinger-Westphal, en *verde*. En la sección se incluyen partes del tálamo *(azul claro)*, y algunos fascículos de fibras importantes están coloreados en *amarillo*.

Bibliografía recomendada

Aston-Jones G, Chen S, Zhu Y, et al. A neural circuit for circadian regulation of arousal. *Nature Neurosci* 2001;4:732–738.

Bogen JE. On the neurophysiology of consciousness, 1: an overview. *Conscious Cogn* 1995;4:52–62.

Crabtree JW. Intrathalamic sensory connections mediated by the thalamic reticular nucleus. *Cell Mol Life Sci* 1999;56: 683–700.

Ferguson AV. The area postrema: a cardiovascular control centre at the blood-brain interface? *Can J Physiol Pharmacol* 1991;69:1026–1034.

Huang XF, Paxinos G. Human intermediate reticular zone: a cyto- and chemoarchitectonic study. *J Comp Neurol* 1995;360:571–588.

Inglis WL, Winn P. The pedunculopontine tegmental nucleus: where the striatum meets the reticular formation. *Prog Neurobiol* 1995;47:1–29.

Manning KA, Wilson JR, Uhlrich D. Histamine-immunoreactive neurons and their inervation of visual regions in the cortex, tectum and thalamus in the primate Macaca mulatta. *J Comp Neurol* 1996;373:271–282.

Maquet P, Peters JM, Aerts J, et al. Functional neuroanatomy of human rapid eye-movement sleep and dreaming. *Nature* 1996;383:163–166.

Nieuwenhuys R, Voogd J, van Huijzen C. *The Human Central Nervous System. A Synopsis and Atlas*, 3rd ed. Berlin: Springer-Verlag, 1988.

Olszewski J, Baxter D. *Cytoarchitecture of the Human Brain Stem*, 2nd ed. Basel: Karger, 1982.

Paxinos G, Tork I, Halliday G, et al. Human homologs to brainstem nuclei identified in other animals as revealed by acetylcholinesterase activity. In: Paxinos G, ed. *The Human Nervous System*. San Diego: Academic Press, 1990:149–202.

Saper CB, Chou TC, Scammell TE. The sleep switch: hypothalamic control of sleep and wakefulness. *Trends Neurosci* 2001;24:726–731.

Siegel JM, Lai YY. Brainstem systems mediating the control of muscle tone. In: Mallick BN, Singh R, eds. *Environment and Physiology*. New Delhi: Narosa, 1994: 62–78.

Taheri S, Zeiter JM, Mignot E. The role of hypocretins (orexins) in sleep regulation and narcolepsy. *Annu Rev Neurosci* 2002;25:283–313.

Wada H, Inagaki N, Yamatodani A, et al. Is the histaminergic neuron system a regulatory center for whole-brain activity? *Trends Neurosci* 1991;14:415–418.

Wainberg M, Barbeau H, Gauthier S. The effects of cyproheptadine on locomotion and on spasticity in patients with spinal cord injuries. *J Neurol Neurosurg Psychiatry* 1990;53:754–763.

Willie JT, Chemelli RM, Sinton CM, et al. To eat or to sleep? Orexin in the regulation of feeding and wakefulness. *Annu Rev Neurosci* 2001;24:429–458.

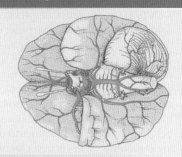

Capítulo 10

EL CEREBELO

Conceptos básicos

- Las principales estructuras de la corteza cerebelosa son los hemisferios, el vermis, el flóculo, el nódulo y la amígdala.

- Las fibras aferentes finalizan en la corteza cerebelosa, que consta de tres capas. Los axones de las células de Purkinje finalizan en los núcleos cerebelosos.

- El núcleo fastigio, los núcleos interpuestos y el núcleo dentado reciben ramas de todas las fibras cerebelosas aferentes y de la corteza. Estos núcleos contienen las neuronas cerebelosas eferentes.

- El pedúnculo cerebeloso superior está formado por las fibras cerebelosas aferentes, el haz espinocerebeloso ventral y las fibras tectocerebelosas. El pedúnculo cerebeloso medio está formado por fibras de los núcleos pontinos contralaterales. El pedúnculo cerebeloso inferior está formado por las fibras olivocerebelosas y espinocerebelosas dorsales y por las conexiones vestibulocerebelosas y fastigiobulbares.

- El sistema vestibular está conectado ipsilateralmente con el vestibulocerebelo, que está formado por el lóbulo floculonodular y el núcleo fastigio. Este núcleo se proyecta hacia los núcleos vestibulares ipsilaterales y la formación reticular.

- Las señales propioceptivas son transportadas ipsilateralmente hacia el espinocerebelo, que está formado por el vermis, las zonas paramedianas (paravermianas) y los núcleos interpuestos. Estos núcleos se proyectan hacia el núcleo rojo contralateral y hacia la división posterior del núcleo ventral lateral del tálamo (VLp) contralateral. El VLp se proyecta hacia la corteza motora primaria.

- Todas las partes del techo y la corteza del cerebelo actúan sobre el hemisferio cerebeloso contralateral y el núcleo dentado (pontocerebelo) mediante relevos en los núcleos del puente. El núcleo dentado se proyecta hacia el núcleo VLp contralateral del tálamo.

- Estas conexiones determinan que ambas partes del cuerpo estén representadas ipsilateralmente en el cerebelo, y que las funciones posturales se localicen en la línea media y cerca de ella.

- El cerebelo aprende y ejecuta instrucciones sobre el movimiento, a la vez que coordina la fuerza, la extensión y la duración de las contracciones musculares.

- Mientras que una lesión en la línea media o cerca de ella causa alteraciones del equilibrio y la marcha, la lesión de un hemisferio disminuye el control de los movimientos de las extremidades ipsilaterales (síndrome neocerebeloso). El término **ataxia** hace referencia a los movimientos faltos de control, incluidos aquellos causados por enfermedades cerebelosas.

- El pontocerebelo o neocerebelo también participa en funciones no motoras, y el síndrome neocerebeloso puede asociarse a anomalías cognitivas y afectivas.

El cerebelo es conocido, principalmente, por ser la parte motora del encéfalo, encargada de mantener el equilibrio y de coordinar las contracciones musculares. El cerebelo contribuye de manera especial en la sinergia de la acción muscular (es decir, en la sincronización de la contracción y la relajación de los distintos músculos que constituye un movimiento útil). El cerebelo asegura que se contraigan los músculos adecuados en el momento adecuado, cada uno con la fuerza adecuada. Existen razones para creer que el cerebelo participa en los modelos de aprendizaje de la actividad neuronal necesaria para ejecutar movimientos, así como en la ejecución de las instrucciones codificadas.

A pesar de ser muy complejas, las actividades del cerebelo se han considerado, durante mucho tiempo, inconscientes, ya que las enfermedades cerebelosas causan una alteración de las funciones motoras sin parálisis voluntaria. Este punto de vista tradicional puede que no sea del todo correcto: los movimientos imaginados se acompañan de un incremento del riego sanguíneo cerebeloso mayor que el incremento detectado en las áreas motoras de la corteza cerebral. Las evidencias también sugieren que el cerebelo desempeña funciones cognitivas y sensoriales.

El cerebelo está formado por una corteza (o capa superficial) de sustancia gris contenida dentro de unos pliegues transversales o láminas y por un cuerpo central de sustancia blanca. Dentro de la sustancia blanca cerebelosa hay incluidos cuatro pares de núcleos centrales. Tres pares de pedúnculos cerebelosos, formados por axones mielínicos, conectan el cerebelo con el tronco encefálico.

Anatomía macroscópica

La superficie cerebelosa superior se ajusta al reflejo o repliegue dural de la tienda, que forma el techo de la fosa craneal posterior. La superficie inferior está profundamente acanalada en la línea media; en ambos lados, el resto de esta superficie es convexa y descansa sobre el suelo de la fosa craneal posterior (fig. 10-1).

Existen términos concretos que sirven para identificar regiones determinadas de la superficie cerebelosa. La región situada sobre y cerca de la línea media recibe el nombre de **vermis,** y el resto se conoce como los **hemisferios**. El vermis superior se continúa con los hemisferios, pero el vermis inferior se sitúa dentro de una depresión profunda (la valécula) y está bien delimitado. La **zona paramediana o paravermiana** está formada por las partes centrales de los hemisferios, a 1 o 2 cm a ambos lados del vermis.

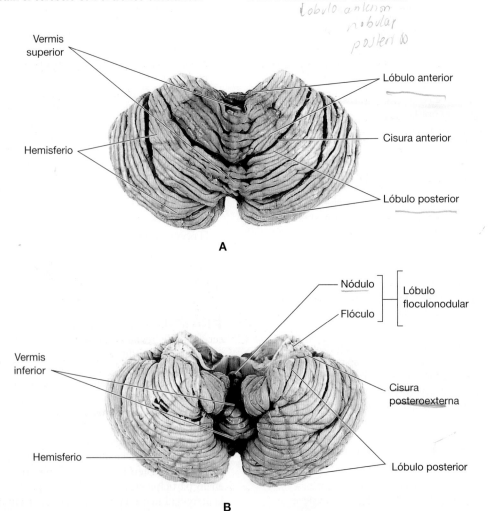

FIGURA 10-1.   El cerebelo. **(A)** Superficie superior. **(B)** Superficie inferior.

Sobre el plano horizontal se reconocen tres grandes regiones o lóbulos (v. fig. 10-1). El lóbulo floculonodular (o lobulillo) es una estructura pequeña que se sitúa en el extremo rostral de la superficie inferior. Si el cerebelo no estuviera enrollado, ésta sería su parte más caudal.

El nódulo es la porción final del vermis inferior, y los flóculos son unas masas de forma irregular que se sitúan a ambos lados del nódulo. Diversas cisuras transversales muescan el cerebelo. La primera que aparece durante el desarrollo embrionario es la cisura posteroexterna (o posterolateral), que delimita el lóbulo floculonodular. La masa principal del cerebelo (todo excepto el lóbulo floculonodular) está formada por los lóbulos anterior y posterior. El lóbulo anterior es la parte de la superficie superior que se sitúa en posición rostral respecto de la cisura anterior. El resto del cerebelo de ambas superficies constituye el gran lóbulo posterior.

El techo de la parte rostral del cuarto ventrículo está formado por los pedúnculos cerebelosos superiores y por el velo medular (bulbar) superior que une el espacio entre ellos (fig. 10-2; v. también fig. 7-10). El resto del techo está constituido por el delgado velo medular (bulbar) inferior, formado por la piamadre y el epéndimo. Esta membrana (v. fig. 6-4) habitualmente se adhiere al vermis inferior. Los tres pares de pedúnculos se unen al cerebelo a nivel del espacio situado entre el lóbulo floculonodular y el lóbulo anterior.

Otras cisuras delimitan más subdivisiones o lobulillos, especialmente en el lóbulo posterior.

En caso de que sea necesario identificar subdivisiones más pequeñas del cerebelo, se puede consultar la figura 10-3. La posición de las **amígdalas** es clínicamente significativa, ya que estas partes de los hemisferios cerebelosos se encuentran muy cerca del bulbo y pueden comprimir esta parte vital del tronco encefálico si el contenido de la fosa posterior del cráneo es desplazado hacia abajo a través del agujero occipital. La amígdala también es un punto de referencia angiográfico, que se asocia con una curva característica del recorrido de la arteria cerebelosa posteroinferior.

Corteza cerebelosa

La superficie cerebelosa está replegada en numerosas hojas estrechas, y el 85% de la superficie cortical queda oculta dentro de las cisuras o surcos intermedios. El tamaño del área cortical equivale aproximadamente a tres cuartas partes de la corteza cerebral.

Organización neuronal

En las secciones se pueden observar tres capas (fig. 10-4). La capa de células de Purkinje está formada por una única hilera de cuerpos celulares de células de Purkinje, las células principales y mayor tamaño de la corteza cerebelosa. Por encima de esta capa se sitúa la capa molecular, una zona sináptica formada por las dendritas de las células de Purkinje, que se ramifican profusa-

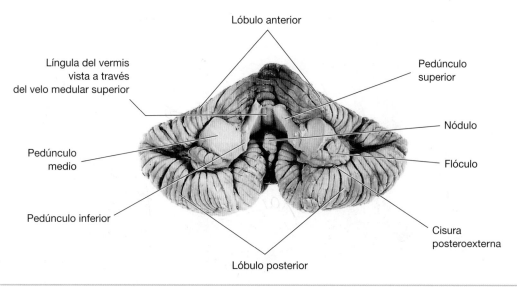

FIGURA 10-2.   El cerebelo visto de frente y desde abajo, en el que se observan las superficies seccionadas de los pedúnculos cerebelosos.

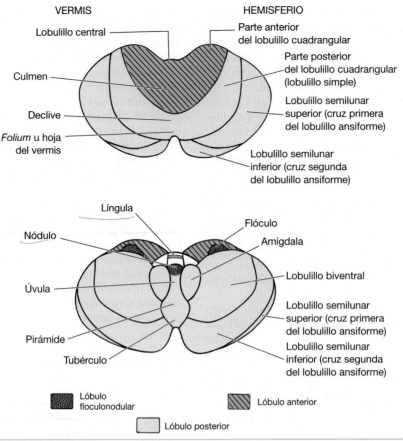

FIGURA 10-3. Nombres anatómicos de las partes del cerebelo. (La língula, que no se observa en estas ilustraciones, es una porción pequeña y aplanada del vermis superior que se sitúa por debajo del lóbulo central, adherida al velo medular superior; v. fig. 10-2.)

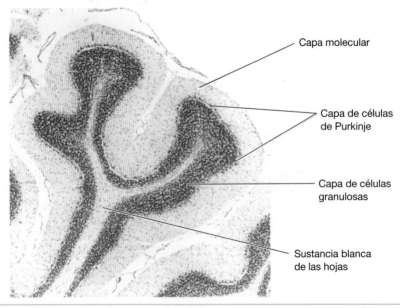

FIGURA 10-4. Sección transversal de las hojas cerebelosas que muestra las tres capas de la corteza y la sustancia gris subyacente (teñida con violeta de cresilo).

mente en un plano perpendicular al eje longitudinal de las hojas.

La capa de células granulosas, situada por debajo de la capa de células de Purkinje, está formada por interneuronas densamente empaquetadas cuyos axones se extienden por la capa molecular. Otras interneuronas cerebelosas (fig. 10-5) tienen el cuerpo neuronal en la capa molecular o en la capa de células granulosas. Las fibras ascendentes aferentes que se dirigen a la corteza se originan en los núcleos del complejo olivar inferior y establecen sinapsis con las partes proximales del árbol dendrítico de las células de Purkinje. Las fibras cerebelosas aferentes que proceden de otros lugares finalizan como fibras musgosas, y establecen sinapsis con las neuronas de la capa de células granulosas en una formación que recibe el nombre de glomérulo (fig. 10-6). Los axones de las células granulosas poseen unas ramificaciones conocidas como fibras paralelas, que discurren por el eje longitudinal de la hoja de la capa molecular. Mientras que cada célula de Purkinje contacta con una sola fibra ascendente, las fibras paralelas son mucho más numerosas, y cada una contacta con diversas células de Purkinje. (También hay proyecciones noradrenérgicas y serotoninérgicas que llegan al cerebelo desde el tronco encefálico; estas proyecciones se mencionaron en el cap. 9 pero no se describen aquí.) Los únicos axones que abandonan la corteza son los de las células

de Purkinje. Estos axones finalizan en los núcleos centrales del cerebelo, excepto algunas fibras de la corteza del lóbulo floculonodular, que prosiguen hasta el tronco encefálico.

La corteza cerebelosa fue una de las primeras regiones del encéfalo que se estudiaron ampliamente mediante microelectrodos con el objetivo de determinar si las sinapsis entre tipos específicos de neuronas generaban potenciales postsinápticos excitadores (PPSE) o inhibidores (PPSI). Desde entonces, estos experimentos se han completado con estudios inmunohistoquímicos y farmacológicos sobre los neurotransmisores y sus receptores.

Todos los axones aferentes que se dirigen al cerebelo establecen conexiones excitadoras. Antes de alcanzar la corteza, todos los axones aferentes proyectan ramas colaterales que contactan con las neuronas de los núcleos cerebelosos. Las células granulosas también establecen sinapsis excitadoras con las células de Purkinje. El transmisor excitador es el glutamato. Todas las demás neuronas cerebelosas establecen sinapsis inhibidoras y utilizan el ácido γ-aminobutírico (GABA) como transmisor. De esta manera, la señal excitadora que llega a la corteza es modificada por los circuitos intracorticales que inhiben a las células de Purkinje y suprimen la transmisión desde la corteza a los núcleos centrales. Las células granulosas son las interneuronas cerebelosas más numerosas; otras interneuronas son las células de Golgi y las célu-

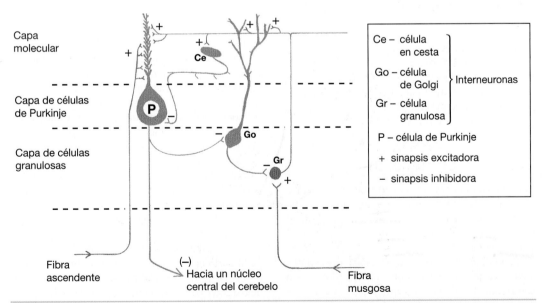

FIGURA 10-5. Neuronas de la corteza cerebelosa que establecen sinapsis inhibidoras y excitadoras. El diagrama, que representa la sección longitudinal de una hoja, permite observar el árbol dendrítico de la célula de Purkinje. Las neuronas glutamatérgicas (excitadoras) se representan en *rojo;* las neuronas GABA-érgicas (inhibidoras) se representan en *azul.*

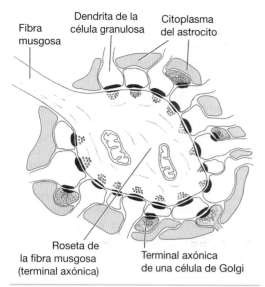

FIGURA 10-6. Ultraestructura de un glomérulo sináptico de la capa de células granulosas. Los procesos astrocíticos *(amarillo)* evitan que los neurotransmisores difundan a las sinapsis adyacentes.

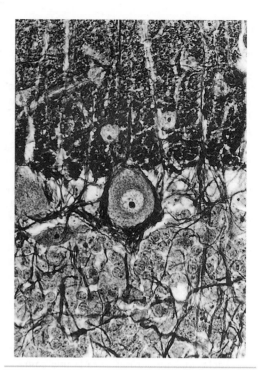

FIGURA 10-7. Cuerpo celular de una célula de Purkinje situado entre la capa molecular *(arriba)* y la capa de células granulosas de la corteza cerebelosa. La mayoría de fibras que rodean la célula de Purkinje son ramas preterminales de los axones de células en cesta. (Teñido con uno de los métodos de nitrato de plata de Cajal.)

las en cesta, que se muestran en la figura 10-5. Por ejemplo, la activación de las fibras paralelas induce PPSE en las células en cesta, pero las sinapsis entre las células en cesta y las células de Purkinje generan PPSI. Las fibras paralelas también excitan a las células de Golgi, que inhiben a las células granulosas. Mientras que a lo largo de la hoja cada fibra paralela contacta con las dendritas de numerosas células de Purkinje, a través de la hoja el axón de cada célula en cesta contacta con varias células de Purkinje (v. figs. 10-5 y 10-7).

Los circuitos inhibidores, que incluyen más sinapsis que los circuitos excitadores, sirven para delimitar el área excitada de la corteza y el grado de excitación causado por la descarga de impulsos que emite una fibra musgosa.

Núcleos centrales

Incluidos en la parte más profunda de la sustancia blanca del cerebelo se encuentran cuatro pares de núcleos; en sentido medial a lateral son: el núcleo fastigio, el núcleo globoso, el núcleo emboliforme y el núcleo dentado.

El **núcleo fastigio** se sitúa cerca de la línea media, casi en contacto con el techo del cuarto ventrículo. El **núcleo interpuesto** (formado por dos grupos de células: el núcleo emboliforme y el núcleo globoso) se sitúa entre el núcleo fastigio y el núcleo dentado. El **núcleo dentado**, prominente, tiene la forma irregular de una bolsa estrujada,

parecida a la del núcleo olivar inferior, y su hilio mira hacia la parte media. Las fibras eferentes ocupan el interior del núcleo y salen por el hilio.

Los impulsos que se dirigen a los núcleos cerebelosos proceden de: a) fuentes externas al cerebelo o b) células de Purkinje de la corteza. Los impulsos extrínsecos viajan a través de fibras pontocerebelosas, espinocerebelosas y olivocerebelosas, como también a través de fibras procedentes de los núcleos reticulares precerebelosos. La mayoría de estas vías aferentes son ramas colaterales de fibras que se dirigen a la corteza cerebelosa. Unas pocas fibras rubrocerebelosas finalizan en el núcleo interpuesto, y el núcleo fastigio recibe aferentes procedentes del nervio y los núcleos vestibulares. Mientras que el núcleo fastigio se proyecta hacia el tronco encefálico a través del pedúnculo cerebeloso inferior, las fibras eferentes procedentes de otros núcleos abandonan el cerebelo a través del pedúnculo superior y finalizan en el tronco encefálico y el tálamo.

Las vías procedentes del exterior del cerebelo que se dirigen a los núcleos centrales son excitadoras, mientras que las vías procedentes de

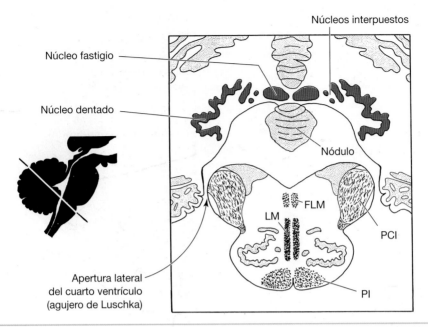

FIGURA 10-8. Núcleos centrales del cerebelo, vistos en una sección transversal que también pasa por la parte abierta del bulbo raquídeo. FLM, fascículo longitudinal medial; LM, lemnisco medial; PCI, pedúnculo cerebeloso inferior; PI, pirámide.

las células de Purkinje, que usan GABA como transmisor, son inhibidoras. La información que se procesa de manera primaria en los núcleos centrales se refina gracias a las señales inhibidoras procedentes de la corteza. La combinación de ambos impulsos mantiene una descarga tónica entre los núcleos centrales, de una parte, y el tronco encefálico y el tálamo, de la otra.

Esta descarga cambia constantemente, de acuerdo con la señal aferente que se envía al cerebelo en cada momento dado.

Pedúnculos cerebelosos

En el plano sagital, la sustancia blanca de la región del vermis se dispone siguiendo un patrón en forma de árbol ramificado (el árbol de la vida del cerebelo) (fig. 10-9). Cada hemisferio contiene una gran masa de sustancia blanca en la que queda inmerso el núcleo dentado (fig. 10-10). La sustancia blanca está formada por fibras aferentes y fibras eferentes de la corteza y los núcleos. El sistema aferente y el sistema eferente se describirán con las divisiones funcionales del cerebelo. En este momento sólo se identifican como componentes de los pedúnculos cerebelosos.

El pedúnculo cerebeloso inferior está formado, principalmente, por fibras que entran en el cerebelo, el contingente mayor de las cuales procede de los núcleos del complejo olivar inferior contralateral. Los otros componentes son el haz espinocerebeloso dorsal y las fibras procedentes del nervio vestibular, los núcleos vestibulares y otros núcleos del bulbo raquídeo (tabla 10-1). Las fibras eferentes del pedúnculo cerebeloso inferior viajan desde el lóbulo floculonodular y el núcleo fastigio hasta los núcleos vestibulares y la formación reticular del bulbo y el puente.

El pedúnculo cerebeloso medio está formado por fibras pontocerebelosas que se originan en los núcleos protuberanciales contralaterales.

El pedúnculo cerebeloso superior está formado, principalmente, por fibras eferentes provenientes de los núcleos interpuestos y dentado. Estos axones finalizan en el tálamo. Los contingentes más pequeños de fibras del pedúnculo superior se resumen en la tabla 10-1.

Anatomía funcional

Desde el punto de vista de la anatomía comparada, el cerebelo se divide en tres partes. Se trata del arquicerebelo, que es el único componente del cerebelo de los peces y los anfibios inferiores, el paleocerebelo, presente en los anfibios superiores y de mayor tamaño en los reptiles y las aves, y el neocerebelo, que sólo está presente en los mamíferos, y en los seres humanos es más grande. Estas

FIGURA 10-9.   Estructuras de la línea media del tronco encefálico y el cerebelo, entre las que puede verse el árbol de la vida del vermis. La muestra se ha teñido usando un método que permite diferenciar la sustancia gris *(oscura)* de la sustancia blanca *(clara)*.

divisiones filogenéticas del cerebelo (fig. 10-11) se corresponden, en gran parte, con las divisiones funcionales (fig. 10-12), que se basan en las principales fuentes de fibras musgosas aferentes.

(Fibras ascendentes olivocerebelosas que se distribuyen por toda la corteza.) Las divisiones funcionales son las que se describen a continuación. El vestibulocerebelo es el nódulo floculonodular

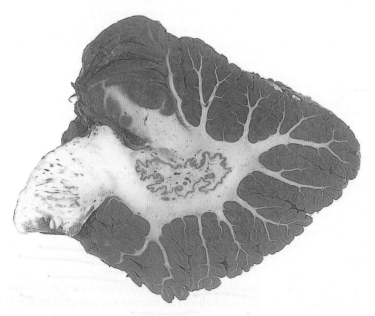

FIGURA 10-10.   Corte en el plano sagital de un hemisferio cerebeloso, teñido con un método que permite diferenciar la sustancia gris *(oscura)* de la sustancia blanca *(clara)*. Puede verse el núcleo dentado inmerso en la sustancia blanca del hemisferio.

TABLA 10-1.   **Composición de los pedúnculos cerebelosos**

Nombre del pedúnculo	Aferencias cerebelosas	Eferencias cerebelosas
Pedúnculo cerebeloso inferior	Fibras olivocerebelosas Haz espinocerebeloso dorsal Fibras cuneocerebelosas Fibras vestibulocerebelosas (procedentes del nervio y los núcleos vestibulares) Núcleo arqueado (v. cap. 7) Núcleos sensitivos del trigémino (espinal y pontino) Núcleos reticulares precerebelosos	Fibras cerebelovestibulares (se dirigen a los núcleos vestibulares) Fibras cerebelorreticulares (se dirigen a los núcleos reticulares del grupo central del bulbo y la protuberancia)
Pedúnculo cerebeloso medio	Fibras pontocerebelosas	(Ninguna)
Pedúnculo cerebeloso superior	Haz espinocerebeloso ventral Fibras trigeminotalámicas (procedentes del núcleo mesencefálico del trigémino) Fibras tectocerebelosas (procedentes de los tubérculos cuadrigéminos inferior y superior) Fibras noradrenérgicas procedentes del *locus caeruleus*	Fibras cerebelotalámicas (se dirigen al núcleo ventral lateral del tálamo contralateral) Fibras cerebelorrubras (la mayoría procedentes del núcleo interpuesto, se dirigen al núcleo rojo ipsilateral)

y recibe impulsos del nervio vestibular y de los núcleos vestibulares.

El espinocerebelo está formado por el vermis del lóbulo anterior, junto con las zonas medias o paravermianas de los hemisferios; los haces espinocerebelosos y las fibras cuneocerebelosas, que transportan información propioceptiva y otra información sensitiva, finalizan aquí. El pontocere-

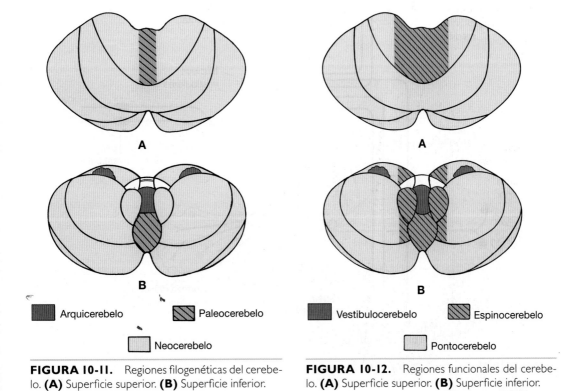

Arquicerebelo   Paleocerebelo

Neocerebelo

FIGURA 10-11.   Regiones filogenéticas del cerebelo. **(A)** Superficie superior. **(B)** Superficie inferior.

Vestibulocerebelo   Espinocerebelo

Pontocerebelo

FIGURA 10-12.   Regiones funcionales del cerebelo. **(A)** Superficie superior. **(B)** Superficie inferior.

belo comprende las grandes partes laterales de los hemisferios y el vermis superior del lóbulo posterior; las aferencias proceden de los núcleos pontinos contralaterales.

Existe cierto solapamiento entre las divisiones; por ejemplo, tanto las fibras espinocerebelosas como las pontocerebelosas finalizan en la corteza de las zonas paravermianas.

VESTIBULOCEREBELO

El vestibulocerebelo recibe fibras aferentes del ganglio vestibular y de los núcleos vestibulares del mismo lado (fig. 10-13). Algunas de las fibras aferentes procedentes de estos lugares finalizan en el núcleo fastigio, que también recibe ramas colaterales de los axones que se dirigen a la corteza del vestibulocerebelo. El vestibulocerebelo también recibe aferencias de los núcleos olivares accesorios. Estas fibras proyectan ramas colaterales al núcleo fastigio y finalizan, en forma de fibras ascendentes, en la corteza del lóbulo floculonodular.

Algunos axones de las células de Purkinje de la corteza vestibulocerebelosa siguen hacia el tronco encefálico (una excepción a la regla general según la cual este tipo de fibras finaliza en los núcleos centrales), pero la mayoría finaliza en el núcleo fastigio. Las fibras procedentes de la corteza y del núcleo fastigio atraviesan el pedúnculo cerebeloso inferior y finalizan en el complejo nuclear vestibular y en los núcleos reticulares del grupo central (v. fig. 10-3).

En resumen, el vestibulocerebelo actúa sobre las neuronas motoras (o motoneuronas) a través del tracto vestibuloespinal, el fascículo longitudinal medial y las fibras reticuloespinales. Está implicado en el ajuste del tono muscular en respuesta a los estímulos vestibulares. Coordina la acción de los músculos que mantienen el equilibrio y participa en otras respuestas motoras, incluidas las de los ojos, en respuesta a la estimulación vestibular (v. cap. 22). El vermis posterior también participa en el control que ejerce el cerebelo sobre los movimientos oculares.

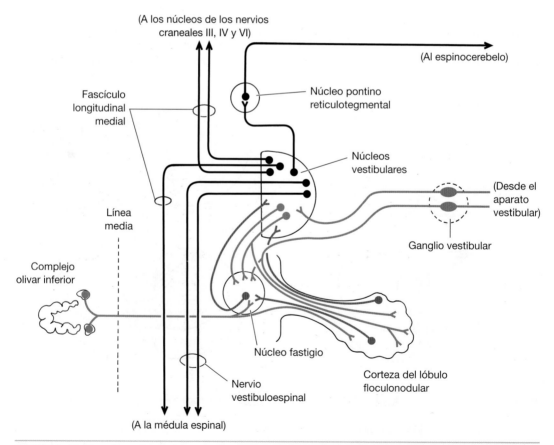

FIGURA 10-13. Conexiones del vestibulocerebelo y los núcleos vestibulares. Las neuronas aferentes que se dirigen al cerebelo se representan en *azul,* las eferentes, en *rojo,* y el resto, en *negro.*

● ESPINOCEREBELO

Los cuatro sistemas aferentes siguientes se proyectan hacia la corteza espinocerebelosa.

1. **Sistemas sensitivos somáticos.** Los haces espinocerebelosos dorsal y ventral transportan información recogida en las terminaciones propioceptivas y en los receptores del tacto y la presión (fig. 10-14). El haz dorsal, formado por los axones de las neuronas que forman el núcleo torácico de los segmentos espinales D1 a L3 o L4, transporta información procedente del tronco y la pierna. El haz ventral, que se origina en distintas partes de la sustancia gris lumbosacra (véase cap. 5), está implicado, principalmente, en la conducción de impulsos procedentes de la pierna. Las fibras cuneocerebelosas procedentes

del núcleo cuneiforme accesorio (v. cap. 7) son equivalentes, para el brazo y el cuello, a las del haz espinocerebeloso posterior. La mayoría de las fibras aferentes que se dirigen a las células de origen de los haces espinocerebeloso y cuneocerebeloso han ascendido por el cordón posterior de la médula espinal. Los tres núcleos sensitivos del trigémino (v. cap. 8) contienen algunas neuronas que se proyectan hacia el espinocerebelo. Estas neuronas son funcionalmente equivalentes a las proyecciones espinocerebelosa y neocerebelosa, excepto para la cabeza.

2. **Núcleos reticulares precerebelosos.** Las fibras espinorreticulares transportan la información modificada procedente de los receptores cutáneos hasta los núcleos reticulares paramediano y lateral (v. figs. 9-1 y 9-2),

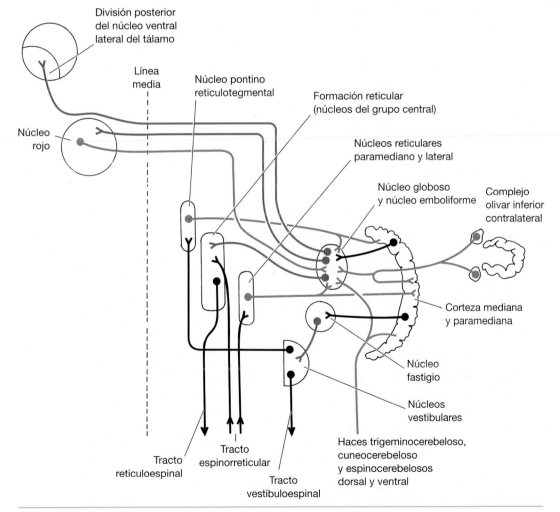

FIGURA 10-14. Conexiones del espinocerebelo. Las neuronas aferentes que se dirigen al cerebelo se representan en *azul,* las eferentes, en *rojo,* y el resto, en *negro.*

que se proyectan hacia el cerebelo. Estos dos núcleos reticulares precerebelosos también reciben fibras aferentes provenientes de las áreas sensitivas y motoras primarias de la corteza cerebral. Otro núcleo reticular precerebeloso que se proyecta hacia el vermis y las partes medias de los hemisferios es el núcleo reticulotegmental del puente (v. fig. 9-1). Este núcleo recibe fibras aferentes procedentes de la corteza cerebral y de los núcleos vestibulares (v. fig. 10-3).

3. **Complejo olivar inferior.** Los núcleos olivares accesorios (en los que finalizan los haces espinoolivares) se proyectan hacia el espinocerebelo. Las fibras olivocerebelosas finalizan, como fibras ascendentes, en la corteza.

4. **Sentidos especiales.** Las fibras tectocerebelosas se originan en los tubérculos cuadrigéminos superior e inferior del mesencéfalo, que forman parte de las vías visual y auditiva, respectivamente.

Ramas colaterales de los axones procedentes de todas las fuentes de fibras aferentes finalizan en los núcleos interpuestos, que también reciben un pequeño contingente de fibras procedentes del núcleo rojo.

Cada mitad del cuerpo está representada en la corteza cerebelosa ipsilateral; si las fibras aferentes ya han cruzado la línea media desde sus células de origen situadas a niveles inferiores, se vuelven a cruzar en la sustancia blanca del cerebelo. En los monos, y probablemente también en los seres humanos, cada mitad del cuerpo se representa en dos áreas. Una, invertida, a lo largo del vermis del lóbulo anterior. La otra, no invertida, en la parte media del hemisferio de la superficie inferior del lóbulo posterior. Las dos «áreas de la cabeza» se encuentran en el vermis y en la corteza adyacente del lóbulo posterior, y quedan separadas por un área que recibe impulsos visuales y auditivos del techo, tanto directamente como a través de un circuito tectopontocerebeloso. El mapa somatotópico del espinocerebelo no está tan bien definido como el de algunas áreas de la corteza cerebral; existe solapamiento de distinta información, de manera que series de impulsos procedentes de distintas fuentes pueden alcanzar la misma célula de Purkinje.

La corteza espinocerebelosa se proyecta hacia el núcleo fastigio (desde el vermis) y hacia los núcleos interpuestos (globoso y emboliforme, desde las zonas paramedianas de los hemisferios). La sinergia de la acción muscular y el control del tono muscular se efectúan, en parte, a través de las conexiones fastigiobulbares, tal como se ha descrito para el vestibulocerebelo. Axones procedentes de los núcleos interpuestos atraviesan el pedúnculo cerebeloso superior y finalizan en los núcleos reticulares del grupo central. Por consiguiente, a través de las fibras reticuloespinales y de una proyección similar que se dirige hacia los núcleos motores de los nervios craneales, el espinocerebelo puede actuar sobre las neuronas motoras. Las neuronas motoras alfa y gamma participan en el control que ejerce el cerebelo sobre la acción muscular, y la acción del espinocerebelo sobre la musculatura esquelética es ipsilateral.

Algunos axones procedentes de los núcleos interpuestos atraviesan el pedúnculo cerebeloso superior y terminan en el núcleo rojo, que, a su vez, se proyecta hacia el núcleo olivar inferior. Otros atraviesan el núcleo rojo o lo rodean y continúan hacia el núcleo lateral ventral del tálamo, que se proyecta hacia el área motora primaria de la corteza cerebral.

En resumen, el espinocerebelo recibe información de las terminaciones propioceptivas y exteroceptivas e, indirectamente, de la corteza cerebral. También se envía información visual y auditiva a algunas áreas de la corteza espinocerebelosa y pontocerebelosa. Esta información se procesa en los circuitos de la corteza cerebelosa, que modifica y refina la descarga de señales procedentes de los núcleos centrales. La estimulación de las neuronas motoras se realiza, principalmente, a través de los núcleos vestibulares, la formación reticular y el área motora primaria de la corteza cerebral. Como resultado final, en cada momento se consiguen un control del tono muscular y una sinergia de los músculos colaboradores adecuados para el ajuste de la postura y de muchos tipos de movimientos, incluidos los de la locomoción.

PONTOCEREBELO

Las fibras pontocerebelosas constituyen la totalidad del pedúnculo cerebeloso medio. Estas fibras se originan en los núcleos del puente del lado opuesto. Los axones pontocerebelosos poseen ramas que establecen sinapsis con neuronas del núcleo dentado, y se distribuyen por toda la corteza de los hemisferios cerebelosos y el vermis superior del lóbulo posterior. Los haces corticopontinos se originan en áreas dispersas de la corteza cerebral contralateral (especialmente en la de los lóbulos frontal y parietal, pero también en la de los lóbulos temporal y occipital) y finalizan en los núcleos del puente. A través de las proyecciones corticopontinas y pontocerebelosas, la corteza de un hemisferio cerebeloso recibe información acerca de los movimientos voluntarios que se van a realizar o están realizándose.

Algunos núcleos del puente reciben aferencias del tubérculo cuadrigémino superior, y envían información que el cerebelo usará para controlar los movimientos guiados por la vista.

Además de las aferencias del puente, el vermis superior del lóbulo posterior recibe fibras tectocerebelosas procedentes de los tubérculos cuadrigéminos superior e inferior, de manera parecida a la corteza espinocerebelosa. También hay aferencias olivares, constituidas por los axones de las células del núcleo olivar inferior contralateral.

Los axones de las células de Purkinje procedentes de la corteza pontocerebelosa finalizan en el núcleo dentado, cuyas fibras eferentes forman la mayor parte del pedúnculo cerebeloso superior. Después de atravesar la decusación de los pedúnculos, algunas fibras dentotalámicas proyectan ramas hacia el núcleo rojo, pero la mayoría atraviesan o rodean este núcleo y terminan en el núcleo lateral ventral del tálamo.

A su vez, estos núcleos talámicos se proyectan hacia el área motora primaria de la corteza cerebral

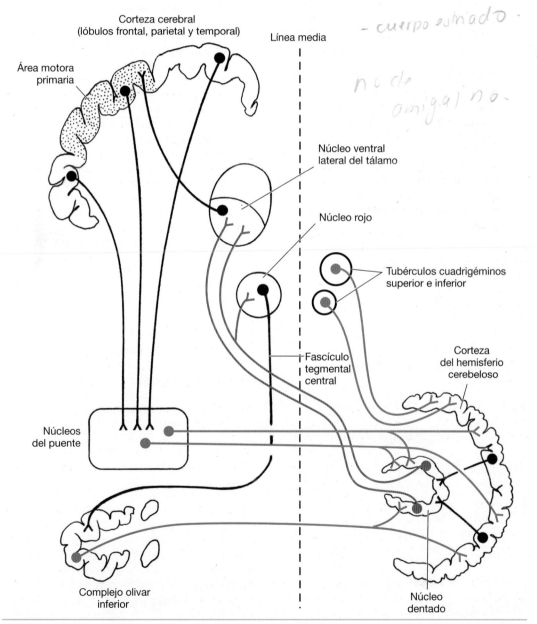

FIGURA 10-15. Conexiones del pontocerebelo. Las neuronas aferentes que se dirigen al cerebelo se representan en *azul,* las eferentes, en *rojo,* y el resto, en *negro.*

en el lóbulo frontal. A través de estas conexiones, el pontocerebelo puede modificar la actividad de las vías corticoespinales, corticorreticulares y reticuloespinales (fig. 10-15).

De manera parecida a otros núcleos cerebelosos, la información que envía el núcleo dentado

fluctúa de acuerdo con los impulsos excitadores procedentes de fuentes extracerebelosas y del refinamiento de la descarga por la acción inhibidora de las células de Purkinje. Principalmente a través de su acción sobre la corteza motora cerebral, el pontocerebelo asegura que las contracciones

Enfermedades cerebelosas

Los trastornos se dividen en dos grandes grupos: los que afectan al vermis y al lóbulo floculonodular (vestibulocerebelo y espinocerebelo) y los que afectan a los hemisferios (pontocerebelo).

LESIONES DE LA LÍNEA MEDIA

En las partes de la línea media del cerebelo puede aparecer un tumor, que suele ser, típicamente, un «meduloblastoma» maligno que aparece en la niñez. En los adultos con alcoholismo crónico, que causa la degeneración del vermis, puede observarse un síndrome parecido. El paciente presenta una **marcha atáxica** inestable, anda con una amplia base de sustentación y se balancea de un lado a otro. El **nistagmo cerebeloso** se presenta generalmente en el plano horizontal y es más pronunciado cuando los ojos miran hacia un lado. Se atribuye a la interrupción de las vías que conectan el vermis con los núcleos motores oculares a través de los núcleos vestibulares y la formación reticular. Al principio, los síntomas se limitan a una alteración del equilibrio; cuando el tumor invade otras partes del cerebelo, aparecen más síntomas cerebelosos.

SÍNDROME NEOCEREBELOSO

Por lo que respecta a los hemisferios cerebelosos, los síntomas de disfunción acompañan las lesiones que interrumpen las vías aferentes, destruyen la corteza o la sustancia gris o afectan a los núcleos centrales de las vías eferentes del pedúnculo cerebeloso superior. El trastorno motor es más grave y perdurable cuando la lesión afecta a los núcleos centrales o al pedúnculo cerebeloso superior. Cuando la lesión es unilateral, los síntomas de disfunción motora se observan en el mismo lado del cuerpo. Los síntomas del síndrome neocerebeloso son, con distintos grados de gravedad, los siguientes:

1. Los movimientos son **atáxicos** (intermitentes o espasmódicos). Se observa **dismetría;** por ejemplo, cuando el paciente señala un objeto con el dedo, pasa más

allá o se desvía (lo que se conoce como **«señalización pasada»**).
2. Los movimientos alternativos rápidos, como la flexión y extensión de los dedos o la pronación y supinación del antebrazo, se ejecutan torpemente (**adiadococinesia**).
3. La **asinergia** es la separación de los movimientos musculares voluntarios fluidos en sucesiones de movimientos mecánicos o como de títere (**descomposición del movimiento**).
4. Puede observarse **hipotonía** muscular, y los músculos pueden cansarse fácilmente.
5. Al final de un movimiento concreto, generalmente aparece **temblor** cerebeloso **(temblor intencional),** que es más frecuente en las lesiones desmielinizantes de los pedúnculos cerebelosos.
6. La **disartria** es evidente si la asinergia afecta a los músculos del habla, que se vuelve confusa y monótona (lenguaje mal articulado, escandido).
7. Puede presentarse nistagmo si la lesión invade el vermis.

Las deficiencias descritas se sobreponen a los movimientos voluntarios, por lo demás intactos.

Una lesión del lóbulo posterior del cerebelo que no daña el lóbulo anterior puede causar un **síndrome cerebeloso cognitivo afectivo.** Además de los cambios motores de un síndrome neocerebeloso, se observan efectos que generalmente suelen atribuirse a lesiones destructivas de la corteza cerebral. Entre ellos cabe mencionar un comportamiento desinhibido y una disminución de la planificación, el razonamiento y la fluidez verbal, que son funciones propias de la parte anterior del lóbulo frontal. Las pruebas también revelan aplanamiento afectivo, una deficiente organización visual y espacial, poca memoria, pérdida de la cadencia vocal que normalmente pone sentimiento y expresión al lenguaje hablado, e incapacidad para encadenar las palabras en el orden gramatical correcto. Estos trastornos se observan también en pacientes que han sufrido lesiones en distintas partes de los lóbulos parietal y temporal (v. caps. 15 y 18).

musculares se ejecuten en una secuencia uniforme y ordenada, y que la fuerza, la dirección y la extensión de los movimientos voluntarios sean las deseadas.

Estas funciones son especialmente importantes para las extremidades superiores. Cada hemisferio cerebeloso actúa sobre la musculatura del mismo lado del cuerpo debido a la decusación compensadora de los pedúnculos cerebelosos superiores y de las vías motoras descendentes.

OTRAS CONEXIONES Y FUNCIONES CEREBELOSAS

Se cree que las fibras ascendentes que provienen del complejo olivar inferior transportan instrucciones relativas a movimientos que todavía no se han ejecutado. Los modelos o programas implicados se almacenan en el cerebelo, probablemente en forma de modificaciones estructurales o funcionales de las sinapsis. Se ha sugerido que la actividad de las fibras ascendentes excita las dendritas de la célula de Purkinje, pero también disminuye su sensibilidad a los impulsos excitadores procedentes de las fibras paralelas, mucho más numerosas. Se ha propuesto que los cambios prolongados pero reversibles de la eficiencia sináptica constituyen un mecanismo de memoria. En la ejecución y coordinación de los movimientos aprendidos intervienen las aferencias de las fibras musgosas, las más numerosas de las cuales son, en los primates, las que proceden de los núcleos del puente. Cuando un mono ejecuta un movimiento voluntario, las neuronas del núcleo dentado (que recibe aferencias excitadoras de los núcleos del puente) se activan unos cuantos milisegundos antes que las neuronas del área motora primaria (que reciben señales procedentes del cerebelo a través de la proyección dentado-tálamo-cortical).

Los movimientos coordinados por el pontocerebelo generalmente se guían por la información que proporcionan los sentidos especiales, sobre todo la vista. El vermis recibe información visual y auditiva de las proyecciones tectocerebelosa y tectopontocerebelosa. Los estímulos percibidos por los ojos y los oídos también pueden influir sobre el cerebelo a través de las fibras corticopontinas que se originan en las áreas visual y auditiva de la corteza cerebral.

Experimentos con animales han demostrado que el cerebelo también desempeña un papel en las funciones viscerales. Bajo determinadas circunstancias, la estimulación eléctrica de la corteza espinocerebelosa induce respuestas respiratorias, cardiovasculares, pupilares y de la vejiga urinaria. Estas respuestas son de naturaleza simpática cuando se estimula el lóbulo anterior, y son de naturaleza parasimpática cuando se estimulan las amígdalas (v. fig. 10-3) del lóbulo posterior. La vía postulada incluye los núcleos interpuestos, la formación reticular y el hipotálamo.

FUNCIONES NO MOTORAS DEL CEREBELO

Los hemisferios cerebelosos del ser humano son grandes y reciben aferencias (a través de los núcleos del puente) procedentes de todos los lóbulos de la corteza cerebral. Esta anatomía sugiere que el cerebelo participa en diversas actividades del cerebro, y no sólo en la coordinación de los movimientos. Las técnicas de imagen funcional, como la tomografía por emisión de positrones (TEP) y la resonancia magnética funcional (RMf, v. cap. 4), revelan un incremento de la actividad del cerebelo mientras se desempeñan diversas tareas sensitivas y cognitivas, incremento que acompaña la esperada activación que se observa en áreas específicas de la corteza cerebral. Por ejemplo, la corteza cerebral, el núcleo dentado y el núcleo rojo usan cuatro veces más cantidad de oxígeno en respuesta a un contacto pasivo de la piel (sin movimiento) que en respuesta al movimiento de mover la piel a través de una superficie quieta. También se observa un aumento de la actividad cerebelosa asociada al reconocimiento de caras y palabras. Estas funciones son funciones cognitivas propias de los lóbulos parietal y temporal.

Bibliografía recomendada

Decety J, Sjööholm H, Ryding E, et al. The cerebellum participates in mental activity: tomographic measurements of regional cerebral blood flow. *Brain Res* 1990;535:313–317.

Glickstein M, Gerrits N, Kraljhans I, et al. Visual pontocerebellar projections in the macaque. *J Comp Neurol* 1994;349:51–72.

Ito M. Cerebellar circuitry as a neuronal machine. *Prog Neurobiol* 2006;78:272–303.

Kim JJ, Andreasen NC, O'Leary DS, et al. Direct comparison of the neural substrates of recognition memory for words and faces. *Brain* 1999;122:1069–1083.

Leiner HC, Leiner AL, Dow RS. Cognitive and language functions of the human cerebellum. *Trends Neurosci* 1993;16:444–447.

Liu YJ, Pu YL, Gao JH, et al. The human red nucleus and lateral cerebellum in supporting roles for sensory information processing. *Hum Brain Mapp* 2000;10:147–159.

Llinás RR, Walton KD, Lang EJ. Cerebellum. In: Shepherd GM, ed. *The Synaptic Organization of the Brain*, 5th ed. New York: Oxford University Press, 2004:271–310.

Nitschke MF, Kleinschmidt A, Wessel K, et al. Somatotopic motor representation in the human anterior cerebellum: a high-resolution functional MRI study. *Brain* 1996;119:1023–1029.

Ohtsuka K, Enoki T. Transcranial magnetic stimulation over the posterior cerebellum during smooth pursuit eye movements in man. *Brain* 1998;121:429–435.

Robinson FR, Fuchs AF. The role of the cerebellum in voluntary eye movements. *Annu Rev Neurosci* 2001;24:981–1004.

Schmahmann JD, Sherman JC. The cerebellar cognitive affective syndrome. *Brain* 1998;121:561–579.

Tredici G, Barajon I, Pizzini G, et al. The organization of corticopontine fibres in man. *Acta Anat* 1990;137:320–323.

Young PA, Young PH. The cerebellum: Ataxia. In: *Basic Clinical Neuroanatomy*. Baltimore: Williams & Wilkins, 1997:99–115.

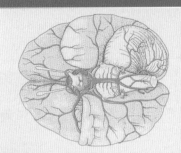

Capítulo 11

EL DIENCÉFALO

Conceptos básicos

- El tálamo, el epitálamo y el hipotálamo forman las paredes y el suelo del tercer ventrículo. El tálamo también forma el suelo del ventrículo lateral.

- El núcleo reticular del tálamo regula el intercambio de señales entre otros núcleos talámicos y la corteza cerebral.

- Las neuronas del tálamo están conectadas recíprocamente con la corteza cerebral. La mayoría de núcleos talámicos también recibe aferencias subcorticales.

- El grupo ventral de núcleos talámicos está formado por los cuerpos geniculados lateral y medial, que forman parte de los sistemas visual y auditivo, y por el núcleo ventral posterior somatosensitivo. Los núcleos ventrales lateral y anterior forman parte de las vías que se dirigen a las áreas motoras de la corteza cerebral.

- Los núcleos intralaminares del tálamo reciben fibras aferentes procedentes de distintas fuentes, incluida la médula espinal y la formación reticular del tronco encefálico. Se proyectan por todo el neocórtex y hacia el estriado. Se sospecha que desempeñan una función en la vigilia, la consciencia y el control motor.

- Los núcleos dorsales lateral y anterior del tálamo forman parte del sistema límbico (constituido por el hipocampo, la amígdala y otras partes del encéfalo conectadas con estos componentes del lóbulo temporal).

- El núcleo mediodorsal del tálamo recibe fibras aferentes procedentes de la amígdala, el área entorrinal, la médula espinal y el cuerpo estriado. Se proyecta a la corteza prefrontal. El núcleo lateral posterior y el pulvinar reciben impulsos del sistema visual y se proyectan a la corteza de los lóbulos parietal y frontal y a la circunvolución del cíngulo.

- El subtálamo contiene varios haces de fibras conectados con el tálamo, las partes rostrales de algunos núcleos del mesencéfalo y el núcleo subtalámico. El núcleo subtalámico está conectado con el pálido; una lesión destructiva causa hemibalismo contralateral.

- El epitálamo está formado por las estrías medulares del tálamo, los núcleos de la habénula, la comisura posterior y la glándula pineal.

- El hipotálamo contiene diversos núcleos. Recibe fibras aferentes del prosencéfalo límbico y el tronco encefálico. Algunas neuronas del hipotálamo detectan directamente los cambios en la concentración de hormonas, la presión osmótica y la temperatura de la sangre.

- Las fibras eferentes del hipotálamo se dirigen al tronco encefálico y a la médula espinal para controlar las funciones vegetativas y otras funciones involuntarias.

- Algunas neuronas del hipotálamo secretan hormonas, incluidas las neuronas del lóbulo posterior de la glándula hipófisis (pituitaria). Las hormonas liberadoras entran en los vasos portales hipofisarios y controlan la secreción de hormonas por la hipófisis anterior.

El conjunto formado por el diencéfalo y el telencéfalo constituye el cerebro. El diencéfalo forma el núcleo central del cerebro y el telencéfalo, los hemisferios cerebrales. El diencéfalo está rodeado casi completamente por los hemisferios, por lo que solamente queda a la vista su superficie ventral, donde se observan estructuras hipotalámicas (fig. 11-1). Esta área está delimitada por el quiasma y los fascículos ópticos y la región donde la cápsula interna se transforma en los pedúnculos basales del mesencéfalo. El tercer ventrículo, en forma de hendidura, divide el diencéfalo en dos mitades simétricas. Como puede observarse en una sección media (fig. 11-2), la unión entre el mesencéfalo y el diencéfalo está representada por una línea que pasa a través de la comisura posterior y que se encuentra en posición inmedia-

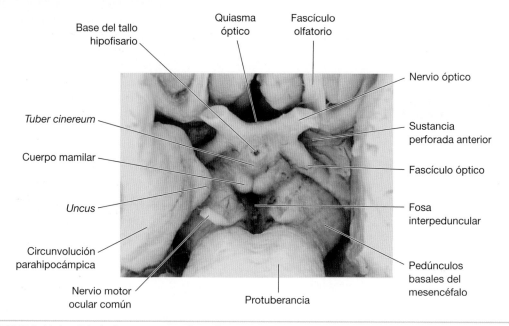

Base del tallo hipofisario

Quiasma óptico

Fascículo olfatorio

Nervio óptico

Tuber cinereum

Sustancia perforada anterior

Cuerpo mamilar

Fascículo óptico

Uncus

Fosa interpeduncular

Circunvolución parahipocámpica

Pedúnculos basales del mesencéfalo

Nervio motor ocular común

Protuberancia

FIGURA 11-1.   Principales estructuras diencefálicas de la superficie ventral del cerebro. Se ha eliminado parte del lóbulo temporal (a la derecha de la imagen).

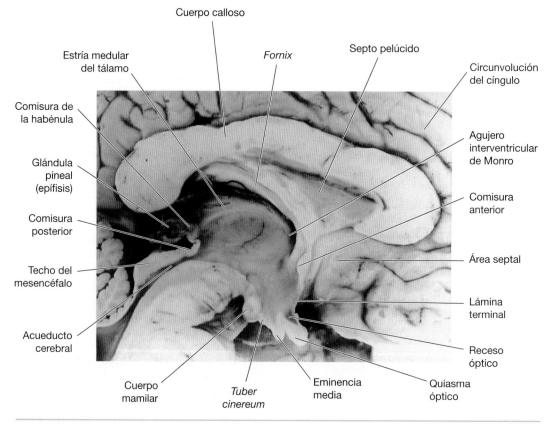

Cuerpo calloso

Estría medular del tálamo

Fornix

Septo pelúcido

Circunvolución del cíngulo

Comisura de la habénula

Agujero interventricular de Monro

Glándula pineal (epífisis)

Comisura anterior

Comisura posterior

Área septal

Techo del mesencéfalo

Lámina terminal

Acueducto cerebral

Receso óptico

Cuerpo mamilar

Tuber cinereum

Eminencia media

Quiasma óptico

FIGURA 11-2.   Sección media de la región central del cerebro.

tamente caudal respecto del cuerpo mamilar. La frontera entre el diencéfalo y el telencéfalo está representada por una línea que atraviesa el agujero interventricular de Monro y el quiasma óptico.

Estructuras macroscópicas

SUPERFICIES

Cada mitad del diencéfalo posee las siguientes estructuras y conexiones. La superficie medial del diencéfalo forma la pared del tercer ventrículo (v. fig. 11-2). En aproximadamente el 70 % de los cerebros, un puente de materia gris, llamado **adhesión intertalámica** o masa intermedia, une el tálamo derecho con el tálamo izquierdo. Un haz de fibras nerviosas llamado **estría medular del tálamo**, forma un puente prominente a lo largo de la unión entre las superficies dorsal y medial. El recubrimiento ependimario del tercer ventrículo se refleja desde un lado al otro siguiendo la estría medular, y forma el **techo del tercer ventrículo**, del que pende un pequeño plexo coroideo.

Gran parte de la superficie dorsal queda oculta por el *fornix* (fig. 11-3), que es un robusto haz de fibras que se originan en la formación hipocámpica del lóbulo temporal, giran hacia el tálamo y finalizan, principalmente, en el cuerpo mamilar. Entre el *fornix* derecho y el izquierdo, un tejido conectivo vascular, conocido como **tela coroidea**, se continúa con el núcleo vascular del plexo coroideo del tercer ventrículo y del ventrículo lateral. Al lado del *fornix*, la superficie dorsal del tálamo forma el **suelo de la parte central del ventrículo lateral**, la mayor parte del cual queda oculto por el plexo coroideo (v. fig. 11-3).

El límite lateral del diencéfalo lo constituye la **cápsula interna**, una gruesa banda de fibras que conectan la corteza cerebral con el tálamo y otras partes del sistema nervioso central. La superficie ventral del diencéfalo queda expuesta en la superficie del cerebro, como ya se ha mencionado.

COMPONENTES PRINCIPALES

El diencéfalo tiene cuatro partes en cada lado: el tálamo, el subtálamo, el epitálamo y el hipotálamo.

El **tálamo**, con diferencia el mayor de los componentes, se divide en núcleos que tienen diferentes conexiones aferentes y eferentes. Determinados núcleos del tálamo reciben impulsos proce-

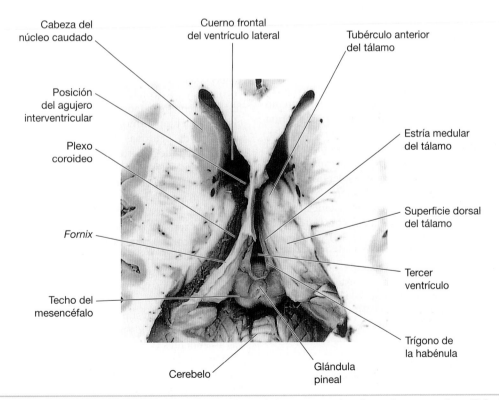

FIGURA 11-3. Cara dorsal del diencéfalo, que ha quedado expuesta al extirpar el cuerpo calloso. El *fornix* y el plexo coroideo del ventrículo lateral de la parte derecha han sido eliminados.

dentes de todas las vías de los sentidos excepto el olfato; estos núcleos se proyectan hacia las áreas sensitivas correspondientes de la corteza cerebral. Otros núcleos del tálamo están conectados con las áreas motoras y de asociación de la corteza, y todavía hay otros que participan en la memoria, el sueño y las actividades mentales.

El **subtálamo** es una región compleja que se encuentra en posición ventral respecto del tálamo; contiene un núcleo que desempeña funciones motoras (el núcleo subtalámico) y fascículos que provienen del tronco encefálico, el cerebelo y el cuerpo estriado y finalizan en el tálamo.

El **epitálamo**, dorsomedial respecto del tálamo y adyacente al techo del tercer ventrículo, está formado por la glándula pineal (o epífisis) y por núcleos y fascículos relacionados con las respuestas autonómicas y de comportamiento a los cambios emocionales.

El **hipotálamo** ocupa la región comprendida entre el tercer ventrículo y el subtálamo; es la parte del prosencéfalo que integra y controla las actividades del sistema nervioso autonómico y de diversas glándulas endocrinas. La **neurohipófisis**, que incluye el lóbulo posterior de la **glándula hipófisis**, es una excrecencia del hipotálamo. (El lóbulo anterior de la hipófisis se origina a partir de la faringe embrionaria y no es una parte del cerebro.)

Tálamo

El tálamo es una estructura de forma más o menos ovalada cuyo eje anteroposterior mide unos 3 cm y sus otros dos ejes, 1,5 cm cada uno. Su extremo más estrecho es el **tubérculo anterior**, que forma la pared posterior del agujero interventricular, mientras que su extremo más ancho posterior, el **pulvinar**, se encuentra en frente del espacio subaracnoideo, entre el *fornix* y el esplenio del cuerpo calloso, y por encima de la glándula pineal y el techo. Unas finas láminas de sustancia blanca resiguen parcialmente el tálamo, el **estrato zonal** de la superficie dorsal (v. fig. 11-12) y la **lámina medular externa** (v. fig. 11-9) lateral. La lámina medular externa queda separada de la cápsula interna por una fina capa de sustancia gris que constituye el **núcleo reticular** del tálamo. La **lámina medular interna** (figs. 11-4B y 11-9) divide el tálamo en grupos de núcleos.

ESQUEMA DE LA ORGANIZACIÓN TALÁMICA

Todos los núcleos del tálamo excepto el núcleo reticular proyectan axones a la corteza cerebral, ya sea a un área bien definida, ya sea difusamente a un área grande. Todas las partes de la corteza reciben fibras aferentes del tálamo, probablemente procedentes de, como mínimo, dos núcleos. Cada proyección talamocortical es copiada fielmente por una conexión corticotalámica recíproca. Los núcleos talámicos reciben otras fibras aferentes de las regiones subcorticales. Probablemente la única estructura no cortical que recibe fibras aferentes procedentes del tálamo es el estriado (v. cap. 12).

Los axones talamocorticales y corticotalámicos proyectan ramas colaterales al núcleo reticular, cuyas neuronas se proyectan hacia los otros núcleos del tálamo y los inhiben (fig. 11-5). Contrariamente a lo que se creía, no existen conexiones entre los diversos núcleos de la masa principal del tálamo, aunque cada núcleo individual contiene interneuronas. Las sinapsis de las interneuronas son inhibidoras, y la mayoría son dendrodendríticas. Otras sinapsis del tálamo son excitadoras y tienen como transmisor al glutamato, como es el caso de las proyecciones talamocorticales (v. fig. 11-5).

NÚCLEO RETICULAR

Como ya se ha mencionado, el núcleo reticular está constituido por una hoja delgada de neuronas inhibidoras (GABA [γ-aminobutirato]-érgicas) que se sitúan entre la lámina medular externa y la cápsula interna (v. fig. 11-9). Este núcleo recibe ramas colaterales de algunas de las fibras talamocorticales y corticotalámicas excitadoras. Algunas fibras aferentes excitadoras ascienden desde el núcleo pedunculopontino, que está constituido por un grupo de neuronas colinérgicas de la formación reticular de la parte rostral del puente.

Los axones de las células que forman el núcleo reticular se proyectan por las partes más profundas del tálamo y finalizan en los mismos núcleos que han originado las aferencias de estas células (v. fig. 11-5). Los restantes núcleos del tálamo y todas las áreas de la corteza cerebral se asocian con regiones correspondientes del núcleo reticular.

Determinadas características del electroencefalograma del sueño normal dependen de la actividad de las neuronas del núcleo reticular del tálamo, que pueden suprimir la transmisión de las señales a través de los núcleos de las vías sensitivas ascendentes (v. cap. 9).

A pesar de su nombre, el núcleo reticular no está conectado con la formación reticular del tronco encefálico; su nombre alternativo de **peritálamo** es más apropiado, aunque raramente se usa. A veces, el conjunto formado por el núcleo

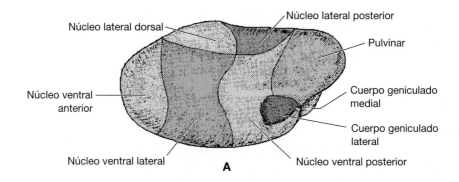

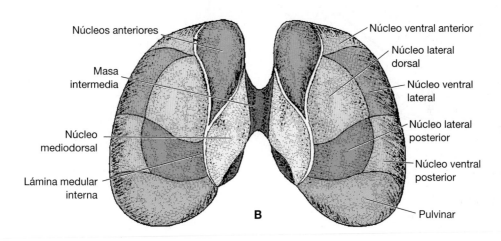

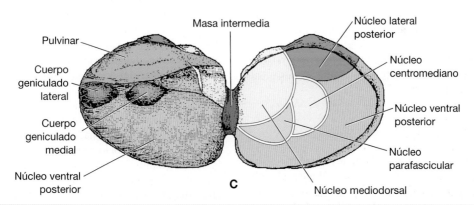

FIGURA II-4. El tálamo y sus núcleos más grandes. **(A)** Vista lateral. **(B)** Vista dorsal. **(C)** Vista posterior en la que se ha eliminado la mitad posterior del tálamo derecho. Los núcleos del grupo ventral se han coloreado en tonos que van del *azul* al *violeta;* los núcleos laterales, del *verde* al *amarillo;* los núcleos del grupo central, del *rosa* al *rojo,* y los núcleos intralaminares y de la línea media, de *verde azulado.* La lámina medular interna es *blanca.* (A partir de un modelo realizado por el Dr. D. G. Montemurro.)

reticular y unos pequeños núcleos talámicos que no se describen aquí recibe el nombre de **tálamo ventral.**

Los restantes núcleos talámicos constituyen el llamado **tálamo dorsal.**

NÚCLEOS DEL TÁLAMO DORSAL

La posición de los núcleos del tálamo se muestra en las figuras 11-6 a 11-12. Sus principales co-

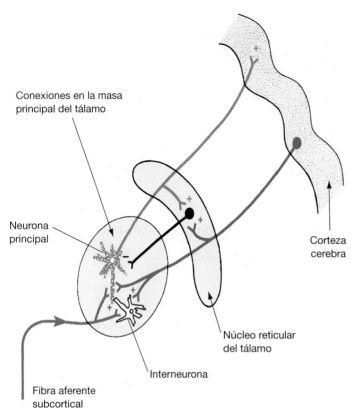

Conexiones en la masa
principal del tálamo

Neurona
principal

Corteza
cerebra

Núcleo reticular
del tálamo

Interneurona

Fibra aferente
subcortical

FIGURA 11-5. Esquema de las conexiones neuronales del tálamo. Las sinapsis excitadoras e inhibidoras se representan con los símbolos + y –, respectivamente. Las sinapsis dendro-dendríticas de las interneuronas también inhiben las células principales.

nexiones nerviosas se resumen en la tabla 11-1, en la que también se indican los sistemas funcionales que se asocian a los distintos núcleos. Las áreas corticales que se mencionan en esta tabla se muestran en la figura 11-13. (Para una relación completa, consultar la bibliografía recomendada del final del cap.)

Subtálamo

El subtálamo contiene fascículos sensitivos, haces de fibras procedentes del cerebelo y el globo pálido, extensiones rostrales de núcleos del mesencéfalo y núcleos subtalámicos.

Los **fascículos sensitivos** son el lemnisco medial, el fascículo espinotalámico y los fascículos trigeminotalámicos. Todos ellos se dispersan inmediatamente por debajo del núcleo ventral posterior del tálamo, en el que finalizan sus fibras (v. figs. 11-7 y 11-8). Las **fibras cerebelotalámicas** procedentes de los núcleos interpuestos y del núcleo dentado han cruzado la línea media en la decusación de los pedúnculos cerebelosos superiores (v. fig. 7-13). Sobrepasan y rodean el núcleo rojo y a continuación forman el área prerrubra, o

campo **H de Forel** (la *H* es por el vocablo alemán *Haube* [techo]; v. figs. 11-7 y 11-8). Las fibras cerebelotalámicas finalizan en la división posterior del núcleo ventral lateral del tálamo (VLp). Las fibras eferentes del globo pálido pasan a través del **fascículo lenticular** y el **asa lenticular** (v. figuras 11-9, 11-10 y 12-5) y finalizan en los núcleos ventral lateral anterior (VLa) y ventral anterior (VA) del tálamo (v. tabla 11-1). Por debajo del tálamo, el conjunto formado por las fibras palidotalámicas y cerebelotalámicas constituyen el **fascículo talámico** (v. fig. 11-9). Un pequeño contingente de axones procedentes del globo pálido gira caudalmente y finaliza en el núcleo pedunculopontino, que es uno de los núcleos colinérgicos de la formación reticular del tronco encefálico (v. caps. 9 y 23).

La **sustancia negra** y el **núcleo rojo** se extienden desde el mesencéfalo hasta parte del subtálamo (v. figs. 11-7 y 11-8). La formación reticular del mesencéfalo también se extiende por el subtálamo, donde aparece como la *zona incerta* entre el fascículo lenticular y el fascículo talámico (v. fig. 11-9).

La *zona incerta* forma parte de un circuito que reconoce la sed y estimula el deseo de beber.

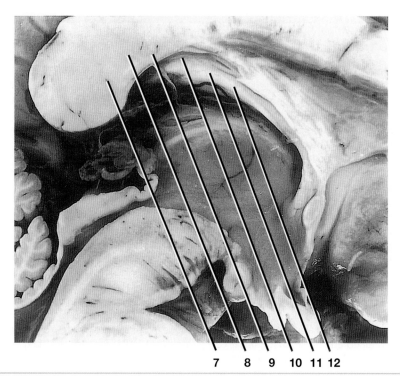

FIGURA 11-6.   Clave para los niveles de las figuras 11-7 a 11-12. Véanse las figuras 11-2 y 11-3 para los nombres de las estructuras macroscópicas. (La cara anterior queda a la derecha.)

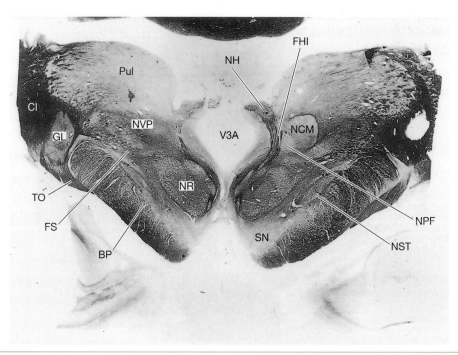

FIGURA 11-7.   Sección transversal de la transición entre el mesencéfalo y el diencéfalo practicada justo caudalmente respecto de los cuerpos mamilares (mielina teñida con la técnica de Weigert). (Las siglas pueden consultarse en la parte interior de la contraportada del libro.)

Síndrome talámico y dolor neurógeno central

El síndrome talámico (o síndrome de Déjerine-Roussy) es una alteración de los aspectos somatosensitivos de la función talámica provocada por una lesión (generalmente de origen vascular) de las partes ventrales posteriores del tálamo. Las estructuras adyacentes, como la cápsula interna, también resultan afectadas por estas lesiones. Los síntomas varían según la localización y la extensión de los daños. La propiocepción y los sentidos del tacto, el dolor y la temperatura quedan típicamente afectados en la parte opuesta del cuerpo. Cuando se alcanza un determinado umbral, la sensación es exagerada, dolorosa, distorsionada y excepcionalmente desagradable. Por ejemplo, el pinchazo de un alfiler puede percibirse como una sensación de quemazón grave, e incluso una música que normalmente se considera agradable puede resultar desagradable. En algunos casos aparece un dolor espontáneo que no se puede tratar con analgésicos. También puede presentarse inestabilidad emocional, con risas y llantos espontáneos o forzados. Estos síntomas no se correlacionan con la destrucción de núcleos concretos del tálamo.

El dolor también puede ser debido a lesiones destructivas de algunas partes del SNC diferentes del tálamo, como la médula espinal, el tronco encefálico y la corteza y la sustancia gris del lóbulo parietal. En todos estos casos se observa una disminución de la percepción de los estímulos sensitivos reales, que se puede atribuir a los daños que sufren las vías somatosensitivas (v. cap. 19). La fisiología del dolor de origen central es poco conocida, pero se ha propuesto la hipótesis de que este trastorno es causado por la actividad anómala de las neuronas talámicas y corticales que han perdido sus aferencias normales.

OTRAS ENFERMEDADES DEL TÁLAMO

Una enfermedad rara que empieza afectando al tálamo es el **insomnio familiar letal.** Se trata de una enfermedad causada por un prión. (Los **priones** son moléculas proteicas, o variantes anómalas de proteínas animales normales, que se comportan como agentes infecciosos. Se parecen a los virus, pero actúan más lentamente. Las moléculas priónicas se pueden transferir de un individuo a otro por ingestión o al trasplantarse un tejido infectado. El gen que codifica para una proteína priónica puede pasar verticalmente de una generación a la siguiente.) Las lesiones destructivas del insomnio familiar letal afectan al núcleo mediodorsal y al núcleo ventral anterior, que pertenecen al grupo de núcleos anteriores. Al ir progresando la enfermedad se desarrolla demencia y otros síntomas neurológicos. Se observan cambios degenerativos en la corteza cerebral y en los núcleos olivares inferiores del bulbo raquídeo. La relación entre las lesiones y los circuitos neuronales implicados en el sueño no resulta evidente.

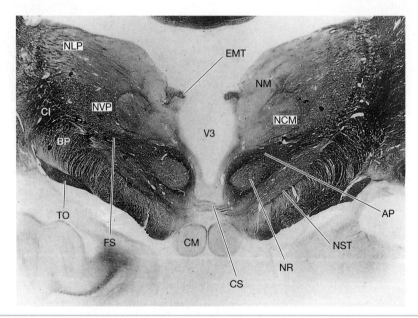

FIGURA 11-8. Diencéfalo a nivel de los cuerpos mamilares (coloración de Weigert). (Las siglas pueden consultarse en la parte interior de la contraportada del libro.)

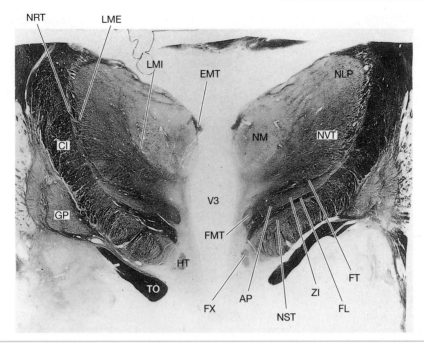

FIGURA 11-9. Diencéfalo a nivel de la parte media del *tuber cinereum* (coloración de Weigert). (Las siglas pueden consultarse en la parte interior de la contraportada del libro.)

El **núcleo subtalámico** (cuerpo de Luys), biconvexo, reposa sobre la parte medial de la cápsula interna (v. figs. 11-7 a 11-9). El núcleo subtalámico establece conexiones recíprocas con el globo pálido, que se describe con más detalle en los capítulos 12 y 23. Estas fibras constituyen el **fascículo subtalámico**, que cruza la cápsula interna.

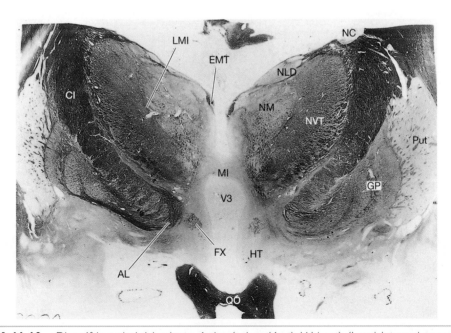

FIGURA 11-10. Diencéfalo a nivel del quiasma óptico (coloración de Weigert). (Las siglas pueden consultarse en la parte interior de la contraportada del libro.)

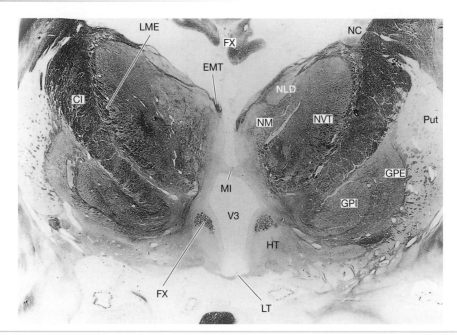

FIGURA 11-11.   Diencéfalo rostral a nivel del quiasma óptico (coloración de Weigert). (Las siglas pueden consultarse en la parte interior de la contraportada del libro.)

Epitálamo

El epitálamo está formado por los núcleos de la habénula y sus conexiones y por la glándula pineal.

NÚCLEOS DE LA HABÉNULA

Una pequeña protuberancia del trígono de la habénula marca la localización de los núcleos medial y lateral de la habénula (v. figs. 11-3 y 11-7). Las fibras aferentes llegan a través de la **estría**

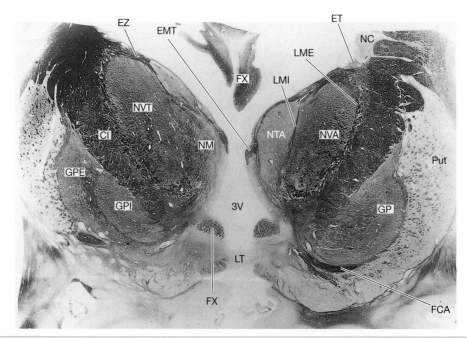

FIGURA 11-12.   Extremo rostral del diencéfalo (coloración de Weigert). (Las siglas pueden consultarse en la parte interior de la contraportada del libro.)

TABLA II-I.   **Conexiones de los núcleos talámicos y funciones que desempeñan**

Núcleo	Aferencias	Eferencias	Funciones
Núcleo reticular	Ramas colaterales de axones talamocorticales y corticotalámicos	A cada núcleo del tálamo que envía aferencias al núcleo reticular	Modulación inhibidora de la transmisión talamocortical
Núcleos intralaminares (los núcleos centromediano, parafascicular y lateral central pertenecen a este grupo)	Núcleos colinérgicos y centrales de la formación reticular, *locus caeruleus,* ramas colaterales de los fascículos espinotalámico y trigeminotalámico, núcleos parabraquiales, núcleos cerebelosos, pálido	Extensas proyecciones corticales, especialmente por los lóbulos frontal y parietal; estriado (v. cap. 12)	Estimulación de la corteza cerebral en estado de vigilia y al despertar del sueño; sentidos somáticos, especialmente dolor (de los lados contralaterales del cuerpo y la cabeza); control del movimiento
Núcleos del grupo ventral			
Cuerpo geniculado medial (CGm)	Tubérculo cuadrigémino inferior	Corteza auditiva primaria (circunvoluciones temporales transversas)	Vía auditiva (de ambos oídos)
Cuerpo geniculado lateral (CGl)	Mitades ipsilaterales de ambas retinas	Corteza visual primaria	Vía visual (de los campos visuales contralaterales)
Ventral posterior lateral (VPl)	Núcleos grácil y cuneiforme contralaterales; asta dorsal contralateral de la médula espinal	Área somatosensitiva primaria (circunvolución poscentral)	Sentidos somáticos (vía principal, del lado contralateral de todo el cuerpo por debajo de la cabeza)
Ventral posterior medial (VPm)	Núcleos trigeminales sensitivos contralaterales	Área somatosensitiva primaria (circunvolución poscentral)	Sentidos somáticos (vía principal, del lado contralateral de la cabeza: cara, boca, laringe, faringe, duramadre)
Ventral lateral, división posterior (VLp)	Núcleos cerebelosos contralaterales	Área motora primaria (circunvolución precentral)	Modulación cerebelosa de las órdenes que se mandan a las neuronas motoras
Ventral lateral, división anterior (VLa)	Pálido	Área premotora y área motora suplementaria (v. cap. 15)	Planificación de comandos que se mandarán a las neuronas motoras

Continúa

NOTAS CLÍNICAS

Hemibalismo

La lesión del núcleo subtalámico es causada, típicamente, por una oclusión vascular local. La alteración motora resultante que afecta al lado opuesto del cuerpo se conoce como **balismo** o **hemibalismo.** Este trastorno se caracteriza por movimientos involuntarios repentinos que se manifiestan con mucha fuerza y rapidez. Se trata de movimientos sin ningún propósito, generalmente de lanzamiento o de golpeo. Los movimientos espontáneos adquieren mayor gravedad en las articulaciones proximales de las extremidades, especialmente en los brazos. A veces también están afectados los músculos de la cara y el cuello.

TABLA 11-1.   Conexiones de los núcleos talámicos y funciones que desempeñan *(cont.)*

Núcleo	Aferencias	Eferencias	Funciones
Ventral anterior (VA)	Pálido	Lóbulo frontal, incluidas el área premotora y el área motora suplementaria	Planificación motora y comportamiento más complejo
Núcleos del grupo posterior	Fascículos espinotalámico y trigeminotalámico	Ínsula y corteza temporal y parietal cercana, incluida el área somatosensitiva secundaria	Respuesta visceral y otras respuestas a los estímulos sensitivos somáticos
Núcleos del grupo lateral			
Lateral dorsal (LD)	Formación hipocámpica; área pretectal y tubérculo cuadrigémino superior	Circunvolución del cíngulo; corteza visual de asociación (lóbulos occipital, parietal posterior y temporal)	Memoria; interpretación de los estímulos visuales
Lateral posterior (LP)	Tubérculo cuadrigémino superior	Corteza de asociación occipital, temporal y parietal	Interpretación de los estímulos visuales y otros estímulos sensitivos, formulación de respuestas conductuales complejas
Pulvinar	Área pretectal; corteza primaria y toda la corteza de asociación para la visión; retinas	Lóbulo parietal, corteza frontal anterior, circunvolución del cíngulo, amígdala	Interpretación de los estímulos visuales y otros estímulos sensitivos, formulación de respuestas conductuales complejas
Núcleos del grupo medial			
Mediodorsal (MD)	Corteza entorrinal, amígdala, colaterales del fascículo espinotalámico, pálido (partes ventrales y porción reticular de la sustancia negra)	Corteza prefrontal	Respuestas de comportamiento que implican decisiones basadas en la predicción y en incentivos
Medioventral (MV, «núcleos de la línea media»)	Amígdala, hipotálamo	Formación hipocámpica y circunvolución parahipocámpica	Comportamiento, incluidas las respuestas viscerales y «emocionales»
Núcleos del grupo anterior	Cuerpo mamilar	Circunvolución del cíngulo	Memoria

Para simplificar, algunos grupos (p. ej., intralaminar, anterior, mediodorsal) se tratan como si fueran núcleos individuales. Las funciones son las de los circuitos más grandes en las que participan los núcleos del tálamo.

medular del tálamo, que corre a lo largo del límite dorsomedial del tálamo (v. figs. 11-2, 11-3 y 11-9) y también se considera una parte del epitálamo.

La mayoría de las células en las que se origina la estría se sitúan en el área septal. Esta área se localiza en la superficie medial del lóbulo frontal, debajo del extremo rostral del cuerpo calloso

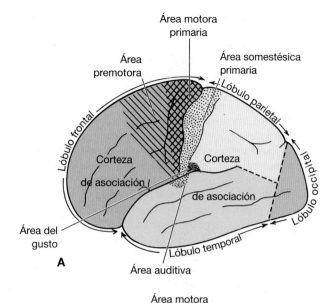

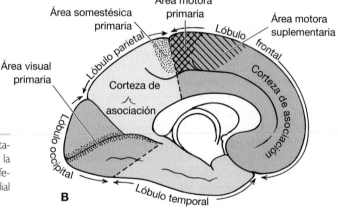

FIGURA 11-13. Áreas corticales conectadas con los núcleos talámicos descritos en la tabla 11-1. **(A)** Superficie lateral del hemisferio cerebral izquierdo. **(B)** Superficie medial del hemisferio cerebral izquierdo.

(v. fig. 11-2) y forma parte del sistema límbico del cerebro, que se describe en el capítulo 18.

Los núcleos de la habénula originan un haz de fibras bien definido conocido como **fascículo habenulointerpeduncular** (fascículo retrorreflejo de Meynert; v. fig. 11-7). El principal destino de este fascículo es el núcleo interpeduncular de la línea media del techo de la fosa interpeduncular del mesencéfalo. Mediante relevos en la formación reticular del mesencéfalo, el núcleo interpeduncular actúa sobre las neuronas del hipotálamo y las neuronas autonómicas preganglionares. A los núcleos de la habénula no se les atribuye ninguna función claramente definida.

GLÁNDULA PINEAL

La glándula pineal o cuerpo pineal, también llamada epífisis, tiene la forma de una piña. Está unida al diencéfalo mediante el tallo pineal, dentro del cual se extiende el tercer ventrículo en forma de receso pineal (v. figs. 11-2 y 11-3). La glándula pineal y su tallo se desarrollan como una excrecencia del techo ependimario del tercer ventrículo. La comisura de la habénula de la pared dorsal del tallo contiene fibras de la estría medular del tálamo que finalizan en los núcleos de la habénula opuestos. La pared ventral del tallo pineal está unida a la comisura posterior, que lleva axones implicados en los reflejos pupilares y el movimiento de los ojos (v. cap. 8).

Anatomía pineal

En los mamíferos, el órgano pineal se organiza estructuralmente como una glándula endocrina. Recibe un suministro nervioso aferente del ganglio cervical superior del tronco simpático a través del **nervio conario**, que viaja subendotelialmente por el seno recto (dentro de la tienda del cerebelo) antes de penetrar en la duramadre y distribuir sus ramas por el parénquima pineal. Las células características de esta glándula (**pinealocitos**) poseen un citoplasma granuloso y unos procesos que finalizan como expansiones bulbosas cercanas a los vasos sanguíneos. La glándula pineal es uno de los cuatro **órganos circunventriculares** asociados al tercer ventrículo, ya que sus capilares sanguíneos poseen fenestraciones endoteliales y son permeables a las moléculas de gran tamaño. Los otros órganos circunventriculares se describen en la última sección de este capítulo. Hacia los 16 años de edad, en la glándula pineal aparecen gránulos de sales de calcio y magnesio, que más adelante se fusionan y forman partículas más grandes (**arena cerebral**). Estos depósitos permiten saber, con una radiografía simple de la cabeza, si una lesión ocupante de espacio ha desplazado la glándula pineal respecto de la línea media.

Funciones pineales

En los animales de laboratorio, los efectos de la pinealectomía y de la administración de extractos pineales demuestran que las secreciones pineales tienen una acción antigonadotropa. La extracción de sustancias químicas de las glándulas pineales ha permitido identificar distintos principios activos, el más notable de los cuales es la **melatonina**, una indolamina relacionada con la serotonina. En los seres humanos, el nivel de melatonina circulante disminuye bruscamente al llegar a la pubertad. Las mujeres en edad fértil experimentan variaciones cíclicas de los niveles de melatonina, niveles que alcanzan valores mínimos en el momento de la ovulación.

Observaciones clínicas respaldan la idea de que la glándula pineal humana tiene una función antigonadotropa. Un tumor pineal que se desarrolle aproximadamente hacia la pubertad puede alterar la edad de aparición de los cambios puberales. La pubertad es precoz si el tumor es de un tipo que destruye los pinealocitos, y, en cambio, se puede retrasar si el tumor deriva de los pinealocitos. Un tumor pineal también puede afectar a los movimientos verticales de los ojos al presionar sobre el techo (síndrome de Parinaud; v. cap. 8).

La secreción de melatonina por la glándula pineal está influenciada por la luz ambiental. Algunos axones de la retina abandonan el nervio óptico cerca del quiasma óptico y finalizan en el núcleo supraquiasmático cercano del hipotálamo. Este núcleo se proyecta hacia otros núcleos hipotalámicos, que mandan axones caudalmente a las neuronas preganglionares del sistema nervioso simpático de los segmentos dorsales de la médula espinal. El núcleo supraquiasmático hace de reloj regulador de las actividades rítmicas del cerebro y el sistema endocrino. La melatonina puede cambiar la velocidad del reloj, y el conocimiento de ello ha llevado al popular uso de esta hormona para el tratamiento del desfase horario (*jet lag*) y otros trastornos del sueño. En principio, se toma una dosis de la hormona antes de acostarse para dormir. La popularidad de la melatonina (que se puede ingerir oralmente y aparentemente no tiene efectos tóxicos) aumentó cuando en la década de 1980 se conoció que su administración a ratones les había alargado el tiempo de vida.

Hipotálamo

La importancia funcional del hipotálamo es desproporcionada respecto a su tamaño. Los impulsos procedentes del sistema límbico son de especial relevancia para el comportamiento, y las fibras aferentes procedentes del tronco encefálico transportan información que es, en gran parte, de origen visceral. El hipotálamo no sólo está influenciado por sistemas neuronales; algunas de sus neuronas responden de manera directa a las propiedades de la sangre circulante, como la temperatura, la presión osmótica y las concentraciones de distintas hormonas. La función del hipotálamo se pone de manifiesto a través de las vías eferentes que se dirigen a los núcleos vegetativos del tronco encefálico y la médula espinal, como también a través de la estrecha relación que mantiene con la glándula hipófisis por vía de las **células neurosecretoras**. Estas células elaboran las hormonas del lóbulo posterior de la glándula y producen hormonas liberadoras que controlan el lóbulo anterior. Mediante este mecanismo, el hipotálamo desempeña un papel importante en la producción de respuestas ante los cambios emocionales y a las necesidades que se manifiestan por el hambre y la sed. Es un instrumento eficaz para mantener la constancia del medio interno (homeostasis) y resulta esencial para la función reproductora.

ANATOMÍA Y TERMINOLOGÍA

El hipotálamo rodea el tercer ventrículo en posición ventral al surco hipotalámico (v. fig. 11-2). Los cuerpos mamilares son unas protuberancias visibles en su superficie ventral (v. fig. 11-1).

La región delimitada por los cuerpos mamilares, el quiasma óptico y el inicio de los fascículos

TABLA 11-2.   Terminología del sistema hipotálamo-hipofisario*

Nombre	Definición
Adenohipófisis	Estructuras derivadas del ectodermo de la bolsa de Rathke: parte distal (es decir, lóbulo anterior), parte intermedia y parte tuberosa
Lóbulo anterior	Parte más grande de la adenohipófisis, excluida la parte intermedia y la parte tuberosa
Hipófisis anterior	Término que se aplica a menudo al lóbulo anterior y a sus hormonas
Hipófisis	Todas las partes de la adenohipófisis y la neurohipófisis (el nombre completo es hipófisis cerebral)
Proceso infundibular	Lóbulo nervioso de la hipófisis
Tronco infundibular	Tejido nervioso que une la eminencia media al lóbulo nervioso; el componente principal del tallo hipofisario
Infundíbulo	Parte más ventral del hipotálamo, con el tercer ventrículo que se extiende por la eminencia media; en algunos animales, el receso infundibular del ventrículo se continúa por el tronco infundibular y penetra en el lóbulo nervioso
Eminencia media	Parte de la neurohipófisis que consiste en una pequeña protuberancia de la línea media del *tuber cinereum* del hipotálamo; contienen los capilares primarios del sistema portal hipofisario
Lóbulo nervioso	Parte más grande del lóbulo posterior, excluida la parte intermedia
Neurohipófisis	Partes de la hipófisis que derivan del infundíbulo del diencéfalo embrionario: eminencia media, tronco infundibular y lóbulo nervioso (es decir, proceso infundibular o parte nerviosa)
Neurosecreción	Actividad de determinadas neuronas que establecen contactos parecidos a las sinapsis con los vasos sanguíneos y liberan sustancias de importancia fisiológica (hormonas) a la sangre
Parte distal	Lóbulo anterior de la hipófisis
Parte media o intermedia	Parte de la adenohipófisis situada entre el lóbulo anterior y el lóbulo nervioso; es más pequeña en los humanos que en la mayoría de animales y está formada por varias pequeñas estructuras quísticas
Parte nerviosa	Lóbulo nervioso de la hipófisis
Parte tuberosa	Parte de la adenohipófisis formada por una delgada capa de células sobre la superficie de la eminencia media y el tallo hipofisario
Glándula pituitaria	Hipófisis cerebral, formada por la neurohipófisis y la adenohipófisis
Tallo hipofisario	Tronco infundibular, junto con las partes adyacentes de la parte tuberosa y las venas portales hipofisarias
Lóbulo posterior	Parte de la hipófisis situada posteriormente (en los seres humanos) o dorsalmente (en la mayoría de animales) respecto al lóbulo anterior, del que la separa la parte intermedia
Hipófisis posterior	Término que suele aplicarse al lóbulo nervioso y a sus hormonas

*En esta lista se incluyen diversos términos que no se usan en el texto de este libro, pero que los estudiantes pueden hallar al estudiar neurociencia o endocrinología clínica.

ópticos se conoce como *tuber cinereum*. El **tallo hipofisario** se origina en la **eminencia media**, justo por detrás del quiasma óptico, y se expande para formar el lóbulo posterior o nervioso de la **glándula hipófisis**. La eminencia media y los componentes nerviosos del tallo y la hipófisis poseen características citológicas y funcionales parecidas; juntos constituyen la **neurohipófisis**. Como referencia, este y otros nombres del sistema hipotálamo-hipofisario se resumen en la tabla 11-2.

La neurohipófisis contiene vasos sanguíneos permeables y, por consiguiente, es uno de los órganos circunventriculares asociados al tercer ventrículo.

La **lámina terminal** constituye el límite anterior del tercer ventrículo (v. figs. 11-2 y 11-14) y se extiende por la línea media desde el quiasma óptico hasta la comisura anterior. Dentro de la lámina hay uno de los otros cuatro órganos circunventriculares asociados al tercer ventrículo. Se trata del **órgano vascular de la lámina terminal (OVLT)**. Se le ha considerado implicado en los mecanismos de la fiebre y también en la regulación del metabolismo del sodio a través de la apetencia por la sal. La lámina terminal y la comisura

anterior son estructuras telencefálicas, igual que el **área preóptica**, que es la sustancia gris que se encuentra dentro y justo al lado de la lámina terminal y por detrás de ella. Las conexiones y las funciones del área preóptica son inseparables de las conexiones y funciones de la parte anterior (rostral) de la zona medial del hipotálamo. Un grupo de células de esta zona, que se tiñen intensamente, destaca por contener más del doble de neuronas en el hombre que en la mujer.

Las columnas del *fornix* atraviesan el hipotálamo para llegar a los cuerpos mamilares y sirven de puntos de referencia a los planos sagitales que dividen cada mitad del hipotálamo en una zona medial y una zona lateral. La **zona medial** se subdivide en tres regiones: **mamilar, tuberosa** y **supraquiasmática**, que se reconocen por puntos de referencia ventrales. Contiene diversos núcleos diferenciados y una delgada capa de finos axones mielínicos y amielínicos por debajo del recubrimiento ependimario del tercer ventrículo. La **zona lateral** contiene menos cuerpos celulares neuronales, pero posee numerosas fibras, la mayoría de las cuales tiene un recorrido longitudinal.

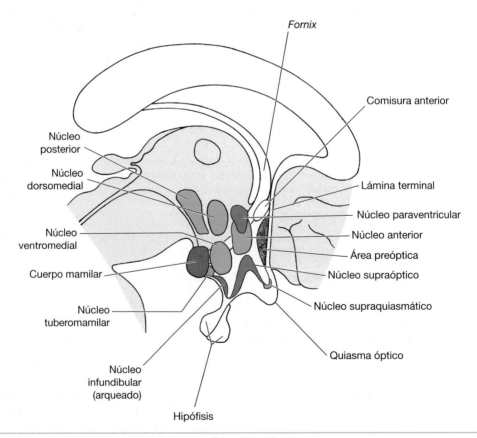

FIGURA 11-14. Algunos núcleos de la zona medial del hipotálamo.

NÚCLEOS Y CONEXIONES DEL HIPOTÁLAMO

En base a las conexiones y las características celulares, en el hipotálamo se pueden reconocer diversos núcleos. Como referencia, la figura 11-14 muestra la posición de los núcleos principales de la zona medial. La zona lateral del hipotálamo contiene las células del **núcleo lateral**, que están intercaladas entre los abundantes axones mielínicos de la región, y las células del **núcleo tuberoso lateral**, que está formado por pequeños grupos de neuronas cercanas a la superficie del *tuber cinereum*.

Determinados núcleos del hipotálamo desempeñan funciones diferenciadas, algunas de las cuales se describen aquí. Por lo tanto, para una descripción fisiológica es conveniente considerar el hipotálamo como una unidad o «caja negra» cuyas funciones se localizan en regiones mayores que los núcleos individuales. Como integrador principal de los sistemas autonómico y endocrino y de muchas acciones involuntarias de los músculos esqueléticos, el hipotálamo recibe señales de distintas fuentes, incluida información de origen somático y visceral y de los sentidos especiales del gusto y el olfato. Las fibras procedentes de la amígdala y el hipocampo transmiten impulsos derivados de la actividad de la corteza prefrontal y temporal, que están relacionados con los impulsos emocionales y la memoria. El hipotálamo envía información caudalmente hacia el tronco encefálico y la médula espinal y rostralmente hacia el tálamo y la corteza cerebral. Algunas de estas conexiones aferentes y eferentes se resumen en la figura 11-15.

Las fibras aferentes llegan al hipotálamo a través del brazo anterior de la **cápsula interna** (v. figuras 11-15 y 16-7), el *fornix* (v. figs. 11-10 a 11-12, 11-16 y 16-7), la **estría terminal** (v. figs. 11-12 y 16-9), la **banda diagonal** (en el interior de la sustancia perforada anterior), el haz prosencefálico medial y el fascículo longitudinal dorsal. El **haz prosencefálico medial** está formado por axones mielínicos ascendentes y descendentes, de diferentes longitudes, que se extienden desde el área septal y la sustancia perforada anterior del prosencéfalo hasta la zona lateral del hipotálamo. El **fascículo longitudinal dorsal** está formado por axones periventriculares amielínicos de la zona medial del hipotálamo; estos axones convergen en un haz diferenciado de la sustancia gris periacueductal del mesencéfalo y continúan caudalmente hacia la parte medial del suelo del cuarto ventrículo. Las fibras eferentes ascienden desde el hipotálamo hacia el tálamo por el **fascículo mami-** lotalámico (fascículo de Vicq d'Azyr; fig. 11-16) y hacia los núcleos colinérgicos basales del prosencéfalo (v. cap. 12) en la banda diagonal. Las fibras eferentes descendentes viajan por el haz prosencefálico medial y por el **fascículo mamilotegmental**, que es una rama del fascículo mamilotalámico.

El resto de la información importante que sale del hipotálamo lo hace en forma de hormonas que las células neurosecretoras vierten a los vasos sanguíneos. Esto se explica junto con el control hipotalámico de la hipófisis.

FUNCIÓN AUTONÓMICA DEL HIPOTÁLAMO Y OTRAS FUNCIONES RELACIONADAS

Los conocimientos sobre la función del hipotálamo derivan, en parte, de correlaciones clinicopatológicas en el ser humano, pero la mayoría se han obtenido mediante experimentación con animales. Al interpretar los efectos de la estimulación eléctrica o de las lesiones destructivas, hay que tener en cuenta que, en su camino hacia el tronco encefálico, los axones de las neuronas de las partes anteriores de la zona media del hipotálamo cruzan hacia las partes posteriores de la zona medial y a través de la zona lateral. Por consiguiente, resulta difícil inferir la localización de las funciones a partir de anomalías debidas a la estimulación o ablación de núcleos individuales del hipotálamo.

Las respuestas que se provocan con mayor regularidad mediante **estimulación del hipotálamo anterior** (área preóptica y núcleo anterior) son disminución de la frecuencia cardíaca, vasodilatación, disminución de la tensión arterial, salivación, incremento de los movimientos peristálticos en el tracto gastrointestinal, contracción de la vejiga urinaria y sudoración. Estos efectos están mediados periféricamente por neuronas colinérgicas, incluidas las del sistema parasimpático (v. cap. 24). La **estimulación en la región de los núcleos posterior y lateral** provoca respuestas noradrenérgicas simpáticas, como aceleración cardíaca, elevación de la tensión arterial, cese de los movimientos peristálticos en el tracto gastrointestinal, dilatación de las pupilas e hiperglucemia.

La **regulación de la temperatura corporal** es un ejemplo muy ilustrativo del papel que desempeña el hipotálamo en el mantenimiento de la homeostasis. Determinadas células del hipotálamo vigilan la temperatura de la sangre y desencadenan los cambios fisiológicos necesarios para mantener una temperatura corporal normal. Las neuronas termosensibles del hipotálamo anterior responden a un incremento de la temperatura de

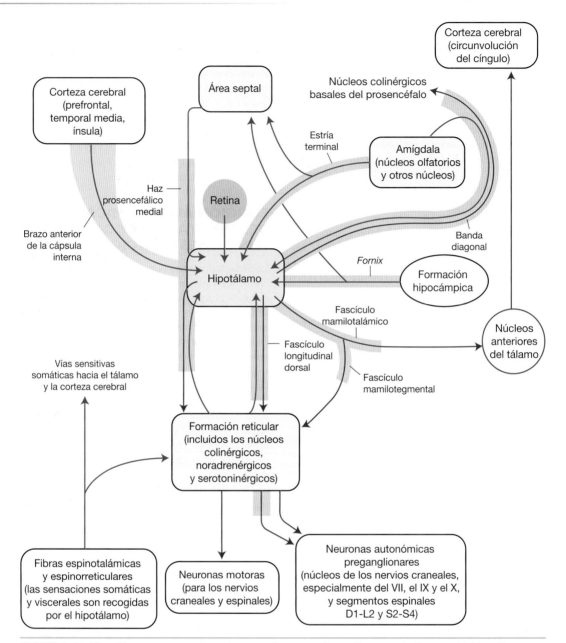

FIGURA 11-15.   Diagrama que muestra las conexiones nerviosas directas e indirectas del hipotálamo con otras partes del encéfalo y la médula espinal.

la sangre y activan los mecanismos que favorecen la pérdida de calor, como la vasodilatación cutánea y la sudoración. Por consiguiente, una lesión en el hipotálamo anterior puede provocar hipertermia.

Las células del núcleo posterior del hipotálamo (v. fig. 11-14) responden a la disminución de la temperatura corporal desencadenando respuestas que conservan o generan calor, como la vasoconstricción cutánea y el temblor, respec-

tivamente. Una lesión en la parte posterior del hipotálamo destruye las células que intervienen en la conservación y la producción del calor, a la vez que interrumpe las fibras que salen caudalmente de la región disipadora de calor. Ello provoca un deterioro grave de la regulación de la temperatura, tanto en un ambiente frío como en un ambiente cálido.

La temperatura corporal anormalmente alta (**fiebre**) se asocia, típicamente, a una enfermedad

Fascículo
mamilotalámico

Tubérculo anterior
del tálamo

Agujero
interventricular

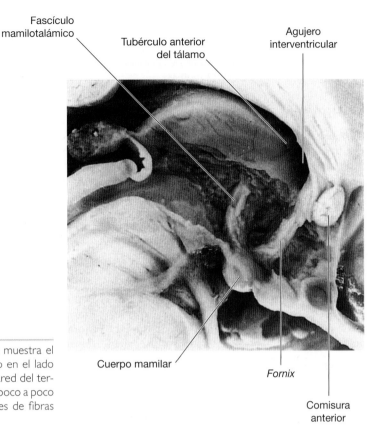

Cuerpo mamilar

Fornix

Comisura
anterior

FIGURA 11-16. Disección que muestra el *fornix* y el fascículo mamilotalámico en el lado izquierdo. La sustancia gris de la pared del tercer ventrículo se ha ido eliminando poco a poco hasta dejar al descubierto los haces de fibras mielínicas.

infecciosa. Los productos de la descomposición de las bacterias (pirógenos) entran en el sistema circulatorio y pasan al área preóptica a través de los vasos sanguíneos permeables del OVLT. El contacto de los pirógenos con las dendritas de las neuronas hipotalámicas anteriores inhibe los mecanismos de pérdida de calor.

Mediante estimulación eléctrica y practicando pequeñas lesiones electrolíticas en el hipotálamo, se ha demostrado que este órgano regula la **ingesta de agua y alimentos**. La alimentación también está regulada por diversas aferencias hipotalámicas, como las que proceden de las neuronas sensitivas viscerales y de los sistemas límbico y olfativo, así como por la concentración de glucosa en sangre. Una hormona secretada por el tejido adiposo llamada **leptina** actúa sobre las neuronas hipotalámicas y reduce la ingesta de alimentos. Actualmente se sabe que un «centro» de la alimentación o del hambre localizado en la zona lateral del hipotálamo contiene **neuronas secretoras de orexina**. En los animales, la inyección intraventricular de orexina aumenta la ingesta de alimentos. Se ha demostrado la existencia de un «centro de la saciedad» (que inhibe la ingesta de alimentos) en la región del núcleo hipotalámico ventromedial. En los animales de laboratorio, la destrucción de este núcleo provoca una ingesta excesiva de alimentos y obesidad.

La zona *incerta* del subtálamo, los núcleos hipotalámicos ventromedial y lateral y el órgano subfornical están interconectados para controlar

NOTAS CLÍNICAS

En los seres humanos, las lesiones naturales del hipotálamo anterior también pueden provocar obesidad. Es posible que se destruyan al mismo tiempo los cuerpos celulares o los axones de las células que regulan la liberación de hormonas gonadotropas por el lóbulo anterior de la hipófisis. La combinación de obesidad y ausencia de caracteres sexuales secundarios se conoce como **síndrome adiposo genital** o **de Fröhlich.**

la **ingesta de agua** (v. también el apartado Tercer ventrículo al final de este cap.). El volumen de agua que se excreta en la orina lo controla una de las hormonas de la hipófisis posterior (v. el apartado Control hipotalámico de la hipófisis).

EL HIPOTÁLAMO Y EL SUEÑO

Dos núcleos del hipotálamo posterior están activos durante la vigilia, y un núcleo del área preóptica está activo durante el sueño. (Para más detalles sobre el sueño y la consciencia, v. cap. 9.)

El núcleo tuberomamilar (v. fig. 11-14) contiene las únicas **neuronas histaminérgicas** del cerebro, las cuales poseen axones largos y ramificados que se extienden caudalmente hacia la formación reticular del tronco encefálico y rostralmente hacia el tálamo y todas las partes de la corteza cerebral. Estas neuronas están activas durante el estado de vigilia y quiescentes durante el sueño. Forman parte del sistema de activación ascendente que se ha descrito en el capítulo 9. En la parte posterior del área lateral del hipotálamo, hay neuronas que usan como neurotransmisores excitadores unos péptidos conocidos como *orexinas* o *hipocretinas*. Las **neuronas de orexina** están activas durante el estado de vigilia. Poseen axones que se ramifican extensamente por el tálamo, los núcleos colinérgi-cos basales del prosencéfalo y la corteza cerebral; también estimulan las neuronas histaminérgicas tuberomamilares y las neuronas colinérgicas y adrenérgicas de la formación reticular de la parte rostral del puente.

El **área preóptica ventrolateral** contiene un núcleo de neuronas que producen γ-aminobutirato y el péptido galanina. Estas neuronas muestran su máxima actividad durante el sueño profundo. Sus axones se extienden caudalmente hacia el núcleo tuberomamilar, donde inhiben las neuronas histaminérgicas, y hacia las neuronas colinérgicas de la formación reticular, a las que también inhiben.

CONTROL HIPOTALÁMICO DE LA HIPÓFISIS

Las hormonas neurohipofisarias se sintetizan en el hipotálamo, y la producción hormonal del lóbulo anterior de la hipófisis está controlada por hormonas de origen hipotalámico. Algunas de las hormonas del lóbulo anterior actúan sobre otros órganos endocrinos e interactúan con ellos. Por consiguiente, a través de la función neurosecretora de las células hipotalámicas, el cerebro controla la mayor parte del sistema endocrino. Aquí sólo se describen las características principales del sistema hipotálamo-hipofisario; el tema es muy

NOTAS CLÍNICAS

Encefalitis letárgica

Cuando la Primera Guerra Mundial tocaba a su fin, una pandemia de gripe excepcionalmente grave mató incluso a más personas que las que murieron durante las hostilidades. Pronto le siguió una segunda pandemia. Se trataba de una enfermedad neurológica —que actualmente se supone que fue una infección vírica— a la que se le dio el nombre de **encefalitis letárgica.** La infección habitualmente causaba una somnolencia excesiva. Algunos pacientes experimentaban, además, una amplia variedad de síntomas neurológicos, algunos de los cuales persistían durante décadas una vez superada la fase aguda de la enfermedad. En una minoría de pacientes, el síntoma principal era el insomnio, en vez de la somnolencia. Muchas personas afectadas de encefalitis letárgica murieron, y fue posible asociar las manifestaciones clínicas con los sitios que aparecían dañados en los cerebros examinados post mórtem. Von Economo llevó a cabo extensos estudios de este tipo; asoció el insomnio a lesiones del área preóptica y dedujo que en el hipotálamo posterior había neuronas necesarias para la vigilia.

Una frecuente consecuencia a largo plazo de la encefalitis letárgica era la enfermedad de Parkinson (v. caps. 7 y 23), causada por lesiones de la sustancia negra.

NARCOLEPSIA

La narcolepsia es una enfermedad molesta en la que el paciente pasa con frecuencia de un estado de vigilia a un período breve de sueño REM (v. cap. 9). Este trastorno también puede afectar a los perros y a otros mamíferos, y está presente en los ratones modificados genéticamente para que no puedan producir orexina o bien una de sus dos proteínas receptoras. Se ha visto que los cerebros de las personas y los perros con narcolepsia tienen un número muy reducido de neuronas que contienen orexina en el hipotálamo. La presencia de gliosis sugiere que las células han muerto debido a una enfermedad degenerativa o autoinmune.

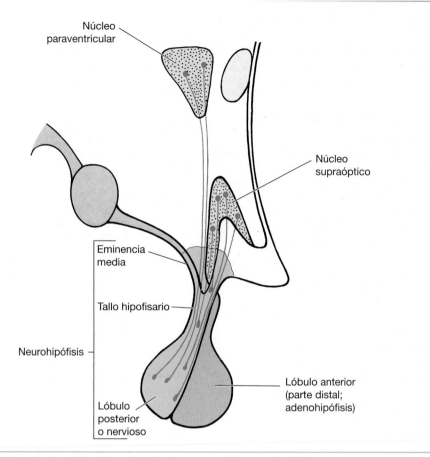

Núcleo
paraventricular

Núcleo
supraóptico

Eminencia
media

Tallo hipofisario

Neurohipófisis

Lóbulo anterior
(parte distal;
adenohipófisis)

Lóbulo
posterior
o nervioso

FIGURA 11-17.   Fascículo hipotálamo-hipofisario y partes de la neurohipófisis.

complejo y constituye buena parte de la ciencia de la **neuroendocrinología**. La nomenclatura anatómica propia de este sistema se explica en la tabla 11-2 y se ilustra en la figura 11-17. Parte de la terminología endocrinológica y clínica se explica en el glosario del final de este libro.

Neurohipófisis

Como ya se ha mencionado, la neurohipófisis está formada por estructuras originadas a partir del diencéfalo del embrión: eminencia media, tallo hipofisario y lóbulo posterior o nervioso de la hipófisis (v. fig. 11-7). Contienen axones, que finalizan alrededor de los vasos sanguíneos, y células neurogliales atípicas. En la eminencia media, hay **tanicitos** (v. cap. 2), y en el tallo hipofisario y el lóbulo posterior hay astrocitos atípicos conocidos como **pituicitos**. Las hormonas liberadas por el lóbulo nervioso de la hipófisis entran en la circulación general y actúan sobre células de los riñones, las glándulas mamarias y el útero. Las hormonas liberadas por la eminencia media actúan sobre las células del lóbulo anterior de la hipófisis.

Hormonas del lóbulo posterior

Las dos hormonas del lóbulo posterior de la hipófisis son la **vasopresina** (también llamada **hormona antidiurética [ADH]**) y la **oxitocina**. Se sintetizan en los cuerpos celulares de grandes células neurosecretoras de los núcleos supraóptico y paraventricular. Las neuronas productoras de vasopresina abundan más en el núcleo supraóptico, mientras que las neuronas productoras de oxitocina abundan más en el núcleo paraventricular. Los axones amielínicos de las células de estos núcleos constituyen el **fascículo hipotálamo-hipofisario**, y finalizan en forma de expansiones que entran en contacto con los capilares de la neurohipófisis (v. fig. 11-17). Las hormonas se almacenan en las expansiones, que se conocen como **cuerpos de Herring**. Un cuerpo de Herring posee las propiedades fisiológicas de un terminal presináptico, y cuando le llega un potencial de acción libera parte de su contenido. La hormona se difunde a través del endotelio permeable de un capilar cercano y entra en la circulación general.

Secreción inadecuada de vasopresina

La destrucción de los núcleos supraópticos, el fascículo hipotálamo-hipofisario y la neurohipófisis provoca **diabetes insípida neurógena,** que se caracteriza por la excreción de grandes cantidades de orina diluida (poliuria) y por sed e ingesta de agua excesivas (polidipsia) para compensarla. Una lesión destructiva que se restrinja al lóbulo posterior de la hipófisis no causa ineludiblemente diabetes insípida, ya que en la sangre entra algo de ADH desde la eminencia media y el tallo hipofisario. La diabetes insípida no es causada, necesariamente, por un fallo en la secreción de ADH. La **diabetes insípida nefrógena** es debida a una enfermedad renal que impide a los riñones responder a la hormona.

La secreción excesiva de ADH puede deberse a un proceso patológico que irrite el hipotálamo, como meningitis o una lesión cerebral. A menudo, también es un efecto adverso ocasional del uso de diversos fármacos comunes, o bien acompaña diversas enfermedades neurológicas. Por ejemplo, un tumor del pulmón, el páncreas o el timo puede secretar ADH o un péptido similar. El **SIADH** (síndrome de secreción inadecuada de hormona antidiurética) se caracteriza por niveles elevados de vasopresina en plasma en ausencia de los estímulos fisiológicos apropiados. La hiponatremia resultante causa debilidad y confusión, y si no se trata se sigue de coma y convulsiones.

Secreción y acción de la vasopresina

Un ligero aumento de la presión osmótica de la sangre hace que las células osmorreceptoras del núcleo supraóptico propaguen impulsos con mayor frecuencia.

La llegada de impulsos a las terminaciones axónicas induce la liberación de ADH en la circulación capilar de la neurohipófisis. La acción de la ADH acelera la reabsorción de agua en los túbulos colectores y distales del riñón, y la osmolaridad del plasma sanguíneo vuelve a normalizarse. De este modo se dispone de un delicado mecanismo para asegurar la homeostasis en el equilibrio hídrico. Otros mecanismos endocrinos, fuera del alcance de este libro, determinan la excreción renal de iones sodio, que también contribuye a la osmolaridad del plasma y al volumen de orina producido. La acción aislada de la ADH tiende a disminuir la concentración de Na^+ circulante (hiponatremia) al diluir el plasma con el agua almacenada.

Secreción y acción de la oxitocina

La oxitocina desempeña un papel fisiológico en el parto. Se secreta como respuesta refleja a la dilatación del cérvix uterino y provoca la contracción del útero. La estimulación del pezón al succionarlo el lactante también induce la secreción de esta hormona. La oxitocina causa la contracción de las células mioepiteliales de las glándulas mamarias, lo que provoca la liberación de leche en la red de conductos y fuera del cuerpo, a través de los orificios de estos conductos en la punta del pezón. La contracción simultánea del útero contribuye al encogimiento (involución) de este órgano durante las horas siguientes al parto. La involución del útero evita las hemorragias que podrían seguir a la expulsión de la placenta.

Sistema portal hipofisario

La secreción de hormonas por el lóbulo anterior está bajo el control del hipotálamo, que la regula por vías vasculares y no mediante conexiones nerviosas.

Uso farmacológico de las hormonas de la hipófisis posterior

La vasopresina se usa como terapia de sustitución para la diabetes insípida neurógena. Dosis mayores se usan a veces para provocar vasoconstricción y controlar algunos tipos de hemorragias, como las varices esofágicas sangrantes. La oxitocina se usa como fármaco para inducir el parto. Ambas hormonas son octapéptidos. Éstas fueron las primeras hormonas peptídicas que se secuenciaron y sintetizaron, lo que logró Du Vigneaud en la década de 1950. Este logro le llevó a conseguir un Premio Nobel.

Hormonas de la hipófisis anterior

Las hormonas siguientes se producen en el lóbulo anterior:

1. La **hormona estimulante del folículo (FSH)** estimula el crecimiento de los folículos ováricos e induce a sus células a secretar estradiol y otros estrógenos. En los hombres, la FSH hace que las células de los túbulos seminíferos respondan a la testosterona; este efecto es necesario para la producción de espermatozoides.
2. La **hormona luteinizante (LH)** estimula la formación del cuerpo amarillo en el ovario después de la ovulación, e induce a las células luteínicas a secretar progesterona. La FSH y la LH actúan conjuntamente para inducir la ovulación. En el hombre, la LH también se conoce como *hormona estimulante de las células intersticiales*, ya que induce a las células intersticiales (células de Leydig) de los testículos a secretar testosterona y otros andrógenos.
3. La **prolactina** estimula el desarrollo de las glándulas mamarias y la producción de leche. Su acción en el hombre se desconoce.
4. La **hormona tirotropa u hormona estimulante del tiroides (TSH)** estimula la glándula tiroides para que produzca y libere tiroxina y triyodotironina.
5. La **hormona adrenocorticotropa (ACTH)** estimula la corteza de la glándula suprarrenal para que produzca y secrete cortisol (hidrocortisona) y otros esteroides (glucocorticoesteroides) que regulan el metabolismo de los hidratos de carbono y protegen contra diversos efectos del estrés. (La secreción de aldosterona, el corticoesteroide que limita la secreción de sodio y es necesario para la vida, no está bajo control hipofisario.)
6. La **hormona del crecimiento (GH) u hormona somatotropa (STH)** estimula el crecimiento de los huesos largos por las epífisis y el del resto del organismo. Sus acciones están reguladas, en gran parte, por otra hormona proteica, el **factor de crecimiento insulinoide de tipo 1 (ILGF-1)**, que es secretado por células estimuladas por la STH. La mayor producción de ILGF-1 se da en del hígado.

El sistema portal hipofisario se inicia en las arterias hipofisarias superiores, que se originan en las arterias carótidas internas de la base del encéfalo y se dividen en penachos capilares en la eminencia media (fig. 11-18). Los capilares drenan en las venas que corren a lo largo del tallo hipofisario y a continuación entran en el lóbulo anterior de esta glándula, donde desembocan en grandes capilares o sinusoides entre las células productoras de hormona. El área preóptica y el hipotálamo contienen neuronas que producen hormonas liberadoras, que son péptidos, y, como mínimo, dos hormonas inhibidoras de la liberación (un péptido llamado *somatostatina* para la STH y una catecolamina, la dopamina, para la prolactina). Cada hormona del lóbulo anterior tiene una hormona liberadora hipotalámica propia, excepto la FSH, que se secreta en respuesta a la hormona liberadora de LH, que se conoce como LHRH o como GnRH (hormona liberadora de gonadotropina). Las hormonas liberadoras e inhibidoras circulan distalmente mediante transporte axoplasmático por los axones de las células que las producen, entran en los capilares del sistema portal de la eminencia media y a continuación son liberadas en concentraciones localmente elevadas en las células del lóbulo anterior. Allí modulan la síntesis de las hormonas adenohipofisarias y la liberación de las mismas a la circulación general.

Las células neurosecretoras que producen hormonas liberadoras y hormonas inhibidoras de la

NOTAS CLÍNICAS

Síndrome de Kallman

Las neuronas que producen LHRH (GnRH) tienen un origen embrionario poco corriente. Se originan en la placoda olfatoria, un área de ectodermo que originará el epitelio olfativo de la nariz, las células gliales de los nervios olfatorios y el diminuto nervio terminal (v. cap. 17). Las neuronas que sintetizan LHRH migran centralmente a lo largo del nervio terminal hacia la región de la lámina terminal y penetran en el área preóptica y en las áreas anteriores del hipotálamo. Dado que estimulan la secreción de gonadotropinas, estas neuronas son esenciales para el funcionamiento de los testículos y los ovarios. El síndrome de Kallman es una enfermedad rara en la que el desarrollo defectuoso de la placoda olfatoria causa anosmia y gónadas no funcionales. Esta enfermedad va asociada a la ausencia de neuronas contenedoras de LHRH en el hipotálamo.

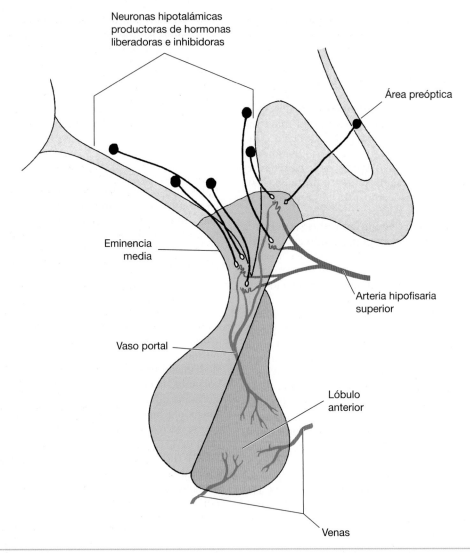

Neuronas hipotalámicas
productoras de hormonas
liberadoras e inhibidoras

Área preóptica

Eminencia
media

Arteria hipofisaria
superior

Vaso portal

Lóbulo
anterior

Venas

FIGURA 11-18.   Sistema portal hipofisario. Las arterias están representadas en *rojo,* las venas, en *azul,* y las neuronas que secretan hormonas liberadoras, en *negro.*

liberación están influenciadas por las diversas conexiones de las fibras aferentes del hipotálamo. Sin embargo, las hormonas de los órganos diana de las hormonas hipofisarias regulan la actividad de estas células neurosecretoras de manera más directa. Por ejemplo, cuando la concentración de triyodotironina en sangre es elevada, las células hipotalámicas que producen hormona liberadora de tirotropina (TRH) se inactivan.

Inversamente, si los niveles circulantes de hormonas tiroideas son bajos, las células del hipotálamo producen más TRH. Esto incrementa la liberación de TSH y, a la vez, induce a la glándula tiroides a sintetizar y liberar una cantidad mayor de sus hormonas.

Tercer ventrículo

La parte diencefálica del sistema ventricular está constituida por el estrecho tercer ventrículo (v. figura 11-2). La pared anterior de este ventrículo está formada por la **lámina terminal**; la **comisura anterior** cruza la línea media por la parte dorsal de la lámina terminal. La pared lateral, bastante extensa, está delimitada por el **surco hipotalámico**, que va desde el agujero interventricular hasta el orificio del acueducto cerebral y divide la pared del tercer ventrículo en una región hipotalámica y una región talámica. En el 70% de los cerebros humanos, una **adhesión intertalámica** (masa intermedia) tiende un puente sobre el ventrículo.

El suelo del tercer ventrículo está indentado por el **quiasma óptico**. En frente del quiasma hay un **receso óptico**; por detrás del quiasma, el **receso infundibular** se extiende por la eminencia media y por la parte proximal del tallo hipofisario.

A partir de ahí el suelo se levanta hacia el acueducto cerebral del mesencéfalo, y la **comisura posterior** forma una ligera prominencia por encima de la entrada al acueducto. Un **receso pineal** se extiende por el tallo de la glándula hipófisis, y la pared dorsal del tallo pineal acoge la pequeña **comisura de la habénula**. En la parte inmediatamente ventral al cuerpo del *fornix,* el **techo membranoso del tercer ventrículo** está unido a la estría medular del tálamo. Un pequeño plexo coroideo queda suspendido del techo. El cuerpo del *fornix* (v. figs. 11-1 y 11-12) se localiza justo por encima del techo membranoso.

El líquido cefalorraquídeo entra en el tercer ventrículo desde cada ventrículo lateral a través del **agujero interventricular de Monro**. Este agujero, de forma semilunar, está delimitado por el *fornix* y por el tubérculo anterior del tálamo, y su parte posterior queda cerrada por una reflexión del epéndimo entre el *fornix* y el tálamo. El **órgano subfornical**, ya mencionado en este capítulo, es una pequeña eminencia de la cara medial de la columna del *fornix,* por encima del agujero interventricular. Es uno de los órganos circunventriculares —un núcleo de neuronas que contiene vasos sanguíneos que son permeables a las macromoléculas circulantes, a diferencia de los vasos sanguíneos de la mayor parte del cerebro. En los animales de laboratorio, este núcleo responde a los niveles de angiotensina II circulante, un péptido cuya concentración en plasma varía en función de los niveles de iones sodio y potasio circulantes y con los cambios del volumen sanguíneo. Las neuronas del órgano subfornical se proyectan por la zona *incerta* y el hipotálamo, y su actividad influye en la ingesta de agua.

El líquido cefalorraquídeo abandona el tercer ventrículo por el **acueducto cerebral** del mesencéfalo, a través del cual llega al cuarto ventrículo y posteriormente al espacio subaracnoideo que rodea el encéfalo y la médula espinal.

Bibliografía recomendada

Braak H, Braak E. Anatomy of the human hypothalamus (chiasmatic and tuberal region). *Prog Brain Res* 1992;93: 3–16.

Caldani M, Antoine M, Batailler M, et al. Ontogeny of GnRH systems. *J Reprod Fertil* 1995;49(suppl):147–162.

Casanova C, Nordmann JP, Molotchnikoff S. Le complexe noyau latéral postérieur-pulvinar des mammifères et la fonction visuelle. *J Physiol* (Paris) 1991;85:44–57.

Dai J, Swaab DF, Van Der Vliet J, et al. Postmortem tracing reveals the organization of hypothalamic projections of the suprachiasmatic nucleus in the human brain. *J Comp Neurol* 1998;400:87–102.

Dermon CR, Barbas H. Contralateral thalamic projections predominantly reach transitional cortices in the rhesus monkey. *J Comp Neurol* 1994;344:508–531.

Grieve KL, Acuna C, Cudeiro J. The primate pulvinar nu-clei: vision and action. *Trends Neurosci* 2000;23: 35–39.

Groenewegen HJ, Berendse HW. The specificity of the non-specific midline and intralaminar thalamic nuclei. *Trends Neurosci* 1994;17:52–57.

Gross PM, ed. *Circumventricular Organs and Body Fluids.* Boca Raton, FL: CRC Press, 1987.

Guilleminault C, Lugaresi E, Montagna P, et al, eds. *Fatal Familial Insomnia.* New York: Raven Press, 1994:27–31.

Guillery RW. Anatomical evidence concerning the role of the thalamus in corticocortical communication: a brief review. *J Anat* 1995;187:583–592.

Gutierrez C, Cola MG, Seltzer B, et al. Neurochemical and connectional organization of the dorsal pulvinar complex in monkeys. *J Comp Neurol* 2000;419:61–86.

Hirai T, Jones EG. A new parcellation of the human thalamus on the basis of histochemical staining. *Brain Res Rev* 1989;14:1–34.

Hofman MA, Swaab DF. The sexually dimorphic nucleus of the preoptic area in the human brain: a comparative morphometric study. *J Anat* 1989;164:55–72.

Ikeda H, Suzuki J, Sasani N, et al. The development and morphogenesis of the human pituitary gland. *Anat Embryol* 1988;178:327–336.

Jones EG. *The Thalamus.* New York: Plenum Press, 1985.

Karasek M. Melatonin, human aging, and age-related diseases. *Exp Gerontol* 2004;39:1723–1729.

Mark MH, Farmer PM. The human subfornical organ: an anatomic and ultrastructural study. *Ann Clin Lab Sci* 1984;14:427–442.

McCormick DA, Bal T. Sleep and arousal: thalamocortical mechanisms. *Annu Rev Physiol* 1997;20:185–215.

McEntree WJ, Mair RG. The Korsakoff syndrome: a neuro-chemical perspective. *Trends Neurosci* 1990;13: 340–344.

Moltz H. Fever: causes and consequences. *Neurosci Biobehav Rev* 1993;17:237–269.

Morel A, Magnin M, Jeanmonod D. Multiarchitectonic and stereotactic atlas of the human thalamus. *J Comp Neurol* 1997;387:588–630.

Parent A, Smith Y. Organization of efferent projections of the subthalamic nucleus in the squirrel monkey as revealed by retrograde labeling methods. *Brain Res* 1987;436:296–310.

Percheron G. Thalamus. In: Paxinos G, Mai JK, eds. *The Human Nervous System,* 2nd ed. Amsterdam: Elsevier Academic Press, 2004:592–675.

Raisman G. An urge to explain the incomprehensible: Geoffrey Harris and the discovery of the neural control of the pituitary gland. *Annu Rev Neurosci* 1997;20: 533–566.

Scheithauer BW, Horvath E, Kovacs K. Ultrastructure of the neurohypophysis. *Microsc Res Tech* 1992;20: 177–186.

Sherman SM, Guillery RW. Thalamus. In: Shepherd GM, ed. *The Synaptic Organization of the Brain*, 5th ed. New York: Oxford University Press, 2004:311–359.

Swaab DF, Hofman MA, Lucassen PJ, et al. Functional neuroanatomy and neuropathology of the human hypothalamus. *Anat Embryol* 1993;187:317–330.

Thannickal TC, Siegel JM, Nienhuis R, et al. Pattern of hypocretin (orexin) soma and axon loss, and gliosis, in human narcolepsy. *Brain Pathol* 2003;13:340–351.

Willie JT, Chemelli RM, Sinton CM, et al. To eat or to sleep? Orexin in the regulation of feeding and wakefulness. *Annu Rev Neurosci* 2001;24:429–458.

Willis WD. Central neurogenic pain: Possible mechanisms. In: Nashold BS, Ovelmen-Levitt J, eds. *Deafferentation Pain Syndromes: Pathophysiology and Treatment*. New York: Raven Press, 1991:81–102.

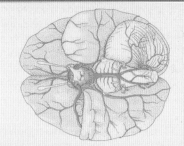

Capítulo 12

EL CUERPO ESTRIADO

Conceptos básicos

- El cuerpo estriado es la sustancia gris telencefálica asociada al ventrículo lateral. Está formado por el estriado (núcleo caudado, núcleo *accumbens* y putamen) y el pálido (globo pálido), que está formado por una división o segmento interno y otro externo.

- El término *ganglios basales* se usa en clínica y fisiología para referirse al conjunto formado por el cuerpo estriado, el núcleo subtalámico y la sustancia negra. Las funciones mejor conocidas de los ganglios basales son las que se relacionan con la producción de movimientos, pero la existencia de conexiones extensas con la corteza temporal y frontal anterior indican que estos ganglios también participan en la memoria, las emociones y otras funciones cognitivas.

- El estriado, el núcleo subtalámico y la sustancia negra reciben fibras aferentes excitadoras procedentes de la corteza cerebral. Las neuronas dopaminérgicas de la sustancia negra y el área tegmental ventral excitan algunas neuronas estriatales e inhiben otras.

- La principal vía de salida del estriado se dirige al pálido, y es de carácter inhibidor. El pálido recibe señales excitadoras desde el núcleo subtalámico.

- La principal vía de salida del pálido, que también es inhibidora, se dirige hacia varios núcleos talámicos. Los núcleos talámicos tienen proyecciones excitadoras para las áreas premotora y motora suplementaria de la corteza cerebral, para las áreas corticales relacionadas con los movimientos oculares y para algunas partes de la corteza temporal y prefrontal.

- Otras fibras eferentes del pálido inhiben el núcleo subtalámico, el tubérculo cuadrigémino superior y el núcleo pedunculopontino. El núcleo pedunculopontino, que se localiza en la formación reticular, posee proyecciones extensas que actúan sobre las vías motoras descendentes, el estado de vigilia y (a través de los núcleos colinérgicos basales del prosencéfalo) la actividad nerviosa de toda la corteza cerebral.

- En estado de reposo, las neuronas del estriado están quiescentes, mientras que las del pálido están activas y, por consiguiente, la excitación talámica de la corteza motora está inhibida. Antes y durante el movimiento, el estriado entra en actividad e inhibe el pálido, lo que permite una mayor excitación de la corteza y los núcleos motores del tálamo.

- El cuerpo estriado puede ser el lugar en el que normalmente se recuerdan las instrucciones para porciones de movimientos aprendidos. Estas instrucciones se transmitirán a la corteza motora para ser ensambladas y posteriormente ejecutadas a través de las vías corticoespinales y reticuloespinales que se dirigen a las neuronas motoras (o motoneuronas). Existe un circuito comparable para controlar el movimiento de los ojos.

- El núcleo *accumbens* y las partes más ventrales del pálido están activos durante las respuestas conductuales ante una amplia variedad de estímulos gratificantes o placenteros. Se ha implicado a los reflejos condicionados que pasan a través de estos núcleos y de las áreas corticales asociadas a ellos en la drogadicción.

- Entre los trastornos de los circuitos motores de los ganglios basales (discinesias) se incluye la enfermedad de Parkinson (degeneración de las neuronas dopaminérgicas de la sustancia negra), la corea de Huntington (degeneración del estriado) y el balismo (lesión del núcleo subtalámico). Algunas manifestaciones de estos trastornos se pueden explicar conociendo las vías nerviosas que han quedado interrumpidas.

- Los núcleos colinérgicos basales del prosencéfalo se encuentran en posición ventral respecto del cuerpo estriado, dentro de la sustancia perforada anterior. Sus axones se distribuyen por toda la corteza cerebral. Las fibras aferentes que se dirigen a los núcleos basales proceden de la amígdala, el pálido y la formación reticular del tronco encefálico. En pacientes de Alzheimer y otras formas de demencia, las neuronas colinérgicas subcorticales degeneran.

El cuerpo estriado es una región importante de la sustancia gris que se encuentra cerca de la base de cada hemisferio cerebral. Está formado por el **núcleo caudado** y el **núcleo lenticular**; este último se divide en **putamen** y **globo pálido**. Tradicionalmente, los anatomistas designan el cuerpo estriado, el claustro y el cuerpo amigdaloide como núcleos o «ganglios» basales del telencéfalo.

El conjunto formado por el núcleo caudado y el putamen constituye el **estriado**, y al globo pálido se le denomina **pálido**. Entre las estructuras cercanas encontramos el **claustro** (una delgada hoja de sustancia gris situada entre el putamen y la corteza de la ínsula) y el **cuerpo amigdaloide** o **amígdala** del lóbulo temporal, que forma parte de los sistemas olfatorio y límbico (v. caps. 17 y 18).

Clínicamente, el término **ganglios basales** se suele aplicar al cuerpo estriado (fig. 12-1), el núcleo subtalámico y la sustancia negra. Estas poblaciones neuronales se agrupan bajo este nombre común porque están interconectadas en una misma unidad funcional, y las lesiones destructivas que afectan a cualquiera de sus componentes provocan alteraciones del control motor caracterizadas por acinesia (es decir, baja producción de movimientos voluntarios), rigidez o discinesias (en las que tienen lugar movimientos involuntarios sin objetivo).

Terminología

Las siguientes correlaciones ayudarán a comprender la terminología del cuerpo estriado y los «ganglios basales»:

- Cuerpo estriado: núcleo caudado y núcleo lenticular, incluido el núcleo *accumbens*.
- Núcleo lenticular: putamen y globo pálido (este último tiene un segmento interno y otro externo).
- Estriado: putamen, núcleo caudado y núcleo *accumbens*.
- Pálido: globo pálido (está formado por un segmento interno y otro externo; la parte reticular de la sustancia negra pertenece funcionalmente al segmento interno del pálido.)
- Ganglios basales (uso clínico y fisiológico): cuerpo estriado, sustancia negra y núcleo subtalámico.

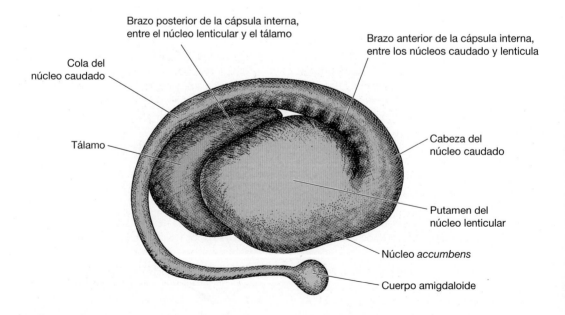

Brazo posterior de la cápsula interna, entre el núcleo lenticular y el tálamo

Brazo anterior de la cápsula interna, entre los núcleos caudado y lenticula

Cola del núcleo caudado

Tálamo

Cabeza del núcleo caudado

Putamen del núcleo lenticular

Núcleo *accumbens*

Cuerpo amigdaloide

FIGURA 12-1. Visión lateral del cuerpo estriado derecho, que también muestra el tálamo y la amígdala. El globo pálido queda oculto por el putamen, de gran tamaño.

Núcleo lenticular y núcleo caudado

La configuración y las relaciones del núcleo caudado y el lenticular contribuyen a la topografía del ventrículo lateral y la sustancia blanca cerebral, que se describen en el capítulo 16. Esta anatomía se aprecia mejor con una disección. Para comprender las conexiones aferentes y eferentes, hay que tener en cuenta que el pálido y el estriado son las divisiones funcionalmente más relevantes del cuerpo estriado.

NÚCLEO LENTICULAR

El núcleo lenticular tiene forma de cuña y se suele describir como de la forma y el tamaño aproximados de una nuez del Brasil (figs. 12-2 y 12-3). La parte más estrecha de la cuña, por su cara medial, está ocupada por el **globo pálido**, que está dividido en un segmento externo y otro interno por una lámina de sustancia blanca. El **putamen** es la parte lateral del núcleo lenticular y se extiende más allá del globo pálido en todas direcciones, excepto en la base del núcleo. El segmento externo del pálido queda separado del putamen por otra lámina de sustancia blanca.

El núcleo lenticular está delimitado lateralmente por una delgada capa de sustancia blanca que constituye la **cápsula externa** (v. figs. 12-2 y 12-3). Esta última se continúa con el **claustro**, que es una delgada capa de sustancia gris que se extiende junto a la superficie lateral del putamen. Las conexiones mejor documentadas del claustro son conexiones recíprocas con las cortezas de los lóbulos frontal, parietal y temporal, pero su significado funcional se desconoce. La **cápsula extrema** separa el claustro de la **ínsula** (isla de Reil), un área de corteza enterrada en las profundidades del surco lateral del hemisferio cerebral. La superficie medial del núcleo lenticular se apoya sobre la cápsula interna. Su superficie ventral se encuentra cerca de las estructuras de la base del hemisferio, como la sustancia perforada anterior, el nervio óptico y el cuerpo amigdaloide (v. fig. 12-3).

NÚCLEO CAUDADO

El núcleo caudado está formado por una porción anterior o **cabeza** que se estrecha en una **cola** delgada. La cola se extiende primero hacia atrás, y luego gira hacia delante y penetra en lóbulo temporal (v. fig. 12-1), donde finaliza en el cuerpo amigdaloide.

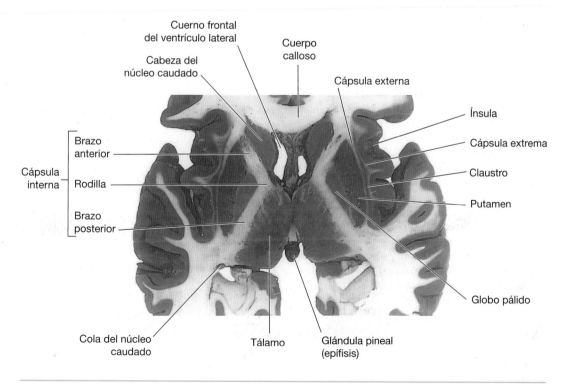

FIGURA 12-2. Sección horizontal del cerebro teñida para diferenciar la sustancia gris (*oscura*) de la sustancia blanca (*clara*) y que muestra los componentes y las relaciones del cuerpo estriado y la cápsula interna.

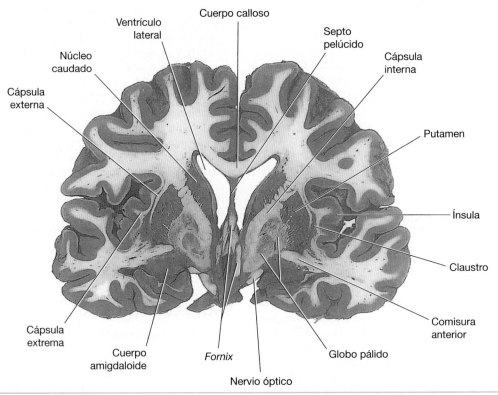

FIGURA 12-3.   Sección coronal del cerebro por delante (rostral) del tálamo, teñida para diferenciar la sustancia gris *(oscura)* de la sustancia blanca *(clara)*, y en la que pueden verse los componentes y las relaciones del cuerpo estriado.

La cabeza del núcleo caudado se expande por el asta frontal del ventrículo lateral, y la primera parte de la cola descansa a lo largo del margen lateral de la parte central del ventrículo (véanse figs. 12-2 y 12-3). La cola sigue el contorno del ventrículo lateral dentro del techo de su cuerno temporal. Dos estructuras descansan a lo largo de la cara medial de la cola del núcleo caudado. Se trata de la **estría terminal**, un haz de axones que se originan en el cuerpo amigdaloide, y la **vena talamoestriada (vena terminal)**, que drena el núcleo caudado, el tálamo, la cápsula interna y las estructuras cercanas (v. fig. 11-12).

Grupos de cuerpos celulares neuronales del interior de la estría terminal constituyen el **núcleo basal de la estría terminal**, que pertenece a la misma unidad funcional que determinados núcleos de la amígdala.

El brazo anterior de la cápsula interna se interpone entre la cabeza del núcleo caudado y el núcleo lenticular. La cola del núcleo caudado se sitúa en posición medial respecto de la cápsula interna, en el punto en que ésta se fusiona con la sustancia blanca central del hemisferio. Las fibras corticales aferentes y eferentes que constitu-

yen la cápsula interna no separan completamente los dos componentes del estriado. La cabeza del núcleo caudado se continúa con el putamen a través de un puente de sustancia gris situado debajo del brazo anterior de la cápsula interna (v. figura 12-1). Además, numerosas hebras de sustancia gris unen el núcleo caudado con el putamen atravesando la cápsula interna (v. fig. 12-3). En esta región, la parte más ventral del estriado recibe el nombre de **núcleo** *accumbens*, también conocido como **estriado ventral**.

Ventralmente respecto del núcleo *accumbens* se encuentra la **sustancia innominada**, que contiene la parte más ventral del globo pálido (el pálido ventral) y los **núcleos colinérgicos basales del prosencéfalo**, que se describen en la parte final de este capítulo.

CONEXIONES

Las principales conexiones nerviosas de las distintas partes del cuerpo estriado se resumen en las figuras 12-4 y 12-5 y se explican en los párrafos que vienen a continuación.

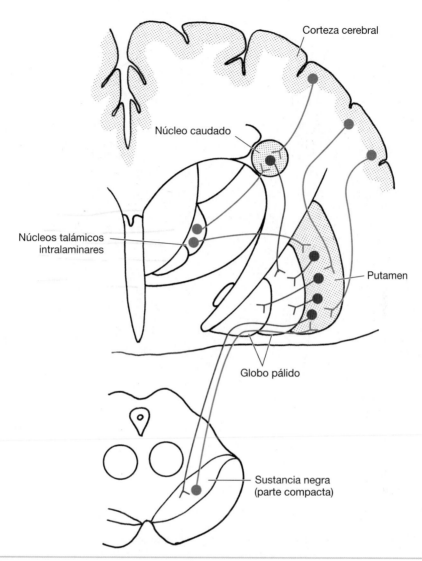

FIGURA 12-4. Conexiones aferentes *(azul)* y eferentes *(rojo)* del estriado.

ESTRIADO

El estriado recibe fibras aferentes procedentes de la corteza cerebral, el tálamo y la sustancia negra (v. fig. 12-4). Las fibras **corticoestriadas**, que son excitadoras, se originan en la corteza de los cuatro lóbulos, pero especialmente en la de los lóbulos frontal y parietal. Las fibras corticoestriadas se organizan topográficamente. Las áreas somatosensitivas y motoras se proyectan hacia el putamen; la circunvolución del cíngulo y la corteza del lóbulo temporal (incluida la circunvolución hipocámpica) se proyectan hacia el núcleo *accumbens* o estriado ventral, mientras que otras áreas corticales se proyectan, principalmente, hacia el núcleo caudado. La mayoría de estas fibras entra en el estriado desde la cápsula interna, aunque un número sustancial de ellas entra en el putamen desde la cápsula externa. La amígdala (v. también cap. 18) es una fuente de fibras aferentes que se dirigen al núcleo *accumbens* y al núcleo caudado. Algunas de las fibras amigdaloestriadas pasan a través de la sustancia innominada; otras llegan por la estría terminal. Las fibras **talamoestriadas**, también excitadoras, se originan en los núcleos intralaminares del tálamo, especialmente en el núcleo centromediano. Las fibras **nigroestriadas** de la parte compacta de la sustancia negra usan dopamina como transmisor; estas fibras excitan algunas neuronas estriatales e inhiben a otras. En la enfermedad de Parkinson, que se describe más adelante en este

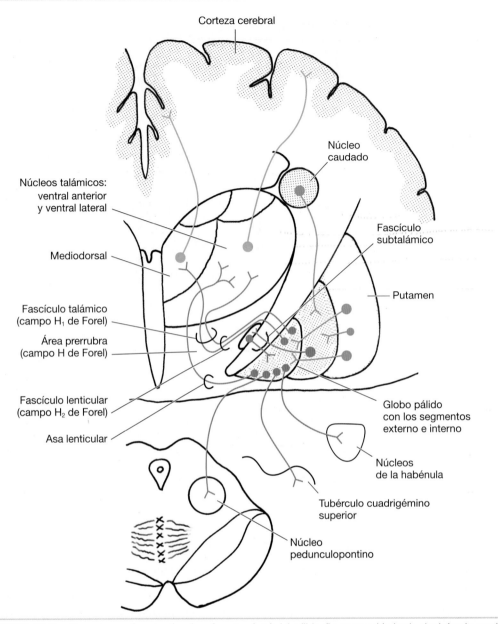

FIGURA 12-5.   Conexiones aferentes *(azul)* y eferentes *(rojo)* del pálido. (La proyección hacia el tubérculo cuadrigémino superior no se incluye en este diagrama.)

mismo capítulo, la degeneración de las neuronas
de la parte compacta deja al estriado sin impulsos dopaminérgicos.

Las fibras dopaminérgicas aferentes del núcleo *accumbens* se originan en el **área tegmental
ventral**, situada medialmente a la sustancia negra (v. fig. 7-15).

Los axones que abandonan el estriado son **estriopalidales,** lo que determina que ambos segmentos del globo pálido estén bajo la influencia y
el control del estriado, y el fascículo **estrionígrico,**

que pasa a través del globo pálido antes de entrar
en el mesencéfalo y finalizar en ambas partes de la
sustancia negra. (La parte reticular de la sustancia
negra, ventral respecto de la parte compacta, posee conexiones parecidas a las del segmento interno del globo pálido.)

Las proyecciones estriadas eferentes son todas
inhibidoras y el ácido γ-aminobutírico (GABA)
es su transmisor. El estriado también contiene
diversas interneuronas, que usan GABA, acetilcolina y diversos péptidos como neurotransmiso-

res. Estudios histoquímicos revelan la existencia de «parches» o «estriosomas» separados por una «matriz».

Las fibras corticoestriadas y nigroestriadas finalizan por todo el estriado, pero las fibras aferentes procedentes de los núcleos intralaminares del tálamo sólo finalizan en la matriz.

PÁLIDO

El globo pálido contiene los axones mielínicos de sus propias neuronas, junto con gran número de fibras mielínicas estriopalidales y estrionígricas. La abundancia de mielina explica la apariencia algo pálida de la región en los cortes frescos y el nombre de «globo pálido». Un aspecto notable del pálido es que recibe impulsos GABA-érgicos inhibidores procedentes del estriado, y sus propias neuronas principales también son GABA-érgicas e inhibidoras. La **parte reticular de la sustancia negra** del mesencéfalo posee conexiones parecidas a las del globo pálido y es mejor considerarla como una región del pálido desplazada hacia la parte caudal.

Las fibras **estriopalidales** GABA-érgicas inhibidoras citadas anteriormente son las principales aferencias del globo pálido (v. fig. 12-5). Finalizan en los segmentos interno y externo. En la descripción siguiente, las eferencias del globo pálido, el pálido ventral y la parte reticular de la sustancia negra se designan con el término *palidofugal*.

Cuando abandonan el globo pálido, las fibras toman una de dos posibles rutas (v. fig. 12-5). Unas fibras cruzan la cápsula interna y aparecen en el subtálamo, dorsalmente respecto de los núcleos subtalámicos, en forma de **fascículo lenticular** (campo H_2 de Forel). Otras fibras palidofugales rodean el borde medial de la cápsula interna y forman el **asa lenticular**. Estos dos fascículos (que se muestran en las figs. 11-9 y 11-10) están formados principalmente por fibras **palidotalámicas**, que se originan en el segmento interno del globo pálido. Entran en el área prerrubra del subtálamo (campo H de Forel), giran lateralmente dentro del **fascículo talámico** (campo H_1 de Forel) y finalizan dentro de, como mínimo, tres núcleos talámicos. La división anterior del **núcleo ventral lateral (VLa)** se proyecta por el área premotora de la corteza del lóbulo frontal y por la parte contigua de la superficie central del hemisferio que se designa como área motora suplementaria (v. capítulos 15 y 24). El **núcleo ventral anterior** se proyecta por estas dos áreas motoras, así como por el campo visual frontal y por parte de la corteza prefrontal, que cubre el polo frontal y la superficie orbitaria del lóbulo frontal. El **núcleo mediodorsal** está formado por subnúcleos, la mayoría de los cuales

se proyecta por la corteza prefrontal y por el extremo anterior de la circunvolución del cíngulo, excepto uno que contiene neuronas conectadas con el campo visual frontal. Las regiones de los núcleos talámicos VL que reciben aferencias del pálido (VLa) están muy separadas de las que reciben impulsos procedentes del cerebelo (VLp), aunque existe un cierto solapamiento.

Unas pocas fibras palidofugales acompañan la salida principal hacia el tálamo, pero continúan en la estría medular del tálamo, y finalizan en los núcleos de la habénula. A través de esta conexión, el cuerpo estriado es capaz de modificar la información descendente del sistema límbico, que controla las actividades autónomas y otras actividades involuntarias.

Otras fibras palidofugales (la mayoría procedentes de la parte reticular de la sustancia negra) se dirigen hacia el tubérculo cuadrigémino superior, que establece numerosas conexiones con otros núcleos implicados en el control de los movimientos oculares.

Aunque los fascículos eferentes del segmento interno (medial) del globo pálido se proyectan principalmente a los núcleos VLa, ventral anterior (VA) y mediodorsal (MD) del tálamo, algunas fibras palidofugales giran caudalmente y finalizan en el **núcleo pedunculopontino**, que es uno de los grupos colinérgicos de núcleos reticulares (v. cap. 9) del tronco encefálico. Las fibras que salen del núcleo pedunculopontino viajan caudalmente hacia los núcleos centrales de la formación reticular, y rostralmente hacia la parte compacta de la sustancia negra, el núcleo subtalámico, los núcleos talámicos intralaminares, el pálido, el estriado y los núcleos basales colinérgicos del prosencéfalo.

El segmento externo del globo pálido posee una proyección inhibidora que se dirige al núcleo subtalámico y que está formada por axones que atraviesan la cápsula interna en el **fascículo subtalámico** (v. fig. 12-5). Este haz también contiene los axones de las neuronas del núcleo subtalámico, que finalizan en el segmento interno del globo pálido y en la parte reticular de la sustancia negra, muy relacionada con él.

Fisiología y neuroquímica de los ganglios basales

CIRCUITOS DIRECTOS E INDIRECTOS

El conocimiento de las sinapsis excitadoras e inhibidoras que tienen lugar en los ganglios basales puede explicar algunas características clínicas de las enfermedades del sistema y han proporcionado informaciones para una terapia con fármacos que imitan o inhiben a los neurotransmisores.

La figura 12-6 muestra algunas de estas conexiones, con sus acciones y los transmisores que se les conocen o suponen.

Las fibras procedentes de las áreas motoras y de otras áreas de la corteza cerebral finalizan en el estriado (fibras corticoestriadas), en el núcleo subtalámico (fibras corticosubtalámicas) y en la parte compacta de la sustancia negra (fibras corticonígricas). Estas proyecciones corticales son excitadoras y tienen como neurotransmisor al glutamato.

Las neuronas palidales entran en actividad de manera espontánea. El segmento medial del globo pálido y la parte reticular de la sustancia negra reciben impulsos excitadores adicionales procedentes de las neuronas glutamatérgicas del núcleo subtalámico. De esta manera, un incremento de la actividad en el núcleo subtalámico se traduce en una disminución de la actividad de las neuronas talamocorticales.

El estriado inhibe ambos segmentos del pálido, y las neuronas palidofugales inhiben a las neuronas talamocorticales. En ambos casos, el transmisor inhibidor es el GABA. Las diferentes conexiones de los segmentos interno y externo

del globo pálido proporcionan dos circuitos de neuronas conectadas que tienen efectos opuestos sobre la corteza cerebral. El **circuito directo** se inicia en las neuronas del estriado que contienen GABA y sustancia P (SP). Un incremento de la actividad de estas neuronas estriatales desinhibe las neuronas talámicas y, consecuentemente, incrementa la estimulación de la corteza cerebral. En el **circuito indirecto**, que incluye al núcleo subtalámico, participan unas neuronas estriatales distintas que contienen GABA y encefalina (ENC). La actividad de estas neuronas estriatales GABA-ENC inhibe el tálamo y disminuye la estimulación de la corteza. Los impulsos nigroestriados excitan las neuronas GABA-ENC e inhiben las neuronas GABA-SP debido a que los receptores de dopamina de la superficie de estas células son de distinto tipo. Estas dos acciones de la dopamina incrementan la actividad de las neuronas talamocorticales.

FUNCIONES MOTORAS

Las funciones mejor conocidas del cuerpo estriado son las que se relacionan con el movimiento. Cuando no se ejecuta ningún movimiento, las neuronas del estriado están quiescentes, mientras que las del pálido están activas. Poco antes de iniciarse un movimiento y mientras éste se está ejecutando, la situación se invierte. La supresión de la inhibición palidal permite que otras fibras aferentes —la mayoría de las cuales proceden de las áreas premotora y motora suplementaria de la corteza cerebral— estimulen a los núcleos VLa y VA del tálamo. Las neuronas talamocorticales tienen una acción excitadora sobre las mismas áreas motoras corticales.

Las neuronas nigroestriatales dopaminérgicas están activas todo el tiempo; la frecuencia con la que envían impulsos se incrementa con la actividad de la musculatura contralateral.

Las observaciones clínicas y los experimentos con animales indican que el cuerpo estriado es, probablemente, un almacén de instrucciones para fragmentos de movimientos aprendidos.

Cuando se va a ejecutar un movimiento, las instrucciones codificadas por el cuerpo estriado se transmiten, presumiblemente, desde el pálido al tálamo (VLa y VA), y a continuación se envían al área motora suplementaria y a la corteza premotora. Entonces, las proyecciones corticoespinales, corticorreticulares y reticuloespinales modulan las neuronas motoras. La proyección palidal hacia el núcleo pedunculopontino proporciona otra conexión funcional con los núcleos centrales de la formación reticular, que es el origen de los

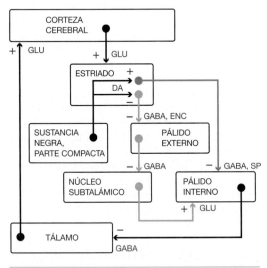

FIGURA 12-6. Plano general de los circuitos nerviosos de los ganglios basales que muestra los neurotransmisores y sus acciones. Las neuronas del circuito directo se representan en *azul*, y las del circuito indirecto, en *verde*. (+ indica excitación; −, inhibición; DA, dopamina; ENC, encefalina; GABA, γ-aminobutirato; GLU, glutamato; SP, sustancia P.)

fascículos reticuloespinales. Las enfermedades degenerativas de los ganglios basales provocan movimientos no deseados, y se ha sugerido que los circuitos del cuerpo estriado normalmente permiten escoger el tipo de respuesta motora en vez de ejecutar movimientos estereotipados en respuesta a los estímulos.

OTRAS FUNCIONES DEL CUERPO ESTRIADO

Las proyecciones topográficas de las distintas áreas corticales con partes del estriado se asocian a canales, paralelos pero separados, que atraviesan el tálamo y el pálido. En general se reconocen cuatro de estos canales, que se resumen en la tabla 12-1.

El gran tamaño del cuerpo estriado de los seres humanos indica que este órgano colabora con la corteza cerebral en aspectos de la memoria y el pensamiento más complejos que la formulación de las partes que componen los movimientos. En estas funciones más elevadas probablemente están implicadas las conexiones que establecen el estriado y el pálido con el núcleo talámico mediodorsal y con la corteza prefrontal, temporal

y del cíngulo. A pesar de que se conocen numerosas conexiones de los ganglios basales, no es posible atribuir funciones concretas a los cuatro canales que se resumen en la tabla 12-1. Las enfermedades que afectan a los ganglios basales provocan, principalmente, los trastornos motores que se describen más adelante en este mismo capítulo. Un animal con un electrodo implantado en el área tegmental ventral o bien en el hipotálamo lateral obtiene gratificación de los pequeños estímulos eléctricos que se aplican en estas regiones, y accionará el interruptor repetidamente olvidando actividades como comer y beber. El área tegmental ventral es la fuente de axones dopaminérgicos que atraviesan el área hipotalámica lateral (haz prosencefálico medial) en su camino hacia el núcleo *accumbens*. Numerosos experimentos indican que la proyección dopaminérgica del núcleo *accumbens* está implicada en las respuestas conductuales a estímulos que se perciben como recompensas.

Algunas drogas de abuso activan el sistema. Así, las anfetaminas aumentan la liberación de dopamina a partir de los terminales presinápticos, la cocaína potencia la acción de la dopamina bloqueando la reabsorción por los terminales

TABLA 12-1. **Circuitos paralelos («canales») en los que participa el cuerpo estriado**

Canal	Fuentes que envían impulsos corticales al estriado	Núcleos estriados	Núcleos palidales	Núcleos talámicos de relevo de los impulsos palidales a la corteza	Áreas corticales que reciben impulsos talámicos
Motor	Áreas somática sensitiva y motora primarias; área premotora	Putamen	Globo pálido	Núcleos ventral lateral y ventral anterior	Área motora suplementaria, área motora primaria y área premotora
Motor ocular (u oculomotor)	Corteza prefrontal y corteza parietal posterior	Núcleo caudado (cola)	Globo pálido; parte reticular de la sustancia negra	Núcleo ventral anterior y núcleo mediodorsal	Campos visuales frontales
Prefrontal	Área premotora y corteza parietal posterior	Núcleo caudado (cabeza)	Globo pálido	Núcleo ventral anterior y núcleo mediodorsal	Corteza prefrontal
Límbico	Lóbulo temporal; formación hipocámpica; amígdala	Núcleo *accumbens*	Pálido ventral	Núcleo mediodorsal	Circunvolución del cíngulo y corteza orbitaria prefrontal

Las discinesias y el cuerpo estriado

A pesar de que el cuerpo estriado ocupa una posición central en el circuito del control motor (v. cap. 23), las lesiones de los ganglios basales no causan parálisis, sino que provocan movimientos involuntarios no deseados.

TIPOS DE DISCINESIAS

Los movimientos involuntarios que se observan en las discinesias relacionadas con el cuerpo estriado toman diversas formas. Los movimientos **coreiformes** afectan a diversos músculos. Son enérgicos, espasmódicos y sin propósito, y se parecen a fragmentos aislados de movimientos que podrían ser útiles. Se dan con una frecuencia irregular, son más pronunciados en las extremidades superiores y en la cara y no se pueden inhibir voluntariamente. Cuando los músculos afectados no están contraídos, pueden presentar hipotonía.

Los movimientos **distónicos** son contracciones prolongadas que se traducen en una postura anómala o en un retorcimiento del cuello, el tronco o las extremidades. La **distonía muscular deformante** (también llamada **distonía generalizada**) es un trastorno motor especialmente incapacitante caracterizado por movimientos involuntarios lentos, contorneantes y prolongados de la musculatura axial y de las extremidades, movimientos que en raros casos conducen a contracturas permanentes. Los síntomas se manifiestan por vez primera en niños mayores o adultos jóvenes. Pueden asociarse a lesiones del cuerpo estriado y de cualquier otra parte, pero su anatomía patológica se conoce mal. La distonía más común es el **tortícolis espasmódico,** con rotación y flexión lateral del cuello. La **atetosis** es un tipo de distonía caracterizada por movimientos lentos y sinuosos en los que está implicada la musculatura proximal y distal de las extremidades. Estos movimientos se combinan en espasmos móviles continuos, y generalmente se asocian a diversos grados de paresia y espasticidad. Puede afectar a los músculos de la cara, el cuello y la lengua, y se traduce en muecas, protrusión y retorsión de la lengua, y también provoca dificultades para hablar y tragar.

El término **coreoatetosis** se aplica a los movimientos involuntarios que presentan tanto características coreiformes como características atetoides.

La **mioclonía** consiste en contracciones fuertes y repentinas que pueden darse de manera aislada, repetida o rítmica. Los movimientos alternantes regulares de pequeña amplitud constituyen un **temblor.** Los movimientos estereotipados sin propósito que ocurren aleatoriamente se llaman **tics** o espasmos habituales, mientras que la incapacidad generalizada para mantenerse quieto con movimientos constantes de las extremidades a veces recibe el nombre de **acatisia.** Los mayores movimientos involuntarios son los del **balismo,** una forma exagerada de corea en la que las extremidades ejecutan movimientos de lanzamiento amplios e irregulares y movimientos de rotación. Estos movimientos son debidos a la contracción de los músculos que actúan sobre las articulaciones del hombro o la cadera.

Las lesiones responsables de las discinesias se conocen muy poco. En la corea se observa un daño extenso del estriado. Algunos casos de distonía se pueden atribuir a un tumor o una lesión vascular del putamen contralateral, mientras que la mioclonía se ha asociado a lesiones de la parte ventral del tálamo. La mayoría de las veces, sin embargo, no se puede identificar ninguna patología clínica mediante diagnóstico por imágenes en los pacientes afectados por una distonía. El balismo a menudo se puede atribuir a una pequeña lesión destructiva del núcleo subtalámico contralateral. Los movimientos incontrolados pueden atribuirse a la pérdida de los impulsos excitadores que llegan al segmento interno del globo pálido, que entonces es incapaz de inhibir los núcleos VLa y VA del tálamo. Una actividad excesiva en estos núcleos talámicos estimula el área premotora de la corteza cerebral, lo que provoca un movimiento excesivo de las articulaciones proximales de las extremidades. El tipo más común de balismo es el **hemibalismo,** que se describe en el capítulo 11. Las lesiones de la parte compacta de la sustancia negra son responsables del temblor, la bradicinesia y otras características de la **enfermedad de Parkinson,** que se describe en el capítulo 7.

ENFERMEDADES

Los movimientos coreiformes son un signo cardinal en numerosas enfermedades. La **corea de Huntington** es una enfermedad hereditaria dominante cuyos síntomas clínicos se inician a mediana edad. Los pacientes presentan atrofia del estriado, más prominente en el núcleo caudado.

Continúa

Los movimientos coreiformes se agravan con el tiempo y también se observa un deterioro mental progresivo que se atribuye, en parte, a la degeneración de las partes no motoras de estriado y, en parte, a la pérdida concurrente de neuronas de la corteza cerebral. La **corea de Sydenham** (o mal de San Vito) actualmente es una enfermedad rara. Se daba típicamente durante la niñez después de una enfermedad infecciosa causada por estreptococos hemolíticos. Como la enfermedad raramente resultaba mortal, la anatomía patológica de la corea de Sydenham se conoce muy poco. Los hallazgos más habituales eran hemorragias microscópicas y émbolos en el cuerpo estriado.

La atetosis y la coreoatetosis a menudo forman parte de un complejo de signos neurológicos que son debidos a trastornos metabólicos del cerebro en desarrollo o a daños durante el nacimiento.

Los movimientos atetoides se asocian con mayor frecuencia a cambios anatomopatológicos del estriado y la corteza cerebral, aunque algunas veces también se observan lesiones en el globo pálido y el tálamo. El término **parálisis cerebral** se refiere a los trastornos del movimiento causados por un daño cerebral ocurrido durante el nacimiento o en torno al mismo. La parálisis espástica (causada por una pérdida de la función de las vías motoras descendentes; v. cap. 23) es otro tipo común de parálisis cerebral.

La **enfermedad de Wilson** (degeneración hepatolenticular) es causada por un error genético del metabolismo del cobre. Los síntomas de la enfermedad de Wilson suelen aparecer entre los 10 y los 25 años de edad y consisten en rigidez muscular, distonía, temblor, deterioro de los movimientos voluntarios y pérdida de la expresión facial. Pueden presentarse risa y llantos incontrolados sin causa aparente, y si la enfermedad no se trata acaba en demencia. Los cambios degenerativos son más pronunciados en el putamen, y progresan hacia la cavitación del núcleo lenticular. Puede observarse degeneración celular en la corteza cerebral, el tálamo, el núcleo rojo y el cerebelo. Además de estas anomalías neurológicas, los pacientes afectados presentan cirrosis del hígado. Los cambios neurológicos y hepáticos de la enfermedad de Wilson responden al tratamiento con fármacos que estimulan la excreción de cobre por la orina.

Algunos fármacos usados en psiquiatría inhiben la acción de la dopamina en el estriado. Si se administran durante largo tiempo, en dosis elevadas o a pacientes especialmente susceptibles, estos fármacos pueden causar diversas reacciones agudas distónicas o parkinsonianas, o bien discinesias. La más común de estas enfermedades iatrógenas se conoce como **discinesia tardía.**

Las conexiones del cuerpo estriado indican que el control del movimiento es una sola de las funciones que desempeña esta gran parte del hemisferio cerebral, pero, a excepción de las discinesias, el resto de trastornos no está bien documentado. En los pacientes con pequeñas lesiones confinadas al núcleo caudado se ha documentado una enfermedad conocida como **abulia,** que se caracteriza por una pérdida de voluntad e iniciativa, con retrasos prolongados a la hora de responder preguntas. La abulia, sin embargo, se observa más habitualmente en pacientes con grandes lesiones bilaterales del lóbulo frontal.

---

presinápticos, y los opiáceos actúan sobre las neuronas del área tegmental ventral y el estriado. También se ha demostrado que la nicotina y el etanol elevan los niveles de dopamina en el núcleo *accumbens.*

SUSTANCIA INNOMINADA Y NÚCLEOS COLINÉRGICOS BASALES

La sustancia innominada es el territorio situado ventralmente respecto de la cápsula interna, el núcleo *accumbens* y la comisura anterior; dorsalmente respecto de la sustancia perforada anterior; medialmente respecto de la amígdala, y lateralmente respecto del hipotálamo. Esta región contiene axones que cruzan en todas direcciones, un gran contingente de los cuales va desde la amígdala al estriado ventral y el hipotálamo. La sustancia innominada también contiene el pálido ventral, un pequeño número de neuronas que sintetizan dopamina y los **núcleos basales del prosencéfalo.** Estos últimos comprenden tres grupos de grandes neuronas colinérgicas: el grupo colinérgico de mayor tamaño es el **núcleo basal de Meynert;** los otros dos son el **núcleo de la banda diagonal** y parte del **área septal.** Estos grupos de células reciben fibras aferentes de la amígdala, la corteza del lóbulo temporal, la ínsula, la superficie orbitaria del lóbulo frontal, el hipotálamo y los núcleos centrales, colinérgicos y noradrenérgicos de la formación reticular. Las neuronas colinérgicas de los núcleos basales del prosencéfalo poseen axones ramificados que finalizan en todas las áreas

Enfermedad de Alzheimer

Los núcleos basales magnocelulares del prosencéfalo se cuentan entre las diversas partes del cerebro que degeneran en los pacientes afectados por la **enfermedad de Alzheimer.** Este trastorno, cuyo primer síntoma es la dificultad para recordar acontecimientos recientes, es una causa habitual de deterioro mental (demencia) en las personas de edad avanzada. Las grandes neuronas colinérgicas de la base del prosencéfalo degeneran, y la corteza pierde sus fibras colinérgicas aferentes. También se observan cambios degenerativos graves en la corteza entorrinal, el hipocampo y el *locus caeruleus.* Cuando la enfermedad de Alzheimer está muy avanzada, también presenta una considerable pérdida de neuronas, con encogimiento de las circunvoluciones de toda la corteza cerebral pero, especialmente, de los lóbulos parietal y temporal. En el soma neuronal de todas las partes de cerebro afectadas se observan ovillos fibrilares, junto con grandes depósitos extracelulares de material fibrilar conocidos como *placas seniles.* En otras enfermedades que causan demencia se encuentran cambios histológicos parecidos.

de la corteza cerebral, así como en el hipocampo y en todos los componentes de los ganglios basales. Constituyen la única fuente de inervación colinérgica de la corteza, y quizás constituyan un importante enlace entre el sistema límbico y el neocórtex. Después de un daño quirúrgico que interrumpe la proyección colinérgica que va de los núcleos basales del prosencéfalo a la formación hipocámpica, puede darse amnesia, lo que indica que estas conexiones participan en el aprendizaje y los recuerdos. Los núcleos colinérgicos basales también reciben impulsos de los núcleos del tronco encefálico (v. cap. 9) y participan en la activación y el estado de vigilia.

Bibliografía recomendada

Albin RL, Young AB, Penney JB. The functional anatomy of basal ganglia disorders. *Trends Neurosci* 1989;12:366–375.

Bhatia KP, Marsden CD. The behavioural and motor consequences of focal lesions of the basal ganglia in man. *Brain* 1994;117:859–876.

Hedreen JC, Struble RG, Whitehouse PJ, et al. Topography of the magnocellular basal forebrain system in the human brain. *J Neuropathol Exp Neurol* 1984;43:1–21.

Heimer L. Basal forebrain in the context of schizophrenia. *Brain Res Rev* 2000;31:205–235.

Heimer L. A new anatomical framework for neuropsychiatric disorders and drug abuse. *Am J Psychiat* 2003;160:1726–1739.

Holt DJ, Graybiel AM, Saper CB: Neurochemical architecture of the human striatum. *J Comp Neurol* 1997;384:1–25.

Ikemoto K, Nagatsu I, Kitahama K, et al. A dopamine-synthesizing cell group demonstrated in the human basal forebrain by dual labeling immunohistochemical technique of tyrosine hydroxylase and aromatic L-amino acid decarboxylase. *Neurosci Lett* 1998;243:129–132.

Inase M, Tanji J. Thalamic distribution of projection neurons to the primary motor cortex relative to afferent terminal fields from the globus pallidus in the macaque monkey. *J Comp Neurol* 1995;353:415–426.

Lehericy S, Vidailhet M, Dormont D, et al. Striatopallidal and thalamic dystonia: a magnetic resonance imag-ing anatomoclinical study. *Arch Neurol* 1996;53:241–250.

Ma TP. The basal ganglia. In: Haines DE, ed. *Fundamental Neuroscience*. New York: Churchill Livingstone, 1997:363–378.

Mesulam M-M, Geula C. Nucleus basalis and cortical cholinergic innervation in the human brain: observations based on the distribution of acetylcholinesterase and choline acetyltransferase. *J Comp Neurol* 1988;275:216–240.

Morris MK, Bowers D, Chatterjee A, et al. Amnesia following a discrete basal forebrain lesion. *Brain* 1992;115:1827–1847.

Parent A, Hazrati LN. Functional anatomy of the basal ganglia, 1: the cortico- basal ganglia-thalamo-cortical loop. *Brain Res Rev* 1995;20:91–127.

Parent A, Hazrati LN. Functional anatomy of the basal ganglia, 2: the place of subthalamic nucleus and external pallidum in basal ganglia circuitry. *Brain Res Rev* 1995;20:128–154.

Perry RH, Candy JM, Perry EK, et al. The substantia innominata and adjacent regions in the human brain: histochemical and biochemical observations. *J Anat* 1984;138:713–732.

Sakai ST, Inase M, Tanji J. Comparison of cerebellothalamic and pallidothalamic projections in the monkey (Macaca fuscata): a double anterograde labeling study. *J Comp Neurol* 1996;368:215–228.

Shindo K, Shima K, Tanji J. Spatial distribution of thalamic projections to the supplementary motor area and the primary motor cortex: a retrograde multiple labeling study in the macaque monkey. *J Comp Neurol* 1995;357:98–116.

Ulfig N. Configuration of the magnocellular nuclei in the basal forebrain of the human adult. *Acta Anat* 1989;134:100–105.

Wilson CJ. Basal ganglia. In: Shepherd GM, ed. *The Synaptic Organization of the Brain*, 5th ed. New York: Oxford University Press, 2004:361–413.

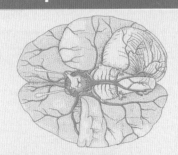

Capítulo 13

TOPOGRAFÍA DE LOS HEMISFERIOS CEREBRALES

Conceptos básicos

- La gran área superficial de la corteza cerebral del ser humano adopta un patrón de circunvoluciones y surcos. Algunas de estas circunvoluciones son importantes referencias anatómicas o áreas funcionales.

- En cada hemisferio cerebral se reconocen cinco lóbulos (incluida la ínsula).

- En la superficie medial del hemisferio, el surco parietooccipital separa el lóbulo parietal del lóbulo occipital.

- En el lóbulo occipital, la cisura calcarina contiene la corteza visual primaria.

- En el lóbulo parietal, la circunvolución poscentral corresponde a la primera área somatosensitiva general. La circunvolución supramarginal y la circunvolución angular son cortezas de asociación e incluyen partes del área receptiva del lenguaje, que se extiende desde la parte posterior de la circunvolución temporal superior hasta las partes adyacentes del lóbulo parietal.

- La cisura central se localiza entre el lóbulo parietal y el lóbulo frontal, y separa el área somestésica primaria del área motora primaria.

- En el lóbulo frontal, la circunvolución precentral corresponde al área motora primaria. El bulbo olfatorio y el nervio olfatorio están en contacto con la superficie olfatoria del lóbulo frontal.

- El surco lateral (cisura de Silvio) separa los lóbulos frontal y parietal del lóbulo temporal.

- La ínsula (lóbulo insular), que se localiza en el suelo del surco lateral, constituye una referencia anatómica para parte del cuerpo estriado. Su corteza desempeña funciones viscerales.

- La superficie superior de la circunvolución temporal superior incluye el área auditiva primaria.

- La circunvolución parahipocámpica incluye el *uncus* (un área olfatoria primaria) y el área

entorrinal, que interviene en la olfacción y la memoria.

- El lóbulo límbico incluye la circunvolución parahipocámpica y la circunvolución del cíngulo, que son partes del sistema límbico.

El complicado plegamiento de la superficie de los hemisferios cerebrales aumenta sustancialmente el área superficial y, por consiguiente, el volumen de la corteza cerebral. Los repliegues reciben el nombre de **circunvoluciones** y los canales que los separan se llaman **surcos**. Aproximadamente dos terceras partes de la corteza forma las paredes de los surcos y, por lo tanto, no es visible en la superficie. Aunque algunas circunvoluciones son rasgos constantes de la superficie cerebral, otras varían de un cerebro a otro e incluso entre los dos hemisferios de un mismo cerebro. Existen otras depresiones menos marcadas de la corteza cerebral: canales y muescas que no están relacionados con el patrón de circunvoluciones y surcos. Se deben a estructuras extracerebrales, como los huesos del cráneo y los senos venosos de la duramadre.

Mientras que un surco es un canal excavado en la superficie de un hemisferio cerebral, una **cisura** es una hendidura que separa distintos componentes del cerebro. A pesar de que surco y cisura no se definen igual, estos dos términos frecuentemente se usan de manera indistinta para referirse a los surcos más profundos.

Desde las primeras etapas del estudio de la neuroanatomía humana, los estudiantes deben ser capaces de dibujar los lóbulos de los hemisferios cerebrales y reconocer los surcos, las cisuras y las circunvoluciones principales que se suelen tomar como referencias anatómicas. Algunos de los surcos y circunvoluciones más pequeños tienen una gran importancia funcional, mientras que otros no tienen ninguna significación conocida.

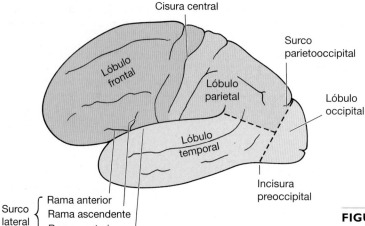

FIGURA 13-1. Lóbulos del hemisferio cerebral (superficie lateral).

Surcos y cisuras principales

El surco lateral y el surco parietooccipital aparecen en un estadio temprano del desarrollo fetal y en el cerebro maduro son especialmente profundos. Estos surcos, junto con la cisura central y la cisura circular, constituyen los límites que dividen el hemisferio cerebral en los lóbulos frontal, parietal, insular, temporal y occipital (figs. 13-1 y 13-2).

El **surco lateral** (cisura de Silvio o cisura silviana) se inicia en forma de arruga profunda en la superficie inferior del hemisferio.

Éste es el **tronco** del surco, que se extiende lateralmente entre el lóbulo frontal y el lóbulo temporal. Cuando alcanza la superficie lateral, el tronco se divide en tres ramas. Mientras que en la superficie lateral del hemisferio la **rama posterior**

es la parte principal del surco, la **rama anterior** y la **rama ascendente** se proyectan sólo a una corta distancia por el lóbulo frontal. Un área de la corteza llamada **lóbulo insular** o **ínsula** (isla de Reil) se encuentra en el fondo del surco lateral y no es visible desde la superficie. Parece que durante el estadio final del desarrollo embrionario y el primer estadio del desarrollo fetal esta corteza está unida al cuerpo estriado subyacente; seguidamente, el crecimiento de la corteza que le rodea genera el profundo surco lateral.

La **cisura central** (cisura de Rolando; cisura rolándica) es una referencia anatómica importante de la corteza sensitivomotora, ya que la primera área somática sensitiva se encuentra inmediatamente detrás de esta circunvolución, y el área motora primaria se encuentra inmediatamente por delante de ella. La cisura central mella el margen superior del hemisferio aproximadamente 1 cm por detrás del punto medio entre el

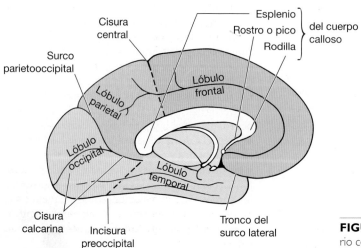

FIGURA 13-2. Lóbulos del hemisferio cerebral (superficie medial e inferior).

polo occipital y el polo frontal. La cisura desciende hacia atrás y hacia delante y se detiene poco antes del surco lateral, y a lo largo de su curso suele hacer dos curvas. La cisura central tiene unos 2 cm de profundidad; por consiguiente, sus paredes constituyen una gran parte de la corteza sensitivomotora.

La **cisura calcarina** de la superficie medial del hemisferio se inicia debajo del extremo posterior del cuerpo calloso y sigue un trayecto arqueado hacia el polo occipital. En algunos cerebros, esta cisura cruza el polo y se adentra un poco por la superficie lateral.

La cisura calcarina es una referencia anatómica importante de la corteza visual, la mayor parte de la cual se sitúa en las paredes de esta cisura.

El **surco parietooccipital** se extiende desde la cisura calcarina hasta el margen superior del hemisferio, con el cual se cruza a unos 4 cm del polo occipital.

Las cisuras cerebrales transversal y longitudinal son externas al hemisferio y, por consiguiente, no pertenecen a la misma categoría de referencias superficiales que las anteriores comisuras. La **cisura cerebral longitudinal** separa los hemisferios. Un tabique dural llamado *hoz del cerebro* se extiende por el interior de esta cisura. El cuerpo calloso, que constituye la principal comisura cerebral, pasa de un hemisferio al otro por el fondo de la cisura cerebral longitudinal. La **cisura cerebral transversal** separa los hemisferios cerebrales, que se encuentran encima, y el cerebelo, el mesencéfalo y el diencéfalo, que están debajo. La parte posterior de esta cisura se localiza entre los hemisferios cerebrales y el cerebelo; contiene un tabique dural conocido como *tienda del cerebelo*. La parte anterior de la cisura cerebral transversal se sitúa entre el cuerpo calloso y el diencéfalo. De contorno triangular, se va ahusando por la parte anterior, y contiene la **tela coroidea**, que está formada por tejido conectivo vascular derivado de la piamadre que cubre el cerebro. La tela coroidea se continúa con el núcleo de tejido conectivo de los plexos coroideos de los ventrículos laterales y el tercer ventrículo, y los plexos se completan con el epitelio coroideo que deriva del recubrimiento ependimario de los ventrículos. Los plexos coroideos secretan líquido cefalorraquídeo (v. cap. 26).

Lóbulos de los hemisferios cerebrales

Cada hemisferio cerebral posee una superficie lateral, una superficie medial y una superficie inferior en las que la extensión de los lóbulos del hemisferio ha quedado ahora bien definida (véanse figs. 13-1 y 13-2).

El **lóbulo frontal** ocupa toda el área que queda por delante de la cisura central y por encima del surco lateral en la cara lateral. La superficie medial del lóbulo frontal envuelve la parte anterior del cuerpo calloso y está limitada posteriormente por una línea trazada entre la cisura central y el cuerpo calloso. La superficie inferior del lóbulo frontal descansa sobre la lámina orbitaria del hueso frontal.

En la superficie lateral, los límites naturales del **lóbulo parietal** son la cisura central y el surco lateral. Los otros límites están formados por dos líneas; la primera de las dos se traza entre el surco parietooccipital y la incisura preoccipital, mientras que la segunda línea va desde el centro de la anterior hasta el surco lateral. (La **incisura preoccipital**, que está indicada en las figs. 13-1 y 13-2, es una ligera indentación cerebral formada por la porción petrosa del hueso temporal.) En la superficie medial, el lóbulo parietal queda delimitado por el lóbulo frontal, el cuerpo calloso, la cisura calcarina y el surco parietooccipital.

En la superficie lateral, el **lóbulo temporal** está delimitado por el surco lateral y por las líneas descritas anteriormente. La superficie inferior del lóbulo temporal se extiende hasta el polo temporal desde una línea trazada entre el extremo anterior de la cisura calcarina y la incisura preoccipital. La mayor parte del **lóbulo occipital** aparece en la superficie medial del hemisferio, donde queda separado del lóbulo parietal por el surco parietooccipital, y del lóbulo temporal tal como ya se ha descrito. En la superficie lateral el lóbulo occipital está formado por la pequeña área que queda por detrás de la línea que une el surco parietooccipital y la incisura preoccipital.

La porción de la gran comisura cerebral dentro y cerca de la línea media se conoce como tronco del cuerpo calloso, y las fibras de la comisura que se esparcen por los centros de los hemisferios constituyen las **radiaciones del cuerpo calloso**. A determinadas regiones del tronco de la comisura se les asignan nombres (v. fig. 13-2); de aquí en adelante estas regiones se usarán como puntos de referencia. La porción posterior ensanchada del tronco recibe el nombre de **esplenio**. La porción anterior, o **rodilla**, se curva centralmente y se va adelgazando hasta formar el **rostro** o **pico**. Este último se continúa con la lámina terminal, que limita el tercer ventrículo por la parte anterior.

Circunvoluciones y surcos

Algunas referencias superficiales del hemisferio marcan áreas funcionales importantes; la cisura central para la corteza sensitivomotora y la cisura calcarina para la corteza visual son ejemplos de ello. En su mayoría, las circunvoluciones y los surcos sólo sirven como marco general de referencia para áreas corticales cuyas funciones son conocidas o desconocidas.

En la superficie lateral, las marcas de referencia pueden identificarse de acuerdo con los lóbulos, pero esto no es posible en el caso de las superficies medial e inferior.

El texto y las ilustraciones que siguen se refieren a surcos y circunvoluciones de distinta importancia funcional. Los estudiantes quizás tengan que remitirse a este material cuando estudien la localización de las funciones en la corteza cerebral (v. cap. 15).

SUPERFICIE LATERAL

Lóbulo frontal

El **surco precentral** (a menudo separado en dos o más partes) corre en paralelo la cisura central; este surco delimita la **circunvolución precentral**, que sirve de referencia para el área motora primaria de la corteza cerebral (fig. 13-3). El resto de la superficie lateral del lóbulo frontal queda dividida por los **surcos frontales superior** e **inferior** en las **circunvoluciones frontales superior, media** e **inferior**. La rama ascendente y la rama anterior del surco lateral dividen la circunvolución frontal inferior en una **porción opercular**, una **triangular** y otra **orbitaria**. En el hemisferio izquierdo, la porción triangular y la porción opercular contienen la corteza del área motora o expresiva del lenguaje de Broca. En el lóbulo frontal, como en el resto de lóbulos del hemisferio, las circunvoluciones y surcos secundarios contribuyen a las variaciones topográficas de los distintos cerebros.

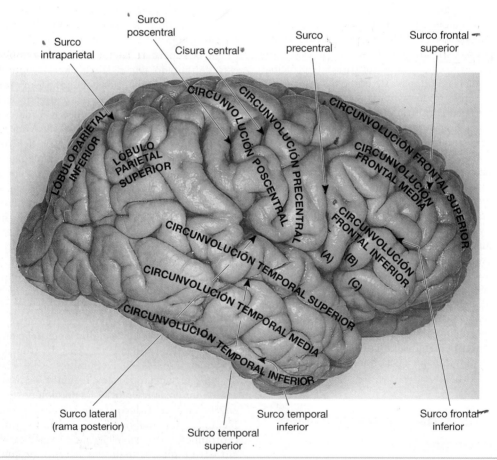

FIGURA 13-3. Circunvoluciones y surcos de la superficie lateral del hemisferio cerebral derecho. (A), (B) y (C) indican las partes opercular, triangular y orbitaria, respectivamente, de la circunvolución frontal inferior.

Lóbulo parietal

El **surco poscentral** corre paralelo a la cisura central; estos surcos limitan la **circunvolución poscentral**, que sirve de referencia para el área sensitiva somática (somestésica) primaria de la corteza.

El **surco intraparietal** se extiende por la parte posterior desde el surco poscentral y divide esta parte de la superficie, no ocupada por la circunvolución poscentral, en un **lóbulo parietal superior** y un **lóbulo parietal inferior**. Las partes del lóbulo parietal inferior que rodean los extremos vueltos hacia arriba del surco lateral y del surco temporal superior reciben el nombre de **circunvolución supramarginal** y **circunvolución angular**, respectivamente. En el hemisferio izquierdo, estas circunvoluciones quedan incluidas en el área receptora del lenguaje, que es necesaria para la percepción y la interpretación del lenguaje escrito y hablado.

Lóbulo insular (ínsula)

Las regiones que ocultan la ínsula se conocen como **opérculo frontal**, **opérculo parietal** y **opérculo temporal**; para que la ínsula quede a la vista, deben apartarse o extirparse (fig. 13-4). La ínsula está delimitada por un **surco circular**, y un surco central la divide en dos regiones. En frente del surco central hay diversas circunvoluciones cortas, y detrás de él se encuentran una o dos circunvoluciones largas. En la región del tronco del surco lateral, la parte inferior de la ínsula recibe el nombre de **limen de la ínsula**. La corteza de la ínsula interviene en actividades involuntarias como el control de las vísceras por el sistema nervioso autónomo. Las áreas corticales para los sentidos viscerales especiales del gusto y el olfato también se extienden por la ínsula.

La ínsula constituye un punto de referencia importante para determinadas estructuras del interior del hemisferio cerebral. El núcleo lenticular, que es un componente del cuerpo estriado, queda separado de la ínsula por dos capas de sustancia blanca (las cápsulas extrema y externa) y una capa intermedia de sustancia gris (el claustro).

Lóbulo temporal

Los **surcos temporales inferior** y **superior** dividen la superficie lateral del lóbulo temporal en las **circunvoluciones temporales superior, media** e **inferior**. Entre las variaciones que pueden observarse en el lóbulo temporal, el surco temporal inferior puede ser discontinuo, y en este caso es difícil de identificar. Cuando se observa desde la cara inferior del lóbulo temporal, la circunvolución temporal inferior recibe el nombre de *circunvolución occipitotemporal lateral*. La circunvolución temporal superior posee una gran superficie que forma el suelo del surco lateral. En la parte anterior de esta superficie, la **circunvolución temporal transversa** (conocida también como *circunvolución de Heschl*) se extiende por el fondo del surco lateral y marca la localización del área auditiva primaria de la corteza. La parte posterior de la circunvolución temporal superior es el **plano temporal**, que en los varones —a diferencia de las mujeres— es más grande en el lado izquierdo. El plano temporal incluye una parte del área receptora del lenguaje, que se extiende sobre el lóbulo parietal.

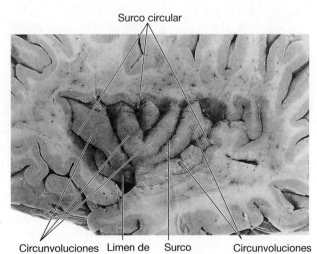

Surco circular

FIGURA 13-4.   Ínsula del hemisferio cerebral izquierdo, que se ha dejado expuesta extirpando los opérculos frontal, parietal y temporal.

Circunvoluciones cortas   Limen de la ínsula   Surco central de la ínsula   Circunvoluciones largas

Lóbulo occipital

En los cerebros de los primates no humanos y en algunos cerebros humanos, la cisura calcarina se continúa durante un breve trecho más allá del polo occipital. En este caso existe un **surco semilunar** curvado que rodea el extremo de la cisura calcarina. A excepción de esta marca inconstante, la pequeña área de la superficie lateral correspondiente al lóbulo occipital posee ranuras y pliegues menores sin ningún significado especial.

La corteza visual primaria ocupa y rodea la cisura calcarina. El resto del lóbulo occipital está formado por corteza de asociación que interpreta los estímulos visuales. La corteza de asociación visual se extiende a los lóbulos parietal y temporal (v. también caps. 15 y 20).

Superficies medial e inferior

La **circunvolución del cíngulo** se inicia por debajo de la rodilla del cuerpo calloso y continúa por encima del mismo hasta el esplenio (figura 13-5). El **surco del cíngulo** se dispone entre la circunvolución del cíngulo y la **circunvolución frontal media**, que en la superficie lateral del hemisferio se continúa con la circunvolución frontal superior. El surco del cíngulo desprende un **surco paracentral**, y a continuación, en el lóbulo parietal, se divide en un **surco marginal** y un **surco subparietal**. La región delimitada por los surcos paracentral y marginal, que rodea la acanaladura dejada por la cisura central en el borde superior, recibe el nombre de **lóbulo paracentral**. La parte

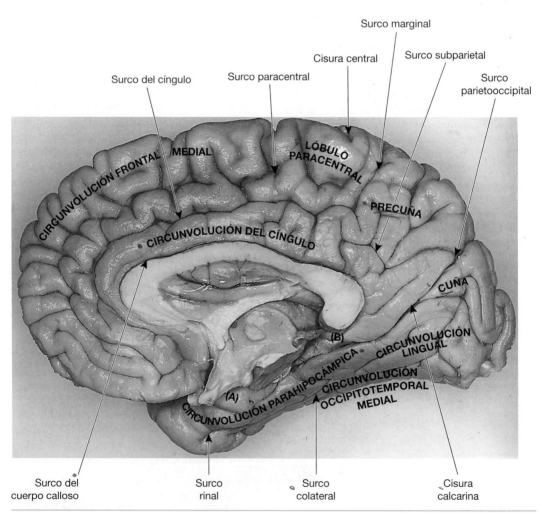

FIGURA 13-5. Circunvoluciones y surcos de las superficies medial e inferior del hemisferio cerebral derecho. (A) *Uncus* (B) Istmo (corteza retroesplénica) que conecta la circunvolución del cíngulo con la circunvolución parahipocámpica.

anterior y la parte posterior del lóbulo paracentral son, respectivamente, extensiones de las circunvoluciones precentral y poscentral de la superficie lateral del hemisferio. El área que queda por encima del surco subparietal se llama **precuña** y, por la superficie lateral, se continúa con el lóbulo parietal superior. La cisura calcarina y el surco parietooccipital delimitan la **cuña** del lóbulo occipital.

En la superficie medial del lóbulo frontal, por debajo del rostro del cuerpo calloso, se encuentra la **circunvolución subcallosa**, conocida también como *área paraolfatoria*. Forma parte del **área septal**, que es un componente del sistema límbico (v. cap. 18).

En la superficie inferior del hemisferio (v. figuras 13-5 y 13-6) hay una circunvolución que se extiende desde el polo occipital hasta muy cerca del polo temporal. La parte posterior de esta circunvolución constituye la **circunvolución lingual**. La parte anterior forma la **circunvolución parahipocámpica**, que gira bruscamente hacia atrás en la cara medial y forma el *uncus*, región en la que finalizan las fibras del nervio olfatorio. El **surco colateral** define el margen lateral de las circunvoluciones lingual y parahipocámpica. El corto **surco rinal**, en el extremo lateral de la parte anterior de la circunvolución parahipocámpica, delimita el **área entorrinal**, que pertenece a los sistemas olfatorio y límbico. La **circunvolución occipitotem**-

poral medial, que también suele llamarse **circunvolución fusiforme**, discurre a lo largo de la cara lateral del surco colateral. Está interrumpida por diversos surcos pequeños y variables. El **surco occipitotemporal** se interpone entre la circunvolución occipitotemporal medial y la **circunvolución occipitotemporal lateral**. Esta última se continúa con la circunvolución temporal inferior de la superficie lateral del hemisferio.

La superficie inferior del lóbulo frontal se conoce generalmente como **corteza orbitofrontal**. El **bulbo olfatorio** y el **tracto olfatorio** (v. fig. 13-6) ocultan la mayor parte del surco olfatorio. La **circunvolución recta** se localiza en posición medial respecto del surco olfatorio. La gran área que queda al lado del surco olfatorio está constituida, típicamente, por cuatro **circunvoluciones orbitarias** irregulares (medial, anterior, posterior y lateral) separadas por unos surcos dispuestos en forma de H.

Lóbulo límbico

La circunvolución del cíngulo y la circunvolución parahipocámpica están conectadas por un **istmo** estrecho (que suele llamarse **corteza retroesplénica**) por debajo y por detrás del esplenio del cuerpo calloso. Estas dos circunvoluciones conectadas

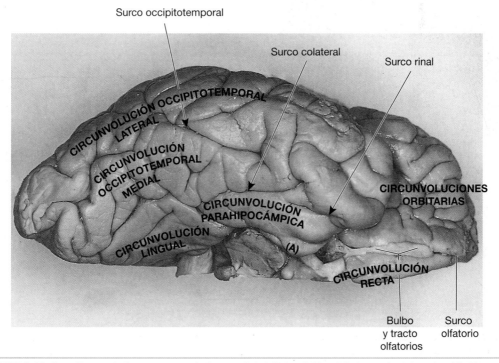

FIGURA 13-6.   Circunvoluciones y surcos de la superficie inferior del hemisferio cerebral derecho. (A) *Uncus.*

forman el lóbulo límbico. Este lóbulo forma parte del **sistema límbico** del cerebro, en el cual se incorporan diversas estructuras adicionales, las más importantes de las cuales son el hipocampo, la circunvolución dentada, el cuerpo amigdaloide (en el lóbulo temporal), el hipotálamo, el área septal y algunos núcleos del tálamo (v. cap. 18). El término *sistema límbico* todavía se usa pero pronto habrá quedado obsoleto. Abarca los circuitos nerviosos que intervienen en funciones tan diversas como el aprendizaje, el recuerdo, los comportamientos defensivos y reproductores, y las respuestas a sensaciones subjetivas.

Bibliografía recomendada

Chiavaras MM, Petrides M. Orbitofrontal sulci of the human and macaque monkey brain. *J Comp Neurol* 2000;422:35–54.

Haines DE. Neuroanatomy. *An Atlas of Structures, Sections and Systems*, 7th ed. Baltimore: Williams & Wilkins, 2007.

Hanke J. Sulcal pattern of the anterior parahippocampal gyrus in the human adult. *Ann Anat* 1997;179:335–339.

Kulynych JJ, Vladar K, Jones DW, et al. Gender differences in the normal lateralization of the supratemporal cortex: MRI surface-rendering morphometry of Heschl's gyrus and the planum temporale. *Cereb Cortex* 1994;4: 107–118.

Montemurro DG, Bruni JE. *The Human Brain in Dissection*, 2nd ed. New York: Oxford University Press, 1988.

Naidich TP, Valavanis AG, Kubik S. Anatomic relationships along the low-middle convexity, 1: normal specimens and magnetic resonance imaging. *Neurosurgery* 1995;36: 517–532.

Nieuwenhuys R, Voogd J, van Huijzen C. *The Human Central Nervous System*. A Synopsis and Atlas, 3rd ed. Berlin: Springer-Verlag, 1988.

Nolte J, Angevine JB. *The Human Brain in Photographs and Diagrams*, 3rd ed. St. Louis: Mosby, 2007.

Capítulo 14

HISTOLOGÍA DE LA CORTEZA CEREBRAL

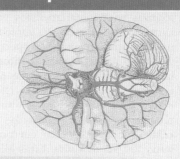

- La superficie del hemisferio cerebral está formada por el arquicórtex (formación hipocámpica), el paleocórtex (área olfatoria y algunas áreas límbicas) y el neocórtex, que consta de seis capas; en el cerebro humano, contiene aproximadamente 1.010 neuronas.

- La corteza contiene principalmente células (piramidales), que se aprecian más claramente en las capas 3 y 5, y varios tipos de interneuronas. Las áreas numeradas de Brodmann se basan en las variaciones regionales que se detectan en el aspecto de la corteza cuando se observa bajo el microscopio.

- Donde se diferencian más las seis capas es en las áreas de asociación. En las áreas sensitivas primarias, las células estrelladas predominan en la capa 4. Estas interneuronas raramente se observan en las áreas motoras. El área motora primaria contiene células piramidales gigantes (células de Betz).

- Las fibras aferentes vienen de otras áreas corticales, del tálamo, de los núcleos basales colinérgicos del prosencéfalo, de las neuronas serotoninérgicas y noradrenérgicas del tronco encefálico y de ciertas neuronas peptidérgicas (orexina) e histaminérgicas del hipotálamo. Las fibras aferentes corticocorticales, talamocorticales, colinérgicas y peptidérgicas excitan las células piramidales. Algunas fibras aminérgicas son excitadoras, mientras que otras son inhibidoras.

- La corteza está formada por tiras verticales de neuronas, conocidas como minicolumnas, que se agrupan en columnas mayores o módulos. Cada módulo sólo responde a un tipo específico de señal. La maduración de la organización columnar requiere la exposición a experiencias sensoriales en los primeros tiempos de la vida posnatal.

- El electroencefalograma muestra diferencias aditivas de los potenciales de membrana entre los extremos proximal y distal de las dendritas apicales de las células piramidales. Estos potenciales fluctúan a consecuencia de los cambios de actividad de las neuronas talamocorticales y corticocorticales.

Cada hemisferio cerebral posee una cubierta de sustancia gris, la **corteza** o **palio**, con una estructura característica que consiste en cuerpos celulares neuronales y axones dispuestos en capas.

La **histología** es el estudio de los tejidos, diferenciados a partir del estudio de las células individuales, mediante microscopía. El examen microscópico de secciones cortadas en el plano perpendicular a la superficie del cerebro permite reconocer tres tipos de tejidos corticales. Los nombres de los tipos de corteza se basan en la filogenia, que es la variación gradual de estructuras similares entre distintos tipos de organismos. El **paleocórtex** es la corteza del sistema olfatorio, mientras que el **arquicórtex** es la corteza de la formación hipocámpica. Sus localizaciones en el lóbulo temporal se describen en los capítulos 17 y 18. El resto de la corteza cerebral es del tipo conocido como **neocórtex**.

El número de capas del neocórtex y el arquicórtex que se evidencian histológicamente varía según la región. En el paleocórtex puede haber hasta cinco capas, aunque las más superficiales no se diferencian. El mayor número de capas del arquicórtex es de tres. En el neocórtex, que es el tema de este capítulo, siempre es posible reconocer seis capas en algún momento del desarrollo embrionario o fetal. Sin embargo, en algunas áreas del cerebro adulto, no siempre pueden discernirse las seis capas típicas.

Neuronas corticales

Los valores que se obtienen cuando se calcula el número de neuronas de la corteza cerebral humana varían ampliamente debido a las dificultades técnicas para contarlas. Estos valores fluctúan entre $2,6 \times 10^9$ y $1,6 \times 10^{10}$, por lo tanto, el número de neuronas corticales es enorme.

Las células principales (neuronas con axones largos) se conocen como **células piramidales**. En la mayoría de estas células, los cuerpos celulares miden entre 10 y 50 μm de altura. Las células piramidales gigantes, conocidas también como **células de Betz**, poseen cuerpos celulares de hasta 100 μm de altura. Estas células sólo están presentes en el área motora primaria del lóbulo frontal, donde son muy visibles pero no numerosas. Cada célula piramidal (fig. 14-1) posee unas dendritas apicales y laterales prominentes, con ramas cubiertas de espinas dendríticas. El axón emerge de la base de la pirámide o de una de las mayores dendritas y, antes de entrar en la sustancia blanca subcortical, origina varias ramas colaterales. Aproximadamente dos terceras partes de las neuronas corticales son células piramidales, pero esta proporción es más elevada en las áreas motoras del lóbulo frontal, y más baja en las áreas sensitivas primarias. Los axones de las neuronas piramidales establecen sinapsis excitadoras, y se cree que usan el glutamato como neurotransmisor. Las **células fusiformes**, que se encuentran en la capa más profunda de la corteza, son células principales atípicas con cuerpos celulares elípticos irregulares.

Además de proyectar ramas intracorticales locales, los axones de las células principales conectan con otras neuronas de tres maneras distintas. Las **neuronas de proyección** transmiten impulsos a estructuras subcorticales, como el cuerpo estriado, el tronco encefálico, la médula espinal o el tálamo (que recibe los axones de las célu-

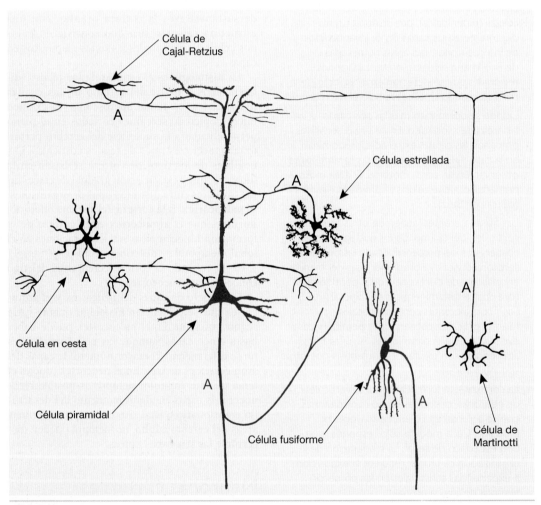

FIGURA 14-1.   Neuronas corticales: células principales en *rojo*, interneuronas en *negro*. En realidad, las neuronas son más numerosas y más ramificadas de lo que muestra este dibujo. (La letra A indica el axón de cada tipo de neurona.)

las fusiformes). Las **neuronas de asociación** establecen conexiones con neuronas corticales del mismo hemisferio. Los axones de las **neuronas comisurales** se dirigen a la corteza del hemisferio opuesto. La mayor parte de fibras comisurales constituye el cuerpo calloso; un pequeño número conecta las áreas corticales de los lóbulos temporales a través de la comisura anterior.

En base a la arquitectura dendrítica, los investigadores que estudian las preparaciones de Golgi han reconocido unos 30 tipos distintos de interneuronas corticales. En la figura 14-1 se representan esquemáticamente algunos de los tipos celulares principales. Las **células estrelladas**, que poseen espinas dendríticas, sólo se encuentran en la cuarta capa cortical (v. la sección siguiente de este mismo capítulo). Se trata de neuronas excitadoras y su transmisor probablemente es el glutamato. Todos los demás tipos de interneuronas son inhibidoras y probablemente todas secretan ácido γ-aminobutírico en las sinapsis. Las **células en cesta** poseen axones que se ramifican lateralmente y abrazan los cuerpos celulares de las células piramidales. Las **células de Cajal-Retzius** están confinadas a la capa más superficial de la corteza, mientras que las **células de Martinotti** se emplazan a mayor profundidad y proyectan sus axones hacia la superficie pial.

Capas corticales

El grosor del neocórtex varía desde los 4,5 mm del área motora primaria del lóbulo frontal a los 1,5 mm del área visual del lóbulo occipital. La corteza es más gruesa encima de la cresta de una circunvolución que en el fondo de un surco. La corteza cerebral posee su dotación completa de neuronas hacia la semana 18 de vida intrauterina. Las seis capas, que difieren en la densidad de las poblaciones celulares y en la forma y el tamaño de las neuronas que las constituyen, pueden reconocerse hacia el séptimo mes. Empezando desde la superficie y omitiendo por el momento las diferencias regionales, las seis capas son las siguientes (fig. 14-2A):

1. **Capa molecular.** La capa superficial está formada principalmente por ramas terminales de dendritas y axones, que le confieren un aspecto punteado o «molecular» en las secciones teñidas para observar las

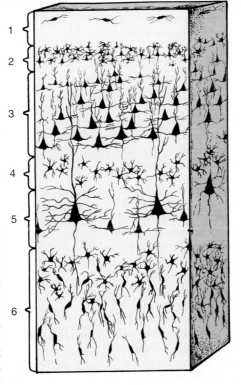

FIGURA 14-2. Histología cortical, tal como la revelan dos técnicas o métodos distintos de tinción. **(A)** Método de Golgi: 1. Capa molecular. 2. Capa granulosa externa. 3. Capa piramidal externa. 4. Capa granulosa interna. 5. Capa piramidal interna. 6. Capa multiforme. **(B)** Método de Weigert para visualizar la mielina: 1. Banda externa de Baillarger. 2. Banda interna de Baillarger.

fibras nerviosas. La mayoría de ramas dendríticas procede de células piramidales. Los axones se originan por toda la corteza del mismo hemisferio, en la corteza del hemisferio opuesto y en el tálamo. Las células de Martinotti de la capa más profunda también contribuyen con axones a la formación de la capa 1. Las infrecuentes células horizontales de Cajal-Retzius se interponen entre algunos axones y las dendritas. La capa molecular es, esencialmente, un campo sináptico de la corteza.

2. **Capa granulosa externa.** Esta capa contiene muchas células piramidales pequeñas e interneuronas.

3. **Capa piramidal externa.** Las neuronas son células piramidales típicas cuyo tamaño se va incrementando desde el margen externo de la capa al margen interno de la misma. Sus axones se proyectan por otras áreas corticales en forma de fibras de asociación y de proyección.

4. **Capa granulosa interna.** En esta capa predominan las células estrelladas, aunque también se encuentran interneuronas y células piramidales en pequeñas cantidades.

5. **Capa piramidal interna.** Esta capa contiene células piramidales, más grandes que las de la capa 3, entremezcladas con interneuronas. Las células piramidales gigantes (o células de Betz) del área motora primaria de la corteza del lóbulo frontal se localizan en la capa 5. Las neuronas de la capa 5 se proyectan hacia destinos subcorticales como el estriado, el tronco encefálico y la médula espinal.

6. **Capa multiforme.** Aunque las células fusiformes son las típicas de esta capa, también hay células piramidales e interneuronas de distintas formas. Las fibras eferentes que finalizan en el tálamo y el claustro provienen de la capa 6.

Las capas que se han descrito se pueden observar en secciones teñidas mediante las técnicas de Nissl o de Golgi (v. cap. 4). Usando métodos de tinción con plata o el método de Weigert para las vainas de mielina, se ven los axones del neocórtex en haces radiales y en bandas tangenciales (v. fig. 14-2B). Los haces radiales corresponden a los axones que entran y salen de la corteza. Las bandas tangenciales están formadas mayoritariamente por ramas colaterales y ramas terminales de fibras aferentes. Salen de los haces radiales y corren paralelas a la superficie durante un trecho; luego se vuelven a ramificar y establecen contactos sinápticos con gran número de neuronas cor-

ticales. Las bandas tangenciales más prominentes son las **bandas externa e interna de Baillarger**, en las capas 4 y 5, respectivamente. Los axones originados en los núcleos sensitivos del tálamo contribuyen de manera importante a la formación de las líneas de Baillarger, especialmente la externa, y, por consiguiente, tienen una presencia destacada en las áreas sensitivas primarias. En el área visual primaria de las paredes de la cisura calcarina, la banda externa de Baillarger en la superficie cortada se puede ver a simple vista y se conoce como **banda de Gennari** (fig. 14-3). La presencia de la banda de Gennari explica que el área visual primaria sea conocida también con el nombre alternativo de **área estriada**.

Variaciones en la citoarquitectura

En la mayoría de áreas del neocórtex se pueden diferenciar seis capas. Las excepciones las constituyen el área visual primaria y algunas partes del área auditiva primaria y el área somatosensitiva primaria, en las que las capas 2, 3, 4 y 5 se combinan en una sola capa formada por numerosas interneuronas pequeñas. El extremo opuesto se observa en el área motora primaria y en las áreas

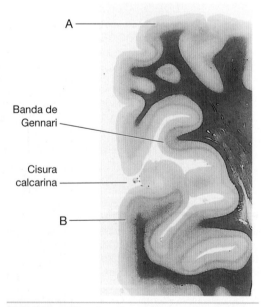

A

Banda de
Gennari

Cisura
calcarina

B

FIGURA 14-3. Sección vertical a través de la superficie medial del lóbulo occipital a nivel de la cisura calcarina. La banda de Gennari, que se extiende desde A hasta B, identifica el área visual primaria: la corteza estriada (tinción de Weigert).

premotoras del lóbulo frontal, donde las células piramidales son mucho más numerosas que las interneuronas y las capas 2, 3, 4, 5 y 6 aparecen en forma de una zona única formada casi enteramente por células piramidales de distintos tamaños, con las más grandes localizadas a mayor profundidad.

En base a la morfología neuronal, a la distribución de los haces de axones y al grosor de cada capa, la corteza cerebral se ha dividido en distintas áreas citoarquitectónicas.

Distintos investigadores han dividido la corteza entre 20 y 200 áreas, dependiendo de los criterios que han usado. El mapa numerado de Brodmann, que se publicó en 1909 y consta de 52 áreas, proporciona el esquema más ampliamente utilizado para las áreas citoarquitectónicas corticales. Algunas áreas del mapa de Brodmann que se citan más adelante se muestran en las figuras 15-1 y 15-2.

Algunas de las áreas corticales que se pueden reconocer histológicamente se corresponden estrechamente con áreas cuyas funciones se han determinado mediante investigaciones clínicas y experimentales (v. cap. 15). Estas áreas se resumen en la tabla 14-1.

Circuitos intracorticales

Las investigaciones sobre neuronas corticales llevadas a cabo mediante la técnica de Golgi, la microscopía electrónica y los métodos inmunohistoquímicos, en combinación con el registro eléctrico de microelectrodos situados en la corteza, han proporcionado mucha información acerca de los circuitos intrínsecos. Estos circuitos se resumen de forma simplificada en la figura 14-4.

Fibras eferentes y aferentes

Las principales fuentes de fibras aferentes que entran en la corteza son las siguientes:

1. **Otras áreas corticales** del mismo hemisferio y del hemisferio opuesto; las fibras corticocorticales son las aferencias más numerosas. Se trata de fibras excitadoras y están formadas por los axones de las células piramidales glutamatérgicas (o posiblemente aspartatérgicas) de la corteza.
2. El **tálamo**, que es la fuente mejor conocida de aferencias subcorticales. Estas fibras también son excitadoras, pero el transmisor es excitador, probablemente el glutamato.
3. El **claustro** (v. cap. 12), acerca del cual se sabe muy poco. Establece conexiones recíprocas, posiblemente con la corteza de los lóbulos parietal y occipital.
4. Los **núcleos colinérgicos basales del prosencéfalo** de la sustancia innominada (véanse caps. 9 y 12), que proyectan sus axones, profusamente ramificados, a todas las áreas del neocórtex, donde ejercen efectos excitadores.
5. Los **axones noradrenérgicos** de las neuronas del *locus caeruleus* (v. cap. 9), que inhiben las neuronas corticales.

TABLA 14-1. **Algunas áreas citoarquitectónicas y sus funciones asociadas**

Números de Brodmann (citoarquitectura)	Área definida según los estudios funcionales
1, 2, 3	Corteza somatosensitiva primaria (v. caps. 15 y 19)
4	Área motora primaria (v. caps. 15 y 23)
6	Área premotora y área motora suplementaria (v. caps. 15 y 23)
8	Campo visual frontal (v. caps. 15 y 18)
17	Área visual primaria (v. caps. 15 y 20)
28, 34	Corteza olfatoria (v. caps. 15 y 17)
42	Área auditiva primaria (v. caps 15 y 21)
43	Corteza gustativa (v. caps. 15 y 18)
44, 45	Área de Broca del lenguaje expresivo (v. caps. 15 y 25)

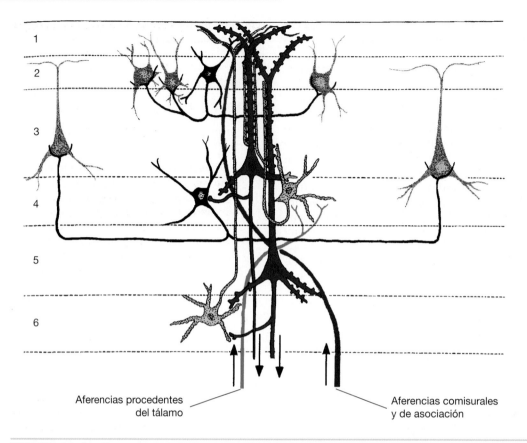

Aferencias procedentes del tálamo

Aferencias comisurales y de asociación

FIGURA 14-4. Algunas conexiones intracorticales. Los axones de las neuronas de otras áreas corticales *(violeta)* excitan las dendritas apicales de las células piramidales. Aferencias procedentes de núcleos específicos del tálamo *(azul)* excitan las dendritas basales de las células piramidales de las capas 3, 5 y 6 y las células estrelladas *(verde)* de la capa 4, las cuales, a su vez, excitan las células piramidales *(rojo)* de la misma columna. También en la capa 4, ramas de las aferencias talámicas y axones de las células piramidales excitan las células en cesta *(negro)*, que inhiben las células piramidales de las columnas adyacentes *(rosa)*. (Reimpreso con autorización a partir de Martin JH. En: Kandel ER, Schwartz JH, Jessell TM, eds. *Principles of neuronal science,* 3rd ed. New York: Elsevier, 1991:781.)

6. Los **axones serotoninérgicos** de los núcleos del rafe del tronco encefálico que se encuentran en posición más rostral (v. cap. 9). También son inhibidores y son incluso más abundantes que las aferencias noradrenérgicas.

7. Los **axones histaminérgicos** y los **axones peptidérgicos** (que usan orexina como transmisor) de determinados núcleos hipotalámicos (v. caps. 9 y 11), que intervienen en el sueño y la activación.

8. Las **fibras corticales eferentes**, que son los axones de las neuronas más grandes, especialmente de las células piramidales y fusiformes. Estas fibras entran en la sustancia blanca, donde se distribuyen en forma de fibras de proyección, fibras de asociación y fibras comisurales (v. cap. 16).

Organización columnar

Los registros obtenidos mediante microelectrodos implantados dentro de la corteza muestran que esta parte del hemisferio se organiza funcionalmente en diminutas unidades verticales conocidas como *columnas* o *módulos*, que incluyen neuronas de todas las capas. Esto se ha demostrado mejor en las áreas sensitivas. Todas las neuronas de un módulo son activadas selectivamente por el mismo estímulo periférico, que puede proceder tanto de un tipo particular de receptor cutáneo de un sitio concreto como de un punto específico de la retina. Cada módulo mide entre 200 y 500 µm de diámetro y está formado por unas 100 minicolumnas. Una minicolumna es una tira de neuronas formada por migración centrífuga durante el desarrollo.

Usos clínicos de la electroencefalografía

El electroencefalograma (EEG) aporta información en la investigación clínica de la **epilepsia,** un grupo de enfermedades en las que se produce una diseminación anómala de la excitación neuronal a través del encéfalo, lo que provoca, típicamente, pérdida de la consciencia y convulsiones. Las anomalías del EEG caracterizan los distintos tipos de epilepsias y pueden ayudar a localizar el foco epileptógeno en el que empiezan las descargas anormales. El EEG también es útil para el estudio del sueño (v. cap. 9).

Una técnica conocida como **magnetoencefalografía** registra el campo magnético asociado a las corrientes eléctricas intracorticales. Con este procedimiento es posible localizar la actividad en áreas más pequeñas de la corteza que con el EEG.

Un EEG «plano» 2 días o más después de un paro cardíaco con reanimación se asocia a la disminución a la mitad del consumo cortical de oxígeno y es un indicador casi certero de que la corteza cerebral ha sufrido una pérdida permanente de función. El diagnóstico de **muerte cerebral** en los pacientes en coma se realiza en base a la ausencia de funciones en el tronco encefálico: fallo de la respiración espontánea y ausencia de los reflejos mediados por cualquiera de los nervios craneales. Esto no debe confundirse con los **estados vegetativos,** en los que no existe ninguna comunicación entre el tronco encefálico y el cerebro, aunque la respiración, la deglución, la masticación y los reflejos de los nervios craneales se conservan en gran parte. Es posible la recuperación después de un estado vegetativo de larga duración, pero no existe ninguna manera fiable para distinguir los pacientes que se recuperarán de los pacientes, mayoritarios, que se quedarán permanentemente en dicho estado.

Los módulos organizados funcionalmente de manera vertical que se corresponden con los módulos detectados mediante microelectrodos también se pueden definir mediante autorradiografía (v. cap. 4). Para hacerlo, se inyecta un aminoácido marcado en el núcleo talámico apropiado, o se suministra por vía sistémica 2-desoxiglucosa marcada mientras un sistema sensitivo va recibiendo estímulos. Las columnas que incrementan su actividad metabólica también pueden hacerse visibles mediante tinciones histoquímicas para la actividad de la citocromo oxidasa, la enzima que permite a las células usar oxígeno.

La organización columnar del neocórtex se establece durante la vida fetal, pero el número de conexiones sinápticas aumenta después del nacimiento en respuesta a estímulos sensitivos externos.

Esta maduración tiene lugar durante un **período crítico temprano** en respuesta a una estimulación sensitiva adecuada. Si durante el primer año de vida los estímulos sensitivos son pocos o poco variados, las funciones de la corteza cerebral no logran desarrollarse correctamente. Por ejemplo, si los errores de refracción de los ojos o un mal alineamiento de los mismos (estrabismo) no se corrigen durante la primera infancia, la agudeza visual resultará alterada permanentemente, debido a un desarrollo inadecuado de los circuitos neuronales de la corteza visual primaria del lóbulo occipital.

Los estímulos visuales se pueden controlar fácilmente en el laboratorio, razón por la cual la organización de las neuronas corticales se ha estudiado más intensamente en la corteza visual primaria. Columnas diferenciadas de células responden a impulsos nerviosos asociados con uno o ambos ojos (columnas de dominancia ocular) y a características significativas de la imagen que se observa, como los bordes, las líneas horizontales y los ángulos rectos. Las poblaciones de los distintos tipos de células de las columnas forman tiras que se extienden por la superficie de la corteza calcarina.

Electroencefalografía

Los cambios de potencial eléctrico que se registran en un punto de la superficie del cuero cabelludo son causados por la suma de potenciales de membrana de las dendritas apicales de miles de células piramidales subyacentes. Mientras que la actividad de las aferencias talámicas que se dirigen a la corteza estimula (despolariza) las dendritas de las células piramidales de la capa 4, los impulsos de las fibras de asociación y de las fibras comisurales causan la despolarización de la capa 1 (v. figura 14-4). La magnitud y la dirección del flujo de las corrientes eléctricas a través del grosor de la corteza dependen de las diferencias entre el potencial de membrana de los extremos proximal y distal de las dendritas apicales.

Bibliografía recomendada

Braak H. *Architectonics of the Human Telencephalic Cortex.* Berlin: Springer-Verlag, 1980.

Dinopoulos A, Dori I, Parnevelas JG. Immunohistochemical localization of aspartate in corticofugal pathways. *Neurosci Lett* 1991;121:25–28.

Douglas R, Markram H, Martin K. Neocortex. In: Shepherd GM, ed. *The Synaptic Organization of the Brain*, 5th ed. New York: Oxford University Press, 2004:499–558.

Hubel TH, Wiesel TN. Functional architecture of macaque monkey visual cortex. *Proc R Soc Lond [Biol]* 1977;198:1–59.

Jones EG. Neurotransmitters in the cerebral cortex. *J Neurosurg* 1986;65:135–153.

Jones EG, Friedman DP, Endry SHC. Thalamic basis of place- and modality-specific columns in monkey somatosensory cortex: a correlative anatomical and physiological study. *J Neurophysiol* 1982;48:545–568.

Mountcastle VB. The columnar organization of the neocortex. *Brain* 1997;120:701–722.

Nieuwenhuys R. The neocortex: an overview of its evolutionary development, structural organization and synaptology. *Anat Embryol* 1994;190:307–337.

Ong WY, Garey LJ. Neuronal architecture of the human temporal cortex. *Anat Embryol* 1990;181:351–364.

Pakkenberg B, Gundersen HJG. Neocortical neuron number in humans: effect of sex and age. *J Comp Neurol* 1997;384:312–320.

Young B, Blume W, Lynch A. Brain death and the persist-ent vegetative state: similarities and contrasts. *Can J Neurol Sci* 1989;16:388–393.

Zilles K. Architecture of the Human Cerebral Cortex. Regional and Laminar Organization. In: Pakinos G, Mai JK, eds. *The Human Nervous System*, 2nd ed. Amsterdam: Elsevier, 2004:997–1055.

Capítulo 15

LOCALIZACIÓN DE LAS FUNCIONES EN LA CORTEZA CEREBRAL

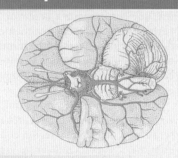

Conceptos básicos

- La estimulación, la ablación, el registro electrofisiológico y las observaciones del flujo sanguíneo regional y los cambios metabólicos que lleva asociados han contribuido al conocimiento sobre la localización de las diversas funciones en las distintas partes de la corteza cerebral.

- Las áreas sensitivas primarias, que se organizan topográficamente, son necesarias para el reconocimiento y la localización consciente de los estímulos sensitivos. Cada área sensitiva primaria principal está rodeada por una zona más grande de corteza de asociación que interpreta las señales entrantes y está conectada apropiadamente con otras partes de la corteza cerebral. Los daños en la corteza de asociación sensitiva causan distintos tipos de agnosia y apraxia.

- Las vías somatosensitivas generales se dirigen a la circunvolución poscentral. Las vías visuales finalizan en la corteza que rodea la cisura calcarina. El área auditiva primaria se localiza en la superficie superior de la circunvolución temporal superior. La corteza gustativa se encuentra en la parte anteroinferior del lóbulo parietal y en una región adyacente de la ínsula. El área olfatoria primaria es el *uncus* y las partes cercanas de la ínsula y el opérculo frontal.

- El área motora suplementaria y el área motora del cíngulo están implicadas en la planificación y el inicio de los movimientos. La corteza premotora controla los movimientos de las articulaciones proximales. El área motora primaria (circunvolución precentral) recibe impulsos procedentes de las otras tres áreas motoras y se organiza topográficamente en relación con grupos de músculos, con una gran proporción de su superficie dedicada a la cara y a la mano. De todas las áreas motoras parten fascículos descendentes que finalizan en el tronco encefálico y la médula espinal.

- El campo visual frontal controla los movimientos sacádicos conjugados de los ojos. El campo visual parietooccipital controla los movimientos involuntarios y más lentos de los ojos. La actividad en las áreas motoras oculares de la corteza dirige la mirada hacia el lado opuesto.

- En la mayoría de personas, hay un área motora o expresiva del lenguaje en el lóbulo frontal izquierdo y un área del lenguaje sensitiva o receptiva en la corteza temporoparietal izquierda. Las lesiones que dañan las áreas del lenguaje provocan distintos tipos de afasia.

- La corteza cerebral derecha contiene (en la mayoría de personas) áreas necesarias para la consciencia de la posición y el estado de las distintas partes del cuerpo, la apreciación de las formas tridimensionales, la prosodia (es decir, las propiedades de la voz distintas a su contenido verbal) y las habilidades musicales.

- Las partes rostrales de los lóbulos frontales están implicadas en algunas funciones mentales superiores, como el criterio, la previsión y el comportamiento social apropiado. La parte anterior de la circunvolución del cíngulo está activa durante la percepción del dolor. Otras funciones del lóbulo temporal y de la circunvolución del cíngulo, incluida la memoria, se comentan en el contexto del sistema límbico, en el capítulo 18.

Los resultados de los estudios clinicopatológicos y los experimentos con animales llevados a cabo durante más de un siglo han proporcionado información acerca de la especialización funcional de las distintas regiones de la corteza cerebral. Por ejemplo, para la sensación somática general, el olfato, la visión y la audición se reconocen **áreas sensitivas primarias** de gran extensión. Para el gusto y la sensación vestibular (es decir, la consciencia de la posición y los movimientos de la cabeza) existen áreas más pequeñas. También existen áreas **motoras**, cuya estimulación eléctrica provoca la contracción de los músculos esqueléticos. El resto del neocórtex, que corresponde a la mayor parte de su superficie, se conoce habitualmente como **corteza de asociación** y puede estar íntimamente relacionada funcionalmente con las áreas sensitivas o con niveles más elevados del comportamiento, la comunicación y el intelecto.

En determinados procedimientos quirúrgicos, es esencial identificar el área motora, un área sensitiva o incluso una región concreta dentro de estas áreas. Para identificar las áreas sensitivas es necesario operar con el paciente consciente, bajo anestesia local. Esto es posible porque el cerebro no percibe dolor cuando se lesiona de maneras que serían dolorosas en cualquier otra parte del cuerpo.

La estimulación eléctrica de la corteza cerebral humana ha aportado una información más detallada que la que se obtiene observando los efectos de las heridas y las enfermedades destructivas.

Desde 1980, gran parte de los estudios clásicos acerca de la localización de las funciones se han confirmado y ampliado mediante las técnicas incruentas modernas (v. cap. 4). La corteza puede estimularse eléctricamente, por ejemplo, aplicando un campo magnético exterior, y electrodos implantados en el cuero cabelludo pueden regis-

trar los potenciales provocados por estimulación transcutánea de los nervios periféricos. Aunque pocos centros disponen de ella, la magnetoencefalografía (v. cap. 4) también ayuda a localizar con precisión las funciones corticales, especialmente en las paredes de los surcos. La tomografía computarizada por emisión de fotón único (SPECT, *single photon emission computed tomography*) y la tomografía por emisión de positrones (TEP) se utilizan para cartografiar el flujo sanguíneo cerebral o el consumo de oxígeno y glucosa, para obtener información acerca de la actividad cortical en el cerebro normal y para detectar un funcionamiento anómalo. Las imágenes obtenidas por resonancia magnética funcional (RMf) aportan información parecida pero con una mayor resolución anatómica.

Corteza parietal, occipital y temporal

Los lóbulos parietal, occipital y temporal contienen áreas sensitivas primarias, que son el destino de vías originadas en los distintos órganos sensitivos. Adyacente a cada área sensitiva primaria

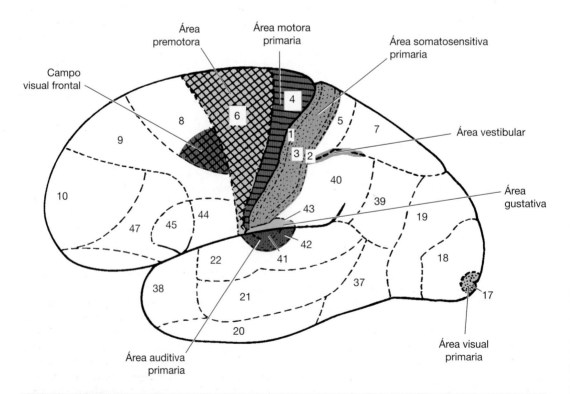

FIGURA 15-1. Áreas motoras y sensitivas primarias de la superficie lateral del hemisferio cerebral izquierdo. También se muestran algunas áreas numeradas de Brodmann, basadas en la citoarquitectura.

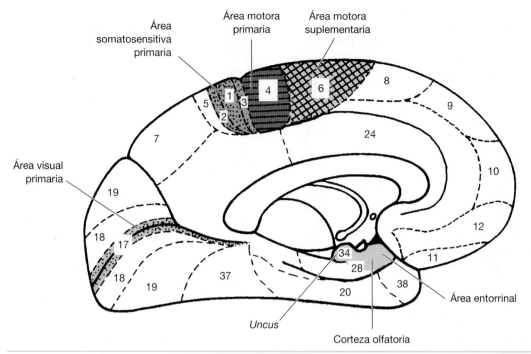

FIGURA 15-2.   Áreas motoras y sensitivas primarias de la superficie medial del hemisferio cerebral izquierdo. También se muestran algunas áreas numeradas de Brodmann, basadas en la citoarquitectura.

hay una región más grande de corteza de asociación, que interpreta y usa los datos entrantes. Gran parte del lóbulo frontal también se considera corteza de asociación; recibe impulsos de los lóbulos sensitivos, envía instrucciones a las áreas motoras y también participa en las sensaciones subjetivas, el pensamiento, el criterio y la planificación de las actividades.

SENSACIÓN SOMÁTICA GENERAL

El **área somestésica primaria** (área somatosensitiva primaria) ocupa la circunvolución poscentral en la superficie lateral del hemisferio, y la parte posterior del lóbulo paracentral, en la superficie medial (figs. 15-1 y 15-2). Está formada por las áreas 3, 1 y 2 del mapa citoarquitectónico de Brodmann.

La estimulación eléctrica del área somestésica primaria provoca formas modificadas del sentido del tacto, como una sensación de hormigueo. Es posible provocar respuestas motoras estimulando el área somestésica primaria, como también se pueden provocar respuestas sensitivas estimulando el área motora de la circunvolución precentral. Las funciones de estas dos áreas muestran un cierto grado de solapamiento, y a menudo se considera que forman una **franja sensitivomoto-**

ra alrededor de la circunvolución central. El solapamiento es mayor en los animales de laboratorio que en los seres humanos. La circunvolución poscentral y su prolongación por el lóbulo paracentral se designan como área somatosensitiva primaria porque poseen la densidad más elevada de puntos que producen sensaciones localizadas cuando se estimulan eléctricamente.

El núcleo ventral posterior del tálamo es la fuente principal de fibras aferentes para el área somatosensitiva primaria. En este núcleo talámico finalizan todas las fibras del lemnisco medial y la mayoría de fibras de los fascículos espinotalámico y trigeminotalámico. La proyección talamocortical atraviesa la cápsula interna y la sustancia blanca cerebral, y transmite información referente a las diversas modalidades de sensaciones somáticas. Las fibras talamocorticales de la sensibilidad cutánea finalizan preferentemente en la parte anterior del área somatosensitiva primaria, mientras que las fibras de la sensibilidad profunda, incluidas las de la propiocepción, finalizan en la parte posterior de esta misma área.

La mitad contralateral del cuerpo está representada al revés. La región faríngea, la lengua y las mandíbulas están representadas en la parte más ventral del área somestésica, seguidas de la cara, las manos, los brazos, el tronco y los muslos. El área para el resto de las piernas y el peri-

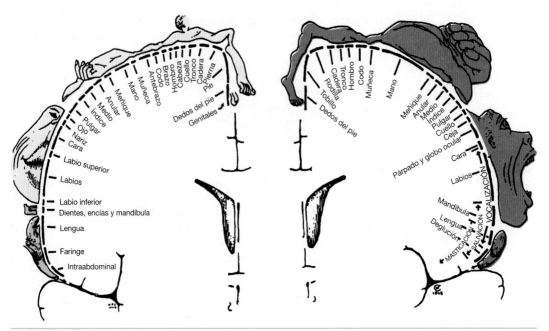

FIGURA 15-3. Homúnculos del área somatosensitiva primaria *(izquierda)* y del área motora primaria *(derecha)*.

neo se encuentra en la extensión de la corteza somestésica por la superficie medial del hemisferio. El tamaño del área cortical dedicada a una parte concreta del cuerpo viene determinada por la importancia funcional de esta parte y por su necesidad de sensibilidad. El área para la cara, especialmente la parte dedicada a los labios, es desproporcionadamente grande, y también se asigna un área grande a la mano, especialmente a los dedos pulgar e índice. El dibujo del cuerpo con las proporciones de su mapa cortical se conoce como el **homúnculo** (fig. 15-3).

Si el área somestésica primaria es destruida, persiste una forma rudimentaria de consciencia

Lesiones del lóbulo parietal

Una lesión destructiva que afecte a la corteza de asociación somestésica puede dejar intacta la propia área somestésica. En este caso, se presenta un defecto en la comprensión del significado de la información sensitiva llamado **agnosia.** En esta enfermedad, la consciencia de las sensaciones generales persiste, pero resulta difícil encontrar el significado de la información recibida en base a la experiencia previa. Existen diversos tipos de agnosia, dependiendo del sentido que ha quedado más afectado. Una lesión que destruya gran parte de la corteza somestésica de asociación causa **agnosia táctil** y **astereognosia,** que están muy relacionadas. Se manifiestan combinadas cuando la persona es incapaz de identificar con los ojos cerrados un objeto común que tiene en la mano, por ejemplo, unas tijeras. A la persona le resulta imposible correlacionar la textura superficial, la forma, el tamaño y el peso del objeto, o bien no es capaz de comparar estas sensaciones con experiencias previas. La astereognosia incluye la pérdida de consciencia de las relaciones espaciales de las diversas partes del cuerpo del lado contralateral. La forma más extrema de esta enfermedad es la **negligencia cortical,** en la que el paciente ignora e incluso niega la existencia de un lado del cuerpo y del correspondiente campo visual. Este trastorno suele ser causado por grandes lesiones de la parte superior del lóbulo parietal derecho.

Las fibras de asociación conectan la corteza somestésica de asociación con las áreas motoras del lóbulo frontal, y de esta manera proporcionan impulsos propioceptivos y de otras modalidades sensoriales interpretados, que son necesarios para la ejecución precisa de los movimientos. Consiguientemente, un daño del lóbulo parietal puede causar **apraxia,** que se discute también en conexión con la corteza premotora.

para las sensaciones de dolor, calor y frío que afectan al lado opuesto del cuerpo.

Los estímulos están mal localizados y su interpretación cualitativa y cuantitativa se ha reducido o está ausente. Para poder apreciar las sensaciones más discriminativas del tacto fino y la posición y el movimiento de las distintas partes del cuerpo, la corteza somestésica debe estar intacta.

En los primates, incluidos los seres humanos, se ha demostrado la existencia de un **área somestésica secundaria** o adicional. Esta pequeña área se localiza en la pared dorsal del surco lateral, en la misma línea que la circunvolución poscentral, y puede extenderse por la ínsula. Las partes del cuerpo están representadas bilateralmente, aunque la representación contralateral es predominante. El área sensitiva secundaria recibe impulsos procedentes de los núcleos intralaminares y del grupo posterior de núcleos del tálamo. Las fibras aferentes que llegan a estos núcleos provienen, respectivamente, de la formación reticular y de los fascículos espinotalámico y trigeminotalámico.

Por consiguiente, esta área está implicada, principalmente, en los aspectos menos discriminativos de la sensación. La preservación del área somestésica secundaria puede explicar esta sensibilidad residual que persiste después de la destrucción del área somatosensitiva primaria. No se ha adscrito ningún trastorno clínico a la lesión del área somestésica secundaria.

La **corteza de asociación somestésica** se localiza principalmente en el lóbulo parietal superior, en la superficie lateral del hemisferio, y en la precuña, en la superficie medial. En su mayor parte coincide con las áreas de Brodmann 5 y 7. Esta corteza de asociación recibe fibras procedentes del área somestésica primaria, y las conexiones talámicas las realiza con el núcleo lateral posterior y con el núcleo pulvinar. La información correspondiente a los sentidos generales se integra en esta área de asociación, lo que permite, por ejemplo, valorar las características de un objeto que se sostiene con la mano e identificarlo sin ayuda de la vista.

VISIÓN

El **área visual primaria** rodea la cisura calcarina de la superficie medial del lóbulo occipital y en algunos cerebros se extiende por el polo occipital (v. fig. 15-2). Esta área es más extensa de lo que sugiere la figura 15-2, ya que en su mayor parte se localiza en las paredes de la profunda cisura calcarina, que además posee repliegues secundarios. La corteza visual primaria, que se corresponde con el área 17 del mapa de Brodmann, recibe el nombre de **área estriada** porque contiene la banda de Gennari (v. cap. 14), que se puede ver a simple vista. La principal fuente de fibras aferentes hacia al área 17 es el cuerpo geniculado lateral del tálamo, que las proyecta a través del fascículo geniculocalcarino.

Mediante un relevo sináptico en el cuerpo geniculado lateral, la corteza visual primaria recibe información sobre la mitad lateral (temporal) de la retina ipsilateral y sobre la mitad medial (nasal) de la retina contralateral. Por lo tanto, la mitad izquierda del campo visual está representada en el área visual del hemisferio derecho y viceversa (v. también cap. 20). El área estriada también muestra patrones espaciales. Los cuadrantes inferiores de la retina (campo visual superior) se proyectan en la pared inferior de la cisura calcarina, y los cuadrantes superiores de la retina (campo

---

NOTAS CLÍNICAS

Lesiones de la corteza visual

Una lesión destructiva que afecte a la corteza estriada de un hemisferio causa un área de ceguera en el campo visual opuesto. El tamaño y la localización del defecto los determinarán la extensión y la localización de la lesión. Con una gran lesión unilateral en el lóbulo occipital (p. ej., un infarto causado por un trombo en la arteria cerebral posterior), la visión central puede conservarse. Esta observación clínica se conoce como **preservación macular** (la mácula lútea es la parte central de la retina que queda enfrente de la pupila.) El área relativamente grande de la corteza que está dedicada a la visión central puede quedar reducida parcialmente por la lesión. También se ha sugerido que anastomosis entre las ramas de las arterias cerebrales media y posterior mantienen parcialmente la parte posterior del área 17 después de la oclusión de la arteria cerebral posterior. La corteza occipital y la corteza parietal posterior adyacente son necesarias para determinados tipos de movimientos oculares (v. cap. 8), y se ha sugerido que en algunos casos la preservación macular es un artefacto de las pruebas causado por ligeros movimientos incontrolables de los ojos del paciente durante el examen de los campos visuales.

visual inferior) se proyectan en la pared superior de esta cisura. Otro patrón está relacionado con la visión central y la visión periférica. El centro de la retina, que es responsable de la visión central de discriminación máxima, está representado en la parte posterior del área 17, en el polo occipital; la retina periférica está representada en una parte más anterior. Así, la porción del área 17 que recibe señales para la visión central representa una extensión desproporcionadamente grande (un tercio) de la corteza visual primaria.

Una extensa **corteza de asociación visual** rodea el área visual primaria por las superficies medial, lateral e inferior del hemisferio (v. figuras 15-1 y 15-2), extendiéndose desde las áreas 18 y 19 (lóbulo occipital) hasta la parte posterior del lóbulo parietal y las partes inferior y lateral del lóbulo temporal. Estas áreas reciben fibras procedentes del área 17 y establecen conexiones recíprocas con otras áreas corticales y con el núcleo pulvinar del tálamo.

El papel de esta corteza de asociación consiste, entre otras complejas cuestiones de la visión, en relacionar las experiencias visuales presentes con las pasadas, reconocer lo que se está viendo y apreciar su significado. Las diferentes partes de la corteza de asociación visual desempeñan funciones distintas. Estas funciones se han determinado experimentalmente en monos, y también se han deducido a partir de deficiencias provocadas por lesiones destructivas del cerebro humano. La corteza de la parte superior del lóbulo occipital y de la parte posterior del lóbulo parietal es funcionalmente distinta de la corteza de las partes inferiores de estos lóbulos. Estas dos grandes regiones de la corteza de asociación visual se conocen, respectivamente, como las vías «¿dónde?» y «¿qué?» del procesamiento visual. Mientras que la vía dorsal «¿dónde?» analiza las relaciones espaciales y de movimiento, la vía ventral «¿qué?» identifica los colores y las formas conocidas, como las letras y las caras. Las lesiones que afectan a la corteza de

---

NOTAS CLÍNICAS

Agnosias visuales

Las lesiones destructivas que afectan a la corteza de asociación visual causan alteraciones que se atribuyen a un mal funcionamiento de las vías de procesamiento «¿dónde?» y «¿qué?» de la información visual. Las lesiones bilaterales que afectan a las partes superiores del área 19 causan **desorientación visual,** con incapacidad para reconocer la extensión del campo visual y de percibir los objetos en movimiento. Una lesión en la parte superior del lóbulo occipital suele extenderse por la corteza de asociación visual adyacente del lóbulo parietal, lo que provoca **apraxia ocular,** que consiste en la incapacidad para dirigir la mirada hacia un objetivo del campo visual seleccionado conscientemente, debido a que los movimientos rápidos de los ojos (es decir, los movimientos sacádicos, v. cap. 8) no son precisos. La apraxia ocular va asociada con **ataxia óptica,** que es la pérdida de la capacidad de llevar a cabo movimientos de las manos guiados por la vista. La combinación de desorientación visual, apraxia ocular y ataxia óptica se conoce como **síndrome de Balint.**

Una lesión en la superficie inferior de la corteza occipital situada por delante del área visual primaria causa **acromatopsia adquirida,** que consiste en la pérdida de la visión en color en las mitades contralaterales de los campos visuales de ambos ojos, lo que indica que esta parte de la corteza normalmente interviene en la visión en color.

La superficie inferolateral del lóbulo temporal (circunvoluciones occipitotemporal medial y lateral y temporal inferior) también es corteza de asociación visual. La estimulación eléctrica de esta región provoca alucinaciones vívidas de escenas del pasado, lo que indica que esta parte de la corteza desempeña un papel en el almacenamiento y la recuperación de los **recuerdos visuales.** La destrucción de las superficies inferiores del lóbulo occipital y el lóbulo temporal que va asociada a daños de la parte superior de la corteza de asociación visual causa **agnosia visual aperceptiva,** que puede tomar varias formas. Las lesiones suelen ser bilaterales, pero algunas veces sólo afectan al lado derecho. Cuando el paciente tiene dificultades para reconocer caras familiares que ya conocía, esta enfermedad recibe el nombre de **prosopagnosia.** La prosopagnosia forma parte de un fallo más general para apreciar formas, y los pacientes que la padecen también son incapaces de construir dibujos simples juntando unas pocas piezas. Otro tipo de agnosia aperceptiva es la incapacidad para reconocer edificios u objetos familiares cuando se observan desde ángulos poco usuales. La parte posterior de la circunvolución occipitotemporal medial (circunvolución fusiforme) se asocia especialmente con el reconocimiento de las caras y se conoce como **área facial fusiforme.**

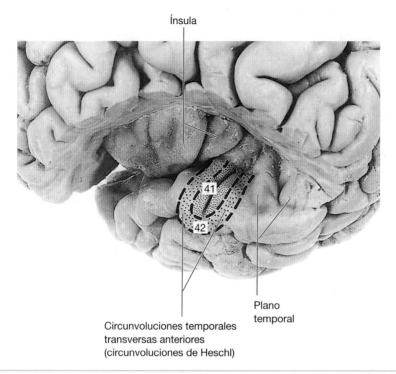

Ínsula

41

42

Circunvoluciones temporales
transversas anteriores
(circunvoluciones de Heschl)

Plano
temporal

FIGURA 15-4. Corteza auditiva primaria en la cara superior del lóbulo temporal izquierdo, expuesta al extirpar los opérculos parietal y frontal.

asociación visual producen distintos tipos de **agnosia visual**.

Las **fibras corticotectales** conectan la corteza visual, la corteza de asociación visual y la parte posterior del lóbulo parietal con el tubérculo cuadrigémino superior del mesencéfalo. A través de conexiones indirectas, el tubérculo cuadrigémino superior controla los núcleos oculomotor (o motor ocular), troclear y *abducens* (v. cap. 8). Estas conexiones forman parte de una vía dedicada a la fijación de la mirada y al seguimiento de los objetos que se mueven por el campo visual. También participan en la reacción de convergencia-acomodación cuando se enfoca un objeto cerca-

no. Estas funciones motoras de la corteza parietal y occipital están relacionadas con las funciones del campo visual frontal, que se describen más adelante en este mismo capítulo.

AUDICIÓN

El **área auditiva primaria** (área acústica) queda oculta, ya que se localiza en la pared ventral del surco lateral (fig. 15-4; v. también fig. 15-1). La superficie superior de la circunvolución temporal superior, que forma el suelo del surco, está marcada por circunvoluciones temporales transversas. Las dos circunvoluciones temporales trans-

NOTAS CLÍNICAS

Lesiones de la corteza auditiva

Un ataque epiléptico que se origina en el área auditiva primaria empieza con la percepción de un sonido rugiente que, aparentemente, se origina en algún lugar contralateral respecto del lóbulo temporal afectado. En otros tipos de epilepsia del lóbulo temporal, el paciente no localiza las alucinaciones auditivas en una u otra oreja.

A veces una lesión destructiva unilateral que afecta al área auditiva provoca dificultades para interpretar una combinación compleja de sonidos, pero casi no provoca disminución de la audición en el oído contralateral. Las lesiones bilaterales grandes que afectan a los lóbulos temporales son raras, pero pueden causar sordera bilateral, entre otros síntomas.

Agnosias auditivas

La **corteza de asociación auditiva** dedicada a la percepción más elaborada de la información acústica ocupa el suelo del surco lateral por detrás del área auditiva (la región señalada como *plano temporal* en la fig. 15-4), y la parte posterior del área 22 de Brodmann, en la superficie lateral de la circunvolución temporal superior. En el hemisferio cerebral izquierdo de la mayoría de la gente, la región de la corteza definida de esta manera se conoce también como **área de Wernicke** y es de gran importancia para las funciones del len-

guaje. La destrucción bilateral de las cortezas de asociación auditivas causa **agnosia auditiva,** en la que los pacientes no consiguen identificar sonidos complejos ni responder apropiadamente a los mismos. En casos graves, no es posible distinguir el habla de otros estímulos auditivos. Si la lesión se localiza en el hemisferio dominante para las funciones del lenguaje (normalmente el izquierdo), el paciente tiene afasia receptiva, un trastorno que se discute más adelante en este mismo capítulo. Una lesión en el lado derecho puede provocar **amusia,** que es la pérdida de la capacidad de reconocer voces familiares y música ya conocida.

versas más anteriores, llamadas **circunvoluciones de Heschl**, son las referencias anatómicas clásicas del área auditiva y se corresponden con las áreas de Brodmann 41 y 42.

Los registros tomados de pacientes sometidos a neurocirugía indican que sólo la parte posteromedial de esta región es corteza auditiva primaria.

El cuerpo geniculado medial del tálamo es la fuente principal de axones que finalizan en la corteza auditiva primaria, fibras que constituyen la radiación auditiva de la sustancia blanca del cerebro. En el área auditiva hay una representación espacial del tono de los sonidos. Los impulsos generados por frecuencias bajas se reciben sobre la parte anterolateral de esta área, mientras que los impulsos generados por frecuencias altas llegan a la parte posteromedial. El cuerpo geniculado medial recibe señales que se generan en ambos oídos, lo que asegura su representación cortical bilateral (v. cap. 21).

GUSTO

El **área gustativa** (área del gusto) es adyacente al área sensitiva general para la lengua que se encuentra en el extremo inferior de la circunvolución poscentral (área 43, v. fig. 15-1). Se extiende por la ínsula y, a continuación, por delante del opérculo frontal.

Los impulsos nerviosos procedentes de las papilas gustativas alcanzan el núcleo gustativo del tronco encefálico (es decir, la parte rostral del núcleo solitario, v. caps. 7 y 8). Las fibras procedentes del núcleo gustativo viajan por el fascículo tegmental central ipsilateral hacia la parte más medial de la división medial del núcleo ventral posterior del tálamo. La vía se completa con fibras talamocorticales.

OLFATO

La mayoría de fibras del nervio olfatorio (v. capítulo 17) finaliza en la región del limen insular y el *uncus* (área 34) y en el cuerpo amigdaloide subyacente. Algunas finalizan en la corteza entorrinal (área 28), que también es un componente importante del sistema límbico (v. cap. 18) usado para adquirir y recuperar recuerdos. La proximidad de las áreas gustativa y olfatoria en la región de la ínsula sugiere que en este lugar se integran los dos sentidos especiales relacionados funcionalmente con la alimentación. La corteza de la ínsula también participa en el control de las funciones viscerales. La parte lateral de la superficie orbitaria del lóbulo frontal recibe proyecciones de las áreas olfatorias primarias y se cree que interviene en los comportamientos de respuesta al reconocimiento de olores.

REPRESENTACIÓN VESTIBULAR

Los estudios de rastreo neuroanatómico llevados a cabo con animales revelan la existencia de fibras ascendentes que parten de los núcleos vestibulares y, tras cruzarse casi todas, viajan cerca del lemnisco medial para finalizar en la división medial del núcleo ventral posterior del tálamo (VPm) y cerca de ella. El VPm también recibe fibras de las sensaciones somáticas de la cabeza. En estudios con monos, la estimulación eléctrica del nervio vestibular induce la generación de potenciales en el extremo anterior del surco intraparietal, en la corteza somatosensitiva cercana y en la parte posterior de la ínsula. Estas áreas tienen una localización estratégica para la integración de los impulsos vestibulares con las señales propioceptivas procedentes de los músculos que actúan sobre la cabeza. Mediante TEP y RMf se han identificado áreas parecidas después de estimular el nervio vestibular humano. No se conoce ninguna área cortical que se active exclusivamente por el sistema vestibular. La proyección cortical del sistema vestibular presumiblemente contribuye a la regulación motora, la consciencia de la orientación espacial y las sensaciones de vértigo y náuseas asociadas a una estimulación vestibular excesiva.

OTRAS ÁREAS DE LA CORTEZA DE ASOCIACIÓN

Ya se han descrito otras áreas de la corteza de asociación adyacentes a las áreas sensitivas principales y estrechamente relacionadas con ellas desde el punto de vista funcional. La corteza de asociación adicional se localiza en el lóbulo parietal y en la parte posterior del lóbulo temporal. En esta región intermedia se correlaciona la información que llega a las áreas sensitivas y es analizada en la corteza de asociación adyacente para producir una valoración integral del entorno inmediato. La corteza de asociación de los tres lóbulos «sensitivos» establece abundantes conexiones con la corteza del lóbulo frontal a través de largos fascículos de la sustancia blanca del hemisferio cerebral (v. cap. 16). Se formulan patrones de comportamiento complejos y flexibles a partir de la experiencia, se les añaden tonos emocionales y a continuación el sistema motor puede responder con una expresión explícita.

La parte anterior del lóbulo temporal, que es similar al área dedicada a la memoria visual que se encuentra en la superficie inferolateral de este mismo lóbulo, muestra propiedades especiales relacionadas con el pensamiento y la memoria. En sujetos conscientes, la estimulación eléctrica de esta región puede provocar el recuerdo de objetos ya vistos, música ya escuchada y otras experiencias del pasado reciente o remoto. Los pacientes con un tumor en el lóbulo temporal pueden tener alucinaciones auditivas o visuales que reproducen acontecimientos previos. Las conexiones y las funciones de las partes mediales del lóbulo temporal, junto con las conexiones y funciones de la circunvolución del cíngulo, se describen con mayor detalle en el capítulo 18.

Toda la superficie de la corteza de asociación frontal y parietooccipitotemporal es responsable de muchas de las cualidades únicas del cerebro humano. Los **engramas** o rastros de memoria a largo plazo se guardan durante años, posiblemente en forma de cambios neuronales macromoleculares y de cambios sinápticos estructurales esparcidos por toda la corteza cerebral. Estos engramas constituyen la base del aprendizaje a nivel intelectual y de las habilidades que se adquieren con la práctica. Los complejos circuitos nerviosos de la corteza permiten la coalescencia de rastros de memoria en forma de ideas y de pensamientos conceptuales abstractos. Si hay lesiones bilaterales que afectan al sistema límbico, la información adquirida recientemente no se consolida en memoria a largo plazo (v. cap. 18). No existe ninguna enfermedad localizada que cause la pérdida de los recuerdos establecidos, lo que indica que los engramas están registrados en diversas partes del cerebro. Los raros casos de amnesia permanente que ocurren después de una lesión cerebral probablemente son causados por un fallo de los mecanismos de recuerdo, ya que la mayoría de pacientes amnésicos con el tiempo acaba recuperando la memoria. El fallo eventual de todas las funciones intelectuales en casos avanzados de la enfermedad de Alzheimer y de otros tipos de demencia se atribuye a la pérdida de gran cantidad de neuronas de toda la extensión de la corteza cerebral y de diversos núcleos subcorticales. Para más información acerca de la memoria, véase el capítulo 18.

Corteza frontal

El neocórtex del lóbulo frontal desempeña un papel especial en las actividades motoras, en los atributos de criterio y previsión y en la determinación del estado del ánimo y el afecto.

ÁREA MOTORA PRIMARIA

El **área motora primaria** se ha identificado provocando respuestas motoras a un umbral bajo de estimulación eléctrica. Esta área se localiza en la circunvolución precentral, incluida la pared anterior del surco central, y en la parte anterior del lóbulo paracentral, en la superficie medial del hemisferio (v. figs. 15-1 y 15-2). A excepción de las células piramidales, no resulta fácil reconocer otro tipo de neuronas en esta corteza y las seis capas resultan difíciles de definir. Las células piramidales gigantes (células de Betz), presentes en pequeñas cantidades en la capa 5, sólo se encuentran en el área motora primaria.

La mayoría de impulsos que llegan al área 4 procede de las otras áreas motoras de la corteza, de la corteza somestésica y de la división posterior del núcleo ventral lateral del tálamo (VLp), que, a su vez, recibe impulsos del cerebelo. Aunque el área 4 proyecta fibras a través de diversas vías motoras, las eferencias que le confieren un significado especial son las que forman parte del **sistema piramidal**, que está formado por los fascículos corticoespinal y corticobulbar. En los monos, el 30 % de estas fibras se origina en el área 4; otro 30 % proviene del área 6, y aproximadamente el 40 % se origina en el lóbulo parietal, especialmente en el área somatosensitiva primaria. Las células de Betz contribuyen con unos 30.000 axones, gruesos y mielínicos, a la formación del fascículo corticoespinal de cada lado, lo que representa aproximadamente el 3 % de todos los axones del fascículo. Los axones de conducción rápida de las células de Betz probablemente poseen algunas ramas terminales que establecen sinapsis directamente con las neuronas motoras (o motoneuronas). Otras neuronas de la corteza motora primaria poseen axones que finalizan en las regiones motoras de la formación reticular (v. también cap. 23).

La estimulación eléctrica o magnética del área motora primaria provoca la contracción de músculos situados, principalmente, en el lado opuesto del cuerpo. Aunque el control cortical de la musculatura esquelética es predominantemente contralateral, existe cierto control ipsilateral de la mayoría de músculos de la cabeza y de los músculos axiales del cuerpo. En el área motora, el cuerpo está representado al revés, con un patrón u homúnculo (v. fig. 15-3) parecido al de la corteza somestésica. La secuencia, de abajo a arriba, se inicia con la faringe, la laringe, la lengua y la cara; la región que representa los músculos de la cara comprende cerca de un tercio del área 4. Continuando por la parte dorsal, se encuentra una pequeña región donde se representan los músculos del cuello, seguida de una gran área donde están representados los músculos de la mano. Esta representación es consistente con la importancia funcional de la destreza manual.

A continuación hay pequeñas áreas para la representación del brazo, el hombro, el tronco y el muslo, seguidas de un área de la superficie medial del hemisferio donde están representadas el resto de partes de la pierna y el pie.

El área motora primaria posee un umbral de excitabilidad más bajo que otras áreas en las que también es posible provocar contracciones musculares mediante estimulación eléctrica. La contracción suele ser de músculos contralaterales, como ya se ha mencionado, y los músculos activados dependen de la parte del área 4 que se estimule. La respuesta implica, típicamente, a los músculos que constituyen un grupo funcional, aunque ocasionalmente se produce la contracción de un solo músculo. Estudios con microelectrodos im-

NOTAS CLÍNICAS

Lesiones de la corteza motora

Un pequeño tumor o una astilla ósea generada en una fractura de cráneo, por ejemplo, pueden irritar de manera anormal el área motora primaria. La subsiguiente cicatrización del tejido cortical causa episodios de excitación anormales de las neuronas, con movimientos espasmódicos involuntarios de la parte del cuerpo correspondiente. Ésta suele ser la boca, la lengua o el pulgar, regiones que dan cuenta de la mayor parte del área de la circunvolución precentral. Típicamente, estos movimientos son el inicio de una **crisis jacksoniana.** A medida que la actividad cortical anormal avanza por la circunvolución precentral, tiene lugar una progresión de movimientos espasmódicos de otros músculos, lo que acaba provocando convulsiones generalizadas. Los estudios que llevó a cabo John Hughlings Jackson (1835-1911, neurólogo clínico inglés) sobre este tipo de epilepsia proporcionaron una primera evidencia de que en las circunvoluciones poscentral y precentral estaban representados los lados opuestos del cuerpo.

Para más información sobre la epilepsia, véanse los capítulos 9 y 18.

En clínica raramente se encuentran daños del área motora que no afecten también a la corteza adyacente o a la sustancia blanca subyacente. Las deficiencias debidas a un daño de este tipo se infieren a partir de los resultados de experimentos con primates no humanos y a partir de los aislados casos humanos a los que se les extirpó parte del área 4 como procedimiento terapéutico, por ejemplo, para el tratamiento de la epilepsia jacksoniana.

Una lesión destructiva en el área 4 provoca paresia (debilidad) de la parte afectada del lado opuesto del cuerpo. Si el daño se restringe a la circunvolución precentral, los músculos implicados quedan flácidos. La parálisis espástica, mucho más habitual, es causada, característicamente, por lesiones que se expanden más allá del área 4 o que interrumpen fibras de la sustancia blanca subcortical o de la cápsula interna. Con el tiempo se logra una recuperación considerable, y el déficit residual se manifiesta de manera más evidente en forma de debilidad de las partes distales de las extremidades.

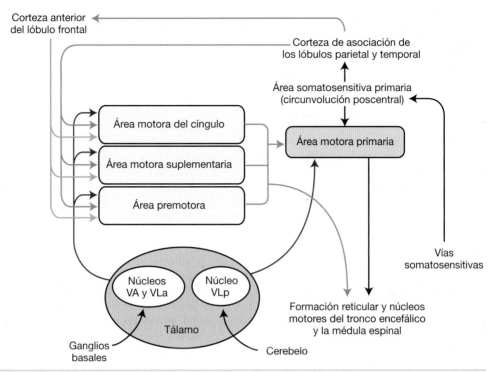

FIGURA 15-5. Conexiones de las áreas motoras de la corteza cerebral. El área motora primaria está influenciada por muchas otras áreas corticales, pero también se encuentran proyecciones motoras descendentes del resto de áreas corticales motoras. Las interacciones que el cerebelo y los ganglios basales establecen con la corteza cerebral se describen en los capítulos 10, 12 y 23. VA, ventral anterior; VLa, ventral lateral anterior; VLp, ventral lateral posterior.

plantados en animales de laboratorio indican que pequeños grupos de columnas neuronales corticales controlan músculos individuales.

ÁREA MOTORA DEL CÍNGULO Y ÁREA MOTORA SUPLEMENTARIA

Mediante estimulación cortical se han identificado un **área motora suplementaria** y un **área motora del cíngulo** en los primates, incluidos los seres humanos. El área motora suplementaria se localiza en la parte del área 6 que descansa en la superficie medial del hemisferio (v. fig. 15-2), mientras que el área motora del cíngulo se localiza en la corteza adyacente a la mitad anterior del surco del cíngulo. Estas dos áreas corticales reciben impulsos procedentes de otras muchas áreas corticales y del núcleo ventral anterior (VA) y la división anterior del núcleo ventral lateral (VLa) del tálamo. Los axones eferentes viajan por los fascículos corticoespinal y corticobulbar hacia las regiones motoras de la formación reticular y al área motora primaria (fig. 15-5).

En los seres humanos, la estimulación eléctrica indica una organización somatotópica del área motora suplementaria, con la cara representada rostralmente y las extremidades inferiores representadas en la parte caudal de la región. Los efectos de la estimulación son predominantemente contralaterales y van precedidos de una urgencia consciente para realizar los movimientos. Se ha demostrado que durante los procesos mentales que preceden a la ejecución de un movimiento, en el área motora suplementaria el flujo sanguíneo regional se incrementa. El área anterior del cíngulo muestra un incremento de actividad durante la anticipación de tareas motoras y puramente cognitivas.

Los resultados de experimentos con monos indican que la pérdida de función del área motora suplementaria puede causar la espasticidad de los músculos paralizados debido a una lesión de la «neurona motora superior».

En el ser humano, los infartos que afectan al área motora del cíngulo y al área motora suplementaria de ambos lados causan la pérdida de la mayoría de movimientos voluntarios y de la capacidad de hablar. Evidentemente, los pacientes

Apraxia

El término **apraxia** se refiere a un estado provocado por una lesión cerebral que se caracteriza por un deterioro de la ejecución de los movimientos aprendidos en ausencia de parálisis. Existe una forma de apraxia que es debida a una lesión del área premotora. La discapacidad incluye un deterioro funcional de los músculos que actúan sobre las articulaciones proximales de las extremidades, especialmente el hombro. En este caso, la capacidad para realizar tareas con cualquier parte del brazo queda gravemente deteriorada. Otras formas de apraxia son causadas por lesiones que afectan la corteza de asociación somestésica del lóbulo parietal, porque la propiocepción es un prerrequisito necesario para la habilidad motora. Cuando la discapacidad afecta a la escritura, recibe el nombre de **agrafia.** La agrafia sin deterioro del habla es debida, típicamente, a un daño de la circunvolución angular izquierda, que se localiza en la parte inferior del lóbulo parietal, un sitio situado estratégicamente entre la corteza de asociación y las áreas corticales del lenguaje, que se describen más adelante.

que se encuentran en este estado, conocido como **mutismo acinético,** no sienten ningún motivo o deseo de moverse ni hablar. Estos pacientes suelen recuperarse completamente al cabo de unas cuantas semanas. El mutismo acinético es más grave y prolongado si existen lesiones bilaterales. Un estado clínico parecido, que también recibe el nombre de mutismo acinético, puede ser debido a un infarto de la parte media de la formación reticular en el puente rostral o el mesencéfalo (v. cap. 23).

ÁREA PREMOTORA

El área premotora se sitúa en el área de Brodmann 6, por delante del área motora primaria de la superficie lateral del hemisferio (v. fig. 15-1). Además de las conexiones con otras áreas corticales, la corteza premotora recibe fibras procedentes del núcleo VA y la división anterior del núcleo VLa del tálamo, que, a su vez, reciben impulsos del pálido del cuerpo estriado (cap. 12).

El área premotora contribuye a la función motora como una de las fuentes de fibras piramidales y otras vías motoras descendentes e influyendo en la corteza motora primaria (v. fig. 15-5 y cap. 23). El área premotora y el área motora suplementaria generan programas para las rutinas motoras necesarias para las acciones voluntarias hábiles, tanto cuando se establece un nuevo programa como cuando se modifica un programa aprendido anteriormente. En general, el área motora primaria es la corteza que canaliza las órdenes para que se *ejecuten* los movimientos. En cambio, el área premotora y el área motora suplementaria programan la actividad motora hábil y, de esta manera, *dirigen* el área motora primaria en su ejecución. Las conexiones del área premotora con la parte posterior del lóbulo parietal proporcionan un sistema integrado para que la información visual y propioceptiva, así como otra información sensitiva, pueda usarse en la preparación de los movimientos.

Campo visual frontal

El **campo visual frontal** se localiza en la parte inferior del área 8, en la superficie lateral del hemisferio. Controla los movimientos sacádicos conjugados voluntarios de los ojos. La estimulación eléctrica del campo visual frontal hace que los ojos se desvíen hacia el lado opuesto. La corteza del campo visual frontal también está activa durante los movimientos de seguimiento, pero éstos y la convergencia ocular están dirigidos, principalmente, por la corteza del lóbulo occipital y las partes del lóbulo parietal adyacentes. La convergencia es otro movimiento ocular que no está controlado por los campos visuales frontales. Las conexiones de los campos visuales frontales se explican, en relación con los movimientos de los ojos, en el capítulo 8.

La destrucción del campo visual frontal causa desviación conjugada de los ojos hacia el lado lesionado. Este trastorno se observa, habitualmente, como parte de un síndrome mayor dominado por hemiplejía, y se atribuye a una lesión vascular importante que deja las áreas motoras de la corteza fuera de acción. Los ojos desviados se dirigen (como en una expresión de horror) hacia el lado contrario a la parte paralizada del cuerpo. El paciente, si está consciente, no puede mover voluntariamente los ojos en la dirección opuesta, pero este movimiento se ejecuta cuando los ojos siguen un objeto que se mueve a través del campo visual.

Trastornos del lóbulo prefrontal

Los conocimientos sobre las funciones de la corteza prefrontal se han obtenido, en gran parte, observando los efectos de enfermedades y lesiones. Algunas enfermedades afectan más a los lóbulos frontales que a otras partes del cerebro. Son ejemplos de ello la **parálisis general progresiva** (uno de los muchos efectos de la sífilis, una infección bacteriana) y la **enfermedad de Pick** (en la que las neuronas degeneran por una razón desconocida, lo que provoca demencia). La corteza prefrontal también puede resultar dañada por tumores emplazados en el sitio adecuado y por heridas penetrantes.

El caso clásico de daño del lóbulo prefrontal es el de Phineas Gage, un trabajador de la construcción ferroviaria de nacionalidad americana que se lesionó en 1848 al explotar antes de tiempo una carga controlada. La explosión expulsó un cilindro de hierro (de 105 cm de longitud y 3 cm de diámetro) que atravesó la cabeza de Gage. El «misil» penetró por la mejilla izquierda de Gage y salió por su hueso frontal derecho, por delante de la sutura coronal, después de atravesar la órbita izquierda y las partes anteriores de ambos lóbulos frontales del cerebro. El área motora y el área del lenguaje de Gage quedaron separadas por la lesión y las anomalías más evidentes fueron un cambio de personalidad, pues perdió su anterior laboriosidad, comedimiento, paciencia y consideración con los demás. Estos cambios perduraron hasta que murió, unos 20 años más tarde.

La operación de **leucotomía prefrontal** (o lobotomía) la introdujo Egas Moniz en 1935. Este sencillo procedimiento quirúrgico, que interrumpe las conexiones entre los tálamos y las cortezas de las superficies orbitarias de los lóbulos frontales, se llevó a cabo al principio como tratamiento para varias enfermedades mentales.

Una persona con una pérdida bilateral de la función de la corteza prefrontal se vuelve, típicamente, ruda, pierde la consideración con los demás, es incapaz de aceptar consejos y no puede anticipar las consecuencias de palabras o acciones precipitadas o temerarias. Los pacientes ya no sufren ansiedad o depresión, o incluso dolores agudos, aunque no han perdido la consciencia del dolor. A pesar de los profundos cambios de personalidad, la memoria y el intelecto quedan intactos. La adjudicación compartida del Premio Nobel de medicina y fisiología a Egas Moniz en 1949 reconocía la leucotomía prefrontal como un gran avance en el alivio del sufrimiento, pero quizás sin tener en cuenta la importancia de los cambios de personalidad que la acompañan. Hacia la década de 1960 la operación quedó reservada a los pacientes con trastornos afectivos graves que no respondían a los fármacos ni a la psicoterapia. Desde la década de 1970 la operación raramente se ha considerado justificada. Lesiones estereotácticas debajo de las cabezas de los núcleos caudados pueden aliviar los trastornos afectivos sin tantos efectos adversos como la leucotomía prefrontal completa, pero las consecuencias de la operación siguen siendo permanentes.

Trastornos afectivos y del comportamiento

Las partes medial y ventral de la corteza prefrontal son las que más se asocian con las interacciones sociales aceptables. **Sociopatía adquirida** es el nombre que se da al estado conductual anormal provocado por un daño bilateral en esta región. Las lesiones que afectan a la corteza prefrontal ventral derecha pueden causar **anosognosia,** en la que el paciente no es consciente de la parálisis de una extremidad, de otra discapacidad grave o de una pérdida de habilidades cognitivas. Las lesiones causantes pueden ser tumores, daños quirúrgicos o hemorragias en un aneurisma de la arteria comunicante anterior. En la **parálisis general progresiva,** una manifestación de la sífilis en el sistema nervioso central, y en la **enfermedad de Pick,** de causa desconocida, se desarrolla lentamente una degeneración bilateral de extensas zonas de la corteza prefrontal. En algunos casos de **enfermedad de Alzheimer** degeneran las mismas áreas (v. también cap. 12). Todas estas enfermedades se manifiestan con **demencia** o deterioro generalizado de la memoria y el intelecto, pero cuando está afectada la corteza prefrontal se presentan también anomalías de comportamiento adicionales que se parecen a las que se observan después de una leucotomía prefrontal.

La **depresión** puede asociarse a numerosas enfermedades que afectan a la corteza cerebral, aunque en la mayoría de personas que padecen este incapacitante síntoma no se puede detectar ninguna lesión. En un paciente deprimido, una sola lesión cortical tiene más probabilidades de localizarse en la parte inferior de la corteza prefrontal que en cualquier otro lugar, pero la relación causal, si es que hay alguna, no se comprende.

CORTEZA PREFRONTAL

La gran extensión de la corteza del lóbulo frontal en la que no es posible provocar respuestas motoras por estimulación se considera corteza de asociación. Esta región recubre el polo frontal y recibe el nombre de **corteza prefrontal**. Se corresponde con las áreas de Brodmann 9, 10, 11 y 12, y sólo está bien desarrollada en los primates, especialmente en los seres humanos. Esta corteza prefrontal establece conexiones extensas con la corteza de los lóbulos parietal, temporal y occipital a través de fascículos de asociación (v. cap. 16), y de esta manera tiene acceso a las experiencias sensitivas contemporáneas y al almacén de datos derivados de experiencias pasadas. También establece conexiones recíprocas con el cuerpo amigdaloide del lóbulo temporal y con el núcleo mediodorsal del tálamo, con los que forma un sistema que determina las reacciones afectivas a las situaciones presentes de acuerdo con las experiencias del pasado. La corteza prefrontal también regula el comportamiento y ejerce su control en base a actividades mentales tan elevadas como el criterio y la previsión. Ya se ha hecho mención de la parte lateral de la superficie orbitaria del lóbulo frontal como corteza de asociación para el olfato. Este sentido puede evocar una amplia gama de sensaciones mentales y viscerales, como una anticipación de placer, nostalgia, disgusto, náuseas y demás.

ÁREAS FUNCIONALES DE LA CORTEZA PREFRONTAL

Áreas del lenguaje

El uso del lenguaje es un logro propio de los seres humanos que requiere mecanismos nerviosos especiales en áreas de asociación de la corteza cerebral. Hace más de un siglo que se conoce la existencia de áreas de las corteza que desempeñan funciones particulares en el lenguaje, lo que se ha podido deducir del estudio de pacientes con un daño cortical causado por la oclusión de vasos sanguíneos. Las regiones del cerebro infartadas se identificaron por primera vez en pacientes post mórtem.

Cuando la tomografía computarizada y la resonancia magnética (RM) permitieron la obtención de imágenes de los cerebros de pacientes vivos, fue posible obtener información más detallada. Con la TEP y, más recientemente, con la RMf, es posible localizar las partes del cerebro normal que se activan selectivamente cuando se realizan actividades como escuchar, leer, hablar y escribir. (Estas técnicas de imagen se resumen en el capítulo 4.)

Dos áreas corticales desempeñan funciones especializadas del lenguaje (fig. 15-6). El **área receptiva del lenguaje** (llamada también *área sensitiva del lenguaje* o *área posterior del habla*) está formada

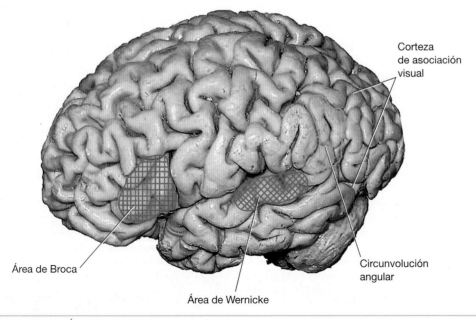

FIGURA 15-6.   Áreas corticales del lenguaje.

NOTAS CLÍNICAS

Afasia

Las lesiones que dañan las áreas del lenguaje o sus conexiones causan afasia; existen distintos tipos de afasia, dependiendo de dónde se localice la lesión (tabla 15-1). La **afasia receptiva** (afasia de Wernicke) está causada por una lesión del área receptiva del lenguaje, especialmente del área de Wernicke, y se caracteriza por deficiencias en la comprensión auditiva y visual del lenguaje, la denominación de objetos y la repetición de una frase expresada por el examinador. Los infartos que aíslan el área sensitiva del lenguaje de la corteza parietal y temporal que la rodea pueden causar **afasia anómica** (síndrome del aislamiento). Este trastorno se caracteriza por un habla fluente pero llena de circunloquios, debido a la dificultad para encontrar las palabras. Algunos expertos dudan de que la afasia anómica exista como entidad clínica diferenciada, ya que la mayoría de pacientes con lesiones en el lóbulo parietal izquierdo tiene dificultades con la denominación. Algunos pacientes no pueden entender palabras y frases, y tampoco pueden producir un habla inteligible, pero son capaces de repetir correctamente lo que el examinador dice. Este trastorno recibe el nombre de **afasia transcortical** de tipo receptivo (sensitiva), y va asociado a la destrucción de la corteza de la circunvolución temporal media, situada por debajo y por detrás del área receptiva del lenguaje de Wernicke.

La **alexia** es la pérdida de la capacidad de leer, y a menudo acompaña a la afasia causada por lesiones de los lóbulos parietal o temporal. En la mayoría de casos, la alexia se acompaña de **agrafia**, que es la incapacidad de escribir. La **alexia pura** (sin agrafia y con comprensión normal de las palabras habladas) puede ser debida tanto a una lesión única situada lateralmente respecto del asta occipital del ventrículo lateral izquierdo, como a una combinación de dos lesiones, una en el lóbulo occipital izquierdo y la otra en el esplenio del cuerpo calloso. Estas lesiones interrumpen las conexiones entre ambas cortezas visuales y las áreas del lenguaje de localización unilateral. La **dislexia** es una alexia incompleta que se caracteriza por la incapacidad de leer comprensiva-

mente más de unas pocas líneas. La **dislexia del desarrollo** es un trastorno habitual en niños de inteligencia normal que tienen dificultades para aprender a leer. El estudio mediante RM revela que algunos de estos niños carecen de la asimetría anatómica usual en el tamaño del plano temporal de los lados derecho e izquierdo.

La **afasia expresiva** (afasia de Broca), que está causada por una lesión en el área de Broca del lóbulo frontal, se caracteriza por un habla dubitativa y distorsionada pero con una compresión relativamente buena. Un paciente con afasia de Broca es consciente de que lo que dice no tiene sentido, pero un paciente con una afasia receptiva habla fluidamente sin darse cuenta de que no expresa palabras comprensibles. Una lesión cortical anterior al área expresiva del lenguaje de Broca provoca **afasia transcortical** de tipo expresivo (o motor). El deterioro del habla espontánea se parece al de la afasia de Broca, pero el paciente es capaz de repetir con precisión palabras o frases que dice otra persona. El término **afasia global** se refiere a una pérdida casi completa de la capacidad de comunicación tras la destrucción de la corteza de ambos lados del surco lateral. Ésta es una de las consecuencias de la oclusión de la arteria cerebral media (v. cap. 25).

La interrupción del fascículo arqueado que conecta las áreas de Broca y Wernicke causa **afasia de conducción,** en la que el paciente no repite bien la frase que expresa el examinador pero conserva una comprensión y un habla espontánea relativamente buenas. La afasia también puede ser debida a lesiones de la sustancia gris subcortical del hemisferio dominante para el lenguaje. En la **afasia subcortical** el paciente presenta un deterioro de la articulación y la comprensión del lenguaje asociado a **disartria** (atribuible a una falta de control de los músculos de la laringe y la boca) y a hemiparesia contralateral. La lesión suele localizarse lateralmente en el tálamo izquierdo o en la cabeza del núcleo caudado izquierdo.

Los pacientes normalmente recuperan parte de sus funciones, incluso en los casos de afasia graves. Esto se atribuye a que el hemisferio cerebral contralateral intacto asume las funciones del lenguaje.

por la corteza de asociación auditiva (área de Wernicke) de la parte posterior de la circunvolución temporal superior. La lectura implica la corteza de asociación visual de las partes inferiores de los lóbulos temporal y occipital, que están conectadas con el área de Wernicke (para la interpretación de las palabras) y con la corteza de la circunvolución angular (para la formulación de órdenes que se

TABLA 15-1. **Agnosias, afasias y otros trastornos de la corteza de asociación**

Trastorno	Localización de la lesión
Agnosias	
Agnosia táctil (incluida la astereognosia)	Lóbulo parietal anterior derecho o izquierdo, por detrás del área somestésica primaria
Negligencia cortical	Lóbulo parietal superior derecho (normalmente); puede extenderse por el lóbulo occipital
Agnosia visual aperceptiva	
Acromatopsia adquirida	Corteza occipital inferior derecha e izquierda
Prosopagnosia	Corteza temporal posterolateral y corteza occipital inferior derecha (habitualmente, aunque también izquierda)
Agnosia visual asociativa	Corteza occipitotemporal, bilateralmente
Síndrome de Balint; combinación de:	
Desorientación visual	Corteza occipital superior derecha e izquierda
Apraxia ocular	Corteza parietal posterior
Ataxia óptica	Corteza parietal posterior
Agnosia auditiva	Corteza temporal superior posterior, bilateralmente
Amusia	Corteza temporal superior posterior derecha
Trastornos del control del movimiento	
Mutismo acinético	Área motora del cíngulo y área motora suplementaria derechas e izquierdas
Apraxia	Área premotora derecha o izquierda (posicionamiento de la extremidad) o corteza parietal inferior anterior (causada por astereognosia)
Agrafia (sin afasia)	Circunvolución angular izquierda
Cambios afectivos y del comportamiento	
Sociopatía adquirida	Corteza prefrontal ventromedial, generalmente bilateralmente
Anosognosia (y anosodiaforia)	Corteza parietal inferior derecha o bien corteza prefrontal medial inferior derecha
Depresión	Corteza prefrontal izquierda más a menudo que otras lesiones localizadas
Trastornos del habla y el lenguaje	
Afasia receptiva (de Wernicke)	Corteza temporal superior posterior izquierda (área de Wernicke)
Afasia anómica	Lóbulo parietal izquierdo por detrás del área de Wernicke
Afasia transcortical:	
De tipo receptivo	Circunvolución temporal media izquierda por debajo del área de Wernicke
De tipo expresivo	Lóbulo frontal izquierdo por delante del área de Broca
Alexia sin agrafia	Área de Wernicke y circunvolución angular izquierda
Alexia pura (sin agrafia)	Lóbulo occipital izquierdo y fibras comisurales asociadas, tanto en la sustancia blanca subyacente como en el esplenio del cuerpo calloso
Afasia expresiva (de Broca)	Opérculo frontal izquierdo (área de Broca)
Afasia global	Toda el área perisilviana izquierda (opérculos temporal, parietal y frontal)
Afasia de conducción	Lóbulo parietal inferior izquierdo (circunvolución supramarginal) y fascículo arqueado subyacente
Afasia subcortical	Cabeza del núcleo caudado izquierdo; tálamo izquierdo
Aprosodia	Área perisilviana derecha (opérculos temporal, parietal y frontal)

Se entiende que las áreas del lenguaje se hallan en el hemisferio cerebral izquierdo.

envían a la corteza motora para escribir). El **área expresiva del lenguaje** (*área de Broca, área motora del lenguaje* o *área anterior del habla*) ocupa las partes triangular y opercular de la circunvolución frontal inferior, que se corresponden con las áreas 44 y 45 de Brodmann, junto con la parte anterior adyacente de la ínsula. La integridad del **área motora suplementaria** de la superficie medial del hemisferio también es necesaria para el habla normal. Con pocas excepciones, las áreas del lenguaje se sitúan en el hemisferio izquierdo y, por consiguiente, como norma, éste es el hemisferio dominante por lo que respecta al lenguaje. Las áreas receptiva y expresiva del lenguaje se comunican entre ellas a través del **fascículo longitudinal superior (arqueado)** de la sustancia blanca del hemisferio (cap. 16).

Las investigaciones con RMf revelan que la activación de la parte posterior de la circunvolución temporal superior derecha va asociada a la acción de hablar. Esta área puede enviar instrucciones a las áreas motoras primarias de la corteza que se corresponden con los músculos de la articulación y la respiración, que son bilaterales.

Dominancia hemisférica

Los rastros de memoria establecidos en un hemisferio (p. ej., en la corteza del hemisferio izquierdo como resultado de una actividad particular en la que está implicada la mano derecha) se transfieren a la corteza del otro hemisferio a través del cuerpo calloso. Por consiguiente, existen patrones de memoria corticales bilaterales de experiencias pasadas.

FUNCIONES DEL HEMISFERIO IZQUIERDO

En las personas diestras y en la mayoría de personas zurdas, el lenguaje es una función del hemisferio izquierdo. Se dice que el hemisferio «parlante» es dominante respecto del hemisferio «no parlante».

Una lesión del lado izquierdo del cerebro es, por consiguiente, más grave que una lesión en el hemisferio derecho, ya que a las demás deficiencias neurológicas se les puede añadir afasia. En las pocas personas cuyo hemisferio dominante para las funciones lingüísticas es el derecho sucede lo contrario.

Aunque los factores que determinan la dominancia de uno u otro hemisferio para lenguaje no se conocen bien, se sabe que la herencia desempeña, sin duda, algún papel. El **plano temporal**

que se encuentra por detrás del área auditiva en la superficie dorsal (superior) de la circunvolución temporal superior (v. fig. 15-4) es más grande en el hemisferio izquierdo que en el derecho en el 65% de los cerebros humanos, y sólo en el 11% de los cerebros es más grande en el lado derecho. Esto indica que la dominancia para el lenguaje puede quedar reflejada en la asimetría estructural, ya que el plano temporal izquierdo constituye una gran parte del área receptiva del lenguaje de Wernicke.

Se asume que las áreas del lenguaje se encuentran en el hemisferio cerebral izquierdo.

Las imágenes obtenidas mediante RMf muestran que cuando los sujetos están escuchando palabras, el plano temporal izquierdo está menos activo que las áreas corticales adyacentes (es decir, el surco temporal superior, la circunvolución temporal media y la circunvolución angular). Esta observación indica que el plano temporal podría estar implicado en los estadios de procesamiento auditivo que preceden al hecho de prestar atención a elementos del lenguaje adquiridos.

Aproximadamente el 75% de la población es diestra y prefiere emplear la mano derecha para realizar las tareas que requieren habilidad. En estas personas, la mano derecha está controlada por el hemisferio cerebral izquierdo, que también es el hemisferio dominante para el lenguaje. La dominancia manual no siempre correlaciona con la dominancia lingüística, ya que el 70% de los zurdos posee las áreas del lenguaje en el hemisferio izquierdo en vez de tenerlas en el que controla la mano izquierda.

FUNCIONES DEL HEMISFERIO DERECHO

En la mayoría de la gente, el hemisferio derecho es el dominante para diversas actividades. La facultad más notable que reside en el hemisferio derecho es la percepción tridimensional o espacial. Las evidencias las proporcionan, de una parte, los estudios de pacientes con lesiones en el lado derecho y, de otra parte, las investigaciones sobre personas a quienes se les ha seccionado el cuerpo calloso como medida terapéutica para una epilepsia grave. Después de la comisurotomía, estos pacientes eran capaces de copiar dibujos y disponer bloques en la posición deseada más fácilmente con la mano izquierda que con la mano derecha. Por consiguiente, el hemisferio derecho está mejor equipado para dirigir este tipo de actos.

La consciencia espacial se extiende a todo el cuerpo y a sus alrededores, y esta consciencia se pierde en el trastorno de negligencia cortical que se ha descrito en relación con la corteza de asociación somestésica. La negligencia cortical grave ocurre más a menudo tras el desarrollo de una lesión en el lado derecho. El estado de **anosognosia**, que se ha descrito en relación con la corteza prefrontal, también está causado por un daño en el lado derecho.

Aunque no es esencial para la comunicación verbal, la corteza cerebral derecha, a ambos lados del surco lateral (cisura de Silvio), es necesaria para la **prosodia**, que es la combinación de tonos, cadencias y énfasis en palabras y sílabas particulares que normalmente ayuda a transmitir los pensamientos. La pérdida de función de la corteza perisilviana derecha causa **aprosodia**, que se caracteriza por una voz monótona y por un habla aparentemente sin contenido emocional. Habilidades relacionadas en las que también domina el hemisferio derecho son cantar, tocar instrumentos musicales y reconocer y apreciar la música. La comprensión de la música y las habilidades musicales suelen perderse (**amusia**) tras el desarrollo de oclusiones vasculares que causan un infarto de la parte posterior de la circunvolución temporal superior derecha. Los pacientes con una afasia grave debida a lesiones del hemisferio izquierdo a veces conservan la capacidad de cantar.

Bibliografía recomendada

Allison T, McCarthy G, Wood CC, et al. Human cortical potentials evoked by stimulation of the median nerve: I and II. *J Neurophysiol* 1989;62:694–722.

Asanuma H. *The Motor Cortex*. New York: Raven Press, 1989.

Augustine JR. Circuitry and functional aspects of the insular lobe in primates including humans. *Brain Res Rev* 1996;22:229–244.

Binder JR, Frost JA, Hammeke TA, et al. Function of the left planum temporale in auditory and linguistic processing. *Brain* 1996;119:1239–1247.

Bisulli F, Tinuper P, Avoni P, et al. Idiopathic partial epilepsy with auditory features (IPEAF): a clinical and genetic study of 53 sporadic cases. *Brain* 2004;127:1343–1352.

Blumenfeld H. *Neuroanatomy through Clinical Cases*. Sunderland, MS: Sinauer, 2002.

Damasio AR, Tranel D, Damasio H. Face agnosia and the neural substrate of memory. *Annu Rev Neurosci* 1990;13:89–109.

DaSilva AFM, Becerra L, Makis N, et al. Somatotopic activation in the human trigeminal pain pathway. *J Neurosci* 2002;22:8183–8192.

Devinsky O, Morrell MJ, Vogt BA. Contributions of anterior cingulate cortex to behaviour. *Brain* 1995;118:279–306.

de Waele C, Baudonniere PM, Lepecq JC, et al. Vestibular projections in the human cortex. *Exp Brain Res* 2001;141:541–551.

Frith CD, Friston K, Liddle PF, et al. Willed action and the prefrontal cortex in man: a study with PET. *Proc R Soc Lond [Biol]* 1991;244:241–246.

Grefkes C, Fink GR. The functional organization of the intraparietal sulcus in humans and monkeys. *J Anat* 2005;207:3–17.

Iannetti GD, Porro CA, Pantano P, et al. Representation of different trigeminal divisions within the primary and secondary human somatosensory cortex. *Neuroimage* 2003;19:906–912.

James TW, Culham J, Humphrey GK, et al. Ventral occipital lesions impair object recognition but not object-directed grasping: an fMRI study. *Brain* 2003;126:2463–2475.

Kertesz A, Polk M, Black SE, et al. Anatomical asymmetries and functional laterality. *Brain* 1992;115:589–605.

Kurata K. Somatotopy in the human supplementary motor area. *Trends Neurosci* 1992;15:159–160.

Leventhal AG, Ault SJ, Vitek DJ. The nasotemporal division in primate retina: the neural bases of macular sparing and splitting. *Science* 1988;240:66–67.

Liegeois-Chauvel C, Musolino A, Chauvel P. Localization of the primary auditory area in man. *Brain* 1991;114:139–153.

Lobel E, Kleine JF, Le Bihan D, et al. Functional MRI of galvanic vestibular stimulation. *J Neurophysiol* 1998;80:2699–2709.

MacKinnon CD, Kapur S, Hussey D, et al. Contributions of the mesial frontal cortex to the premovement potentials associated with intermittent hand movements in humans. *Hum Brain Mapp* 1996;4:1–22.

Miyashita Y. Inferior temporal cortex: where visual perception meets memory. *Annu Rev Neurosci* 1993;16:245–263.

Muri RM, Ibazizen MT, Derosier C, et al. Location of the human posterior eye field with functional magnetic resonance imaging. *J Neurol Neurosurg Psychiatry* 1996;60:445–448.

Murtha S, Chertkow H, Beauregard M, et al. Anticipation causes increased blood flow to the anterior cingulate cortex. *Hum Brain Mapp* 1996;4:103–112.

Penfield W, Rasmussen T. *The Cerebral Cortex of Man: A Clinical Study of Localization of Function*. New York: Macmillan, 1950.

Polk M, Kertesz A. Music and language in degenerative disease of the brain. *Brain Cogn* 1993;22:98–117.

Price CJ. The anatomy of language: contributions from functional neuroimaging. *J Anat* 2000;197:335–359.

Tehovnik EJ, Sommer MA, Chou IH, et al. Eye fields in the frontal lobes of primates. *Brain Res Rev* 2000;32:413–448.

Tranel D. Higher brain functions. In: Conn PM, ed. *Neuroscience in Medicine*. Philadelphia: Lippincott, 1995:555–580.

Capítulo 16

LA SUSTANCIA BLANCA CEREBRAL Y LOS VENTRÍCULOS LATERALES

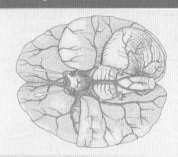

Conceptos básicos

- La sustancia blanca del hemisferio cerebral está formada por fibras de proyección, fibras comisurales y fibras de asociación.

- Los fascículos de asociación más conocidos (longitudinal superior, arqueado, longitudinal inferior, occipitofrontal inferior, uncinado y occipitofrontal superior) interconectan lóbulos.

- El cíngulo, el *fornix* y la estría terminal son fascículos de asociación del sistema límbico.

- El cuerpo calloso y la comisura anterior, que interconectan regiones corticales simétricas, intercambian información entre los lados derecho e izquierdo.

- Después de seccionar las comisuras, una tarea nueva que se aprenda a realizar con una mano no se puede desempeñar con la otra. La información sensitiva que entra sólo en el hemisferio derecho no se puede expresar en palabras debido a la desconexión de las áreas del lenguaje del hemisferio izquierdo.

- La mayoría de fibras de proyección pasa a través de la cápsula interna.

- Todas las partes de la cápsula interna contienen fibras corticotalámicas y talamocorticales.

- Las fibras motoras, incluidas las del sistema piramidal, descienden por el brazo posterior de la cápsula interna. Un pequeño infarto en esta área puede causar hemiplejía contralateral.

- El haz geniculocalcarino se localiza en la porción retrolenticular de la cápsula interna. Algunas de sus fibras rodean el lóbulo temporal.

- La parte frontal y la parte central del ventrículo lateral tienen el cuerpo calloso como techo, el tálamo y el *fornix* como suelo, el núcleo caudado en la pared lateral y el septo pelúcido en la pared medial.

- El asta temporal está abollada por la amígdala y el hipocampo. El asta occipital está deformada por la cisura calcarina.

- El agujero interventricular está limitado por la columna del *fornix* y el tubérculo anterior del tálamo.

Cada hemisferio cerebral incluye un gran volumen de sustancia blanca, a veces llamado **centro medular**, donde se alojan un gran número de axones que van y vienen de todas las partes de la corteza. Los axones que conectan la corteza con la sustancia gris subcortical se continúan por la cápsula interna. Los ventrículos laterales, en cada hemisferio, son los mayores de los cuatro ventrículos del cerebro y son importantes para la dinámica del sistema del líquido cefalorraquídeo (LCR).

Sustancia blanca cerebral

En la sustancia blanca cerebral hay tres tipos de axones (fig. 16-1). Las **fibras de asociación** están confinadas a un hemisferio y conectan un área cortical con otra. Muchas de estas fibras se acumulan en los llamados fascículos longitudinales, que se pueden observar en una disección. Las **fibras comisurales** conectan las cortezas de los dos hemisferios; la mayoría se localiza en el cuerpo calloso, y el resto se localiza en la comisura anterior. Las **fibras de proyección** conectan la corteza con estructuras subcorticales como el cuerpo estriado, el tálamo, el tronco encefálico y la médula espinal. Pueden ser aferentes (corticópetas) o eferentes (corticófugas) respecto de la corteza. La mayoría de fibras de proyección corticópetas se origina en el tálamo; algunas fibras ascienden desde los núcleos del hipotálamo y el tronco encefálico (v. caps. 9 y 11).

FASCÍCULOS DE ASOCIACIÓN

De los tres tipos de fibras citados, las fibras de asociación son las más numerosas. Procedimientos quirúrgicos, accidentes vasculares y lesiones

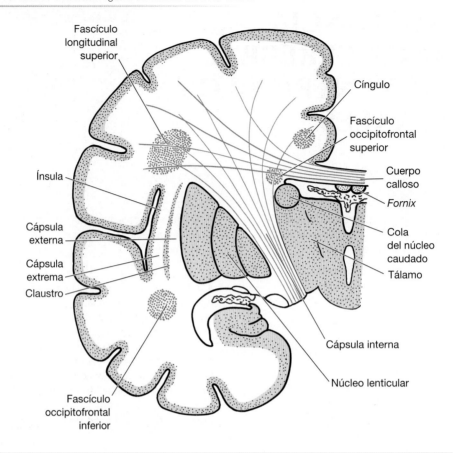

FIGURA 16-1. Sección coronal a través de un hemisferio cerebral, con indicación de los principales cuerpos de sustancia gris *(amarillo)* y la posición de los grandes haces de fibras de asociación, de proyección y comisurales *(azul)*. El plexo coroideo del ventrículo lateral y el tercer ventrículo se representan en *rojo*.

que seccionan los fascículos pueden causar una disfunción si desconectan regiones de la corteza cerebral relacionadas funcionalmente.

El **cíngulo**, que se observa más fácilmente tras diseccionar la circunvolución del cíngulo (figs. 16-2 y 16-3), es un fascículo de asociación del lóbulo límbico. Los axones de este fascículo longitudinal viajan en ambas direcciones e interconectan la circunvolución del cíngulo, la circunvolución hipocámpica del lóbulo temporal y el área septal de debajo la rodilla del cuerpo calloso.

El **fascículo longitudinal superior** (v. figs. 16-2 y 16-3), que se conoce también como **fascículo arqueado**, viaja en dirección anteroposterior por encima de la ínsula, y muchas de sus fibras giran hacia abajo en el lóbulo temporal. Como otros grandes fascículos de asociación, el fascículo longitudinal superior está formado por axones de distinta longitud que entran o salen del fascículo por cualquier punto de su recorrido. El fascículo longitudinal superior establece conexiones im-

portantes entre las cortezas de los lóbulos occipital, temporal y parietal, de una parte, y la corteza del lóbulo frontal, de la otra. Esto proporciona una vía a través de la cual las señales sensitivas interpretadas (especialmente las visuales y las propioceptivas) que vienen de la corteza parietal pueden intervenir en los programas nerviosos para la ejecución de movimientos apropiados que se desarrollan en el lóbulo frontal. El fascículo arqueado también contiene fibras que conectan las áreas receptiva (sensitiva) y expresiva (motora) del lenguaje (v. cap. 15). El **fascículo longitudinal inferior**, situado por debajo de las superficies ventral y lateral de los lóbulos temporal y occipital, es difícil de observar en una disección.

El **fascículo occipitofrontal inferior** y el **fascículo uncinado** son dos componentes de un mismo sistema de asociación (figs. 16-4 y 16-5). Las fibras se comprimen en un haz bien definido situado por debajo de la ínsula y el núcleo lenticular. El tramo más largo del sistema de fibras, que se extiende por toda la longitud del hemis-

Tronco del cuerpo calloso

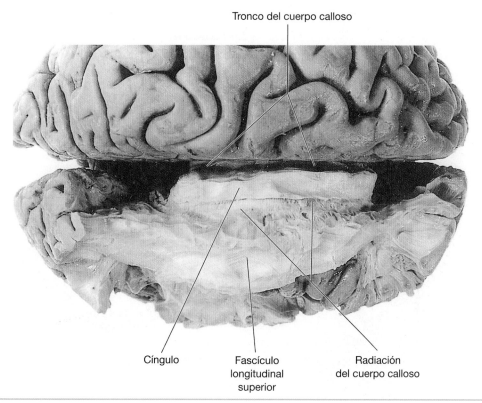

Cíngulo

Fascículo
longitudinal
superior

Radiación
del cuerpo calloso

FIGURA 16-2.   Disección del hemisferio cerebral derecho: vista dorsal con el polo frontal situado a la derecha.

Cíngulo

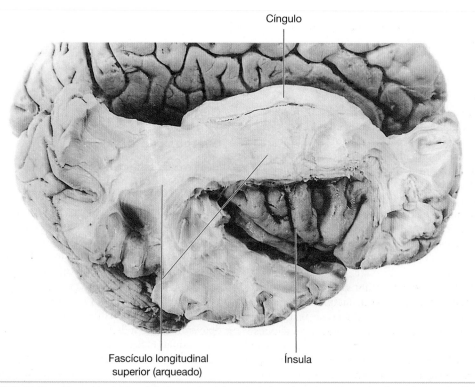

Fascículo longitudinal
superior (arqueado)

Ínsula

FIGURA 16-3.   Disección del hemisferio cerebral derecho: vista dorsal con los polos frontal y temporal situados a la derecha.

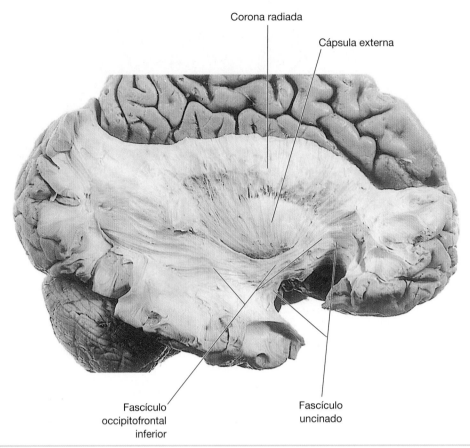

Corona radiada

Cápsula externa

Fascículo occipitofrontal inferior

Fascículo uncinado

FIGURA 16-4. Sustancia blanca del hemisferio cerebral derecho tal como aparece después de extirpar el fascículo longitudinal superior, la ínsula y las estructuras subyacentes hasta la cápsula externa.

ferio, es el fascículo occipitofrontal inferior. El fascículo uncinado es el tramo que rodea el tallo del surco lateral para conectar el lóbulo frontal, y especialmente la corteza de su superficie orbitaria, con la corteza de la región del polo temporal.

El **fascículo occipitofrontal superior**, llamado también **haz subcalloso**, se localiza en las profundidades del hemisferio (v. fig. 16-1). Sus fibras se esparcen por la corteza del lóbulo frontal y por la corteza de la parte posterior del hemisferio.

Un gran número de **fibras arqueadas** conectan circunvoluciones adyacentes. Estas fibras de asociación subcorticales cortas se orientan en ángulos rectos respecto de las circunvoluciones y giran bruscamente debajo de los surcos intermedios. De la expansión de la actividad a lo largo de una circunvolución o un surco se encargan otras fibras subcorticales de asociación y los axones del interior de la corteza.

COMISURAS

Cuerpo calloso

La mayoría de fibras comisurales neocorticales constituye el **cuerpo calloso**; el resto se incluye en la comisura anterior, junto con fibras de origen no neocortical. El cuerpo calloso tiene una forma y un tamaño considerablemente variables. La sección transversal del cuerpo calloso en la línea media es, en promedio, un poco más grande en las personas diestras que en las zurdas, aunque esta afirmación ha sido puesta en duda. En los animales de laboratorio se ha demostrado que las fibras comisurales procedentes de una determinada área de la corteza de un hemisferio finalizan en el área correspondiente del otro hemisferio y en la corteza relacionada funcionalmente con dicha área en el otro hemisferio. Las áreas manuales de las cortezas somatosensitivas primarias y grandes regiones de las áreas visuales

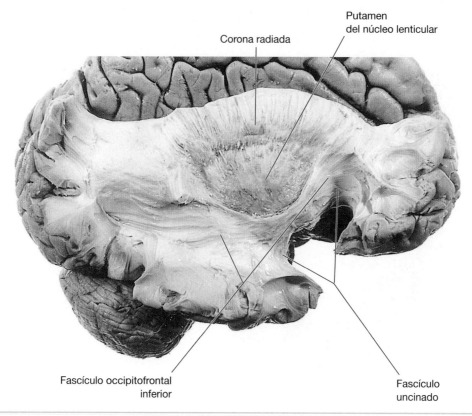

Corona radiada

Putamen
del núcleo lenticular

Fascículo occipitofrontal
inferior

Fascículo
uncinado

FIGURA 16-5.   La disección que muestra la figura 16-4 ha continuado con la extirpación de la cápsula externa para dejar a la vista el núcleo lenticular.

primarias son notables por el hecho de no estar conectadas directamente mediante fibras comisurales. Sin embargo, se comunican funcionalmente a través de fibras callosas que conectan las áreas de asociación adyacentes. La mayor parte de la corteza del lóbulo temporal establece sus conexiones comisurales a través de la comisura anterior, en vez de hacerlo a través del cuerpo calloso.

El **tronco** del cuerpo calloso es la parte compacta de la comisura situada sobre y cerca de la línea media (v. fig. 16-2). Mientras viajan lateralmente, las fibras callosas se cruzan con haces de asociación y fibras de proyección.

El tronco del cuerpo calloso es considerablemente más corto que los hemisferios; esto explica los engrosamientos de sus extremos, que son el **esplenio**, en la parte posterior, y la **rodilla**, en la parte anterior (v. fig. 13-2). El esplenio y las radiaciones que conectan los lóbulos occipitales constituyen el **fórceps occipital** (fórceps mayor) (figura 16-6), y la rodilla y las radiaciones que conectan los lóbulos frontales forman el **fórceps frontal** (fórceps menor). La rodilla se estrecha en el **rostro** o **pico** del cuerpo calloso, que se continúa con la

lámina terminal y forma la pared anterior del tercer ventrículo. Las fibras callosas que forman una hoja delgada sobre el asta temporal del ventrículo lateral constituyen el **tapetum** (v. fig. 16-6), que posibilita parte de la comunicación entre las cortezas de los lóbulos temporales.

La superficie ventral del cuerpo calloso forma el techo de los ventrículos laterales y se relaciona con el *fornix* y el septo pelúcido a nivel de la línea media. El *fornix*, formado por dos mitades simétricas, es un robusto sistema de fibras que conecta la formación del hipocampo de cada lóbulo temporal con el hipotálamo (v. fig. 18-2) y el área septal del prosencéfalo. Los **pilares** del *fornix* se inician en el extremo posterior de cada hipocampo; se curvan hacia delante y se fusionan para formar el **cuerpo** del *fornix*, que está en contacto con la superficie inferior del tronco del cuerpo calloso. El cuerpo del *fornix* se divide en dos **columnas** que giran ventralmente separándose del cuerpo calloso; constituyen los límites anteriores de los agujeros interventriculares y continúan hacia el hipotálamo. El *septo pelúcido* (v. fig. 11-2) tiende un puente sobre el espacio que queda entre el *for-*

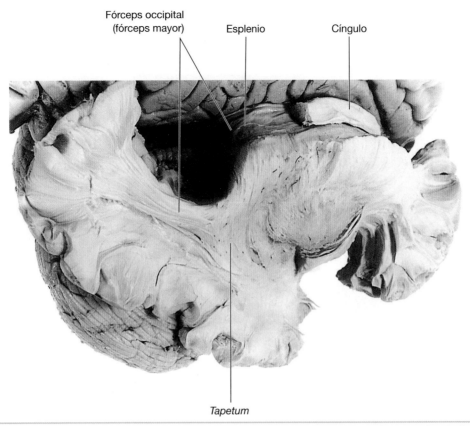

Fórceps occipital
(fórceps mayor)   Esplenio   Cíngulo

Tapetum

FIGURA 16-6.   Disección de partes del cuerpo calloso del hemisferio derecho. Se ha extirpado la mitad posterior del cíngulo y se pueden ver las estrías longitudinales en la superficie superior del cuerpo calloso, que ha quedado expuesta.

nix y el cuerpo calloso. Este septo es una delgada hoja de tejido neuroglial con grupos dispersos de neuronas en su extremo anterior y los lados cubiertos por epéndimo. El septo pelúcido separa las astas frontales de los ventrículos laterales; es una membrana doble que contiene una cavidad en forma de hendidura, el *cavum del septo pelúcido*, que no se comunica con el sistema ventricular ni con el espacio subaracnoideo.

COMISURA ANTERIOR

La **comisura anterior** es un haz de axones que cruza la línea media a nivel de la lámina terminal; atraviesa las partes anteriores del cuerpo estriado y proporciona una vía de comunicación adicional entre los lóbulos temporales (fig. 16-7). La comisura anterior incluye fibras que conectan las circunvoluciones temporales inferior y media

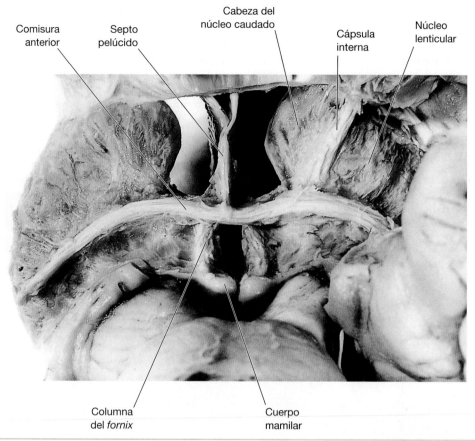

FIGURA 16-7.   Disección que deja a la vista la comisura anterior, fotografiada con una cámara situada delante del polo frontal izquierdo del cerebro diseccionado.

de ambos lados; éste es un componente neocortical parecido al cuerpo calloso. Otras fibras discurren entre la corteza olfatoria de los lóbulos temporales (las áreas olfatorias laterales), que tienen el *uncus* como marca anatómica. También hay axones que interconectan los bulbos olfatorios, pero representan un componente menor de la comisura anterior humana.

FUNCIONES DE LAS COMISURAS CEREBRALES

Las conexiones interhemisféricas que proporcionan el cuerpo calloso y la comisura anterior contribuyen a la bilateralidad de los registros de memoria. Toda la información que nos llega por los sentidos se almacena en ambos hemisferios cerebrales.

A algunas personas con una epilepsia grave se les ha seccionado el cuerpo calloso para confinar la descarga epiléptica a un solo hemisferio y las convulsiones a un solo lado del cuerpo. Esta operación no provoca cambios significativos en el intelecto, el comportamiento o las respuestas emocionales que puedan atribuirse a la comisurotomía. Sin embargo, una tarea nueva que se haya aprendido con una mano ya no se puede transferir a la otra mano.

Un efecto resultante de la comisurotomía especialmente significativo se relaciona con el lenguaje. En la mayoría de la gente, les facultades lingüísticas residen en el hemisferio izquierdo. Una vez recuperado de la operación, el paciente es incapaz de describir un objeto que sostiene con la mano izquierda (con los ojos cerrados) o que ve sólo con el campo visual izquierdo, aunque comprende la naturaleza del objeto. Esa dificultad no existe cuando la información sensitiva llega al hemisferio izquierdo. Después de una comisurotomía, el hemisferio derecho se vuelve mudo y agráfico debido a que no tiene acceso a la memoria para el lenguaje guardada en el hemisferio izquierdo. Sin embargo, el hemisferio subordinado respecto del lenguaje es superior en otras actividades. Es el caso de copiar dibujos con perspectiva o de disponer bloques según un patrón preestablecido. El hemisferio no lingüístico es, por consiguiente, el lado más hábil del cerebro en las funciones que requieren una competencia especial en la perspectiva tridimensional. Las diferencias interhemisféricas se discuten con más detalle en el capítulo 15.

CÁPSULA INTERNA Y FIBRAS DE PROYECCIÓN

Las fibras de proyección se concentran en la cápsula interna y se dispersan en abanico formando la **corona radiada** en la sustancia blanca cerebral (v. fig. 16-5). La cápsula interna está formada por un **brazo anterior**, una **rodilla**, un **brazo posterior**, una **porción retrolenticular** y una **porción sublenticular**, todas la cuales están relacionadas topográficamente con las masas de sustancia gris adyacentes.

El brazo anterior está delimitado por el núcleo lenticular y por la cabeza del núcleo caudado. La rodilla se localiza en posición medial respecto del ápice del núcleo lenticular, y el brazo posterior se interpone entre el núcleo lenticular y el tálamo. La porción retrolenticular de la cápsula interna ocupa la región situada detrás del núcleo lenticular, y la porción sublenticular está formada por fibras que pasan por debajo de la parte posterior del núcleo lenticular. Las relaciones anatómicas de la cápsula interna se aprecian

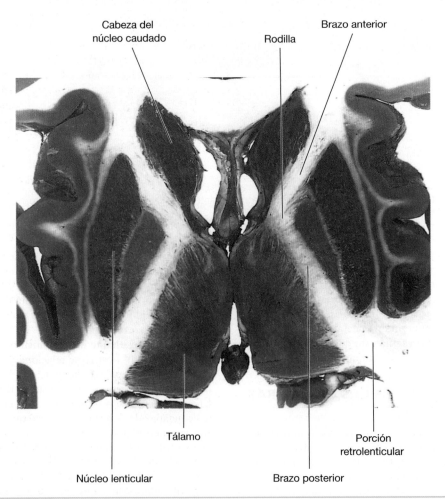

Cabeza del núcleo caudado

Rodilla

Brazo anterior

Tálamo

Núcleo lenticular

Brazo posterior

Porción retrolenticular

FIGURA 16-8. Sección horizontal del cerebro a nivel de la ínsula, teñida con una técnica que permite distinguir la sustancia gris *(oscuro)* de la sustancia blanca *(claro)*. Se señalan la rodilla y los brazos de la cápsula interna. La porción sublenticular de la cápsula interna se encuentra en posición ventral respecto del plano de esta sección, debajo de la parte posterior del núcleo lenticular. Otras estructuras que pueden observarse en una sección a este nivel se muestran en la figura 12-2.

mejor en una sección horizontal a nivel de la ínsula (fig. 16-8).

RADIACIONES TALÁMICAS

Muchas de las fibras de proyección establecen conexiones recíprocas entre el tálamo y la corteza cerebral. La **radiación talámica anterior**, que se localiza en el brazo anterior de la cápsula interna, está formada, principalmente, por fibras que conectan el núcleo mediodorsal del tálamo y la corteza prefrontal.

La **radiación talámica media** es un componente del brazo posterior de la cápsula interna. Esta radiación incluye la proyección somatosensitiva que va del núcleo ventral posterior del tálamo al área somestésica del lóbulo parietal; estas fibras viajan por la parte posterior del brazo posterior, donde se entremezclan parcialmente con fibras de proyección motoras. Otras fibras de la radiación talámica media establecen conexiones recíprocas entre el tálamo y la corteza de asociación del lóbulo parietal. Las fibras de los núcleos ventral anterior y ventral lateral del tálamo llegan a las áreas motora, premotora, motora suplementaria y motora del cíngulo del lóbulo frontal atravesando la rodilla y las regiones adyacentes del brazo posterior de la cápsula interna.

La **radiación talámica posterior** establece conexiones entre el tálamo y la corteza del lóbulo occipital. El **haz geniculocalcarino** que finaliza en la corteza visual es un componente particularmente importante de esta radiación. Originado en el cuerpo geniculado lateral, este haz atraviesa primero las porciones sublenticular y retrolenticular de la cápsula interna. A continuación, las fibras que lo constituyen se esparcen por una franja ancha que bordea el ventrículo lateral, y dan la vuelta en dirección al lóbulo occipital. Algunas de estas fibras, que constituyen el **asa de Meyer**, prosiguen hacia delante en el lóbulo temporal durante un trecho considerable por encima del asta temporal del ventrículo lateral, antes de dar la vuelta hacia el lóbulo occipital (v. fig. 20-7). La radiación talámica posterior también contiene fibras que establecen conexiones recíprocas entre el pulvinar del tálamo y la corteza del lóbulo occipital. La **radiación talámica inferior** está formada por fibras que viajan horizontalmente en la porción sublenticular de la cápsula interna y que conectan los núcleos del tálamo con la corteza del lóbulo temporal. La mayoría de fibras forma parte de la **radiación auditiva**, que se origina en el cuerpo geniculado medio y finaliza en el área auditiva primaria, en la superficie superior de la circunvolución temporal superior.

FIBRAS DE PROYECCIÓN MOTORAS

El resto de fibras de proyección son corticófugas y muchas de ellas desempeñan funciones motoras. El **haz corticobulbar** (corticonuclear) y el **haz corticoespinal**, que juntos constituyen el sistema motor piramidal, se originan en las áreas motora, premotora, motora suplementaria y motora del cíngulo del lóbulo frontal y en las partes rostrales (anteriores) del lóbulo parietal. Estos axones probablemente se acompañan de fibras motoras corticorreticulares (v. más abajo). Los axones descendentes convergen cuando atraviesan la corona radiada y penetran en la mitad anterior del brazo posterior. En su recorrido caudal a través de la cápsula interna, las fibras motoras son trasladadas a la mitad posterior del brazo posterior por las fibras frontopontinas que ya han atravesado el brazo anterior. Las fibras corticobulbares son las más anteriores, y van seguidas secuencialmente por fibras corticoespinales relacionadas con la extremidad superior, el tronco y la extremidad inferior. Existe un solapamiento considerable entre los territorios ocupados por fibras para las principales regiones del cuerpo, de manera que una pequeña lesión destructiva en la cápsula interna tiene efectos graves.

Las **fibras corticopontinas** se originan en los cuatro lóbulos de la corteza cerebral pero, en mayor número, en los lóbulos frontal y parietal. Estas fibras finalizan en los núcleos pontinos (núcleos del puente) de la parte basal de la protuberancia. Las fibras del **haz frontopontino** atraviesan el brazo anterior de la cápsula interna y la parte anterior del brazo posterior. La mayor parte de fibras del **haz parietotemporopontino** se originan en el lóbulo parietal y atraviesan la porción retrolenticular de la cápsula interna.

Las **fibras corticoestriadas** se originan en todas las partes del neocórtex y finalizan en el estriado. El núcleo caudado y el putamen reciben estas fibras procedentes de la cápsula interna; el putamen también recibe algunas fibras procedentes de la cápsula externa.

Otras fibras de proyección viajan caudalmente hacia los núcleos del tronco encefálico. Las **fibras corticorrubras** parten de las áreas motoras del lóbulo frontal y finalizan en el núcleo rojo. Las **fibras corticorreticulares** empiezan en la corteza motora y en la corteza del lóbulo parietal, especialmente en el área somestésica primaria. Finalizan, principalmente, en el grupo central de núcleos reticulares. Las **fibras corticoolivares**, que también proceden mayoritariamente de las áreas motoras, se dirigen hacia los núcleos del comple-

Lesiones de la cápsula interna

Un infarto en la parte posterior de la cápsula interna provoca graves déficits neurológicos que incluyen los efectos de una «lesión de la neurona motora superior» (v. cap. 23) causados, principalmente, por la interrupción de las fibras piramidales y corticorreticulares. La **hemiparesia** es la debilidad de todos los músculos del lado opuesto del cuerpo, mientras que la **hemiplejía** es la parálisis total del lado afectado. Una lesión en la cápsula interna también puede causar déficits sensitivos generales al afectar la proyección talamocortical que se dirige hacia el área somestésica, o un defecto del campo visual al interrumpir las fibras geniculocalcarinas.

La composición de la **cápsula externa** no se conoce del todo, pero se sabe que esta delgada capa de sustancia blanca situada entre el putamen y el claustro está formada, principalmente, por fibras de proyección. Entre éstas se cuentan algunas fibras corticoestriadas que finalizan en el putamen y algunas fibras corticorreticulares.

jo olivar inferior. Estas vías descendentes acompañan los axones del sistema piramidal a través de la cápsula interna y las bases de los pedúnculos, hacia el puente y el bulbo raquídeo. Como los haces corticoespinal y corticobulbar, estas vías son interrumpidas por lesiones destructivas de la cápsula interna.

Este tipo de lesiones también afecta a las fibras talamocorticales desde los núcleos ventrolateral y ventral anterior hacia las áreas motoras de la corteza.

Ventrículos laterales

Los ventrículos laterales, uno por cada hemisferio cerebral, son cavidades cuya forma recuerda una C, revestidas por epéndimo y llenas de LCR. Cada ventrículo lateral está formado por una parte central, situada en la región del lóbulo parietal, y por unas astas que, partiendo de esta parte central, se extienden por los lóbulos frontal, occipital y temporal. Las características principales de las paredes ventriculares se muestran en las figuras 16-9 y 16-10. La configuración del sistema ventricular completo del cerebro se muestra en la figura 16-11. La **parte central** del ventrículo lateral posee un techo plano formado por el cuerpo calloso. El suelo incluye parte de la superficie dorsal del tálamo, de la cual el tubérculo anterior constituye un límite del agujero interventricular (agujero de Monro) que lleva al tercer ventrículo. La cola del núcleo caudado forma una cresta a lo largo del borde lateral del suelo. La **estría terminal**, un delgado haz de fibras originado en el cuerpo amigdaloide del lóbulo temporal, se dispone en el surco que queda entre la cola del núcleo caudado y el tálamo, junto con la vena talamoestriada (vena terminal). El *fornix* completa la parte medial del suelo, y el plexo coroideo está unido a los márgenes de la **fisura coroidea**, que se dispone entre el *fornix* y el tálamo. La estría terminal y el *fornix* son fascículos de asociación del sistema límbico.

El **asta frontal** del ventrículo se extiende hacia delante desde la región del agujero interventricular. El cuerpo calloso se continúa haciendo

Asta temporal

Situada en el espesor del lóbulo temporal, el asta temporal normalmente es demasiado pequeña para que pueda verse en la TC. Se vuelve visible cuando el ventrículo está dilatado. La dilatación del ventrículo lateral puede ser causada por la obstrucción del flujo de LCR o por la atrofia del tejido cerebral circundante.

En el suelo del asta temporal hay una importante estructura, el **hipocampo** (v. fig. 16-10). Éste se puede visualizar como una extensión de la circunvolución parahipocámpica sobre la superficie externa que se ha «enrollado dentro» del suelo del asta temporal. El extremo anterior ligeramente dilatado del hipocampo se conoce como **pie del hipocampo,** ya que parece la pata de un animal. Las fibras eferentes que salen del hipocampo forman una cresta a lo largo de su borde medial llamada **fimbria.** En el extremo posterior del hipocampo, por debajo del esplenio del cuerpo calloso, la fimbria se continúa como el **pilar del *fornix*.** El plexo coroideo de la parte central del ventrículo se continúa por el asta temporal, donde se adhiere a los márgenes de la fisura coroidea por encima de la fimbria del hipocampo.

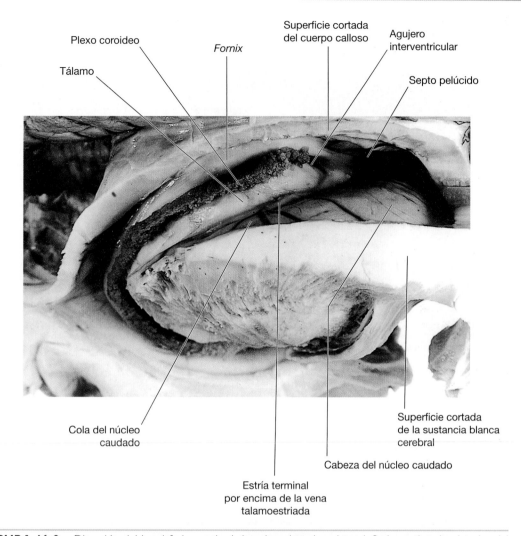

Plexo coroideo

Tálamo

Fornix

Superficie cortada
del cuerpo calloso

Agujero
interventricular

Septo pelúcido

Cola del núcleo
caudado

Superficie cortada
de la sustancia blanca
cerebral

Cabeza del núcleo caudado

Estría terminal
por encima de la vena
talamoestriada

FIGURA 16-9.   Disección del hemisferio cerebral derecho: vista dorsolateral. Se ha extirpado el techo del ventrículo lateral.

de techo, y la rodilla del cuerpo calloso limita el asta frontal por la parte delantera. El septo pelúcido une el espacio que queda entre el *fornix* y el cuerpo calloso en la línea media, y separa las astas frontales de los dos ventrículos laterales. El **asta occipital**, de longitud variable, está rodeada por sustancia blanca cerebral (fig. 16-10). Las dos elevaciones de la pared medial del asta occipital son el **bulbo del asta occipital,** originado por el fórceps occipital, y el *calcar avis,* que se corresponde con la cisura calcarina.

La delgada **asta temporal** se extiende unos 3 cm en el polo temporal. En el suelo del ventrículo, donde las astas occipital y temporal se separan de la parte central del ventrículo, se encuentra un área triangular llamada **trígono colateral**. Una parte sustancial del plexo coroideo

del ventrículo lateral se encuentra en el trígono y puede observarse en una imagen del cerebro obtenida mediante tomografía computarizada porque contiene pequeñas cantidades de material calcificado. El surco colateral de la superficie externa del hemisferio se localiza inmediatamente por debajo del trígono y puede generar allí una **eminencia colateral**. La cola del núcleo caudado, ahora considerablemente atenuada, se extiende hacia delante por el techo del asta temporal hasta el cuerpo amigdaloide.

Este último es un grupo de núcleos situados por encima del extremo anterior del asta temporal, cerca del *uncus* en la superficie externa. La estría terminal y la vena talamoestriada corren a lo largo del lado medial de la cola del núcleo caudado.

Calcar avis   Bulbo del asta posterior

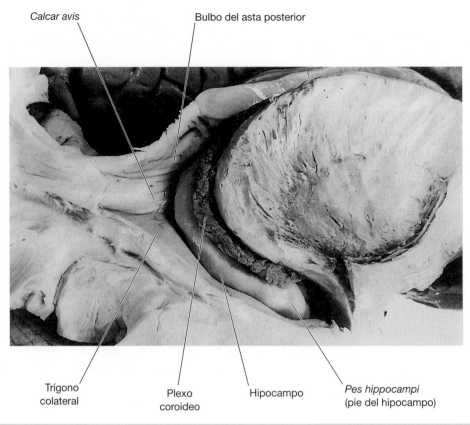

Trígono   Plexo   Hipocampo   *Pes hippocampi*
colateral   coroideo   (pie del hipocampo)

FIGURA 16-10. Disección del hemisferio cerebral derecho: vista lateral que muestra las astas occipital y temporal del ventrículo lateral.

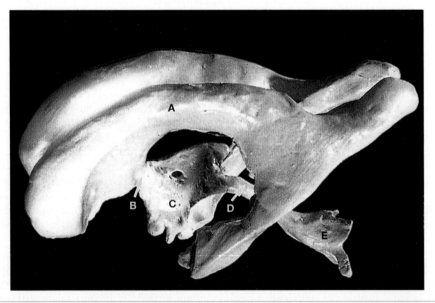

FIGURA 16-11. Molde del sistema ventricular del cerebro. (A) Ventrículo lateral izquierdo. (B) Agujero interventricular. (C) Tercer ventrículo. (D) Acueducto cerebral. (E) Cuarto ventrículo. (Preparado por el Dr. D. G. Montemurro.)

Bibliografía recomendada

Driesen NR, Raz N. The influence of sex, age, and handedness on corpus callosum morphology: a meta-analysis. *Psychobiology* 1995;23:240–247.

Gazzaniga MS, Sperry RW. Language after section of the cerebral commissures. *Brain* 1967;90:131–148.

Kretschmann H-J. Localization of the corticospinal fibres in the internal capsule in man. *J Anat* 1988;160:219–225.

Mitchell TN, Free SL, Merschemke M, et al. Reliable callosal measurement: population normative data confirm sex-related differences. *ANJR Am J Neuroradiol* 2003;24:410–418.

Montemurro DG, Bruni JE. *The Human Brain in Dissection*, 2nd ed. New York: Oxford University Press, 1988.

Nolte J, Angevine JB. *The Human Brain in Photographs and Diagrams with CD-ROM*, 3rd ed. New York: Elsevier, 2007.

Seymour SE, Reuter-Lorenz PA, Gazzaniga MS. The disconnection syndrome: basic findings reaffirmed. *Brain* 1994;117:105–115.

Tredici G, Pizzini G, Bogliun G, et al. The site of motor corticospinal fibres in man: a computerized tomographic study of restricted lesions. *J Anat* 1982;134:199–208.

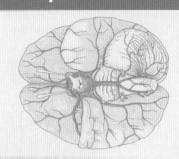

Capítulo 17

EL SISTEMA OLFATORIO

Conceptos básicos

- Las células receptoras del olfato son unas neuronas especiales que se localizan en un epitelio y son reemplazadas regularmente a partir de una población de células precursoras.

- Los axones amielínicos de las células neurosensoriales del olfato forman aproximadamente 20 nervios olfatorios en cada lado. Estos nervios atraviesan la lámina cribosa del hueso etmoides y finalizan en el bulbo olfatorio que se encuentra encima.

- Una fractura de la lámina cribosa tiene muchas probabilidades de causar anosmia y rinorrea del líquido cefalorraquídeo.

- Los axones de las neuronas principales del bulbo olfatorio forman el tracto olfatorio. Éste discurre por la superficie ventral del lóbulo frontal y finaliza en el trígono olfatorio, en posición anterior (rostral) respecto de la sustancia perforada anterior.

- La mayoría de axones del tracto olfatorio viaja por la estría olfatoria lateral y finaliza en el área olfatoria lateral, que está constituida por el *uncus*, el limen de la ínsula, el área entorrinal y los núcleos corticomediales del cuerpo amigdaloide.

- Un número menor de fibras del tracto olfatorio finaliza en el núcleo olfatorio anterior y en diversos núcleos de la región de la sustancia perforada anterior. Algunos de estos grupos celulares originan fibras que se incorporan centrífugamente a los tractos olfatorios y finalizan en los bulbos olfatorios de ambos lados, de manera que proporcionan un mecanismo de modulación de la información procedente del aparato olfatorio.

- Las regiones donde finalizan las fibras del tracto olfatorio están conectadas, directa e indirectamente, con la corteza prefrontal, el sistema límbico, el hipotálamo y la formación reticular del tronco encefálico. Estas conexiones vehiculan las respuestas viscerales y de comportamiento a diferentes olores.

El sistema olfatorio está formado por el epitelio olfatorio, los nervios olfatorios, los bulbos olfatorios y los tractos olfatorios, junto con la corteza cerebral de asociación y las estructuras subcorticales funcionalmente relacionadas con ellos. A veces, las partes del cerebro que procesan las señales olfatorias reciben el nombre colectivo de **rinencéfalo**.

El olfato es un sentido importante que evoca recuerdos y origina emociones. El olfato también contribuye a los placeres de la alimentación. Las personas que han perdido el sentido del olfato se quejan de no tener gusto y afirman que todo tiene el mismo sabor suave; es posible que no sean conscientes de que ya no pueden oler. En realidad, el placer del gusto es, en gran parte, la apreciación de los aromas a través del sistema olfatorio. Algunos estímulos químicos, especialmente los de los alimentos con aromas «picantes», excitan las fibras sensitivas generales del nervio trigémino de la nariz y la boca. Las respuestas olfatorias, gustativas y sensitivas generales a los estímulos que capta la nariz se integran en la ínsula, donde las áreas corticales primarias para los tres sistemas están próximas.

Epitelio olfatorio y nervios olfatorios

El epitelio olfatorio deriva de un engrosamiento ectodérmico, la **placoda olfatoria**, del extremo rostral de la cabeza embrionaria. Las células de esta placoda originan las células del epitelio, las células gliales de los nervios olfatorios y algunas de las células gliales de la capa más superficial del bulbo olfatorio. En los adultos, el epitelio olfatorio (fig. 17-1) cubre una superficie de 2,5 cm² en el techo de cada cavidad nasal y se extiende un poco por la pared lateral de la cavidad y por el tabique nasal. Las células sensitivas olfatorias se sitúan en un epitelio columnar seudoestratificado, que es más grueso que el que recubre las demás vías

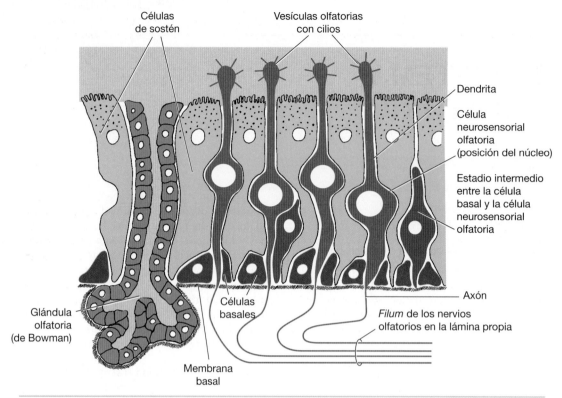

FIGURA 17-1. Epitelio olfatorio.

respiratorias. Las glándulas olfatorias (glándulas de Bowman) de debajo del epitelio bañan la superficie del mismo con una capa de líquido mucoso en la que se disuelven las sustancias odoríferas.

Las **células neurosensoriales olfatorias** (conocidas también como *neuronas olfatorias primarias* o, simplemente, como *células olfatorias*) son neuronas bipolares que hacen tanto de receptores sensitivos como de conductores de impulsos. La principal modificación que han experimentado es la especialización de su dendrita; esta prolongación se extiende hacia la superficie del epitelio, donde finaliza en forma de un engrosamiento bulboso, conocido como *vesícula olfatoria*, que queda expuesto y posee unos cilios inusualmente largos (≤ 100 μm).

En cada lado, los axones amielínicos de las células olfatorias se agrupan en unos 20 haces, que son los **nervios olfatorios.** Estos nervios penetran en la cavidad craneana a través del agujero de la lámina cribosa del hueso etmoides y a continuación entran en el **bulbo olfatorio.** Después de formar una capa fibrosa superficial sobre esta estructura, los axones continúan a más profundidad y finalizan en unas configuraciones sinápticas especializadas llamadas **glomérulos.** Las terminaciones axónicas olfatorias liberan un neurotransmisor excitador, que en los roedores es el glutamato.

Las células neurosensoriales que se muestran en la figura 17-1 representan unas pocas de las aproximadamente 25 millones de dichas células que hay en el epitelio olfatorio de cada lado de la nariz. Las células olfatorias se producen de manera continua por mitosis y diferenciación de algunas de las células basales del epitelio olfatorio, y se pierden por descamación. Observaciones en animales indican que las neuronas olfatorias probablemente se pierden por desgaste, y no debido a una longevidad innatamente corta. En la nariz de las personas sanas, cada neurona receptora probablemente sobrevive unos 3 meses. Por lo tanto, siempre están creciendo nuevos axones a lo largo de los nervios olfatorios y dentro de los bulbos olfatorios.

El sistema olfatorio es extremadamente sensible y capaz de responder a la presencia de cantidades minúsculas de excitantes en el aire. La estimulación directa de los receptores, la convergencia de diversas células neurosensoriales sobre las neuronas principales del bulbo olfatorio y la facilitación ejercida por los circuitos neuronales en los bulbos son algunos de los factores responsables de este umbral tan bajo.

Al igual que el gusto, el olfato es un sentido químico. Para que una sustancia pueda olerse, tiene que entrar en la cavidad nasal en forma de gas o de aerosol y disolverse en el líquido que cubre el epitelio olfatorio. La sustancia secretada por las glándulas de Bowman contiene glucoproteínas capaces de unirse a las sustancias odoríferas que, de otra manera, no serían solubles en agua y no podrían presentarse a las moléculas receptoras situadas en la superficie de los cilios sensitivos.

La existencia de unas 3.000 proteínas receptoras distintas, cada una específica para una determinada sustancia química, permite apreciar una amplia gama de olores. Estas proteínas están inmersas en las membranas de superficie de los cilios de las células neurosensoriales olfatorias. Cuando un odorante se combina con su receptor específico, se inician cambios que tienden a despolarizar la membrana celular. Las neuronas olfatorias individuales poseen receptores para varios odorantes pero en combinaciones distintas, y el epitelio olfatorio es un mosaico de conjuntos solapados de neuronas cuyas actividades codifican diferentes olores. Los experimentos con animales revelan que la proyección desde el epitelio hasta el bulbo olfatorio se organiza topográficamente, con sitios específicos donde finalizan axones de neuronas que poseen una combinación particular de moléculas receptoras de odorantes. Este patrón de organización es comparable a la distribución topográfica de los circuitos nerviosos de otros sistemas sensoriales.

El sistema olfatorio se adapta con bastante rapidez a los estímulos que le van llegando continuamente, de manera que el olor deja de notarse. En los mecanismos de adaptación intervienen las propias células receptoras y los circuitos neuronales del bulbo olfatorio. Un mecanismo fisiológico que permite a los receptores recuperarse de la exposición continuada a los olores es la alternancia cíclica del flujo sanguíneo de las mucosas de los lados derecho e izquierdo de la nariz. En cada instante, el lado que posee un mayor flujo sanguíneo presenta una mayor resistencia al flujo del aire debido al engrosamiento de la mucosa. Consiguientemente, la cavidad nasal con un menor flujo de aire recibe cantidades más pequeñas de odorantes ambientales. La mayoría de personas de edad avanzada tiene una menor agudeza olfatoria, que es debida a la progresiva reducción (de aproximadamente el 10 % por década entre los 30 a los 90 años) de la población de células neurosensoriales olfatorias y la población de neuronas del bulbo olfatorio.

Bulbo olfatorio, tracto olfatorio y estrías olfatorias

El bulbo olfatorio se encuentra en posición ventral respecto de la superficie orbitaria del lóbulo frontal. Está conectado con el tracto olfatorio por un punto de unión central situado delante de la

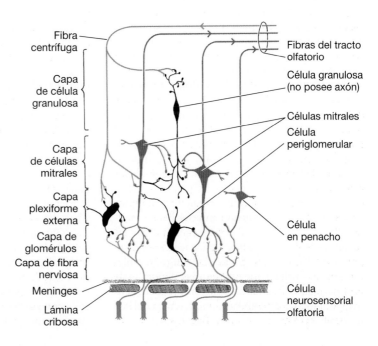

FIGURA 17-2. Circuitos neuronales del bulbo olfatorio. Las células principales se representan en *rojo,* las interneuronas, en *negro,* y las aferencias que llegan al bulbo olfatorio, en *azul.*

Fibra centrífuga

Capa de célula granulosa

Capa de células mitrales

Capa plexiforme externa

Capa de glomérulos

Capa de fibra nerviosa

Meninges

Lámina cribosa

Fibras del tracto olfatorio

Célula granulosa (no posee axón)

Células mitrales

Célula periglomerular

Célula en penacho

Célula neurosensorial olfatoria

sustancia perforada anterior. El bulbo contiene dos tipos de células principales glutamatérgicas (**células mitrales** y **células en penacho**) y, como mínimo, dos tipos de interneuronas (fig. 17-2). En el bulbo olfatorio humano del adulto, las cinco capas son irregulares y no se pueden distinguir, aunque se diferencian claramente durante las etapas fetales del desarrollo. La capa de fibra nerviosa es interesante porque admite continuamente nuevos axones en crecimiento procedentes de los nervios olfatorios hacia el sistema nervioso central (SNC).

La mezcla de células neurogliales (es decir, los astrocitos del tubo neural y las **células olfatorias envolventes** originadas en la placoda que rodean los haces de axones olfatorios primarios) puede explicar esta circunstancia única del crecimiento axónico en el SNC de mamíferos adultos. Las células olfatorias envolventes ayudan al crecimiento de los axones no sólo en los nervios olfatorios y en el bulbo olfatorio, sino también en los animales de laboratorio en otras zonas dañadas del SNC donde han sido trasplantadas, incluida la médula espinal.

Por debajo de la capa de fibra nerviosa, los 25 millones de axones de los receptores olfatorios finalizan en unas 8.000 masas esféricas de neurópilo que se conocen como **glomérulos.** Cada glomérulo recibe numerosos axones aferentes, que establecen sinapsis con las dendritas de unas cinco células principales de las 40.000 existentes. La actividad de las células principales es modificada por las interneuronas predominantemente inhibidoras (dopaminérgicas y γ-aminobutirérgicas) del bulbo olfatorio, y especialmente por las numerosas células granulosas. Se cree que estos complejos circuitos (v. fig. 17-2) son responsables, en gran parte, de la identificación de los distintos olores.

Tres pequeños grupos de neuronas forman el **núcleo olfatorio anterior.** Uno se sitúa en la transición entre el bulbo olfatorio y el tracto olfatorio; los otros dos se encuentran a mayor profundidad en las estrías olfatorias lateral y medial que se describen en el párrafo siguiente. En este núcleo finalizan las ramas colaterales de los axones de las células mitrales y de las células en penacho. Las fibras que se originan en el núcleo olfatorio anterior pasan a través de la comisura anterior hacia el bulbo olfatorio contralateral. Ésta es sólo una de las poblaciones de fibras centrífugas que se proyectan al bulbo olfatorio. Las fibras centrífugas establecen sinapsis principalmente con las dendritas de las interneuronas. Esta disposición probablemente determina la sensibilidad o indiferencia del sistema olfatorio frente a olores específicos.

Las células principales del bulbo olfatorio poseen axones que viajan por el tracto olfatorio y finalizan como terminaciones presinápticas excitadoras (glutamatérgicas) en las áreas olfatorias primarias dedicadas a la apreciación subjetiva de los olores. Las áreas olfatorias primarias establecen conexiones con otras partes del cerebro relacionadas con las respuestas viscerales y emocionales a los estímulos olfatorios. El tracto olfatorio se expande en el **trígono olfatorio** en el borde rostral de la sustancia perforada anterior. La mayor parte de los axones del tracto circula por la **estría olfatoria lateral** (fig. 17-3), que se dirige hacia el área olfatoria lateral. Otros axones del tracto olfatorio abandonan el trígono olfatorio y entran en la sustancia perforada anterior. El nombre de *estría olfatoria medial* se aplicaba a una cresta que se pensaba que transportaba fibras olfatorias hacia el área septal. Actualmente se sabe que no existe ninguna conexión de este tipo.

Áreas olfatorias del hemisferio cerebral

RINENCÉFALO

Inicialmente se pensaba que la «nariz del cerebro» incluía más partes del prosencéfalo de las que actualmente se considera que están dedicadas al sentido del olfato. Ese término actualmente se restringe a las regiones que reciben fibras aferentes de los bulbos olfatorios. El **área olfatoria primaria**, que se cree que es la región responsable de que seamos conscientes de los estímulos olfatorios, recibe aferencias a través de la estría olfatoria lateral (fig. 17-4; v. también fig. 17-3). Esta área está formada por el paleocórtex (v. capítulo 14) del *uncus* (corteza periamigdalina) junto con las partes adyacentes del **área entorrinal,** en la parte anterior de la circunvolución parahipocámpica, y el **limen de la ínsula** (fig. 17-3). El *uncus*, el área entorrinal y el limen de la ínsula se conocen conjuntamente como **corteza piriforme** (o lóbulo piriforme) debido a que en algunos animales el área homóloga tiene forma de pera. En el área olfatoria primaria también se incluye una parte del **cuerpo amigdaloide** (amígdala); el *uncus* es su marca anatómica en la superficie medial del lóbulo temporal. La parte dorsomedial de la amígdala, formada por el **grupo de núcleos corticomedial**, recibe fibras olfatorias. La porción ventrolateral, más grande, que es un componente del sistema límbico, se trata en el capítulo 18. El área olfatoria lateral, que se considera la región

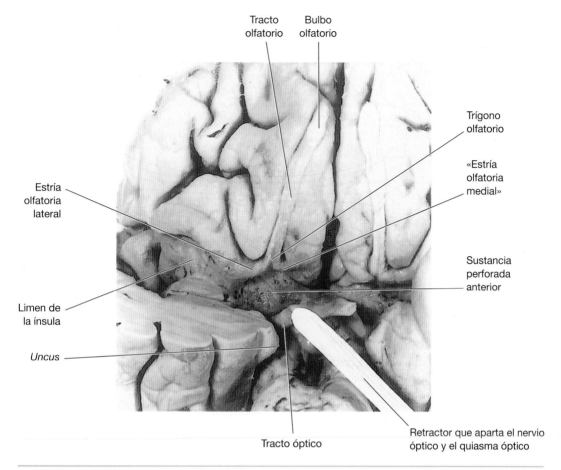

Tracto olfatorio
Bulbo olfatorio
Trígono olfatorio
«Estría olfatoria medial»
Estría olfatoria lateral
Sustancia perforada anterior
Limen de la ínsula
Uncus
Retractor que aparta el nervio óptico y el quiasma óptico
Tracto óptico

FIGURA 17-3.   Algunos componentes del sistema olfatorio que se pueden ver en la superficie ventral del cerebro. El polo temporal derecho se ha extirpado para que queden a la vista el trígono olfatorio, la sustancia perforada anterior y el limen de la ínsula.

principal para la consciencia de los estímulos olfatorios, también recibe el nombre de **área olfatoria primaria.**

Los axones del tracto olfatorio también se conectan con neuronas de la **sustancia perforada anterior.** En el cerebro humano, esta región se diluye en el pálido ventral y el núcleo *accumbens* del estriado (v. cap. 12).

Los experimentos de rastreo neuroanatómico llevados a cabo con primates no humanos y los estudios de imagen funcional realizados con seres humanos indican que la parte lateral de la superficie orbitaria del lóbulo frontal es la **corteza de asociación olfatoria**, que recibe aferencias procedentes del área olfatoria primaria.

Estudios sobre el cerebro humano llevados a cabo mediante tomografía por emisión de positrones (TEP) muestran que en la corteza orbitofrontal derecha el flujo sanguíneo se incrementa cuando se presentan estímulos olfatorios en am-

bos lados de la nariz. La corteza orbital, por otra parte, es más conocida por sus papeles esenciales en la previsión, la toma de decisiones y las interacciones sociales con otras personas (v. cap. 15). Después de extirpar quirúrgicamente partes del lóbulo temporal que no se sabía que estuviesen conectadas con el sistema olfatorio, se ha observado un sutil deterioro en la identificación de los olores. Esto demuestra que la corteza de asociación olfatoria se extiende más allá de las áreas reconocidas hasta ahora.

Otro grupo de neuronas de la sustancia perforada anterior, el **núcleo de la banda diagonal**, son una fuente importante de fibras centrífugas hacia el bulbo olfatorio; la otra fuente es el núcleo olfatorio anterior contralateral.

Los estímulos olfatorios inducen respuestas viscerales modulando las actividades del sistema nervioso autónomo. Son ejemplo de ello la salivación inducida por la presencia de los aromas

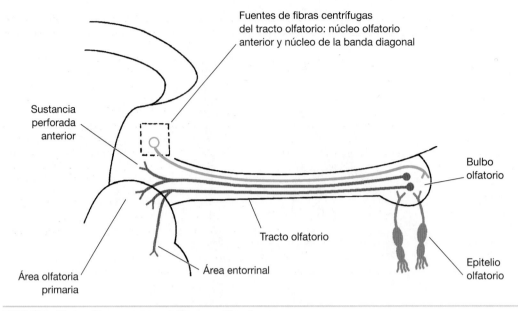

Fuentes de fibras centrífugas
del tracto olfatorio: núcleo olfatorio
anterior y núcleo de la banda diagonal

Sustancia
perforada
anterior

Bulbo
olfatorio

Tracto olfatorio

Epitelio
olfatorio

Área olfatoria
primaria

Área entorrinal

FIGURA 17-4. Componentes del tracto olfatorio.

agradables que se desprenden en la preparación de los alimentos y las náuseas, o incluso los vómitos, que evoca un hedor ofensivo. El sistema olfatorio comparte la corteza entorrinal con el sistema límbico, y el sistema límbico establece abundantes conexiones con el área septal y el hipotálamo. La mayoría de fibras que conectan el área septal y el hipotálamo con los núcleos autónomos se sitúa en el **haz prosencefálico medial.** Este haz, que contiene fibras que se proyectan tanto rostralmente como caudalmente, atraviesa la parte lateral del hipotálamo.

Las fibras descendentes procedentes del hipotálamo se dirigen a los núcleos vegetativos del tronco encefálico y la médula espinal. Otras fibras descendentes del haz prosencefálico medial

Síntomas olfatorios

El deterioro del sentido del olfato a menudo es una consecuencia normal del envejecimiento. Pero también puede ser el primer síntoma de una enfermedad degenerativa, como la enfermedad de Parkinson (cap. 7) o la enfermedad de Alzheimer (cap. 12). Las deficiencias olfatorias se asocian con la pérdida de neuronas en los núcleos corticomediales de la amígdala.

Las fracturas del suelo de la fosa anterior del cráneo a menudo afectan a la lámina cribosa del hueso etmoides, dañan los nervios olfatorios y causan **anosmia.** La misma lesión puede provocar fugas del líquido cefalorraquídeo (LCR) desde el espacio subaracnoideo hacia la cavidad nasal, de manera que este líquido sale por la nariz **(rinorrea de LCR).** Esta comunicación anormal con el ambiente exterior resulta peligrosa, ya que proporciona una vía de entrada a las bacterias, que pueden atacar las meninges y el cerebro.

Un tumor del suelo de la fosa craneana anterior, generalmente un meningioma, puede afectar al sentido del olfato a causa de la presión que ejerce sobre el bulbo olfatorio o el tracto olfatorio. Es necesario comprobar cada ventana de la nariz por separado, ya que la pérdida de olfacción probablemente sea unilateral.

Una lesión irritativa que afecte al área olfatoria lateral puede causar **crisis uncinadas,** que se caracterizan por un olor desagradable imaginario, movimientos involuntarios de los labios y la lengua y, a menudo, por otros rasgos típicos de una disfunción del lóbulo temporal (v. cap. 18). Las lesiones destructivas del lóbulo temporal causan una disminución olfatoria ipsilateral, pero sólo se puede detectar con pruebas muy precisas. Un deterioro de este tipo puede darse, incluso, cuando el daño tiene lugar fuera de las áreas olfatorias reconocidas.

finalizan en los núcleos reticulares del rafe y en el núcleo solitario.

Nervio terminal y nervio vomeronasal

Después de haber asignado los números a los nervios craneales se descubrieron dos pequeños nervios craneales asociados con el sistema olfatorio. El nervio terminal (*nervus terminalis*) se encuentra en el cerebro humano adulto, aunque su tamaño es microscópico.

A veces se le llama *nervio craneal cero,* porque se encuentra en posición medial (y, por tanto, quizás rostral) respecto de los tractos olfatorios. En el capítulo 11 se menciona al nervio terminal como la vía a través de la cual determinadas neuronas migran desde la placoda olfatoria al área preóptica y el hipotálamo.

El sistema vomeronasal aparece sólo transitoriamente durante el desarrollo embrionario del ser humano, pero en la mayoría de los demás vertebrados terrestres desempeña funciones importantes en la vida adulta.

Las fibras del diminuto **nervio terminal** circulan a lo largo de lado medial del bulbo olfatorio y el tracto olfatorio. Los cuerpos celulares de las neuronas bipolares se encuentran en pequeños ganglios situados a lo largo del nervio. Sus ramificaciones distales pasan a través de la lámina cribosa y se distribuyen por el tabique nasal. En los animales, se han reseguido las ramificaciones proximales experimentalmente hasta las áreas septal y preóptica.

El nervio vomeronasal forma parte de un sistema olfatorio accesorio que posee la mayoría de animales vertebrados terrestres pero no los seres humanos. Se usa para detectar las feromonas que sirven para la atracción sexual y para marcar el territorio. El órgano receptor vomeronasal y el nervio vomeronasal del ser humano sólo están presentes entre la octava y la decimocuarta semanas de vida intrauterina.

Bibliografía recomendada

Boyd JG, Doucette R, Kawaja MD. Defining the role of olfactory ensheathing cells in facilitating remyelination following damage to the spinal cord. *FASEB J* 2005;19:694–703.

Buck LB. Information coding in the vertebrate olfactory system. *Annu Rev Neurosci* 1996;19:517–544.

Carmichael ST, Clugnet MC, Price JL. Central olfactory connections in the macaque monkey. *J Comp Neurol* 1994;346:403–434.

Doucette R. PNS-CNS transitional zone of the first cranial nerve. *J Comp Neurol* 1991;312:451–466.

Eccles R, Jawad MSM, Morris S. Olfactory and trigeminal thresholds and nasal resistance to airflow. *Acta Otolaryngol (Stockh)* 1989;108:268–273.

Eisthen HL. Phylogeny of the vomeronasal system and of receptor cell types in the olfactory and vomeronasal epithelia of vertebrates. *Microsc Res Tech* 1992;23:1–21.

Feron F, Perry C, Cochrane J, et al. Autologous olfactory ensheathing cell transplantation in human spinal cord injury. *Brain* 2005;128:2951–2960.

Graziadei PPC, Karlan MS, Monti Graziadei GA, et al. Neurogenesis of sensory neurons in the primate olfactory system after section of the fila olfactoria. *Brain Res* 1980;186:289–300.

Harding AJ, Stimson E, Henderson JM, et al. Clinical correlates of selective pathology in the amygdala of patients with Parkinson's disease. *Brain* 2002;125:2431–2445.

Hinds JW, Hinds PL, McNelly NA. An autoradiographic study of the mouse olfactory epithelium: evidence for long-lived receptors. *Anat Rec* 1984;210:375–383.

Ichikawa M. Neuronal development, differentiation, and plasticity in the mammalian vomeronasal system. *Zoolog Sci* 1996;13:627–639.

Jones-Gotman M, Zatorre RJ, Cendes F, et al. Contribution of medial versus lateral temporal-lobe structures to human odour identification. *Brain* 1997;120:1845–1856.

Mackay-Sim A, Kittel W. On the life span of olfactory receptor neurons. *Eur J Neurosci* 1991;3:209–215.

Meisami E, Mikhail L, Baim D, et al. Human olfactory bulb: aging of glomeruli and mitral cells and a search for the accessory olfactory bulb. *Ann N Y Acad Sci* 1998;855:708–715.

Mesholam RI, Moberg PJ, Mahr RN, et al. Olfaction in neurodegenerative disease: a meta-analysis of olfactory functioning in Alzheimer's and Parkinson's diseases. *Arch Neurol* 1998;55:84–90.

Mombaerts P, Wang F, Dulac C, et al. Visualizing an olfactory sensory map. *Cell* 1996;87:675–686.

Morrison EE, Costanzo RM. Morphology of olfactory epithelium in humans and other vertebrates. *Microsc Res Tech* 1992;23:49–61.

Price JL. Olfaction. In: Paxinos G, Mai JK, eds. *The Human Nervous System,* 2nd ed. Amsterdam: Elsevier, 2004:1197–1211.

Smith TD, Bhatnagar KP. The human vomeronasal organ, Part II: prenatal development. *J Anat* 2000;197:421–436.

Strotmann J, Beck A, Kubick S, et al. Topographic patterns of odorant receptor expression in mammals: a comparative study. *J Comp Physiol A—Sensory Neural and Behavioral Physiology* 1995;177:659–666.

Zatorre RJ, Jones-Gotman M, Evans AC, et al. Functional localization and lateralization of human olfactory cortex. *Nature* 1992;360:339–340.

Capítulo 18

EL SISTEMA LÍMBICO: EL HIPOCAMPO Y LA AMÍGDALA

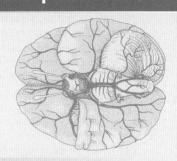

Conceptos básicos

- El sistema límbico está formado por el lóbulo límbico (circunvolución parahipocámpica, circunvolución del cíngulo o del cuerpo calloso y área septal), la formación hipocámpica (subículo, hipocampo y circunvolución dentada), el cuerpo amigdaloide y otras muchas partes del cerebro conectadas con estas estructuras.

- Las aferencias hipocámpicas incluyen fibras procedentes del área entorrinal de la circunvolución parahipocámpica, fibras colinérgicas procedentes del área septal y de los núcleos basales del prosencéfalo, fibras dopaminérgicas procedentes del área tegmental ventral, fibras noradrenérgicas procedentes del *locus caeruleus* y fibras serotoninérgicas procedentes de los núcleos del rafe.

- Las fibras eferentes hipocámpicas entran en el circuito de Papez, que está formado por el subículo, el *fornix* o trígono cerebral, el cuerpo mamilar, los núcleos anteriores del tálamo y las circunvoluciones parahipocámpica y del cíngulo. Las fibras de asociación conectan la circunvolución del cíngulo y la circunvolución parahipocámpica con las áreas de asociación del neocórtex.

- El recuerdo de nuevos hechos y eventos (es decir, para la memoria declarativa) se produce a partir de modificaciones sinápticas dentro del hipocampo. También es necesaria la integridad del circuito de Papez en, como mínimo, un hemisferio. Para evocar recuerdos, que posiblemente se almacenan como modificaciones sinápticas en áreas extensas de la corteza cerebral, no es necesario que las conexiones hipocámpicas estén intactas.

- La amígdala recibe impulsos procedentes del neocórtex temporal y prefrontal y de los núcleos colinérgicos y catecolaminérgicos que también se proyectan por la formación hipocámpica.

- La amígdala proyecta fibras hacia el núcleo *accumbens* (estriado ventral), hacia el núcleo mediodorsal del tálamo y, a través de la estría terminal y la banda diagonal, hacia el hipotálamo y el área septal. El núcleo *accumbens* y el pálido ventral modulan la actividad de la corteza prefrontal y la corteza anterior del cíngulo.

- El área septal se proyecta a través de la estría medular del tálamo hacia los núcleos de la habénula; a través del *fornix*, hacia el hipocampo, y a través del haz prosencefálico medial, hacia el hipotálamo.

- Las principales vías descendentes que salen del sistema límbico y el hipotálamo son el fascículo mamilotegmental, el fascículo retroflexo, el haz prosencefálico medial y el fascículo longitudinal dorsal.

- La estimulación de la amígdala provoca miedo, irritabilidad generalizada y un incremento de la actividad del sistema nervioso simpático. Las lesiones destructivas de ambos lóbulos temporales pueden traducirse en docilidad, un comportamiento sexual anormal y pérdida de la memoria a corto plazo.

- Los fármacos ansiolíticos imitan la acción inhibidora del γ-aminobutirato en la amígdala. Los fármacos antidepresivos potencian la acción de la noradrenalina y la serotonina. Los fármacos usados para el tratamiento de la esquizofrenia antagonizan la acción de la dopamina en el sistema límbico y en el núcleo *accumbens*.

- El sistema límbico del cerebro reúne y dirige determinados componentes de los hemisferios cerebrales y del diencéfalo. La noción de un sistema de estas características se desarrolló a partir de estudios comparativos neuroanatómicos y neurofisiológicos, pero su terminología es bastante vaga y no todos los autores la usan de manera consistente. El **lóbulo límbico** es un anillo de sustancia gris situado en la cara medial de cada hemisferio que está formado por la circunvolución del cíngulo, la circunvolución parahipocámpica y el área septal. El término **sistema límbico** es menos preciso. La interpretación más amplia, que seguramente es la más útil, incluye, además de las estructuras ya mencionadas, el hipocampo, la circunvolución dentada, el cuerpo amigdaloide, el área septal, el hipotálamo (especialmente los cuerpos mamilares) y el núcleo anterior y otros núcleos del tálamo. Los haces de axones mielínicos que interconectan estas regiones (el *fornix*, el fascículo mamilotalámico, la estría terminal, la banda diagonal y otros) también forman parte del sistema límbico, al igual que las partes ventrales del cuerpo estriado y determinados núcleos del mesencéfalo que conectan con la formación hipocámpica y la amígdala.

El sistema límbico se ocupa de la memoria y de las respuestas viscerales y motoras relativas a la defensa y la reproducción.

Formación hipocámpica

La formación hipocámpica está formada por el hipocampo, la circunvolución dentada y la mayor parte de la circunvolución parahipocámpica.

ANATOMÍA

El **hipocampo** se desarrolla en el cerebro fetal mediante un proceso de expansión continua del extremo medial del lóbulo temporal, que se realiza de tal modo que el hipocampo viene a ocupar el suelo del asta temporal del ventrículo lateral (figuras 18-1 y 18-2; v. también fig. 16-10). Por lo tanto, en el cerebro maduro la circunvolución parahipocámpica de la superficie externa se continúa con el hipocampo oculto. En una sección coronal, el hipocampo tiene forma de C. Como su perfil tiene cierto parecido con los cuernos de un carnero, al hipocampo también se le llama **asta de Amón** (Amón es una antigua deidad egipcia con cabeza de carnero). La superficie ventricular del hipocampo es una capa delgada de sustancia blanca, llamada *alveus*, que está formada por axones que entran y salen de la formación hipocámpica. Estas fibras forman la **fimbria** del hipocampo a lo largo de su margen medial y luego se continúan como **el pilar del** *fornix,* más allá de los límites del hipocampo y por debajo del esplenio del cuerpo calloso (fig. 18-3).

El crecimiento continuo del tejido cortical que forma el hipocampo es responsable de la aparición de la **circunvolución dentada** (v. figs. 18-1 y 18-2). Esta circunvolución ocupa el espacio que queda entre la fimbria del hipocampo y la circunvolución parahipocámpica; tiene la superficie mellada o dentada, de ahí su nombre.

Aunque la circunvolución parahipocámpica forma parte del lóbulo límbico, tal como se define anatómicamente, la mayor parte de su corteza es del tipo de las seis capas, o casi. En la región de la circunvolución conocida como **subículo** (v. figs. 18-1 y 18-2) existe un área de transición entre el neocórtex y el arquicórtex de tres capas del hipocampo. El extremo anterior de la circunvolución parahipocámpica, en posición medial respecto del surco rinal (v. fig. 13-5), es el **área entorrinal**.

CIRCUITOS Y ORGANIZACIÓN INTRÍNSECOS

Tal como puede verse en una sección transversal (coronal), el hipocampo posee tres áreas o sectores: **CA1, CA2** y **CA3** (CA de *cornu Ammonis* [asta de Amón]). El área CA1 es la adyacente al subícu-

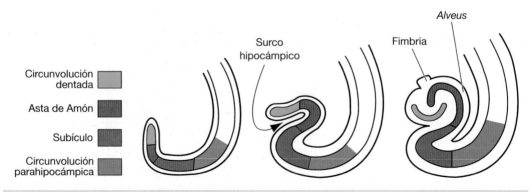

Circunvolución dentada

Asta de Amón

Subículo

Circunvolución parahipocámpica

Surco hipocámpico

Fimbria

Alveus

FIGURA 18-1. Estadios del desarrollo embrionario de la formación hipocámpica en el margen del pálido que muestran cómo las superficies externas de la circunvolución dentada y el asta de Amón se fusionan al crecer y replegarse.

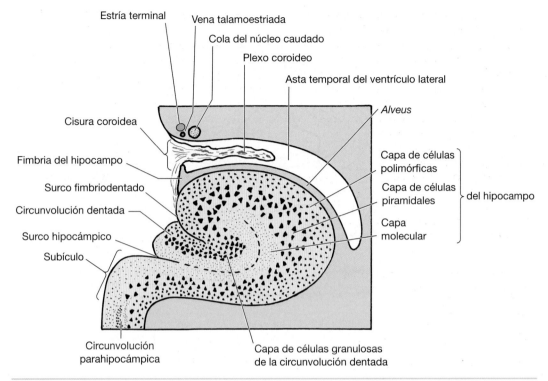

Estría terminal
Vena talamoestriada
Cola del núcleo caudado
Plexo coroideo
Asta temporal del ventrículo lateral
Alveus
Cisura coroidea
Capa de células polimórficas
Fimbria del hipocampo
Capa de células piramidales
Surco fimbriodentado
⎱ del hipocampo
Circunvolución dentada
Capa molecular
Surco hipocámpico
Subículo
Circunvolución parahipocámpica
Capa de células granulosas de la circunvolución dentada

FIGURA 18-2.   Sección coronal simplificada a través de la formación hipocámpica (la superficie medial queda a la izquierda).

lo, mientras que el área CA3 es la más cercana a la circunvolución dentada (fig. 18-4). En la corteza hipocámpica se reconocen tres capas.

1. La **capa molecular** está formada por axones y dendritas que interactúan. Se localiza en el centro de la formación hipocámpica, alrededor del surco hipocámpico. Esta capa sináptica se continúa con las capas moleculares de la circunvolución dentada y el neocórtex.

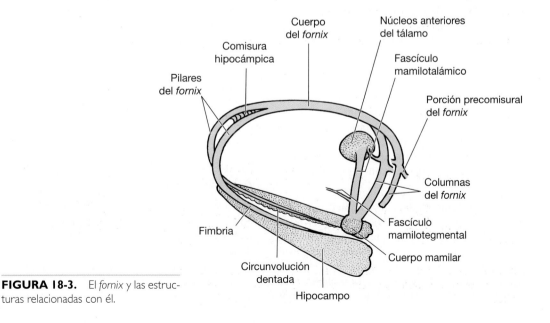

Cuerpo del *fornix*
Núcleos anteriores del tálamo
Comisura hipocámpica
Fascículo mamilotalámico
Pilares del *fornix*
Porción precomisural del *fornix*
Columnas del *fornix*
Fimbria
Fascículo mamilotegmental
Circunvolución dentada
Cuerpo mamilar
Hipocampo

FIGURA 18-3.   El *fornix* y las estructuras relacionadas con él.

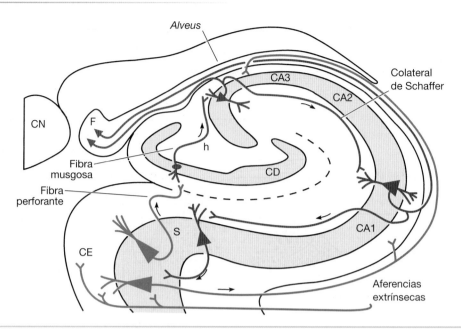

FIGURA 18-4. Algunos circuitos neuronales del interior de la formación hipocámpica. La zona ocupada por las células principales se ha sombreado. Las neuronas del hipocampo y de la circunvolución dentada se representan en *rojo*, y los axones de las neuronas aferentes, en *azul*. Las *pequeñas flechas negras* indican un bucle de conexiones formado por fibras musgosas y colaterales de Schaffer. CA1, CA2 y CA3 son los sectores del hipocampo; CD, circunvolución dentada; CE, corteza entorrinal; CN, cola del núcleo caudado; F, fimbria; h, hilio de la circunvolución dentada; S, subículo.

2. La prominente **capa de células piramidales** (estrato piramidal) está formada por neuronas grandes, muchas de forma piramidal, que son las células principales del hipocampo. Las dendritas de estas células se extienden por la capa molecular, y sus axones atraviesan el *alveus* y la fimbria en su camino hacia el *fornix*. Las llamadas **ramas colaterales de Schaffer** pasan a través de la capa de células polimórficas y de la capa de células piramidales, y establecen sinapsis con las dendritas de otras neuronas piramidales en la capa molecular. La capa de células piramidales se continúa con la capa 5 (piramidal interna) del neocórtex.

3. La **capa polimórfica** (o estrato *oriens*) se parece a la capa más interna (capa seis) del neocórtex. Esta capa, que se localiza debajo del *alveus*, contiene axones, dendritas e interneuronas.

La circunvolución dentada también tiene tres capas. Su citoarquitectura difiere de la del hipocampo en que la capa de células piramidales es reemplazada por una **capa de células granulosas** formada por neuronas pequeñas, que son las células principales de la región. Las fibras eferentes de la circunvolución dentada se conocen como **fibras**

musgosas. Estas fibras poseen numerosas ramas que establecen sinapsis con las células principales de los sectores CA3 y CA2.

PRIVACIÓN DE OXÍGENO

Las grandes células piramidales de la capa CA1 son excepcionalmente sensibles a la falta de oxígeno y si no disponen de un suministro de sangre arterial fresca mueren en pocos minutos. Los patólogos llaman al área CA1 **sector de Sommer.** Las células piramidales del hipocampo se cuentan entre las primeras que resultan afectadas por diversos trastornos que provocan una pérdida de la memoria y de las funciones intelectuales, como la enfermedad de Alzheimer (v. también cap. 12).

POTENCIACIÓN A LARGO PLAZO

Los circuitos nerviosos son esencialmente los mismos en todos los mamíferos, y los neurocientíficos los han estudiado con gran detalle para intentar identificar los eventos celulares implicados en la formación de nuevos recuerdos. Uno de los mecanismos propuestos es la potenciación a largo plazo (**LTP**, *long-term potentiation*), que es una propiedad de ciertas sinapsis, como las que establecen las colaterales de Schaffer y las fibras musgosas del hipocampo. La LTP es un incremento de la eficacia sináptica que se da pocos segundos después de una actividad de alta frecuencia en una terminación presináptica. Este incremento de la eficacia sináptica se puede atribuir a un cambio que tiene lugar en cualquiera de los dos lados de la sinapsis. La terminación presináptica puede liberar una cantidad mayor de transmisor cuando le llega un potencial de acción; esto sucede en sinapsis de las fibras musgosas. En las sinapsis de las colaterales de Schaffer del área CA1 lo que ocurre es que se insertan un mayor número de moléculas receptoras en la membrana postsináptica. En esta situación, con una cantidad menor de impulsos aferentes, ya se puede despolarizar la célula postsináptica, ya que a los receptores postsinápticos puede unirse una cantidad mayor de las moléculas de transmisor liberadas en la hendidura sináptica. La LTP, que dura varios días, incrementa la actividad de las neuronas postsinápticas afectadas. Un patrón de actividad adecuado en los axones aferentes que se dirigen a la formación hipocámpica puede inducir una LTP en determinadas células granulosas y piramidales conectadas. De esta manera se continúan transmitiendo impulsos con mayor frecuencia que antes, incluso si el estímulo externo original ya no actúa.

CONEXIONES AFERENTES

La formación hipocámpica posee cuatro fuentes principales de fibras aferentes: el neocórtex cerebral, el área septal, el hipocampo contralateral y diversos núcleos de la formación reticular del tronco encefálico.

El contingente de fibras más grande proviene del **área entorrinal**. Estas fibras se dirigen al hipocampo por dos rutas (v. fig. 18-4). Los axones de la **vía perforante** procedentes del área entorrinal cruzan el subículo, atraviesan la base de surco hipocámpico y finalizan en la circunvolución dentada. La **vía del *alveus*** o **vía alvear** atraviesa la sustancia blanca subcortical y el *alveus* y finaliza en el hipocampo. El área entorrinal forma parte del área olfatoria primaria y también recibe fibras de asociación procedentes del neocórtex del lóbulo temporal, que, a su vez, se comunica con amplias áreas del neocórtex, incluidas las áreas sensitivas de asociación. A través de estas conexiones, como también a través de otras en las que participa la corteza parahipocámpica en general, la vía perforante y la vía del *alveus* mantienen la formación hipocámpica informada sobre todas las sensaciones y sobre las actividades superiores del cerebro.

Las fibras aferentes de la formación hipocámpica también se encuentran en el *fornix* y en la fimbria. Provienen del **hipocampo contralateral**, como también del **área septal** y de los **núcleos colinérgicos basales del prosencéfalo** de la sustancia innominada (v. cap. 12), estrechamente relacionados con ella. Las fibras comisurales cruzan la línea media a nivel de la comisura del hipocampo, que se describe en la sección siguiente de este capítulo. Otras fibras aferentes hipocámpicas del *fornix* proceden de diversos **núcleos del tálamo y el hipotálamo**, del **área tegmental ventral** (dopaminérgicas), del *locus caeruleus* (noradrenérgicas) y de los **núcleos** serotoninérgicos **del rafe** (v. cap. 9).

CONEXIONES EFERENTES

Las conexiones a través de las cuales la formación hipocámpica recibe información del área entorrinal y el neocórtex corren paralelas a conexiones que proporcionan una vía de expansión de la actividad desde la formación hipocámpica a la misma corteza, y también a proyecciones descendentes que se dirigen al diencéfalo y al tronco encefálico. El *fornix* contiene numerosas fibras aferentes, tal como se ha descrito en la sección anterior de este capítulo, pero también es la vía eferente más grande de la formación hipocámpica.

El *fornix* humano contiene más de un millón de axones mielínicos, la mayoría de los cuales se ha originado en el subículo. El resto de los axones se ha originado en el hipocampo o son eferencias de la formación hipocámpica. En su camino hacia la fimbria, las fibras eferentes atraviesan primero el *alveus* en la superficie ventricular del hipocampo. La fimbria se continúa como el **pilar** del *fornix*, que empieza en el límite posterior del hipocampo, por debajo del esplenio del cuerpo calloso (v. fig. 18-3). El pilar se curva alrededor del extremo posterior del tálamo y se une a su pareja para formar el **cuerpo** del *fornix* debajo del cuerpo calloso. Aquí la **comisura dorsal del hipocampo**, que está pegada a la superficie ventral del esplenio del cuerpo calloso, transporta fibras desde la circunvolución parahipocámpica de un hemisferio hasta la formación hipocámpica del hemisferio opuesto. (En el cerebro humano sólo existe un vestigio de la comisura ventral del hipocampo.)

Por encima del tercer ventrículo, el cuerpo del *fornix* se separa en **columnas**, cada una de las cuales se curva ventralmente por delante del agujero interventricular. Aquí la comisura anterior pasa inmediatamente por delante de la columna del *fornix* (v. fig. 16-7). Algunas fibras se separan de la columna justo por encima de la comisura anterior; estas fibras se distribuyen por el **área septal**, la parte anterior del **hipotálamo** y la **sustancia innominada**. La rama de la columna del *fornix* que se encuentra detrás de la comisura anterior es más grande. Origina algunas fibras que finalizan en el **núcleo lateral dorsal del tálamo** y luego continúa a través del hipotálamo, donde la mayor parte de axones finalizan en el **cuerpo mamilar**.

El cuerpo mamilar se proyecta hacia los núcleos anteriores del tálamo a través del **fascículo mamilotalámico** (haz de Vicq d'Azyr), que se puede observar fácilmente en una disección (v. fig. 11-15). Los núcleos anterior y lateral dorsal del tálamo se comunican recíprocamente con la circunvolución del cíngulo mediante fibras que viajan alrededor de la parte lateral del ventrículo lateral. La circunvolución del cíngulo también se comunica recíprocamente con la circunvolución parahipocámpica a través del cíngulo, un haz de asociación prominente del lóbulo límbico (v. cap. 16). El extremo anterior de la circunvolución del cíngulo y el surco del cíngulo se conectan mediante fibras de asociación con la mayor parte de la corteza de los lóbulos frontal y temporal, y en esta área también hay una región motora (v. cap. 15). La actividad se incrementa en la corteza anterior del cíngulo cuando se anticipa un movimiento o una tarea puramente cognitiva, y también en asociación con el dolor y con otras experiencias emocionales desagradables.

CIRCUITOS DEL HIPOCAMPO

Los componentes de mayor tamaño del sistema límbico contienen un anillo de neuronas interconectadas, el circuito de Papez. Se le llamó así por Papez, quien en 1937 postuló que estas partes del cerebro «constituyen un mecanismo armónico que puede elaborar funciones emocionales básicas y participar además en la expresión emocional». Actualmente se cree que estas funciones están más asociadas con la amígdala que con el hipocampo. La secuencia de componentes del circuito de Papez, con los nombres de los fascículos fibrosos en cursiva, es la siguiente: área entorrinal de la circunvolución parahipocámpica, *vía perforante* y *vía del alveus*, formación hipocámpica, *fimbria* y *fornix*, cuerpo mamilar, *fascículo mamilotalámico*, núcleos anteriores del tálamo, *cápsula interna*, circunvolución del cíngulo, *cíngulo*, área entorrinal (fig. 18-5).

Los impulsos que llegan al circuito de Papez (v. fig. 18-5) proceden del neocórtex, el tálamo, el

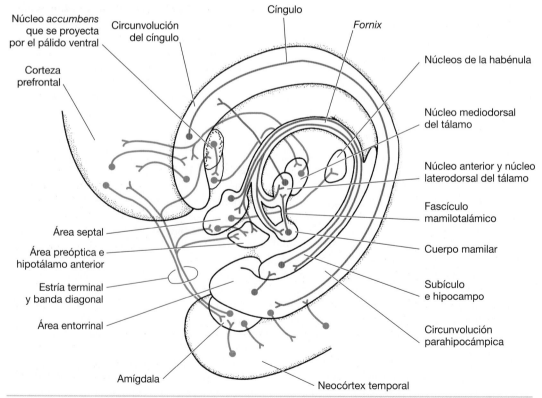

FIGURA 18-5. Conexiones de la formación hipocámpica y la amígdala en el prosencéfalo y el diencéfalo, incluido el circuito de Papez *(rojo)* y otras conexiones *(azul)*.

área septal, los núcleos del rafe, el área tegmental ventral y los núcleos catecolaminérgicos de la formación reticular. Las fibras de salida se dirigen en parte al neocórtex, pero también hacia regiones de la formación reticular que están extensamente conectadas con numerosas partes del sistema nervioso central. La vía descendente más grande es el **fascículo mamilotegmental**, que está formado por ramas colaterales de los axones del fascículo mamilotalámico. Estas fibras descendentes finalizan en los núcleos del rafe de la formación reticular del mesencéfalo (fig. 18-6). Cuando pensamos en el circuito de Papez, con sus salidas y entradas, es importante recordar que también existen circuitos nerviosos en forma de anillo dentro de la propia formación hipocámpica (v. fig. 18-4).

FUNCIÓN DEL HIPOCAMPO: MEMORIA

Los fisiólogos y los científicos que estudian el comportamiento reconocen diferentes tipos de memoria a largo plazo que se procesan de maneras distintas en el cerebro. La **memoria declarativa** (o **explícita**) es el conocimiento y el recuerdo de hechos o acontecimientos que pueden traerse a la memoria conscientemente. La adquisición de un ítem en la memoria declarativa tiene lugar, típicamente, en una sola ocasión. Inicialmente cada hecho o acontecimiento se guarda en la **memoria a corto plazo**. Puede olvidarse durante la hora siguiente aproximadamente, pero si no se olvida, se traslada al almacén a largo plazo. Si los recuerdos declarativos no se van recuperando de vez en cuando, se necesitará un esfuerzo mental para traerlos a la memoria o se olvidarán. La **memoria procedimental o procesal (implícita)** es para habilidades aprendidas, como tareas motoras que se realizan con regularidad y actividades mentales como usar el vocabulario y las reglas gramaticales comunes del lenguaje. El aprendizaje se realiza de manera gradual, y la evocación se mejora con la repetición y la práctica. Las funciones de la formación hipocámpica mejor conocidas son la retención de la información en la memoria a corto plazo y su transferencia a la memoria declarativa a largo plazo.

La consolidación de los recuerdos recientes puede tener lugar durante el sueño, cuando las neuronas serotoninérgicas del rafe que se proyectan a la formación hipocámpica están activas (v. cap. 9). Durante el sueño profundo, cuando el electroencefalograma (EEG) registrado sobre el neocórtex muestra ritmos regulares y sincrónicos, el EGG registrado en el hipocampo (mediante un electrodo de aguja) está desincronizado. Durante el estado de vigilia, el registro neocortical está desincronizado, mientras que el hipocampo genera un ritmo lento y regular.

Ya se mencionó anteriormente que la potenciación sináptica a largo plazo era uno de los mecanismos propuestos para el almacenamiento de recuerdos recientes por parte del hipocampo. La formación de rastros de memoria permanentes seguramente implica la síntesis de nuevas proteínas y la formación de nuevas sinapsis.

Se cree que los cambios neuronales (a veces llamados *engramas*) que representan la memoria

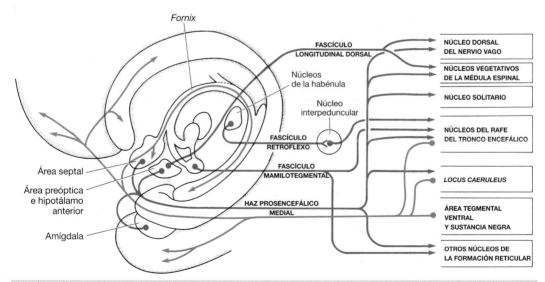

FIGURA 18-6. Vías que entran *(azul)* y salen *(rojo)* de los componentes del telencéfalo y el diencéfalo del sistema límbico.

Trastornos de la memoria

Después de una lobectomía temporal bilateral (que se describe más adelante en este cap.) o de daños de menor gravedad que afecten bilateralmente a la formación hipocámpica o las vías asociadas a ella, se pone de manifiesto una pérdida de memoria. El hipocampo y sus conexiones son necesarios para la consolidación de recuerdos nuevos o a corto plazo. Las pruebas sobre esta función provienen de numerosas observaciones clínicas, que en general concuerdan con los resultados que se obtienen en los experimentos con animales.

La pérdida de función del hipocampo puede ser debida a una oclusión arterial que cause un infarto en la formación hipocámpica de un hemisferio que vaya seguido más adelante por un infarto parecido en el otro hemisferio. Más habitualmente, un hipocampo intacto se ve privado de oxígeno sólo durante un breve período de tiempo, tras el cual el paciente repentinamente deja de ser consciente de los acontecimientos que han tenido lugar durante las horas inmediatamente precedentes, a la vez que es temporalmente incapaz de formar nuevos recuerdos. Este estado se conoce como **amnesia global transitoria**. Como ya se mencionó, una anoxia cerebral debida a cualquier causa puede provocar, bilateralmente, la muerte de las neuronas principales del sector de Sommer (es decir, del área CA1) del hipocampo. Muchos pacientes resucitados después de un paro cardíaco de varios minutos de duración tienen una pérdida de memoria debido a esta razón.

La **conmoción** es una pérdida de consciencia y una amnesia retrógrada para los acontecimientos inmediatamente precedentes a un traumatismo craneal. No está causada por un daño cerebral permanente. Cuando un golpe en la cabeza hace que los polos temporales impacten con las alas mayores del hueso esfenoides —que forman la pared anterior de la fosa craneal media—, el hipocampo puede verse dañado por una hemorragia. La amnesia anterógrada, caracterizada por el deterioro de la consolidación de nuevos recuerdos declarativos, es una consecuencia habitual de daños más graves en la cabeza.

Las lesiones bilaterales del hipocampo interrumpen el principal circuito del sistema límbico. Si esa misma vía se interrumpe fuera de la formación hipocámpica, como ocurre cuando ambos cuerpos mamilares quedan afectados por una lesión destructiva, la memoria también resulta alterada. También puede producirse amnesia debido al desarrollo de lesiones bilaterales en los núcleos mediodorsales del tálamo. Los núcleos mediodorsales están conectados con las cortezas prefrontales, y éstas intervienen en las funciones mentales superiores, aunque no específicamente en la memoria. Sin embargo, las lesiones mediales del tálamo probablemente también interrumpirán las fibras mamilotalámicas. La transección quirúrgica bilateral del *fornix*, que se lleva a cabo para intentar limitar la propagación de descargas epilépticas o durante la extirpación de tumores de la región del tercer ventrículo, causa una amnesia grave.

Los experimentos con animales indican que las neuronas colinérgicas de la sustancia innominada del prosencéfalo basal (v. cap. 12), que se proyectan por el hipocampo y por toda la corteza cerebral, participan en la memoria. La incapacidad para formar nuevos recuerdos que caracteriza a la **enfermedad de Alzheimer** puede ser debida, en parte, a la pérdida de estas proyecciones colinérgicas (v. cap. 12), pero en estadios iniciales del curso de esta enfermedad también se dan cambios degenerativos en la corteza entorrinal y el hipocampo, mientras que en los estadios terminales tiene lugar una extensa atrofia neocortical.

Los pacientes con cualquiera de estas lesiones olvidan la información que han obtenido recientemente, pero conservan la capacidad para evocar recuerdos antiguos. Cuando los hipocampos o los circuitos de Papez dejan de ser funcionales, se retienen los recuerdos de acontecimientos antiguos porque éstos ya han quedado establecidos, posiblemente en forma de cambios macromoleculares por toda la corteza cerebral. Estos pacientes tienen amnesia para los acontecimientos previos a la lesión porque el mecanismo de retención o consolidación de la memoria nueva o a corto plazo ya no está operativo. La mayoría de lesiones que afectan al diencéfalo (tálamo y cuerpos mamilares) se puede atribuir a trastornos metabólicos causados por el alcoholismo. En el síndrome resultante **(psicosis de Korsakoff)**, el paciente inserta acontecimientos que recuerda de un pasado remoto en historias elocuentes pero descaradamente falsas, para intentar compensar la ausencia de recuerdos más recientes.

Las lesiones localizadas no afectan a los recuerdos antiguos, aunque éstos se acaban perdiendo, junto con otras capacidades mentales, cuando se presenta una demencia avanzada causada por una degeneración grave y extensa de la corteza cerebral.

a largo plazo, tanto la declarativa como la procedimental, están presentes por toda la corteza parietooccipitotemporal y frontal de asociación, y algunos investigadores sospechan que también se pueden encontrar por el cuerpo estriado, el tálamo y el cerebelo.

Cuerpo amigdaloide (amígdala)

El cuerpo amigdaloide está formado por diversos grupos de neuronas situadas entre el extremo anterior del asta temporal del ventrículo lateral y la superficie ventral del núcleo lenticular (fig. 18-7). La división dorsomedial del cuerpo amigdaloide, conocida como núcleos del **grupo corticomedial,** se funde con la corteza del *uncus.* Sus fibras aferentes provienen del bulbo olfatorio, y forma parte del área olfatoria lateral (v. cap. 17). La división ventrolateral, más grande, está formada por los núcleos del **grupo central** y los núcleos del **grupo basolateral,** que no reciben ninguna conexión directa desde el bulbo olfatorio, aunque conectan con los núcleos corticomediales y con la corteza

del área entorrinal. El grupo central y el grupo basolateral se incluyen en el sistema límbico en base a los resultados de experimentos de estimulación y ablación en animales de laboratorio y en base a las observaciones clínicas de seres humanos.

CONEXIONES DE LA AMÍGDALA

El grupo basolateral posee conexiones difusas, pero la mayoría no son en forma de haces de fibras bien definidos. Las que usan los caminos más cortos son las **conexiones recíprocas con la corteza** de los lóbulos frontal y temporal y la circunvolución del cíngulo. Las fibras aferentes subcorticales provienen del **tálamo** (núcleos intralaminares) y de los **núcleos catecolaminérgicos,** los **núcleos del rafe** y los **núcleos parabraquiales** de la formación reticular. Algunas de estas aferencias transportan señales relacionadas con los estímulos dolorosos. También hay aferencias dopaminérgicas, la mayoría procedentes del **área tegmental ventral** y algunas procedentes de la sustancia negra, además de fibras colinérgicas procedentes de los **núcleos basales del prosencéfalo** de la sustancia innominada.

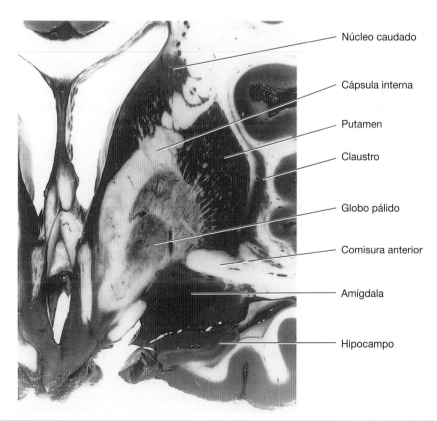

Núcleo caudado

Cápsula interna

Putamen

Claustro

Globo pálido

Comisura anterior

Amígdala

Hipocampo

FIGURA 18-7.   Sección coronal a través del cuerpo amigdaloide y las partes vecinas del cerebro, teñida mediante un método que diferencia la sustancia gris *(oscura)* de la sustancia blanca *(clara).*

Los **núcleos centrales** de la amígdala reciben fibras aferentes tanto de los núcleos basolaterales no olfatorios como de los núcleos olfatorios corticomediales. Las proyecciones de los núcleos centrales se parecen a las proyecciones del grupo basolateral, que se describen en los siguientes párrafos.

Las principales conexiones de los núcleos de los grupos central y basolateral de la amígdala se representan en las figuras 18-5 y 18-6. Predominan las conexiones recíprocas con las áreas neocorticales (lóbulo prefrontal, lóbulo temporal y circunvolución anterior del cíngulo).

Las proyecciones que se dirigen a la corteza prefrontal son moduladas por un circuito en el que participan el núcleo *accumbens* y el pálido ventral, explicado en el capítulo 12.

El haz eferente más reconocible de la amígdala es la **estría terminal**. Este delgado haz de axones (v. fig. 16-9) sigue la curvatura de la cola del núcleo caudado y continúa a lo largo del canal situado entre el núcleo caudado y el tálamo en el suelo de la parte central del ventrículo lateral. La mayor parte de las fibras que lo constituyen finaliza en el **área septal**, en el **área preóptica** y en el **hipotálamo anterior**. Otros axones de la estría terminal entran en el **haz prosencefálico medial** y se dirigen a diversas partes del tronco encefálico, incluido el núcleo dorsal del nervio vago y el núcleo solitario, que desempeñan funciones viscerales (v. caps. 8 y 24).

La estría terminal es una vía larga, ya que sigue la curva del ventrículo lateral. Otras fibras eferentes de la amígdala forman una **vía amigdalofugal ventral**, más corta, que pasa a través de la **banda diagonal de Broca**, una masa de sustancia blanca que hay en el interior de la sustancia perforada anterior. La vía amigdalofugal ventral transporta axones desde la amígdala al área septal, al **núcleo** *accumbens* (estriado ventral) y al **núcleo dorsomedial del tálamo**, que se proyecta por la corteza prefrontal. También existen conexiones directas entre la amígdala y la corteza prefrontal (v. fig. 18-5).

El área septal es un destino importante de las proyecciones de la amígdala. Esta área proyecta fibras por la **estría medular del tálamo** hacia los **núcleos de la habénula**. A través del **fascículo retroflexo** (fascículo habenulointerpeduncular), dichos núcleos se proyectan hacia el **núcleo interpeduncular**, y la vía continúa a través de la formación reticular hasta los núcleos vegetativos. Los núcleos de la habénula también reciben algunas fibras aferentes procedentes del globo pálido, de manera que proporcionan una vía a través de la cual el neocórtex y el cuerpo estriado pueden actuar sobre las funciones vegetativas. Las fibras hipotalamoespinales directas del **fascículo longitudinal dorsal** proporcionan otra vía al sistema límbico para que pueda actuar sobre las neuronas vegetativas preganglionares.

FUNCIONES DE LA AMÍGDALA

Las funciones emocionales y del comportamiento que desempeña el sistema límbico se asocian principalmente con los núcleos centrales y basolaterales de la amígdala. En el lenguaje común, la palabra *emoción* hace referencia a sentimientos subjetivos que son difíciles de definir. Los neurocientíficos también usan esta palabra para referirse a las actividades del cerebro que son inducidas por incentivos de supervivencia. Por lo tanto, las respuestas emocionales incluyen el hecho de escapar de un potencial depredador, beber para apaciguar la sed, sudar cuando hace calor, y las respuestas a la presencia de una pareja o un rival potenciales.

Los estudios realizados mediante imágenes obtenidas por resonancia magnética funcional (RMf) muestran que la actividad de la amígdala varía cuando una persona está observando imágenes que provocan distintas emociones. La estimulación eléctrica de la amígdala en seres humanos conscientes provoca sensación de miedo y, a veces, irritabilidad general o incluso cólera. Los daños o las enfermedades que afectan a la amígdala generalmente se acompañan de daños en la formación hipocámpica, y algunas veces también de daños en la corteza de asociación visual del lóbulo temporal, de ahí que causen una mezcla de alteraciones cognitivas y del comportamiento.

Trastornos del lóbulo temporal

EFECTOS DE LAS LESIONES DESTRUCTIVAS QUE AFECTAN A AMBOS LÓBULOS TEMPORALES

En los monos, la extirpación completa de ambos lóbulos temporales provoca el **síndrome de Klüver-Bucy**, que se caracteriza por docilidad, pérdida de la capacidad de aprender, un comportamiento exploratorio excesivo usando la boca más que las manos, agnosia visual y (en los machos) una actividad sexual anómala. Lesiones más pequeñas tienen consecuencias menos llamativas, con una disfunción que se puede atribuir, en parte, a la pérdida de determinadas partes del sistema límbico.

La extirpación bilateral del polo temporal, incluido el cuerpo amigdaloide y la mayor parte de

Lesiones bilaterales en el ser humano

En los seres humanos, la extirpación de los dos lóbulos temporales o una enfermedad destructiva que afecte a ambos provoca en ocasiones un apetito voraz, un incremento de la actividad sexual (a veces pervertida) y un aplanamiento afectivo. Estas anomalías, junto con agnosia visual, también se pueden dar después de un traumatismo craneal, una infección vírica del cerebro y, en algunos pacientes con la enfermedad de Alzheimer. Un caso individual muy estudiado es el de «H. M.», quien en 1953, a la edad de 27 años, se sometió a extirpación de las partes mediales de ambos lóbulos temporales como tratamiento contra la epilepsia. Desde la operación, H. M. fue incapaz de recordar ningún hecho o acontecimiento nuevo por más de 5 minutos. A pesar del gran tamaño de las lesiones de sus lóbulos temporales, H. M. no presentaba otras manifestaciones del síndrome de Klüver-Bucy.

EPILEPSIA DEL LÓBULO TEMPORAL

La epilepsia es una afección en la que una excitación sináptica anormal causa una propagación incontrolada de potenciales de acción por el cerebro. Un episodio de este tipo (llamado *ataque, crisis* o *acceso*) puede iniciarse con síntomas sensitivos o una sensación subjetiva de extrañeza conocida como **aura.** La naturaleza del aura puede proporcionar una pista sobre la localización del **foco epileptógeno** donde se inicia la actividad anormal. Durante el ataque, se pierde la consciencia o, como mínimo, no se es completamente consciente de lo que ocurre alrededor, y habitualmente tienen lugar convulsiones generalizadas que se atribuyen a la estimulación de las neuronas motoras. La epilepsia jacksoniana, que se origina en un foco situado en la corteza motora primaria, se mencionó en el capítulo 15. El *petit mal* es un tipo de epilepsia infantil caracterizada por episodios frecuentes de pérdida de la consciencia, de no más de un segundo de duración, que se conocen como *crisis de ausencia*. Está asociado a un característico patrón de punta-onda en el EEG, y puede originarse en un foco del tálamo. El término *grand mal* se aplica a las formas de epilepsia que van asociadas a convulsiones. Entre dos ataques, el EEG presenta ráfagas de puntas de alto voltaje y grandes ondas de baja frecuencia.

La localización más frecuente del foco epileptógeno es la superficie medial del lóbulo temporal, que puede verse dañada por la cercana tienda del cerebelo (v. cap. 25) cuando la cabeza resulta comprimida durante el nacimiento. Las neuronas que se encuentran cerca de la cicatriz resultante constituyen el foco, que suele localizarse en la amígdala, en el extremo anterior del hipocampo o en el área entorrinal. En muchos casos, la actividad no se expande por todo el cerebro, y el diagnóstico puede pasarse por alto debido a la ausencia de convulsiones. Un ataque suele empezar con la alucinación de un olor desagradable pero no identificable causado por la estimulación de la corteza del *uncus* y los núcleos corticomediales de la amígdala. El aura a menudo incluye un *déjà vu,* que es una sensación antinatural de familiaridad con los alrededores y las circunstancias que se atribuye a la actividad de la formación hipocámpica, la amígdala y la corteza de asociación sensitiva del lóbulo temporal. A medida que el ataque avanza, aparecen sensaciones de miedo y ansiedad (estimulación de los núcleos centrales y basolaterales de la amígdala) y manifestaciones vegetativas como sudoración, taquicardia (frecuencia cardíaca rápida) y sensaciones abdominales peculiares (estimulación de la amígdala, la corteza de la ínsula, el hipotálamo y las neuronas simpáticas preganglionares). Excepcionalmente, se presentan un lenguaje y un comportamiento irracionales que el paciente luego no recuerda.

Los fármacos antiepilépticos ejercen su acción por diversos mecanismos, como el bloqueo parcial de los canales de sodio y otros canales iónicos y la potenciación de la acción del GABA, que es el transmisor de la mayor parte de sinapsis inhibidoras (v. cap. 2). Los fármacos reducen la frecuencia y la gravedad de los ataques. A veces es factible curar el trastorno localizando el foco epileptógeno y extirpándolo quirúrgicamente. Con este propósito se puede extirpar la parte anterior de un lóbulo temporal, pero el cirujano tiene que asegurarse primero de que el otro lóbulo está intacto. También hay que evitar dañar el área receptiva del lenguaje de Wernicke (v. cap. 15), que se localiza en el lóbulo temporal del hemisferio cerebral dominante para el lenguaje.

la formación hipocámpica, provoca docilidad y ausencia de determinadas respuestas emocionales, como miedo o cólera, frente a situaciones que normalmente provocarían este tipo de respuestas. Los animales de sexo masculino muestran un incremento de la actividad sexual, y su impulso

Estados de ansiedad

En estados mentales anormales caracterizados por síntomas excesivos de ansiedad, la amígdala puede tener una actividad inapropiada. Los pacientes pueden experimentar episodios graves (ataques de pánico) de una actividad excesiva del sistema nervioso simpático o un estado generalizado dominado por sensaciones subjetivas de preocupación que se presenta con manifestaciones motoras, como tensión muscular e inquietud. Entre los fármacos ansiolíticos (útiles para el tratamiento de los estados de ansiedad) se incluyen las benzodiazepinas, como el clordiazepóxido, el diazepam y muchos otros fármacos con nombres que terminan en –azepam. Estos fármacos potencian la acción del neurotransmisor inhibidor GABA uniéndose a un subtipo de su receptor sináptico que abunda en la superficie de las neuronas de la amígdala y de otras partes del sistema límbico.

DEPRESIÓN

En diversos trastornos psiquiátricos, mucho sufrimiento es debido a la depresión, que es un estado anormal bastante diferente de la tristeza que todo el mundo puede experimentar en las circunstancias apropiadas. Los fármacos que alivian la depresión intensifican las acciones sinápticas de la noradrenalina y de la serotonina, ya sea bloqueando la recaptación de aminas en las terminaciones presinápticas (antidepresivos tricíclicos como la amitriptilina y la imipramina), ya sea inhibiendo la monoaminooxidasa, una enzima que cataliza la degradación oxidativa de la noradrenalina y la serotonina. Otros fármacos antidepresivos inhiben selectivamente la recaptación de serotonina (los ISRS como la fluoxetina y la paroxetina). La mayor parte de neuronas que usan aminas como transmisores se localiza en el tronco encefálico (v. cap. 9). Sus axones altamente ramificados finalizan en la sustancia gris del prosencéfalo, incluidas todas las partes del sistema límbico.

sexual puede encontrarse desviado, dirigiéndose hacia cualquier género, hacia un miembro de otra especie o incluso hacia objetos inanimados. Las lesiones confinadas a los cuerpos amigdaloides producen cambios similares, pero el comportamiento sexual no resulta tan afectado.

Con lesiones que también afectan al hipocampo, ya no es posible entrenar a los animales para que realicen juegos o lleven a cabo tareas, muestra evidente de que han perdido la capacidad de aprender nada nuevo. Cuando las ablaciones bilaterales se extienden a las partes posteriores de los

Esquizofrenia

También se han encontrado anomalías del sistema límbico en la **esquizofrenia.** En esta enfermedad, el proceso de pensar está profundamente alterado, con delirios, alucinaciones auditivas, incapacidad para asociar ideas y una disminución de la expresión de las emociones. Mediciones anatómicas detalladas demuestran que la formación hipocámpica, la amígdala y la circunvolución parahipocámpica son más pequeñas de lo normal en los cerebros de los pacientes esquizofrénicos, posiblemente debido a un crecimiento anormal de estas partes del cerebro.

Los fármacos que alivian los síntomas clínicos de la esquizofrenia (agentes antipsicóticos) ejercen una acción antagónica a la de la dopamina, que es el principal neurotransmisor de las neuronas del área tegmental ventral que se proyectan a la amígdala, el núcleo *accumbens*, la formación

hipocámpica y la corteza prefrontal. Ninguno de estos fármacos ejerce una acción completamente selectiva sobre los receptores de dopamina; también bloquean receptores de noradrenalina y serotonina. Los antipsicóticos del grupo de las dibenzodiazepinas, representadas por la clozapina, ejercen una acción antagónica a la de la noradrenalina y la serotonina más fuerte que la de la serotonina. No sorprende (v. cap. 7) que los fármacos que ejercen una fuerte acción antagónica a la de la dopamina (especialmente las butirofenonas, representadas por el haloperidol) puedan causar parkinsonismo como efecto secundario. Un tratamiento prolongado puede provocar también un trastorno del movimiento llamado **discinesia tardía,** que se caracteriza por movimientos coreiformes (v. cap. 12) de la lengua y los labios. A diferencia del parkinsonismo debido a efectos secundarios, la discinesia tardía frecuentemente persiste después de que el fármaco se haya retirado.

lóbulos temporales, el animal presenta todas las anomalías mencionadas previamente y, además, es incapaz de reconocer lo que ve. Esto lo compensa explorando los objetos con la boca. Esta agnosia visual, que en 1937 Klüver y Bucy llamaron «ceguera psíquica», actualmente se atribuye a la pérdida de corteza de asociación visual relacionada con la formación de imágenes en la parte posterior de la circunvolución temporal inferior (v. caps. 15 y 20). La excesiva exploración oral induce a comer en exceso.

RESPUESTAS EMOCIONALES Y VISCERALES

Los estudios clínicos y experimentales han llevado a la conclusión de que el sistema límbico normal, y especialmente la amígdala, es el responsable de reacciones afectivas tan fuertes como el miedo y la cólera, así como de las emociones asociadas al comportamiento sexual. Estas emociones van acompañadas de cambios en las funciones viscerales y motoras somáticas, y se ha demostrado que la estimulación eléctrica de la amígdala induce unas respuestas parecidas. Entre estas respuestas cabe mencionar el incremento de la frecuencia cardíaca, la supresión de la salivación, el incremento de los movimientos gastrointestinales y la dilatación de la pupila. También se producen cambios en los movimientos respiratorios y faciales, y los pacientes presentan una irritabilidad generalizada que se manifiesta, típicamente, con movimientos súbitos (reacción de alarma) en respuesta a estímulos sensitivos débiles.

En los seres humanos, la estimulación eléctrica de la amígdala induce sentimientos de miedo o cólera. Estas observaciones quizás indican que la actividad en la amígdala origina las respuestas vegetativas y somáticas que acompañan el miedo y la cólera.

Bibliografía recomendada

Bancaud J, Brunet-Bourgin F, Chauvel P, et al. Anatomical origin of deja vu and vivid "memories" in human temporal lobe epilepsy. *Brain* 1994;117:71–90.

Corkin S. What's new with the amnesic patient H.M.? *Nature Rev Neurosci* 2002;3:153–160.

Corkin S, Amaral DG, Gonzalez RG, et al. H.M.'s medial temporal lesion: findings from magnetic resonance imaging. *J Neurosci* 1997;17:3964–3979.

Davis M. The role of the amygdala in fear and anxiety. *Annu Rev Neurosci* 1992;15:333–375.

Delacalle S, Lim C, Sobreviela T, et al. Cholinergic innervation in the human hippocampal formation including the entorhinal cortex. *J Comp Neurol* 1994;345:321–344.

Devinsky O, Morrell MJ, Vogt BA. Contributions of anterior cingulate cortex to behaviour. *Brain* 1995;118:279–306.

Gaffan D, Gaffan EA. Amnesia in man following transection of the fornix: a review. *Brain* 1991;114:2611–2618.

Gloor P, Salanova V, Olivier A, et al. The human dorsal hippocampal commissure: an anatomically identifiable and functional pathway. *Brain* 1993;116:1249–1273.

Irwin W, Davidson RJ, Lowe MJ, et al. Human amygdala activation detected with echo-planar functional magnetic resonance imaging. *NeuroReport* 1996;7:1765–1769.

Kier EL, Fulbright RK, Bronen RA. Limbic lobe embryology and anatomy: dissection and MR of the medial surface of the fetal cerebral hemisphere. *Am J Neuroradiol* 1995;16:1847–1853.

Kier EL, Kim JH, Fulbright RK, et al. Embryology of the human fetal hippocampus: MR imaging, anatomy, and histology. *Am J Neuroradiol* 1997;18:525–532.

Klüver H, Bucy PC. "Psychic blindness" and other symptoms following bilateral temporal lobectomy in rhesus monkeys. *Am J Physiol* 1937;119:352–353.

LeDoux JE. Emotion circuits of the brain. *Annu Rev Neurosci* 2000;23:155–184.

Lilly R, Cummings JL, Benson F, et al. The human Klüver-Bucy syndrome. *Neurology* 1983;33:1141–1145.

Milner B, Squire LR, Kandel ER. Cognitive neuroscience and the study of memory. *Neuron* 1998;20:445–468.

Murtha S, Chertkow H, Beauregard M, et al. Anticipation causes increased blood flow to the anterior cingulate cortex. *Hum Brain Mapp* 1996;4:103–112.

Müller F, O'Rahilly R. The amygdaloid complex and the medial and lateral ventricular eminences in staged human embryos. *J Anat* 2006;208:547–564.

O'Rahilly R, Müller F. *The Embryonic Human Brain. An Atlas of Developmental Stages,* 3rd ed. New York: Wiley-Liss, 2006.

Papez JW. A proposed mechanism for emotion. *Arch Neurol Psychiatry* 1937;38:725–734.

Penfield W, Milner B. Memory deficit produced by bilateral lesions in the hippocampal zone. *Arch Neurol Psychiatry* 1958;79:475–497.

Vanderwolf CH, Cain DP. The behavioral neurobiology of learning and memory: a conceptual reorientation. *Brain Res Rev* 1994;19:264–297.

Van Hoesen GW, Hyman BT, Damasio AR. Entorhinal cortex pathology in Alzheimer's disease. *Hippocampus* 1991;1:1–8.

von Cramon DY, Hebel N, Schuri U. A contribution to the anatomical basis of thalamic amnesia. *Brain* 1985;108:993–1008.

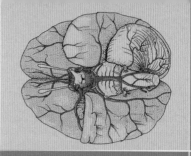

PARTE III

Descripción de los sistemas principales

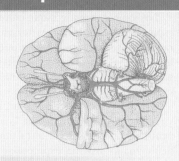

Capítulo 19

SISTEMAS SENSITIVOS GENERALES

Conceptos básicos

- Las señales neuronales de la piel y de las estructuras más profundas se separan en la médula espinal. La transmisión hacia el tálamo y la corteza cerebral puede tener lugar a través del fascículo espinotalámico o a través del cordón posterior (columna posterior) y el lemnisco medial.

- En el caso del dolor, la temperatura y los aspectos menos discriminatorios del tacto, las neuronas del asta posterior poseen axones que atraviesan la línea media de la médula espinal y ascienden convertidos en el fascículo espinotalámico, que está situado en posición lateral dentro de la médula espinal y el tronco encefálico.

- En el caso del tacto discriminatorio y la propiocepción consciente, los axones de las neuronas sensitivas primarias ascienden en posición ipsilateral por el interior del cordón posterior y finalizan en el núcleo grácil o en el cuneiforme. La inhibición lateral en estos núcleos proporciona un mecanismo que permite potenciar la discriminación sensitiva entre las partes adyacentes de los campos periféricos. Las fibras que surgen en los núcleos grácil y cuneiforme se cruzan en el bulbo y ascienden por el interior del lemnisco medial, que está situado cerca de la línea media en el bulbo raquídeo y pasa a ocupar una ubicación lateral en el mesencéfalo.

- En cuanto a la propiocepción consciente de las extremidades inferiores, existe otra vía que pasa a través de la médula espinal y la parte caudal del bulbo raquídeo. Ésta abarca la parte caudal del fascículo grácil, el fascículo espinocerebeloso dorsal y el núcleo Z.

- Tanto el fascículo espinotalámico como el lemnisco medial finalizan en el núcleo ventral posterior lateral (VPl) del tálamo. Este núcleo talámico emite fibras hacia la corteza somestésica primaria de la circunvolución poscentral, en la cual la mitad contralateral del cuerpo se representa en forma de homúnculo invertido.

- Las vías somestésicas de la cabeza comprenden los núcleos sensitivos del trigémino y sus proyecciones hacia el núcleo talámico ventral posterior medial (VPm) contralateral. Los axones aferentes primarios del tacto acaban en el núcleo protuberancial del trigémino. Las fibras del dolor y la temperatura descienden por el interior del fascículo espinal del trigémino antes de finalizar en la parte caudal de su núcleo.

- Las lesiones producidas en la médula espinal y el tronco encefálico pueden afectar a las vías somestésicas de forma independiente y provocar así una pérdida sensorial disociada.

- Las vías principales son complementadas por otras vías, especialmente para el dolor, con relevos en el interior de la formación reticular y a otros núcleos talámicos diferentes del VPl y del VPm. Existe una vía activa en la percepción del dolor que pasa a través del núcleo talámico mediodorsal para llegar a la corteza del cíngulo anterior.

- El área somatosensitiva primaria y la corteza de asociación parietal asociada son necesarias para localizar la fuente de un estímulo doloroso y para reconocer objetos mediante el tacto.

- Las proyecciones descendentes modulan la transmisión en las vías somatosensitivas ascendentes. Entre ellas se cuentan el haz rafespinal, el cual inhibe la percepción de los estímulos que podrían ser dolorosos.

En este capítulo se estudian las vías que provienen de los receptores sensitivos generales y se dirigen al tálamo, y de allí a la corteza cerebral, donde las sensaciones se reconocen de forma subjetiva. El conocimiento de la anatomía de estas vías permite que la evaluación de los déficits sensitivos arroje información relativa a la ubicación de una lesión en el sistema nervioso central (SNC).

Los axones sensitivos que entran en la médula espinal a través de las raíces dorsales de los nervios raquídeos se separan de forma que se constituyen dos sistemas sensitivos generales principales. El primero de ellos incluye uno o más relevos sinápticos en el asta gris posterior. Las neuronas raquídeas dan lugar a axones que cruzan la línea media y ascienden por el interior de la sustancia blanca ventrolateral hasta llegar al tálamo. Este sistema, denominado **sistema espinotalámico**, transporta señales que indican las sensaciones de dolor y temperatura y las sensaciones táctiles menos discriminatorias, como el tacto suave y la presión firme.

En el segundo sistema, los axones aferentes primarios giran en dirección rostral adentrándose en el cordón posterior ipsilateral de la médula espinal y no finalizan hasta alcanzar determinados núcleos ubicados en el bulbo raquídeo inferior. Los axones procedentes de estos núcleos atraviesan la línea media y luego ascienden agrupados en el lemnisco medial hacia el tálamo. Por este motivo, esta segunda vía se denomina **sistema del lemnisco medial**. Está involucrado principalmente en los aspectos discriminatorios de la sensibilidad, sobre todo en la consciencia de la posición y los movimientos de las partes del cuerpo, y en el reconocimiento táctil de las formas y las texturas y de los cambios en las posiciones de los estímulos que se mueven por la superficie de la piel. El sistema del lemnisco medial se suele denominar **sistema del cordón posterior**, especialmente en ámbitos clínicos, ya que incluye los cordones posteriores («columnas posteriores») de la médula espinal.

La **vía espinorreticulotalámica**, que hace relevo en la formación reticular del tronco encefálico, también transmite señales ascendentes generadas por la sensibilidad cutánea. Por lo tanto, está íntimamente relacionada con el sistema espinotalámico. La asociación es evidente sobre todo en la conducción central del dolor. De hecho, la vía espinotalámica y la vía espinorreticulotalámica, esta última menos directa, con sus proyecciones dirigidas a la corteza cerebral, pueden ser denominadas conjuntamente con el término **sistema ventrolateral** (o **anterolateral**). En este contexto, se utiliza el término **sistema dorsomedial** para el sistema del lemnisco medial. Los diversos nombres que reciben las vías de la sensibilidad general se resumen en la tabla 19-1. Desafortunadamente, todos los términos descritos son ampliamente utilizados por los anatomistas, los fisiólogos y los clínicos. Los **fascículos trigeminotalámicos** ejercen las mismas funciones que los sistemas espinotalámico y del lemnisco medial, pero en la cabeza. También se mencionan en el capítulo 8 vinculados con las conexiones centrales de los nervios trigémino, facial, glosofaríngeo y vago.

Se afirma que las vías de la sensibilidad general están compuestas por neuronas primarias, secundarias y terciarias, con los cuerpos celulares en los ganglios sensitivos, la médula espinal o el tronco encefálico, y el tálamo, respectivamente. Sin embargo, el concepto de un relevo simple de tres neuronas no es preciso, ya que hay interneuronas que actúan sobre las neuronas secundarias y terciarias. Además, la actividad de las neuronas secundarias se ve influida por los axones descendentes que proceden de la corteza cerebral y el tronco encefálico.

Sistema espinotalámico

El sistema espinotalámico o sistema ventrolateral también se conoce por el nombre de «vía del dolor y la temperatura» porque estos tipos de sensaciones se transmiten al cerebro por el fascículo espinotalámico. También está implicado en el tacto, como ya se ha comentado anteriormente.

RECEPTORES

Los **receptores del dolor (nociceptores)** son los terminales axónicos no encapsulados de las fibras más finas del grupo A (grupo Aδ) y de las fibras amielínicas (grupo C). El dolor puede sentirse como dos ondas separadas por un intervalo de unas pocas décimas de segundo. La primera onda es aguda y localizada, se debe a la conducción por fibras el grupo Aδ. La segunda onda, que es bastante difusa y más desagradable, depende de las fibras del grupo C, que presentan una velocidad de conducción lenta. Las dos ondas se perciben con mayor facilidad en los pies (como cuando se pisa algo afilado), ya que las longitudes de los axones de los nervios de las extremidades inferiores son mucho mayores.

El mecanismo de la percepción del dolor es inseparable del mecanismo mediante el cual se inicia la **inflamación**, que es la respuesta que presenta el tejido vivo ante cualquier tipo de lesión. Las células afectadas liberan varias sustancias conocidas como *mediadores*, que actúan sobre las vénulas y las terminaciones nerviosas. Las vénulas se dilatan provocando un eritema en la zona afectada, y se vuelven permeables al plasma sanguíneo, que las atraviesa y provoca la hinchazón del tejido. La estimulación simultánea de los terminales nociceptivos es la responsable de la percepción del dolor. Los potenciales de acción no pasan únicamente al SNC, también se propagan en sentido antidrómico a lo largo de otras ramas periféricas del

TABLA 19-1.   Nombres y componentes de las vías somatosensitivas implicadas en las partes del cuerpo situadas por debajo de la cabeza

Sistema del lemnisco medial	Sistema espinotalámico
Nombres alternativos	
Sistema dorsomedial	Sistema ventrolateral
Sistema de la columna posterior	Sistema anterolateral
Sistema de la columna dorsal	
Sistema del cordón posterior	
Comprende:	
Las neuronas con cuerpos celulares situados en el sistema nervioso periférico	
Ganglios de la raíz posterior	Ganglios de la raíz posterior
Cordones (posteriores) dorsales (también denominados *columnas posteriores* o *dorsales*), cada uno de ellos formado por el fascículo grácil y el cuneiforme	Fascículo dorsolateral de Lissauer
Neuronas con axones que se decusan y finalizan en el tálamo	
Núcleos grácil y cuneiforme (también núcleo Z*)	Asta posterior de la sustancia gris medular
Decusación de los lemniscos mediales	Comisura blanca anterior de la médula espinal
Lemnisco medial	Fascículo espinotalámico (también fibras espinorreticulares)
	Lemnisco espinal (también denominado *fibras espinotalámicas* en el tronco encefálico; también fibras reticulotalámicas)
Neuronas talamocorticales	
Núcleo ventral posterior del tálamo	Núcleo ventral posterior del tálamo y otros núcleos talámicos (mediodorsal, grupo de núcleos posteriores, grupo de núcleos intralaminares)
Cápsula interna	Cápsula interna
Corteza cerebral	
Corteza somatosensitiva primaria	Corteza somatosensitiva primaria
Corteza de asociación parietal	Corteza de asociación parietal
	Corteza del cíngulo anterior

*La vía de la propiocepción consciente procedente de los miembros inferiores comprende también un relevo adicional en el núcleo torácico, con axones que ascienden por el interior del fascículo espinocerebeloso dorsal y poseen ramas en el bulbo raquídeo que forman sinapsis con neuronas situadas en el núcleo Z.

axón aferente. En el caso de las fibras cutáneas del grupo C, estos impulsos provocan la liberación de un neurotransmisor peptídico llamado *sustancia P* hacia los tejidos intersticiales de la dermis. Este actúa sobre las arteriolas y dentro de la dermis, a la que dilata. La sustancia P también provoca la degranulación de los mastocitos, los cuales liberan más mediadores, potenciando así la dilatación de las arteriolas y, en ocasiones, provocando también un edema en el área circundante a la herida.

En la piel, el resultado total representa la **triple respuesta** (de Lewis): una marca roja y un habón, rodeados por un halo de vasodilatación arteriolar neurógena. Un fenómeno mediado por los nervios como el que se acaba de describir, en el cual no participa ninguna sinapsis, se denomina **reflejo axónico**. Los **receptores térmicos**, en cuanto a su morfología, también son probablemente terminaciones nerviosas libres indefinidas. Los axones poseen un calibre similar al de los que conducen los impulsos del dolor. Los **receptores del tacto suave** son terminaciones nerviosas no encapsuladas, terminaciones de Merkel y terminaciones peritriquiales y corpúsculos de Meissner. Las terminaciones de Ruffini responden a la presión firme sobre la piel, especialmente cuando ésta provoca que la dermis se mueva sobre el tejido subcutáneo subyacente. La conducción del tacto suave y la presión en los nervios periféricos la llevan a cabo las fibras mielínicas del grupo A de diámetro mediano. (Las descripciones de las terminaciones nerviosas especializadas pueden consultarse en el cap. 3.)

VÍA CENTRAL ASCENDENTE

Sinapsis e interneuronas en el asta posterior

Los cuerpos celulares de tamaños pequeño y mediano situados en los ganglios de la raíz posterior presentan prolongaciones centrales que forman las divisiones laterales de las raicillas dorsales. Estos axones conducen impulsos procedentes de los receptores del dolor y la temperatura (fig. 19-1). Los aferentes del tacto suave y la presión se introducen en el asta gris posterior a través de la división medial de las raicillas dorsales. Las fibras del dolor y la temperatura entran en el **fascículo dorsolateral** (fascículo de Lissauer) de la médula espinal, dentro del cual se extienden las ramas ascendentes y descendentes, con longitudes que se corresponden en la mayoría de las ocasiones aproximadamente con un segmento.

Los terminales y las ramas colaterales de los axones situados en el interior del fascículo dorsolateral se introducen en el asta posterior, donde se ramifican con gran profusión (v. fig. 5-8). La **sustancia gelatinosa**, ubicada cerca de la punta del asta posterior, es una región importante en la cual se modifican los patrones de los impulsos sensitivos entrantes. Las dendritas de las células gelatinosas no sólo entran en contacto con los axones aferentes primarios, sino también con las fibras reticuloespinales, especialmente con las que proceden de los núcleos del rafe del bulbo raquídeo. (Los fascículos descendentes que modulan la transmisión en las vías sensitivas ascendentes se describen más adelante en este mismo capítulo.) Los axones de las células de la sustancia gelatinosa ascienden y descienden por el fascículo dorsolateral y la sustancia blanca adyacente, en su gran mayoría durante la longitud de un segmento. A lo largo de su longitud, el axón de una célula gelatinosa se divide en ramas que finalizan en sinapsis con las dendritas de las **neuronas cordonales**, cuyos axones constituyen el fascículo espinotalámico.

Las dendritas de las células cordonales entran en contacto con axones aferentes primarios excitadores de dolor y temperatura, con axones inhibidores de las células gelatinosas y con aferentes primarios excitadores del tacto suave y la presión. Estas conexiones, de las cuales se muestra un diagrama en las figuras 5-8 y 19-2, permiten a una neurona cordonal decidir si un estímulo potencialmente dañino es lo suficientemente intenso como para iniciar la transmisión de una señal de percepción de dolor. La circuitería neuronal del dolor se describe con más detalle en secciones posteriores.

Fascículo espinotalámico

La mayoría de las neuronas cordonales tienen sus cuerpos celulares en el **núcleo propio**, cerca de la base del asta posterior. Las grandes neuronas de la punta del asta posterior también constituyen otra parte de las fibras espinotalámicas, especialmente las que transmiten los impulsos del dolor. Los axones de las neuronas cordonales atraviesan la línea media de la comisura blanca anterior. Los axones continúan su camino a través del asta anterior de la sustancia gris y ascienden por el **fascículo espinotalámico**, ubicado en la parte ventral del cordón lateral y en la zona adyacente al cordón anterior (v. fig. 5-10). A medida que avanza rostralmente, se van añadiendo axones de forma continua a la superficie interna del fascículo. De este modo, al nivel de la parte superior de la columna cervical, las fibras procedentes de los segmentos sacros son las más superficiales, y les siguen las fibras de los segmentos lumbares y dorsales. Las fibras procedentes de los segmentos cervicales son las más próximas a la sustancia gris.

Las fibras espinotalámicas continúan su recorrido adentrándose en el bulbo raquídeo sin que su posición cambie de forma visible inicialmente (v. figs. 7-2 y 7-4). A nivel del núcleo olivar inferior, el fascículo se aproxima a la superficie del bulbo raquídeo, entre el núcleo olivar inferior y el núcleo espinal del trigémino (v. figs. 7-5 a 7-7). A este nivel y por encima de él, las fibras espinotalámicas forman la mayor parte del **lemnisco espinal**, que también está constituido por axones del haz espinotectal (o espinomesencefálico) que se dirigen al tubérculo cuadrigémino (colículo) superior. El lemnisco espinal continúa a través de la región ventrolateral de la protuberancia dorsal y, dentro del mesencéfalo, se sitúa a lo largo del borde lateral del lemnisco medial (v. figs. 7-8 a 7-15). A su paso a través del tronco encefálico, los axones espinotalámicos dan lugar a ramas colaterales que terminan en la formación reticular protuberancial y del bulbo raquídeo y en la sustancia gris

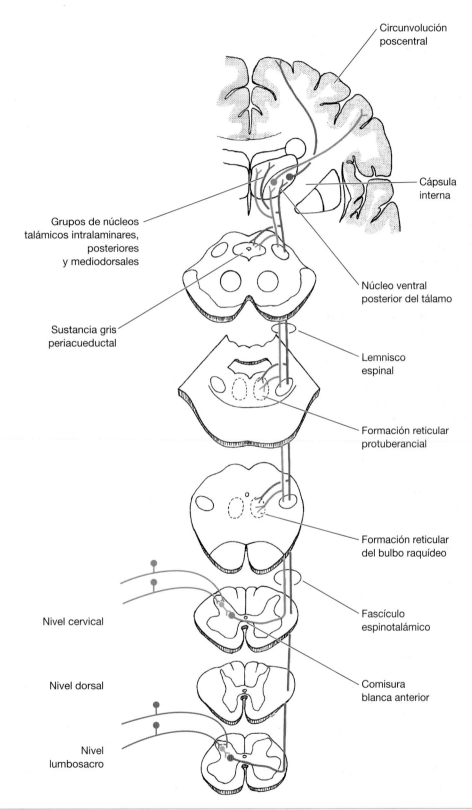

FIGURA 19-1.   Sistema espinotalámico para el dolor, la temperatura, el tacto suave y la presión. La vía de la extremidad inferior se muestra en *rojo*, y la de la extremidad superior en *azul*.

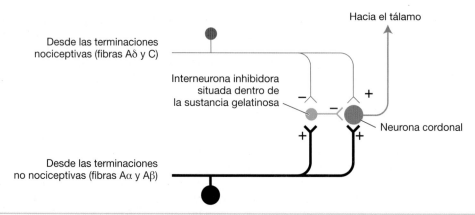

FIGURA 19-2. Ilustración simplificada de la teoría del control de puerta del dolor. Mientras que las neuronas sensitivas no nociceptivas primarias estimulan las neuronas inhibidoras, las aferencias nociceptivas las inhiben. Un aumento de señales no nociceptivas reduce la velocidad de descarga de la neurona del fascículo espinotalámico. Compárese este diagrama con la figura 5-8.

periacueductal del mesencéfalo. Asimismo, existen **fibras espinorreticulares** que no continúan en sentido rostral más allá de la protuberancia.

El tálamo y la corteza cerebral

La mayor parte de los axones espinotalámicos finalizan en el **núcleo ventral posterior del tálamo.** Este núcleo consta de dos partes: la **división ventral posterior lateral (VPl)**, en la cual terminan los axones espinotalámicos y el lemnisco medial, y la **división ventral posterior medial (VPm)**, que recibe axones trigeminotalámicos. La organización somatotópica es de tal forma que la extremidad inferior contralateral se representa en posición dorsolateral, y la extremidad superior contralateral se representa en posición ventromedial en la división VPl; la cara opuesta de la cabeza se representa en la división VPm.

La proyección talamocortical está formada por neuronas situadas en el núcleo ventral posterior, cuyos axones atraviesan el **brazo posterior de la cápsula interna** y la corona radiante para alcanzar el **área somestésica primaria** situada en el lóbulo parietal. La mitad contralateral del cuerpo, excepto la cabeza, se representa de forma invertida en los dos tercios dorsales del área somestésica primaria (v. fig. 15-3). El área cortical de la mano es desproporcionadamente grande, lo que permite maximizar la discriminación sensitiva. La disposición somatotópica en los distintos niveles de las vías sensitivas forma la base del reconocimiento del punto que ha sido estimulado.

Algunos axones del lemnisco espinal finalizan en núcleos talámicos distintos al VPl, especialmente los de los grupos **posterior** e **intralaminar** y el **núcleo mediodorsal**. El grupo posterior se proyecta hacia la ínsula y la corteza parietal adyacente, incluida el área somatosensitiva secundaria, que está ubicada en el extremo inferior de la circunvolución poscentral. Los núcleos intralaminares se proyectan de forma difusa hacia los lóbulos frontal y parietal de la corteza cerebral y hacia el estriado. Pueden estar implicados en el mantenimiento de un estado consciente y alerta (v. cap. 9). El núcleo mediodorsal está conectado con los lóbulos frontales, especialmente con sus superficies medial y orbital (las regiones corticales implicadas en los afectos, la toma de decisiones y la previsión, v. cap. 15). Una proyección del núcleo mediodorsal hacia la parte anterior de la circunvolución del cuerpo calloso (del cíngulo) se activa por estímulos dolorosos.

DOLOR

El dolor es un síntoma muy común y, por lo tanto, es necesario familiarizarse con la anatomía, la fisiología y la farmacología de este síntoma. Los mecanismos mediante los cuales las terminaciones nerviosas periféricas responden a estímulos lesivos ya se han repasado. Aquí se comentarán con mayor detalle las vías centrales implicadas en el dolor.

Mecanismos de la médula espinal

Se cree que la percepción del dolor se modifica mediante mecanismos neuronales dentro del asta posterior. Además de la influencia que ejercen las fibras reticuloespinales y corticoespinales, que se describirá más adelante, la transmisión de los impulsos dolorosos hacia el cerebro se ve alterada por aferentes de la raíz posterior que transmiten otras modalidades sensoriales. Los axones aferentes de mayor diámetro, especialmente los del tacto y la presión firme, tienen ramificaciones que establecen sinapsis con las dendritas de las células gelatinosas. Las cadenas de impulsos que llegan por los axones más grandes pueden estimular las células gelatinosas, provocando que estas interneuronas inhiban las neuronas cordonales que participan en la nocicepción. El efecto inhibidor puede ser superado si existe una activación suficiente de las neuronas cordonales. Este mecanismo propuesto, conocido como la **teoría del control de puerta** del dolor (v. fig. 19-2), posibilita que las neuronas situadas en el interior de la médula espinal puedan determinar, en función de todos los estímulos sensitivos que reciben, si un suceso concreto debe transmitirse al cerebro en forma de estímulos dolorosos. Se presupone que existe un mecanismo similar en la zona caudal del núcleo espinal del trigémino, que es la continuación rostral de la punta del asta posterior. Es probable que el mecanismo de control de puerta entre en acción cuando se alivia el dolor que surge en estructuras profundas como los músculos y las articulaciones gracias a la estimulación de las terminaciones sensitivas en la piel que los recubre (p. ej., por fricción, aplicando calor o un irritante químico suave, como un linimento).

Una vía más sencilla y directa la proporcionan las neuronas grandes (células de Waldeyer) situadas en la punta del asta posterior. Dichas neuronas son activadas por las fibras aferentes primarias nociceptivas, y poseen axones que viajan en el fascículo espinotalámico y se dirigen hacia los núcleos talámicos ventral posterior y mediodorsal.

El reflejo defensivo más simple iniciado por el dolor es el **reflejo flexor**, que consta de un mínimo de dos sinapsis en la médula espinal (v. fig. 5-13) y provoca la flexión de una extremidad para retirarla del lugar de donde procede el estímulo doloroso súbito. En los cuadrúpedos también existe un **reflejo extensor cruzado**, en el que la retirada se acompaña de la extensión de la extremidad contralateral. En los seres humanos sanos, el reflejo extensor cruzado ha sido suprimido en gran medida como consecuencia de la actividad en los fascículos descendentes de la médula espinal, pero en los pacientes parapléjicos tanto el reflejo extensor cruzado como el reflejo flexor son patentes y, por causa de una reducción de su umbral, problemáticos.

Vías ascendentes

Los impulsos que indican dolor se transmiten en dirección craneal por los fascículos espinotalámico y espinorreticular (fig. 19-3). El cordón dorso-lateral también contiene axones con esta función. La tractotomía o la sección transversal de la región ventrolateral de la médula espinal, que contiene los fascículos espinotalámico y espinorreticular, tiene como consecuencia la pérdida casi completa de la capacidad de sentir dolor en la parte contralateral del cuerpo por debajo de la altura de la lesión. La sensibilidad suele reaparecer gradualmente en el lapso de varias semanas. La recuperación es probablemente una consecuencia de la reorganización sináptica y del aumento del uso de vías alternativas intactas. Un corte quirúrgico en la línea media de la médula espinal (mielotomía comisural) provoca una analgesia prolongada en los segmentos afectados por la lesión.

Tras la destrucción del área somestésica primaria se sigue sintiendo dolor, aunque mal localizado. Esta observación clínica llevó a suponer inicialmente que las sensaciones dolorosas alcanzaban el nivel de consciencia dentro del tálamo. Es más probable que los aferentes espinotalámicos y reticulotalámicos dirigidos hacia los núcleos talámicos intralaminar y mediodorsal sean los causantes de la persistencia de la sensibilidad al dolor tras la destrucción del área somestésica primaria. Estos núcleos talámicos están conectados con la mayor parte de la neocorteza, incluidas las áreas prefrontales y la zona anterior de la circunvolución del cíngulo. Un estímulo doloroso unilateral se asocia a un aumento del flujo sanguíneo en ambas circunvoluciones del cíngulo. El núcleo ventral posterior del tálamo y el área somestésica primaria son indudablemente necesarios para localizar con precisión el lugar de donde procede el estímulo doloroso.

Vías descendentes

Las vías descendentes modifican la actividad de todos los sistemas ascendentes, y son importantes para controlar las respuestas conscientes y reflejas a los estímulos nocivos. Tanto la consciencia subjetiva del dolor como la aparición de reflejos defensivos pueden ser suprimidas en circunstancias de tensión emocional intensa. Las **fibras corticoespinales**, que tienen su origen en el lóbulo parietal y finalizan en el asta posterior (v. fig. 19-7), pueden ejercer de mediadoras en este efecto.

Determinadas vías reticuloespinales ejercen un control más sutil. La más estudiada de todas ellas es el **haz rafespinal**, que surge de neuronas del interior de los núcleos del rafe de la formación reticular del bulbo raquídeo, principalmente del núcleo magno del rafe. Los axones amielínicos de este haz atraviesan la parte dorsal del cordón lateral de la médula espinal (v. figs. 5-10 y 19-7) y emplean la

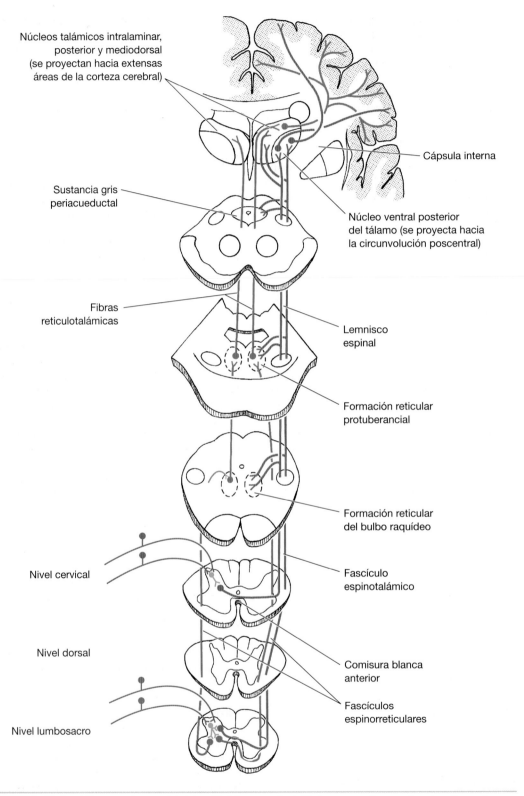

Núcleos talámicos intralaminar, posterior y mediodorsal (se proyectan hacia extensas áreas de la corteza cerebral)

Cápsula interna

Sustancia gris periacueductal

Núcleo ventral posterior del tálamo (se proyecta hacia la circunvolución poscentral)

Fibras reticulotalámicas

Lemnisco espinal

Formación reticular protuberancial

Formación reticular del bulbo raquídeo

Nivel cervical

Fascículo espinotalámico

Nivel dorsal

Comisura blanca anterior

Fascículos espinorreticulares

Nivel lumbosacro

FIGURA 19-3.   Vías ascendentes del dolor. El sistema espinotalámico se resalta en *rojo*, y las vías espinorreticulares y reticulotalamocorticales en *azul*. Las interneuronas situadas dentro de la médula espinal se presentan en *verde*.

serotonina como neurotransmisor. La sustancia gelatinosa presenta la mayor densidad de terminales
sinápticos que contienen serotonina (que se puede
observar utilizando métodos histoquímicos). El
núcleo magno del rafe recibe a su vez la influencia de las fibras descendentes que proceden de la
sustancia gris periacueductal del mesencéfalo. La
estimulación eléctrica del núcleo magno del rafe
o de la sustancia gris periacueductal provoca una
analgesia profunda. Ésta puede ser revertida seccionando transversalmente el cordón dorsolateral o
administrando naloxona o fármacos similares que
antagonizan las acciones de la morfina y los alcaloides derivados del opio. Además, la acción analgésica de los opiáceos se puede inhibir realizando una
sección transversal del cordón dorsolateral.

Las acciones de los opiáceos y sus antagonistas
se atribuyen a las moléculas de unión selectiva (**receptores opiáceos**) que se encuentran en la superficie de las neuronas ubicadas en diversas partes del
cerebro. La función normal del receptor opiáceo es
unirse a **péptidos opiáceos** naturales y, entre estos,
los más conocidos son dos pentapéptidos llamados **encefalinas**, que pueden actuar como neurotransmisores o como neuromoduladores. La acción
analgésica de la morfina y los derivados opiáceos
puede atribuirse a la estimulación de los efectos de
las encefalinas endógenas segregadas en las neuronas que poseen receptores opiáceos en su superficie. Los principales puntos anatómicos de acción
son el asta posterior, el núcleo magno del rafe, la
sustancia gris periacueductal y, probablemente, el
tálamo. Otras muchas partes del SNC contienen
encefalinas, principalmente en las neuronas de circuitos locales. Estas regiones pueden ser los puntos
donde los opiáceos ejercen otras acciones farmacológicas como las náuseas, la supresión de la tos, la
euforia y la aparición de la adicción.

La información obtenida sobre las vías descendentes que modulan el dolor no sólo ha conlle-
vado un mayor conocimiento de los puntos de
acción de los alcaloides opiáceos, sino también
la creación de una técnica que se emplea en ocasiones para aliviar el dolor crónico. Un electrodo
implantado por métodos estereotácticos en la sustancia gris periacueductal permite aliviar el dolor
de un enfermo de forma instantánea conectando
un estimulador eléctrico.

Sistema del lemnisco medial

El conjunto de vías sensitivas conocidas como
sistema del lemnisco medial conduce estímulos de
propiocepción, tacto discriminatorio y (aunque
no exclusivamente) vibración. Al contrario de lo
que ocurre con el sistema espinotalámico, en el
cual los axones ascendentes cruzan la línea media
a la altura de los segmentos medulares, las vías
que forman el sistema del lemnisco medial ascienden en posición ipsilateral por la médula espinal
y atraviesan la línea media en la mitad caudal del
bulbo raquídeo.

RECEPTORES

El sistema del lemnisco medial (o dorsomedial) es
especialmente importante en el ser humano por la
calidad discriminatoria de las sensaciones perci-
bidas subjetivamente y su valor en el proceso de
aprendizaje. Las características del tacto suave o
discriminatorio son que el sujeto puede reconocer la ubicación de los puntos estimulados con
gran precisión y es consciente de que se tocan dos
puntos simultáneamente, incluso si se encuentran
muy próximos (discriminación entre dos puntos).
Estas capacidades acentúan el reconocimiento de
texturas y de patrones de movimiento de los estímulos táctiles. De entre los **receptores táctiles**, los
corpúsculos de Meissner, que sólo se han detectado en primates, son especialmente importantes
para el tacto discriminatorio (v. también cap. 3).
Estos receptores, cuya adaptación es muy rápida,
están situados en la piel lampiña y acanalada de la
superficie palmar de las manos, que se mueven sobre las superficies para percibir su textura y otras
pequeñas irregularidades. Existen otros receptores
táctiles, concretamente los ligados al sistema espinotalámico, que también producen sensaciones
a través del sistema del lemnisco medial. Los corpúsculos de Pacini son los receptores principales
del sentido de la **vibración**, aunque este tipo de
estímulos, que antes eran considerados como ex-
clusivos de los cordones dorsales, también son
conducidos por la sustancia blanca lateral de la
médula espinal, según los datos de que dispone-
mos actualmente.

En cuanto a la **propiocepción**, la vía dorsomedial proporciona información sobre las posiciones
exactas de las partes del cuerpo, sobre la forma,
el tamaño y el peso de un objeto que se sostiene
en la mano, y sobre el alcance del movimiento y
su dirección. Los propioceptores son husos neuromusculares, husos neurotendinosos y terminaciones situadas en el interior de las cápsulas y los
ligamentos de las articulaciones o cerca de ellos.
Es probable que las señales procedentes de los
husos musculares sean mucho más importantes
para la propiocepción consciente (cinestesia) que
los estímulos procedentes de otros propioceptores
(v. cap. 3).

VÍAS CENTRALES ASCENDENTES

Existen vías idénticas que transmiten señales de tacto discriminatorio y propiocepción del tronco y las extremidades. También encontramos otra vía que conduce las señales propioceptivas de las extremidades inferiores.

Tacto discriminatorio

Las neuronas sensitivas primarias del tacto discriminatorio y la propiocepción son las más grandes de los ganglios de la raíz posterior, y presentan axones con gruesas vainas de mielina. Las ramas centrales de estos axones se encuentran en posición medial en cada una de las raicillas, y se bifurcan al introducirse en el **cordón posterior**. La mayoría de las ramas ascendentes se dirigen en posición ipsilateral hacia el bulbo raquídeo (fig. 19-4). Por encima del nivel dorsal medio, el cordón posterior está formado por un **fascículo grácil** medial y un **fascículo cuneiforme** lateral. Los axones del cordón grácil, que se introducen en la médula espinal por debajo del nivel dorsal medio, terminan en el **núcleo grácil**; los axones del fascículo cuneiforme, que proceden de los nervios raquídeos dorsales superiores y cervicales, finalizan en el **núcleo cuneiforme**. Siendo más precisos, existe una estratificación del cordón posterior en función de los segmentos. Los axones que se introducen en la médula espinal por los segmentos sacros inferiores se encuentran en la posición más medial, y los axones procedentes de segmentos sucesivamente más elevados ascienden a lo largo de la parte lateral de los que ya están presentes.

Los axones de las neuronas situadas dentro de los núcleos grácil y cuneiforme se curvan en sentido ventral y forman las **fibras arqueadas internas**, atraviesan la línea media del bulbo raquídeo en la decusación de los lemniscos mediales (v. figs. 7-4 y 19-4) y continúan su trayecto hacia el tálamo ya en forma de **lemnisco medial**. Este importante cordón está ubicado entre la línea media y el núcleo olivar inferior en el bulbo raquídeo, en la porción más ventral del tegmento de la protuberancia, y en posición lateral con respecto al núcleo rojo en el tegmento del mesencéfalo. El lemnisco medial y el fascículo espinotalámico se entremezclan en la región dorsal del subtálamo antes de introducirse en la división lateral del **núcleo ventral posterior del tálamo**. Las fibras del lemnisco medial, al contrario que las del fascículo espinotalámico, terminan en su totalidad en el núcleo VPl.

A lo largo del lemnisco medial se mantiene una organización topográfica de los axones. En el bulbo raquídeo, la mayor dimensión del lemnisco es la vertical si se observa en un corte transversal; las fibras de las extremidades inferiores son las que se encuentran en una posición más ventral (adyacentes a la pirámide del bulbo), y las fibras de la parte superior del cuerpo están situadas en la posición más dorsal. Al entrar en la protuberancia, el lemnisco medial hace un giro de 90º; desde ahí hasta el tálamo, las fibras del miembro inferior se ubican en la zona lateral del lemnisco, y las de la parte superior del cuerpo están situadas en su porción medial. Esta organización concuerda con la representación del cuerpo que se da en el núcleo VPl del tálamo. La vía se completa mediante una proyección procedente de este núcleo que se dirige a la **corteza somestésica primaria** del lóbulo parietal.

Propiocepción

Las vías centrales para la sensación consciente de la posición y del movimiento son similares a las del tacto discriminatorio, pero para la extremidad inferior existe otra vía más (fig. 19-5). La vía de la **extremidad superior** se corresponde exactamente con la que se acaba de describir. Es decir, las ramas ascendentes de las fibras aferentes primarias terminan en el núcleo cuneiforme, desde el cual se transmiten los impulsos a través del lemnisco medial hacia el núcleo ventral posterior del tálamo, y de allí hacia el área somatosensitiva primaria de la corteza cerebral.

Existe una vía equivalente para la **extremidad inferior**, pero pasando por el fascículo grácil y el núcleo grácil. La vía accesoria de la propiocepción consciente de la **extremidad inferior** es diferente, y está formada por una serie de cuatro poblaciones de neuronas:

1. Las fibras aferentes primarias se introducen en la médula espinal por las raíces posteriores lumbares y sacras; se bifurcan en ramas ascendentes y descendentes en el cordón posterior, pero algunas de las primeras únicamente ascienden por una parte de la médula espinal. Las fibras finalizan en los segmentos lumbares superiores y dorsales inferiores del **núcleo torácico** (núcleo dorsal; columna de Clarke), que es una columna de grandes neuronas situadas sobre la zona medial del asta posterior en los segmentos comprendidos entre C8 y L3.

2. Las neuronas de la zona caudal del núcleo dorsal dan lugar a axones que ascienden en posición ipsilateral convertidos en el **fascículo espinocerebeloso dorsal** dentro del cordón dorsolateral. Antes de introducirse en el pedúnculo cerebeloso inferior, algunos de los axones de este cordón emiten ramas

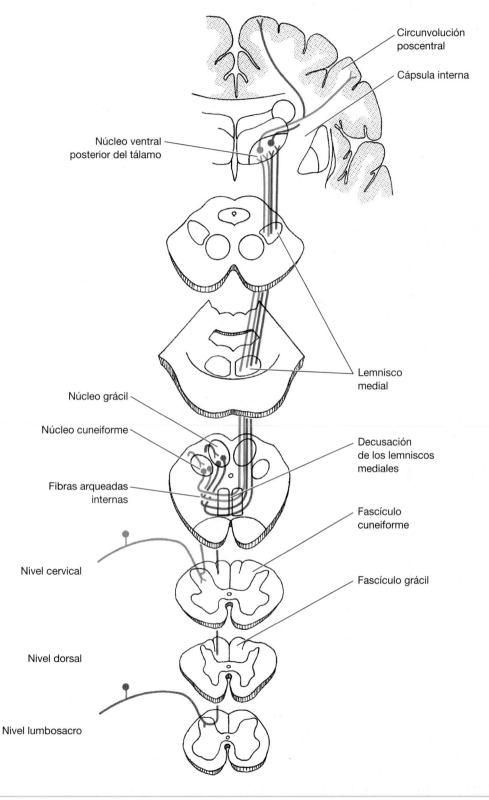

FIGURA 19-4.   Sistema del lemnisco medial de la sensibilidad táctil discriminatoria. La vía de la extremidad inferior se resalta en *rojo*, y la de la extremidad superior se indica en *azul*.

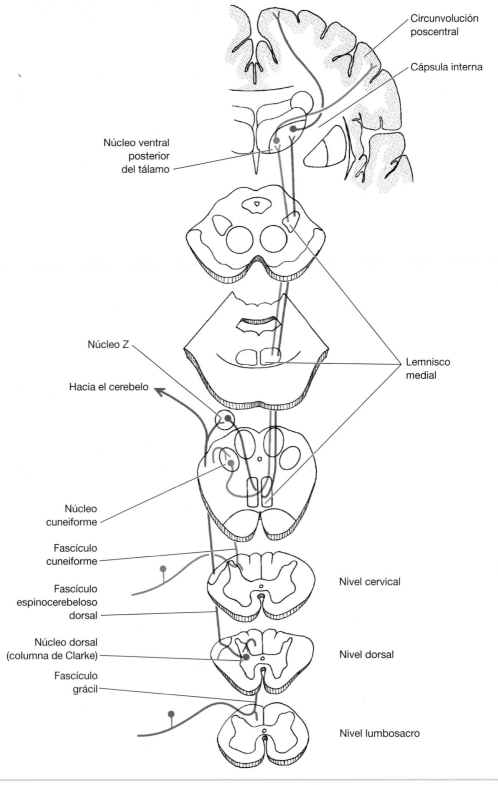

FIGURA 19-5. Vías de la propiocepción consciente. La vía procedente de la extremidad superior se resalta en *azul*. Existe una vía equivalente para la extremidad inferior, pero no se indica en esta ilustración. La vía accesoria procedente de la extremidad inferior se resalta en *rojo*.

Lesiones de la médula espinal dorsal

La existencia de una vía accesoria para la propiocepción procedente de la extremidad inferior tiene implicaciones clínicas. El cordón posterior conduce impulsos relativos a la propiocepción en las extremidades superiores e inferiores. Una lesión cervical alta en la que se produce una sección transversal en el cordón posterior pero se mantiene íntegro el fascículo espinocerebeloso dorsal tiene como consecuencia la aparición de torpeza y otros síntomas de sensibilidad posicional alterada en las extremidades superiores

e inferiores. En estos casos, unas sencillas pruebas clínicas bastan para detectar la pérdida de la consciencia de la posición y el movimiento de las articulaciones del miembro superior, así como la integridad de esta sensibilidad en el miembro inferior. No obstante, la experiencia diaria del paciente indica una alteración bastante intensa de la propiocepción de la pierna y el pie. La vía que comprende el fascículo espinocerebeloso dorsal y el núcleo Z es manifiestamente suficiente para determinar la propiocepción consciente cuando se realizan pruebas específicas para este tipo de sensibilidad en pacientes con lesiones del cordón posterior.

colaterales que permanecen en el interior del bulbo raquídeo. Estas colaterales están implicadas en la propiocepción consciente de la extremidad inferior. Acaban en el **núcleo Z** de Brodal y Pompeiano. Éste se sitúa en posición anterior con respecto al núcleo grácil, del cual puede ser una parte funcional periférica.
3. Las neuronas del núcleo Z dan lugar a las fibras arqueadas internas que atraviesan la línea media y se unen al lemnisco medial. La parte restante de la vía es la misma que la del miembro superior, con una sinapsis en el núcleo VPl.
4. Las fibras talamocorticales se proyectan hacia la zona de la pierna de la corteza somatosensitiva primaria.

Neuronas espinobulbares

Las ramas descendentes cortas de los axones sensitivos primarios situados en el cordón posterior se introducen en la sustancia gris medular junto con los colaterales de las ramas ascendentes. Algunos de los axones que entran en la sustancia gris, especialmente los que conducen las señales de la propiocepción, establecen conexiones para los reflejos medulares, y los restantes acaban conectando con las neuronas cordonales. Los axones de estas neuronas cordonales ascienden en posición ipsilateral por los cordones dorsal y dorsolateral (v. fig. 19-4). Todos estos axones terminan en los núcleos grácil y cuneiforme y van a la par con los axones ascendentes primarios. Estas neuronas espinobulbares, especialmente las que emiten axones hacia el cordón dorsolateral, conducen algunas señales de la mayoría de modalidades de sensibilidad cutánea y profunda, entre las cuales

se encuentran las de la vibración y el dolor. Este conjunto relativamente escaso de aferentes dirigidos hacia los núcleos grácil y cuneiforme amplía de alguna forma la función del sistema del lemnisco medial más allá de ser una vía para el tacto discriminatorio y la propiocepción.

Potenciación de la discriminación en los núcleos grácil y cuneiforme

Resulta práctico pensar que las señales sensitivas se transmiten mediante «relevos» a través de los núcleos grácil o cuneiforme y del núcleo VPl del tálamo hasta la corteza cerebral. Sin embargo, unas simples interrupciones en la vía sólo servirían para retrasar la transmisión. El propósito real de los núcleos es modificar el mensaje, aumentando la sensibilidad de la corteza cerebral ante mínimas diferencias de forma, textura o movimiento que estimulan los receptores periféricos. La forma en que esto sucede se comprende mucho más fácilmente si tenemos en cuenta la circuitería de los núcleos grácil o cuneiforme implicada en la estimulación de un punto en la piel. Este circuito (fig. 19-6) comprende las sinapsis excitadoras de las neuronas de los ganglios de la raíz posterior (*en azul*) y un conjunto de interneuronas inhibidoras (*en negro*) situadas dentro del núcleo. Todas ellas están conectadas con las neuronas principales del núcleo, cuyos axones (*en rojo*) se dirigen al tálamo.

En la figura se representan tres neuronas principales (*en rojo*) de los núcleos grácil o cuneiforme, que reciben impulsos cuya máxima intensidad (la frecuencia más elevada de potenciales de acción) corresponde a los procedentes del centro del área de la piel representada en la parte inferior de la ilustración. Las interneuronas inhibidoras (*en negro*) que rodean las neuronas principales

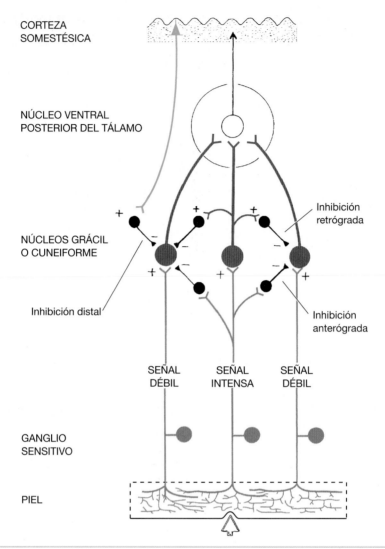

CORTEZA
SOMESTÉSICA

NÚCLEO VENTRAL
POSTERIOR DEL TÁLAMO

Inhibición
retrógrada

NÚCLEOS GRÁCIL
O CUNEIFORME

Inhibición distal

Inhibición
anterógrada

SEÑAL
DÉBIL

SEÑAL
INTENSA

SEÑAL
DÉBIL

GANGLIO
SENSITIVO

PIEL

FIGURA I9-6. Amplificación del contraste entre las zonas circundantes de un área de la piel en los territorios superpuestos de tres neuronas sensitivas primarias *(azul).* Los núcleos grácil y cuneiforme contienen neuronas principales *(rojo)* e interneuronas inhibidoras *(negro intenso).* Las actividades de las neuronas principales que reciben una excitación menor *(izquierda y derecha)* se suprimen por inhibición anterógrada y retrógrada, mediada por las interneuronas. Por consiguiente, el tálamo recibe impulsos únicamente de la neurona del centro, que es la que ha sido excitada más intensamente por el estímulo táctil. En la ilustración también se puede observar una neurona corticonuclear *(verde),* que forma parte de un sistema descendente que utiliza la inhibición distal para modular la conducción ascendente de señales sensitivas en el sistema del lemnisco medial.

reciben una estimulación mayor de las neuronas del aferente primario *(en azul)* que son más activas. Las interneuronas estimuladas inhiben las neuronas principales adyacentes, y de este modo reducen la frecuencia de las señales que proceden del área de la piel que rodea al estímulo. La activación de las interneuronas inhibidoras por parte de las ramas colaterales de los axones aferentes se denomina **inhibición anterógrada.** El mismo efecto se produce también mediante ramas

colaterales recurrentes de los axones de las neuronas principales, que en la figura 19-6 también se representan finalizando en interneuronas. La acción provocada por las colaterales recurrentes se denomina **inhibición retrógrada.** Ambos tipos de inhibición tienen lugar en los núcleos grácil y cuneiforme, y se conocen conjuntamente con el nombre de **inhibición lateral.**

La inhibición lateral se da en todas las estaciones sinápticas de todas las vías sensitivas. Este

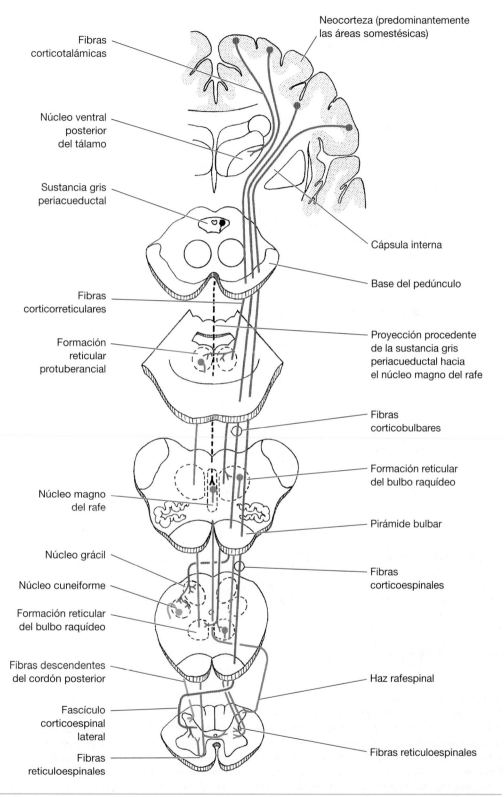

FIGURA 19-7.   Vías descendentes que influyen en la transmisión de la información sensitiva a la corteza cerebral. Las proyecciones reticuloespinales y rafespinales se resaltan en *azul*, los axones descendentes de la sustancia gris periacueductal son *negros*, y el resto de vías descendentes se muestran en *rojo* y *verde*.

fenómeno se ha estudiado exhaustivamente en la retina (cap. 22), y también tiene lugar en los núcleos talámicos de «relevo» (incluido el núcleo ventral posterior) y en el seno de la corteza cerebral.

En la figura 19-6 también se puede observar la estimulación de las interneuronas inhibidoras por parte de una neurona corticonuclear (*en verde*). Esta disposición facilita la **inhibición distal** (también llamada **inhibición remota**), de forma que la corteza somatosensitiva determina la sensibilidad de las neuronas principales de los núcleos grácil y cuneiforme. Otros ejemplos de inhibición distal en las vías sensitivas son la que se da en el haz rafespinal, que ya se ha mencionado anteriormente en este mismo capítulo, y la proyección olivococlear del sistema auditivo (cap. 12). Los fascículos descendentes que influyen sobre la sensibilidad somática general se resumen en la figura 19-7.

Vías sensitivas de la cabeza

La parte posterior de la cabeza y una gran parte del oído externo están inervadas por ramas de los nervios cervicales segundo y tercero, cuyas conexiones centrales se realizan con los sistemas espinotalámico y del lemnisco medial. Las sensaciones generales que surgen en cualquier otro punto de la cabeza son vehiculadas casi exclusivamente por el nervio trigémino. Existen pequeñas áreas de la piel y zonas más grandes de las mucosas que están inervadas por los nervios facial, glosofaríngeo y vago, pero las conexiones centrales de los componentes sensitivos generales de estos nervios son las mismas que las del nervio trigémino (v. cap. 8).

Los cuerpos celulares de las neuronas sensitivas primarias del nervio trigémino, a excepción de las que se encuentran en el núcleo mesencefálico, se ubican en el ganglio de Gasser (v. fig. 8-10). Las prolongaciones periféricas se distribuyen ampliamente por las divisiones oftálmica, maxilar y mandibular del nervio. Las prolongaciones centrales entran en la protuberancia por la raíz sensitiva. Algunos de estos axones finalizan en el núcleo protuberancial del trigémino; muchos descienden por el fascículo espinal del trigémino y finalizan en el núcleo asociado, y otros más se bifurcan y dan origen a una rama que llega a cada uno de los núcleos.

La disposición espacial de los axones en el interior de la raíz sensitiva y el tracto espinal se corresponde con las divisiones del nervio trigémino. En la raíz sensitiva, las fibras oftálmicas se encuentran en posición dorsal, las fibras mandibulares en situación ventral y las fibras maxilares en el medio de las otras. Debido a que los axones giran cuando entran en la protuberancia, las fibras mandibulares ocupan una posición dorsal y las fibras oftálmicas una posición ventral en el interior del tracto espinal del trigémino. La parte más dorsal de este fascículo comprende un haz de fibras procedentes de los nervios facial, glosofaríngeo y vago. Los cuerpos celulares de las neuronas sensitivas primarias están ubicados en el ganglio geniculado del nervio facial y en los ganglios superiores de los nervios glosofaríngeo y vago. Los axones somatosensitivos de los nervios facial y vago inervan varias partes del oído externo y la membrana timpánica. Los nervios glosofaríngeo y vago inervan la mucosa de la zona posterior de la lengua, la faringe, el esófago, la laringe, la trompa auditiva (de Eustaquio) y el oído medio.

DOLOR Y TEMPERATURA

Las fibras aferentes primarias del dolor y la temperatura finalizan en la **parte caudal del núcleo espinal del trigémino** (v. caps. 7 y 8), que está situada en el bulbo raquídeo inferior y en los dos o tres segmentos cervicales superiores de la médula espinal. (Existen algunos datos que indican que la porción interpolar recibe aferentes del dolor procedentes de los dientes.) La parte de la porción caudal situada en la médula cervical recibe datos sensitivos de diversas áreas de distribución del nervio trigémino y de los nervios raquídeos cervicales. Las características celulares de la porción caudal son similares a las de la punta del asta gris posterior de la médula espinal.

Las neuronas de la formación reticular que ocupan una posición inmediatamente medial con respecto a la porción caudal corresponden al núcleo propio de la sustancia gris medular. Las neuronas cordonales cuyos axones se proyectan hacia el tálamo están situadas tanto en el núcleo espinal del trigémino como en la formación reticular adyacente. Los axones de estas neuronas de segundo orden cruzan al lado opuesto del bulbo raquídeo y continúan en dirección cefálica por el interior del **fascículo trigeminotalámico ventral**. El fascículo finaliza fundamentalmente en el VPm, y las fibras talamocorticales completan la vía dirigida hacia el tercio inferior (ventral) del **área somestésica primaria** de la corteza. Los axones de las células cordonales asociadas a la porción caudal, que guardan similitud con los del fascículo espinotalámico, presentan ramas que finalizan en los núcleos intralaminares, posteriores y mediodorsal del tálamo, por lo que permiten la distribución de la información sensitiva a áreas de la corteza que se ubican más allá de los límites del área somatosensitiva primaria. Según la descripción previa, es evidente que la vía del dolor y la temperatura procedente de la cabeza se corresponde con el sistema espinotalámico.

TACTO

La vía central de la sensibilidad táctil procedente de la cabeza es similar a la que se acaba de describir para el dolor y la temperatura. Difieren fundamentalmente en los núcleos sensitivos del trigémino implicados. En el caso del tacto suave, las neuronas de segundo orden están situadas en la **porción interpolar** y la **porción oral** del núcleo espinal del trigémino y en el **núcleo protuberancial del trigémino**. En cuanto al tacto discriminatorio, las neuronas se encuentran en el núcleo protuberancial del trigémino y en la porción oral del núcleo espinal del trigémino. Las neuronas de segundo orden se proyectan hacia la división ventral posteromedial a través del fascículo trigeminotalámico ventral. Asimismo, un número menor de axones, directos y cruzados, se dirigen desde el núcleo protuberancial del trigémino hacia la división ventral posteromedial por el **fascículo trigeminotalámico dorsal**. Los dos conjuntos de fibras trigeminotalámicas suelen agruparse bajo la denominación conjunta de **lemnisco trigeminal**.

Consideraciones clínicas

SISTEMA ESPINOTALÁMICO

El método de referencia para explorar la integridad de la vía del dolor y la temperatura es la estimulación de la piel con una aguja y preguntar al paciente si está afilada o es roma. El tacto suave se prueba con una torunda de algodón. Normalmente no es necesario realizar una prueba independiente para la percepción de la temperatura, aunque si es preciso, el método empleado es tocar la piel con tubos de ensayo llenos de agua caliente o fría.

La irritación de un nervio periférico o una raíz posterior por presión externa o inflamación local estimula las fibras del dolor y la temperatura, provocando sensaciones dolorosas y de quemazón en el área inervada por las raíces o nervios afectados. Un ejemplo es la presión que ejerce un **disco intervertebral herniado** sobre una raíz posterior de un nervio raquídeo. Un efecto opuesto a la irritación lo producen los agentes **anestésicos locales.** Estos fármacos son muy eficaces en el bloqueo de la conducción de los impulsos por las fibras del grupo C, de modo que dosis bajas de estos fármacos pueden reducir la percepción del dolor con un efecto mínimo o nulo sobre la sensibilidad táctil. La **isquemia** de un nervio, como la que se provoca con un torniquete apretado, bloquea preferentemente la conducción en las fibras del grupo A. La única sensación que se puede percibir antes de que se complete el fracaso de conducción de los impulsos por un nervio con isquemia es un dolor de tipo ardiente.

Las alteraciones degenerativas en la región del conducto central de la médula espinal interrumpen los axones del dolor y la temperatura cuando se decusan dentro de la comisura blanca anterior. El mejor ejemplo es la **siringomielia,** una enfermedad en la que se van formando poco a poco cavidades en el centro de la médula espinal. Cuando el proceso llega a su máxima expresión en el engrosamiento cervical, como suele ocurrir con frecuencia, el área afectada por la anestesia abarca las manos, los brazos y los hombros (es decir, una anestesia suspendida o «en esclavina»). Un signo de presentación típico es un escozor que no resulta doloroso.

Una lesión en la que se produce una sección transversal de la **porción ventrolateral de la médula espinal** en un lado tiene como consecuencia la pérdida de sensibilidad al dolor y la temperatura por debajo de la altura de la lesión en la parte opuesta del cuerpo. Si, por ejemplo, los fascículos espinotalámico y espinorreticular se seccionan por la mitad derecha al nivel del primer segmento dorsal, la zona de anestesia abarca la pierna izquierda y la mitad izquierda del tronco. La exploración detallada del margen superior de la alteración sensitiva indica que las áreas cutáneas que son inervadas por el primer y el segundo nervio torácico permanecen intactas. Algunas señales procedentes de estas zonas alcanzan las vías contralaterales por encima de su interrupción gracias a las ramas ascendentes de los axones de la raíz posterior ubicados en el interior del

Continúa

cordón dorsolateral. Para aliviar el dolor intratable puede ser necesaria la sección quirúrgica de la vía del dolor (**tractotomía o cordotomía**). La indicación más habitual de la tractotomía es en las fases finales de una neoplasia maligna de un órgano pélvico; la interrupción de la vía del dolor puede ser unilateral o bilateral en función de las circunstancias que manifiesta el paciente en concreto. Anteriormente en este capítulo se apuntó que la movilización de vías ascendentes alternativas puede conllevar la reaparición del dolor varias semanas después de una tractotomía. Un procedimiento analgésico alternativo, con eficacia durante largos períodos de tiempo, es la **mielotomía comisural,** en la cual se realiza una incisión central de los axones espinotalámico y espinorreticular decusados en el segmento que se encuentra al nivel de la fuente de dolor y en unos pocos segmentos por encima de éste.

El lemnisco espinal puede formar parte de un área infartada del tronco encefálico. Un ejemplo ilustrativo es el **síndrome bulbar lateral** de Wallenberg; la zona del infarto suele incluir el lemnisco espinal y el núcleo y el fascículo espinales del trigémino. La principal deficiencia sensitiva se da en la sensibilidad para el dolor y la temperatura en la mitad contralateral del cuerpo con respecto a la lesión, pero en la mitad ipsilateral de la cara (v. también cap. 7). La insensibilidad a los estímulos que normalmente son dolorosos viene acompañada en ocasiones de **alodinia,** un trastorno en el que un estímulo inocuo se percibe con dolor. Esta alteración puede estar provocada por la reorganización de las conexiones en el tálamo. La alodinia suele deberse a una lesión o enfermedad que afecta al asta posterior de la médula espinal. La avulsión de las raicillas dorsales puede acarrear un dolor intenso que el paciente localiza en el dermatoma afectado.

SISTEMA DEL LEMNISCO MEDIAL

La prueba habitual de la propiocepción es mover el dedo de la mano o del pie del paciente mientras se le pregunta cuándo comienza el movimiento y en qué dirección se realiza. La **prueba de Romberg** permite observar cualquier anomalía de la estabilidad cuando el paciente está en posición ortostática con los pies juntos y los ojos cerrados, con lo que se evalúa la propiocepción en las extremidades inferiores. Otra prueba de gran utilidad es solicitar al paciente que identifique con los ojos cerrados un objeto que tiene en la mano. La propiocepción es especialmente útil para reconocer el objeto basándose en su forma y tamaño (**estereognosia**) así como en su peso. Es una prueba sensible en la que el paciente puede fallar cuando presenta una lesión en la corteza de asociación parietal, incluso aunque la vía que se dirige al área somestésica haya quedado ilesa.

Para evaluar la **discriminación táctil entre dos puntos,** se estimula la piel levemente con dos objetos con punta de forma simultánea. Un clip puede ser un objeto adecuado para realizar la prueba. En la punta del dedo normalmente se detectan estímulos simultáneos cuando los puntos están a 3 o 4 mm de distancia entre ellos, o incluso a una distancia inferior. La evaluación exhaustiva de la discriminación entre dos puntos es un procedimiento tedioso. Una prueba más sencilla para el explorador es preguntar al individuo que identifique figuras simples «dibujadas» sobre la piel con el dedo o con cualquier objeto romo. Esta prueba se basa en la capacidad de reconocer la distancia y la dirección del movimiento del estímulo en la superficie de la piel. Es extremadamente específica para evaluar los cordones dorsales de la médula espinal siempre que no exista ninguna lesión en la corteza cerebral que provoque afasia o agnosia.

Otra exploración de la sensibilidad consiste en preguntar al paciente si siente la **vibración,** el tacto o la presión cuando se coloca un diapasón, preferentemente a una frecuencia de 128 Hz, sobre una prominencia ósea, como puede ser el tobillo o un nudillo. La sensibilidad para la vibración suele verse reducida en personas ancianas, pero una persona joven debería detectar incluso una vibración leve.

Para identificar el punto en que se ubica una lesión del SNC, esta prueba es menos útil que la exploración de la propiocepción y el tacto discriminatorio. Una disminución en la percepción de la vibración suele ser el primer signo de una enfermedad que afecta a los axones mielínicos más grandes de un nervio periférico, algunos de los cuales inervan los corpúsculos de Pacini. **Neuropatía periférica** es un término que abarca muchos procesos patológicos que afectan a la conducción de los impulsos por los nervios y que provocan debilidad motora o deficiencias sensitivas.

La interrupción del sistema del lemnisco medial en cualquier punto de su trayecto provoca anomalías en la propiocepción y el tacto discriminatorio. Por ejemplo, los cordones dorsal y dorsolateral sufren una desmielinización simétrica en

Continúa

la **degeneración subaguda combinada** de la médula espinal (v. cap. 5), y la conducción puede interrumpirse a cualquier nivel por causa de un traumatismo, un infarto o por las placas de la esclerosis múltiple. El **síndrome bulbar medial** descrito en el capítulo 7 es un ejemplo ilustrativo, aunque muy poco frecuente, de una sección transversal unilateral del lemnisco medial.

SENSIBILIDAD DE LA CABEZA

La anomalía sensitiva más frecuente que afecta a la cara y al cuero cabelludo es el **herpes zóster.** La causa de esta enfermedad es un virus (el mismo que provoca la varicela) que infecta las neuronas de los ganglios sensitivos. El dolor urente y prurito, habitualmente en el campo de distribución de una de las tres divisiones del nervio trigémino, viene acompañado por una erupción cutánea. Esta enfermedad puede llegar a ser grave si la infección de las neuronas ganglionares presentes en la división oftálmica del nervio trigémino provoca úlceras corneales. En ocasiones la discapacidad es prolongada, sobre todo en ancianos, debido a la **neuralgia posherpética.** Este trastorno puede ser especialmente doloroso y muy resistente al tratamiento. Se puede aliviar aplicando capsaicina en la piel afectada. La capsaicina estimula primero y daña posteriormente las ramas terminales de los axones nociceptivos del grupo C. El herpes zóster también puede afectar al ganglio geniculado o al ganglio superior del nervio vago, lo que provoca una erupción en la membrana timpánica y en diversas partes del conducto auditivo y en la

concha de la oreja: es un dato clínico clásico que demuestra la anatomía de la doble inervación cutánea de esta región.

Un trastorno menos frecuente que provoca episodios de dolor intenso en los campos de distribución de una o más divisiones del nervio trigémino es la **neuralgia del trigémino,** descrita ya en el capítulo 8. Los tipos de cefalea más frecuentes, aparte de las migrañas, no son provocados por lesiones anatómicas definidas de las vías sensitivas.

LESIONES TALÁMICAS

Las lesiones producidas a causa de la cirugía o por procesos patológicos en el núcleo ventral posterior del tálamo producen una profunda carencia de sensibilidad, excepto del dolor, en la mitad contralateral del cuerpo. Los grupos de núcleos intralaminar y posterior situados en el tálamo son probablemente casi tan importantes como el núcleo ventral posterior en la vía central del dolor.

El dolor neurógeno central, que no deriva de ninguna actividad en los axones sensitivos periféricos, puede ser la consecuencia de lesiones que interrumpen las vías somatosensitivas en cualquier nivel. Una lesión destructiva que afecte al núcleo ventral posterior del tálamo puede ser la causa del **síndrome talámico,** que se caracteriza por la presencia de respuestas exageradas y excepcionalmente desagradables a la estimulación cutánea. Este síndrome (v. cap. 11) puede cursar con dolor espontáneo y signos de inestabilidad emocional, como risa y llanto sin provocación.

PROPIOCEPCIÓN

Las neuronas sensitivas primarias de la propiocepción situadas en la cabeza se distinguen por el hecho de que sus cuerpos celulares están situados en un núcleo del tronco encefálico en lugar de en el interior de un ganglio sensitivo. Se trata de neuronas unipolares similares a las presentes en el ganglio de la raíz posterior, y forman el **núcleo mesencefálico del trigémino.** La rama periférica de su única proyección avanza a través del nervio trigémino sin interrupción; estos axones inervan los propioceptores del área de distribución del trigémino, como los relacionados con los músculos masticadores. Las ramas centrales de la prolongación única se dirigen al núcleo motor del trigémino para los actos reflejos y se unen al **fascículo trigeminotalámico dorsal.** Algunas neuronas del

núcleo mesencefálico del trigémino emiten ramas periféricas hacia los receptores situados en los alveolos dentales. Estos receptores detectan la **presión de las piezas dentales,** un sentido relacionado funcionalmente con la propiocepción muscular, ya que participa en el control reflejo de la fuerza al morder.

El único tipo de sensación percibida por los dientes, aparte de la descrita, es el **dolor,** cuya vía sensitiva ya ha sido descrita anteriormente. El dolor puede originarse en la dentina, la pulpa dental o los tejidos periodontales.

Bibliografía recomendada

Apkarian AV, Bushnell MC, Treede RD, et al. Human brain mechanisms of pain perception and regulation in health and disease. *Eur J Pain* 2005;9:463–484.

Apkarian AV, Hodge CJ. Primate spinothalamic pathways: I, II and III. *J Comp Neurol* 1989;288:447–511.

Brodal P. The Central Nervous System. *Structure and Function*, 3rd ed. New York: Oxford University Press, 2004.

Broman J. Neurotransmitters in subcortical somatosensory pathways. *Anat Embryol* 1994;189:181–214.

Cliffer KD, Willis WD. Distribution of the postsynaptic dorsal column projection in the cuneate nucleus of monkeys. *J Comp Neurol* 1994;345:84–93.

Cook AW, Nathan PW, Smith MC. Sensory consequences of commissural myelotomy: a challenge to traditional anatomical concepts. *Brain* 1984;107:547–568.

Craig AD. Pain mechanisms: labeled lines versus conver-gence in central processing. *Annu Rev Neurosci* 2003;26:1–30.

De Broucker Th, Cesaro P, Willer JC, et al. Diffuse noxious inhibitory controls in man: involvement of the spinoreticular tract. *Brain* 1990;113:1223–1224.

Dickenson AH. Gate control theory of pain stands the test of time. *Br J Anaesth* 2002;88:755–757.

Moisset X, Bouhassira D. Brain imaging of neuropathic pain. *NeuroImage* 2007;37:S80–S88.

Nathan PW, Smith MC, Cook AW. Sensory effects in man of lesions of the posterior columns and of some other afferent pathways. *Brain* 1986;109:1003–1041.

Proske U. Kinesthesia: the role of muscle receptors. *Muscle Nerve* 2006;34:545–558.

Qi HX, Kaas JH. Organization of primary afferent pro-jections to the gracile nucleus of the dorsal column sys-tem of primates. *J Comp Neurol* 2006;499:183–217.

Tracey I. Nociceptive processing of the human brain. *Curr Opin Neurobiol* 2005;15:478–487.

Vogt BA, Derbyshire S, Jones AKP. Pain processing in four regions of human cingulate cortex localized with co-registered PET and MR imaging. *Eur J Neurosci* 1996;8:1461–1473.

Wall PD, Noordenbos W. Sensory functions which remain after complete transection of dorsal columns. *Brain* 1977;100:505–524.

Watson CPN, Evans RJ, Watt VR. Post-herpetic neuralgia and topical capsaicin. *Pain* 1988;33:333–340.

Weiss N, Lawson HC, Greenspan JD, et al. Studies of the human ascending pain pathways. *Thalamus Relat Syst* 3:71–86, 2005.

Willis WD, Coggeshall RE. *Sensory Mechanisms of the Spinal Cord*, 3rd ed. New York: Kluwer Scientific, 1991.

Willis WD, Westlund KN. Neuroanatomy of the pain system and of the pathways that modulate pain. *J Clin Neurophysiol* 1997;14:2–31.

Zhang ML, Broman J. Cervicothalamic tract termination: a reexamination and comparison with the distribution of monoclonal antibody Cat-301 immunoreactivity in the cat. *Anat Embryol* 1998;198:451–472.

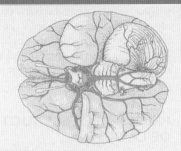

Capítulo 20

EL SISTEMA VISUAL

Conceptos básicos

- En la oscuridad, los fotorreceptores retinianos liberan de forma continua su sustancia neurotransmisora sináptica excitadora. La absorción de luz por parte del pigmento situado en los conos y bastones inhibe la liberación de estas sustancias.

- Algunas neuronas bipolares se excitan a causa de la iluminación de la retina, mientras que otras resultan inhibidas por este proceso. Otras interneuronas retinianas modifican la transmisión en las dos capas sinápticas de la retina.

- Los axones de las neuronas ganglionares de las mitades nasales de las retinas se decusan en el interior del quiasma óptico, mientras que los de las mitades temporales no se decusan. En combinación con la inversión óptica de las imágenes retinianas, esta decusación parcial garantiza que las señales de cada una de las mitades del campo visual se envían a la cintilla óptica contralateral, al tálamo y a la corteza cerebral.

- La mayoría de fibras de la cintilla óptica finaliza en el cuerpo geniculado lateral, que se proyecta hacia el área estriada de la corteza occipital, situada en el interior de la cisura calcarina y alrededor de ella. Existe una representación topográfica de los campos visuales a lo largo de esta vía, y las lesiones destructivas provocan defectos en el campo visual que dependen de los conjuntos de axones o de neuronas dañados.

- Las zonas centrales de las retinas se encuentran representadas en los polos occipitales; la visión periférica corre a cargo de las partes más anteriores de la corteza visual primaria. La corteza de asociación visual, situada en los lóbulos occipital, parietal y temporal, es necesaria para el reconocimiento de los colores y los objetos con forma y para la memoria visual.

- Algunas fibras de la cintilla óptica finalizan en el área pretectal, que forma parte de la vía del reflejo fotomotor pupilar. Otras fibras finalizan al lado de las que proceden de la corteza occipital, en el tubérculo cuadrigémino superior. Éstas participan en el control de los movimientos oculares.

La vía visual comienza en los fotorreceptores de la retina y finaliza en la corteza visual del lóbulo occipital. Los conos y los bastones son los dos tipos de células fotorreceptoras. Los bastones desempeñan una función especial en la visión periférica y en la visión con iluminación escasa, y los conos, que funcionan con luz brillante, son los causantes de la visión central discriminatoria y de la detección de los colores. Las neuronas bipolares transmiten las respuestas de los fotorreceptores a las neuronas ganglionares situadas en el interior de la retina, y los axones de las neuronas ganglionares alcanzan el cuerpo geniculado lateral del tálamo a través del nervio óptico y la cintilla óptica. El relevo final va desde el cuerpo geniculado lateral hasta la corteza visual, a través del fascículo geniculocalcarino. Asimismo, algunas fibras procedentes de la retina finalizan en diversas partes del mesencéfalo, en el pulvinar (o tubérculo posterior) del tálamo y en el hipotálamo.

La siguiente explicación del sistema visual se limita a describir los elementos del sistema nervioso que la forman y presupone un conocimiento general de la estructura del ojo y del mecanismo óptico que proyecta una imagen enfocada e invertida sobre la retina.

La retina

Las vesículas ópticas son evaginaciones que surgen del diencéfalo en una fase precoz del desarrollo embrionario. Cada una de las vesículas ópticas «se excava» y forma el cáliz óptico, que está formado por dos capas y se conecta con el encéfalo en desarrollo mediante el tallo óptico. El cáliz óptico se convierte en la retina, y el tallo óptico pasa a ser el nervio óptico. La córnea, el cristalino y otras partes del ojo surgen a partir del ectodermo y el mesodermo vecinos. La retina contiene neuronas y células de la neuroglia, y se asemeja a la sustancia gris del cerebro. Del mismo modo, el nervio óptico está compuesto por sustancia blanca y no es un nervio periférico.

PRINCIPALES ESTRUCTURAS DE LA RETINA

Algunas regiones especializadas sirven como puntos de referencia que es preciso identificar antes de describir los componentes celulares de la retina. Las capas celulares de la retina, yendo desde la coroides hasta el cuerpo vítreo, son el epitelio pigmentario, los conos y bastones, las neuronas bipolares y las neuronas ganglionares (fig. 20-1). Los axones de las células ganglionares se abren camino hacia el polo posterior del ojo y se introducen en el nervio óptico por la **papila óptica** o **disco óptico**. La papila se encuentra en una situación ligeramente medial con respecto al polo posterior, su diámetro mide aproximadamente 1,5 mm y es

de color rosa claro. Los axones se van apilando a medida que convergen en el margen de la papila óptica y posteriormente pasan a través de la túnica fibrosa del globo ocular (esclerótica) para adentrarse en el nervio óptico. La papila óptica es un punto ciego, ya que no contiene ningún fotorreceptor.

La **mácula lútea**, el área central de la retina alineada con el eje visual, es una región especializada, de aproximadamente 5 mm de diámetro, colindante con el borde lateral de la papila óptica. El nombre de *mácula lútea* (punto amarillo) procede de la existencia de un pigmento amarillo difuso que sólo se observa cuando se explora la retina con una luz que carece del color rojo. Por ello, normalmente no se puede observar la mácula con un oftalmoscopio, pero su posición se puede determinar gracias a que carece de vasos sanguíneos grandes. La mácula está especializada en la agudeza visual. La **fóvea central** es una depresión que se encuentra en el centro de la mácula, su diámetro mide 1,5 mm y está situada aproximadamente a 2,0 mm del borde de la papila

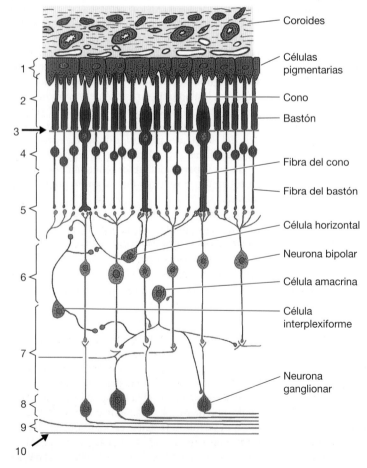

Coroides

Células pigmentarias

Cono

Bastón

Fibra del cono

Fibra del bastón

Célula horizontal

Neurona bipolar

Célula amacrina

Célula interplexiforme

Neurona ganglionar

FIGURA 20-1. Representación esquemática de las neuronas retinianas. Los números que se observan a la izquierda representan las 10 capas histológicas. (Compárese con la fig. 20-5.) Las membranas limitantes interna y externa (las capas 3 y 10) están formadas por las prolongaciones citoplasmáticas de los neurogliocitos (células de Müller) que se extienden en posición horizontal y que no se muestran en el diagrama.

óptica. La agudeza visual es máxima en la fóvea, cuyo centro (la **fovéola**) contiene únicamente conos como fotorreceptores. La red capilar presente en todas las zonas de la retina desaparece en el centro de la fóvea. Cuando se observa la retina con un oftalmoscopio, la fóvea presenta un color rojo más oscuro que las partes circundantes de la retina porque el pigmento de color negro llamado melanina presente en el interior de la coroides y el epitelio pigmentario no se encuentra oculto por la sangre capilar. (La fóvea visible suele denominarse *mácula* en las descripciones oftalmoscópicas de la retina.)

La retina funcional finaliza por su parte anterior en un borde irregular denominado *ora serrata*. Pasada esta línea, la porción ciliar de la retina está formada por una doble capa de epitelio cilíndrico, cuya capa externa está pigmentada.

EL EPITELIO PIGMENTARIO

El epitelio pigmentario es una capa única de células que refuerza la propiedad de absorción de la luz de la coroides al reducir la dispersión lumínica dentro del ojo (v. fig. 20-1). La zona basal de cada célula contiene el núcleo y unos pocos gránulos pigmentarios. Las prolongaciones que se extienden desde la superficie libre de la célula se intercalan con las regiones fotosensibles externas de los conos y los bastones. Estas prolongaciones, que están llenas de gránulos de pigmento melánico, aíslan cada uno de los fotorreceptores y potencian la agudeza visual. Una segunda función del epitelio pigmentario es la eliminación por fagocitosis de los discos membranosos que se desprenden de los extremos externos de los conos y los bastones.

FOTORRECEPTORES

La parte sensible a la luz de un fotorreceptor es la externa, que se encuentra en una posición adyacente al epitelio pigmentario. Por lo tanto, la luz incidente tiene que atravesar casi toda la retina antes de ser detectada. Estas capas no representan una barrera significativa para la luz porque la

retina es transparente, y su grosor no supera los 0,4 mm en ningún punto.

Bastones

La retina humana contiene aproximadamente 130 millones de bastones, un número aproximadamente 20 veces mayor que el de conos. Los bastones no están presentes en la parte central de la fóvea y, a partir de este punto y hasta la *ora serrata*, su número va en aumento. Debido a esta distribución, los bastones son importantes para la visión periférica. Existe una gran densidad de conos a lo largo del borde de la *ora serrata*, posiblemente con el fin de permitir el reconocimiento de los objetos que entran en la periferia del campo visual. Los bastones son más sensibles a la luz tenue que los conos, y la fovéola, que carece de bastones, no es sensible en la oscuridad. La mejor manera de detectar un punto de luz débil, como una estrella tenue, es mirar hacia un punto levemente alejado de ella. Cada bastón posee tres partes: el segmento externo, el segmento interno y la fibra del bastón. Los segmentos externo e interno presentan un grosor de unos 2 µm, y su longitud conjunta varía entre 60 µm cerca de la fóvea y 40 µm en la periferia de la retina. La **fibra del bastón** es un filamento fino que comprende el núcleo en una región ensanchada y finaliza en un terminal sináptico que entra en contacto con neuronas bipolares y neuronas de asociación.

Mediante microscopía electrónica, se ha observado que la gran parte del **segmento externo** fotosensible está ocupada por unos 700 discos membranosos de doble capa o sáculos aplanados (figs. 20-2 y 20-3). Estos discos se renuevan continuamente a partir del segmento interno del bastón y se desprenden del extremo externo del segmento externo. (Los conos se renuevan mediante un mecanismo similar.) Los discos contienen un pigmento denominado **rodopsina** (púrpura visual), que da a la retina un color rojo purpúreo cuando ésta se extrae del ojo y se observa bajo una luz tenue. La rodopsina se compone de una proteína, la opsina, que presenta un enlace químico débil con el retinal, un derivado de la vitamina A. La absor-

Desprendimiento de retina

El epitelio pigmentario se encuentra fijado a la coroides, pero su fijación a las capas internas de la retina no es tan firme. El desprendimiento de retina, que puede ser la consecuencia de un golpe en el ojo o presentarse de forma espontánea, consiste en la separación de las capas neurales del epitelio pigmentario. Se acumula líquido en el espacio así formado entre las partes de la retina derivadas de las dos capas del cáliz óptico. El desprendimiento de retina puede provocar ceguera si no se trata.

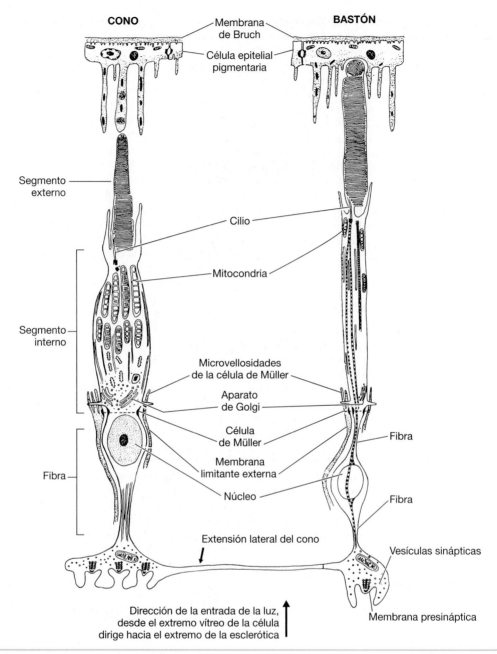

FIGURA 20-2.   Componentes ultraestructurales de los conos y los bastones y sus partes constituyentes. Las estructuras nombradas se describen en el texto. (Modificado y reimpreso con autorización de Enoch JM, Tobey FL, eds. *Springer series in optical sciences,* vol 23. Heidelberg: Springer-Verlag, 1981. Por cortesía del Dr. B. Borwein.)

ción de un cuanto lumínico altera la estructura de una molécula de rodopsina. La serie de reacciones químicas que sigue determina la hiperpolarización de la membrana de superficie del segmento interno y la fibra del bastón, con la consecuente inhibición de la liberación del neurotransmisor (el cual se cree que es el glutamato), que se segrega de forma continua en la oscuridad. Es una propiedad curiosa de los fotorreceptores, que se inhiben al recibir sus estímulos específicos.

El **segmento interno** de un bastón contiene los orgánulos que podemos encontrar en todos los tipos de células: mitocondrias, neurofilamentos, vesículas y el retículo endoplasmático granular. Los segmentos interno y externo se encuentran unidos por un cilio (v. fig. 20-3).

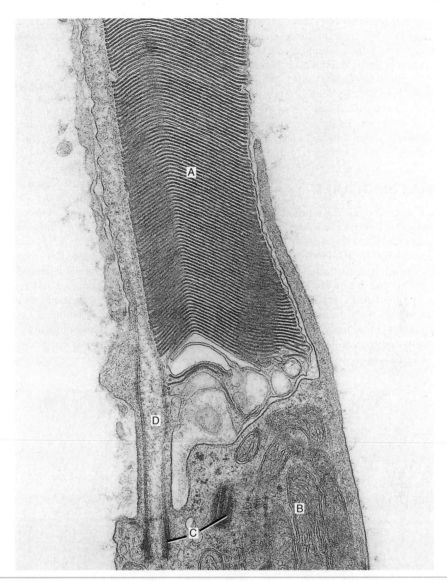

FIGURA 20-3. Microfotografía electrónica de un bastón de la retina humana en la que se observa una parte del segmento externo y la región adyacente del segmento interno. (A) Discos membranosos del segmento externo; (B) mitocondrias; (C) centríolos; (D) cilio. (× 30.000; por cortesía del Dr. M. Hogan.)

Conos

Los conos son fotorreceptores especialmente importantes debido a su función en la agudeza visual y la visión de los colores. Los conos, similares a los bastones, están formados por un segmento externo y otro interno y una fibra del cono.

El **segmento externo** afilado de un cono está compuesto principalmente de discos de doble capa cargados de pigmento (v. fig. 20-2). Existen tres tipos diferentes de conos, y cada uno de ellos contiene un pigmento diferente. Cada uno de los pigmentos de los conos se asemeja a la rodopsina en que se compone de retinal combinado con una proteína. Podemos observar tres proteínas (**opsinas de los conos**) y cada una se combina con retinal, de modo que permiten la máxima absorción de la luz roja, verde o azul. Los tres tipos de conos dan lugar a la **visión tricromática**.

El **segmento interno** de un cono es similar al segmento interno de un bastón, pero su tamaño es mayor.

La proporción de conos con respecto a los bastones es alta en el área macular, pero se reduce progresivamente desde la mácula hasta la periferia de la retina. La fovéola, situada en el centro de la fóvea, únicamente contiene conos. Las fibras de los conos y las neuronas bipolares divergen a partir del centro de la fóvea, creando una leve concavidad y reduciendo al mínimo todo posible impedimento para que la luz pase a través de la retina. La ausencia de capilares retinianos en el centro de la fóvea elimina la dispersión lumínica por parte de la sangre en circulación. En la figura 20-4 se muestran los fotorreceptores de los conos como se pueden observar en una microfotografía electrónica de barrido.

NEURONAS BIPOLARES

Existen varios tipos de neuronas bipolares en función de la estructura y las propiedades fisiológicas de cada una de ellas. Estas neuronas se intercalan entre las neuronas fotorreceptoras y las neuronas ganglionares (v. fig. 20-1). Una neurona bipolar entra en contacto con múltiples bastones (que oscilan entre 10 en el área cercana a la mácula y 100 en la periferia). Si bien existe cierto grado de convergencia de los conos con las neuronas bipolares en las partes periféricas de la retina, esto no sucede en la fóvea, punto en el cual la agudeza

visual es máxima. En esta área, cada fibra de cono forma sinapsis con las dendritas de varias neuronas bipolares.

NEURONAS GANGLIONARES

Las neuronas ganglionares son neuronas bastante grandes con agregados de sustancia de Nissl, y forman el último enlace de la retina con la vía óptica (v. fig. 20-1). Las neuronas bipolares entran en contacto tanto con las dendritas como con los cuerpos celulares de las células ganglionares. Los axones de las células ganglionares, que forman una capa adyacente al cuerpo vítreo, convergen en la papila óptica. En este punto, los haces de axones y las prolongaciones de los neurogliocitos atraviesan los orificios existentes en la esclerótica, que a este nivel se denomina **lámina cribosa**. Detrás de la esclerótica forman el nervio óptico. Los axones únicamente poseen vainas de mielina tras atravesar la esclerótica, aunque en algunas personas existen haces de axones mielínicos en la retina, donde presentan un aspecto de estrías blancas si se observan con un oftalmoscopio.

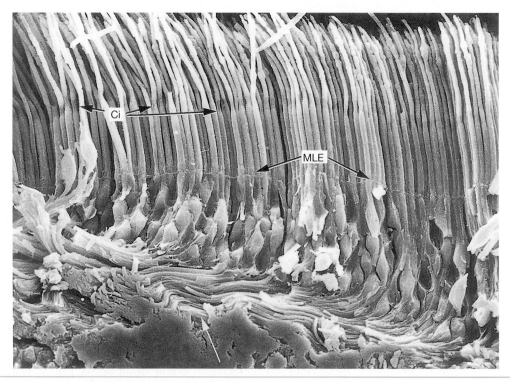

FIGURA 20-4. Microfotografía electrónica de barrido de los conos de la fóvea en un mono. Todos los fotorreceptores presentan una constricción en la base de su cilio (Ci). La membrana limitante externa (MLE) tiene el aspecto de una línea fina. Las fibras internas de los conos *(flecha blanca)* dan un brusco giro hacia atrás formando un ángulo con los fotorreceptores y sus núcleos. Ésta es una peculiaridad de los conos de la fóvea. (Reimpreso con autorización de Enoch JM, Tobey FL, ed. *Springer series in optical sciences,* vol 23. Heidelberg: Springer-Verlag, 1981. Por cortesía del Dr. B. Borwein.)

Defectos en la visión cromática

Los tres tipos de conos permiten que la corteza de asociación visual identifique una gama completa de colores en función de las señales recibidas de la retina. Si no se produce una de las opsinas de los conos (o se produce pero existe un desplazamiento de su espectro de absorción), la visión es **dicromática,** y esta alteración provoca que no se puedan diferenciar determinados colores distintos. La alteración de la visión del color más frecuente es una incapacidad para separar determinados matices cromáticos de rojo y verde, y está provocada por defectos en un gen que codifica la opsina del cono que absorbe la parte me-

dia del espectro visible. Este trastorno se da en el 8 % de los hombres y el 0,5 % de las mujeres, porque el gen anómalo recesivo está ubicado en el cromosoma X en la mayoría de las ocasiones, aunque no en todos los casos. El dicromatismo entre el amarillo y el azul se presenta con mucha menos frecuencia (en el 1 % de los hombres y el 0,01 % de las mujeres). El **monocromatismo,** cuya causa son genes defectuosos que codifican dos o las tres opsinas de los conos y que representa la única acromatopsia real, cursa con visión en blanco y negro mediada por uno de los tipos de conos o únicamente por los bastones. Existen los dos tipos de monocromatismo, pero son extremadamente infrecuentes.

Una minoría de neuronas ganglionares retinianas responde directamente a la luz. Estas neuronas contienen melanopsina, un pigmento visual que absorbe la parte azul del espectro lumínico. Sus axones finalizan en el área pretectal del mesencéfalo y en el núcleo supraquiasmático del hipotálamo. Existen datos que indican que la primera conexión interviene en la miosis prolongada ante la luz brillante, una función que se mantiene en la retinitis pigmentaria, que es una enfermedad en la que los bastones y los conos degeneran. (En el cap. 8 se pueden consultar los circuitos del reflejo fotomotor pupilar.) Se ha demostrado en animales de laboratorio que la proyección del haz retinohipotalámico regula las respuestas fisiológicas a la iluminación ambiental (v. cap. 11).

SINAPSIS DE LA RETINA

La excitación y la inhibición de las neuronas ganglionares dependen de las propiedades específicas de los fotorreceptores y las neuronas bipolares. En la oscuridad, la porción presináptica de un fotorreceptor libera su neurotransmisor de forma continua. La liberación del neurotransmisor se suprime con la iluminación. De este modo, la actividad de la célula receptora queda inhibida por la luz. Las neuronas bipolares no conducen potenciales de acción. Todas sus neuritas (y las de otras interneuronas retinianas) se denominan *dendritas.* Algunas neuronas bipolares responden al neurotransmisor liberado por los fotorreceptores con una hiperpolarización de la membrana celular. Otras responden al mismo neurotransmisor con una despolarización parcial. La cantidad de neurotransmisor liberada por las neuritas presinápticas de una neurona bipolar varía en función

de la magnitud de la despolarización parcial de la célula.

Los neurotransmisores de la retina aún no se han identificado con precisión. En la retina humana se han detectado varias posibles sustancias mediante análisis inmunohistoquímicos. Entre ellas se encuentra el glutamato, que está presente en los fotorreceptores, en muchas neuronas bipolares y en las neuronas ganglionares. Se sabe que el glutamato es el neurotransmisor excitador en las sinapsis que se dan en la mayoría de las demás partes del sistema nervioso central (SNC).

NEURONAS DE ASOCIACIÓN

La transmisión sináptica en la retina está sujeta a modificaciones efectuadas por interneuronas, que se conocen por el nombre de *neuronas de asociación* (v. fig. 20-1). Las **células horizontales** están situadas en la parte externa de la zona que ocupan los cuerpos celulares de las neuronas bipolares. Sus dendritas contactan con los terminales sinápticos de los fotorreceptores y con las dendritas de las neuronas bipolares, sobre las cuales ejercen un efecto inhibidor. Las **células amacrinas** están situadas en la parte interna de la zona que ocupan los cuerpos celulares de las neuronas bipolares. Las dendritas de una neurona amacrina surgen del mismo lado de la célula para luego ramificarse y terminar en los complejos sinápticos que se dan entre células bipolares y ganglionares y en las células interplexiformes, que se describen a continuación. Las neuronas amacrinas contienen muchos presuntos neurotransmisores, y probablemente existan neurotransmisores inhibidores y excitadores. Las **células interplexiformes** se intercalan entre los cuerpos celulares de las células bipolares. Se hallan en posición postsináptica con respecto a las neuronas amacrinas y en posición presináptica con respecto a las neuronas horizontales y bipolares, por lo que representan un bucle de retroalimentación mediante el cual la información neuronal vuelve a pasar de la capa interna a la externa de las dos capas de sinapsis retinianas.

Las interneuronas retinianas ejercen una **inhibición lateral**, una disposición que potencia la transmisión central desde las regiones oscuras e iluminadas adyacentes de la retina. De este modo, las señales enviadas al cerebro se compensan dando prioridad a los bordes de las imágenes. (En el cap. 19 se explica un ejemplo más sencillo de inhibición lateral.)

CÉLULAS DE LA NEUROGLIA

Las capas más internas de la retina contienen astrocitos similares a los presentes en la sustancia gris del cerebro. También existe un gran número de neurogliocitos radiales denominados **células de Müller**. Estas células se extienden desde la capa más interna de la retina hasta la unión de los segmentos internos de los conos y los bastones con sus correspondientes fibras. Presentan prolonga-

ciones laterales que se sitúan entre los elementos neuronales de la retina y ejercen una acción de sostén equivalente a la de los astrocitos (v. cap. 2) en el resto del SNC.

CAPAS HISTOLÓGICAS

En cortes teñidos con hemalum y eosina (una combinación de colorantes de uso habitual que tiñe los núcleos celulares de violeta azulado y todo lo demás de rosa), la retina se observa formada por 10 capas. Estas capas se muestran en la figura 20-5, la cual puede compararse con la ilustración de las células que forman la retina de la figura 20-1.

VASCULARIZACIÓN

La retina recibe irrigación sanguínea de dos fuentes diferentes. La **arteria central de la retina** se introduce en el ojo a través de la papila óptica, y sus ramificaciones se extienden por la superficie interna de la retina. Sus pequeñas ramas penetran en la retina y forman una red capilar que se extiende hasta el borde externo de la capa nuclear interna. El lecho capilar drena en las venas retinianas que convergen en la superficie de la papi-

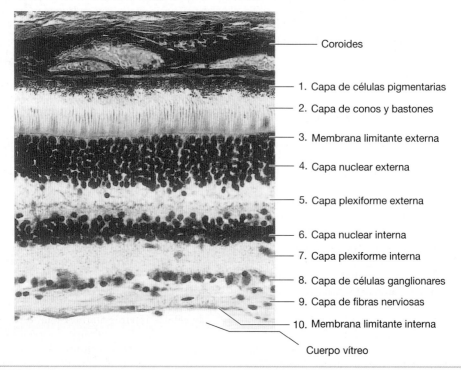

FIGURA 20-5.   Corte de la retina humana en el que se observan las capas existentes teñidas con hemalum y eosina. (Compárese con la fig. 20-1.)

▓ NOTAS CLÍNICAS

Oclusión de la arteria retiniana

Un émbolo pequeño, desprendido de un trombo situado en la aurícula izquierda o de una placa de ateroma situada en una arteria carótida, puede obstruir la arteria central de la retina en la papila óptica, punto en el cual el vaso se estrecha al atravesar la esclerótica. Esto causa una ceguera inmediata en el ojo. Un émbolo de un tamaño incluso menor puede bloquear una rama de la arteria central, causando un pequeño defecto en el campo visual de un ojo. Las larvas microscópicas de *Toxocara canis* y *T. cati* (nematodos que suelen estar presentes en los intestinos de perros y gatos) pueden introducirse en la circulación de niños pequeños que comen tierra contaminada con las heces de las mascotas. Se producen disfunciones en el campo visual cuando las larvas se alojan en las ramas de las arterias retinianas. El émbolo parasitario causa una pequeña respuesta inflamatoria, proceso que crea una lesión granular que se puede detectar fácilmente con un oftalmoscopio.

la óptica y se reúnen para formar la vena central de la retina. El segundo aporte de sangre procede de la capa capilar de la **coroides**. Los nutrientes solubles, el oxígeno y los metabolitos de pequeño tamaño molecular difunden desde la coroides hacia la parte externa de la retina. Las capas que contienen el epitelio pigmentario, el fotorreceptor y las neuronas bipolares carecen de capilares.

La vía hacia la corteza visual

Existe una proyección punto a punto entre la retina y el núcleo dorsal del cuerpo geniculado lateral del tálamo, y desde este núcleo hasta la corteza visual primaria del lóbulo occipital. Por lo tanto,

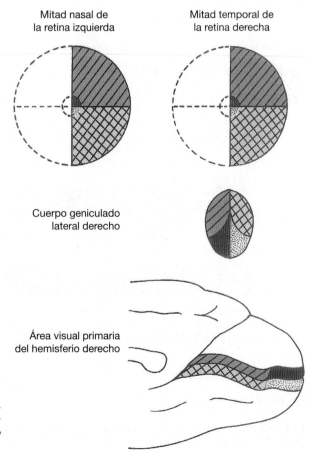

Mitad nasal de la retina izquierda

Mitad temporal de la retina derecha

Cuerpo geniculado lateral derecho

Área visual primaria del hemisferio derecho

FIGURA 20-6. Topografía de las proyecciones que van desde las retinas hasta el cuerpo geniculado lateral y la corteza visual primaria.

existe una pauta espacial de excitación cortical en función de la imagen retiniana del campo visual. Antes de analizar los componentes de la vía óptica, será de gran utilidad establecer unas ciertas reglas generales relativas a la proyección que discurre desde la retina hasta la corteza.

PROYECCIONES RETINIANAS

Para describir la proyección retiniana, cada retina se divide en dos mitades, una nasal y otra temporal, mediante una línea vertical que atraviesa la fóvea. Una línea horizontal, que también atraviesa la fóvea, divide cada mitad de la retina en cuadrantes superiores e inferiores. El área macular para la visión central se representa separada del resto de la retina. En la figura 20-6 se ilustran las siguientes normas relativas a la proyección central de las áreas retinianas:

1. Los axones procedentes de las *mitades derechas* de las dos retinas finalizan en el cuerpo geniculado lateral *derecho*, y la información visual se transmite desde ese punto a la corteza visual del hemisferio derecho. En la proyección contralateral la situación es la inversa.
2. Los axones de los *cuadrantes superiores* periféricos con respecto a la mácula finalizan en la parte medial del cuerpo geniculado lateral, y los impulsos son retransmitidos hacia los dos tercios anteriores de la corteza visual *por encima* de la cisura calcarina.
3. Los axones de los *cuadrantes inferiores* periféricos con respecto a la mácula finalizan en la porción lateral del cuerpo geniculado lateral, y desde allí se dirigen a los dos tercios anteriores de la corteza visual, situados *por debajo* la cisura calcarina.
4. La *mácula* se proyecta hacia una región posterior relativamente amplia del cuerpo geniculado lateral, el cual, a su vez, envía fibras al tercio *posterior* de la corteza visual, en la región del polo occipital. La mácula posee un diámetro de apenas 5 mm, pero las proporciones del cuerpo geniculado lateral y de la corteza visual, que reciben fibras que se ocupan de la visión macular, son amplias debido a la importancia de la visión central con la máxima discriminación.

CAMPOS VISUALES

Las disfunciones visuales debidas a la interrupción de la vía en cualquier punto desde la retina hasta la corteza visual se describen en función del campo visual en lugar de hacerlo basándose en la

retina. *La imagen retiniana de un objeto situado en el campo visual se encuentra girada e invertida de izquierda a derecha,* igual que una imagen grabada en la película de una cámara, que también está girada e invertida.

Las siguientes normas, por lo tanto, son aplicables a la representación nuclear y cortical de las regiones del campo visual.

1. El campo visual izquierdo se encuentra representado en el cuerpo geniculado lateral derecho y en la corteza visual del hemisferio derecho, y viceversa.
2. La mitad superior del campo visual se representa en la porción lateral del cuerpo geniculado lateral y en la corteza visual por debajo de la cisura calcarina.
3. La mitad inferior del campo visual se proyecta en la porción medial del cuerpo geniculado lateral y en la corteza visual por encima de la cisura calcarina.

EL NERVIO ÓPTICO, EL QUIASMA ÓPTICO Y LA CINTILLA ÓPTICA

Cada uno de los nervios ópticos contiene aproximadamente un millón de axones, todos ellos mielínicos; esta cifra tan alta nos demuestra la importancia de la visión en los humanos. El nervio óptico está rodeado de extensiones de las meninges (v. también cap. 26). La piamadre se encuentra adherida al nervio, y está separada de la aracnoides por una ampliación del espacio subaracnoideo. La duramadre forma una cubierta externa, y las membranas meníngeas que rodean el nervio se fusionan con la túnica esclerótica fibrosa del globo ocular. La arteria y la vena centrales de la retina perforan las membranas meníngeas y quedan incrustadas en la parte anterior del nervio óptico.

La **decusación parcial** de las fibras del nervio óptico en el interior del quiasma óptico es necesaria para la visión binocular. Las fibras procedentes de la mitad nasal o medial de cada retina se decusan en el interior del quiasma y se unen a las fibras no decusadas procedentes de la mitad temporal o lateral de la retina para formar la cintilla óptica. De este modo, mientras que los impulsos que son conducidos hacia el hemisferio cerebral derecho por la cintilla óptica derecha representan la mitad izquierda del campo de visión, el campo visual derecho se representa en el hemisferio izquierdo. Inmediatamente después de cruzarse en el quiasma, las fibras procedentes de la mitad nasal de la retina dan un giro hacia adelante, recorriendo una pequeña distancia en el nervio óptico. De este modo, una lesión en la que se produzca una sección transver-

Papiledema

Un aumento de la presión del líquido cefalorraquídeo que rodea al nervio óptico obstruye el retorno venoso. Como consecuencia, se produce un edema o una tumefacción en la papila óptica (papiledema). Esta lesión es apreciable con un of-

talmoscopio, y es una indicación muy valiosa de un aumento de la presión intracraneal. Una parte de la tumefacción la provoca el engrosamiento de los axones situados en el interior de la papila, y es atribuible a la obstrucción parcial del transporte axonal anterógrado (v. cap. 2) por el interior de las fibras del nervio óptico.

sal del nervio óptico muy cerca del quiasma puede provocar una disfunción del campo visual temporal del ojo opuesto, además de provocar ceguera en el ojo cuyo nervio óptico ha sido interrumpido. La cintilla óptica traza una curva alrededor del extremo anterior del mesencéfalo y finaliza en el cuerpo geniculado lateral del tálamo.

Algunas de las fibras procedentes de la retina abandonan el quiasma óptico y la cintilla óptica para dirigirse a otras zonas fuera del cuerpo geniculado lateral. Esto se explicará después de realizar un análisis de la vía de la percepción visual consciente.

EL CUERPO GENICULADO LATERAL, EL FASCÍCULO GENICULOCALCARINO Y LA CORTEZA VISUAL

El **cuerpo geniculado lateral** es una pequeña prominencia situada bajo la proyección posterior del

pulvinar del tálamo. El núcleo dorsal del cuerpo geniculado lateral, en el cual terminan la mayoría de las fibras de la cintilla óptica, está formado por seis capas de neuronas. En la estructura general que se muestra en la figura 20-6 y descrita anteriormente, las fibras decusadas de la cintilla óptica finalizan en las capas 1, 4 y 6, y las fibras que no se decusan finalizan en las capas 2, 3 y 5.

El **fascículo geniculocalcarino**, cuyo origen se encuentra en el cuerpo geniculado lateral, atraviesa en primer lugar las partes sublenticular y retrolenticular de la cápsula interna. A partir de ahí, sus fibras pasan alrededor del ventrículo lateral, y se curvan en sentido posterior hacia la corteza visual (fig. 20-7). Algunas de las fibras geniculocalcarinas se desplazan hacia adelante a gran distancia por el asta temporal del ventrículo lateral. Estas fibras, que constituyen el **asa temporal** o **asa de Meyer** del fascículo geniculocalcarino, se dirigen a la corteza visual por debajo de la cisura calcarina. Observando la proyección retiniana que se mues-

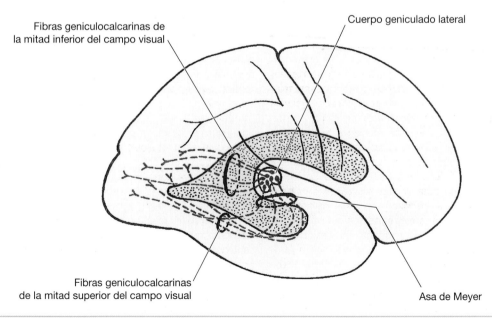

FIGURA 20-7.   Proyecciones geniculocalcarinas.

tra en la figura 20-6 parece evidente que una lesión en el lóbulo temporal que afecte al asa de Meyer provocará un defecto en el campo visual superior del lado opuesto a la lesión. Una lesión producida en el lóbulo parietal, por otra parte, puede afectar a las fibras geniculocalcarinas que se dirigen hacia la corteza visual por encima de la cisura calcarina, y el resultado es una disfunción en el campo visual inferior del lado opuesto de la lesión.

La **corteza visual primaria** ocupa los labios superior e inferior de la cisura calcarina, en la superficie medial del hemisferio cerebral. El área es mucho mayor de lo que parecen indicar los mapas corticales, debido a la profundidad de la cisura

calcarina. La corteza visual primaria (área 17 de Brodmann) está marcada por la banda de Gennari (v. fig. 14-3), y recibe también el nombre de **área estriada**. En el cuerpo geniculado lateral y la corteza visual existe una proyección punto por punto de la retina. El tamaño del punto retiniano se reduce al diámetro de un único cono para obtener la mayor agudeza visual posible en la parte central de la fóvea. La coordinación precisa de los movimientos de los ojos garantiza que las pautas retinianas de activación se corresponden la una con la otra, hecho necesario para permitir la visión binocular. La **corteza de asociación visual** humana es amplia, y comprende todo el lóbulo occipital, la parte pos-

Defectos visuales provocados por la interrupción de la vía

La figura 20-8 muestra ejemplos que ilustran diversas reglas generales que rigen los defectos del campo visual provocados por lesiones de la vía óptica. El *ejemplo 1* es obvio: una enfermedad degenerativa o una lesión graves que afectan a un nervio óptico provocan ceguera en el ojo correspondiente. La esclerosis múltiple, en la cual los axones centrales pierden sus vainas mielínicas, puede causar ese efecto. El *ejemplo 2* trata de la interrupción de las fibras que se decusan en el quiasma óptico, lo cual provoca **hemianopsia bitemporal** si se interrumpe el quiasma en todo su espesor. (Este término significa que existe una ceguera en las mitades laterales del campo visual, pero cada una de las mitades laterales sigue siendo visible, ya que la mitad de la retina contralateral permanece intacta.) Las mitades mediales de los campos visuales presentan una visión binocular normal, pero en las mitades laterales sólo existe la visión monocular. La lesión que afecta con más frecuencia al quiasma óptico es un tumor hipofisario que ejerce presión sobre él desde la parte inferior. Este trastorno interrumpe en primer lugar las fibras procedentes de los cuadrantes nasales inferiores de ambas retinas. El defecto visual comienza en forma de escotoma en cada uno de los cuadrantes temporales superiores del campo visual y avanza por los campos temporales a medida que va aumentando la afectación del quiasma. La presión sobre el borde lateral del quiasma óptico *(ejemplo 3)* tiene lugar con muy poca frecuencia, pero puede suceder cuando existe un aneurisma de la arteria carótida interna en este punto. El defecto del

campo visual, en el caso de la presión sobre el borde derecho del quiasma, es una hemianopsia nasal en el ojo derecho. La interrupción de la cintilla óptica derecha *(ejemplo 4)* provoca **hemianopsia homónima.**

En el *ejemplo 5* se muestra una lesión de gran tamaño que daña el fascículo geniculocalcarino o la corteza visual primaria. Una lesión extensa en la parte derecha provoca una hemianopsia homónima izquierda, excepto que la visión central puede permanecer intacta (preservación macular). La corteza del lóbulo occipital controla los movimientos oculares involuntarios que mantienen la fijación de la mirada en un objetivo situado en el campo visual. Es probable que una ligera desviación de la fijación de la mirada del paciente durante la exploración de los campos visuales provoque un fenómeno conocido como *preservación macular* en pacientes con lesiones corticales occipitales. La destrucción de sólo una parte del fascículo geniculocalcarino o de la corteza visual primaria provoca defectos del campo visual de menor extensión que la hemianopsia. Un ejemplo puede ser el defecto visual en el cuadrante superior del campo visual opuesto tras la interrupción de las fibras que comprenden el asa de Meyer en la sustancia blanca del lóbulo temporal (v. fig. 20-7).

Es importante recordar que los defectos del campo visual pueden ser consecuencia de lesiones oculares, además de deberse a lesiones de las vías centrales o de la corteza. Por ejemplo, la degeneración macular senil es un trastorno frecuente que provoca un área de ceguera en el centro del campo, con frecuencia bilateralmente. En el glaucoma crónico, provocado por un aumento de la presión intraocular, se produce una atrofia de las partes periféricas de la retina.

Continúa

Campos visuales

Temporal | Nasal   Nasal | Temporal

1.
Lesión: nervio óptico derecho
Defecto: ceguera en el ojo derecho

2.
Lesión: quiasma óptico en la línea media
Defecto: hemianopsia bitemporal

3.
Lesión: borde derecho del quiasma
Defecto: hemianopsia nasal
         en el ojo derecho

4.
Lesión: cintilla óptica derecha
Defecto: hemianopsia homónima
         izquierda

5.
Lesión: fascículo geniculocalcarino
         derecho o corteza visual
Defecto: hemianopsia homónima izquierda
         con preservación de la visión macular

Vía óptica observada desde arriba

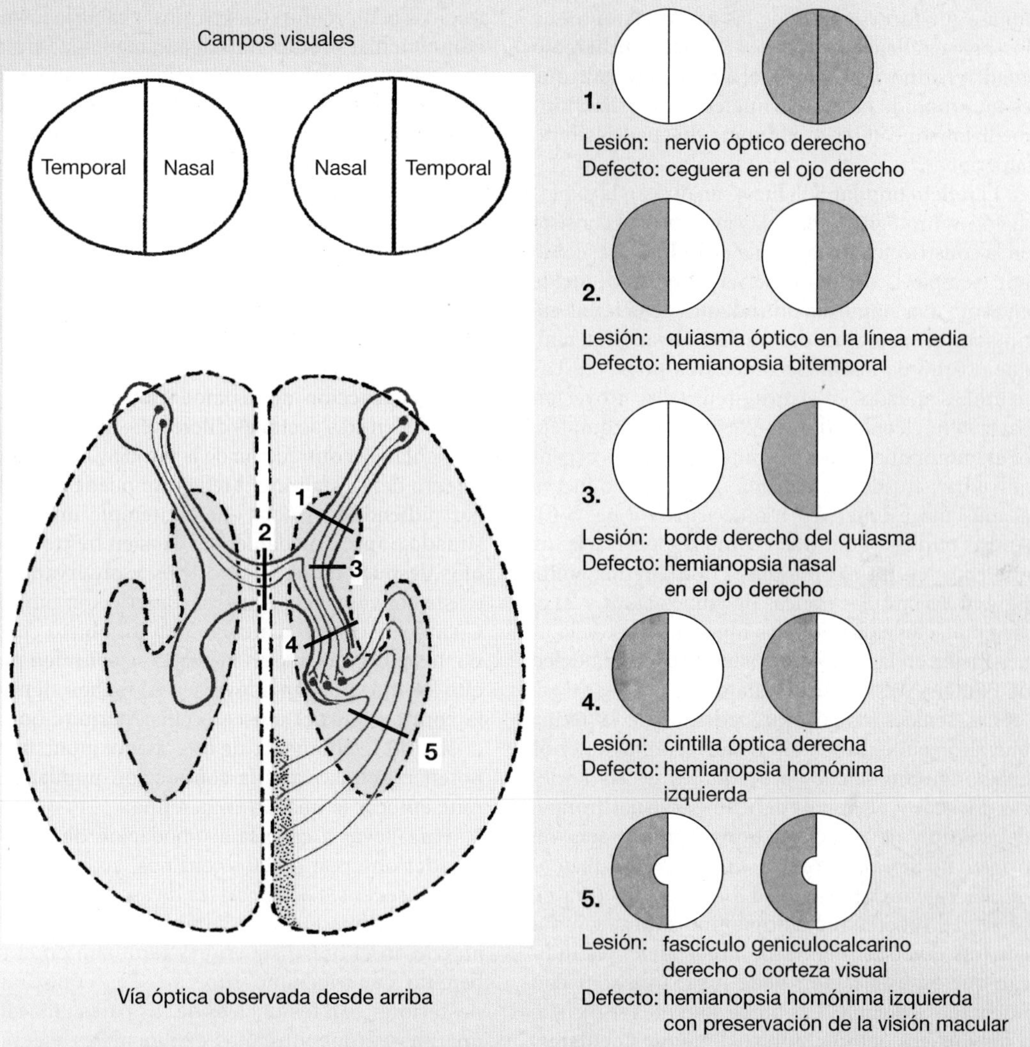

FIGURA 20-8. Defectos del campo visual causados por lesiones en cinco puntos diferentes de la vía óptica.

terior adyacente del lóbulo parietal, la parte posterior de la superficie lateral del lóbulo temporal y una gran parte de la superficie interior del lóbulo temporal. Esta corteza está implicada en el reconocimiento de los objetos y la percepción del color, la profundidad, el movimiento y de otros aspectos de la visión de complejidad creciente en función de la distancia con respecto a la cisura calcarina. En general, las cortezas occipital y parietal posterior analizan las posiciones de los objetos en los campos visuales, y la corteza temporal se ocupa de su identificación. El reconocimiento del color tiene lugar en la corteza de la parte medial de las superficies inferiores de los lóbulos occipital y temporal.

La superficie inferolateral del lóbulo temporal, que se analiza también en los capítulos 15 y 18, está implicada en la interpretación, el recuerdo y la recuperación de las imágenes formadas. La organización de la corteza visual en columnas de células se repasa sucintamente en el capítulo 14. En cuanto a los trastornos de la corteza de asociación visual, consúltese el capítulo 15.

Reflejos visuales

Un pequeño haz de axones procedentes de la cintilla óptica sortea el cuerpo geniculado lateral y se introduce en el **brazo del tubérculo cuadrigémi-no (colículo) superior** (v. figs. 6-2 y 7-15). Estas fibras, que forman parte de las ramas aferentes de los arcos reflejos, se dirigen hacia el **tubérculo cuadrigémino superior** y el **área pretectal**, que es un grupo de pequeños núcleos en posición inmediatamente anterior al tubérculo cuadrigémino superior.

El **reflejo pupilar a la luz** se analiza en la exploración neurológica habitual, y la respuesta consiste en la constricción de la pupila cuando la luz, como por ejemplo la de una linterna de bolsillo, incide en el ojo. Los impulsos procedentes de la retina estimulan las neuronas del **núcleo olivar pretectal**, que es uno de los núcleos del área pretectal. Las neuronas situadas en el área pretectal se proyectan hacia el núcleo de Edinger-Westphal del complejo oculomotor que, a su vez, emite fibras hacia el ganglio ciliar situado en la órbita. Este ganglio inerva el músculo esfínter del iris (v. cap. 8 y fig. 8-6). Ambas pupilas se contraen como respuesta a la luz que entra en un ojo porque: 1) cada retina emite fibras a las cintillas ópticas de ambos lados y 2) el área pretectal emite algunas fibras a través de la línea media en la comisura posterior hacia el núcleo de Edinger-Westphal contralateral.

Las señales visuales procedentes de la retina que alcanzan el tubérculo cuadrigémino superior colaboran con señales procedentes de las cortezas parietal y occipital, del campo visual frontal, del pálido y de la médula espinal, zonas que son origen de fibras aferentes dirigidas al tubérculo cuadrigémino superior. La citoarquitectura en capas del tubérculo cuadrigémino superior junto con sus diversas fuentes de fibras aferentes indican que en esta región tiene lugar una actividad integradora notable. Las fibras eferentes se dirigen a los núcleos oculomotores (o motores oculares) accesorios, la formación reticular protuberancial paramediana y el área pretectal, y unas cuantas descienden hacia los segmentos cervicales de la médula espinal. Esta última vía se conoce con el nombre de *fascículo tectoespinal*.

Las funciones de los aferentes retinianos del tubérculo cuadrigémino superior no pueden se-

pararse fácilmente de las funciones del resto de aferentes. Las fibras eferentes dirigidas hacia los núcleos oculomotores accesorios y hacia la formación reticular protuberancial paramediana forman parte de la vía que controla tanto los **movimientos voluntarios** como los **movimientos involuntarios de los ojos**, como se ha descrito en el capítulo 8. Una conexión indirecta con el núcleo de Edinger-Westphal a través del área pretectal controla las contracciones de los músculos ciliares y del esfínter del iris en la acomodación (v. más adelante). Se cree que el pequeño fascículo tectoespinal influye en los movimientos de la cabeza necesarios para la fijación de la mirada.

Cuando se centra la atención en un objeto cercano, la **reacción de acomodación-convergencia** consiste en tres acciones diferentes: la convergencia ocular, la contracción de la pupila y el abombamiento del cristalino. El reflejo se puede comprobar pidiendo al sujeto que contemple un objeto situado a aproximadamente 30 cm en frente de los ojos después de mirar a lo lejos y observando si existe convergencia ocular y constricción pupilar. Cuando se centra la atención en un objeto cercano, los músculos rectos mediales se contraen para que los ojos puedan converger. Al mismo tiempo, la contracción del músculo ciliar permite que el cristalino se abombe y, de este modo, aumente su potencia refractiva, y la contracción pupilar permite enfocar la imagen en la retina.

Para llevar a cabo la acomodación de la vista y poder observar objetos cercanos, las instrucciones procedentes de la corteza de asociación visual alcanzan el mesencéfalo a través de las fibras que atraviesan el brazo superior y terminan en el tubérculo cuadrigémino superior. Las conexiones posteriores con los núcleos de los pares craneales que inervan los músculos extraoculares y con el núcleo de Edinger-Westphal ya se han explicado con anterioridad. *El campo visual frontal, necesario para los movimientos conjugados voluntarios de los ojos, no participa en la convergencia ocular.* Se sabe que las vías de los reflejos de contracción pupilar a la luz y de acomodación son diferentes porque una enfermedad puede disociar el uno del otro.

Pupila de Argyll Robertson

Muchos enfermos con sífilis del SNC (una dolencia extremadamente infrecuente en la actualidad) presentan una ausencia del reflejo fotomotor, pero mantienen el reflejo de acomodación: es la **pupila de Argyll Robertson** o **disociación del re-flejo fotomotor.** La lesión que suele provocar la disociación de las respuestas afecta al área pretectal, pero se han descrito casos en los que no existía ninguna anomalía en esta parte del mesencéfalo. La causa probable del pequeño tamaño y la leve irregularidad que se presentan en la pupila de Argyll Robertson es la afectación local del iris.

Visión ciega

El trastorno humano conocido como **visión ciega** se observa ocasionalmente en pacientes que han sufrido lesiones destructivas en las vías geniculoestriadas. A pesar de la completa ausencia de visión consciente, las pruebas conductuales pueden demostrar que existe percepción de los movimientos o de cambios en la iluminación.

La **dilatación de las pupilas** se da en respuesta a dolores o estados emocionales intensos. Se supone que la vía se inicia con fibras procedentes de la amígdala y del hipotálamo, las cuales influyen sobre la columna celular intermediolateral de la médula espinal. La vía continúa su trayectoria hacia el ganglio cervical superior del tronco simpático, y se completa con las fibras posganglionares del plexo carotídeo que se dirigen hacia el músculo dilatador de la pupila situado en el iris (consúltese cap. 24). Al mismo tiempo, se inhibe la transmisión parasimpática al músculo esfínter del iris.

Otras conexiones ópticas

En los estudios experimentales en animales se ha demostrado que los axones de las neuronas ganglionares retinianas finalizan en diversas partes del cerebro, además del cuerpo geniculado lateral, el área pretectal y el tubérculo cuadrigémino superior.

Algunas neuronas ganglionares retinianas poseen axones que se introducen en el **haz retinohipotalámico**, un pequeño conjunto de fibras que abandonan la superficie dorsal del quiasma óptico y establecen sinapsis con neuronas del **núcleo supraquiasmático** del hipotálamo. La transmisión visual sincroniza el ritmo circadiano intrínseco de la pauta de activación de las neuronas del núcleo supraquiasmático con los cambios en la iluminación ambiental. Este efecto es el causante de la influencia de diferentes grados de iluminación sobre la secreción de las gonadotropinas hipofisarias y de la melatonina, la hormona pineal (v. cap. 11) como respuesta a los días más largos y las noches más cortas. Las proyecciones retinohipotalámicas también pueden ejercer un efecto sobre el sueño (v. cap. 9).

La **cintilla óptica accesoria** consiste en pequeños fascículos que pasan de la cintilla óptica a diversos núcleos pequeños situados en el tegmento del mesencéfalo. Estos núcleos se proyectan, de forma directa y mediante relevos sinápticos en los núcleos olivares inferiores, hacia el lóbulo floculonodular del cerebelo. (La principal fuente de señales a esta parte del cerebelo procede del sistema vestibular.) Estas conexiones implican a la cintilla óptica accesoria en la coordinación de los movimientos oculares con los de la cabeza. Otras fibras de la cintilla óptica accesoria giran en dirección rostral para terminar en la sustancia perforada anterior, y pueden estar implicadas en las respuestas integradas a los estímulos visuales y olfativos.

Algunos axones ópticos finalizan en núcleos talámicos diferentes del cuerpo geniculado lateral. El área de finalización principal de estas fibras es el **pulvinar**, que se proyecta hacia la corteza de los lóbulos occipital y parietal, que representan gran parte de la corteza de asociación visual. La función de esta vía alternativa procedente de la retina y dirigida a la corteza cerebral sigue siendo desconocida, pero los datos obtenidos en estudios con animales parecen indicar que esta vía puede permitir mantener una cierta visión consciente residual tras la destrucción del cuerpo geniculado lateral o de la corteza visual primaria.

Bibliografía recomendada

Barton JJS, Simpson T, Kiriakopoulos E, et al. Functional MRI of lateral occipitotemporal cortex during pursuit and motion perception. *Ann Neurol* 1996;40:387–398.

Berson DM. Strange vision: ganglion cells as circadian photoreceptors. *Trends Neurosci* 2003;26:314–320.

Borwein B. The retinal receptor: a description. In: Enoch JM ed. *Optics of Vertebrate Retinal Receptors*. Berlin: Springer-Verlag, 1982.

Cowey A, Stoerig P. The neurobiology of blindsight. *Trends Neurosci* 1991;14:140–145.

Dente C, Gurwood A. The Argyll Robertson pupil. *Optometry Today* 1999:23–25.

Elkington AR, Inman C, Steart PV, et al. The structure of the lamina cribrosa of the human eye: an immunohistochemical and electron microscopical study. *Eye* 1990;4:42–57.

Grill-Spector K, Malach R. The human visual cortex. *Ann Rev Neurosci* 2003;27:649–677.

Hubel DH, Wiesel TN. Brain mechanisms of vision. *Sci Am* 1979;241:150–162.

Kawasaki A, Kardon AH. Intrinsically photosensitive retinal ganglion cells. *J Neuro-Ophthalmol* 2007;27:195–204.

Kolb H, Fernandez E, Nelson R. Webvision. The organization of the retina and visual system. Available online at http://retina.umh.es/Webvision/. Accessed April 11, 2008.

McKeefry DJ, Zeki S. The position and topography of the human colour centre as revealed by functional magnetic resonance imaging. *Brain* 1997;120:2229–2242.

Mick G, Cooper H, Magnin M. Retinal projection to the olfactory tubercle and basal telencephalon in primates. *J Comp Neurol* 1993;327:205–219.

Milner AD, Goodale MA. *The Visual Brain in Action*, 2nd ed. Oxford: Oxford University Press, 2006.

Moore RY, Speh JC, Card JP. The retinohypothalamic tract originates from a distinct subset of retinal ganglion cells. *J Comp Neurol* 1995;352:351–366.

Sakai K, Watanabe E, Onodera Y, et al. Functional mapping of the human colour centre with echo-planar magnetic resonance imaging. *Proc R Soc Lond Series B—Biological Sciences* 1995;261:89–98.

Sowka JW, Gurwood AS, Kabat AG. Toxocariasis (Ocular larva migrans). In: *Handbook of Ocular Disease Management*. New York: Obson Publishing LLC, 2001.

Szel A, Rohlich P, Caffe AR, et al. Distribution of cone photoreceptors in the mammalian retina. *Microsc Res Tech* 1996;35:445–462.

Tootell RBH, Dale AM, Sereno MI, et al. New images from human visual cortex. *Trends Neurosci* 1996;19:481–489.

Williams RW. The human retina has a cone enriched rim. *Vis Neurosci* 1991;6:403–406.

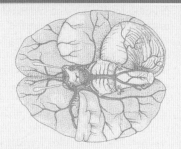

Capítulo 21

EL SISTEMA AUDITIVO

Conceptos básicos

- Los huesecillos del oído medio transmiten las vibraciones del aire a la perilinfa. El movimiento de los huesecillos se ve restringido por los músculos tensor del tímpano y del estribo (estapedio), que reciben inervación de los pares craneales V y VII, respectivamente.

- En el caracol o cóclea, las células ciliadas internas y externas del órgano de Corti detectan las oscilaciones de la membrana basilar. Las células ciliadas externas responden al movimiento, que se transmite a la membrana tectoria, y de ahí a las células ciliadas internas, con lo que se aumenta la sensibilidad de estas últimas al sonido. Las células ciliadas internas responden liberando su neurotransmisor excitador y estimulando los terminales sensitivos de la división coclear del VIII par craneal.

- Las neuronas sensitivas primarias tienen sus cuerpos celulares en el ganglio espiral de la cóclea. Sus axones finalizan en los núcleos cocleares dorsal y ventral.

- Los axones procedentes del núcleo coclear dorsal atraviesan la línea media, transcurren en dirección rostral por el interior del lemnisco lateral y finalizan en el tubérculo cuadrigémino inferior.

- Los axones procedentes del núcleo coclear ventral finalizan en los núcleos olivares superiores de ambos lados. La convergencia de las señales procedentes de los lados izquierdo y derecho permite que las neuronas situadas en el núcleo olivar superior puedan responder a los diferentes momentos de llegada del sonido en ambos oídos, por lo que permiten determinar la dirección del origen del sonido. Las neuronas de cada núcleo olivar superior poseen axones que atraviesan el lemnisco lateral y finalizan en el tubérculo cuadrigémino inferior.

- El tubérculo cuadrigémino inferior se proyecta (a través del brazo inferior) hacia el cuerpo geniculado medial, que a su vez se proyecta hacia el área auditiva primaria de la corteza cerebral.

- La corteza auditiva primaria está ubicada en la superficie superior del lóbulo temporal. Está conectada con la corteza de asociación auditiva de la circunvolución temporal superior y las partes adyacentes del lóbulo parietal. En el hemisferio cerebral izquierdo (de la mayoría de la gente), estas regiones coinciden con el área receptiva del lenguaje.

- Las vías descendentes modifican la transmisión en el sistema auditivo central. Las fibras eferentes (olivococleares) inhiben de forma activa la sensibilidad del órgano de Corti en el nervio coclear. Éstas inhiben tanto las células ciliadas externas como los terminales sensitivos de las células ciliadas internas.

- Las lesiones destructivas en posición rostral con respecto a los núcleos cocleares no provocan sordera unilateral.

El oído es el segundo sentido especial más importante del humano, que sólo se ve superado por la vista. La función que desempeñan en el lenguaje explica, en gran medida, la confianza que depositamos en estos sentidos especiales. El sistema auditivo está formado por el oído externo, el oído medio, la cóclea del oído interno, el nervio coclear y las vías en el sistema nervioso central (SNC).

El oído externo y el oído medio

El oído externo está compuesto por la oreja o pabellón auditivo y el conducto auditivo externo, el cual está separado del oído medio por la membrana timpánica. La función del oído externo es recoger ondas sonoras, las cuales hacen vibrar la membrana timpánica. La vibración se transmite a través del oído medio por una cadena de **huesecillos**: el martillo, el yunque y el estribo. El **martillo** está unido a la membrana timpánica y se articula con el **yunque**, que a su vez se articula con el **estribo**. La base del estribo ocupa la **ventana oval** situada en la pared que se encuentra entre los oídos medio e interno; el borde de la base del estribo está unido al margen de la ventana oval mediante el ligamento anular, que está formado de tejido conjuntivo elástico. Los huesecillos forman una palanca torcida con el brazo más largo unido a la membrana timpánica, y el área de la base del estribo es considerablemente menor que la de la membrana timpánica. Con esta disposición, la fuerza vibratoria de la membrana timpánica se aumenta aproximadamente 15 veces en la ventana oval; el aumento sustancial de la fuerza es importante porque las ondas sonoras se transmiten del aire a un líquido.

La protección contra el efecto del ruido súbito y excesivo la ofrece la contracción refleja del músculo tensor del tímpano y del músculo del estribo, que se insertan en el martillo y el estribo, respectivamente. El nervio trigémino inerva el músculo tensor del tímpano, y el nervio facial inerva el estribo (v. cap. 8).

El oído interno

El oído interno, que ejerce dos funciones, está formado por el **laberinto membranoso**, que está encajado en el **laberinto óseo**. Determinadas partes del oído interno contienen áreas sensitivas del sistema vestibular, el cual se estudia en el capítulo 22. La cóclea es la parte del oído interno que contiene el órgano de Corti (órgano espiral, según la terminología anatómica internacional). Este órgano sensorial detecta las ondas sonoras que se producen en el líquido que se encuentra dentro de la cóclea por la vibración del estribo, y envía potenciales de acción al SNC en la división coclear del nervio vestibulococlear. Una vía central con varias conexiones sinápticas lleva los impulsos al área auditiva primaria de la corteza cerebral. Otras conexiones centrales en el tronco encefálico provocan respuestas reflejas.

LOS LABERINTOS ÓSEO Y MEMBRANOSO

El laberinto óseo (fig. 21-1) se encuentra en el peñasco del hueso temporal que forma una prominente cresta oblicua entre la fosa craneal media y la posterior. El laberinto es un sistema de túneles situado en el interior del hueso. Se puede obtener una pieza como la que se muestra en la figura 21-1 eliminando el hueso esponjoso hasta que sólo queden las paredes de los túneles (que están formadas por hueso compacto). La **ventana oval**, en la cual se encaja la base del estribo, está ubicada en la pared del **vestíbulo**, la parte media

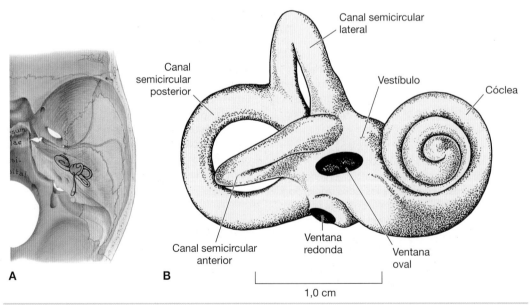

FIGURA 21-1. **(A)** Base del cráneo en la que se muestra la escama *(azul)* y el peñasco *(amarillo)* del hueso temporal derecho y la posición del laberinto. (Reimpreso con autorización de Moore KL, Dalley AF. *Clinically oriented anatomy,* 5th ed. Philadelphia: Lippincott, Williams & Wilkins, 2006.) **(B)** Vista anterolateral del laberinto óseo derecho.

del laberinto óseo. La **ventana redonda** está situada bajo la ventana oval; se encuentra cerrada por una fina membrana que permite la formación de ondas de presión en el líquido del oído interno. De lo contrario, el líquido estaría totalmente encerrado en una «caja» rígida, excepto por el origen de las ondas en la ventana oval. En el vestíbulo se pueden observar tres **canales semicirculares** óseos que se extienden en posición posterolateral, y la **cóclea** forma la parte anteromedial del laberinto óseo. La cóclea tiene forma de concha de caracol; su base limita con el extremo profundo del conducto auditivo interno, que se abre en la fosa craneal posterior.

Las divisiones coclear y vestibular del **nervio vestibulococlear** salen del conducto auditivo interno y se unen a la cara lateral del tronco encefálico en el punto de unión del bulbo raquídeo con la protuberancia. En el interior del conducto auditivo interno, el nervio vestibulococlear está acompañado por las dos divisiones del nervio facial (v. cap. 8) y la vena y la **arteria auditiva interna** (v. cap. 25).

El delicado laberinto membranoso se ajusta, en la mayoría de su trayectoria, a los contornos del laberinto óseo (fig. 21-2). Existen, sin embargo, dos dilataciones ubicadas en el vestíbulo del la-berinto óseo: el **utrículo** y el **sáculo**. Del utrículo surgen tres **conductos semicirculares**. En la superficie interna del utrículo, del sáculo y de cada conducto semicircular existe una placa de epitelio sensitivo. El sáculo se conecta con el **conducto coclear** a través de un estrecho conducto conocido como *ductus reuniens* o canal de Hansen. El conducto coclear contiene, a lo largo de toda su longitud, el órgano de Corti.

Mientras que la luz del laberinto membranoso está llena de **endolinfa**, el espacio situado entre los laberintos membranoso y óseo está lleno de **perilinfa**. La porción vestibular del laberinto membranoso se encuentra suspendida en el interior del laberinto óseo por trabéculas de tejido conjuntivo. El conducto coclear está sólidamente unido por dos lados a la pared ósea del canal coclear.

LA CÓCLEA

El **canal coclear** da 2,5 vueltas alrededor de un pilar óseo o eje central, la **columela** o **modiolo**, donde existen canales para los vasos sanguíneos y las ramas del nervio coclear. Es más práctico describir la cóclea como si descansara sobre su base (fig. 21-3), aunque su base en realidad está orientada en posición posteromedial.

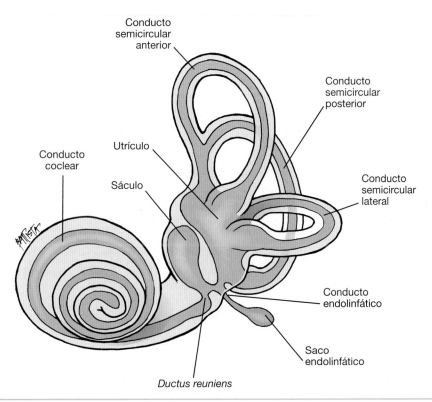

FIGURA 21-2. Vista anterolateral del laberinto membranoso derecho.

El canal coclear, la cavidad de esta parte del laberinto óseo, está dividido en tres espacios espirales por dos particiones. El espacio ubicado en la posición intermedia es el **conducto coclear** (rampa media), que contiene endolinfa. El conducto coclear está firmemente fijado a las paredes interna y externa del canal coclear. Los otros espacios espirales son la **rampa vestibular** y la **rampa timpánica**, que contienen perilinfa. La fina pared no especializada del conducto coclear, yuxtapuesta a la rampa vestibular, se denomina **membrana de Reissner** o **membrana vestibular**, y la pared más gruesa que se encuentra yuxtapuesta a la rampa timpánica conforma la **membrana basilar** especializada, sobre la que descansa el órgano de Corti.

La membrana basilar es especialmente importante en la fisiología de la audición, ya que responde a la vibración del estribo del modo que se explica a continuación. Como se indica en la figura 21-4, la vibración de la base del estribo provoca ondas correspondientes en la perilinfa, empezando por la del vestíbulo. Las ondas sonoras se propagan a través de la rampa vestibular, la

membrana de Reissner, la endolinfa contenida en el conducto coclear y la membrana basilar hacia la rampa timpánica. Estas mismas ondas crean una vibración de la membrana que cierra la ventana redonda en la base de la rampa timpánica, y este efecto es básico para eliminar el amortiguamiento de las ondas de presión que, de lo contrario, tendría lugar en el líquido que se encuentra encerrado en el hueso.

La perilinfa que llena la rampa vestibular y la rampa timpánica es un líquido acuoso cuya composición es similar a la del líquido cefalorraquídeo. De hecho, existe una comunicación entre la rampa timpánica y el espacio subaracnoideo, el diminuto **acueducto del caracol**.

El **ganglio espiral** se compone de células dispuestas en espiral en la periferia del modiolo (v. fig. 21-3). Las neuronas sensitivas primarias de ambas divisiones del nervio vestibulococlear son bipolares en lugar de unipolares como las de otros nervios cerebroespinales, por lo que se mantiene esta característica embrionaria de las neuronas sensitivas primarias. Las dos neuritas, que ambas

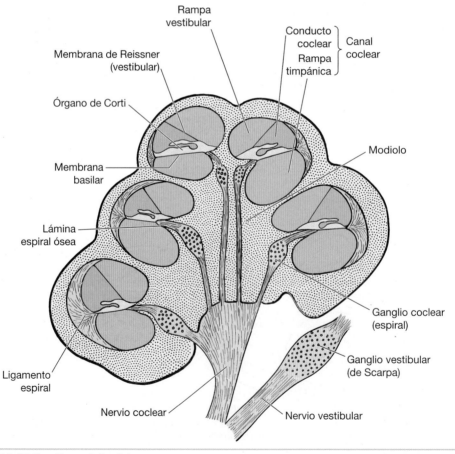

FIGURA 21-3. Corte de la cóclea.

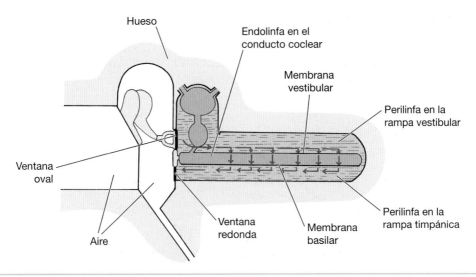

FIGURA 21-4. Representación esquemática de la forma en que las ondas sonoras que llegan a la perilinfa y la endolinfa provocan la vibración de la membrana basilar.

son funcionalmente axones, están mielinizadas. Los axones distales llegan hasta el órgano de Corti atravesando los orificios existentes en la lámina espiral ósea que se proyecta desde el modiolo, donde finalizan las vainas mielínicas. Los axones centrales atraviesan los canales presentes en el modiolo, se introducen en el agujero auditivo interno desde la base de la cóclea y continúan por el interior del nervio coclear. Dentro del agujero auditivo externo existe una pequeña conexión anastomótica, la **anastomosis de Oort**, que conduce axones eferentes procedentes del nervio vestibular hacia el interior del nervio coclear.

EL CONDUCTO COCLEAR

La vibración de la **membrana basilar** (fig. 21-5) es fundamental para la transducción de los estímulos mecánicos (ondas sonoras) en señales nerviosas en el órgano de Corti. El borde interno de la membrana basilar está fijado a la **lámina espiral ósea**, que se proyecta desde el modiolo como la rosca de un tornillo. El borde externo de la membrana está fijado a la pared externa del canal coclear. La membrana basilar contiene colágeno y fibras elásticas, la mayoría distribuidas en sentido transversal por la membrana. La anchura de la membrana basilar aumenta progresivamente desde la base hasta el vértice de la cóclea, y esto es posible gracias al estrechamiento progresivo de la lámina espiral ósea. La anchura de la membrana en cualquier punto determina la frecuencia sonora (tono) a la que se produce la máxima resonancia. *Por lo tanto, los tonos agudos provocan una vibración máxima en la espira basal de la cóclea, y los tonos graves provocan una vibración máxima cerca del vértice.* La gama de frecuencias audibles en el oído humano oscila entre 20 y 20.000 Hz. La gama abarca 11 octavas, de las cuales 7 se emplean en instrumentos musicales como el piano. La conversación normal entra dentro del intervalo que va desde los 300 hasta los 3.000 Hz. Al envejecer se produce una reducción gradual en la percepción de las frecuencias altas.

La **membrana vestibular** o **de Reissner** está formada por dos capas de epitelio escamoso simple separadas por una traza de tejido conjuntivo.

Sordera para los tonos agudos

La exposición persistente a sonidos intensos provoca alteraciones degenerativas en el órgano de Corti en la base de la cóclea y provoca de este modo sordera para los tonos agudos. Están más predispuestos a sufrirla los trabajadores expuestos al sonido de motores de compresión o de reacción, y en las personas que trabajan con tractores durante muchas horas. La sordera para los tonos agudos se describía inicialmente sobre todo en caldereros, por lo que actualmente aún se puede ver el término «sordera de los caldereros».

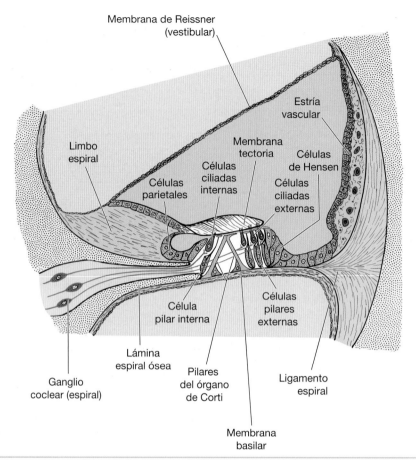

Membrana de Reissner
(vestibular)

Estría
vascular

Limbo
espiral

Membrana
tectoria

Células
de Hensen

Células
parietales

Células
ciliadas
internas

Células
ciliadas
externas

Célula
pilar interna

Células
pilares
externas

Ganglio
coclear (espiral)

Lámina
espiral ósea

Pilares
del órgano
de Corti

Ligamento
espiral

Membrana
basilar

FIGURA 21-5.   Estructura del conducto coclear y del órgano espiral de Corti.

La pared externa del conducto coclear está especializada y forma la **estría vascular**; está formada por epitelio cúbico situado sobre el tejido conjuntivo vascular. La estría vascular produce endolinfa. Este líquido es similar al líquido intracelular en lo que se refiere a su elevada concentración de iones de potasio y su baja concentración de iones de sodio. La endolinfa llena el laberinto membranoso; la absorción tiene lugar en las vénulas que rodean el **saco endolinfático** situado dentro de la duramadre, sobre la superficie posterior del peñasco del hueso temporal. Este saco es una expansión del **conducto endolinfático**, que surge de la comunicación que existe entre el sáculo y el utrículo (v. fig. 21-2).

El origen del recubrimiento epitelial del laberinto membranoso, que incluye las áreas sensitivas especializadas de los sistemas auditivo y vestibular, es ectodérmico. El epitelio se diferencia a partir de las células que recubren la **vesícula ótica**. Esta estructura está formada por una invaginación del ectodermo situado a la altura del rombencéfalo del embrión en las fases iniciales de desarrollo.

EL ÓRGANO DE CORTI

El **órgano de Corti** u **órgano espiral** (v. fig. 21-5) está formado por células de sostén y células sensoriales. Las células de sostén (**pilares del órgano de Corti** y **células de Deiters**) forman los laterales y el techo del **túnel de Corti**. El líquido que se encuentra en el interior del túnel de Corti presenta una composición más similar a la de la perilinfa que a la de la endolinfa. La elevada concentración de iones de potasio que existe en la endolinfa evitaría la conducción de impulsos por parte de los axones que atraviesan el túnel de Corti para alcanzar las células ciliadas externas. Las células sensoriales ciliadas se ubican a ambos lados del túnel de Corti y están flanqueadas por las **células parietales**, que se ubican sobre la cara interna, y por las **células de Hensen**, ubicadas en el borde externo de la membrana basilar.

La **membrana tectoria** es una estructura en forma de cinta, de consistencia gelatinosa fijada al limbo espiral, un engrosamiento del periostio situado sobre la lámina espiral ósea. La membrana tectoria se extiende sobre el órgano de Corti, y los extremos de los cilios de las células ciliadas externas se encuentran insertos en la membrana.

🧠 MÁS DATOS SOBRE LAS CÉLULAS DE SOPORTE DEL ÓRGANO DE CORTI

NEURONAS SENSORIALES

Las neuronas sensoriales se denominan **células ciliadas** por las proyecciones piliformes que surgen de sus terminales libres. Existe una sola hilera de unas 7.000 células ciliadas internas; las aproximadamente 25.000 células ciliadas externas están dispuestas en tres hileras en la espira basal de la cóclea, y el número de hileras aumenta a cinco en el vértice. Los cilios son microvellosidades de un tipo poco común: son rígidas y presentan longitudes diferentes. Cada cilio tiene la punta unida por una molécula proteica de unión a un canal iónico insertado en la membrana celular que conforma el costado del cilio adyacente. El estímulo mecánico de una vibración mueve todo el haz de cilios, que se doblan únicamente en sus puntos de fijación al cuerpo celular; esto crea tensión en la unión con la punta de cada célula ciliada, que estira y abre el canal iónico situado en el lateral del cilio adyacente. La entrada de iones de potasio y calcio procedentes de la endolinfa despolariza la membrana celular e inicia la señalización sináptica dirigida hacia la neurita que inerva la zona.

Las **células ciliadas internas** son los elementos sensoriales principales. Cada una de ellas contacta mediante sinapsis con las neuritas de hasta 10 neuronas de conducción rápida, cuyos axones mielinizados constituyen como mínimo el 90% de las fibras del nervio coclear. Ninguna neurona entra en contacto con más de una célula ciliada interna. Las **células ciliadas externas** forman sinapsis con las ramas de los axones amielínicos, que representan del 5% al 10% de las fibras del nervio coclear. La zona de las células ciliadas externas recibe la mayoría de las fibras eferentes del nervio coclear, las cuales se describen más adelante. Las células ciliadas externas son móviles. Sus microvellosidades se mueven como respuesta al sonido transducido y producen las vibraciones correspondientes en la membrana tectoria. Esto reduce el umbral de excitación de las células ciliadas internas.

Para la fisiología del caracol es básico que una región concreta de la membrana basilar responda con la máxima vibración en función del tono sonoro. La curvatura de los cilios reduce el potencial de membrana de las células ciliadas, provocando que aumente la liberación de su neurotransmisor y el inicio de los potenciales de acción en los terminales nerviosos sensitivos. Independientemente del tono del sonido, la vibración de la membrana basilar se inicia en la base del caracol y viaja por la membrana con una magnitud que aumenta hasta un punto determinado por el propio tono. En este punto, la vibración desaparece súbitamente, y los impulsos que alcanzan el cerebro procedentes del lugar de estimulación máxima del órgano de Corti se interpretan como un tono auditivo concreto. Un aumento en la intensidad del sonido provoca una vibración máxima en una zona más amplia de la membrana basilar, activando de este modo más células ciliadas y neuronas. La ubicación tonotópica se agudiza mediante inhibición lateral (v. cap. 19) en los núcleos de la vía ascendente hacia la corteza auditiva y por varias conexiones descendentes, entre las que se encuentran las fibras centrífugas situadas en el nervio vestibulococlear.

Vías auditivas

El **nervio coclear** está formado principalmente por axones de neuronas del ganglio espiral, la mayoría de los cuales son mielínicos. Atraviesa el meato auditivo interno situado en el peñasco del hueso temporal junto con el nervio vestibular, las dos raíces del nervio facial (cap. 8) y la arteria auditiva interna (cap. 25). Cuando emergen del meato auditivo interno, los nervios vestibulococlear y facial atraviesan el espacio subaracnoideo situado en el **ángulo pontocerebeloso**, una región ubicada entre los pedúnculos cerebelosos medio e inferior. Las fibras cocleares se introducen en el tronco encefálico en este punto y se bifurcan; una de las ramas finaliza en el **núcleo coclear dorsal**, y la otra acaba en el **núcleo coclear ventral** (fig. 21-6). Los núcleos cocleares están ubicados superficialmente en el extremo rostral del bulbo raquídeo, adyacentes a la base del pedúnculo cerebeloso inferior (v. fig. 7-7). Se ha demostrado que en animales de laboratorio existe una distribución tonotópica de los terminales axónicos en ambos núcleos, y probablemente también esté presente en los humanos. Los núcleos cocleares dorsal y ventral difieren en sus proyecciones a las vías centrales.

VÍA HACIA LA CORTEZA AUDITIVA

La vía que se dirige a la corteza cerebral se caracteriza por un número variable de contactos sinápticos entre los núcleos cocleares y el núcleo

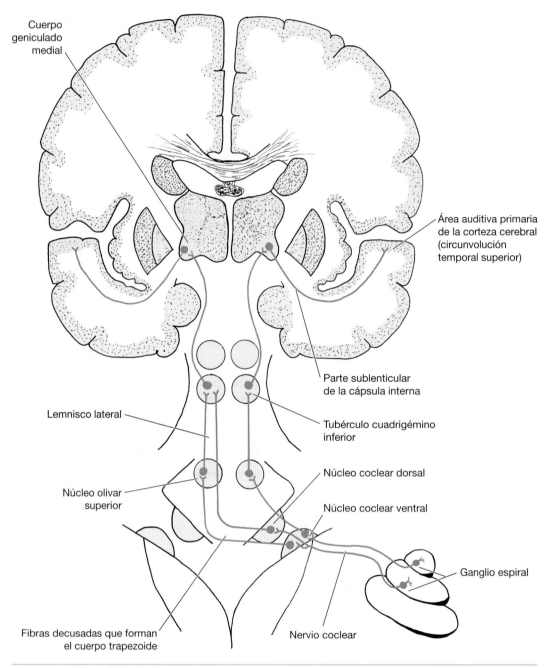

Cuerpo geniculado medial

Área auditiva primaria de la corteza cerebral (circunvolución temporal superior)

Parte sublenticular de la cápsula interna

Lemnisco lateral

Tubérculo cuadrigémino inferior

Núcleo coclear dorsal

Núcleo olivar superior

Núcleo coclear ventral

Ganglio espiral

Fibras decusadas que forman el cuerpo trapezoide

Nervio coclear

FIGURA 21-6. Vía auditiva ascendente.

talámico específico para la audición, el cuerpo geniculado medial (v. fig. 21-6). Existe un relevo en el tubérculo cuadrigémino (colículo) inferior, y pueden tener lugar más interrupciones sinápticas en el núcleo olivar superior y en el núcleo del lemnisco lateral. La vía también comprende una proyección ipsilateral hacia la corteza. La transmisión de los datos auditivos hacia la corteza puede

describirse mejor después de haber identificado determinados componentes de la vía situada en el tronco encefálico.

El **núcleo olivar superior** está situado en la esquina ventrolateral del tegmento de la protuberancia, a nivel del núcleo motor del nervio facial (v. fig. 7-8). (Aunque aquí se considera una unidad, el núcleo es un complejo formado por cuatro

NOTAS CLÍNICAS

Neurinoma del estatoacústico

Uno de los tipos más comunes de neoplasia endocraneal es un tumor benigno derivado de los neurogliocitos (células de Schwann) de la división vestibular del octavo par craneal, en el meato auditivo interno. El término correcto para denominar este tumor es **schwannoma vestibular** (o neurilemoma), pero el término con el que se denominaba anteriormente este trastorno, *neurinoma del estatoacústico,* sigue empleándose con profusión en la actualidad. El vértigo, principal efecto de las lesiones en el sistema vestibular (v. cap. 22), se da en algunos pacientes, pero en la mayoría de ellos el primer síntoma es una hipoacusia creciente en el oído afectado. La pérdida auditiva se debe a la presión que se ejerce sobre el nervio coclear, que queda constreñido entre el tumor en crecimiento y la pared ósea del meato. En las fases iniciales, también pueden existir acúfenos (un zumbido o pitido) por causa de la estimulación anómala de los axones sensitivos.

El tumor provoca un agrandamiento del meato auditivo interno, un signo radiográfico muy útil, y se expande hacia el interior del espacio subaracnoideo del ángulo pontocerebeloso. En ese punto, cuando aumenta más de tamaño, el tumor presiona y estira las raíces de los pares craneales próximos. El nervio facial, a pesar de su gran proximidad con respecto al vestibulococlear, es sorprendentemente resistente al estiramiento, y el siguiente síntoma que aparece suele ser un hormigueo en la cara, con un deterioro sensitivo

que se puede detectar en la exploración. La reducción del reflejo corneal (cap. 8) suele ser un signo precoz de la afectación del nervio trigémino. Al crecer hacia abajo, el tumor comprime las raicillas glosofaríngeas provocando una alteración sensorial en la faringe y en el tercio posterior de la lengua, con lo que se reduce o se suprime el reflejo faríngeo o nauseoso. La evolución clínica de la enfermedad es larga (de años) debido al lento crecimiento del tumor y la disponibilidad de espacio —el ángulo pontocerebeloso— que el tumor puede ocupar antes de comprimir el tronco encefálico. Un gran neurinoma del estatoacústico acaba por presionar el bulbo raquídeo, obstruyendo el flujo de líquido cefalorraquídeo que entra y sale del cuarto ventrículo, por lo que se produce hidrocefalia (cap. 26) y signos y síntomas de aumento de la presión endocraneal (cefaleas, vómitos, papiledema).

La muerte se produce por pérdida de control cardiovascular y de otras funciones vitales del bulbo raquídeo.

Si se realiza un diagnóstico precoz, en ocasiones es posible extirpar un neurinoma del estatoacústico sin provocar daños permanentes en el nervio coclear, pero, en la mayoría de los casos, la cirugía provoca una sordera irreversible. Tras la operación, los enfermos padecen un intenso vértigo. Tras la extirpación de tumores de gran tamaño del ángulo pontocerebeloso suelen aparecer parálisis facial irreversible y una disminución de la función de los nervios trigémino y glosofaríngeo.

---

núcleos, cuyas conexiones difieren en pequeños detalles.) Las fibras auditivas que atraviesan la protuberancia por la zona ventral del tegmento forman el **cuerpo trapezoide** (v. fig. 7-8). El **lemnisco lateral**, la vía auditiva ascendente, se extiende desde la región del núcleo olivar superior, atraviesa la zona lateral del tegmento de la protuberancia y transcurre muy próxima a la superficie del tronco encefálico en la región del istmo, entre la protuberancia y el mesencéfalo (v. fig. 7-9).

La proyección desde los núcleos cocleares hacia el tubérculo cuadrigémino inferior y desde ese punto hacia el cuerpo geniculado medial, que pasa por los componentes de la vía que se acaba de describir, se compone de los elementos que se analizarán a continuación (fig. 21-6). Los axones procedentes del **núcleo coclear ventral** se dirigen hacia la región del núcleo olivar superior ipsilateral, en el que terminan algunas fibras. La mayoría

de los axones continúa a través de la protuberancia, con una ligera inclinación hacia adelante, y constituyen el cuerpo trapezoide. Cuando alcanzan la región del núcleo olivar superior del otro lado del tronco encefálico, las fibras prosiguen hacia el interior del lemnisco lateral o terminan en el núcleo olivar superior, que contribuye con fibras al lemnisco lateral. Las fibras que provienen del **núcleo coclear dorsal** pasan sobre la base del pedúnculo cerebeloso inferior, continúan en posición oblicua hacia la región del núcleo olivar superior contralateral y luego giran en dirección rostral en el lemnisco lateral. Finalizan en el tubérculo cuadrigémino inferior.

Las señales conducidas por el lemnisco lateral alcanzan el **tubérculo cuadrigémino inferior**, situado en el mesencéfalo.

La complejidad de la organización neuronal en el tubérculo cuadrigémino inferior indica que a ese nivel tiene lugar una actividad integradora. Los axones ascendentes procedentes del tubérculo cuadrigémino inferior atraviesan el brazo inferior (v. fig. 6-3) y finalizan en el **cuerpo geniculado medial**.

La última conexión de la vía auditiva consiste en la **radiación acústica**, situada en la parte sublenticular de la cápsula interna, a través de la cual el cuerpo geniculado medial se proyecta hacia la **corteza auditiva primaria** del lóbulo temporal. Esta área auditiva primaria, que se corresponde con las áreas 41 y 42 de Brodmann, está ubicada en el suelo de la cisura lateral, y se extiende apenas ligeramente sobre la superficie lateral del hemisferio. Las circunvoluciones temporales transversas anteriores (circunvoluciones de Heschl) permiten disponer de un punto de referencia sobre la superficie dorsal de la circunvolución temporal superior (v. fig. 15-3). Esta área recibe fibras aferentes procedentes de la zona ventral organizada tonotópicamente del cuerpo geniculado medial. La organización tonotópica del área auditiva es de tal forma que, mientras que las fibras que conducen las señales de los sonidos de baja frecuencia finalizan en la zona anterolateral del área, las fibras que conducen los impulsos de los sonidos de altas frecuencias llegan hasta la zona posteromedial. Algunas de las columnas neuronales (v. cap. 14) situadas en el interior de la corteza auditiva primaria se disponen en bandas reconocibles gracias a su elevada actividad citocromo oxidasa. Estas columnas pueden estar implicadas en la comprensión del habla.

El análisis de los estímulos auditivos a un nivel neural superior, especialmente el reconocimiento y la interpretación de los sonidos en función de la experiencia acumulada, tiene lugar en la **corteza de asociación auditiva** del lóbulo temporal, que está situada en posición posterior con respecto al área auditiva primaria. Además de los aferentes procedentes del área auditiva primaria, la corteza de asociación también recibe proyecciones de las regiones del cuerpo geniculado medial, aparte de la parte ventral organizada tonotópicamente. En el hemisferio cerebral dominante para el lenguaje (el izquierdo, en la mayoría de las personas), la corteza de asociación auditiva se conoce como **área de Wernicke** (v. cap. 15) y, junto con la corteza del lóbulo parietal adyacente, es básica para la comprensión del lenguaje oral y escrito.

Por encima del nivel de los núcleos cocleares, la vía auditiva está tanto decusada como sin decusar porque muchos axones ascienden por el lemnisco lateral del mismo lado. Además, los tubérculos cuadrigéminos inferiores de ambos lados están conectados por fibras comisurales.

Consecuentemente, cualquier hipoacusia causada por una lesión cortical unilateral es tan leve que resulta difícil detectarla mediante pruebas audiométricas. La mayoría de las lesiones próximas a la corteza auditiva afectan al área de Wernicke y provocan afasia receptiva cuando se afecta el hemisferio dominante para el lenguaje (v. cap. 15). Esta última discapacidad oculta cualquier posible deficiencia auditiva leve.

Las direcciones y las distancias de las fuentes de sonido se determinan a partir de la discrepancia en los tiempos de llegada de los estímulos a los oídos izquierdo y derecho. Los resultados obtenidos en estudios con animales indican que las diferentes transmisiones al cerebro procedentes de ambos caracoles se comparan y se analizan en los núcleos olivares superiores, aunque la corteza auditiva es necesaria si la información codificada transmitida en dirección rostral desde el bulbo raquídeo debe tener un significado. La discapacidad más grave para determinar el origen de un sonido es la provocada por sordera unilateral debida a una enfermedad del oído. Este trastorno es equivalente a la pérdida de la visión binocular causada por la ceguera en un ojo.

EXPLORACIÓN DE LOS TRASTORNOS AUDITIVOS

PROYECCIONES DESCENDENTES DE LA VÍA AUDITIVA

En paralelo con el flujo de información procedente del órgano de Corti algunas neuronas con axones descendentes conducen la información en dirección inversa. Las conexiones descendentes son las siguientes: fibras corticogeniculadas, cuyo origen reside en el área cortical auditiva y las áreas adyacentes y terminan en todas las partes del cuerpo geniculado medial; fibras corticocoliculares que proceden de las mismas áreas y se dirigen a los tubérculos cuadrigéminos inferiores de ambos lados; fibras coliculoolivares procedentes del tubérculo cuadrigémino inferior y dirigidas al núcleo olivar superior, y las fibras coliculococleonucleares provenientes del tubérculo cuadrigémino inferior y destinadas a los núcleos cocleares dorsal y ventral. Exceptuando la proyección corticocolicular, que comprende tanto fibras decusadas como fibras sin decusación, las vías descendentes son ipsilaterales.

Como se ha indicado anteriormente, el SNC ejerce el control sobre el inicio de las señales neurales auditivas en el órgano de Corti. Las fibras olivococleares, que constituyen el **haz olivococlear** de Rasmussen, son los axones de neuronas colinérgicas situadas en los núcleos olivares superiores. Los axones abandonan el tronco encefálico por la división vestibular del nervio vestibulococlear y posteriormente cruzan hacia el interior de la división coclear en una rama, la anastomosis de Oort, ubicada en el meato auditivo interno.

Las terminaciones de los axones olivococleares entran en contacto con las células ciliadas externas (donde sus terminales sinápticos superan en número a las fibras aferentes) y con las zonas preterminales de las neuritas sensitivas que inervan las células ciliadas internas. Los axones eferentes inhiben tanto las neuronas receptoras como los axones sensitivos. La inhibición de las células ciliadas externas reduce la amplitud de las vibraciones de la membrana tectoria, elevando así el umbral de excitación de las células ciliadas internas. De este modo, las fibras eferentes del nervio coclear reducen la sensibilidad del oído.

Por lo tanto, la transmisión central de los datos procedentes de las células sensoriales ciliadas es mucho más que una simple conexión con la corteza. En las diversas sinapsis de la vía se produce un procesamiento complejo de los datos auditivos que proporciona un refinamiento de propiedades como el tono, el timbre y el volumen de la percepción auditiva. En concreto, la realimentación inhibidora agudiza la percepción del tono, especialmente a través del haz olivococlear. Este efecto se logra mediante la inhibición en el órgano de Corti, excepto la región en la que la membrana basilar responde con la vibración máxima a una frecuencia determinada de las ondas sonoras (agudización auditiva). La inhibición central probablemente suprime el ruido de fondo cuando la atención se concentra en un sonido concreto.

REFLEJOS AUDITIVOS

Unas pocas fibras auditivas procedentes del tubérculo cuadrigémino inferior se proyectan directamente hacia el tubérculo cuadrigémino superior, el cual influye en las motoneuronas (o neuronas motoras) de la región cervical de la médula espinal a través del fascículo tectoespinal. El tubérculo cuadrigémino superior también influye sobre las neuronas de los núcleos oculomotor (o motor ocular), troclear y *abducens* a través de conexiones indirectas situadas en el tronco encefálico (v. cap. 8). Estas vías dan lugar al reflejo de girar la cabeza y los ojos hacia el origen de un sonido fuerte y repentino.

Algunos axones procedentes del núcleo olivar superior terminan en los núcleos motores de los nervios trigémino y facial para provocar la contracción refleja del músculo tensor del tímpano y de los músculos del estribo, respectivamente. La contracción de estos músculos como respuesta a sonidos fuertes reduce la vibración de la membrana timpánica y del estribo, protegiendo así las delicadas estructuras del interior del caracol de una lesión mecánica.

Bibliografía recomendada

Altschuler RA, Bobbin RD, Clopton BM, et al, eds. *Neurobiology of Hearing: The Central Auditory System*. New York: Raven Press, 1991.

Arnold W. Myelination of the human spiral ganglion. *Acta Otolaryngol (Stockh)* 1987;436:76–84.

Berry I, Demonet JF, Warach S, et al. Activation of association auditory cortex demonstrated with functional MRI. *NeuroImage* 1995;2:215–219.

Clarke S, Rivier F. Compartments within human primary auditory cortex: evidence from cytochrome oxidase and acetylcholinesterase staining. *Eur J Neurosci* 1998;10:741–745.

Clopton BM, Winfield JA, Flammino FJ. Tonotopic organization: review and analysis. *Brain Res* 1974;76:1–20.

García-Ãnoveros J, Corey DP. The molecules of mechanosensation. *Annu Rev Neurosci* 1997;20:567–594.

Kelly JP. Hearing. In: Kandel ER, Schwartz JH, Jessell TM, eds. *Principles of Neural Science*, 3rd ed. New York: Elsevier-North Holland, 1991:258–268.

Liegeois-Chauvel C, Musolino A, Chauvel P. Localization of the primary auditory area in man. *Brain* 1991;114:139–145.

Lim DJ. Functional structure of the organ of Corti: a review. *Hearing Res* 1986;22:117–146.

Masterson RB. Neural mechanisms for sound localization. *Annu Rev Physiol* 1984;46:275–287.

Nadol JB. Synaptic morphology of inner and outer hair cells of the human organ of Corti. *J Electron Microsc Tech* 1990;15:187–196.

Roland PS. Skull base, acoustic neuroma (vestibular schwannoma), 2006. Available online at http://www.emedicine.com/ent/topic239.htm. Accessed November 2007.

Spoendlin H. The spiral ganglion and the innervation of the human organ of Corti. *Acta Otolaryngol (Stockholm)* 1988;105:403–410.

Webster DB. An overview of mammalian auditory pathways with an emphasis on humans. In: Webster DB, Popper AH, Fay RR, eds. *The Mammalian Auditory Pathway: Neuroanatomy*. New York: Springer-Verlag, 1992:1–22.

Yeomans JS, Frankland PW. The acoustic startle reflex: Neurons and connections. *Brain Res Rev* 1995;21:301–314.

Zatorre RJ, Ptito A, Villemure JG. Preserved auditory spatial localization following cerebral hemispherectomy. *Brain* 1995;118:879–889.

Zenner HP. Motile responses in outer hair cells. *Hearing Res* 1986;22:83–90.

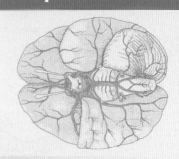

Capítulo 22

EL SISTEMA VESTIBULAR

Conceptos básicos

- Los receptores situados en el interior del utrículo y el sáculo responden a la fuerza de la gravedad y al movimiento inercial provocado por la aceleración y la desaceleración lineales.

- Los receptores situados en las ampollas de los conductos semicirculares membranosos responden a la rotación de la cabeza en cualquier plano.

- Las células ciliadas vestibulares entran en contacto con las neuritas distales de las neuronas bipolares, cuyos cuerpos celulares se encuentran en el ganglio vestibular. La mayoría de las neuritas centrales (axones) de estas neuronas finaliza en los núcleos vestibulares, pero unas cuantas se dirigen directamente al cerebelo.

- Las neuronas ubicadas en los núcleos vestibulares poseen axones que finalizan en el vestibulocerebelo (núcleo fastigio y lóbulo floculonodular), en los núcleos de los pares craneales III, IV y VI, y en la médula espinal. También existe una vía que se dirige hacia el tálamo y la corteza cerebral.

- Los movimientos reflejos de los ojos como respuesta a la estimulación del laberinto vestibular exigen la integridad de un arco reflejo que incluye fibras del fascículo longitudinal medial.

- La estimulación anómala de cualquier parte del sistema vestibular provoca vértigo (mareos), que suele estar asociado a náuseas o vómitos y nistagmo (movimientos oculares conjugados anómalos). El vértigo también es una consecuencia de la disfunción unilateral de los conductos semicirculares (laberinto cinético).

El sistema nervioso central emplea tres fuentes de información sensitiva para mantener el equilibrio. Estas fuentes de información son los ojos, los terminales propioceptivos de todo el cuerpo y el aparato vestibular del oído interno. La contribución del sistema vestibular, especialmente en relación con la información visual, puede ilustrarse con una persona que sufre atresia congénita del aparato vestibular, que suele acompañarse de atresia coclear y sordomudez. Esta persona puede orientarse de forma satisfactoria si se guía por la vista, pero se desorientará en la oscuridad o cuando se encuentra sumergida mientras nada. Además, los impulsos vestibulares provocados por los movimientos de la cabeza permiten realizar movimientos oculares adecuados para mantener la fijación de la mirada sobre un objeto situado en el campo visual. Estas funciones precisan una vía neural desde el laberinto vestibular hasta las motoneuronas (o neuronas motoras), a través de vías en la médula espinal, el tronco encefálico y el cerebelo, y también existe una proyección dirigida a la corteza cerebral.

Mientras que el laberinto estático, representado por el utrículo y el sáculo, detecta la posición de la cabeza con respecto a la gravedad, el laberinto cinético, representado por los conductos semicirculares, detecta el movimiento de la cabeza. Ambas partes del laberinto membranoso sirven para mantener el equilibrio, y el laberinto cinético desempeña un papel especial en la coordinación del movimiento ocular con la rotación de la cabeza.

Laberinto estático

El **utrículo** y el **sáculo** son dilataciones del laberinto membranoso llenas endolinfa que se encuentran encajadas en el vestíbulo del laberinto óseo (v. figs. 21-1 y 21-2). El utrículo y el sáculo, que proceden de la vesícula ótica del embrión, se encuentran suspendidos de la pared del vestíbulo por trabéculas de tejido conjuntivo, y están rodeados por espacios que contienen perilinfa. Cada dilatación posee un área especializada de epitelio sensitivo, la mácula, cuyo tamaño aproximado es de 2 por 3 mm. La **mácula del utrículo** está ubicada en el suelo del utrículo y es paralela a la base del cráneo, y la **mácula del sáculo** está situada en posición vertical sobre la pared anteromedial del

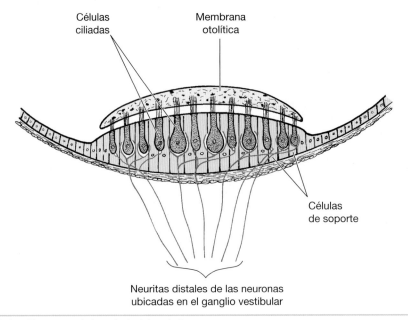

Células
ciliadas

Membrana
otolítica

Células
de soporte

Neuritas distales de las neuronas
ubicadas en el ganglio vestibular

FIGURA 22-1.   Estructura de la mácula del utrículo.

sáculo. Las dos máculas son idénticas en cuanto a su histología (fig. 22-1).

Las células cilíndricas de soporte de las máculas se continúan con el epitelio cúbico que recubre el utrículo y el sáculo en todos sus puntos. Las **células ciliadas** sensoriales, de las cuales se han identificado dos tipos mediante microscopía electrónica, son en cierto modo similares a las células ciliadas situadas en el órgano de Corti (v. cap. 21). Las células ciliadas de tipo 1 tienen forma ampular y las células ciliadas de tipo 2 son cilíndricas. De cada una de las células surgen entre 30 y 50 cilios, junto con un cilio largo (denominado **cinocilio**) que surge de un centríolo (fig. 22-2A). (Los cinocilios son característicos de las células vestibulares ciliadas. No existen en el órgano de Corti.) Los cilios, también denominados **estereocilios**, son grandes microvellosidades de 0,25 µm de ancho y de hasta 100 µm de largo. Las longitudes de los cilios van en aumento a medida que se acercan al lado del haz de donde emerge el cinocilio. Los extremos de los cilios y el cinocilio se encuentran insertados en la **membrana otolítica** gelatinosa, en la cual existen concreciones de forma irregular compuestas por proteínas y carbonato cálcico, que se conocen por el nombre de *otolitos*.

Los otolitos otorgan a la membrana otolítica una densidad específica superior a la de la endolinfa, provocando así el plegamiento de los cilios en una dirección u otra, excepto cuando la mácula se encuentra en un plano totalmente horizontal. En cada una de las células ciliadas, el cinocilio

está situado en un lado del penacho de vellosidades, y la posición del cinocilio en la periferia de los cilios difiere de una región de la mácula a otra (fig. 22-2B). Las células ciliadas se excitan cuando los cilios se doblan en la dirección del cinocilio, y se inhiben cuando la deflexión se da en la dirección opuesta (v. fig. 22-2A). Por lo tanto, las características de los potenciales de acción conducidos por los axones del nervio vestibular difieren en función de la orientación de la mácula con respecto a la dirección de la fuerza gravitatoria. Este efecto tiene como consecuencia cambios necesarios en el tono muscular para poder mantener el equilibrio. El mecanismo molecular de transducción de los estímulos mecánicos por parte de los estereocilios es el mismo que el de las células ciliadas cocleares, el cual se describe en el capítulo 21.

Aunque la mácula es fundamentalmente un órgano estático, la densidad específica superior de la membrana otolítica con respecto a la endolinfa permite que la mácula responda a la aceleración y la desaceleración lineales. La cinetosis se inicia por una estimulación prolongada y fluctuante de las máculas.

Los cuerpos celulares bipolares de las neuronas sensoriales primarias están ubicados en el **ganglio vestibular** (ganglio de Scarpa), en el extremo lateral del meato auditivo interno. Las neuritas periféricas se introducen en las máculas y finalizan en las células ciliadas (v. fig. 22-2A). Además, los axones colinérgicos eferentes del nervio vestibular finalizan en forma de terminales presinápticos

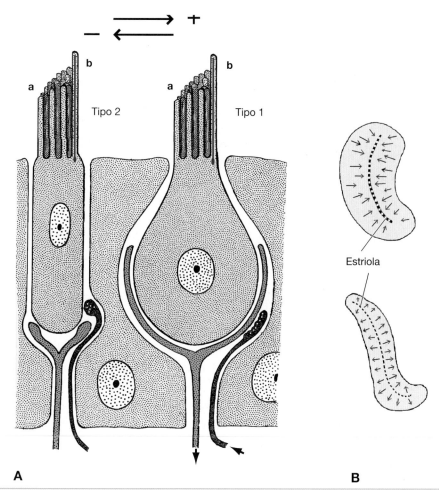

FIGURA 22-2.   Células vestibulares ciliadas, con su inervación aferente y eferente. **(A)** Los dos tipos de células ciliadas de una mácula. La excitación tiene lugar cuando el penacho de cilios o microvellosidades (a) se curva en la dirección del cinocilio (b). La inhibición de las células ciliadas tiene lugar cuando el penacho de cilios se curva en la dirección opuesta. **(B)** Superficies de las máculas del utrículo *(en la parte superior)* y el sáculo *(en la parte inferior)*, en las cuales se muestra la ubicación de los cinocilios *(puntas de flecha)* en relación con los penachos de cilios. Cada flecha indica la dirección de la fuerza gravitatoria que excita las células ciliadas en la ubicación señalada. En la mácula del utrículo, los cinocilios de las células ciliadas están encarados hacia una franja central, la estriola. En la mácula del sáculo, los cinocilios miran en dirección opuesta a la estriola. En la estriola no existen células ciliadas.

en las células ciliadas de tipo 2 y en las terminaciones nerviosas sensitivas que se encuentran en posición postsináptica con respecto a las células de tipo 1. Estos axones, que son inhibidores, se originan en un grupo de neuronas que aún no ha recibido denominación y que se encuentran en posición medial con respecto a los núcleos vestibulares.

El laberinto cinético

Los tres conductos semicirculares están unidos al utrículo y se encuentran encerrados en los canales semicirculares del laberinto óseo (v. figs. 21-1 y 21-2). Los **conductos semicirculares anterior** y **posterior** se encuentran en planos verticales; el primero es transversal y el último es paralelo al eje largo del peñasco del hueso temporal. El **conducto semicircular lateral** se encuentra inclinado hacia abajo y hacia atrás en un ángulo de 30° con respecto al plano horizontal. Las áreas sensoriales de los conductos semicirculares responden únicamente al movimiento, y la respuesta es máxima cuando el movimiento tiene lugar en el plano del conducto.

Cada conducto semicircular presenta una expansión o **ampolla** en un extremo, en la cual la

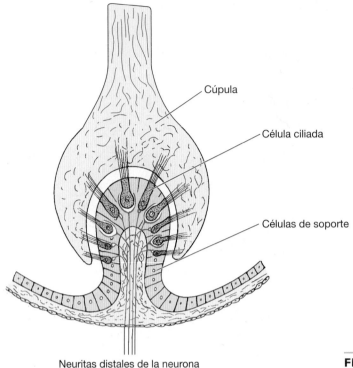

Cúpula

Célula ciliada

Células de soporte

Neuritas distales de la neurona
ubicada en el ganglio vestibular

FIGURA 22-3. Estructura de una cresta ampular.

cresta ampular o epitelio sensorial se sostiene gracias a un tabique transversal de tejido conjuntivo que se proyecta hacia el interior de la luz (fig. 22-3). Entre las células cilíndricas de soporte se encuentran las **células ciliadas** sensoriales, cuyos detalles estructurales y modo de inervación se corresponden con los descritos anteriormente para las células ciliadas del laberinto estático otolítico. Los cilios y el cinocilio de cada célula ciliada están insertados en la sustancia gelatinosa que conforma la **cúpula**, que carece de otolitos. La cúpula posee la misma densidad específica que la endolinfa y, por lo tanto, no se ve afectada por la fuerza de la gravedad.

Las crestas son sensores del movimiento rotatorio de la cabeza, que algunas veces también se denomina *movimiento angular*, especialmente cuando se acompaña de aceleración o desaceleración. Al principio de un movimiento en el plano de un conducto semicircular o cercano al mismo, la endolinfa se retrasa por causa de la inercia, y la cúpula se balancea como una puerta en una dirección opuesta a la del movimiento de la cabeza. El momento de la endolinfa provoca que la cúpula se balancee momentáneamente en la dirección opuesta cuando cesa el movimiento. Los cilios y los cinocilios de las neuronas sensoriales se curvan consecuentemente. En función de la dirección

del movimiento, los potenciales de membrana de las células ciliadas pueden reducirse, provocando la liberación del transmisor químico y el inicio de potenciales de acción en las terminaciones nerviosas sensoriales.

El cinocilio se encuentra siempre en el lado del penacho de cilios más cercano a la abertura de la ampolla hacia el utrículo. La excitación de las células ciliadas tiene lugar cuando el flujo de la endolinfa procede de la ampolla y se dirige al utrículo adyacente; cuando el flujo se da en la dirección opuesta, las células ciliadas se inhiben. Las células ciliadas de las crestas, similares a las de la mácula, son inervadas por neuronas sensitivas primarias cuyos cuerpos celulares bipolares se encuentran en el ganglio vestibular.

Vías vestibulares

Al entrar en el tronco encefálico, en la unión del bulbo raquídeo con la protuberancia, la mayoría de las fibras nerviosas vestibulares se bifurca de la forma que lo suelen hacer las fibras aferentes y finalizan en el complejo nuclear vestibular. Las fibras restantes viajan hacia el cerebelo a través del pedúnculo cerebeloso inferior.

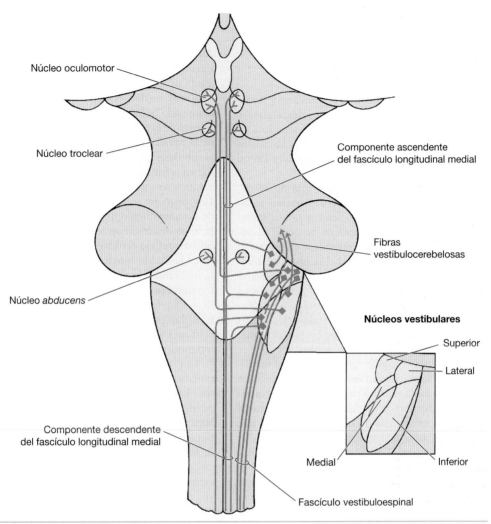

FIGURA 22-4.   Vías vestibulares dirigidas hacia la médula espinal y hacia los núcleos de los nervios oculomotores.

NÚCLEOS VESTIBULARES

Los núcleos vestibulares se encuentran en la zona rostral del bulbo raquídeo y la protuberancia caudal, parcialmente por debajo del área lateral del suelo del cuarto ventrículo (v. figs. 6-3 y 22-4). En función de la citoarquitectura y los detalles de las conexiones aferentes y eferentes, podemos distinguir cuatro núcleos vestibulares. El **núcleo vestibular lateral**, también conocido como **núcleo de Deiters**, está formado principalmente por grandes neuronas multipolares con largos axones. Los **núcleos vestibulares superior**, **medial** e **inferior** están formados por células de tamaño pequeño y mediano. Las posiciones de los núcleos vestibulares se describen y se ilustran en el capítulo 7. Las neuronas vestibulares aferentes primarias excitan las neuronas situadas en los núcleos vestibulares.

CONEXIONES CON EL CEREBELO

El **vestibulocerebelo**, que está formado por el lóbulo floculonodular, la región adyacente a los núcleos fastigios y el vermis cerebeloso, recibe sus aferentes de los núcleos vestibulares superior, medial e inferior, además de unos pocos axones que proceden directamente del nervio vestibular. En la dirección inversa, las fibras eferentes del vestibulocerebelo terminan a lo largo del complejo nuclear vestibular (v. cap. 10 y fig. 10-13). Algunas fibras cerebelovestibulares son los axones de las neuronas de Purkinje (inhibidoras), otras son del núcleo fastigio (excitadoras). Estas fibras aferentes y eferentes del vestibulocerebelo ocupan la parte medial del pedúnculo cerebeloso inferior. La función del cerebelo en el mantenimiento del equilibrio se lleva a cabo a través de vías procedentes de los núcleos vestibulares y dirigidas a la médula espinal.

CONEXIONES CON LA MÉDULA ESPINAL

La conexión entre los núcleos vestibulares y la médula espinal se da a través de fibras descendentes del fascículo vestibuloespinal y el fascículo longitudinal medial. (Algunas veces estos fascículos se denominan *fascículos vestibuloespinales lateral* y *medial*, respectivamente.)

El **fascículo vestibuloespinal**, que no se decusa, se origina únicamente en el núcleo vestibular lateral. Las fibras descienden por el bulbo raquídeo en posición dorsal con respecto al núcleo olivar y continúan adentrándose en el cordón anterior de la médula espinal. Las fibras vestibuloespinales terminan en la parte medial del asta anterior a todas las alturas, pero en gran cantidad en las intumescencias cervical y lumbosacra. Unas pocas fibras vestibuloespinales establecen sinapsis con las motoneuronas ubicadas en posición medial que inervan los músculos axiales.

El fascículo vestibuloespinal es de vital importancia para la regulación del tono de los músculos implicados en la postura para mantener el equilibrio. La estimulación del núcleo vestibular lateral provoca la excitación de las motoneuronas que inervan los músculos extensores de la extremidad inferior ipsilateral. Los músculos flexores se inhiben, y el pie pisa el suelo con más firmeza.

Los axones procedentes del núcleo vestibular medial se proyectan hacia la línea media y giran en dirección caudal dentro del componente descendente del **fascículo longitudinal medial** de ambos lados. Este haz de fibras se encuentra en posición adyacente a la línea media, cerca del suelo del cuarto ventrículo y en posición ventral con respecto al conducto central del bulbo raquídeo, más caudalmente. Las fibras continúan hacia el interior de la parte medial del cordón anterior de la médula espinal. Ejercen influencia sobre las motoneuronas cervicales para que la cabeza se mueva de tal forma que ayuda a mantener el equilibrio y la fijación de la mirada.

CONEXIONES EN EL TRONCO ENCEFÁLICO

El componente ascendente del **fascículo longitudinal medial** es adyacente a la línea media en la protuberancia y el mesencéfalo, y se encuentra en posición ventral con respecto al suelo del cuarto ventrículo y la sustancia gris periacueductal. Los axones que lo constituyen conectan los núcleos vestibulares con los núcleos de los nervios *abducens*, patético y motor ocular (u oculomotor) común, y con los núcleos oculomotores accesorios del mesencéfalo. Algunas de las fibras ascendentes no se decusan, mientras que otras atraviesan la línea media a la altura de los núcleos vestibulares. El fascículo longitudinal medial permite realizar el movimiento conjugado de los ojos en coordinación con el movimiento de la cabeza para poder mantener la fijación de la mirada. Las señales recibidas por los núcleos vestibulares procedentes de las crestas ampulares tienen la función de realizar los ajustes oculares necesarios con respecto al movimiento de la cabeza. Una pequeña rotación de la cabeza se acompaña de un movimiento de los ojos en el mismo ángulo pero en dirección opuesta, y este fenómeno se denomina **reflejo oculovestibular.**

El fascículo longitudinal medial también contiene axones de neuronas internucleares, que interconectan los núcleos de los pares craneales III, IV y VI y fibras que se originan en la formación reticular protuberancial paramediana. Estas conexiones y los efectos de las lesiones del fascículo longitudinal medial se explican en el capítulo 8.

La estimulación excesiva o prolongada del sistema vestibular puede provocar náuseas y vómitos. Las conexiones que provocan estos efectos pueden ser proyecciones de los núcleos vestibulares dirigidas hacia el núcleo solitario y el núcleo dorsal del nervio vago. Una conducción excesiva de señales procedentes del laberinto hacia los núcleos vestibulares probablemente se reduce en un cierto grado gracias a una retroalimentación a través de las fibras inhibidoras eferentes del nervio vestibular.

REPRESENTACIÓN CORTICAL

El sistema vestibular actúa principalmente sobre el tronco encefálico, el cerebelo y la médula espinal, pero también existe una vía importante dirigida a la corteza cerebral. Esta vía es responsable de la percepción consciente de la posición y el movimiento de la cabeza.

La vía ascendente que procede de los núcleos vestibulares se decusa en su gran parte y transcurre próxima al lemnisco medial. La conexión talámica de la proyección cortical tiene lugar en la división medial del núcleo ventral posterior (VPm), que también recibe fibras somatosensitivas de la cabeza. Se supone que el campo cortical vestibular aporta información que sirve para la orientación espacial consciente y para la regulación motora compleja. No existe ningún área motora conocida que se active exclusivamente mediante estimulación vestibular.

Prueba calórica y reflejo oculocefálico (o de ojos de muñeca)

La prueba calórica se utiliza cuando existe un motivo que haga sospechar la presencia de un tumor en el nervio vestibulococlear o una lesión que interrumpe la vía vestibular en el tronco encefálico. Con este procedimiento se explora la vía de cada uno de los oídos internos de forma independiente. La cabeza se sitúa de tal manera que el conducto semicircular lateral se encuentra en un plano vertical, y el meato auditivo externo se irriga con agua fría o caliente para provocar corrientes de convección en la endolinfa. La ampolla del conducto se encuentra cerca del hueso sometido a un cambio de temperatura, y la endolinfa «sube» o «baja» en función de si se calienta o se enfría. En un sujeto *consciente*, el procedimiento provoca nistagmo si la vía vestibular del lado en el que se realiza la prueba está intacta. El nistagmo es una serie de movimientos conjugados lentos de los ojos (provocados por los núcleos vestibulares), y cada uno de ellos va seguido de un movimiento rápido (dirigido por la corteza cerebral) para restablecer la dirección original de la mirada.

En un paciente *comatoso* con las vías del tronco encefálico intactas, la estimulación calórica con agua caliente provoca una desviación de los ojos hacia el lado opuesto; el agua fría provoca una desviación conjugada hacia el lado que se ha enfriado. La desviación es el componente lento aislado de un nistagmo. El componente rápido, que es una compensación voluntaria, no se produce debido a la inconsciencia del paciente.

El **reflejo oculocefálico o de ojos de muñeca,** que es un reflejo oculovestibular que no resulta complicado por los movimientos voluntarios de los ojos, es otro signo clínico útil para diagnosticar un coma. Si el aparato, los núcleos y el nervio vestibulares, el fascículo longitudinal medial y los núcleos *abducens* y oculomotor están intactos, el movimiento de la cabeza irá acompañado de un movimiento conjugado de los ojos en la dirección opuesta. La ausencia de respuestas calóricas y del reflejo oculocefálico son dos signos que pueden facilitar el diagnóstico de **muerte troncoencefálica.**

Se han registrado potenciales provocados en monos durante la estimulación eléctrica del nervio vestibular. De este modo, se han podido identificar dos áreas que reciben información vestibular: una está ubicada en la parte posterior de la ínsula, y se extiende sobre el opérculo parietal, donde coexiste con una parte del área somatosensitiva secundaria (v. cap. 15). La otra está situada en la corteza que forma el extremo anterior del surco intraparietal. Se ha notificado vértigo en humanos tras la estimulación eléctrica en varios puntos de los lóbulos parietal y temporal. En estudios mediante tomografía por emisión de positrones (PET) y resonancia magnética funcional (RMf), la estimulación calórica del laberinto cinético en humanos ha provocado un aumento de la activación en diversas áreas corticales. Cuando los controles eran sujetos cuyos nervios vestibulococleares habían sido extirpados quirúrgicamente (eliminando tanto la sensibilidad auditiva como la táctil y la térmica), se detectó una activación cortical significativa mediante estimulación calórica únicamente en la ínsula posterior y el opérculo parietal adyacente. Esta última región es coextensa con el área somatosensitiva secundaria (v. cap. 15).

Los experimentos de rastreo realizados en monos indican que las neuronas de diversas regiones corticales (partes del lóbulo parietal, la ínsula y la corteza premotora del lóbulo frontal) poseen axones que finalizan en los núcleos vestibulares. Estas proyecciones descendentes pueden suprimir los reflejos vestibulares (es decir, los movimientos de los ojos y el cuello) durante la ejecución de movimientos voluntarios.

Aspectos prácticos del sistema vestibular

ROTACIÓN

Las proyecciones vestibulares dirigidas a los núcleos que inervan los músculos extraoculares y las motoneuronas situadas en la médula espinal pueden demostrarse mediante una intensa estimulación del laberinto. Estas pruebas pueden realizarse haciendo rotar a un sujeto alrededor de un eje vertical aproximadamente 10 veces en 20 s y deteniendo bruscamente la rotación. Las respuestas son más intensas si la cabeza se gira hacia adelante 30° para ubicar los conductos semicirculares laterales en un plano horizontal. Al detenerse la rotación, el momento cinético que adquiere la

NOTAS CLÍNICAS

Patología del laberinto

La irritación del laberinto provoca **vértigo** (una ilusión de movimiento giratorio), que algunas veces va acompañado de náuseas y vómitos, palidez, sudoración fría y nistagmo. En la **enfermedad de Ménière** se presentan paroxismos de irritación laberíntica; es un trastorno de etiología desconocida en el que la presión endolinfática se encuentra anómalamente elevada. Los pacientes afectados también presentan acúfenos (zumbidos o pitidos en los oídos) y, finalmente, sordera provocada por la degeneración de las células receptoras.

El **vértigo posicional paroxístico benigno** es una dolencia frecuente en la cual ciertos movimientos de la cabeza van seguidos de breves episodios de vértigo. La causa de esta enfermedad se atribuye a una partícula de residuos, como un otolito desprendido, que se ha introducido en la endolinfa de un conducto semicircular. Si se realiza una secuencia de movimientos de la cabeza con los que se logra que la partícula caiga del conducto semicircular posterior al interior del utrículo (la maniobra de Dix-Hallpike), suele obtenerse un alivio prolongado.

La ausencia súbita de la función vestibular unilateral provoca vértigo y una inestabilidad postural notable, así como una tendencia a caer hacia el lado enfermo. Este efecto deriva de una presión descendente indebida en un pie, provocada supuestamente por la hiperactividad del fascículo vestibuloespinal del lado que no ha resultado afectado. El cerebro acaba por adaptarse a la recepción de señales procedente de un único aparato vestibular.

endolinfa provoca que fluya (y se desvíe) superando las cúpulas de los conductos semicirculares laterales de forma más súbita y rápida que con la mayoría de movimientos.

Las respuestas de las células ciliadas situadas en las crestas ampulares producen los siguientes signos inmediatamente después de finalizar la rotación. Los impulsos conducidos por los axones ascendentes del fascículo longitudinal medial provocan **nistagmo**, que es un movimiento oscilante de los ojos que consta de componentes rápidos y lentos.

1. La dirección del nistagmo, derecha o izquierda, se define a partir de la dirección del componente rápido, que es opuesta a la dirección de la rotación. Los núcleos vestibulares provocan el componente lento, y el componente rápido es una sacudida ocular (dirigida por el campo ocular frontal) cuyo objetivo es restablecer la dirección de la mirada.

2. El sujeto se desvía en la dirección de la rotación si se le pide que camine en línea recta, y el dedo se desvía en la misma dirección cuando se apunta a un objeto. Estas respuestas están provocadas, presuntamente, por el efecto de las proyecciones vestibuloespinales sobre el tono muscular.

3. Existe una sensación subjetiva de girar en una dirección opuesta a la de la rotación, de la cual son supuestamente causantes la proyección cortical y el nistagmo.

4. La propagación de la actividad neuronal a los núcleos del nervio vago puede producir sudoración y palidez, así como náuseas en aquellas personas que son susceptibles a la cinetosis.

Bibliografía recomendada

Akbarian S, Grusser OJ, Guldin, WO. Corticofugal connections between the cerebral cortex and brainstem vestibular nuclei in the macaque monkey. *J Comp Neurol* 1994; 339:421–437.

Brandt T, Dieterich M. The vestibular cortex: its locations, functions and disorders. *Ann N Y Acad Sci* 1999;871: 293–312.

Carpenter MB, Chang L, Pereira AB, et al. Vestibular and cochlear efferent neurons in the monkey identified by immunocytochemical methods. *Brain Res* 1987;408: 275–280.

Donaldson JA, Lambert PM, Duckert LG, et al. *Surgical Anatomy of the Temporal Bone*, 4th ed. New York: Raven Press, 1992.

Emri M, Kisely, M, Lengyel Z, et al. Cortical projection of peripheral vestibular signaling. *J Neurophysiol* 2003;89: 2639–2646.

Gleeson MJ, Felix H, Johnsson LG. Ultrastructural aspects of the human peripheral vestibular system. *Acta Otolaryngol [Stockholm]* 1990;470(suppl):80–87.

Hawrylyshyn PA, Rubin AM, Tasker RR, et al. Vestibulothalamic projections in man: a sixth primary sensory pathway. *J Neurophysiol* 1978;41:394–401.

Highstein SM. The central nervous system efferent control of the organs of balance and equilibrium. *Neurosci Res* 1991;12:13–30.

Suarez C, Diaz C, Tolivia J, et al. Morphometric analysis of the human vestibular nuclei. *Anat Rec* 1997;247:271–288.

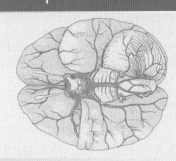

Capítulo 23

LOS SISTEMAS MOTORES

Conceptos básicos

- Una unidad motora comprende un grupo de fibras musculares extrafusales y la neurona motora (o motoneurona) alfa que las inerva. Las motoneuronas gamma inervan las fibras intrafusales de los husos musculares. El término *neurona motora inferior* se emplea de forma colectiva para designar a todas las neuronas motoras.

- Una lesión de la neurona motora inferior (p. ej., la destrucción de los cuerpos celulares o una sección transversal de los axones situados en una raíz anterior o en un nervio periférico) provoca parálisis fláccida, la pérdida del reflejo miotático (de estiramiento) y una notable atrofia.

- El reflejo miotático suele inhibirse en gran medida por la actividad de las vías descendentes que finalizan en las neuronas motoras y las interneuronas próximas.

- Las principales vías descendentes son los fascículos vestibuloespinal, reticuloespinal y piramidal (corticoespinal). La primera de ellas está principalmente implicada en las adaptaciones posturales, y la última en los movimientos voluntarios. La mayor parte de las fibras corticoespinales se decusa en el extremo caudal del bulbo raquídeo.

- Una lesión de la neurona motora superior (p. ej., sección transversal de las fibras corticoespinales y corticorreticulares en la cápsula interna) provoca parálisis espástica, con reflejos miotáticos exagerados y el reflejo de Babinski anómalo. La atrofia no es un signo destacado, exceptuando los casos en los que exista un desuso prolongado.

- Los axones corticobulbares y otros axones descendentes finalizan en los núcleos motores de los pares craneales, en muchos casos de forma bilateral. La sección transversal de estas fibras en la cápsula interna provoca paresia contralateral de los músculos de la mitad inferior de la cara y de la lengua, pero no de otras zonas de la cabeza.

- Las señales enviadas desde el cerebelo y los ganglios basales son canalizadas a través de los núcleos ventral lateral y ventral anterior del tálamo hacia las cuatro áreas motoras de la corteza cerebral. Las conexiones del cerebelo se ordenan de tal modo que cada hemisferio cerebeloso se encarga de los músculos ipsilaterales.

- Los trastornos cerebelosos provocan imprecisiones en la velocidad, el alcance, la dirección y la fuerza de los movimientos. Los trastornos de los ganglios basales provocan discinesias o anomalías en los movimientos, como corea, distonía, hemibalismo y parkinsonismo.

Excepto algunas funciones viscerales, la expresión patente de actividad en el sistema nervioso central (SNC) depende de la musculatura somática o esquelética. Los músculos están inervados por las neuronas motoras situadas en las astas anteriores de la médula espinal y en los núcleos motores de los pares craneales, y estas neuronas constituyen lo que Sherrington denominó la *vía final común* para determinar la actividad muscular. En conjunto se conocen como **neurona motora inferior,** sobre todo en la medicina clínica. Otra expresión clínica frecuente es **neurona motora superior,** que abarca todas las vías descendentes del encéfalo y la médula espinal implicadas en el control voluntario de la musculatura.

Las partes del encéfalo responsables de la ejecución de movimientos adecuadamente coordinados son la corteza cerebral, el cuerpo estriado, el tálamo, el núcleo subtalámico, el núcleo rojo, la sustancia negra, la formación reticular, los núcleos vestibulares, el complejo olivar inferior y el cerebelo. Las conexiones de estas estructuras se han descrito en otras partes de este libro, pero en el presente capítulo se repasan prestando especial atención a su influencia sobre la neurona motora inferior. Aunque se pueden rastrear las vías descendentes desde las áreas motoras de la corteza cerebral hasta las neuronas motoras, es importante comprender que la corteza prefrontal y las áreas de asociación del lóbulo parietal también ejercen una función importante en las fases de motivación y planificación de la formulación de órdenes motoras por parte del encéfalo.

La neurona motora inferior y los músculos

Los músculos estriados están inervados por neuronas motoras de dos tipos, llamadas alfa y gamma en función del diámetro de sus axones. Las grandes neuronas motoras alfa inervan las fibras extrafusales que forman la masa principal del músculo, en el cual el axón de cada neurona se ramifica para inervar las fibras musculares. El número inervado por una única neurona varía entre menos de 10 en los músculos pequeños, cuyas contracciones se

controlan de forma precisa, y varios cientos en los músculos grandes, que llevan a cabo movimientos fuertes pero toscos. Una neurona motora alfa y las fibras musculares que inerva constituyen una **unidad motora**.

En estudios fisiológicos e histoquímicos se han identificado diferentes tipos de fibras musculares extrafusales. Las **fibras de tipo I** se contraen lentamente, son resistentes al cansancio y contienen poca trifosfatasa de adenosina (ATPasa) miofibrilar a la tinción. Las **fibras de tipo II** presentan contracciones más rápidas, se fatigan con más rapidez que las de tipo I y sus miofibrillas poseen una mayor concentración de ATPasa. Si empleamos otros criterios histoquímicos, las fibras musculares de tipo II se pueden subdividir en los **tipos IIA y IIB**. Todas las fibras musculares de una unidad motora son del mismo tipo, y los datos obtenidos experimentalmente indican que el tipo de fibra viene determinado por la influencia trófica de la neurona que la inerva. Además de

NOTAS CLÍNICAS

Lesiones de la neurona motora inferior

El síndrome de una lesión de la neurona motora inferior se presenta cuando un músculo se paraliza o se debilita como consecuencia de una enfermedad o lesión que afecta a los cuerpos celulares o los axones de las neuronas que lo inervan.

Las etiologías más típicas son la **poliomielitis,** en la cual un virus ataca de forma selectiva las células del asta anterior o las neuronas equivalentes en el tronco encefálico, y las **lesiones** de los nervios periféricos en las que se seccionan transversalmente algunos axones o todos ellos. Se observa el siguiente cuadro clínico:

1. El tono muscular se reduce o desaparece por completo (paresia o parálisis fláccida) debido a la interrupción de la rama eferente del reflejo miotático tónico.

2. Los reflejos profundos son débiles o desaparecen totalmente. La causa es la misma que la que provoca la flaccidez.

3. Los músculos inervados por las neuronas afectadas se atrofian de forma progresiva. La atrofia se debe en parte a la pérdida de factores tróficos específicos que normalmente proporciona el nervio motor, y en parte a la falta de uso.

4. Mediante electromiografía pueden detectarse potenciales de fibrilación, provocados por contracciones aleatorias de fibras musculares

individuales denervadas. No debe confundirse la fibrilación con la fasciculación, que son contracciones visibles que se dan en intervalos regulares en un músculo. Aunque se observa en músculos parcialmente denervados, la fasciculación es un signo diagnóstico bastante poco fiable porque es relativamente común en algunos músculos sanos.

5. En un músculo parcialmente denervado, las fibras nerviosas intactas emiten nuevos brotes en los nódulos de Ranvier y en las placas motoras terminales, de forma que algunas de las nuevas ramas axónicas inervan las fibras musculares denervadas. Estas modificaciones pueden observarse en una muestra biópsica teñida adecuadamente, y el agrandamiento de las unidades motoras puede detectarse con electromiografía. Las fasciculaciones que se dan en los músculos parcialmente denervados son contracciones de las unidades motoras agrandadas.

Existen signos similares a los de una lesión de neurona motora inferior en enfermedades musculares en las que la transmisión sináptica en la placa motora terminal se ve afectada (**miastenia grave**) o en las cuales los elementos contráctiles funcionan de forma inadecuada (diversas formas de **distrofia, miopatías** y **miositis**). Cuando no se puede realizar un diagnóstico mediante criterios clínicos se emplean biopsias y pruebas neurofisiológicas.

secretar acetilcolina para provocar la contracción de las fibras musculares que inerva, una neurona motora proporciona factores tróficos, que determinan la diferenciación de las fibras musculares y son necesarios para mantenerlas sanas. Se han aislado proteínas con propiedades miotróficas a partir de extractos de nervios periféricos.

Los diferentes tipos de fibras musculares responden de forma diferente a la denervación: las fibras de tipo IIB son las que se atrofian con mayor rapidez, y las fibras de tipo I las que se atrofian más lentamente.

Las **fibras musculares intrafusales** inervadas por neuronas motoras gamma controlan la longitud y la tensión de los husos neuromusculares (v. cap. 3). Las neuronas motoras gamma son mucho menos numerosas que las neuronas motoras alfa, pero son importantes porque sus pautas de activación determinan los umbrales de las terminaciones nerviosas sensitivas situadas en los husos. Estas terminaciones son los receptores del reflejo miotático medular, que normalmente se inhibe como consecuencia de la actividad de los fascículos descendentes de la médula espinal. Los husos musculares también son receptores de la sensibilidad consciente de la posición y el movimiento.

Vías descendentes hacia la médula espinal

Las neuronas motoras situadas en la médula espinal reciben la influencia de fibras descendentes que proceden de la corteza cerebral, los núcleos centrales de la formación reticular y el núcleo vestibular lateral. Grandes fascículos de fibras procedentes de estos puntos descienden por el interior de los cordones lateral y ventral de la médula espinal (v. fig. 5-9). También existen grupos más pequeños de fibras descendentes que proceden de otros núcleos situados en el tronco encefálico.

FASCÍCULOS CORTICOESPINALES

Los fascículos corticoespinales (figs. 23-1 y 23-2) están compuestos por los axones de las neuronas situadas en los lóbulos frontal y parietal. Las fibras corticoespinales motoras se originan en las áreas motora primaria, premotora, motora suplementaria y motora del cíngulo del lóbulo frontal (v. cap. 15). Otros axones corticoespinales proceden del área somatosensitiva primaria del lóbulo parietal y, probablemente, estas fibras no poseen funciones motoras (v. cap. 15). Las áreas motoras corticales presentan otras proyecciones descendentes, además de las que se dirigen a la médula espinal.

La organización de las vías motoras (piramidal y corticorreticuloespinal) es tanto *paralela,* con axones descendentes que proceden de todas las áreas motoras corticales, como *jerárquica,* ya que la corteza motora primaria recibe fibras de asociación procedentes de otras áreas motoras que, a su vez, reciben señales procedentes de las cortezas de asociación prefrontal, parietal y temporal. De este modo, los impulsos motores de la corteza cerebral están influenciados por las señales sensitivas interpretadas, de modo que los movimientos pueden ser guiados por el tacto, la visión y otros sentidos, así como ser dictados por las actividades del prosencéfalo que conforman el pensamiento.

Las fibras corticoespinales atraviesan la sustancia blanca cerebral y convergen en el momento en que entran en el brazo posterior de la **cápsula interna,** que es la banda de sustancia blanca situada entre el núcleo lenticular y el tálamo (v. cap. 16). Esta parte de la cápsula interna también contiene fibras que descienden desde la corteza hasta el núcleo rojo, la formación reticular, los núcleos protuberanciales y el complejo olivar inferior, junto con numerosas fibras talamocorticales, corticotalámicas y corticoestriadas. Como se explicará más adelante, todos estos conjuntos de axones están involucrados en el control del movimiento.

La cápsula interna continúa hasta adentrarse en la **base del pedúnculo** del mesencéfalo. En este punto, algunos de los axones corticoespinales dan lugar a ramas que finalizan en el núcleo rojo. Las fibras corticoespinales ocupan los tres quintos centrales de la base del pedúnculo y se encuentran flanqueadas por las fibras corticoprotuberanciales y parcialmente entremezcladas con estas. Cuando alcanza la porción ventral (basal) de la **protuberancia,** la vía corticoespinal se divide en fascículos que discurren en posición caudal con los haces de las fibras corticoprotuberanciales (v. figs. 7-8 a 7-12). A esta altura, las ramas de algunos axones corticoespinales se introducen en los núcleos centrales de la formación reticular y finalizan en éstos.

En el límite caudal de la protuberancia, los axones corticoespinales se vuelven a unir para formar, en la superficie ventral del bulbo raquídeo, la eminencia conocida como *pirámide.* Por lo tanto, se dice que las fibras corticoespinales forman la **vía piramidal.** El término *sistema piramidal* se aplica a los fascículos corticoespinales junto con las **fibras corticobulbares (corticonucleares),** funcionalmente equivalentes, que finalizan en los núcleos motores de los pares craneales y cerca de éstos. En el extremo caudal del bulbo raquídeo, en la mayoría de las personas, aproximadamente el 85 % de las fibras corticoespinales cruza la línea media en la decusación de las pirámides

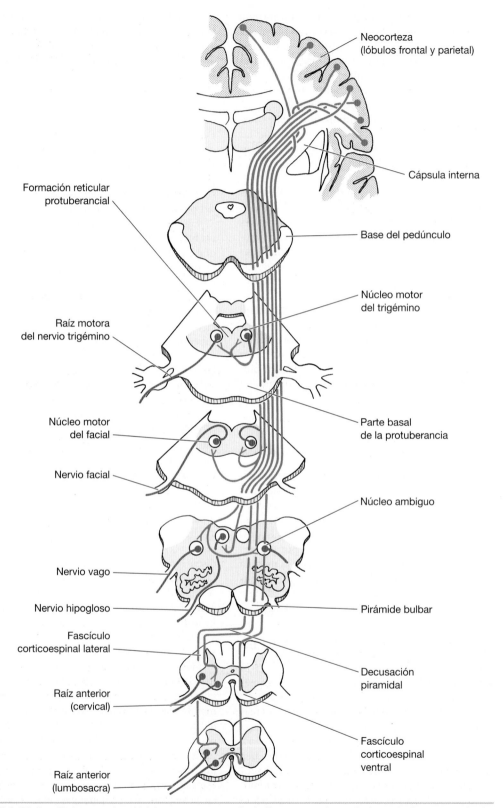

FIGURA 23-1. El sistema piramidal. Las neuronas corticobulbares y corticoespinales se indican en *azul*, y las neuronas motoras («neurona motora inferior») se muestran en *rojo*.

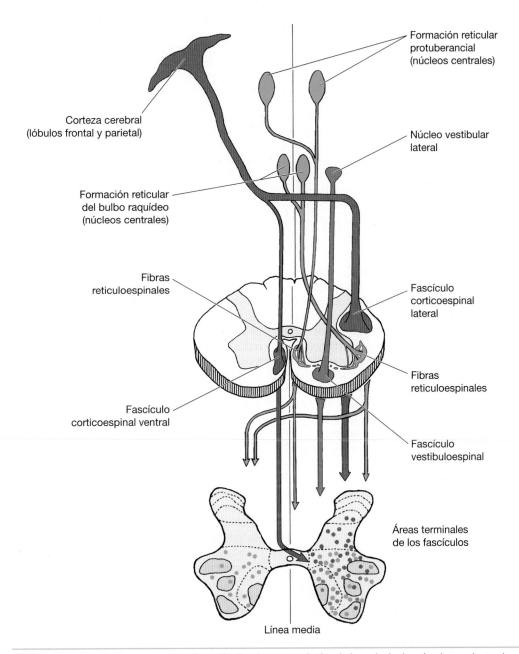

FIGURA 23-2.   Orígenes, trayectorias y distribuciones terminales de las principales vías descendentes implicadas en el control del movimiento. Los fascículos reticuloespinales, resaltados en *verde*, representan un conjunto de fibras reticuloespinales presentes en los cordones ventral y ventrolateral de la sustancia blanca medular (v. también cap. 5). Las proyecciones corticoespinales se muestran en *rojo*, y el fascículo vestibuloespinal se resalta en *azul*. Las columnas de cuerpos celulares de las neuronas motoras medulares se indican en *amarillo*.

(v. fig. 7-2) y se introducen en la mitad dorsal del cordón lateral de la médula espinal, donde forman el **fascículo corticoespinal lateral.** El restante 15% de las fibras piramidales conforman el **fascículo corticoespinal ventral**, que desciende en posición ipsilateral por la parte medial del cordón ventral. La mayoría de las fibras corticoespinales ventrales se decusa a la altura de los segmentos espinales y finaliza en la sustancia gris contralateral con respecto al hemisferio de donde proceden. (Los tamaños relativos de los dos fascículos corticoespinales son variables. En unas cuantas perso-

Lesiones selectivas de la vía piramidal

Existen aproximadamente una docena de casos documentados de lesiones medulares en humanos que se restringen exclusivamente a la pirámide. Tras una hemiplejía fláccida contralateral se observó la recuperación de la mayoría de los movimientos, con una torpeza permanente en los movimientos de los dedos de las manos. Los reflejos miotáticos no eran anómalos. Los neurocirujanos han seccionado la parte media de la base del pedúnculo humano intentando aliviar determinadas disci-

nesias. Los efectos de esta lesión son similares a los de una sección transversal verdaderamente selectiva de la pirámide. Estas observaciones y diversos estudios experimentales comparables en monos indican que la función más importante de la vía piramidal es controlar la precisión y la velocidad de los movimientos habilidosos. El signo o respuesta de Babinski (descrito a continuación en relación con las lesiones de la neurona motora superior) se debe probablemente a la sección transversal de las fibras corticoespinales, pero la espasticidad y otros signos de «lesión de la neurona motora superior» no tienen una explicación tan simple.

nas, muchas de las fibras descienden en dirección ipsilateral por el interior del fascículo ventral.)

En la **sustancia gris medular** la mayoría de los axones corticoespinales finalizan en la sustancia gris intermedia y en el asta anterior. Una minoría de ellos establece sinapsis directas con las dendritas o los cuerpos celulares de las neuronas motoras. La mayoría de las fibras corticoespinales únicamente tiene la capacidad de influir en las neuronas motoras con la mediación de las interneuronas situadas en la sustancia gris medular. Las fibras corticoespinales que se originan en el área somatosensitiva primaria del lóbulo parietal finalizan en el asta posterior. Estas fibras no tienen ninguna función motora, sino que modulan la transmisión de los datos a través de las vías somatosensitivas (v. cap. 19).

FASCÍCULOS RETICULOESPINALES

Las fibras reticuloespinales están presentes por todo el cordón ventral y en la mitad ventral del cordón lateral de la sustancia blanca medular. La mayoría son los axones de las neuronas del grupo central de núcleos de la formación reticular: los núcleos reticulares protuberanciales caudal y oral y el núcleo reticular gigantocelular del bulbo raquídeo, principalmente ipsilaterales. Muchas fibras reticuloespinales pasan del cordón ventral al lateral a medida que descienden. En el ser humano, las fibras de origen protuberancial y bulbar no ocupan zonas separadas de la sustancia blanca, como se creía anteriormente (v. cap. 5). Los axones reticuloespinales finalizan bilateralmente entre las interneuronas medulares del asta anterior, y unas pocas se introducen en las regiones que contienen los cuerpos celulares de las neuronas motoras.

Los núcleos centrales de la formación reticular reciben aferentes de todos los sistemas sensitivos, de las áreas premotora y motora suplementaria de la corteza cerebral, del núcleo fastigio del vestibulocerebelo y de otras partes de la formación reticular (v. cap. 9). Los aferentes procedentes del núcleo pedunculopontino constituyen una vía descendente a través de la cual el cuerpo estriado puede modular de forma indirecta las actividades de las neuronas motoras.

En el tronco encefálico, los axones reticuloespinales poseen ramas cortas que forman sinapsis con otras neuronas de la formación reticular. Se ha demostrado que también existe ramificación en la médula espinal, de modo que un único axón reticuloespinal puede presentar terminaciones en los segmentos cervicales, dorsales y lumbares. Esta observación ha llevado a sugerir que los fascículos reticuloespinales controlan los movimientos coordinados de músculos que reciben inervación de segmentos a diferentes alturas de la médula espinal, como los de las extremidades superiores e inferiores para caminar, correr y nadar. Las fibras **propioespinales (espinoespinales)** pueden ser igualmente importantes para la sincronización de los movimientos de las extremidades.

La mayor parte de los datos que se conocen sobre los fascículos reticuloespinales se ha obtenido en investigaciones con animales. Los fascículos existen en una amplia gama filogenética de mamíferos, por lo que probablemente esta información es válida también para los humanos. En vista de lo que sabemos de otras vías descendentes principales, parece probable que los fascículos reticuloespinales ejerzan de intermediarios en el control de la mayoría de los movimientos para los que la destreza o el mantenimiento del equilibrio no son imprescindibles. Las vías motoras procedentes de la corteza cerebral humana pueden estudiarse mediante la estimulación eléctrica de las áreas motoras para provocar pequeños movimientos. Normalmente, el lapso que transcurre entre el estímulo y el inicio de la respuesta es lo suficientemente corto como para poder ser atribuible a la activación directa (monosináptica) de las neuronas motoras por parte del fascículo corticoespinal. La existencia de una vía corticorreticuloespinal queda respaldada por el descubrimiento de respuestas motoras con un retraso mayor en enfermos con degeneración conocida de las fibras corticoespinales tras un infarto en la cápsula interna.

Según lo descrito en los párrafos anteriores, resulta evidente que diversas regiones del SNC que presentan conexiones con la corteza cerebral y la formación reticular influyen sobre las vías piramidal y corticorreticuloespinal. Un esquema extremadamente simplificado de estas conexiones (fig. 23-3) puede permitir a los lectores hacerse una idea de la organización global de estas partes principales del sistema motor.

EL FASCÍCULO VESTIBULOESPINAL

Este fascículo (v. cap. 5 y fig. 23-2), que surge en el lado ipsilateral a partir de grandes neuronas del núcleo vestibular lateral (núcleo de Deiters), también se conoce con el nombre de *fascículo vestibuloespinal lateral*. Está formado por axones mielínicos de gran calibre que descienden por el interior del cordón ventral de la sustancia blanca medular. La mayoría de las fibras vestibuloespinales finaliza en contacto con las interneuronas situadas en la parte medial del asta anterior de la sustancia gris medular, pero algunas establecen sinapsis con las dendritas de las neuronas motoras.

La estimulación eléctrica del núcleo vestibular lateral en animales provoca la contracción de los músculos extensores ipsilaterales de las extremidades y la columna vertebral, mientras que los músculos flexores se relajan. Estos efectos se dan también, aunque en menor grado, en el lado contralateral, probablemente porque existen neuronas de la parte medial del asta anterior con axones que cruzan la línea media de la médula espinal. La sección transversal del tronco encefálico por encima de los núcleos vestibulares provoca una situación conocida como **rigidez de descerebración**, en la cual la musculatura extensora de todo el cuerpo se encuentra en un estado continuo de contracción. Este trastorno puede provocarse fácilmente en animales de laboratorio, y en ocasiones se presenta en pacientes con grandes lesiones destructivas

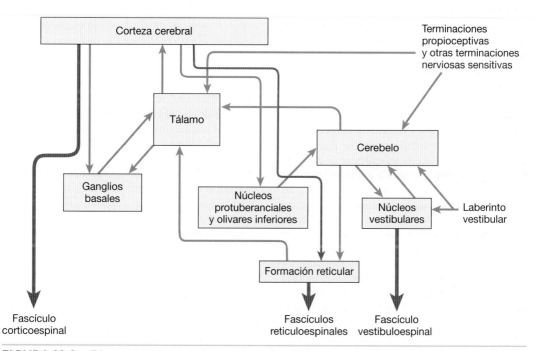

FIGURA 23-3.   Diagrama en el que se observan las cadenas de mando procedentes de los órganos sensitivos y de la corteza cerebral dirigidas a las neuronas motoras, con las localizaciones en las que las actividades de los fascículos corticoespinal, reticuloespinal y vestibuloespinal pueden ser modificadas por los ganglios basales y el cerebelo. Las vías motoras descendentes se indican en *rojo,* y el resto de conexiones en *azul.* En este diagrama simplificado se omiten muchas conexiones. Si desea obtener información más detallada, consulte las figuras 23-4 y 23-5.

del mesencéfalo o la protuberancia. (Esta dolencia puede ser la consecuencia de un tumor de gran tamaño o de una trombosis de la arteria basilar.) El espasmo extensor se suprime por la destrucción del núcleo vestibular lateral, lo que indica que está provocado por la hiperactividad no contrarrestada de las neuronas vestibuloespinales. Los puntos originarios principales de las fibras aferentes dirigidas hacia el núcleo vestibular lateral son el nervio vestibular, el núcleo fastigio del cerebelo y la corteza del vestibulocerebelo.

Los datos resumidos anteriormente respaldan la teoría de que el fascículo vestibuloespinal está implicado en el mantenimiento de la posición erecta, que es la consecuencia principal de la acción de los músculos extensores al oponerse a la fuerza de la gravedad. El funcionamiento ordenado de la musculatura «antigravitatoria» es básico para el equilibrio, tanto en reposo como durante la locomoción. Aunque el fascículo vestibuloespinal no participa en los movimientos «voluntarios» decididos por la corteza cerebral, es fundamental para lograr una coordinación motora de gran complejidad, como las proezas de un gimnasta o un acróbata. El aprendizaje de estos aspectos del movimiento complejo que participan en la posición y el equilibrio, y que se llevan a cabo mediante el fascículo vestibuloespinal, probablemente tiene lugar en los circuitos neuronales que comprenden el complejo de núcleos olivares inferiores y el cerebelo (v. cap. 10).

OTROS FASCÍCULOS DESCENDENTES

Las partes del encéfalo que conectan con las células que dan lugar a los fascículos corticoespinal, reticuloespinal y vestibuloespinal se resumen en la figura 23-3. En dicha ilustración se excluyen algunos fascículos descendentes de pequeño tamaño.

Dos de los fascículos situados en la parte medial del cordón ventral finalizan a lo largo de los segmentos cervicales de la médula espinal; son el **fascículo tectoespinal**, que se origina en el tubérculo cuadrigémino superior contralateral, y el componente descendente del **fascículo longitudinal medial**. El primero de ellos puede ser insignificantemente pequeño en los humanos. El último, que también se denomina *fascículo vestibuloespinal medial*, surge de los núcleos vestibulares mediales de ambos lados, pero es principalmente ipsilateral. Ambos fascículos influyen sobre las neuronas que inervan los músculos del cuello, incluidos los que son inervados por el nervio accesorio, y afectan a los movimientos de la cabeza necesarios

para la fijación de la mirada y el mantenimiento del equilibrio. El **fascículo rubroespinal** representa una vía motora de cierta importancia en la mayoría de los mamíferos, pero en los humanos es de pequeño tamaño y caudalmente no progresa más allá del segundo segmento cervical.

Vías descendentes hacia los núcleos motores de los pares craneales

La mayoría de los músculos inervados por los pares craneales participan en los movimientos iniciados voluntariamente, y algunos de ellos se controlan con extraordinaria precisión.

Como se ha explicado en el capítulo 8, los núcleos oculomotor (o motor ocular), troclear y *abducens* reciben aferentes a través de un complejo sistema de conexiones que incluyen la corteza de los lóbulos frontal, parietal y occipital, el tubérculo cuadrigémino superior y diversos núcleos del tronco encefálico. Recordaremos que la corteza cerebral controla los movimientos coordinados de los ojos. Los campos visuales frontales son necesarios para cambiar la dirección de la mirada de forma voluntaria. La corteza parietal posterior controla los movimientos conjugados involuntarios, como cuando se sigue un objeto en movimiento, y también es necesario para la convergencia de los ojos al mirar un objeto cercano.

Las conexiones aferentes de los núcleos motores restantes de los pares craneales no se conocen tan bien. Los núcleos implicados son los núcleos motores del facial y del trigémino, el núcleo ambiguo y el núcleo hipogloso. Los resultados obtenidos en estudios en animales indican que las **fibras corticobulbares** procedentes de las áreas motoras de la corteza finalizan mayoritariamente en la formación reticular próxima a los núcleos motores, y unas pocas entran en contacto directo con las neuronas motoras. Los núcleos motores también reciben aferentes de la formación reticular, que son equivalentes a los fascículos reticuloespinales. Por lo tanto, la paresia o parálisis de la neurona motora superior, provocada por una lesión en la cápsula interna, por ejemplo, se debe a la interrupción tanto de las fibras corticobulbares como de las corticorreticulares.

En caso de lesión unilateral en la corteza motora o en el brazo posterior de la cápsula interna, los únicos músculos paralizados de la cabeza son los de la mitad inferior de la cara (que mueven los labios y los pómulos) y los de la lengua, contralateralmente. La parálisis de la lengua no es per-

Lesiones de la neurona motora superior

El término *neurona motora superior* resulta insatisfactorio porque denota todas las vías descendentes que realizan diferentes contribuciones al control voluntario de la actividad muscular. No obstante, el concepto de *lesión de la neurona motora superior* sigue siendo útil en la medicina clínica porque suele ser necesario determinar si un grupo de músculos se encuentra debilitado o paralizado como consecuencia de una denervación o como resultado de alguna lesión en el SNC. La aparición súbita de parálisis causada por una lesión vascular (hemorragia, trombosis o embolia) en el cerebro se conoce como **ictus.** Un infarto en el brazo posterior de la cápsula interna, por ejemplo, deriva en una **hemiplejía** contralateral con los síntomas característicos de una lesión de la neurona motora superior. Existen anomalías semejantes por debajo de una sección medular completa o una hemisección medular. El cuadro clínico de esta lesión es como sigue:

1. Los movimientos voluntarios de los músculos afectados son débiles o desaparecen completamente.

2. En los músculos afectados no se presenta una atrofia profunda, aunque sí existe una atrofia lenta y progresiva, y pueden aparecer contracturas a lo largo de varios meses si el problema no mejora. Los músculos no presentan denervación, de modo que el efecto miotrófico de la inervación motora que poseen se conserva.

3. El tono muscular aumenta. Este fenómeno **(espasticidad)** es la consecuencia de la actividad continua del reflejo miotático, que normalmente se suprime por la actividad de los fascículos descendentes. Los reflejos tendinosos son exagerados. Cuando el médico que lleva a cabo la exploración intenta la extensión pasiva de una articulación flexionada, se encuentra con resistencia por causa de la actividad del reflejo miotático. Al aplicar más fuerza, se inicia un reflejo inhibidor en los órganos tendinosos de Golgi, que responden a la tensión y no a la elongación, y los músculos se relajan súbitamente. Este fenómeno se denomina *rigidez espástica* o *en navaja de resorte*. La alternancia de contracciones y relajaciones **(clono)** también puede presentarse cuando se extiende un tendón. Una forma de explorar el clono es aplicar una presión profunda en la eminencia de la base del dedo gordo del pie, con lo cual se realiza una dorsiflexión en la articulación del tobillo, se distiende el tendón calcáneo (tendón de Aquiles) y se extienden los músculos gemelo y sóleo. Al empujar la rótula en dirección al pie se puede provocar un clono en el cuádriceps.

4. Con una lesión cerebral, el fascículo vestibuloespinal intacto estimula los músculos extensores de la extremidad inferior paralizada: la extremidad se extiende y gira hacia dentro. La extremidad superior se mantiene flexionada por el codo y la muñeca, quizás como consecuencia de la actividad de los fascículos reticuloespinales. Una lesión en la médula espinal secciona transversalmente las fibras vestibuloespinales, y todos los miembros paralizados adoptan posiciones de flexión.

5. El **reflejo plantar** es anómalo. En condiciones normales, se da la flexión plantar del dedo gordo cuando el margen lateral de la planta se estimula con un objeto duro. En el reflejo anómalo, que se conoce como **signo o respuesta de Babinski,** se produce la dorsiflexión del dedo gordo. Este movimiento se suele asociar a la flexión en las articulaciones coxofemoral y de la rodilla, si bien esta respuesta de retirada se puede observar en gente sana con plantas sensibles. Entre los fascículos descendentes involucrados en el reflejo plantar normal se encuentra la vía piramidal. Una respuesta plantar extensora es normal en niños menores de 1 año, y la respuesta no se manifiesta flexora hasta el mes 18. Esta maduración coincide con la mielinización de la mayoría de los axones de los fascículos corticoespinales.

6. Los **reflejos superficiales** se inhiben o desaparecen. Éstos son el reflejo abdominal (la contracción de los músculos abdominales anteriores cuando se estimula con fuerza la piel que los recubre) y cremastérico (la retirada del testículo ipsilateral cuando se estimula la cara medial del muslo). Este último reflejo es leve o deja de existir en la mayoría de los hombres, pero es una prueba clínica muy útil en lactantes. Se supone que estos reflejos están mediados por fascículos largos dirigidos a la corteza cerebral y procedentes de ésta, pero sus vías anatómicas exactas no se conocen.

7. En el caso de los músculos faciales, sólo se ve afectada la mitad inferior de la cara. Por motivos desconocidos, la actividad muscular con la que se expresan los cambios emocionales suele quedar intacta, y suelen presentarse respuestas emocionales anómalas como risas o llantos en situaciones impropias.

8. Si la lesión causal en un hemisferio cerebral es pequeña, algunas funciones se recuperan de forma progresiva. Algunos pacientes manifiestan «movimientos especulares», que se presentan simétricamente al intentar emplear una sola extremidad. Los estudios electrofisiológicos indican que esto se debe a las ramas de los axones corticoespinales que pasan del lado intacto de la médula espinal al lado afectado. Estas ramas pueden formarse por la creación de nuevos brotes axónicos (v. cap. 2). La recuperación de un *ictus* es peor en los humanos que en otros animales con lesiones comparables. Esta diferencia se ha atribuido a la ausencia de una proyección corticorrubroespinal importante en el SNC humano.

manente. Una lesión unilateral en el hemisferio cerebral no afecta, en ningún lado, a los músculos inervados por el núcleo motor del trigémino, por la porción anterior del núcleo motor facial o por el núcleo ambiguo. Se ha deducido que las vías descendentes se distribuyen bilateralmente hacia todos los núcleos motores del tronco encefálico excepto a la parte caudal del núcleo motor del facial, que recibe únicamente aferentes descendentes decusados. Sin duda, la desaferenciación parcial de los núcleos inervados bilateralmente se compensa gracias a las conexiones que han quedado intactas procedentes del hemisferio ipsilateral. La existencia de estas conexiones funcionales se ha confirmado en estudios realizados más recientemente en los que se ha empleado la estimulación de la corteza cerebral humana sana.

El núcleo del hipogloso recibe más aferentes decusados que sin decusar, y cuando se pierden los primeros, los no decusados asumen el control tras unas pocas semanas. El núcleo accesorio, situado en los segmentos cervicales superiores de la médula espinal, inerva el músculo trapecio, el cual eleva el hombro y el músculo esternocleidomastoideo, que gira la cabeza para mirar al lado contralateral. Tras la sección transversal de las fibras motoras descendentes, se presenta una parálisis del trapecio contralateral y del esternocleidomastoideo ipsilateral. Evidentemente, las fibras que descienden hasta las neuronas motoras del esternocleidomastoideo no atraviesan la línea media.

Sistemas que controlan las vías descendentes

Los movimientos provocados mediante estimulación eléctrica de las áreas motoras corticales (v. cap. 15) son mucho más simples que los que aparecen normalmente bien obedeciendo a pensamientos conscientes, como parte de las pautas de actividad habituales o involuntarias. Por lo tanto, las señales fisiológicas procedentes de la corteza motora deben ser mucho más complejas que sus respuestas a simples estímulos eléctricos artificiales. Las conexiones aferentes más numerosas de las áreas motoras son las fibras de asociación y comisurales provenientes de otras áreas corticales y las fibras de proyección del tálamo, especialmente de los núcleos ventral anterior y ventral lateral. Estos núcleos talámicos reciben proyecciones de otros dos sistemas involucrados en el control del movimiento: el cerebelo y los ganglios basales. (Las conexiones y funciones de las áreas corticales motoras se explican mucho más pormenorizadamente en el cap. 15. En los caps. 10 y 12 se describen con mayor profundidad el cerebelo y los ganglios basales.)

CIRCUITOS CEREBELOSOS

Resulta adecuado revisar algunas de las conexiones del cerebelo (fig. 23-4) en el contexto del estudio de los sistemas motores. La corteza y los núcleos centrales del cerebelo reciben señales procedentes de extensas áreas de la neocorteza contralateral (a través de las proyecciones corticoprotuberanciales y pontocerebelosas), de los propioceptores ipsilaterales situados en los músculos, los tendones y las articulaciones (a través de los fascículos espinocerebeloso y cuneocerebeloso) y del aparato vestibular. El complejo olivar inferior, que recibe la mayor parte de sus fibras aferentes de las áreas motoras neocorticales, el núcleo rojo y la médula espinal, se proyecta hacia toda la corteza cerebelosa. Además de estos aferentes, los núcleos reticulares precerebelosos (v. cap. 10) retransmiten información procedente de la médula espinal, los núcleos vestibulares y la corteza cerebral. Los núcleos cerebelosos emiten sus fibras eferentes hacia el tálamo contralateral (núcleo ventral lateral) y el núcleo rojo, así como a la formación reticular, bilateralmente, y a los núcleos vestibulares ipsilaterales.

De este modo, el cerebelo recibe información que proviene de la corteza cerebral, incluidas las áreas motoras, y también obtiene información de los cambios en las longitudes y las tensiones de los músculos y de la posición y los movimientos angulares de la cabeza. Estos grandes contingentes de fibras aferentes se complementan gracias a pequeñas aportaciones que conducen información sobre la sensibilidad cutánea, visual y auditiva. Las señales emitidas por los núcleos cerebelosos alcanzan las áreas motoras primaria y suplementaria tras establecer un relevo situado en la división posterior del núcleo ventral lateral del tálamo (VLp). Otros eferentes cerebelosos influyen en las neuronas motoras inferiores mediante conexiones con los núcleos vestibulares y el grupo central de núcleos de la formación reticular.

Los estudios electrofisiológicos indican que el cerebelo recibe información a través de sus aferentes olivares del programa de instrucciones neuronales para cualquier movimiento complejo. Los aferentes pontocerebelosos, que presentan actividad antes que el área motora sensitiva, participan en la ejecución de los movimientos. Los aferentes cerebelosos activados por las terminaciones nerviosas propioceptivas permiten modificar un programa de instrucciones en función de los cambios que se dan en la longitud y la tensión de los músculos.

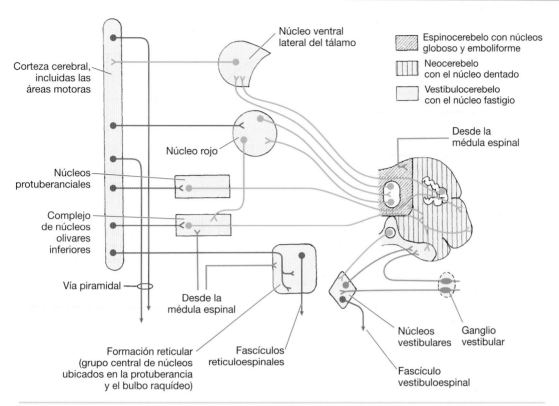

FIGURA 23-4.   Diagrama de algunas conexiones neuronales que participan en el control del movimiento, destacando la circuitería cerebelosa (neuronas *verdes*) y las principales vías descendentes (neuronas *rojas*). Las neuronas *azules* representan las señales sensitivas entrantes. En el capítulo 10 se describen e ilustran otras conexiones cerebelosas.

LOS GANGLIOS BASALES

Los ganglios basales, que no son ganglios sino núcleos, son el **cuerpo estriado** del telencéfalo, el **núcleo subtalámico** del diencéfalo y la **sustancia negra** del mesencéfalo. El cuerpo estriado se divide funcionalmente en el **estriado** y las divisiones externas e internas del **pálido**. (La desafortunada plétora de nombres asociados a los ganglios basales y el cuerpo estriado se explica en el cap. 12.) El putamen y el núcleo caudado forman el estriado. Sus fibras aferentes provienen de toda la neocorteza, de los núcleos talámicos intralaminares y de la sustancia negra (fig. 23-5). El estriado se proyecta hacia el pálido, que influye sobre las áreas premotora y motora suplementaria mediante conexiones inhibidoras situadas en el núcleo ventral anterior (VA) y en la división anterior del núcleo ventral lateral (VLa) del tálamo. La actividad del estriado se modula gracias a una conexión bidireccional con la sustancia negra, y la actividad del pálido se modula mediante una conexión bidireccional con el núcleo subtalámico. Estas conexiones se describen pormenorizadamente en el capítulo 12.

Un pequeño conjunto de fibras palidófugas discurre en dirección caudal y termina en el **núcleo pedunculopontino** en la unión del mesencéfalo con la protuberancia (v. cap. 9). Entre otras proyecciones, el núcleo pedunculopontino emite algunas fibras al núcleo subtalámico, otras al pálido y algunas al grupo central de núcleos de la formación reticular. Se ha propuesto que el núcleo pedunculopontino desempeña una función en la temporización de actividades rítmicas, como la locomoción y el sueño.

Es evidente que los ganglios basales comprenden una gran masa de sustancia gris que recibe la influencia de varias partes del SNC. El número y la complejidad de las interconexiones existentes en el seno de los ganglios basales apuntan a que en ellos debe tener lugar una gran actividad integradora. Únicamente una parte del sistema está consagrado a las actividades motoras (v. cap. 12). Los estudios electrofisiológicos indican que en el cuerpo estriado, al igual que en los núcleos cerebelosos, hay cambios de actividad que preceden y acompañan a los movimientos. Por consiguiente, es probable que la circuitería motora de los ganglios basales

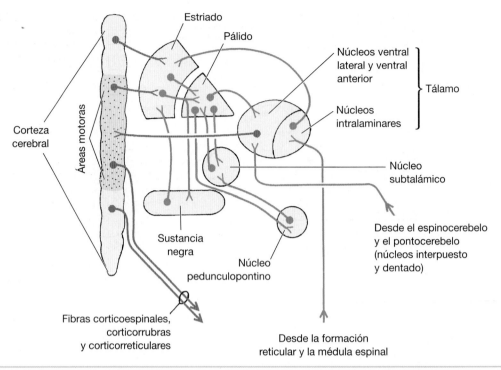

FIGURA 23-5.   Diagrama de algunas conexiones neuronales que participan en el control del movimiento, con especial énfasis en los ganglios basales, el tálamo y la corteza motora. Las proyecciones corticales se resaltan en *rojo;* el resto se muestra en *azul.* Si desea consultar otros circuitos de los ganglios basales, véase el capítulo 12.

participe en la transmisión de información de toda la neocorteza a las áreas motoras, concretamente las áreas premotora y motora suplementaria, y que el cuerpo estriado sirva como depósito de instrucciones para fragmentos de movimientos aprendidos. Los efectos de estados patológicos también parecen apuntar a que ejerce una función en el recuerdo de instrucciones codificadas para el inicio, el control y la finalización de todos los componentes de los movimientos realizados regularmente.

TERMINOLOGÍA CONFUSA

Anteriormente se creía, erróneamente, que el sistema piramidal controlaba todos los movimientos voluntarios, y que paralelamente existía un sistema «extrapiramidal» que estaba involucrado mayoritariamente en las actividades habituales o automáticas de los músculos. Desafortunadamente, el adjetivo «extrapiramidal» se ha aplicado no solamente a los fascículos reticuloespinal y vestibuloespinal, sino también a vías que comprenden el cuerpo estriado, la sustancia negra y el núcleo subtalámico, ya que en el pasado se creía que estas estructuras daban lugar a numerosas fibras descendentes. Gracias a los datos anatómicos, fisiológicos y clínicos obtenidos, actualmente podemos

decir que es más apropiado agrupar los ganglios basales con el neocerebelo; la actividad de estas dos regiones anatómicas se dirige, a través del tálamo, hacia las áreas motoras de la corteza cerebral. Por lo tanto, el término *sistema extrapiramidal* no representa ninguna entidad real, y ha provocado una gran confusión. Se menciona en este capítulo porque en la práctica clínica las discinesias (trastornos en los que tienen lugar movimientos espontáneos anómalos) todavía siguen denominándose en ocasiones *síndromes extrapiramidales.*

Bibliografía recomendada

Albin RL, Young AB, Penney JB. The functional anatomy of basal ganglia disorders. *Trends Neurosci* 1989;12:366–375.

Bauby JD. *The Diving Bell and the Butterfly* [translated by Leggatt J]. London: Fourth Estate, 1997.

Brouwer B, Ashby P. Corticospinal projections to upper and lower limb spinal motoneurons in man. *Electroenceph Clin Neurophysiol* 1990;76:509–519.

Bucy PC, Keplinger JE, Siqueira EB. Destruction of the "pyramidal tract" in man. *J Neurosurg* 1964;21:385–398.

Cangiano A, Buffelli M, Pasino E. Nerve-muscle trophic interaction. In: Gorio A, ed. *Neuroregeneration.* New York: Raven Press, 1993:145–167.

Cruccu G, Berardelli A, Inghilleri M, et al. Corticobulbar projections to upper and lower facial motoneurons: a

Trastornos del movimiento

Es posible que algún día el conocimiento de los neurotransmisores y sus acciones excitadoras o inhibidoras en la circuitería motora pueda permitir obtener explicaciones neuroanatómicas bien ordenadas para los diferentes tipos de discinesias, comparables a las existentes para algunas deficiencias sensitivas. Se han hecho bastantes progresos en este sentido, que se comentan en el capítulo 12. Los trastornos con cuadros clínicos bien definidos derivan de lesiones delimitadas en determinadas regiones. La más clara es la lesión de la neurona motora inferior, descrita anteriormente. A continuación explicaremos otros ejemplos. Los trastornos del movimiento también se comentan en los capítulos 7, 11 y 12.

LESIONES DE LA NEURONA MOTORA SUPERIOR Y LESIONES CORTICALES

Los signos clínicos de la lesión de la neurona motora superior se han indicado anteriormente en este capítulo. La forma clásica del síndrome se presenta tras un **infarto del brazo posterior de la cápsula interna,** que deriva en la interrupción de los fascículos ascendentes y descendentes, entre los que se encuentran las fibras corticoespinales y las fibras corticobulbares, además de las proyecciones corticoprotuberanciales, corticoolivares, corticorreticulares, corticorrubras y talamocorticales. La **destrucción de la corteza motora primaria y de la corteza premotora,** como suele ocurrir tras la oclusión de la arteria cerebral media, provoca unas consecuencias similares.

Las **lesiones limitadas al área motora primaria** causan una parálisis fláccida de la parte del cuerpo que se corresponde con la posición exacta de la corteza destruida. Como ocurre con otras lesiones en las que sólo se ven afectadas pequeñas áreas corticales, suele producirse una recuperación a medida que las áreas adyacentes asumen las funciones de la región dañada. La **destrucción del área premotora** provoca paresia contralateral de los músculos que mueven las articulaciones del hombro y de la cadera. La locomoción también presenta alteraciones. No es posible colocar la mano adecuadamente para llevar a cabo muchas de las tareas habituales, y pueden existir también disfunciones en los movimientos musculares secuenciales y en la ejecución de movimientos guiados por la visión. (Las secuencias y el ordenamiento lógico normalmente precisan de la integridad de la corteza rostral al área prefrontal.) Puede repetirse un movimiento sin obtener resultados favorables.

Si se destruye el **área motora suplementaria,** el enfermo sufrirá una intensa discapacidad motora contralateral que le impide iniciar los movimientos. Las lesiones bilaterales, sobre todo si afectan al área motora del cíngulo adyacente, provocan **mutismo acinético.** Estos síntomas concuerdan con la participación normal de las áreas motoras suplementaria y del cíngulo en la iniciación de movimientos (v. cap. 15), como los que se realizan con los músculos implicados en el habla. El mutismo acinético que deriva de las lesiones corticales mediales bilaterales no debe confundirse con las consecuencias de una lesión destructiva en la protuberancia superior, tras las cuales el enfermo parece estar dormido y con la musculatura relajada. En este último trastorno, denominado también *mutismo acinético,* los ojos se abren en respuesta a fuertes sonidos y pueden seguir los objetos en movimiento, pero otros estímulos sensoriales no producen ninguna respuesta y no existe ningún otro movimiento ni el habla.

Otro estado relacionado, que podemos observar tras una lesión mesoprotuberancial, es el **síndrome de deseferenciación o de enclaustramiento,** que deja al paciente consciente pero mudo, con todos los músculos paralizados excepto los que mueven los ojos. Las lesiones que provocan este síndrome seccionan los fascículos motores descendentes preservando las vías somestésicas y de los sentidos especiales. Un editor de revistas, Jean-Dominique Bauby (1952-1997), sufrió el síndrome de deseferenciación tras un ictus en el tronco encefálico en 1995. Escribió un libro autobiográfico destacable, que dictó letra a letra gracias a un código basado en los movimientos del párpado izquierdo. También fundó, en 1996, la Association du Locked-in Syndrome, con sede en Boulogne-Billancourt, Francia. El síndrome de deseferenciación es extremadamente poco frecuente. Las lesiones vasculares protuberanciales masivas suelen provocar la muerte súbita. Bauby escribió: «En el pasado… simplemente morías. Pero las mejoras experimentadas en las técnicas de reanimación actualmente han prolongado y refinado la agonía.»

DISCINESIAS

Las discinesias son trastornos en los que se presentan movimientos innecesarios e involuntarios.

Continúa

La **corea** y diversos tipos de **distonía,** que se consideran debidas a lesiones en los cuerpos estriados, se explican en el capítulo 12. El **balismo,** que consiste en movimientos bruscos de lanzamiento en las articulaciones proximales de las extremidades, suele ser la consecuencia de una lesión vascular en el núcleo subtalámico contralateral (v. caps. 11 y 12). La discinesia que se observa con mayor frecuencia es la que se presenta en la **enfermedad de Parkinson,** que se caracteriza por rigidez muscular, temblor en los músculos distales y parquedad de movimientos (bradicinesia). La lesión primaria es la pérdida de las neuronas dopaminérgicas en la porción compacta de la sustancia negra (v. caps. 7 y 12). En condiciones normales estas neuronas se encuentran activas todo el tiempo, independientemente de que se esté efectuando algún movimiento, ejerciendo una influencia moduladora continua sobre el estriado e, indirectamente, sobre las áreas motora suplementaria y premotora de la neocorteza. La bradicinesia del parkinsonismo ha sido atribuida a la pérdida de una acción excitadora de la dopamina sobre algunas neuronas del cuerpo estriado. Esto libera al pálido de la inhibición que sobre éste ejerce el estriado, lo que aumenta la inhibición del núcleo VLa por parte del pálido. Este núcleo talámico es excitador para la corteza premotora, de modo que en la enfermedad de Parkinson la actividad cortical se reduce. (Si desea seguir la lógica de este argumento que, desafortunadamente, no explica los temblores y la rigidez, consulte la fig. 12-6.)

DISFUNCIÓN CEREBELOSA

Finalmente, las lesiones del cerebelo provocan una gran variedad de trastornos motores, como un tipo específico de ataxia, hipotonía y un temblor intencional característico (v. cap. 10). Se puede decir que las lesiones cerebelosas provocan errores en la velocidad, el alcance, la fuerza y la dirección de los movimientos voluntarios. Una **lesión unilateral** de un hemisferio cerebeloso (por oclusión vascular, un tumor o la desmielinización de la sustancia blanca en uno o más pedúnculos cerebelosos) se manifiesta con síntomas que afectan al mismo lado del cuerpo. La disfunción cerebelosa, que puede ser bilateral, es un rasgo frecuente de la esclerosis múltiple (EM), una enfermedad autoinmune en la que aparecen placas de desmielinización en la sustancia blanca por todo el encéfalo y la médula espinal. Las fibras cerebelotalámicas suelen resultar dañadas en la EM. Las **lesiones en la línea media** del cerebelo afectan a las conexiones vestibulares y espinales, de modo que la anomalía más evidente es la marcha atáxica.

study by magnetic transcranial stimulation in man. *Neurosci Lett* 1990;117:68–73.

Davidoff RA. The pyramidal tract. *Neurology* 1990;40:332–339.

Davis HL. Trophic effects of neurogenic substances on mature skeletal muscle in vivo. In: Fernandez HL, Donoso JA, eds. *Nerve-Muscle Cell Trophic Communication.* Boca Raton, FL: CRC Press, 1988:101–145.

Eyre JA, Miller S, Clowry GJ, et al. Functional corticospinal projections are established prenatally in the human foetus permitting involvement in the development of spinal motor centres. *Brain* 2000;123:51-64.

Freund H-J, Hummelsheim H. Lesions of premotor cortex in man. *Brain* 1985;108:697–733.

Fries W, Danek A, Witt TN. Motor responses after transcranial electrical stimulation of cerebral hemispheres with a degenerated pyramidal tract. *Ann Neurol* 1991; 29:646–650.

Georgopoulos AP. Higher order motor control. *Annu Rev Neurosci* 1991;14:361–377.

Inglis WL, Winn P. The pedunculopontine tegmental nucleus: where the striatum meets the reticular formation. *Prog Neurobiol* 1995;47:1–29.

Nathan PH, Smith MC. The rubrospinal and central tegmental tracts in man. *Brain* 1982;105:223–269.

Nathan PN, Smith MC, Deacon P. Vestibulospinal, reticulospinal and descending propriospinal nerve fibers in man. *Brain* 1996;119:1809–1833.

Nudo RJ, Masterton RB. Descending pathways to the spinal cord, II. quantitative study of the tectospinal tract in 23 mammals. *J Comp Neurol* 1989;286:96–119.

O'Rahilly R, Muller F. *The Embryonic Human Brain. An Atlas of Developmental Stages,* 3rd ed. New York: Wiley-Liss, 2006.

Peterson BW. The reticulospinal system and its role in the control of movement. In: Barnes CD, ed. *Brainstem Control of Spinal Cord Function.* Orlando, FL: Academic Press, 1984:28–86.

Porter R, Lemon R. *Corticospinal Function and Voluntary Movement.* (Monographs of the Physiological Society, No. 45.) Oxford: Clarendon Press, 1993.

Rothwell JC. *Control of Human Voluntary Movement,* 2nd ed. London: Chapman & Hall, 1994.

Rouiller EM, Liang F, Babalian A, et al. Cerebellothalamocortical and pallidothalamocortical projections to the primary and supplementary motor cortical areas: a multiple tracing study in macaque monkeys. *J Comp Neurol* 1994;345:185–213.

Wise SP, Soussadoud D, Johnson PB, et al. Premotor and parietal cortex: corticocortical connectivity and combinatorial computations. *Annu Rev Neurosci* 1997; 20:25–42.

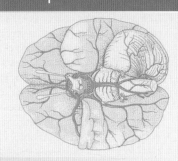

Capítulo 24

INERVACIÓN VISCERAL

Conceptos básicos

- El sistema nervioso central siempre controla el músculo liso, el miocardio y los tejidos secretores por medio de cadenas formadas como mínimo por dos neuronas —una preganglionar y la otra posganglionar— en las que el cuerpo celular de esta última está situado en un ganglio autónomo.

- Los ganglios parasimpáticos están cerca de los órganos que inervan, mientras que la mayoría de los ganglios simpáticos son paravertebrales o preaórticos. Los ganglios entéricos se encuentran en los plexos mientérico y submucoso del tubo digestivo.

- Se encuentran neuronas parasimpáticas preganglionares en algunos núcleos de los nervios craneales III, VII, IX y X y en la columna celular intermediolateral de los segmentos espinales S2, S3 y S4.

- Los ganglios parasimpáticos inervan los músculos esfínter de la pupila y ciliar, las glándulas lagrimales y salivales, las vísceras torácicas y abdominales (entre ellas, el corazón), la vejiga urinaria y otros órganos pélvicos, y el tejido eréctil de los genitales.

- Las neuronas preganglionares simpáticas están situadas en la columna celular intermediolateral de los segmentos espinales D1 a L2. Sus axones atraviesan las raíces anteriores y los ramos comunicantes blancos, hasta el tronco simpático, y alcanzan los ganglios paravertebrales a través del tronco simpático, y los ganglios preaórticos por medio de los nervios esplácnicos.

- Los ramos comunicantes grises conducen axones posganglionares del sistema simpático hasta nervios mixtos que inervan los vasos sanguíneos, las glándulas sudoríparas y los músculos piloerectores. Las fibras posganglionares para la cabeza discurren junto a las arterias carótidas y sus ramas. Los nervios cardíacos simpáticos que inervan el corazón se originan en ganglios cervicales. Los plexos nerviosos mesentéricos

y otros plexos similares llevan fibras simpáticas posganglionares desde los ganglios preaórticos hasta los órganos abdominales. La médula suprarrenal es un ganglio simpático modificado cuyas neuronas liberan sus neurotransmisores directamente a la sangre.

- El sistema nervioso entérico puede trabajar de forma autónoma, pero su actividad es regulada por axones preganglionares parasimpáticos y posganglionares simpáticos. Los plexos entéricos contienen neuronas sensitivas, interneuronas y células que proporcionan inervaciones excitadoras e inhibidoras al intestino.

- La acetilcolina es el principal neurotransmisor de todas las neuronas preganglionares y todas las neuronas posganglionares parasimpáticas, mientras que el principal neurotransmisor de todas las neuronas posganglionares simpáticas es la noradrenalina, salvo las que inervan las glándulas sudoríparas, que son colinérgicas. Las neuronas del sistema nervioso autónomo también utilizan algunos péptidos como neurotransmisores.

- Las actividades del sistema nervioso autónomo están controladas por vías centrales descendentes que proceden de la corteza prefrontal medial, la amígdala, el área septal, el hipotálamo y la formación reticular. Las vías descendentes que regulan las acciones del simpático en los ojos y la cara atraviesan ipsilateralmente la parte lateral del bulbo raquídeo y la parte medial del cordón lateral de la médula espinal.

- Los cuerpos celulares de las fibras para el dolor visceral se encuentran en los ganglios de las raíces posteriores, y los axones acompañan a las fibras simpáticas preganglionares y posganglionares. A menudo, el dolor se refiere a estructuras somáticas inervadas por los mismos segmentos espinales que el órgano afecto. La vía central hacia la corteza cerebral es el sistema espinotalámico.

- La mayoría de las neuronas sensitivas para los reflejos viscerales (y para la sensación consciente de plenitud) tiene los cuerpos celulares en el ganglio inferior del nervio vago, y sus axones acompañan a las fibras preganglionares parasimpáticas. Estas neuronas sensitivas se proyectan centralmente hacia el núcleo solitario, que está conectado con neuronas autónomas preganglionares, el hipotálamo, varias regiones de la formación reticular y la amígdala. Además, tienen proyecciones indirectas hacia el núcleo mediodorsal del tálamo y hacia la corteza prefrontal insular y medial.

En neurobiología, con el adjetivo *visceral* se hace referencia a la inervación del músculo liso y cardíaco y a las células secretoras de todo el cuerpo. La función principal de la inervación visceral es mantener una homeostasia óptima, lo cual se logra regulando la actividad de los órganos y las estructuras relacionadas con la digestión, la circulación, la respiración, el mantenimiento de la temperatura corporal normal, la excreción y la reproducción. Además del papel regulador de los reflejos viscerales, la actividad de los músculos lisos, las glándulas y el miocardio puede modificarse por influencia de los niveles más elevados del encéfalo, sobre todo en respuesta a las emociones y a los estímulos del entorno.

Los impulsos aferentes de origen visceral llegan al sistema nervioso central (SNC) a través de neuronas sensitivas primarias similares a las de la sensibilidad general. En condiciones normales, estos impulsos provocan respuestas reflejas en las vísceras y una sensación de plenitud en los órganos huecos como el estómago, el intestino grueso y la vejiga urinaria. La sensación visceral también contribuye a generar sensaciones de bienestar o malestar. Cuando el funcionamiento de las vísceras es anómalo o se sufre alguna enfermedad que las afecta, las aferentes viscerales transmiten impulsos nociceptivos. Esta sensación dolorosa se refiere, con frecuencia, a una parte de la pared corporal o a una extremidad inervada por los mismos nervios segmentarios que el órgano afecto.

La inervación motora o eferente de las células del músculo liso (CML), el miocardio y las células glandulares difiere de la de los músculos voluntarios en que la conexión entre el SNC y las vísceras es una sucesión de, como mínimo, dos neuronas, en lugar de estar compuesta por una sola neurona motora (v. fig. 3-2). El cuerpo celular de la primera neurona se encuentra en el tronco encefálico o la médula espinal y su axón termina en una neurona de un ganglio autónomo, mientras que el axón de la segunda neurona termina en las células efectoras o en una tercera neurona. La primera y la segunda neuronas se denominan neuronas **preganglionar** y **posganglionar**, respectivamente. La tercera neurona, cuando la hay, forma parte de los plexos de la pared del tubo digestivo. Basándose en su naturaleza involuntaria, Langley asignó en 1898 el término **sistema nervioso autónomo** a las eferentes viscerales y posteriormente, en 1921, subdividió el sistema autónomo en los sistemas nerviosos **parasimpático**, **simpático** y **entérico**, una clasificación que todavía se utiliza.

Sistema eferente visceral o autónomo

Las CML, las células secretoras de las vísceras y el miocardio están sometidos a la doble influencia de los sistemas nerviosos simpático y parasimpático. En algunos órganos, estas dos divisiones del sistema nervioso autónomo tienen acciones antagonistas desde el punto de vista funcional, de forma que la actividad visceral, que se mantiene a un nivel más o menos constante, funciona mediante un equilibrio de las acciones de ambos sistemas. La inervación autónoma se extiende más allá de los órganos en las grandes cavidades corporales, y abarca los músculos del iris y el cuerpo ciliar de los ojos, los músculos lisos de las órbitas, las glándulas lagrimales y salivales, las glándulas sudoríparas, los músculos erectores del pelo y los vasos sanguíneos de todo el organismo. Además, el tubo digestivo posee una inervación propia (el sistema nervioso entérico), que es capaz de controlar como mínimo las formas más simples de motilidad gastrointestinal (GI).

GANGLIOS AUTÓNOMOS

Los ganglios autónomos reciben fibras aferentes mielínicas delgadas (del grupo B) desde el tronco encefálico o la médula espinal. Sus fibras eferentes, que inervan estructuras viscerales, son los axones de las células principales del ganglio; se trata de fibras amielínicas (del grupo C) y son más numerosas que las fibras preganglionares. De este modo, las sinapsis que se establecen en los ganglios proporcionan una divergencia en la vía eferente, de modo que un número relativamente pequeño de neuronas del SNC controla un número mayor de células musculares lisas y células glandulares de la periferia. Esta divergencia aumenta debido a la ramificación preterminal de las fibras posganglionares y, en el tubo digestivo, a través de sinapsis adicionales con las neuronas del sistema nervioso entérico.

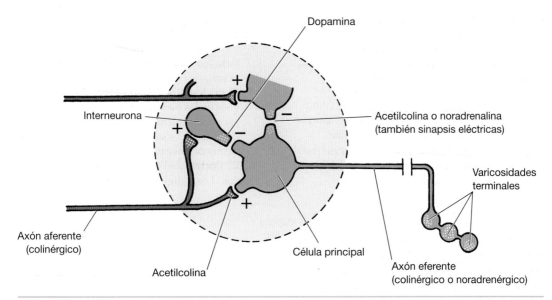

FIGURA 24-1.   Organización sináptica de un ganglio autónomo que muestra los principales transmisores y sus acciones excitadoras o inhibidoras.

Sin embargo, la divergencia no explica, por sí sola, la existencia de los ganglios autónomos, ya que podría obtenerse el mismo efecto más sencillamente mediante una mayor ramificación de los axones. En la organización sináptica de los ganglios se observan pruebas de integración y comparación de los impulsos neuronales (fig. 24-1). Cada célula principal es inhibida en las sinapsis dendrodendríticas con las células principales cercanas y desde las pequeñas neuronas intrínsecas del ganglio. Estas interneuronas, cuyas únicas prolongaciones citoplasmáticas son dendritas cortas, son excitadas por ramas de los axones preganglionares. Como mínimo en algunos ganglios autónomos, las fibras sensitivas que los atraviesan emiten ramas que establecen sinapsis con las células principales. Esta disposición puede posibilitar los reflejos en los que no participa el SNC.

NEUROTRANSMISORES

Las neuronas preganglionares son siempre colinérgicas. Todas las células principales de los ganglios parasimpáticos son colinérgicas, pero en los simpáticos sólo son colinérgicas una pequeña proporción. La mayoría de las células principales de los ganglios simpáticos es noradrenérgica en sus sinapsis periféricas. Las neuronas intrínsecas de los ganglios contienen dopamina, y se considera que la usan como neurotransmisor. Todas las neuronas de los ganglios autónomos contienen, además, dos o más péptidos, que podrían utilizarse como neurotransmisores adicionales o como neuromodula-

dores. Hay varios fármacos de utilidad clínica que mejoran o inhiben selectivamente tanto la síntesis como el metabolismo de la acetilcolina, la dopamina o la noradrenalina. Otros fármacos reproducen o bloquean las acciones postsinápticas de estos transmisores. En consecuencia, la información sobre las conexiones sinápticas en los ganglios autónomos es importante para entender algunos efectos fisiológicos de estos medicamentos.

DIVISIÓN PARASIMPÁTICA

El sistema parasimpático reduce el ritmo y la fuerza del latido cardíaco, aumenta la actividad del sistema digestivo (estimulando la propulsión y la secreción), vacía la vejiga urinaria y provoca la tumescencia del tejido genital eréctil. Como se ha mencionado más arriba, la acetilcolina es el mediador químico que participa en las sinapsis entre las neuronas preganglionares y posganglionares, y también en los contactos entre las terminaciones posganglionares y las células efectoras, donde también se liberan varios péptidos. Por tanto, el sistema parasimpático es **colinérgico**. Este sistema actúa en regiones concretas y restringidas, en lugar de producir efectos en todo el organismo. La naturaleza limitada de esta respuesta se debe a que existe menos divergencia que en el sistema simpático. La acetilcolina es inactivada rápidamente por la acetilcolinesterasa, por lo que las descargas parasimpáticas son de corta duración.

Las neuronas preganglionares parasimpáticas, que tienen unos axones largos, se encuentran en el tronco encefálico y en los tres segmentos centrales sacros (S2 a S4) de la médula espinal (fig. 24-2). Los núcleos parasimpáticos preganglionares y los lugares donde se encuentran las neuronas posganglionares son:

1. El **núcleo de Edinger-Westphal** del complejo oculomotor (o motor ocular) y el **ganglio ciliar** situado detrás del globo ocular.
2. El **núcleo salival superior** del nervio facial y el **ganglio submandibular** por debajo del suelo de la boca.

3. El **núcleo lagrimal** del nervio facial y el **ganglio pterigopalatino** bajo la base del cráneo.
4. El **núcleo salival inferior** del nervio glosofaríngeo y el **ganglio ótico** bajo la base del cráneo.
5. El **núcleo dorsal del nervio vago** y los ganglios de los plexos pulmonares, las células en los plexos mientérico y submucoso del tubo digestivo (el sistema nervioso entérico) y las neuronas posganglionares de otras áreas.
6. El **núcleo ambiguo** y los **ganglios cardíacos**. Los ganglios parasimpáticos cardíacos

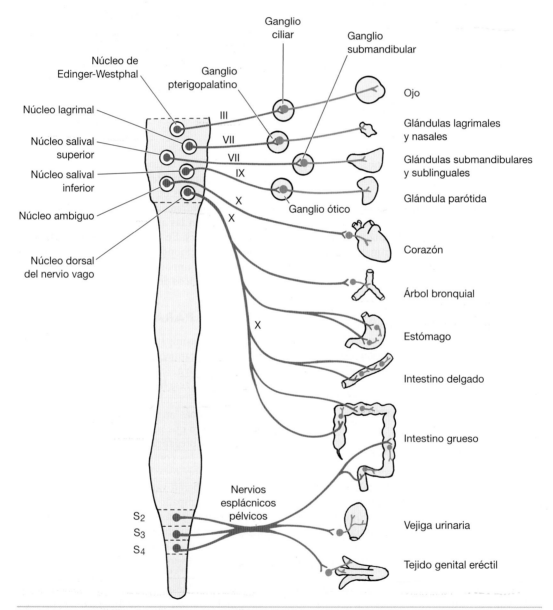

FIGURA 24-2.   Esquema del sistema nervioso parasimpático. Las neuronas preganglionares están representadas en *rojo,* y las posganglionares, en *azul.*

son más numerosos en las aurículas, en torno a la entrada de las grandes venas. Los plexos ganglionares están formados por numerosos nervios delgados que conectan los ganglios entre sí.

7. El **núcleo parasimpático sacro** y las neuronas posganglionares de las vísceras pélvicas y sus proximidades.

En los capítulos 7 y 8 se explican e ilustran las localizaciones de los núcleos de los nervios craneales, y en el capítulo 5 se describe el núcleo parasimpático sacro.

DIVISIÓN SIMPÁTICA

Los **ganglios paravertebrales** están asociados a todos los nervios raquídeos, aunque a nivel cervical existen ocho segmentos que comparten tres ganglios. El flujo eferente simpático se origina en la **columna celular intermediolateral** (asta lateral) de todos los segmentos espinales dorsales y los dos o tres segmentos lumbares superiores (figs. 24-3 y 24-4).

Los axones de las neuronas preganglionares alcanzan el **tronco simpático** a través de las raíces anteriores correspondientes y los **ramos comunicantes blancos** (v. fig. 24-3). En cuanto a la inervación simpática de estructuras de la cabeza y el tórax, las fibras preganglionares terminan en los ganglios del tronco simpático; para los músculos lisos y las glándulas de la cabeza, la sinapsis entre las neuronas preganglionar y posganglionar se localizan fundamentalmente en el ganglio cervical superior del tronco simpático, y los axones posganglionares están situados en el **plexo carotídeo**, que acompaña a la arteria carótida y sus ramas. En el caso de las vísceras torácicas, las sinapsis se encuentran en los tres ganglios simpáticos cervicales (superior, medio e inferior) y en los cinco ganglios superiores de la porción torácica del tronco simpático.

Las fibras preganglionares de las vísceras abdominales y pélvicas discurren sin interrupción a través del tronco simpático y dentro de los **nervios esplácnicos**. Estas fibras terminan en neuronas posganglionares localizadas en los **ganglios**

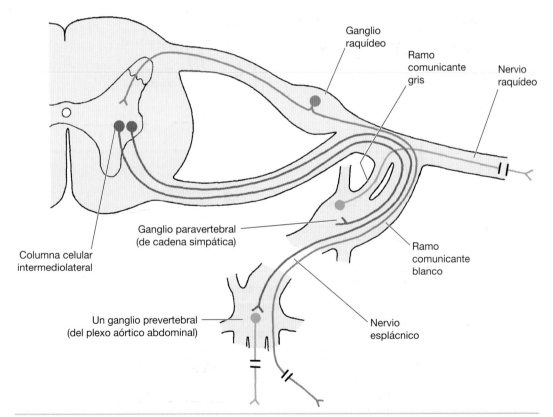

FIGURA 24-3.   Neuronas viscerales eferentes y aferentes asociadas a un segmento torácico de la médula espinal. Las neuronas preganglionares están representadas en *rojo,* y las posganglionares, en *verde.* En *azul* se muestra una neurona sensorial (para el dolor) que inerva un órgano interno del abdomen. Los axones sensitivos viscerales pasan a través de ganglios autónomos, pero sus cuerpos celulares se encuentran en ganglios raquídeos posteriores.

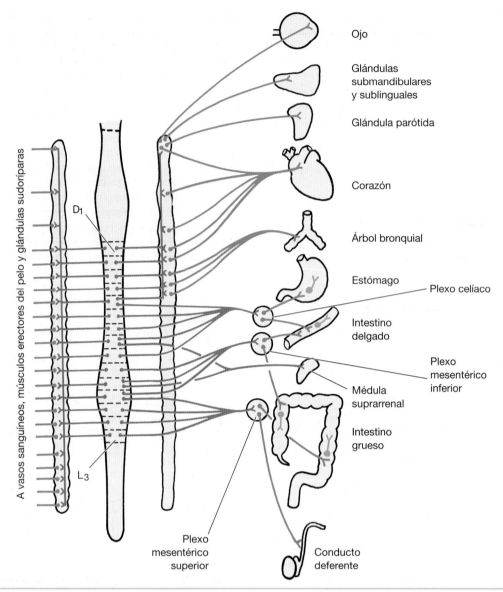

FIGURA 24-4. Esquema del sistema nervioso simpático. Las neuronas preganglionares están representadas en *rojo*, las posganglionares, en *azul*, y las entéricas, en *verde*.

preaórticos (conocidos también como *ganglios colaterales*), situados en los plexos que rodean las ramas principales de la aorta abdominal. Los de mayor tamaño son el **plexo celíaco** y los **plexos mesentéricos** superior e inferior. La inervación simpática de la **médula suprarrenal** es distinta, ya que las células secretoras de esta estructura, que derivan de la cresta neural, son neuronas simpáticas posganglionares sin axones ni dendritas. Por ello, la médula suprarrenal está inervada directamente por neuronas preganglionares simpáticas. En cuanto al tubo digestivo, está inervado en su mayor parte por los ganglios de los plexos celíaco

y mesentérico; las fibras posganglionares no terminan directamente en las células ganglionares y las CML, sino en las neuronas del sistema nervioso entérico.

Para la inervación de la pared corporal y las extremidades, las fibras preganglionares terminan en todos los ganglios del tronco simpático, desde donde se distribuyen las fibras posganglionares por medio de **ramos comunicantes grises** (v. fig. 24-3) y de nervios raquídeos hasta los vasos sanguíneos, los músculos erectores del pelo y las glándulas sudoríparas. Los ramos comunicantes grises son de este color porque las fibras preganglionares no están mielinizadas (son del grupo C), mientras que los ramos blancos contienen delgados axones amielínicos (del grupo B).

El sistema parasimpático estimula actividades que se acompañan de un gasto de energía como la aceleración del ritmo cardíaco y el incremento de la fuerza de los latidos, la elevación de la tensión arterial y el direccionamiento del flujo sanguíneo hacia los músculos esqueléticos a expensas de la circulación visceral y cutánea. Las respuestas simpáticas se manifiestan de forma espectacular en situaciones de estrés y urgencia (la reacción de lucha o huida). El neurotransmisor entre las neuronas preganglionar y posganglionar es la acetilcolina, como en el sistema parasimpático. En el caso del sistema simpático, la **noradrenalina** es el neurotransmisor liberado por la mayoría de los axones posganglionares. Por ello, se afirma que el sistema simpático es **noradrenérgico**. En cambio, la inervación simpática de las glándulas sudoríparas es colinérgica, lo cual es una excepción a la regla general. Las áreas cutáneas carecen de fibras parasimpáticas; las neuronas sudomotoras colinérgicas son simpáticas desde el punto de vista anatómico, pero funcionalmente son similares a las de los ganglios parasimpáticos.

La noradrenalina ejerce acciones diferentes en distintos tejidos, en función del tipo de molécula receptora de las células diana. Los **receptores alfa** se encuentran en las superficies de las células musculares lisas del músculo dilatador de la pupila y en los vasos sanguíneos de la piel y los órganos internos. Estas células se contraen cuando la noradrenalina se une a sus receptores alfa, produciendo midriasis y vasoconstricción cutánea y visceral. Las neuronas entéricas que cierran los esfínteres también poseen receptores alfa. En cambio, los **receptores beta** se encuentran en las células musculares cardíacas del nódulo sinoauricular y en los ventrículos, en la musculatura lisa de los bronquiolos, en los vasos sanguíneos del músculo esquelético y en las neuronas entéricas que inhiben el peristaltismo. Las CML que poseen receptores beta se relajan cuando se unen a ellos moléculas de noradrenalina, lo cual produce una dilatación de los bronquiolos y una vasodilatación de los músculos esqueléticos. Se incrementan la velocidad y la fuerza de contracción del corazón y se inhibe el peristaltismo. Diversos fármacos de importancia clínica actúan estimulando o bloqueando receptores alfa o beta.

La estimulación simpática intensa produce efectos difusos debido a los siguientes factores, que son opuestos a los del sistema parasimpático. Cada neurona preganglionar simpática establece sinapsis con muchas neuronas posganglionares, y cada una de estas últimas inerva numerosas células efectoras o neuronas entéricas. Por ello, existe una gran divergencia. La noradrenalina liberada en las terminaciones posganglionares es desactivada al ser captada en las terminales axónicas de las que ha sido liberada, en un proceso más lento que la hidrólisis de la acetilcolina catalizada por enzimas.

SISTEMA NERVIOSO ENTÉRICO

Desde el esófago hasta el recto, las paredes del tubo digestivo humano contienen cerca de 10^8 neuronas, una población comparable a las neuronas que contiene la médula espinal. Sus cuerpos celulares se encuentran en dos áreas: el **plexo mientérico** (o de Auerbach), situado entre las capas musculares longitudinal y circular, y el **plexo submucoso** (o de Meissner), que se encuentra en el tejido conjuntivo entre la capa muscular circular y la muscular mucosa. Ambos plexos están formados por ganglios entéricos pequeños, unidos entre sí por medio de nervios delgados en los que todos los axones son amielínicos. Estos dos plexos están conectados por nervios similares a través de la capa muscular circular; estos nervios envían asimismo ramas de los plexos hacia el músculo liso y la lámina propia de la mucosa. La mayoría de las neuronas son multipolares, pero también hay muchas bipolares y unipolares, en especial en el plexo submucoso. Además de las neuronas, el sistema nervioso entérico contiene neurogliocitos, que recubren las neuronas y sus prolongaciones. El tejido nervioso no está vascularizado y recibe nutrientes por difusión desde los vasos capilares situados en la parte externa de la vaina glial.

La organización sináptica del sistema nervioso entérico (fig. 24-5) es compleja. En los plexos hay varios tipos de neuronas; se cree que las neuronas bipolares y unipolares tienen funciones sensitivas, especialmente para iniciar el reflejo peristáltico. Existen dos tipos de neuronas cuyos axones terminan en el músculo liso y las células ganglionares: las neuronas excitadoras son colinérgicas, y las neuronas no adrenérgicas y no colinérgicas inhibidoras pueden usar un péptido, un nucleótido u óxido nítrico. Algunas neuronas entéricas envían axones en sentido centrípeto, en los nervios que acompañan a las arterias mesentéricas y otras arterias abdominales hasta los ganglios simpáticos celíaco y mesentérico. Se ha comprobado que las neuronas entéricas contienen muchos péptidos distintos que ejercen acciones farmacológicas en el intestino, y es muy probable que al menos algu-

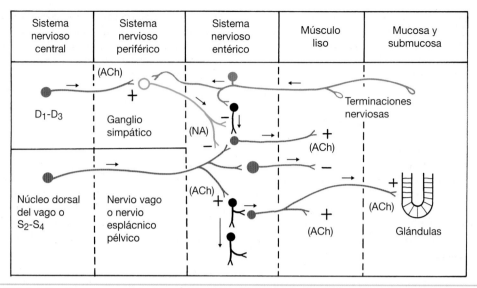

FIGURA 24-5.   Esquema organizativo del sistema nervioso entérico en el que, para simplificar, se combinan los plexos mientérico y submucoso. Se muestran las áreas donde actúan neurotransmisores conocidos (excitación [+] e inhibición [−]). El neurotransmisor inhibidor en la musculatura lisa puede ser el trifosfato de adenosina, el óxido nítrico o ambos. Las *flechas* indican la dirección de la conducción axónica. Colores de las neuronas: neuronas colinérgicas, *rojo;* neurona noradrenérgica, *verde;* neurona sensitiva entérica, *azul;* neurona inhibidora de la musculatura lisa, *violeta,* y neuronas entéricas intrínsecas (interneuronas), *negro.* ACh, acetilcolina; NA, noradrenalina.

nas de estas sustancias actúen como neurotransmisores.

Las fibras aferentes al sistema nervioso entérico son de dos tipos. Los axones colinérgicos de neuronas preganglionares parasimpáticas terminan en las dendritas y los cuerpos celulares de interneuronas y de las neuronas que inervan el músculo liso y las glándulas y células secretoras. Los axones noradrenérgicos de las neuronas simpáticas terminan en sinapsis axoaxónicas de fibras parasimpáticas e intrínsecas. Se cree que estas fibras participan en la inhibición presináptica de las neuronas colinérgicas que estimulan la contracción de la musculatura y la secreción glandular.

NOTAS CLÍNICAS

Enfermedad de Hirschsprung

En uno de cada 5.000 neonatos (el 80% de ellos de sexo masculino), las células de la cresta neural no emigran a la parte más caudal del intestino grueso. En estos casos, no hay neuronas entéricas intrínsecas en el recto distal a lo largo de una distancia variable en dirección cefálica, a menudo hasta el colon sigmoide. Debido a la ausencia de estas neuronas no hay peristaltismo y la musculatura lisa circular se contrae tónicamente, dando lugar a una obstrucción funcional del movimiento de las heces. Las partes proximales del colon, que tienen una inervación normal, sufren una gran distensión, por lo que este trastorno se denomina también **megacolon congénito.** En el recto hay fibras colinérgicas preganglionares en cantidades anormalmente elevadas; la presencia de estas fibras en las biopsias de la mucosa rectal confirma el diagnóstico de enfermedad de Hirschsprung. Esta patología puede tratarse mediante la extirpación quirúrgica del segmento aganglionar.

El **megacolon adquirido** del adulto puede ser consecuencia de numerosas causas como la diabetes mellitus, la esclerodermia o la amiloidosis que pueden interferir con la musculatura lisa y su inervación. La **enfermedad de Chagas** (tripanosomiasis americana) es una infección parasitaria que destruye las neuronas entéricas por mecanismos autoinmunes y que puede producir megacolon; sin embargo, es más frecuente que la región aganglionar se encuentre por encima de la unión del esófago con el estómago, lo cual produce una gran distensión del esófago.

Control central del sistema nervioso autónomo

El hipotálamo recibe diversas aferencias, y entre sus conexiones eferentes se incluyen proyecciones a neuronas que constituyen el flujo eferente autónomo. Por tanto, esta región un importante centro de control e integración del sistema autónomo.

A través de las conexiones aferentes descritas en el capítulo 11, el hipotálamo recibe la influencia de la neocorteza, la formación hipocámpica, la amígdala y el área septal, y las áreas olfativas. Las vías ascendentes desde la médula espinal y el tronco encefálico llevan información de origen visceral y gustativo. Además, hay neuronas hipotalámicas que responden directamente a cambios de temperatura, osmolaridad y concentración de varias sustancias (entre ellas, hormonas) en el torrente circulatorio. Dependiendo de su sensibilidad específica, estas neuronas están relacionadas con el sistema nervioso autónomo o la hipófisis.

Las señales que se originan en el hipotálamo alcanzan los núcleos autónomos del tronco encefálico y la médula espinal directamente y a través de relevos sinápticos que tienen lugar en la formación reticular. También se han descrito proyecciones directas desde la amígdala y el área septal a las neuronas autónomas preganglionares. Las neuronas autónomas también reciben señales de los «centros» viscerales y los núcleos aferentes viscerales, en especial del núcleo solitario del bulbo raquídeo. Por tanto, el flujo eferente autónomo recibe numerosas influencias: viscerales (entre ellas el gusto y el olfato), emocionales (tanto de impulsos básicos como de estados de ánimo) e, incluso, de procesos mentales que tienen lugar en la neocorteza. Las áreas corticales que son funcionalmente activas al mismo tiempo que el sistema nervioso simpático son la corteza prefrontal medial y la porción anterior de la ínsula y la circunvolución del cíngulo.

VÍA SIMPÁTICA CENTRAL PARA LOS OJOS Y LA CARA

Las vías centrales que controlan la inervación simpática de la cabeza pueden verse interrumpidas cuando se producen lesiones en el tronco encefálico. Tras una lesión ipsilateral en el bulbo raquídeo, en un área posterior con respecto al núcleo olivar inferior, puede aparecer un síndrome de Horner (v. cap. 7) y una deficiencia de la regulación de la temperatura mediante la producción de sudor en el rostro. En el síndrome de Wallenberg se produce una disfunción simpática, y la posición de la lesión (v. fig. 7-17) indica que los núcleos o las fibras descendentes necesarias para la dilatación pupilar y el control vasomotor facial descienden por la parte lateral de la formación reticular del bulbo. Las lesiones bulbares laterales impiden la sudoración facial en respuesta a un aumento de la temperatura, pero no la vinculada a respuestas emocionales, lo cual indica que existe más de una vía descendente hacia las neuronas simpáticas preganglionares. En la médula espinal humana, las fibras descendentes que se originan o pasan a través de la parte lateral del bulbo raquídeo se encuentran en áreas profundas del cordón lateral de la médula blanca espinal, en posición inmediatamente lateral con respecto al asta posterior.

Aferentes viscerales

Los cuerpos celulares unipolares de las neuronas aferentes viscerales generales están situados en los ganglios inferiores de los nervios glosofaríngeo y vago y en los ganglios de los nervios raquídeos. Las prolongaciones periféricas de las neuronas aferentes viscerales atraviesan los ganglios y los plexos autónomos sin interrupción hasta alcanzar los órganos que inervan. Desde el punto de vista funcional, estas neuronas son de dos clases: aferentes fisiológicas y aferentes nociceptivas. La mayor parte de las aferentes fisiológicas acompaña a fibras del sistema nervioso parasimpático, mientras que las aferentes para el dolor acompañan las fibras del sistema simpático (v. fig. 24-3).

AFERENTES FISIOLÓGICAS

Las aferentes viscerales de especial importancia fisiológica están asociadas a la división parasimpática del sistema nervioso autónomo. Los siguientes ejemplos ilustran los arcos reflejos que forman estas ramas aferentes.

Sistema cardiovascular

Las terminaciones de las fibras sensitivas del arco aórtico y el seno carotídeo (en la bifurcación de la arteria carótida común) actúan como **barorreceptores**, ya que registran las variaciones de la tensión arterial (TA). Los cuerpos celulares de las neuronas que inervan el arco aórtico se encuentran en el ganglio inferior (nodoso) del nervio vago, mientras que las que inervan el seno carotídeo están en el ganglio inferior del nervio glosofaríngeo. Las proyecciones centrales terminan en el núcleo solitario del bulbo raquídeo, desde donde las fibras se dirigen a regiones de la formación reticular denominadas habitualmente **«centros» cardiovasculares**. Los axones del núcleo solitario y la formación reticular se proyectan hacia el núcleo ambiguo y la columna celular intermediolateral de la médula espinal. Gracias a las vías reflejas que se establecen de este modo, cualquier incremento súbito de la tensión arterial da lugar a una disminución del ritmo cardíaco (a través del nervio vago) y a una vasodilatación, que se produce mediante la inhibición de la acción vasoconstrictora del flujo simpático. En cambio, un descenso de la tensión arterial, como el que produce una hemorragia, desencadena unas respuestas reflejas inversas a las provocadas por el aumento de la TA. Por tanto, las aferentes viscerales de los nervios glosofaríngeo y vago participan en el mantenimiento de la TA normal.

El gasto cardíaco también es regulado por el **reflejo de Bainbridge**, que es desencadenado por receptores situados en la aurícula derecha e inervados por el nervio vago; estos receptores registran la presión venosa central. Las conexiones centrales permiten que se produzca una estimulación del sistema nervioso simpático y una inhibición de la reducción vagal de la frecuencia cardíaca. Por consiguiente, el gasto cardíaco aumenta a medida que se eleva el volumen del retorno venoso.

Sistema respiratorio

En el tronco encefálico hay tres **«centros» respiratorios** que controlan de forma automática los movimientos respiratorios. Dos de estas regiones están situadas en la formación reticular del bulbo raquídeo: un **centro inspiratorio**, de localización medial, y un **centro espiratorio** de localización lateral. Además, existe un **centro neumotáxico** en el área parabraquial, a nivel del istmo de la protuberancia, que regula el ritmo de la inspiración y la espiración. Probablemente, los «centros» inspiratorio y espiratorio, así como los del sistema cardiovascular, son campos dentro de la red de largas dendritas de la formación reticular, y no grupos compactos de cuerpos celulares. La inspiración se inicia cuando el dióxido de carbono de la sangre circulante estimula las neuronas del centro inspiratorio. A través de conexiones reticuloespinales, las neuronas quimiosensitivas estimulan las neuronas motoras (o motoneuronas) que inervan el diafragma y los músculos intercostales.

Los movimientos respiratorios también pueden ser modificados por impulsos dirigidos centralmente desde los cuerpos carotídeos situados cerca de la bifurcación de las arterias carótidas comunes y desde los pequeños cuerpos aórticos adyacentes al cayado aórtico. Estos cuerpos actúan como **quimiorreceptores** que responden a las disminuciones de las concentraciones sanguíneas de oxígeno. Los impulsos resultantes se envían al núcleo solitario a través de neuronas que tienen sus cuerpos celulares en los ganglios inferiores de los nervios glosofaríngeo y vago. Mediante conexiones adicionales con los «centros» respiratorios del tronco encefálico se produce un incremento en la velocidad y la profundidad de los movimientos respiratorios. Este reflejo actúa durante el ejercicio intenso, cuando una persona se expone a una reducción de la tensión de oxígeno (como en las grandes altitudes) y en cualquier circunstancia que produzca asfixia.

Las neuronas sensitivas del nervio vago constituyen la rama aferente del **reflejo de Hering-Breuer**, a través del cual se inicia la espiración. Las terminaciones sensitivas del árbol bronquial, en especial las ramas más pequeñas, descargan impulsos a mayor velocidad a medida que se inflan los pulmones. Estos impulsos alcanzan el centro espiratorio a través de un relevo sináptico en el núcleo solitario. A continuación, las neuronas del centro espiratorio inhiben a las del centro inspiratorio. La espiración es un proceso pasivo (elástico) que se produce por relajación de los músculos inspiratorios.

Otros sistemas

Las fibras sensitivas del nervio vago se distribuyen en el tubo digestivo, como mínimo hasta la unión del colon transverso y el colon descendente (el ángulo esplénico del colon). Sus terminaciones nerviosas se estimulan ante la distensión del estómago o el intestino, la contracción de la musculatura lisa o la irritación de la mucosa. Aunque la motilidad y la secreción no dependen de nervios extrínsecos, se modifican mediante una reacción refleja en la que participan neuronas vagales aferentes y eferentes. El colon distal, el recto y la vejiga urinaria son inervados por las ramas esplácnicas de los nervios sacros segundo, tercero y cuarto. Los reflejos en estos segmentos de la médula espinal y en la porción sacra del sistema parasimpático estimulan el vaciamiento del intestino grueso y la vejiga urinaria, bajo control voluntario.

VÍAS ASCENDENTES PARA LA SENSACIÓN DE PLENITUD

Algunas vías viscerales ascendentes son distintas de las que transmiten dolor (que se describen en la siguiente sección). Una de estas vías se origina en el núcleo solitario del bulbo raquídeo, que recibe aferentes viscerales generales, sobre todo del nervio vago. Una segunda vía se origina en los segmentos

D1 a L2 y S2 a S4 de la médula espinal. Estas fibras ascendentes están incluidas en los tractos espinorreticular y espinotalámico. A través de vías que pasan por el bulbo raquídeo y la médula espinal, los impulsos de origen visceral alcanzan la formación reticular del tronco encefálico, el hipotálamo y la división lateral del núcleo ventral posterior del tálamo (VPl). Las sensaciones conscientes de plenitud cuando se distiende el estómago y de hambre cuando este órgano está vacío se producen gracias a una proyección talamocortical. Estas conexiones espinorreticulares y espinotalámicas también participan en las sensaciones de plenitud en el colon distal y la vejiga urinaria.

AFERENTES NOCICEPTIVAS

Ante una función visceral anormal o una enfermedad, las terminaciones sensitivas nociceptivas que se originan en los órganos internos pueden estimularse de distintas maneras. El dolor se debe habitualmente a la distensión de vísceras huecas como el intestino; esto puede ocurrir en la zona proximal a una contracción localizada y forzada del músculo liso. Del mismo modo, cuando la luz de un conducto biliar o un uréter se obstruye por la presencia de un cálculo, estas estructuras se distienden. También puede producirse un dolor visceral como consecuencia del estiramiento rápido de la cápsula

Dolor procedente de los órganos internos

El **corazón** está inervado por fibras nociceptivas de los nervios cardíacos cervicales medio e inferior y por las ramas cardíacas torácicas del tronco simpático izquierdo. Las prolongaciones centrales de las neuronas sensitivas primarias entran en los segmentos D1 a D5. El dolor de origen cardíaco, por consiguiente, se refiere al lado izquierdo del tórax y a la cara interna del brazo izquierdo. Sin embargo, es frecuente que se produzcan desviaciones de esta zona de referencia, que seguramente se deben a variaciones en la lateralidad y los niveles segmentarios de inervación cardíaca.

El dolor de la **vesícula biliar** y los **conductos biliares** pasa centralmente por el nervio esplácnico mayor derecho, que entra en la médula espinal a través de las raíces posteriores D7 y D8. El dolor se refiere al cuadrante superior del abdomen y a la región subescapular del lado derecho. Las enfermedades del hígado o la vesícula biliar pueden irritar el peritoneo que cubre el **diafragma,** y el dolor resultante se refiere a la parte superior del hombro porque el diafragma está inervado por fibras sensitivas (además de motoras) del nervio frénico, que se origina en los segmentos C3, C4 y C5.

El dolor de origen gástrico se siente en el epigastrio porque el **estómago** está inervado por aferentes del dolor que llegan a los segmentos D7 y D8 por medio de los nervios esplácnicos mayores izquierdo y derecho. El dolor que procede del **duodeno,** como el causado por la úlcera duodenal, se refiere a la pared abdominal anterior justo por encima del ombligo, ya que tanto este área como el duodeno son inervados

por los nervios D9 y D10. Las fibras aferentes del **apéndice** forman parte del nervio esplácnico menor, que contiene axones del ganglio de la raíz posterior de D10. El dolor de la apendicitis se refiere inicialmente a la región del ombligo, que se encuentra en el dermatoma D10, pero se desplaza al cuadrante inferior derecho del abdomen cuando el proceso inflamatorio empieza a afectar al peritoneo parietal. (El peritoneo y la pleura parietales están inervados por nervios somáticos segmentarios, con una distribución similar a la de la piel del tronco.) Las fibras nociceptivas de la **pelvis renal** y el **uréter** forman parte del nervio esplácnico mínimo y entran en los segmentos L1 y L2. El dolor se refiere a la parte inferior de la espalda y la ingle.

En realidad, no se conoce con exactitud cómo se produce el dolor referido. Inicialmente, se postuló que las fibras aferentes del dolor visceral y somático establecían sinapsis con las mismas células cordonales de la médula espinal, y que estas células eran excitadas por estímulos somáticos subliminales ante impulsos de origen visceral. Según una hipótesis más reciente, tanto el dolor de origen visceral como el somático procedente de regiones inervadas por un determinado segmento de la médula espinal se relevan al mismo grupo de células del núcleo ventral posterior del tálamo. La representación topográfica del cuerpo en el tálamo y la corteza cerebral permite conocer los orígenes de las sensaciones somáticas normales. Cuando el origen del dolor es interno, dicha localización puede ser errónea, tal vez porque el dolor somático es más frecuente que el causado por una disfunción o un trastorno en una víscera. Resulta curioso que, hace ya más de 230 años, John Hunter definiera el dolor referido como una «ilusión de la mente».

de un órgano sólido, como el hígado o bazo. La irritación peritoneal o pleural contribuyen al dolor de la enfermedad inflamatoria. En el caso de la angina y el dolor del infarto del miocardio, el estímulo nociceptivo es la anoxia del miocardio.

Las terminaciones sensitivas nociceptivas procedentes de los órganos torácicos y abdominales sólo están relacionadas con el sistema nervioso simpático. Los cuerpos celulares de las neuronas sensitivas primarias se encuentran en los ganglios de las raíces posteriores de los nervios dorsales y lumbares superiores (v. fig. 24-4). Las prolongaciones periféricas de estas neuronas alcanzan el tronco simpático por medio de los ramos comunicantes blancos (v. fig. 24-3); discurren en el tronco simpático durante distancias variables y alcanzan las vísceras por medio de los nervios cardíacos, pulmonares y esplácnicos. Las fibras correspondientes de las raíces posteriores podrían entrar en el tracto dorsolateral de Lissauer junto con las fibras del dolor somático y terminar, del mismo modo, en el asta posterior de la médula espinal. La vía ascendente para el dolor visceral se corresponde, en parte, con la del dolor somático (v. cap. 19), a través de fibras cruzadas en el tracto espinotalámico. También existen fibras espinorreticulares bilaterales y relevos sinápticos en la formación reticular, como ocurre con la vía para el dolor de las estructuras somáticas.

DOLOR REFERIDO

El dolor visceral posee unas características que lo distinguen del que se origina en las estructuras somáticas; por ejemplo, su localización es difusa y se irradia a áreas somáticas (dolor referido). La zona de referencia del dolor en un órgano interno coincide con la parte del cuerpo inervada por neuronas somatosensoriales asociadas con los mismos segmentos de la médula espinal. El principio del dolor referido se explica en los ejemplos incluidos en las notas clínicas de la página 363. El lector deberá comparar las áreas de referencia con la distribución de la inervación segmentaria de la piel (v. fig. 5-13).

Bibliografía recomendada

Armour JA, Murphy DA, Yuan BX, et al. Gross and microscopic anatomy of the human intrinsic cardiac nervous system. *Anat Rec* 1997;247:289–298.

Brading A. *The Autonomic Nervous System and its Effectors*. Oxford: Blackwell, 1999.

Bruce EN, Cherniak NS. Central chemoreceptors. *J Appl Physiol* 1987;62:389–402.

Critchley HD, Elliott R, Mathias CJ, et al. Neural activity relating to generation and representation of galvanic skin conductance responses: a functional magnetic resonance imaging study. *J Neurosci* 2000;20:3033–3040.

Critchley HD, Mathias CJ, Josephs O, et al. Human cingulate cortex and autonomic control: converging neuroimaging and clinical evidence. *Brain* 2003;126:2139–2152.

Elfvin L-G, Lindh B, Hokfelt T. The chemical neuroanatomy of sympathetic ganglia. *Annu Rev Neurosci* 1993;16:471–507.

Gai WP, Blessing WW. Human brainstem preganglionic parasympathetic neurons localized by markers for nitric oxide synthesis. *Brain* 1996;119:1145–1152.

Grundy D. *Gastrointestinal Motility*. Lancaster & Boston: MTP Press, 1985.

Hainsworth R. Reflexes from the heart. *Physiol Rev* 1991;71:617–658.

Karczmar AG, Koketsu K, Nishi S, eds. *Autonomic and Enteric Ganglia*. New York: Plenum Press, 1986.

Kincaid JC. The autonomic nervous system. In: Rhoades RA, Tanner GA, eds. *Medical Physiology*, 2nd ed. Philadelphia: Lippincott, Williams & Wilkins, 2003:108–118.

Nathan PW, Smith MC. The location of descending fibres to sympathetic neurons supplying the eye and sudomotor neurons supplying the head and neck. *J Neurol Neurosurg Psychiatry* 1986;49:187–194.

Parker TL, Kesse WK, Mohamed AA, et al. The innervation of the mammalian adrenal gland. *J Anat* 1993;183:265–276.

Pauza D, Skripka V, Pauziene N, et al. Morphology, distribution and variability of the epicardiac neural gangli-onated subplexuses in the human heart. *Anat Rec* 2000; 259:353–382.

Rowell LB. *Human Cardiovascular Control*. New York: Oxford University Press, 1993.

Sanders KM, Ward SM. Nitric oxide as a mediator of nonadrenergic noncholinergic neurotransmission. *Am J Physiol* 1992;262:G379–G392.

Smith OA, DeVito JL. Central neural integration for the control of autonomic responses associated with emotion. *Annu Rev Neurosci* 1984;7:43–65.

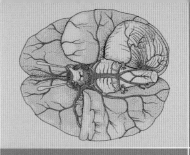

PARTE IV

Vascularización
y meninges

Capítulo 25

VASCULARIZACIÓN DEL SISTEMA NERVIOSO CENTRAL

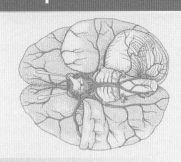

Conceptos básicos

- El flujo sanguíneo de las arterias del sistema nervioso central se mantiene constante gracias a un proceso denominado *autorregulación*.

- El intercambio en los capilares del sistema nervioso central se regula mediante mecanismos de transporte endotelial. Estos vasos son impermeables a las moléculas grandes, salvo en algunas regiones pequeñas que carecen de barrera hematoencefálica.

- La arteria coroidea anterior irriga la cintilla óptica y partes de la cápsula interna.

- De la arteria cerebral anterior salen la arteria recurrente de Heubner, que irriga partes del cuerpo estriado y la cápsula interna, y la arteria comunicante anterior. Más adelante en su recorrido, la arteria cerebral anterior irriga las superficies medial y superior de los lóbulos frontal y parietal.

- La arteria cerebral media irriga la superficie lateral de los lóbulos frontal, parietal y temporal, incluyendo las áreas motora y somestésica para la cara, el tronco, las extremidades superiores y (en el lado izquierdo) las áreas del lenguaje. El fascículo geniculocalcarino también está irrigado por este vaso.

- La médula espinal está irrigada por ramas de las arterias vertebrales y radiculares.

- La rama más grande de la arteria vertebral es la arteria cerebelosa posteroinferior, que irriga la porción lateral del bulbo raquídeo y gran parte del cerebelo.

- Las arterias cerebelosas anteroinferior y superior son ramas de la arteria basilar, que también tiene ramas más pequeñas que irrigan la protuberancia y el laberinto del oído interno.

- La arteria cerebral posterior es el origen de la arteria coroidea posterior, conecta con la arteria comunicante posterior y, a continuación, irriga el lóbulo occipital, la superficie inferior del lóbulo temporal y partes de la formación hipocámpica.

- Las estructuras internas del hemisferio cerebral y el diencéfalo reciben la irrigación de las arterias centrales, que son ramas proximales de las tres arterias cerebrales.

- Los aneurismas en las zonas de bifurcación de las arterias en el polígono de Willis o cerca de él son causas habituales de hemorragia subaracnoidea.

- Las venas cerebrales superiores desembocan en el seno sagital superior. La sangre de la superficie inferior de la corteza cerebral y del interior del cerebro se recoge en la vena cerebral magna, que desemboca en el seno recto.

Las necesidades metabólicas del tejido nervioso en el sistema nervioso central (SNC) hacen que su riego sanguíneo sea de especial interés. El cerebro depende del metabolismo aeróbico de la glucosa y es uno de los órganos más activos del cuerpo desde el punto de vista metabólico. Aunque supone sólo el 2% del peso corporal, recibe cerca del 17% del gasto cardíaco y consume alrededor del 20% del oxígeno utilizado por el organismo. La interrupción de la circulación cerebral durante unos 10 s produce inconsciencia, y las lesiones de origen vascular causan más trastornos neurológicos que cualquier otro tipo de procesos patológicos.

Irrigación arterial del encéfalo

El encéfalo está irrigado por los pares de arterias carótidas internas y vertebrales, gracias a un amplio sistema de ramificaciones. A continuación, se describen estas arterias y se detalla su importancia clínica. Más adelante, en el capítulo se ofrecen resúmenes de las áreas corticales y las partes profundas del encéfalo, con las arterias que las irrigan.

Trastornos cerebrovasculares

A la **oclusión arterial** por un émbolo o un trombo le sigue, normalmente, el infarto de una parte de la región que irriga la arteria. Entre las ramas de las principales arterias que irrigan la superficie del cerebro hay canales anastomóticos; también existen comunicaciones entre arteriolas, y el lecho capilar es continuo en todo el encéfalo. Sin embargo, estas anastomosis no suelen bastar para mantener la circulación en la región irrigada normalmente por una arteria principal. El tamaño del infarto depende del calibre de la arteria ocluida, de las anastomosis existentes y del tiempo que pasa hasta la obstrucción completa. Además de las oclusiones intracraneales, la estenosis de una arteria carótida o vertebral del cuello tam-

bién es una causa frecuente de deficiencias de la circulación cerebral. Las arterias finas y de pared delgada que penetran en la superficie anterior del encéfalo para inervar la cápsula interna y las masas grises adyacentes son especialmente proclives a romperse. La hipertensión y los cambios degenerativos que pueden sufrir esas arterias son los principales factores causantes de **hemorragia cerebral.** Los **aneurismas,** que suelen producirse en el lugar de ramificación de una de las arterias principales en la base del cráneo, pueden romperse o permitir la salida de sangre, con lo que se produce un sangrado hacia el espacio subaracnoideo. En algunos casos, las adherencias entre un saco aneurismático y las estructuras adyacentes pueden producir hemorragias intracerebrales o en un nervio craneal.

SISTEMA DE LA CARÓTIDA INTERNA

La **arteria carótida interna,** que es una rama terminal de la arteria carótida común, atraviesa el canal carotídeo de la base del cráneo y entra en la fosa craneal media junto al dorso de la silla turca del hueso esfenoides. A partir de este punto, la arteria describe la siguiente serie de giros que constituyen el **sifón carotídeo** en las angiografías cerebrales (fig. 25-1). En primer lugar, la carótida

interna avanza hacia el seno venoso cavernoso y, a continuación, gira hacia arriba en la cara medial de la apófisis clinoide anterior. En este punto, la arteria entra en el espacio subaracnoideo perforando la duramadre y la aracnoides, discurre hacia atrás por debajo del nervio óptico y, por último, gira hacia arriba justo en situación lateral al quiasma óptico. De este modo, se sitúa por debajo de la sustancia perforada anterior, donde se divide en las arterias cerebrales media y anterior (fig. 25-2).

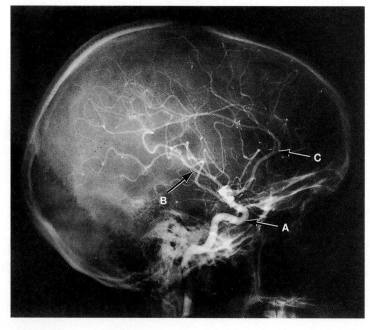

FIGURA 25-1. Angiografía carotídea (vista lateral). A, sifón carotídeo; B, ramas de la arteria cerebral media; C, arteria cerebral anterior. (Cedida por el Dr. J. M. Allcock.)

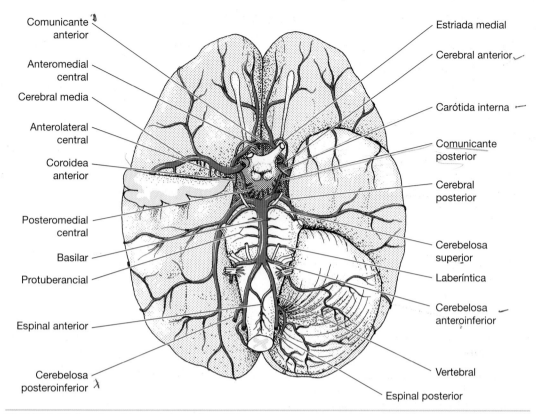

Comunicante anterior
Anteromedial central
Cerebral media
Anterolateral central
Coroidea anterior
Posteromedial central
Basilar
Protuberancial
Espinal anterior
Cerebelosa posteroinferior

Estriada medial
Cerebral anterior
Carótida interna
Comunicante posterior
Cerebral posterior
Cerebelosa superior
Laberíntica
Cerebelosa anteroinferior
Vertebral
Espinal posterior

FIGURA 25-2. Arterias que irrigan el encéfalo, vistas desde su cara inferior (se han extraído el hemisferio cerebeloso derecho y el extremo del lóbulo temporal derecho).

Ramas colaterales

Antes de su bifurcación terminal, la arteria carótida interna emite las ramas que se detallan a continuación.

Arterias hipofisarias

Las arterias hipofisarias posteriores irrigan el lóbulo posterior (neural) de la hipófisis, y las arterias hipofisarias anteriores entran en la eminencia media del hipotálamo. Estos últimos vasos se ramifican en asas capilares, en las que se vierten los factores de liberación hipotalámicos; las asas capilares desembocan a través de las pequeñas **venas porta hipofisarias** en los capilares del lóbulo anterior. A través de este sistema, el hipotálamo controla la secreción de hormonas en la hipófisis anterior (v. también cap. 11).

Arteria oftálmica

Esta rama surge justo después de que la arteria carótida interna entre en el espacio subaracnoideo. La arteria oftálmica atraviesa el agujero óptico, entra en la órbita e irriga el ojo y otros contenidos de la órbita, el área frontal del cuero cabelludo, los senos paranasales frontal y etmoidal y partes de la nariz.

Arteria comunicante posterior

Esta arteria delgada, que se origina cerca de la bifurcación terminal de la carótida interna, se dirige hacia atrás para unirse a la parte proximal de la arteria cerebral posterior, por lo que forma parte del polígono arterial o de Willis. Algunas de las arterias centrales posteromediales, que se describen más adelante, son ramas de la arteria comunicante posterior.

Arteria coroidea anterior

Esta rama tiene una distribución más amplia de lo que sugiere su nombre. La arteria coroidea anterior se dirige hacia atrás a lo largo de la cintilla óptica y la cisura coroidea en el borde medial del lóbulo temporal, y emite ramas para la cintilla óptica, el *uncus,* la amígdala, el hipocampo, el globo pálido, el cuerpo geniculado lateral y la parte anterior de la cápsula interna. Sus ramificaciones son variables y, en ocasiones, esta arteria irriga el subtálamo, partes ventrales del tálamo y la parte rostral del mesencéfalo. Las ramas terminales de

NOTAS CLÍNICAS

Oclusión de la carótida interna

La oclusión de la arteria carótida interna tiene consecuencias graves: ceguera del ojo ipsilateral (que es irrigado por la arteria oftálmica) y de la mitad contralateral del campo visual del ojo contralateral (por infarto de la cintilla óptica y el cuerpo geniculado lateral, que están irrigados por la arteria coroidea anterior), que se añaden a los efectos de la oclusión de las arterias cerebrales media y anterior (principalmente, hemi-plejía y hemianopsia contralaterales con afasia global, si se afecta el hemisferio dominante para el lenguaje).

La oclusión aislada de la **arteria coroidea anterior** puede ser asintomática o tener diversas consecuencias, en función del lugar de la obstrucción y de la eficiencia de las anastomosis con la arteria coroidea posterior. Estos síntomas pueden ser hemiplejía y alteraciones sensitivas contralaterales (cápsula interna) y hemianopsia homónima contralateral (cintilla óptica y cuerpo geniculado lateral).

la arteria coroidea anterior irrigan el plexo coroideo del asta temporal del ventrículo lateral, donde se anastomosan con ramas de la arteria coroidea posterior.

Arteria cerebral media

De entre las ramas terminales de la arteria carótida interna, la arteria cerebral media es la más grande y la continuación más directa del vaso original (v. fig. 25-2). Esta arteria recorre la parte profunda del surco lateral entre los lóbulos frontal y parietal. Las arterias centrales se originan de la parte proximal de la arteria cerebral media, en situación lateral al quiasma óptico; entran en la base del hemisferio e irrigan estructuras internas, entre ellas la cápsula interna. Las **ramas fronta-**les, **parietales** y **temporales** salen del surco lateral del hemisferio cerebral (fig. 25-3) e irrigan una amplia área de corteza y de sustancia blanca subcortical en los tres lóbulos correspondientes del cerebro.

El territorio de distribución de la arteria cerebral media incluye la mayor parte de la corteza motora primaria y premotora, el campo visual frontal y el área somatosensorial primaria, pero no la corteza motora y sensitiva correspondiente a la extremidad inferior y el perineo (compárense las figs. 15-3 y 25-3). En la mayoría de las personas, la arteria cerebral media izquierda irriga todas las áreas corticales relacionadas con el lenguaje: las áreas receptoras del lenguaje en los lóbulos temporal y parietal y el área de expresión del habla (o de Broca) en la circunvolución frontal

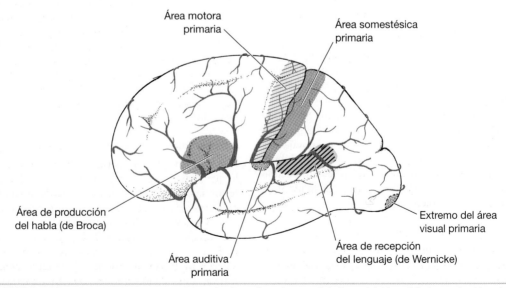

FIGURA 25-3. Distribución de la arteria cerebral media en la superficie lateral del hemisferio cerebral izquierdo. También se pueden apreciar las ramas terminales de las arterias cerebrales posterior y anterior.

NOTAS CLÍNICAS

Oclusión de la arteria cerebral media

La pérdida de la función de las áreas corticales irrigadas por la arteria cerebral media produce una parálisis contralateral más evidente en la parte inferior de la cara y en el brazo, así como deficiencias somatosensoriales generales de tipo cortical. Cuando resulta afectado el fascículo geniculocalcarino hay hemianopsia de los campos visuales contralaterales de ambos ojos (v. cap. 20). Aunque la corteza auditiva está incluida en el área de distribución, las lesiones unilaterales no producen deficiencias demostrables de la audición debido a la proyección cortical bilateral desde el órgano de Corti (v. cap. 21). La oclusión de la arteria cerebral media del hemisferio dominante para el lenguaje causa afasia global (v. cap. 15).

Los síndromes parciales como la monoplejía o la afasia de recepción aparecen cuando se bloquean ramas corticales aisladas de la arteria. La obstrucción de las ramas centrales puede causar hemiplejía como consecuencia del infarto de las fibras motoras de la cápsula interna. Las lesiones de la cápsula interna no causan afasia porque las conexiones de las áreas del lenguaje con el hemisferio contralateral permanecen indemnes.

---

inferior (v. fig. 25-3 y cap. 15). La sustancia blanca subyacente de la corteza parietal contiene las fibras del fascículo geniculocalcarino.

Arteria cerebral anterior

La rama terminal más pequeña de la arteria carótida interna es la arteria cerebral anterior, que discurre inicialmente en sentido medial por encima del nervio óptico (v. fig. 25-2). Las dos arterias cerebrales anteriores casi se juntan en la línea media, donde se unen por medio de la arteria comunicante anterior. Cerca de esta zona de unión se emite una rama especial de la arteria cerebral anterior denominada arteria estriada medial (o *arteria recurrente de Heubner*), que penetra en la sustancia perforada anterior para irrigar la parte anterior de la cabeza del núcleo caudado, la región adyacente del putamen y el brazo anterior y la rodilla de la cápsula interna.

La arteria cerebral anterior asciende por la cisura longitudinal y se curva hacia atrás en torno a la rodilla del cuerpo calloso (fig. 25-4). Las ramas que salen en posición distal a la arteria comunicante anterior irrigan la parte medial de la superficie orbitaria del lóbulo frontal, incluidos la cintilla y el bulbo olfatorios. La arteria continúa su trayecto a lo largo de la superficie superior del cuerpo calloso formando la **arteria pericallosa** y una rama larga, la **arteria callosomarginal,** que sigue el contorno de la cisura callosomarginal. La arteria cerebral anterior irriga las superficies mediales de los lóbulos frontal y parietal y el cuerpo calloso; además, sus ramas se extienden por encima del borde posteromedial del hemisferio e irrigan una banda de la superficie lateral (v. fig. 25-3). En su territorio se incluyen las áreas motoras suplementaria y del cíngulo, así como las partes posteriores de las áreas somatosensitiva y motora primarias.

SISTEMA VERTEBROBASILAR

La **arteria vertebral**, que es una rama de la arteria subclavia, asciende por los agujeros de las apófisis transversas de las seis vértebras cervicales superiores. Al alcanzar la base del cráneo, la arteria rodea la masa lateral del atlas, perfora la membrana atlantooccipital posterior y entra en el espacio subaracnoideo a la altura del agujero magno, atravesando la duramadre y la aracnoides. Esta arteria continúa su trayecto mediante una inclinación medial, y de ella salen ramas pequeñas que penetran profundamente en las partes mediales del bulbo raquídeo. Las arterias vertebrales izquierda y derecha se unen en el margen caudal de la protuberancia para formar la **arteria basilar**, que discurre en sentido cefálico por la línea media de la protuberancia y se divide en las **arterias cerebrales posteriores** (v. fig. 25-2).

Ramas de la arteria vertebral

Arterias espinales

Los segmentos superiores de la médula cervical son irrigados por ramas espinales de las arterias vertebrales. A partir de las dos arterias vertebrales se forma una única **arteria espinal anterior**, mientras que a cada lado sale una **arteria espinal posterior**; estas últimas son ramas de la arteria vertebral o de la arteria cerebelosa posteroinferior (v. fig. 25-2). Las arterias espinales anterior y posteriores continúan su trayecto a lo largo de toda la médula espinal. Sin embargo, también hay vasos de menor tamaño, y la mayor parte de la sangre que transportan procede de aportaciones de las

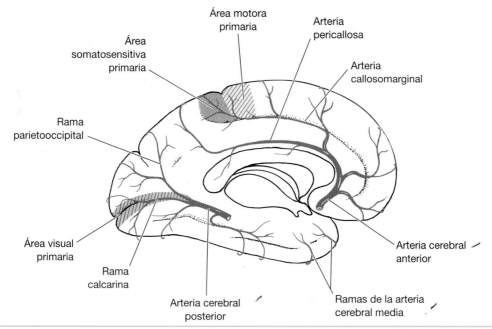

FIGURA 25-4.   Distribución de las arterias cerebrales anterior y posterior en la superficie medial del hemisferio cerebral izquierdo.

arterias radiculares anteriores y posteriores, que se describen más adelante.

Arteria cerebelosa posteroinferior

La arteria cerebelosa posteroinferior (PICA, *posterior inferior cerebellar artery*) es la rama más larga de la arteria vertebral, y sigue un trayecto irregular entre el bulbo raquídeo y el cerebelo. Sus ramas se distribuyen a la parte posterior del hemisferio cerebeloso, el vermis inferior, los núcleos centrales del cerebelo y el plexo coroideo del cuarto ventrículo. También hay importantes **ramas bulbares** para la región posterolateral del bulbo raquídeo.

Ramas de la arteria basilar

La arteria basilar emite las ramas que se explican a continuación antes de dividirse en las arterias cerebrales posteriores en el límite superior de la protuberancia.

Arteria cerebelosa anteroinferior

La arteria cerebelosa anteroinferior (AICA, *anterior inferior cerebellar artery*), que se origina del extremo caudal de la arteria basilar, irriga la corteza de la superficie inferior del cerebelo, en su parte anterior, y la sustancia blanca subyacente;

NOTAS CLÍNICAS

Oclusión de la arteria cerebral anterior

La oclusión de la arteria cerebral anterior causa parálisis y déficits sensoriales en el perineo y la pierna contralateral. Por lo general, los pacientes afectados tienen incontinencia urinaria debida a una sensación perineal inadecuada y a deficiencias en el control cortical de la musculatura del suelo pélvico. Si la obstrucción se produce en la parte proximal del vaso, de forma que se bloquea la arteria estriada medial, aparece una debilidad contralateral del tipo de la neurona motora supe-

rior en la cara, la lengua y la extremidad superior debido a las fibras motoras corticófugas situadas en la rodilla de la cápsula interna o cerca de ella, antes de su entrada en el brazo posterior (v. cap. 16). La oclusión proximal también puede causar anosmia ipsilateral debida al infarto de la cintilla y el bulbo olfativos.

Los síndromes de la arteria cerebral anterior suelen asociarse a confusión mental y disfasia, que podría ser consecuencia de la pérdida de funciones de la corteza prefrontal, la circunvolución del cíngulo y el área motora suplementaria.

esta arteria contribuye a la irrigación de los núcleos centrales del cerebelo. Además, sus ramas delgadas entran en la parte superior del bulbo raquídeo y el tegmento de la parte inferior de la protuberancia.

Arteria laberíntica

Este vaso, que es una rama de la arteria basilar (v. fig. 25-2) o, más frecuentemente, de la AICA, atraviesa el meato acústico interno y se ramifica en el laberinto membranoso del oído interno.

Arterias protuberanciales

Las arterias protuberanciales son ramas delgadas de longitud variable que salen de la arteria basilar a lo largo de su recorrido. Las **arterias protuberanciales paramedianas** son cortas e irrigan la parte basal de la protuberancia, incluyendo la mayoría de los fascículos de fibras corticoespinales, núcleos de la protuberancia y fibras transversas (pontocerebelosas). Estos vasos paramedianos se extienden en sentido posterior hasta el suelo del cuarto ventrículo e irrigan las áreas mediales del tegmento de la protuberancia. Las **arterias protuberanciales circunferenciales**, que son más largas, perforan e irrigan las partes laterales de la protuberancia y el pedúnculo cerebeloso medio y, a continuación, giran en sentido medial para irrigar la parte lateral del tegmento.

Arteria cerebelosa superior

Esta rama se origina cerca de la bifurcación terminal de la arteria basilar, se ramifica sobre la superficie dorsal del cerebelo e irriga la corteza,

---

NOTAS CLÍNICAS

Lesiones vasculares que afectan al tronco encefálico

Las hemorragias importantes de la protuberancia son instantáneamente mortales. La trombosis de la totalidad de la arteria basilar causa coma y rigidez de descerebración (v. cap. 23), seguidos poco después por la muerte debida a una insuficiencia del control central de la respiración.

Los émbolos que viajan por la arteria vertebral suelen alojarse en la bifurcación de la arteria basilar y causan una oclusión bilateral de las arterias cerebelosas superiores y las centrales posteromediales; estos últimos vasos son las primeras ramas de las arterias cerebrales posteriores. Un infarto en la formación reticular de la parte superior de la protuberancia y la parte inferior del mesencéfalo provoca coma, y la destrucción concomitante de las fibras de ambos nervios oculomotores (o motores oculares) produce una divergencia bilateral de los ojos, con pupilas fijas y dilatadas (v. cap. 8). Este síndrome es similar a la última etapa de la compresión de los nervios oculomotores y el mesencéfalo debida a una hernia a través de la escotadura de la tienda (v. cap. 26), pero los efectos de los embolismos son repentinos en lugar de graduales. Un émbolo pequeño que se aloja en una de las arterias centrales posteromediales puede causar un infarto pequeño en el mesencéfalo, como la lesión responsable del síndrome de Weber (v. cap. 7).

Se han descrito numerosos síndromes provocados por infartos pequeños debidos a la oclusión de ramas concretas de las arterias vertebral y basilar. La situación y el nivel de estas lesiones pueden deducirse a partir de los efectos de la sección de vías y de la destrucción de núcleos o fibras de los nervios craneales; en el capítulo 7 se ejemplifican algunos casos. De estos síndromes, el más habitual es el **síndrome bulbar lateral (o de Wallenberg),** que suele deberse a la obstrucción de la PICA. Este síndrome también puede ser consecuencia de una trombosis de la arteria vertebral.

Aunque es muy infrecuente, la oclusión de la **arteria laberíntica** (o de su tronco de origen habitual, la PICA) produce, tal y como cabría esperar, una sordera en el oído correspondiente acompañada de disfunción vestibular (vértigo, con una tendencia a caer hacia el lado de la lesión).

El infarto de la parte anterior de la **protuberancia** secciona los tractos motores, lo cual ocasiona la parálisis de todos los movimientos voluntarios excepto los de los ojos (debido a la preservación del fascículo longitudinal medial). Las vías sensitivas generales y especiales y la formación reticular no resultan afectadas, por lo que el paciente está consciente pero sólo puede comunicarse mediante movimientos oculares. Esta alteración se denomina **síndrome de enclaustramiento.** Las lesiones de localización más posterior en la parte superior de la protuberancia o la parte inferior del mesencéfalo causan una de las dos formas de **mutismo acinético** (v. cap. 23); se trata de una forma de mutismo en la que hay una grave afectación de la consciencia.

la sustancia blanca y los núcleos centrales. Las ramas de la parte proximal de la arteria cerebelosa superior se distribuyen a la parte superior del tegmento de la protuberancia, el pedúnculo cerebeloso superior y el tubérculo cuadrigémino (colículo) inferior del mesencéfalo.

Arteria cerebral posterior

Las **arterias centrales posteromediales** se originan en y cerca de la bifurcación de la arteria basilar; a partir de este punto, cada arteria cerebral posterior se curva alrededor del mesencéfalo, por encima de la tienda, y alcanza la superficie medial del hemisferio cerebral por debajo del esplenio del cuerpo calloso (v. fig. 25-4). La arteria emite las **ramas temporales**, que se ramifican sobre la superficie inferior del lóbulo temporal, y las **ramas calcarinas** y **parietooccipitales**, que discurren a lo largo de los surcos correspondientes. Todas estas arterias emiten ramas alrededor del borde del hemisferio cerebral para irrigar una banda periférica de la superficie lateral (v. fig. 25-3). La rama calcarina es especialmente importante porque irriga toda la corteza visual primaria y parte de la corteza de asociación visual. Gran parte de la circunvolución parahipocámpica y algunas áreas del hipocampo están irrigadas por las ramas temporales.

La **arteria coroidea posterior** (que no muestra la fig. 25-4) surge de la arteria cerebral posterior en la región del esplenio y discurre hacia delante en la cisura transversa por debajo del cuerpo calloso. La arteria coroidea posterior irriga el plexo coroideo de la parte central del ventrículo lateral, el plexo coroideo del tercer ventrículo, la parte posterior del tálamo, el fórnix y el *tectum* del mesencéfalo. Sus ramas terminales se anastomosan con las de la arteria coroidea anterior en el plexo coroideo del ventrículo lateral.

ANASTOMOSIS ENTRE ARTERIAS CORTICALES

Las anastomosis entre las ramas de las arterias cerebrales anterior, media y posterior están ocultas en los surcos; el calibre de un vaso anastomótico puede bastar para irrigar parte del territorio de otra arteria que resulte ocluida. Las arterias cerebrales también están interconectadas a través de una red de arteriolas de la piamadre. Las ramas corticales cortas del plexo de la piamadre irrigan la rica red de capilares de la corteza, mientras que las ramas más largas de las arterias del espacio subaracnoideo penetran en la sustancia blanca y forman una red capilar menos profusa.

POLÍGONO DE WILLIS (CÍRCULO ARTERIAL DEL CEREBRO)

Las grandes arterias que irrigan el cerebro están unidas entre sí en la base del encéfalo formando el polígono de Willis o círculo arterial del cerebro (v. fig. 25-2). A partir de la línea media, en la parte frontal, este polígono está formado por las arterias comunicante anterior, cerebral anterior,

---

NOTAS CLÍNICAS

Oclusión de la arteria cerebral posterior

El infarto de las áreas corticales y la sustancia blanca subcortical irrigadas por la arteria cerebral posterior causa ceguera de los campos visuales contralaterales de ambos ojos (hemianopsia homónima; v. cap. 20). La isquemia de la formación hipocámpica puede ocasionar una alteración de la memoria después de la oclusión arterial; sin embargo, los pacientes recuperan la memoria porque las lesiones del sistema límbico deben ser bilaterales para causar una incapacidad duradera. Si el infarto se produce en el hemisferio dominante para el lenguaje (por lo común, el izquierdo) y se extiende al esplenio del cuerpo calloso, la corteza visual contralateral (intacta) se desconecta de las áreas del lenguaje del hemisferio dominante.

Este fenómeno produce alexia (v. cap. 15), además de la hemianopsia homónima.

La hernia del *uncus* y el mesencéfalo a través de la escotadura de la tienda, debida a una lesión expansiva en el compartimento supratentorial de la cavidad craneal, puede estirar y comprimir una o ambas arterias cerebrales posteriores sobre el borde anterior rígido de la tienda (v. cap. 26). Incluso cuando la causa se trata quirúrgicamente, puede producirse necrosis en las áreas irrigadas por las arterias comprimidas, causando ceguera cortical; además, el paciente puede sufrir una deficiencia permanente de la capacidad para generar nuevos recuerdos (v. cap. 18) debido a la afectación bilateral del hipocampo. Las hemorragias intracraneales causadas por traumatismos craneales pueden producir estas consecuencias de la isquemia bilateral en el territorio de la arteria cerebral posterior.

Aneurismas intracraneales

Con frecuencia, en las zonas donde se ramifican las arterias en el polígono de Willis y cerca de él se forman aneurismas, que pueden romperse o sufrir fugas de sangre y causar una **hemorragia subaracnoidea.** Las localizaciones más frecuen-tes donde se producen estos aneurismas son la parte terminal de la arteria carótida interna, la arteria comunicante anterior, la parte proximal de la arteria cerebral media y la arteria comunicante posterior. Las hemorragias subaracnoideas causan una cefalea intensa de aparición súbita, con rigidez de nuca y otros signos de irritación meníngea.

carótida interna (un segmento corto), comunicante posterior y cerebral posterior; a partir de ahí, regresa al punto de inicio en el orden inverso. Normalmente, el intercambio de sangre entre las arterias principales a través de los finos vasos comunicantes es escaso. Sin embargo, el polígono de Willis proporciona rutas alternativas cuando una de las grandes arterias que llegan a él se ocluye. A menudo, estas anastomosis no son adecuadas, en especial en los ancianos, en quienes los grandes vasos y las arterias comunicantes pueden estrecharse debido a un ateroma.

Hay muchas variantes de la configuración normal del polígono de Willis. Cada arteria cerebral posterior aparece inicialmente como una rama de la carótida interna. En las últimas etapas del desarrollo embrionario, las arterias cerebrales posteriores se convierten en las ramas terminales de las arterias basilares, por lo que las arterias comunicantes posteriores izquierda y derecha son vestigios de la disposición anterior. Aproximadamente una de cada tres personas posee una arteria cerebral posterior que es una rama principal de la carótida interna. Este tipo de conexión de la arteria cerebral posterior no acostumbra ser bilateral. A menudo, una arteria cerebral posterior es desusadamente pequeña en su trayecto inicial, en cuyo caso la co-municante anterior tiene un calibre más grande que el habitual y una arteria carótida proporciona sangre para irrigar las superficies mediales de ambos hemisferios cerebrales.

Arterias centrales

En la región anterior del polígono de Willis se originan numerosas arterias centrales formando cuatro grupos (v. fig. 25-2). Estos delgados vasos sanguíneos de paredes finas, que también se denominan *arterias ganglionares, nucleares, estriadas* o *perforantes talámicas,* irrigan partes del cuerpo estriado, la cápsula interna, el diencéfalo y el mesencéfalo. La arteria estriada medial (o arteria recurrente de Heubner) tiene una distribución similar a las arterias centrales, al igual que las arterias coroideas anterior y posterior con respecto a partes de su distribución. La tabla 25-1 resume los orígenes y las distribuciones de los grupos de arterias centrales.

DISTRIBUCIÓN DE LAS ARTERIAS CENTRALES

La tabla 25-2 muestra la vascularización de las estructuras de las regiones del encéfalo irrigadas por las arterias centrales.

Hemorragia cerebral

Las ramas de las arterias estriadas en el claustro y la cápsula externa son las áreas más habituales de hemorragia cerebral por hipertensión. La sangre que sale de los vasos destruye el tejido cerebral circundante y puede acabar ocupando una parte importante del volumen del hemisferio cerebral. Normalmente, también entra sangre en el sistema ventricular del encéfalo. Una he-morragia de gran tamaño de este tipo causa una hemiplejía contralateral que puede seguirse de coma y muerte. Algunas hemorragias cerebrales hipertensivas se originan en **aneurismas de Charcot-Bouchard,** que son dilataciones de arteriolas debidas a cambios degenerativos de la pared vascular. Probablemente, estos microaneurismas se forman con mucha menor frecuencia de lo que se creía hasta no hace mucho, incluso en las personas hipertensas.

TABLA 25-1. **Origen y distribución de las arterias centrales del encéfalo**

Arterias centrales	Origen (lugar de entrada en el encéfalo)	Estructuras que irrigan
Grupo anteromedial	Arterias comunicante anterior y cerebral anterior (sustancia perforada anterior)	Hipotálamo anterior y área preóptica
Grupo anterolateral (arterias estriadas laterales)	Arteria cerebral media (sustancia perforada anterior)	Cabeza del núcleo caudado, putamen, parte lateral del pálido, cápsula interna (brazo anterior, rodilla y parte del brazo posterior), cápsula externa, claustro e hipotálamo lateral
Grupo posteromedial	Arterias cerebral posterior y comunicante posterior (sustancia perforada posterior)	Tálamo (partes anterior y medial), subtálamo, hipotálamo (partes media y posterior), mesencéfalo (parte medial del pedúnculo cerebral)
Grupo posterolateral	Arteria cerebral posterior lateral al mesencéfalo (tálamo y mesencéfalo)	Tálamo (partes posteriores, incluidos los núcleos geniculados), mesencéfalo (*tectum* y parte lateral del pedúnculo cerebral)

TABLA 25-2. **Estructuras irrigadas por las arterias centrales**

Estructura	Arterias
Amígdala, *uncus* y formación hipocámpica	Arteria coroidea anterior, ramas cerebrales de la arteria cerebral posterior
Pedúnculo cerebral (base del pedúnculo, sustancia negra y tegmento del mesencéfalo)	Arterias centrales posterolaterales y posteromediales, arteria coroidea anterior
Cápsula externa y claustro	Arterias centrales anterolaterales
Hipotálamo	Arterias centrales anterolaterales, anteromediales y posteromediales
Cápsula interna	Arterias centrales anterolaterales y posterolaterales, arteria coroidea anterior y arteria estriada medial
Pálido (globo pálido)	Arterias centrales anterolaterales, arteria coroidea anterior
Glándula pineal	Arterias centrales posterolaterales
Estriado (cabeza del núcleo caudado y putamen)	Arterias centrales anterolaterales, arteria estriada medial
Tectum (tubérculos cuadrigéminos del mesencéfalo)	Arterias centrales posterolaterales, arteria coroidea posterior, arteria cerebelosa superior
Tálamo	Arterias centrales posterolaterales y posteromediales, arterias coroideas anterior y posterior
Subtálamo	Arterias centrales posterolaterales, arteria coroidea anterior

Control vasomotor

El calibre de las arterias pequeñas del encéfalo se controla mediante **autorregulación:** cuando la presión del vaso aumenta, la musculatura de su pared se contrae, y cuando se reduce dicha presión, se relaja la musculatura, de forma que tiende a mantenerse un flujo constante. Probablemente, el incremento de flujo sanguíneo en áreas activas de sustancia gris se debe a la acción de metabolitos vasodilatadores, en especial el dióxido de carbono. En las paredes de muchos vasos sanguíneos cerebrales hay axones noradrenérgicos (del sistema simpático y el *locus caeruleus*), pero su importancia funcional no se conoce con detalle.

Flujo sanguíneo cerebral y presión intracraneal

Drenaje venoso del encéfalo

El drenaje del tronco encefálico y el cerebelo lo llevan a cabo venas innominadas que desembocan en los senos venosos durales adyacentes a la fosa craneal posterior. El cerebro posee un sistema venoso externo y otro interno. Mientras que las venas cerebrales externas se encuentran en el espacio subaracnoideo en todas las superficies de los hemisferios, el centro del cerebro es drenado por venas cerebrales internas situadas por debajo del cuerpo calloso en la cisura transversa (que se describe en el cap. 13). Ambos grupos de venas cerebrales desembocan en los senos venosos durales, que se describen en el capítulo 26.

VENAS CEREBRALES EXTERNAS

Las **venas cerebrales superiores,** cuyo número oscila entre 8 y 12, discurren hacia arriba sobre la superficie lateral del hemisferio. Al acercarse a la línea media, atraviesan la aracnoides, continúan su trayecto entre la aracnoides y la duramadre durante 1 o 2 cm y desembocan en el seno sagital superior o dentro de las lagunas venosas situadas junto a él.

La **vena cerebral media superficial** discurre hacia abajo y hacia adelante a lo largo del surco lateral y desemboca en el seno cavernoso, aunque la presencia de canales anastomóticos permite que se drene en otras direcciones (fig. 25-5A). Estos canales son la vena anastomótica superior (o de Trolard), que se abre en el seno sagital superior, y la vena anastomótica inferior (o de Labbé), que desemboca en el seno transverso.

La **vena cerebral media profunda** discurre hacia abajo y hacia adelante en las profundidades del surco lateral hasta la superficie anterior del encéfalo, mientras que la **vena cerebral anterior** acompaña a la arteria cerebral anterior. Estas venas se unen en la región de la sustancia perforada anterior para formar la **vena basal** (o de Rosenthal), que discurre hacia atrás en la base del encéfalo, se curva alrededor del mesencéfalo y desemboca en la vena cerebral magna (fig. 25-5B; v. también a continuación Venas cerebrales internas). La vena basal recibe tributarias de la cintilla óptica, el hipotálamo, el lóbulo temporal y el mesencéfalo.

Además de las venas que se acaban de describir, existen numerosos vasos de menor tamaño que drenan áreas reducidas. Estas venas no siguen un patrón constante y desembocan en los senos durales adyacentes.

VENAS CEREBRALES INTERNAS

El sistema venoso interno se forma junto a ambos ventrículos laterales y continúa a través de la cisura cerebral transversa, bajo el cuerpo calloso (v. cap. 13 y fig. 25-5C). La vena **talamoestriada** (o vena **terminal**) nace en la región del cuerpo amigdalino del lóbulo temporal, sigue la curva de la cola del núcleo caudado en su lado medial y recibe tributarias del cuerpo estriado, la cápsula interna, el tálamo, el *fornix* y el septo pelúcido. La **vena coroidea** es un vaso de recorrido tortuoso que discurre a lo largo del plexo coroideo del ventrículo lateral. Además de drenar el plexo coroideo, esta vena recibe tributarias del hipocampo, el *fornix* y el cuer-

Hemorragia subdural

Los traumatismos craneales pueden desgarrar una vena cerebral superior, ya que estos vasos discurren entre la aracnoides y la duramadre; estas lesiones producen una **hemorragia subdural.** Debido a la baja presión venosa, la sangre puede escapar con lentitud, coagularse a medida que se acumula en el espacio subdural y empujar gradualmente el cerebro hacia abajo.

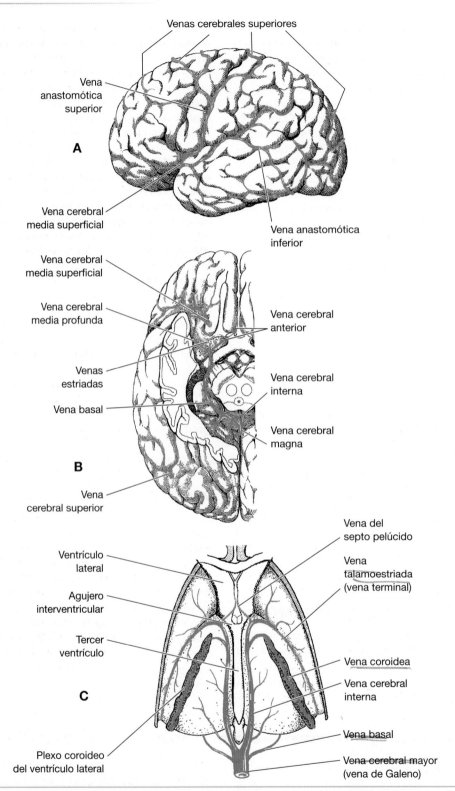

Venas cerebrales superiores

Vena anastomótica superior

A

Vena cerebral media superficial

Vena anastomótica inferior

Vena cerebral media superficial

Vena cerebral media profunda

Vena cerebral anterior

Venas estriadas

Vena cerebral interna

Vena basal

Vena cerebral magna

B

Vena cerebral superior

Vena del septo pelúcido

Ventrículo lateral

Vena talamoestriada (vena terminal)

Agujero interventricular

Tercer ventrículo

C

Vena coroidea

Vena cerebral interna

Vena basal

Plexo coroideo del ventrículo lateral

Vena cerebral mayor (vena de Galeno)

FIGURA 25-5.   Sistema cerebral interno de venas, visto desde arriba tras la extracción del cuerpo calloso y el *fornix*. Venas del cerebro: **(A)** venas de la cara lateral del hemisferio izquierdo; **(B)** venas del hemisferio derecho, vistas desde abajo; se ha extraído parte del lóbulo temporal, por lo que puede observarse el plexo coroideo del ventrículo lateral; **(C)** sistema de venas interno, visto desde arriba tras la extracción del cuerpo calloso y el *fornix*.

po calloso. Las venas talamoestriada y coroidea se unen justo por detrás del agujero interventricular para formar la **vena cerebral interna**. Las dos venas cerebrales internas discurren en sentido posterior en la cisura transversa y se unen bajo el esplenio del cuerpo calloso para formar la **vena cerebral magna** (o de Galeno). Esta vena, que no tiene más de 2 cm de largo, también recibe las venas basales y tributarias del cerebelo. La vena cerebral magna desemboca en el seno recto, que se encuentra en la línea media de la tienda del cerebelo.

Vascularización de la médula espinal

ARTERIAS ESPINALES

La **arteria espinal anterior** (en situación medial) y el par de **arterias espinales posteriores** discurren longitudinalmente a través de toda la médula espinal. La arteria espinal anterior se origina de las arterias vertebrales, que forman una Y como se ha descrito más arriba, y se extiende en sentido caudal a lo largo de la cisura media anterior. Las arterias espinales posteriores son ramas de la arteria vertebral o de la PICA, y consisten en numerosos canales anastomóticos a lo largo de la línea de fijación de las raíces posteriores de los nervios raquídeos.

La sangre que reciben las arterias espinales de las arterias vertebrales sólo es suficiente para los segmentos superiores de la médula espinal. Por esta razón, las arterias reciben sangre a intervalos de las arterias que se detallan a continuación. La arteria vertebral en la región cervical, las ramas intercostales posteriores de la aorta torácica y las ramas lumbares de la aorta abdominal emiten **arterias medulares** segmentarias, que entran en el canal raquídeo a través de los agujeros intervertebrales. Además de irrigar las vértebras, las arterias medulares segmentarias emiten las **arterias radiculares anteriores** y **posteriores**, que discurren a lo largo de las raíces anterior y posterior de los nervios raquídeos. La mayoría de las arterias radiculares son de pequeño calibre, lo suficiente para irrigar las raíces nerviosas y contribuir al plexo vascular de la piamadre que recubre la médula espinal. Un número variable de arterias radiculares anteriores de mayor tamaño (cerca de 12 contando ambos lados) se unen a la arteria espinal anterior. Del mismo modo, un número variable de arterias radiculares posteriores (cerca de 14 entre ambos lados) se unen a las arterias espinales posteriores. Estas arterias radiculares más grandes se encuentran en las regiones cervical inferior, torácica baja

y lumbar superior; la de mayor tamaño es una arteria radicular anterior denominada **arteria espinal de Adamkiewicz**, que suele encontrarse en la parte superior de la región lumbar. La médula espinal es vulnerable a trastornos circulatorios cuando la importante contribución de una arteria radicular grande se ve comprometida debido a una lesión o a la colocación de una ligadura quirúrgica.

Las ramas del surco central se originan sucesivamente a partir de la arteria espinal anterior y entran en los lados derecho e izquierdo de la médula espinal de forma alternativa a partir de la cisura media anterior. Estas arterias son menos frecuentes en la región torácica de la médula espinal. La arteria espinal anterior irriga las astas grises anteriores, parte de las astas grises posteriores y los cordones blancos anterior y lateral, mientras que las ramas penetrantes de las arterias espinales posteriores irrigan el resto de las astas grises posteriores y los cordones posteriores de la sustancia blanca. En la piamadre de las superficies anterior y lateral de la médula espinal hay un plexo fino denominado **corona vascular**, que deriva de las arterias espinales. Las ramas penetrantes de la corona vascular irrigan una zona estrecha de sustancia blanca situada por debajo de la piamadre.

VENAS ESPINALES

Aunque el patrón de venas espinales es irregular, puede afirmarse que hay 6 de estos vasos. Las **venas espinales anteriores** discurren por la línea media y junto a la línea de las raicillas anteriores, mientras que las **venas espinales posteriores** están situadas en la línea media y a lo largo de la línea de las raíces posteriores. Las venas espinales desembocan a distintos intervalos en hasta 12 **venas radiculares anteriores** y en un número similar de **venas radiculares posteriores**. Las venas radiculares desembocan en un plexo venoso epidural que, a su vez, drena en un plexo vertebral externo a través de canales en los agujeros intervertebrales. La sangre del plexo vertebral externo llega a las venas vertebrales, intercostales y lumbares.

Obtención de imágenes de los vasos sanguíneos cerebrales

En 1927, de Egas Moniz introdujo la técnica de **angiografía cerebral**, que se convirtió en una herramienta diagnóstica muy útil en manos de los neurorradiólogos. Este procedimiento consiste en la inyección de una solución radiopaca en la arteria y la toma de una serie de radiografías a intervalos de aproximadamente un segundo. Las radiografías muestran las distintas etapas del paso del medio de contraste por el árbol arterial y el retorno venoso. La inyección en la arteria carótida común o la arteria carótida interna muestra la distribución de las arterias cerebrales media y anterior (v. figuras 25-1 y 25-6), mientras que la inyección en la arteria vertebral permite observar las arterias vertebral, basilar y cerebral posterior junto con sus ramas (fig. 25-7). Las venas cerebrales se ven en imágenes posteriores de una serie. (A las arterias carótida interna y vertebral se accede mediante un catéter largo a través de la arteria femoral y la aorta.)

La angiografía cerebral es una técnica de especial utilidad para detectar malformaciones vasculares y aneurismas y, con frecuencia, proporciona información valiosa relacionada con la enfermedad vascular oclusiva y las lesiones expansivas que desplazan los vasos sanguíneos.

Los vasos cerebrales de mayor tamaño se pueden observar mediante **tomografía computarizada** tras la inyección intravenosa de un medio de contraste, así como por **resonancia magnética** (v. cap. 4). La **ecografía** también puede aportar información sobre la anatomía y el flujo sanguíneo en las arterias carótidas. No obstante, estas técnicas menos cruentas no muestran la anatomía vascular con el mismo detalle que la angiografía.

Barrera hematoencefálica

Ciertas sustancias no atraviesan los capilares y no entran en el SNC, a pesar de que son capaces de pasar a tejidos no nerviosos. Entre ellas, se encuentran los colorantes usados en experimentación animal y algunos antibióticos que, de otro modo, podrían utilizarse terapéuticamente. En la sangre, estas sustancias se encuentran unidas a proteínas plasmáticas, que no pueden salir de los vasos sanguíneos cerebrales normales. La luz de un capilar y el parénquima del encéfalo y la médula espinal están separados por endotelio, una membrana basal y los pies terminales perivasculares de las proyecciones de los astrocitos. En los mamíferos, la barrera hematoencefálica para las proteínas consiste en las membranas plasmáticas internas de las células endoteliales y las estrechas uniones entre ellas. Las propiedades de barrera del endotelio son inducidas por las células adyacentes, principalmente astrocitos, del tejido del SNC. En cambio, las moléculas hidrófobas pequeñas como el oxígeno, el dióxido de carbono o el etanol pueden difundir a través de las membranas celulares y el citoplasma del endotelio y, de este modo, entrar en el encéfalo.

Las uniones estrechas entre las células del epitelio coroideo y la aracnoides evitan la difusión de proteínas plasmáticas hacia el líquido cefa-

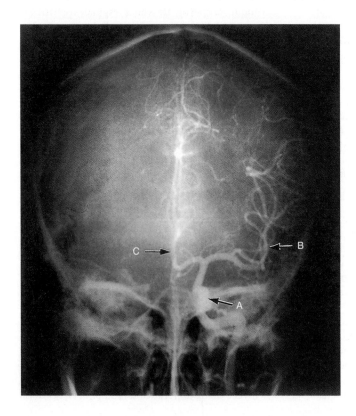

FIGURA 25-6. Angiografía carotídea (vista anteroposterior). A, sifón carotídeo; B, ramas de la arteria cerebral media; C, arteria cerebral anterior. (Cedida por el Dr. J. M. Allcock.)

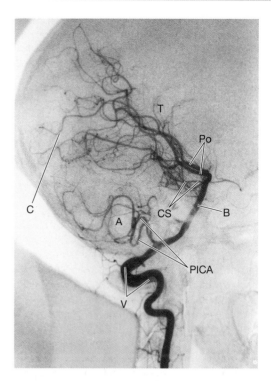

FIGURA 25-7. Angiografía vertebral (vista lateral). Esta imagen se ha obtenido por sustracción, mediante la superposición de una radiografía simple positiva del cráneo (es decir, con huesos oscuros) sobre el angiograma y haciendo una fotografía a través de las dos películas, de forma que el medio de contraste aparece oscuro y las estructuras normalmente radiopacas se eliminan casi por completo. El medio de contraste ha entrado en la arteria basilar y la arteria vertebral contralateral, por lo que la circulación vertebrobasilar está llena bilateralmente. A, posición de la amígdala del cerebelo; B, arteria basilar; C, rama calcarina de una arteria cerebral posterior; CS, arterias cerebelosas superiores; PICA, arterias cerebelosas posteroinferiores de ambos lados; Po, arterias cerebrales posteriores; T, posición del tálamo; V, arterias vertebrales (superpuestas). (Cedida por el Dr. D. M. Pelz.)

lorraquídeo (LCR) desde los espacios extracelulares del plexo coroideo y la duramadre, respectivamente. Las moléculas de todos los tamaños difunden libremente entre el LCR y los espacios extracelulares del SNC.

La entrada de moléculas pequeñas en el encéfalo está restringida por mecanismos transportadores de las células endoteliales de los vasos sanguíneos cerebrales, que regulan el transporte de glucosa (el transportador GLUT-1), de aminoácidos (el transportador L-1) y de otras sustancias desde la sangre a las neuronas y la neuroglia. Un transportador de salida (glucoproteína P) devuelve a la sangre las sustancias hidrófobas no deseadas desde el citoplasma endotelial. Las células epiteliales coroideas controlan de un modo similar la composición del LCR.

Un número reducido de regiones de pequeño tamaño denominadas **órganos circunventriculares** (p. ej., el área postrema en el bulbo raquídeo, el órgano subfornical y la neurohipófisis) carecen de barrera hematoencefálica. Los ganglios sensitivos y autónomos son permeables a las proteínas plasmáticas, al igual que las raíces de los nervios raquídeos. Los capilares del interior del endoneuro de los nervios periféricos son parcialmente permeables a las proteínas, y la lámina más interna del perineuro (v. cap. 3) limita la difusión de proteínas desde el epineuro, cuyos vasos sanguíneos son totalmente permeables.

Durante las 2 a 3 semanas posteriores a una lesión, la barrera hematoencefálica puede presentar deficiencias funcionales; lo mismo ocurre en algunos estados patológicos, como las enfermedades inflamatorias y neoplásicas. Administrando un marcador radiactivo, pueden observarse las zonas con una permeabilidad vascular anormal registrando la radiación que emite la cabeza. La RM también permite visualizar las regiones permeables tras la administración de otro tipo de marcadores (compuestos de gadolinio).

Bibliografía recomendada

Abbott NJ. Astrocyte-endothelial interactions and blood-brain barrier permeability. *J Anat* 2002;200:629–638.

Blumenfeld H. *Neuroanatomy through Clinical Cases.* Sunderland, MA: Sinauer, 2002.

Challa VR, Moody DM, Bell MA. The Charcot-Bouchard aneurysm controversy: impact of a new histologic technique. *J Neuropath Exp Neurol* 1992;51:264–271.

Davson H. History of the blood-brain barrier concept. In: Neuwelt EA, ed. *Implications of the Blood-Brain Barrier and Its Manipulation,* vol 1. New York: Plenum Press, 1989:27–52.

Gross PM. Morphology and physiology of capillary systems in subregions of the subfornical organ and area postrema. *Can J Physiol Pharmacol* 1991;69:1010–1025.

Haines DE, ed. *Fundamental Neuroscience,* 3rd ed. New York: Churchill-Livingstone, 2006.

Kiernan JA. Vascular permeability in the peripheral autonomic and somatic nervous systems: controversial aspects and comparisons with the blood-brain barrier. *Microsc Res Tech* 1996;35:122–136.

Lee DH, Gao FQ, Rankin RN, et al. Duplex and color Doppler flow sonography of occlusion and near occlusion of the carotid artery. *Am J Neuroradiol* 1996;17:1267–1274.

Montemurro DG, Bruni JE. *The Human Brain in Dissection*, 2nd ed. Philadelphia: WB Saunders, 1988.

Nonaka H, Akima M, Nagayama T, et al. The microvasculature of the cerebral white matter: arteries of the subcortical white matter. *J Neuropathol Exp Neurol* 2003;62: 154–161.

Pardridge WM, ed. *The Blood-Brain Barrier. Cellular and Molecular Biology*. New York: Raven Press, 1993.

Pullicino PM. The courses and territories of cerebral small arteries. *Adv Neurol* 1993;62:11–39.

Pullicino PM. Diagrams of perforating artery territories in axial, coronal and sagittal planes. *Adv Neurol* 1993;62: 41–72.

Rowell LB. *Human Cardiovascular Control*. New York: Oxford University Press, 1993.

Salamon G. *Atlas de la Vascularization Artérielle du Cerveau chez l'Homme*, 2nd ed. Paris: Sandoz Editions, 1973.

Thron AK, Rossberg C, Mironov A. *Vascular Anatomy of the Spinal Cord. Neuroradial Investigations and Clinical Syndromes*. Vienna: Springer-Verlag, 1988.

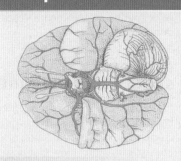

MENINGES Y LÍQUIDO CEFALORRAQUÍDEO

- La duramadre craneal se adhiere al cráneo, pero una hemorragia extradural de la arteria meníngea media puede comprimir el encéfalo. El espacio epidural espinal contiene grasa, raíces nerviosas y venas.

- La mayor parte de la duramadre craneal recibe la inervación sensitiva de ramas del nervio trigémino. El nervio vago inerva la duramadre de la fosa posterior.

- Los pliegues de mayor tamaño de la duramadre son la hoz del cerebro y la tienda del cerebelo.

- La presión sobre un hemisferio cerebral puede producir una hernia transtentorial, que da lugar a la compresión del nervio oculomotor (o motor ocular) ipsilateral, el *uncus*, uno de los pedículos cerebrales y, en ocasiones, las arterias cerebrales posteriores.

- Las venas que salen de la corteza cerebral atraviesan los espacios subaracnoideo y subdural antes de entrar en el seno sagital superior. Las lesiones craneales pueden romper estas venas, y su sangre puede extravasarse al espacio subdural.

- La mayoría del resto de venas cerebrales desemboca en el seno recto. Toda la sangre venosa del encéfalo acaba pasando, a través de los senos sigmoides, por las venas yugulares internas.

- El epitelio de la aracnoides posee unas uniones estrechas oclusivas que forman una barrera entre el líquido cefalorraquídeo (LCR) y la duramadre. Hay un intercambio libre a lo largo de la piamadre entre el LCR y los espacios extracelulares del sistema nervioso central.

- La anchura del espacio subaracnoideo es variable, debido a que la aracnoides se adhiere a la duramadre y la piamadre en la membrana externa limitante con la glía. Los espacios más amplios son las cisternas subaracnoideas, de las cuales las más grandes son la lumbar y la cerebelobulbar.

- El espacio subaracnoideo acompaña al nervio óptico hasta la papila óptica. La elevación de la presión intracraneal produce una hinchazón de la papila (papiledema).

- El LCR es secretado por los plexos coroideos, circula por los ventrículos, las aberturas del cuarto ventrículo y el espacio subaracnoideo, y es absorbido hacia los senos durales mediante las vellosidades aracnoideas.

- La obstrucción del flujo de LCR a través del sistema ventricular o el espacio subaracnoideo o la obstrucción de las vellosidades aracnoideas pueden causar hidrocefalia. Las áreas de acumulación de líquido están relacionadas con la posición del bloqueo.

Además de la protección que le confieren el cráneo y la columna vertebral y sus ligamentos, el sistema nervioso central (SNC), que es blando y gelatinoso, tiene el soporte físico que le proporcionan las meninges: en la parte externa está la **duramadre**, de mayor grosor; revistiéndola por debajo hay una capa delicada denominada **aracnoides** y, por último, se encuentra la **piamadre** adherida al encéfalo y la médula espinal. Las dos últimas capas delimitan el espacio subaracnoideo, que está lleno de líquido cefalorraquídeo (LCR). El principal soporte que proporcionan las meninges se debe a la duramadre y al «cojín» de LCR del espacio subaracnoideo.

Duramadre y estructuras asociadas

Las superficies internas de los huesos del cráneo están recubiertas de periostio, que se continúa con el periostio de la superficie externa en los bordes del agujero magno y de los orificios más pequeños que permiten el paso de nervios y vasos sanguíneos. La duramadre craneal esta íntimamente adherida al periostio que, en ocasiones, se denomina erróneamente «capa externa» de la duramadre.

PERIOSTIO Y VASOS SANGUÍNEOS MENÍNGEOS

El periostio está formado por tejido conjuntivo colágeno y contiene unas arterias que se denominan, en cierto modo erróneamente, *arterias meníngeas,* que irrigan sobre todo el hueso adyacente. De ellas, la de mayor tamaño es la **arteria meníngea media**, que es una rama de la arteria maxilar que entra en la cavidad craneal a través del agujero espinoso en el suelo de la fosa craneal media. Se ramifica sobre la superficie interior lateral del cráneo, trazando surcos en los huesos. Otras arterias meníngeas más pequeñas son ramas de las arterias oftálmica, occipital y vertebral.

A las arterias meníngeas les acompañan las **venas meníngeas**, que también pueden desgarrarse en caso de fracturas del cráneo. Las venas meníngeas más grandes acompañan a la arteria meníngea media, salen de la cavidad craneal a través del agujero espinoso o del agujero oval y desembocan en el plexo venoso pterigoideo. Las **venas diploicas**, que se encuentran dentro del hueso esponjoso de la bóveda del cráneo, desembocan en las venas del cuero cabelludo y en los senos venosos durales que se describen más adelante.

DURAMADRE

La duramadre o **paquimeninge** es una capa densa y firme de tejido conectivo colágeno. La **duramadre espinal** tiene forma de tubo, está perforada por las raíces de los nervios raquídeos y se extiende desde el agujero magno hasta el segundo segmento del sacro. La duramadre espinal está separada de la pared del canal raquídeo por el **espacio epidural (extradural)**, que contiene tejido adiposo y un plexo venoso. Como se ha descrito previamente, la **duramadre craneal** está firmemente unida al periostio, del cual recibe pequeños

vasos sanguíneos. La capa externa de la duramadre está formada fundamentalmente por colágeno y fibras elásticas, y la superficie interna más suave consiste en epitelio escamoso simple. El **espacio subdural** situado entre la duramadre y la capa externa de células de la aracnoides está ocupado por una delgada película microscópica de líquido. La duramadre craneal tiene algunas características importantes, entre las cuales destacan los pliegues durales y los senos venosos durales.

PLIEGUES DURALES

La duramadre se repliega a lo largo de ciertas líneas para formar los tabiques o pliegues durales. Los intervalos entre el periostio y la duramadre a lo largo de las líneas de unión de los tabiques alojan los senos venosos durales (fig. 26-1). Los tabiques de mayor tamaño (la hoz del cerebro y la tienda del cerebelo) forman unas divisiones incompletas que separan la cavidad craneal en tres compartimentos (fig. 26-2).

La **hoz del cerebro** es una división vertical en la cisura longitudinal que separa los hemisferios cerebrales. Este pliegue dural está unido a la cresta de gallo del hueso etmoides en la parte frontal, a la línea media de la bóveda, hasta la protuberancia occipital interna, y a la tienda del cerebelo. El extremo anterior de la hoz del cerebro suele tener agujeros.

La **tienda del cerebelo** se encuentra entre los lóbulos occipitales y el cerebelo. La unión de la hoz del cerebro a lo largo de la línea media tira de la tienda hacia arriba y le confiere su forma de tienda achatada. El borde periférico de la tienda se une a los extremos superiores de las partes petrosas de ambos huesos temporales y al hueso occipital en los márgenes de los surcos de los senos transversos, mientras que el borde anterior libre limita con la **escotadura de la tienda del cerebelo** (incisura del tentorio), que aloja el mesencéfalo.

La **hoz del cerebelo** es un pequeño pliegue de duramadre situado en la fosa craneal posterior que

Hemorragia extradural

Las fracturas en la región temporal del cráneo pueden desgarrar una rama de la arteria meníngea media. La sangre extravasada se acumula entre el hueso y el periostio. Como ocurre con cualquier tipo de lesión ocupante de espacio en la rígida cavidad craneal, la presión intracraneal aumenta, y es precisa la intervención quirúrgica inmediata.

Los efectos de la lesión expansiva son similares a los de la hemorragia subdural (v. cap. 25) y se explican en las notas clínicas siguientes con el título Hernia transtentorial y otras hernias. Debido a que la sangre arterial escapa a una presión elevada, el deterioro que causa suele producirse más rápidamente que el producido por una hemorragia venosa en el espacio subdural.

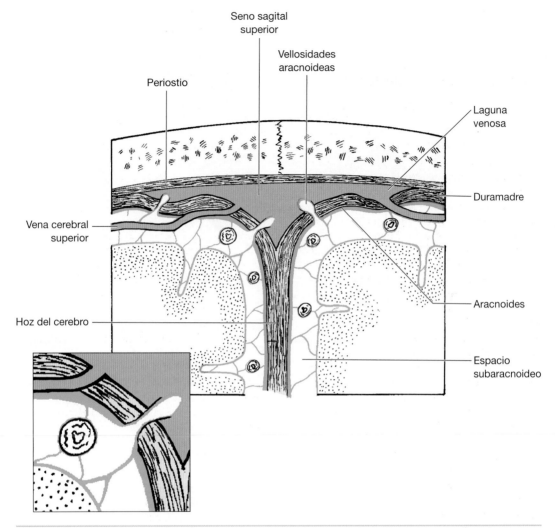

FIGURA 26-1.   Corte frontal por el vértice del cráneo, que incluye el seno sagital superior (la sangre venosa se muestra *azul*) y la unión de la hoz del cerebro. La duramadre aparece en *amarillo,* y la pia-aracnoides en *verde.*

se extiende verticalmente en una distancia corta entre los hemisferios cerebelosos. El **diafragma de la silla** forma un techo sobre la fosa hipofisaria o silla turca del hueso esfenoides y tiene un orificio en su centro que permite el paso del tallo hipofisario.

INERVACIÓN DE LA DURAMADRE

La duramadre está inervada por nervios que discurren junto a las arterias y las venas. La duramadre craneal posee una inervación sensitiva abundante, principalmente de ramas de las tres divisiones del nervio trigémino. Las fibras sensitivas acaban en terminaciones no encapsuladas en la capa externa fibroelástica de la duramadre, y participan en los mecanismos de ciertos tipos de cefalea. Además,

hay axones simpáticos que acompañan a los vasos sanguíneos durales.

La duramadre que reviste las fosas craneales anterior y media está inervada por ramas de las tres divisiones del nervio trigémino, mientras que la que recubre el suelo de la fosa craneal posterior tiene la inervación de una rama meníngea del ganglio superior del nervio vago y, también, por raicillas sensitivas de los nervios raquídeos C1 a C3, que entran en la fosa posterior a través del conducto del nervio hipogloso. (El nervio C1 carece de componente sensitivo en alrededor de la mitad de las personas.)

Ramas recurrentes de todos los nervios raquídeos entran en el canal vertebral a través de los agujeros intervertebrales y emiten ramas meníngeas a la duramadre de la médula.

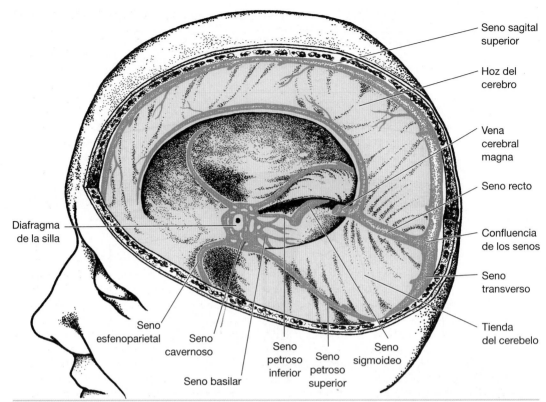

Seno sagital
superior

Hoz del
cerebro

Vena
cerebral
magna

Seno recto

Confluencia
de los senos

Seno
transverso

Tienda
del cerebelo

Diafragma
de la silla

Seno
esfenoparietal

Seno
cavernoso

Seno
petroso
inferior

Seno
petroso
superior

Seno
sigmoideo

Seno basilar

FIGURA 26-2.   Pliegues durales *(amarillo)* y senos venosos durales *(azul)* tras la extracción del encéfalo. Obsérvese, asimismo, el seno sigmoideo del lado derecho a través de la escotadura de la tienda.

SENOS VENOSOS DURALES

Como se explica en el capítulo 25, las venas que drenan el encéfalo desembocan en senos venosos de la duramadre, desde donde la sangre fluye a las venas yugulares internas. Las paredes de los senos están formadas por duramadre (y periostio) recubierta de endotelio. La figura 26-2 muestra las localizaciones de la mayoría de los senos venosos durales.

El **seno sagital superior** se encuentra a lo largo del borde fijo de la hoz del cerebro; se inicia frente a la cresta de gallo del hueso etmoides, donde podría tener una comunicación estrecha con las venas nasales. Las **lagunas venosas**, que son espacios poco profundos llenos de sangre en el interior de la duramadre, están situadas junto al seno sagital superior y se abren a él. Las venas cerebrales superiores desembocan en el seno o en las lagunas. El seno sagital superior suele tener continuidad con el seno transverso derecho.

El **seno sagital inferior**, que es más pequeño, discurre a lo largo del borde libre de la hoz del cerebro y recibe venas de las caras mediales de los hemisferios cerebrales. Este seno se abre al **seno recto**, situado en la unión de la hoz del cerebro y la tienda del cerebelo. El seno recto también recibe la vena cerebral magna (v. fig. 25-4) y suele tener continuidad con el seno transverso izquierdo. Los senos transversos se unen a través de canales venosos en la protuberancia occipital interna; la configuración de dichos canales en esta área se denomina **confluencia de los senos** o **tórcula** o **prensa de Herófilo**. También recibe el **seno occipital**, que es de menor tamaño y está unido al borde fijo de la hoz del cerebro.

Cada **seno transverso** está situado en un surco de hueso occipital a lo largo del margen fijo de la tienda del cerebelo. Cuando alcanza la porción petrosa del hueso temporal, el seno transverso continúa formando el **seno sigmoideo**, describe un trayecto curvo en la fosa posterior y tiene continuidad con la vena yugular interna en el agujero yugular.

El **seno cavernoso** es un compartimento extradural ocupado por venas de pared muy delgada y atravesado por la arteria carótida interna y varios nervios. Este seno está presente a cada lado del cuerpo del hueso esfenoides y ambos senos se conectan a través de canales venosos en los

Hernia transtentorial y otras hernias

El estrecho intervalo entre el mesencéfalo y el borde de la escotadura de la tienda del cerebelo es la única comunicación entre los compartimentos subtentorial y supratentorial de la cavidad craneal. Las lesiones expansivas en el compartimento supratentorial, como los hematomas subdurales o los tumores en un hemisferio cerebral, pueden empujar hacia abajo la parte medial del lóbulo temporal (el *uncus*), hacia el interior de la escotadura de la tienda. La hernia del *uncus* presiona el nervio oculomotor ipsilateral; el primer signo clínico de este fenómeno es la afectación del reflejo pupilar (v. cap. 8) debido a que las fibras parasimpáticas preganglionares para la constricción de la pupila se encuentran en la parte superficial del nervio.

Cuando la hernia progresa, pueden dañarse fibras motoras descendentes en uno o en ambos pedúnculos cerebrales, produciendo debilidad, espasticidad y reflejos tendinosos exagerados en uno de los lados o bilateralmente. Cuando se desplaza el mesencéfalo hacia el lado opuesto, la presión del borde rígido de la tienda sobre la base del pedúnculo cerebral puede producir un cuadro infrecuente de parálisis de la neurona motora (o motoneurona) superior en el mismo lado del cuerpo que la lesión cerebral. En ocasiones, el desplazamiento hacia abajo del cerebro obstruye una o ambas arterias cerebrales posteriores, al estirar estos vasos sobre el borde libre de la tienda; en el capítulo 25 se explican las consecuencias de esa lesión. En etapas más avanzadas, la hernia transtentorial puede afectar al nervio oculomotor contralateral. El signo de lateralización más fiable para diagnosticar la lesión es la observación de la pupila que se dilata en primer lugar.

Existen otros tipos de movimientos anómalos de partes del encéfalo de un compartimento dural a otro. Las **hernias subfalciales** se producen cuando una lesión ocupante de espacio empuja la circunvolución del cuerpo calloso de un hemisferio a través de la línea media, por debajo de la parte anterior del borde libre de la hoz del cerebro. En las **hernias transtentoriales ascendentes,** el tronco encefálico y el cerebelo se desplazan hacia el interior del compartimento supratentorial por la presión de una masa en la fosa posterior. Estas masas pueden dar lugar también a una **conificación bulbar** cuando el tronco encefálico y parte del cerebelo descienden a través del agujero magno hacia el canal raquídeo. La conificación bulbar también puede producirse tras la extracción de LCR del espacio subaracnoideo lumbar en un paciente con aumento de la presión intracraneal. Las amígdalas del cerebelo comprimen el bulbo raquídeo y pueden producir la muerte en poco tiempo.

márgenes anterior y posterior del diafragma de la silla; de hecho, su nombre más correcto, aunque se utiliza muy poco, es **compartimento sellar** (o parasellar) **lateral.** Cada seno cavernoso recibe la vena oftálmica y la vena cerebral superficial media, y desemboca en el seno transverso a través

Trombosis de los senos venosos

Las fracturas que lesionan la duramadre pueden producir una trombosis en el **seno sagital superior.** Si se obstruye la parte posterior del seno, la sangre no puede escapar de gran parte de la corteza cerebral, y se forman áreas de infarto en los lóbulos frontales y parietales.

En ocasiones, los microorganismos patógenos pueden desprenderse de una lesión facial (p. ej., ántrax en el labio superior) y pasar a través de las venas de la órbita y la vena oftálmica hasta el **seno cavernoso.** La trombosis séptica del seno cavernoso puede producir la compresión de los nervios oculomotor, troclear, motor ocular externo y maxilar, que se encuentran en las paredes del seno (v. cap. 8), junto con la hinchazón y la protrusión de la conjuntiva y signos sistémicos de infección grave. La debilidad congénita de la pared de la arteria carótida interna puede facilitar la formación de hendiduras que dejarían escapar la sangre hacia el seno cavernoso. Como ocurre con la trombosis séptica, esta **fístula arteriovenosa** comprime los nervios que pasan a través del seno y ocasiona una importante congestión venosa del ojo. El globo ocular protruye y palpita, y el paciente o una persona que coloque un estetoscopio sobre la cabeza puede escuchar una pulsación intensa.

del **seno petroso superior,** que discurre a lo largo de la unión de la tienda del cerebelo a la parte petrosa del hueso temporal. El **seno petroso inferior** está situado en el surco que forman la parte petrosa del hueso temporal y la parte basilar del hueso occipital; este seno comunica los senos cavernosos y la vena yugular interna. Los senos de la base del cráneo reciben venas de las partes vecinas del cerebro.

En el interior de la órbita, la vena oftálmica forma anastomosis con las venas superficiales de la parte central de la cara. De este modo, parte de la sangre procedente de la piel facial entra en el seno cavernoso y pasa a la vena yugular interna. Las **venas emisarias** conectan los senos venosos durales con venas situadas en la parte exterior de la cavidad craneal, de forma que la sangre puede fluir en ambas direcciones, en función de las presiones venosas. Las venas emisarias parietal y mastoidea son los más grandes de dichos cana-

les de conexión. La vena emisaria parietal une el seno sagital superior con tributarias de las venas occipitales, mientras que la vena emisaria mastoidea une el seno sigmoideo con las venas auricular posterior y occipital.

Pia-aracnoides

La **piamadre** y la **aracnoides** constituyen las **leptomeninges** (literalmente, «membranas delgadas»). Inicialmente, forman una sola capa a partir del mesodermo que rodea el encéfalo y la médula espinal del embrión. A continuación, se forman en dicha capa espacios llenos de líquido que confluyen para formar el espacio subaracnoideo; la presencia de numerosas trabéculas que pasan entre las dos capas atestigua su origen como una sola membrana (fig. 26-3). La aracnoides se encuentra en estrecho contacto con la parte interior de la du-

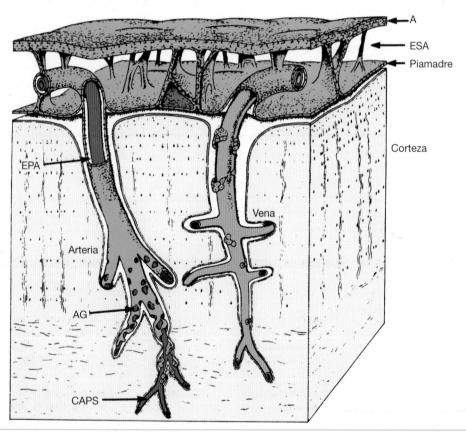

FIGURA 26-3. Espacios perivasculares del encéfalo. El espacio subaracnoideo (ESA) separa la aracnoides (A) de la piamadre. La piamadre se desdobla para recubrir la arteria, pero no la vena. El espacio periarterial (EPA) tiene un compartimento subpial y otro intrapial, que adquieren continuidad a medida que la vaina periarterial de la piamadre empieza a tener agujeros (AG). Los capilares (CAPS) no tienen vaina de piamadre. (Con autorización de Zhang ET, Inman CBE, Weller RO. Interrelationships of the pia mater and the perivascular [Virchow-Robin] spaces of the human cerebrum. *J Anat* 1990;170:111-23.)

ramadre, por lo que el **espacio subdural** contiene normalmente sólo una película de líquido extracelular. La piamadre se adhiere a la membrana limitante glial externa del SNC (v. cap. 2).

La aracnoides es bastante gruesa para poder manipularse con los dedos o con una pinza, pero la piamadre apenas puede verse a simple vista, aunque confiere un aspecto brillante a la superficie del encéfalo. Ambas superficies de la aracnoides y la superficie externa de la piamadre están recubiertas por epitelio escamoso simple. Las trabéculas que atraviesan el espacio subaracnoideo son finas hebras de tejido conjuntivo recubiertas de células epiteliales escamosas. Las células epiteliales de la aracnoides presentan uniones intercelulares estrechas (*zonulae occludentes*) que evitan el intercambio de moléculas de gran tamaño entre la sangre de la circulación dural y el LCR. Sin embargo, las células de la piamadre no presentan estas uniones, por lo que se produce un intercambio libre de macromoléculas entre el LCR y el tejido del SNC.

La aracnoides no vascularizada está separada de la duramadre por una película de líquido. La piamadre, que contiene una red de delgados vasos sanguíneos, se adhiere a la superficie del encéfalo y la médula espinal, adquiriendo su mismo contorno. Las fibras de colágeno de la pia-aracnoides de la médula espinal discurren principalmente en dirección longitudinal, en especial a lo largo de la línea anteromediana de la médula donde se encuentra la **línea** *splendens,* una franja gruesa de fibras situada superficialmente respecto a la arteria espinal anterior. El **ligamento dentado**, que se explica en el capítulo 5, también deriva de la pia-aracnoides.

ESPACIOS PERIVASCULARES

Aunque anteriormente se creía que el espacio subaracnoideo continuaba alrededor de las arterias y las venas que entraban y salían del tejido del SNC, gracias a las imágenes por microscopía electrónica de áreas de la corteza cerebral humana extraídas quirúrgicamente sabemos que, cuando una arteria entra en la sustancia cerebral, la piamadre se desdobla de modo que una pequeña lámina forma una vaina celular que constituye la adventicia del vaso. La piamadre y la adventicia están separadas de la membrana limitante de la glía externa del encéfalo por el **espacio periarterial subpial**. Además, entre la piamadre y la musculatura lisa arterial hay un **espacio periarterial intrapial**, que es la continuación del espacio que separa la arteria de su cubierta leptomeníngea cuando atraviesa el espacio subaracnoideo (v. fig. 26-3). Las venas no tienen extensiones de piamadre, por lo que los espacios **perivenulares** del interior del encéfalo hacen la función de los espacios periarteriales intrapiales. El espacio subaracnoideo es continuo, a través de orificios de la piamadre, con los tres tipos de espacio perivascular.

El término **espacios de Virchow-Robin**, que ya no se usa actualmente, designaba a todos los espacios perivasculares que se observaban en las muestras para microscopía óptica. Los capilares sanguíneos del SNC están rodeados por una sola lámina basal, donde terminan los pies terminales de los astrocitos (v. cap. 2). En las muestras que se preparan normalmente para microscopía óptica se observan, a menudo, espacios en torno a los capilares; sin embargo, se trata de artefactos causados por áreas de distinto grado de encogimiento, como ocurre con los espacios que suelen observarse en torno a los cuerpos celulares de las neuronas.

CISTERNAS SUBARACNOIDEAS

La amplitud del espacio subaracnoideo es variable debido a que mientras que la aracnoides descansa sobre la duramadre, la piamadre se adhiere a los contornos irregulares del encéfalo. Este espacio es más estrecho en las cimas de las circunvoluciones, más ancho en las regiones de los surcos mayores y todavía de mayor amplitud en la base del encéfalo y en la región lumbosacra del canal raquídeo. Las regiones de espacio subaracnoideo que contienen mayores cantidades de LCR se denominan **cisternas subaracnoideas** (fig. 26-4).

La **cisterna cerebelobulbar (cisterna magna)** está situada en el espacio entre el cerebelo y el bulbo raquídeo y recibe LCR a través de la apertura media del cuarto ventrículo. Las cisternas basales que se encuentran por debajo del tronco encefálico y el diencéfalo son la **cisterna del quiasma óptico** y las **cisternas interpeduncular** y **protuberancial**. La cisterna del quiasma se continúa con la **cisterna de la lámina terminal** que, a su vez, se prolonga en la **cisterna del cuerpo calloso** por encima de esta comisura. El espacio subaracnoideo posterior al mesencéfalo se denomina **cisterna superior** o **cisterna de la vena cerebral magna**. Esta cisterna y el espacio subaracnoideo situado a los lados del mesencéfalo constituyen la **cisterna ambiens** o perimesencefálica (que no muestra la fig. 26-4). La **cisterna de la cisura de Silvio** se corresponde con este surco. La **cisterna lumbar** del espacio subaracnoideo espinal es especialmente grande, ya que se extiende desde la segunda vértebra lumbar hasta el segundo segmento del sacro. Esta cisterna contiene la cola de caballo, formada por raíces raquídeas lumbosacras.

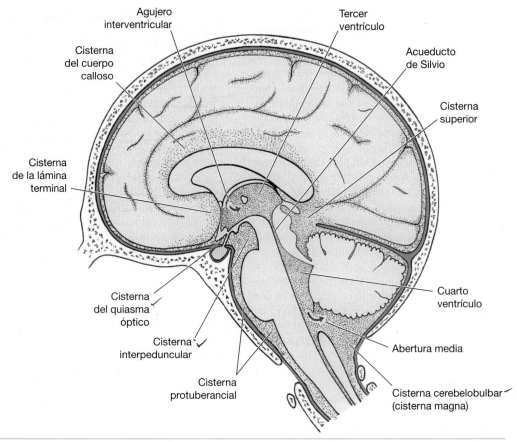

FIGURA 26-4. Cisternas subaracnoideas de la cabeza, en el plano medio y sus proximidades. Las *flechas rojas* indican el flujo del líquido cefalorraquídeo desde el ventrículo lateral al tercer ventrículo a través del agujero interventricular derecho, y desde el cuarto ventrículo, a través de la abertura media, hacia la cisterna cerebelobulbar. Las regiones ocupadas por el líquido cefalorraquídeo aparecen en *azul claro,* y la duramadre, en *verde.* La cisterna *ambiens* (que se extiende lateralmente desde las cisternas superior e interpeduncular) y la cisterna del surco lateral (v. texto) no se muestran debido a que se encuentran fuera del plano medio.

Las capas meníngeas y el espacio subaracnoideo se extienden alrededor de los nervios craneales y las raíces de los nervios espinales aproximadamente hasta el nivel de los ganglios sensitivos, cuando están presentes. Por ejemplo, la cavidad trigeminal (o de Meckel) es una extensión del espacio subaracnoideo, rodeado de duramadre, en torno a la parte proximal del ganglio trigémino en el extremo de la parte petrosa del hueso temporal.

NOTAS CLÍNICAS

Papiledema

La extensión meníngea de mayor importancia clínica rodea al nervio óptico hasta su unión al globo ocular. La arteria y la vena centrales de la retina discurren por la parte anterior del nervio óptico y cruzan la extensión del espacio subaracnoideo para unirse a la arteria y la vena oftálmicas, respectivamente. Un aumento de la presión del LCR reduce la velocidad de retorno de la sangre venosa y produce un edema en la retina que se observa en un examen oftalmoscópico como una hinchazón de la papila óptica **(papiledema).** La dilatación de los axones del nervio óptico, que se debe al deterioro del transporte axoplasmático anterógrado lento, también contribuye a la tumefacción. La inspección del fondo ocular es una parte importante de la exploración física de cualquier paciente.

Líquido cefalorraquídeo

PRODUCCIÓN

El LCR se produce principalmente en los plexos coroideos de los ventrículos lateral, tercero y cuarto, aunque es en los primeros donde son más grandes e importantes.

El **plexo coroideo** de cada ventrículo lateral está formado por una invaginación de piamadre vascular (la **tela coroidea**) en la superficie medial del hemisferio cerebral. El tejido conjuntivo vascularizado está recubierto por una capa de epitelio del revestimiento ependimario del ventrículo. Los plexos coroideos del tercer y el cuarto ventrículo se forman de un modo similar, por invaginaciones de la tela coroidea unida a los techos de los ventrículos. Cada plexo coroideo, que tiene una superficie finamente plegada, consiste en un núcleo de tejido conjuntivo que contiene numerosos capilares anchos y una capa superficial de epitelio columnar bajo o cúbico (el epitelio coroideo; fig. 26-5). La suma de la superficie de los plexos coroideos de los dos ventrículos laterales es de unos 40 cm².

En las microfotografías electrónicas pueden observarse algunas características del epitelio coroideo que son interesantes desde el punto de vista funcional (fig. 26-6): el núcleo grande, el citoplasma abundante y las numerosas mitocondrias son indicativas de que la producción de LCR es un proceso activo que requiere un gasto energético en dichas células. El área de la membrana plasmática de la superficie libre es muy extensa, debido a la presencia de microvellosidades irregulares. La membrana basal separa el epitelio del estroma subyacente, con su rica red vascular. Los capilares, a diferencia de los que irrigan normalmente el tejido nervioso, tienen un endotelio fenestrado y son permeables a las moléculas grandes. La barrera hematoencefálica para las macromoléculas está formada por las células del epitelio coroideo y las uniones estrechas entre células vecinas.

La síntesis de LCR es un proceso complejo. Algunos componentes del plasma sanguíneo —en especial, el agua— entran y salen del LCR por difusión, mientras que otros llegan a él gracias a la actividad metabólica de las células epiteliales coroideas. Otro factor importante es el transporte activo de determinados iones (en especial, el sodio) a través de las células epiteliales, seguido por el movimiento pasivo de agua para mantener el equilibrio osmótico. Las proteínas transportadoras de las células epiteliales coroideas permiten el movimiento controlado de glucosa y de aminoácidos hacia el LCR.

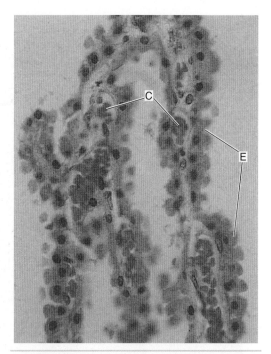

FIGURA 26-5. Fragmento de plexo coroideo, en el que se observan capilares grandes (C) y el epitelio coroideo (E). Teñido con hemalum y eosina.

CIRCULACIÓN

El LCR fluye de los ventrículos laterales al tercer ventrículo a través de los agujeros interventriculares y desde allí al cuarto ventrículo por el acueducto de Silvio. Sale del sistema ventricular a través de las aberturas media y laterales del cuarto ventrículo; la primera se abre a la cisterna cerebelobulbar, y las segundas a la cisterna protuberancial (v. figs. 6-4 y 6-5). Desde estas áreas, el LCR fluye lentamente a través del espacio subaracnoideo de la médula espinal; este movimiento se debe parcialmente a los movimientos de la columna vertebral. Asimismo, el LCR fluye lentamente hacia delante a través de las cisternas basales y a continuación hacia arriba, sobre las superficies medial y lateral de los hemisferios cerebrales. La pulsación de las arterias también contribuye al movimiento del LCR, en especial en el espacio subaracnoideo en torno a la médula espinal.

ABSORCIÓN

El principal lugar de absorción del LCR hacia la sangre venosa son las **vellosidades aracnoideas** que se proyectan hacia los senos venosos durales, en especial el seno sagital superior y sus lagunas adyacentes (v. fig. 26-1). Las vellosidades aracnoi-

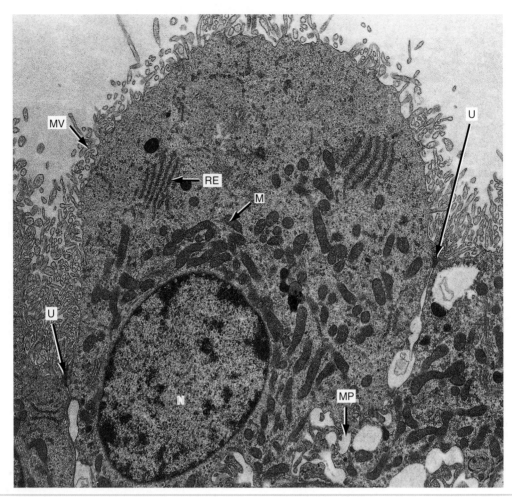

FIGURA 26-6.   Microfotografía electrónica de una célula epitelial coroidea. M, mitocondria; MP, repliegues de membrana plasmática; MV, microvellosidades; N, núcleo; RE, retículo endoplasmático; U, unión estrecha (zónula ocluyente) (× 8.000; cedida por el Dr. D. H. Dickson).

deas están formadas por una capa celular delgada derivada del endotelio del seno, que encierra una extensión de espacio subaracnoideo que contiene células aracnoideas y trabéculas de colágeno (fig. 26-7). El mecanismo de absorción depende de que la presión hidrostática del LCR sea más elevada que la de la sangre venosa de los senos durales. Cuando aumenta la presión venosa, se colapsan los canales extracelulares de las vellosidades y se impide el reflujo de sangre al espacio subaracnoideo. La última etapa de la absorción es el movimiento de líquido en vesículas de gran tamaño que se forman en el citoplasma de las células endoteliales. Las vellosidades aracnoideas se hipertrofian con la edad, de forma que se vuelven visibles a simple vista; a estas estructuras se las denomina entonces **granulaciones aracnoideas** o **corpúsculos de Pacchioni**; algunas de ellas son

suficientemente grandes para erosionar o excavar los huesos parietales.

Parte del LCR se absorbe en las vellosidades aracnoideas que protruyen en las venas que pasan junto con las raíces nerviosas craneales y espinales, antes de vaciarse en el plexo venoso epidural.

PRESIÓN Y PROPIEDADES

El volumen del LCR oscila entre 80 y 150 ml; estas cifras incluyen el líquido contenido en los ventrículos y el espacio subaracnoideo. Sólo en el sistema ventricular hay de 15 a 40 ml de líquido. El ritmo de síntesis es suficiente para renovar el volumen total varias veces al día. La presión del LCR es de 80 a 120 mm de H_2O en posición recostada, pero cuando se determina en sedestación, la

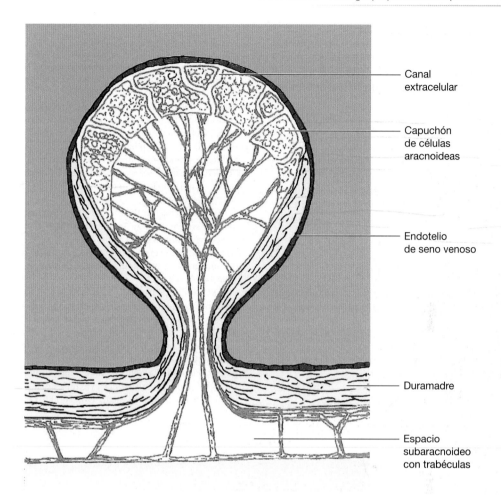

Canal
extracelular

Capuchón
de células
aracnoideas

Endotelio
de seno venoso

Duramadre

Espacio
subaracnoideo
con trabéculas

FIGURA 26-7.   Estructura de una granulación aracnoidea. *Azul:* sangre venosa del seno; *verde:* pia-aracnoides; *rojo:* endotelio del seno; *amarillo:* duramadre; *gris* (punteado): corteza cerebral. El líquido cefalorraquídeo ocupa las áreas blancas del espacio subaracnoideo, entre las trabéculas de colágeno del interior de la granulación y entre el capuchón de células epiteliales aracnoideas y el endotelio.

NOTAS CLÍNICAS

Hidrocefalia

La *hidrocefalia* se debe a un exceso de LCR. Existen distintos tipos: la **hidrocefalia externa** consiste en un exceso de líquido principalmente en el espacio subaracnoideo, y suele producirse por atrofia senil del encéfalo, mientras que la **hidrocefalia interna** se refiere a la dilatación de los ventrículos. Todos los ventrículos aumentan de tamaño si se taponan las aberturas del cuarto ventrículo; el tercer y cuarto ventrículos se agrandan si la obstrucción afecta al acueducto de Silvio. La obstrucción de un agujero interventricular, que es muy infrecuente, restringe la hidrocefalia al ventrículo lateral ipsilateral.

El término **hidrocefalia comunicante** hace referencia a la combinación de hidrocefalia interna y externa; su causa más habitual es la obstrucción de las vellosidades aracnoideas debido a una hemorragia subaracnoidea. La hidrocefalia comunicante también puede producirse como consecuencia de una meningitis bacteriana; en este caso, la sustancia que causa la obstrucción es el pus. Si el flujo de LCR a través de la escotadura de la tienda en torno al mesencéfalo se obstruye, el exceso de líquido se acumula en los ventrículos y en la parte del espacio subaracnoideo situada por debajo de la tienda.

presión en la cisterna lumbar se duplica. La congestión venosa en el espacio cerrado de la cavidad craneal y el canal raquídeo, como la que puede producirse al realizar un esfuerzo o al toser, se traduce en un aumento rápido de la presión del LCR.

El LCR es un líquido claro e incoloro que tiene una densidad de 1.003 a 1.008 g/cm³. Las escasas células que contiene son, principalmente, linfocitos, cuyo número varía entre 1 y 8 por cm³; cuando esta cifra supera las 10 células/cm³, es indicativa de enfermedad. La concentración de glucosa es de alrededor de la mitad de la existente en la sangre, y el contenido en proteínas es muy bajo (de 15 a 45 mg/dl).

Bibliografía recomendada

Baumbach GL, Cancilla PA, Hayreh MS, et al. Experimental injury of the optic nerve with optic disc swelling. *Lab Invest* 1978;39:50–60.

Boulton M, Young A, Hay J, et al. Drainage of CSF through lymphatic pathways and arachnoid villi in sheep: measurement of I-125-albumin clearance. *Neuropathol Appl Neurobiol* 1996;22:325–333.

Dandy WE. Experimental hydrocephalus. *Trans Am Surg Assoc* 1919;37:397–428.

Davson H, Segal MB. *Physiology of the CSF and Blood-Brain Barriers*. Boca Raton, FL: CRC Press, 1996.

Greitz D, Wirestam R, Franck A, et al. Pulsatile brain movement and associated hydrodynamics studied by magnetic resonance phase imaging: the Monro-Kellie doctrine revisited. *Neuroradiology* 1992;34:370–380.

Lowhagen P, Johansson BB, Nordborg C. The nasal route of cerebrospinal fluid drainage in man: a light-microscope study. *Neuropathol Appl Neurobiol* 1994;20:543–550.

Parkinson D. Human spinal arachnoid septa, trabeculae, and rogue strands. *Am J Anat* 1991;192:498–509.

Parkinson D. Lateral sellar compartment OT (cavernous sinus): history, anatomy, terminology. *Anat Rec* 1998;251:486–490.

Strazielle N, Ghersiegea JF. Choroid plexus in the central nervous system: biology and physiopathology. *J Neuropathol Exp Neurol* 2000;59:561–574.

Vandenabeele F, Creemers J, Lambrichts I. Ultrastructure of the human spinal arachnoid mater and dura mater. *J Anat* 1996;189:417–430.

Weller RO, Kida S, Zhang ET. Pathways of fluid drainage from the brain: morphological aspects and immunological significance in rat and man. *Brain Pathol* 1992;2:277–284.

Weninger WJ, Pramhas D. Compartments of the adult parasellar region. *J Anat* 2000;197:681–686.

Zhang ET, Inman CBE, Weller RO. Interrelationships of the pia mater and the perivascular (Virchow-Robin) spaces of the human cerebrum. *J Anat* 1990;170:111–123.

Glosario de términos neuroanatómicos y afines

La mayoría de los términos anatómicos tiene un origen latino, mientras que la mayor parte de los términos que designan enfermedades deriva del griego. En muchos casos, los términos de este glosario se definen y explican (sin mencionar su etimología) en el texto.

Si no encuentra una palabra en el glosario, pruebe a buscarla en el índice.

Abreviaturas

Al., *alemán;* Fr., *francés;* Gr., *griego;* Ing., *inglés;* L., *latín;* neg., *negación.*

A

Abducens. L. *ab,* desde + *ducens,* dirección. El nervio motor ocular externo o *abducens* inerva la musculatura que mueve los ojos fuera de la línea media.

Abulia. Gr. *a,* sin + *boule,* voluntad. Pérdida de la voluntad.

Accumbens. L. reclinado. El núcleo *accumbens* es la parte anterior de la cabeza del núcleo caudado, anterior y ventral al brazo anterior de la cápsula interna.

Acinesia. *a,* neg. + Gr. *kinesis,* movimiento. Pérdida del movimiento (adjetivo, **acinético**). Se utiliza a menudo para indicar una bradicinesia grave, característica de la enfermedad de Parkinson avanzada.

Adenohipófisis. Gr. *aden,* glándula + *hypophysis,* hipófisis (v. definición). Parte de la hipófisis derivada del endodermo faríngeo (bolsa de Rathke). Su parte más grande es el lóbulo anterior de la hipófisis.

Adiadococinesia. *a,* neg. + Gr. *diadochos,* sucesivo + *kinesis,* movimiento. Incapacidad para realizar movimientos alternantes con rapidez. También se denomina disdiadococinesia.

Afasia. *a,* neg. + Gr. *phasis,* palabra. Pérdida de la capacidad para expresarse verbalmente o para comprender el lenguaje escrito o hablado.

Ageusia. Gr. *a,* sin + *geusis,* gusto. Pérdida del sentido del gusto.

Agnosia. *a,* neg. + Gr. *gnosis,* conocimiento. Pérdida de la capacidad para reconocer el significado de estímulos sensitivos (agnosia auditiva, visual, táctil, etc.).

Agrafia. *a,* neg. + Gr. *graphein,* escribir. Incapacidad para expresar pensamientos por escrito, debido a una lesión central.

Ala cinérea. L. ala + *cinereus,* ceniciento. Trígono del nervio vago, en el suelo del cuarto ventrículo.

Alexia. *a,* neg. + Gr. *lexis,* palabra. Pérdida de la capacidad para comprender palabras o frases escritas o impresas.

Alocorteza. Gr. *allos,* otro + L. *cortex,* corteza. Parte antigua en el desarrollo filogénico de la corteza cerebral que consiste habitualmente en tres capas. Incluye la paleocorteza y la arqueocorteza.

Alodinia. Gr. *allos,* otro + *dynamis,* poder o fuerza. Trastorno en el que el sistema nervioso interpreta erróneamente estímulos sensitivos. Esta palabra se usa cuando una sensación indolora, como el tacto, se percibe conscientemente como dolor, que puede ser lancinante.

Álveo. L. *alveus,* hoyo, depresión. Capa fina de sustancia blanca que cubre la superficie ventricular del hipocampo (este término es bastante inexacto, pero ha sido aceptado de forma generalizada para la terminología anatómica).

Amacrina. *a,* neg. + Gr. *makros,* largo + *inos,* fibra. Célula nerviosa amacrina de la retina.

Ambiguo. L. cambiante o dudoso. El núcleo ambiguo (caps. 7 y 8) ocupa una posición anterior atípica tratándose de un núcleo de un nervio craneal, y sus límites son poco diferenciados.

Ameboide. Gr. *amoibe,* cambio. Relativo a una célula que cambia continuamente de forma y parece una ameba.

Amígdala. L. *amygdalum,* del Gr. *amygdale,* almendra. Amígdala, núcleo o cuerpo amigdalino del lóbulo temporal del hemisferio cerebral.

Ampolla. L. *ampla,* lleno + *bulla,* jarrón. Abultamiento en una estructura tubular.

Anemia perniciosa. L. *per,* a través + *necis,* relativo a matar + Gr. *an,* neg. + *haimos,* sangre. Enfermedad causada por la absorción deficiente de vitamina B_{12} (cianocobalamina), que da lugar a una producción anormal de eritrocitos y una degeneración del sistema nervioso central, que incluye la degeneración subaguda combinada de la médula espinal (v. cap. 5).

Aneurisma. Gr. *aneurysma,* dilatación o ensanchamiento. Ensanchamiento anormal de una arteria que puede comprimir las estructuras cercanas y romperse.

Anlage. Al. disposición, organización (entre otros significados). Agrupación de células de un embrión que forma el primer estadio de una estructura anatómica. Sinónimo, **primordio**.

Anopía (también **Anopsia**). Gr. *an,* neg. + *opsis,* vista. Defecto de la vista.

Anterior. L. *anterior* (de *ante*), antes. Cercano a la frente o la cabeza. En anatomía humana, es sinónimo de ventral. En los animales que no son bípedos, ventral y anterior son sentidos distintos.

Antidrómico. Gr. *anti,* contra + *dromos,* curso. Se dice del impulso que viaja en sentido contrario al usual en el axón.

Aparato de Golgi. Conjunto de compartimentos membranosos del interior del citoplasma, donde las proteínas se combinan con carbohidratos para formar glucoproteínas.

Apófisis clinoides. Gr. *kline,* cama + *oides,* forma. Las apófisis clinoides anteriores y posteriores son cuatro puntos óseos en las cuatro esquinas del diafragma de la silla (v. definición) que se asemejan a una cama de cuatro columnas.

Apraxia. Gr. *a*, neg. + *prassein*, hacer. Incapacidad para llevar a cabo movimientos voluntarios en ausencia de parálisis.

Aracnoides. Gr. *arachne*, telaraña + *eidos*, similitud. Capa meníngea que forma el límite externo del espacio subaracnoideo.

Área postrema. Área de la parte inferior del suelo del cuarto ventrículo.

Área septal. Área ventral a la rodilla y el pico del cuerpo calloso, en la cara medial del lóbulo frontal; contiene los núcleos septales.

Arquicerebelo. Gr. *arche*, inicio + diminutivo de cerebro. Parte antigua en el desarrollo filogénico del cerebelo, desde donde se controla el mantenimiento del equilibrio. También se denomina arqueocerebelo.

Arquicorteza. Gr. *arche*, inicio + L. *col* corteza. Corteza de tres láminas que forma parte del sistema límbico; se encuentra principalmente en el hipocampo y la circunvolución dentada del lóbulo temporal. También se denomina arqueocorteza.

Asa del hipogloso. L. *ansa*, asa + Gr. *hypo*, bajo + Gr. *glossa*, lengua. Asa de nervios que contiene axones de las tres primeras raíces cervicales y rodea a la arteria carótida común y a la vena yugular interna del cuello. Las fibras del nervio C1 pasan por dentro del tronco del nervio hipogloso antes de unirse al asa. También se denomina **asa cervical.**

Asinergia. Gr. *a*, neg. + *syn*, con + *ergon*, trabajo. Alteración de la asociación normal en la contracción de músculos que asegura que los distintos componentes de un acto sigan una secuencia adecuada, en el momento conveniente y en el grado correcto, de modo que el acto se ejecute con precisión.

Asta. L. V. **Asta de Amón.** Las astas del ventrículo lateral y la sustancia gris espinal se denominan formalmente *cornu*.

Asta de Amón. Hipocampo, que en un corte transversal tiene un contorno similar al asta de un carnero. También se denomina *cornu Ammonis*; Amón era una deidad egipcia con cabeza de carnero.

Astereognosia. Gr. *a*, neg. + *stereos*, sólido + *gnosis*, conocimiento. Pérdida de la capacidad para reconocer objetos o distinguir su forma al tocarlos o sentirlos.

Astrocito. Gr. *astron*, estrella + *kytos*, cavidad (célula). Un tipo de célula neuroglial.

Ataxia. Gr. *a*, neg. + *taxis*, orden. Pérdida de la capacidad de coordinar los músculos, con irregularidades de la acción muscular.

Ateroma. Gr. *athere*, gachas, copos. Engrosamiento del revestimiento de una arteria debido al depósito de material lipídico.

Atetosis. Gr. *athetos*, sin posición o lugar. Alteración del sistema nervioso debida a cambios degenerativos en el cuerpo estriado y la corteza cerebral; se caracteriza por la presencia de movimientos extraños de retorcimiento, en especial de los dedos, las manos y los pies.

Atlas. Gr. *atlao*, sostengo. Primera vértebra cervical.

Atresia. Gr. *a*, neg. + *tresis*, perforación. Ausencia de un orificio o conducto causada por una anomalía en el desarrollo.

Atrofia. *a*, neg. + Gr. *trophe*, nutrición. Disminución del tamaño y la actividad funcional; consunción; emaciación.

Autoinmunidad. Gr. *auto*, propio + *im*, no + *munis*, servir. Alteración en la que los anticuerpos o células del sistema inmunitario atacan una parte del propio cuerpo.

Autónomo (también **Autonómico**). Gr. *autos*, propio + *nomos*, ley. Sistema autónomo; inervación eferente o motora de las vísceras.

Autorradiografía. Gr. *autos*, propio + L. *radius*, rayo + Gr. *graphein*, escribir. Técnica que utiliza una emulsión fotográfica para detectar la localización de isótopos radiactivos en cortes de tejidos. También se denomina radioautografía.

Axolema. Gr. *axon*, eje + *lemma*, cáscara. Membrana plasmática de un axón.

Axón. Gr. *axon*, eje. Prolongación eferente de una neurona que conduce impulsos hacia otras neuronas o hacia fibras musculares (estriadas o lisas) y células glandulares.

Axoplasma. Gr. *axon*, eje + *plasm*, algo formado o modelado. Citoplasma del axón.

B

Balismo. V. Hemibalismo.

Barorreceptor. Gr. *baros*, peso + L. *receptor*, que recibe. Terminación nerviosa sensitiva que es estimulada por variaciones de presión, como en el seno carotídeo y el arco aórtico.

Base del pedúnculo. Parte anterior del pedúnculo cerebral del mesencéfalo a cada lado, separado de la parte dorsal por la sustancia negra. También se denomina pilar del pedúnculo.

Bomba. Canal molecular de una membrana celular asociado con enzimas que le permiten mover iones hacia dentro o hacia fuera de la célula contra un gradiente de concentración, con gasto de energía.

Bradicinesia. Gr. *brady*, lento + *kinesis*, movimiento. Lentitud anormal de los movimientos; una de las tres principales anomalías de la enfermedad de Parkinson.

Bulbo. Además del bulbo raquídeo, en el término *tracto corticobulbar* hace referencia al tronco encefálico, que contiene los núcleos motores de nervios craneales.

C

Calamus escriptorius. L. *calamos*, caña; de ahí, caña de una pluma. Relativo al área de la parte caudal del suelo del cuarto ventrículo que tiene forma de pluma.

Calcáneo. L. *calcaneum*, talón. Relativo al hueso calcáneo, que forma el talón del pie. El tendón calcáneo (tendón de Aquiles) se inserta en la superficie superior del extremo posterior del hueso calcáneo.

Calcar (adjetivo, **calcarino**). L. espolón, se refiere a cualquier estructura con forma de espolón. Espolón calcarino: elevación en la cara medial de los ventrículos laterales, en la unión de las astas occipital y temporal. Surco calcarino del lóbulo occipital, que es responsable del espolón calcarino.

Canal. Proteína de la membrana celular que permite el paso de un ion concreto (sodio, calcio, potasio o cloro) hacia dentro o hacia fuera de la célula, de acuerdo con un gradiente de concentración. Los canales suelen tener una compuerta, por lo que se abren y se cierran en respuesta a la presencia de neurotransmisores o a cambios locales del potencial de membrana.

Caudal. L. *cauda*, cola. A lo largo del eje del sistema nervioso central, hacia la cola. En anatomía humana, equivale aproximadamente a «inferior» en el tronco encefálico y la médula espinal y a «posterior» en el prosencéfalo. Contrario de rostral.

Célula mioepitelial. Gr. *myos*, músculo + *epi*, sobre + *thele*, pezón. Célula contráctil que engloba una unidad secretora (acino o alvéolo) de una glándula y propulsa su contenido hacia un conducto.

Cerebelo. L. diminutivo de *cerebrum*, cerebro. Parte grande del encéfalo que tiene funciones motoras y está situada en la fosa craneal posterior.

Cerebro. L. *cerebrum*. Parte principal del encéfalo, que incluye el diencéfalo y los hemisferios cerebrales, pero no el tronco encefálico ni el cerebelo.

Cinereum. L. *cinereum*, ceniciento, de *cinis*, ceniza. Se refiere a la sustancia gris, pero su uso es limitado. *Tuber cinereum:* parte anterior del hipotálamo, de la cual se origina la neurohipófisis; tubérculo *cinereum:* elevación ligera del bulbo raquídeo formada por el tracto y el núcleo espinales del nervio trigémino; ala cinérea: trígono del vago, en el suelo del cuarto ventrículo.

Cinestesia. Gr. *kinesis*, movimiento + *aisthesis*, sensación. Sentido de la percepción del movimiento.

Cíngulo. L. cinturón. Haz de fibras de asociación en la sustancia blanca de la circunvolución del cuerpo calloso, en la superficie medial del hemisferio cerebral.

Citosol. Gr. *kytos*, hueco + solución. Porción soluble del citoplasma, que excluye todos los componentes membranosos y las partículas.

Claustro. L. barrera. Lámina delgada de sustancia gris situada entre el núcleo lenticular y la ínsula, de función desconocida.

Clivus. L. pendiente. Porción ósea entre la fosa hipofisaria y el agujero magno, formada por la unión de los huesos occipital y esfenoides.

Cóclea. L. *coclea* y Gr. *kocklias*, caracol. Cavidad espiral del oído interno y su contenido.

Cola de caballo. Raíces de los nervios raquídeos lumbares y sacros, en la parte inferior del canal raquídeo.

Colículo. L. elevación o montículo pequeño. Colículos superior e inferior (también **Tubérculo cuadrigémino**) que forman el *tectum* (techo) del mesencéfalo; colículo facial del suelo del cuarto ventrículo.

Colinérgico. Que usa acetilcolina como neurotransmisor.

Comisura. L. juntura. Haz de fibras nerviosas que pasan de un lado a otro del encéfalo o la médula espinal. En rigor, este término debería aplicarse a los tractos que conectan estructuras simétricas (v. **Decusación**).

Coniocorteza. Gr. *konis*, polvo + L. *cortex*, corteza. Áreas de corteza cerebral que contienen grandes cantidades de neuronas pequeñas; característica de las áreas sensitivas.

Conjugado. L. *con-*, junto + *jugum*, yugo. Movimiento coordinado de los ojos en la misma dirección.

Cono axónico. Región del cuerpo celular de la neurona desde donde sale el axón, que no contiene sustancia de Nissl.

Contractura. Acortamiento persistente, como en un músculo paralizado durante un tiempo prolongado.

Contralateral. L. *contra*, opuesto + *lateris*, de un lado. Del otro lado del cuerpo (izquierdo o derecho). Contrario de ipsilateral.

Cordón. Fr. *cordon*. Área de sustancia blanca que puede consistir en varios fascículos distintos desde el punto de vista funcional, como ocurre con el cordón lateral de la sustancia blanca de la médula espinal.

Cordotomía. Gr. *chorde*, cuerda + *tome*, corte. División de los tractos espinotalámico y espinorreticular para tratar el dolor incoercible (tractotomía).

Corea. L. del Gr. *choros*, un baile. Trastorno caracterizado por movimientos irregulares, espasmódicos e involuntarios de las extremidades o los músculos faciales. Se debe a cambios degenerativos en el neoestriado.

Coroides. Gr. *chorion*, membrana delicada + *eidos*, forma. Túnica vascular del ojo; plexos coroideos de los ventrículos laterales del encéfalo.

Corona. L. *corona* (o Gr. *korone*). Corona radiada (fibras que irradian desde la cápsula interna a distintas partes de la corteza cerebral).

Coronal. Gr. *korone* o L. *corona*, corona. La sutura coronal atraviesa la parte superior de la cabeza, separando el hueso frontal de los huesos parietales; también se denomina sutura coronaria. Los cortes coronales son paralelos al plano de la sutura coronal; estos planos también se denominan frontales.

Corteza. L. corteza. Lámina externa de sustancia gris de los hemisferios cerebrales y el cerebelo (también **Córtex**).

Cortical. L. *corticis*, de la corteza. De la corteza o relativo a ella.

Corticófugo. L. *cortico*, de la corteza + *fugere*, huir. Axones eferentes de neuronas de una región de la corteza que terminan en otras áreas, como un área cortical alejada o un núcleo subcortical del cerebro o el cerebelo.

Corticópeto. L. *cortico*, corteza + *petere*, buscar. Axones aferentes de una corteza.

Cresta. L. Término anatómico que describe diversas estructuras con forma de cresta, como las crestas ampulares de los conductos semicirculares membranosos. La cresta de gallo (*crista galli*, del L. *galli*, de un gallo joven) es una proyección del hueso etmoides, en la línea media de la fosa craneal anterior.

Cribiforme. L. *cribrum*, cedazo + *formare*, dar forma. Perforado por numerosos orificios. La lámina cribiforme del hueso etmoides tiene unos 20 agujeros pequeños a cada lado, por donde pasan los nervios olfativos.

Cromatólisis. Gr. *chroma*, color + *lysis*, disolución. Dispersión de la sustancia de Nissl de las neuronas tras la sección de su axón o por una infección vírica del sistema nervioso.

Crus. L. pierna. *Crus cerebri* o pie del pedúnculo cerebral del mesencéfalo, a ambos lados, separado de la parte dorsal por la sustancia negra. Pie peduncular.

Cuadriplejía. L. *quadri*, cuatro + Gr. *plege*, golpe. Parálisis que afecta a las cuatro extremidades. También se denomina tetraplejía.

Cuerpo calloso. L. cuerpo + duro. L. *callum* también significa viga. Principal comisura neocortical de los hemisferios cerebrales (en el s. II, Galeno la llamó *viga*). Esta estructura tiene una consistencia superior a la de la corteza cerebral.

Cuerpo estriado. L. cuerpo + *striatus*, con surcos o rayas. Masa de sustancia gris con funciones motoras situada en la base de ambos hemisferios cerebrales.

Cuerpo lúteo. L. cuerpo + *luteum*, amarillo. Tejido endocrino que secreta progesterona; se forma en el ovario después de la ovulación.

Cuerpo trapezoide. Fibras cruzadas de las vías auditivas situadas en la unión de las partes ventral y dorsal de la protuberancia.

Cuerpo yuxtarrestiforme. L. *juxta*, junto a + *restis*, cuerda + *forma*, forma. Fibras vestibulocerebelosas situadas a lo largo de la superficie medial del cuerpo restiforme (v. definición).

Cuneus (adjetivo, **cuneiforme**). L. cuña. Circunvolución en la superficie medial del hemisferio cerebral. Fascículo cuneiforme de la médula espinal y el bulbo raquídeo; núcleo cuneiforme del bulbo raquídeo.

Cúpula. L. diminutivo de *cupa*, tina. Pequeña estructura cóncava. Cuerpo gelatinoso de la cresta ampular. También se aplica al vértice de la cóclea.

D

Decusación. L. *decussatio*, de *decussis*, el número X. Punto de cruce entre pares de tractos. Decusaciones de las pirámides, los lemniscos medialess y los pedúnculos cerebelosos superiores. Una decusación conecta partes asimétricas del sistema nervioso.

Dendrita. Gr. *dendrites*, relativo a un árbol. Prolongación de la neurona donde terminan los axones de otras neuronas. En ocasiones, también se usa este término para referirse a la prolongación periférica de una neurona sensitiva primaria, a pesar de que tiene las propiedades histológicas y fisiológicas de un axón.

Denervación. Pérdida de la inervación debida a la sección de los axones o a la muerte del cuerpo celular de las neuronas que inervan una estructura.

Dentado. L. *dentatus*. Núcleo dentado del cerebelo; circunvolución dentada del lóbulo temporal.

Diabetes. Gr. *diabetes*, sifón. Enfermedad en la que se produce un exceso de orina. En la **diabetes mellitus** (L. *mellitus*, dulce), la orina contiene azúcar, mientras en la **diabetes insípida** (L. *in*, no + *sapor*, sabor), la orina es acuosa y bastante insípida.

Diafragma de la silla. Gr. *dia*, a través + *phragma*, muro + L. *sellae*, de una silla. Membrana de duramadre que recubre la silla turca y es atravesada por el tallo hipofisario.

Diencéfalo. Gr. *dia*, a través + *enkephalos*, encéfalo. Parte del encéfalo constituida por el tálamo, el epitálamo, el subtálamo y el hipotálamo; parte más caudal y medial del prosencéfalo del embrión en desarrollo.

Digestivo. L. *digestivus*. El tracto o tubo digestivo abarca desde la boca hasta el ano.

Diplopía. Gr. *diploos*, doble *ops*, ojo. Visión doble.

Discinesia. Gr. *dys*, difícil o alterado + *kinesis*, movimiento. Anomalía de la función motora caracterizada por la presencia de movimientos involuntarios sin finalidad evidente.

Dismetría. Gr. *dys*, difícil o alterado + *metron*, medida. Trastorno de la capacidad para controlar el alcance de los movimientos de la acción muscular.

Dorsal. L. *dorsum*, espalda. Hacia la espalda; sentido opuesto al ventral. En anatomía humana, dorsal es sinónimo de posterior cuando se aplica a estructuras de la cabeza y el tronco.

Dorsiflexión. De dorsal y flexión. Movimiento del tobillo que eleva los dedos y hace descender el talón.

Dorsum sellae. L. *dorsum*, espalda + *sellae*, de una silla. Parte del hueso etmoides que forma la pared posterior de la silla turca o fosa hipofisaria, en la base del cráneo. También se denomina dorso de la silla.

Duramadre. L. duro. Capa externa gruesa de las meninges.

E

Ectodermo. Gr. *ektos*, fuera + *derma*, piel. Capa de células más dorsal del embrión temprano, del cual se originan la epidermis, el tubo neural, la cresta neural, etc.

Edema. Gr. *oidema*, tumefacción. Acumulación anormal de líquido en un tejido.

Emboliforme. Gr. *embolos*, tapón + L. *forma*, forma. Núcleo emboliforme del cerebelo.

Émbolo. Gr. *embolos*, tapón. Fragmento de un trombo que se rompe y puede acabar obstruyendo una arteria.

Endomisio. Gr. *endo*, dentro + *myos*, músculo. Tejido conjuntivo fino que rodea y separa las fibras contráctiles de los músculos.

Endoneuro. Gr. *endon*, dentro + *neuron*, nervio. Vaina fina de tejido conjuntivo que rodea las fibras nerviosas de los nervios periféricos. También se denomina vaina de Henle.

Engrama. Gr. *en*, en + *gramma*, marca. Término usado en psicología para referirse a un resto que perdura en el encéfalo tras una experiencia; recuerdo visual latente.

Entorrinal. Gr. *entos*, dentro + *rhis* (rhin-), nariz. El área entorrinal es la parte anterior de la circunvolución parahipocampal del lóbulo temporal adyacente al uncus, que forma parte del área olfativa lateral.

Eosina Y. Gr. *eos*, amanecer + in (sufijo que denota que un compuesto orgánico no es una base) + Y (In. *yellowish*, amarillento; se añade para diferenciar la eosina Y de la eosina B, que tiene una coloración azulada [In. *blueish*, azulado]). Colorante aniónico rojo de la serie de las xantinas que se emplea en tinciones microscópicas. Tiñe el citoplasma y el tejido conjuntivo con distintos tonos de naranja, rosa y rojo.

Epéndimo. Gr. *ependyma*, vestimenta externa. Revestimiento epitelial de los ventrículos del encéfalo y el canal central de la médula espinal.

Epineuro. Gr. *epi*, sobre + *neuron*, nervio. Vaina de tejido conjuntivo que rodea a los nervios periféricos.

Epitálamo. Gr. *epi*, sobre + *thalamos*, habitación interior. Región del diencéfalo situada por encima del tálamo; incluye la glándula pineal.

Epitelio. Gr. *epi*, sobre + *thele*, pezón. Capa celular (o varias capas) que recubre cualquier superficie interna o externa. Originalmente (a principios del s. XVIII), este término designaba la piel que recubre los pezones o los labios, pero más tarde se aplicó a toda la piel. En la década de 1870, ya se usaba con el sentido actual.

Erector del pelo (también **Piloerector**). L. *arrectus*, derecho + *pilus*, pelo. Músculo de la piel que mueve un pelo.

Escotoma. Gr. *skotos*, oscuridad. Área ciega del campo visual, debida a una lesión de la retina o el sistema nervioso central.

Esfenoides. Gr. *sphen*, cuña + *oeides*, forma. Hueso de forma compleja que se extiende a lo largo de la base del cráneo. Se interpone entre la bóveda craneal y los huesos del esqueleto facial.

Esplenio. Gr. *splenion*, vendaje. Extremidad posterior engrosada del cuerpo calloso.

Estenosis. Gr. *stenos*, estrecho. Estrechamiento anormal de un tubo o un conducto.

Estereotáctico. Gr. *stereos*, sólido + *taxis*, disposición. Relativo al procedimiento quirúrgico en el que se introduce la punta de un electrodo u otro instrumento hasta una posición predeterminada del interior del encéfalo. Dicha posición se calcula a partir de coordenadas tridimensionales basadas en referencias óseas, y se completan con imágenes obtenidas por tomografía computarizada o resonancia magnética.

Estrabismo. Gr. *strabismos*, bizqueo. Ausencia permanente de paralelismo entre los ejes visuales de los ojos.

Estrellado. L. *stella,* estrella. La neurona estrellada tiene muchas dendritas cortas dirigidas en todas direcciones.

Estría terminal. L. depresión, surco + frontera, límite. Banda delgada de fibras que discurren a lo largo del lado medial de la cola del núcleo caudado. Se origina en el cuerpo amigdaloide, y la mayoría de sus fibras termina en el área septal y el hipotálamo.

Estriado. L. *striatus,* surcado. Parte filogenéticamente más reciente del cuerpo estriado (neoestriado), que consiste en el núcleo caudado y el putamen o porción lateral del núcleo lenticular. En anatomía comparada, el estriado se refiere a una región del encéfalo de los peces, los anfibios y los reptiles comparable al cuerpo estriado de los mamíferos.

Estrógeno. L. *oestrus,* moscardón o frenesí + *generator,* productor. Hormonas esteroides (estradiol, estrona, estriol) secretadas por el ovario que estimulan los órganos sexuales secundarios, especialmente antes de la ovulación.

Etmoides. Gr. *ethmos,* cedazo + *oides,* forma. Hueso del cráneo que forma la parte medial del suelo de la fosa craneal anterior y la parte superior del esqueleto de las cavidades nasales. Este hueso incluye la lámina cribosa.

Eufonía. Gr. *eu,* bien + *phóné,* sonido. Sonido agradable o de fácil pronunciación.

Exteroceptor. L. *exterus,* externo + *receptor,* receptor. Receptor sensorial que informa sobre el entorno (exterocepción).

Extrafusal. L. *extra,* fuera + *fusus,* huso. Relativo a la gran mayoría de fibras contráctiles de un músculo esquelético que están situadas fuera de los órganos receptores denominados husos neuromusculares.

F

Fagocito. Gr. *phagein,* comer + *kytos,* vaso (célula). Célula que puede rodear y englobar objetos pequeños como bacterias y fragmentos de células muertas.

Falángica. Gr. *phalanx,* formación de soldados. Las células falángicas se alinean a lo largo de las células sensitivas del órgano de Corti.

Fascículo. L. diminutivo de *fascis,* haz. Haz de fibras nerviosas.

Fastigio. L. *fastigium,* punta de un techo inclinado. Núcleo del fastigio del cerebelo.

Filogenia. Gr. *phylon,* raza + *genesis,* origen. Historia evolutiva, usualmente la que se deduce de la anatomía comparada.

Fimbria. L. *fimbriae,* franja. Banda de fibras situadas a lo largo del borde medial del hipocampo, que continúa formando el *fornix.*

Fístula. L. tubo. Comunicación anormal entre dos cavidades o entre una cavidad y la superficie del cuerpo. En las fístulas arteriovenosas, la sangre pasa directamente desde una arteria hacia una vena o un seno venoso.

Fondo. L. parte más baja. Interior redondeado de un órgano hueco. El fondo ocular está revestido por la retina, con sus vasos sanguíneos, la papila óptica y otras estructuras visibles mediante un oftalmoscopio.

Foramen (plural, **foramina**). L. *forare,* perforar. Agujero.

Fórceps. L. par de tenazas. Se refiere a la configuración de fibras en U que constituyen las porciones anterior y posterior del cuerpo calloso (fórceps frontal y fórceps occipital).

Fornix. L. arco. Tracto eferente de la formación hipocámpica que describe un arco sobre el tálamo y termina principalmente en el cuerpo mamilar del hipotálamo.

Fossa. L. agujero o fosa. Hendidura.

Fóvea. L. hoyo o depresión. La fóvea central es una depresión en el centro de la mácula lútea de la retina.

Frontal. L. *frons,* frente. El hueso frontal forma las parte anterior del cráneo, incluidos los techos de las órbitas, que contiene los lóbulos frontales de los hemisferios cerebrales.

Fusiforme. L. *fusus,* huso + *forma,* forma. Estructura más ancha en la parte media que en los extremos. La circunvolución fusiforme se encuentra en la superficie interior del lóbulo temporal, en situación lateral con respecto a la circunvolución del hipocampo.

G

GABA-érgica. Relativo a las neuronas que usan γ-aminobutirato (GABA) como principal transmisor sináptico.

Ganglio. Gr. nudo o tumor subcutáneo. Dilatación compuesta de células nerviosas, como en los ganglios cerebroespinales y simpáticos. Este término se utiliza también, de forma inapropiada, para designar ciertas regiones de sustancia gris del encéfalo (p. ej., los ganglios basales del hemisferio cerebral).

Gastrocnemio. Gr. *gaster,* estómago + *kneme,* pierna. Músculo que forma la parte principal del contorno abultado de la pantorrilla de la pierna en el ser humano.

Gémula. L. diminutivo de *gemma,* botón. Proyecciones diminutas de las dendritas de ciertas neuronas, en especial de las células piramidales y las células de Purkinje, que establecen sinapsis con otras neuronas.

Glía. Gr. pegamento. Neuroglia: células intersticiales o accesorias del sistema nervioso central.

Glioblasto. Gr. *glia,* pegamento + *blastos,* germen. Célula embrionaria neuroglial.

Gliosomas. Gr. *glia,* pegamento + *soma,* cuerpo. Gránulos de las células neurogliales, en particular de los astrocitos, que se observan por microscopía electrónica. Son, probablemente, mitocondrias.

Globo pálido. L. bola + pálido. Parte medial del núcleo lenticular del cuerpo estriado. También se utiliza para referirse a los núcleos globosos del cerebelo.

Glomérulo. L. diminutivo de *glomus,* ovillo. Glomérulos sinápticos del bulbo olfativo y el cerebelo.

Glomo. L. ovillo. Se aplica a varios órganos pequeños como los cuerpos carotídeos y aórticos, así como a uno de sus tipos celulares característicos.

Glucocáliz. Gr. *glycyx,* dulce + *kalyx,* copa. Cubierta externa de moléculas de carbohidratos en la superficie de las células.

Gonadotropo (también **Gonadotrofo**). Gr. *gone,* generación + *trephein,* alimentar (*trophe,* comida), o *trepein,* cambiar (*tropos,* giro). Las hormonas gonadotrofas se secretan en el lóbulo anterior de la hipófisis y en la placenta durante el embarazo. Actúan sobre las gónadas (ovarios y testículos) y son esenciales para que estos órganos ejerzan sus funciones normales.

Grácil. L. delgado. Fascículo grácil de la médula espinal y el bulbo raquídeo; núcleo grácil y tubérculo grácil del bulbo raquídeo.

Gránulo. L. *granulum,* diminutivo del *granum,* grano. Se refiere a las neuronas pequeñas, como las células granulosas de la corteza cerebelosa y las células estrelladas de la corteza cerebral; igualmente, a las láminas de células granulosas de ambas cortezas.

H

Haarscheibe. Al. *Haar,* pelo + *Scheibe,* disco. Pequeña área elevada de la piel que se desarrolla junto con folículos pilosos especializados y actúa como receptor de estímulos táctiles.

Habénula. L. diminutivo de *habena,* brida o rienda. Pequeña dilatación del epitálamo adyacente al extremo posterior del techo del tercer ventrículo.

Helicotrema. Gr. *helix,* caracol o espira + *trema,* agujero. Comunicación entre la rampa vestibular y la rampa timpánica, en el vértice de la cóclea.

Hemalum. Ing. hemateína + alum. Solución que contiene hemateína e iones de aluminio, utilizada para teñir de azul los núcleos. (La hemateína es un colorante amarillo que se obtiene por oxidación de la hematoxilina, una sustancia incolora extraída del árbol centroamericano palo de Campeche [*Hematoxylon campechianum*].) El hemalum se suele utilizar junto con eosina Y, un colorante que tiñe componentes nucleares distintos del núcleo. Esta combinación («H & E») es el método de tinción más utilizado en laboratorios de anatomopatología (habitualmente, se refiere como hematoxilina-eosina).

Hemianopsia. Gr. *hemi,* mitad + *an,* neg. + *opsis,* visión. Pérdida de la mitad del campo visual. También se denomina hemianopía.

Hemibalismo. Gr. *hemi,* mitad + *ballismos,* saltar. Forma violenta de inquietud motora en un lado del cuerpo, causada por una lesión destructiva que afecta al núcleo subtalámico.

Hemiplejía. Gr. *hemi,* mitad + *plege,* golpe o azote. Parálisis de un lado del cuerpo.

Herpes zóster. Gr. *herpein,* arrastrar + *zoster,* cinturón. Infección vírica de las neuronas en un ganglio sensitivo que causa inflamación dolorosa, con formación de pequeñas ampollas en el área correspondiente de la piel. También llamado *culebrilla;* infección sistémica por el mismo virus que causa la varicela.

Hidrocefalia. Gr. *hydros,* agua + *kephalé,* cabeza. Acumulación excesiva de líquido cefalorraquídeo.

Hiperacusia. Gr. *hyper,* sobre, *acacias,* audición. Agudeza auditiva anormalmente elevada.

Hipertensión. Gr. *hyper,* por encima + L. *tension,* estiro. (Hasta el s. XVII, el término *tensión* se utilizaba erróneamente como sinónimo de presión.) Tensión arterial anormalmente elevada.

Hipocampo. Gr. *hippos,* caballo + *kampos,* monstruo de mar; también, nombre zoológico del caballito de mar. Nombre relativamente inapropiado con el que se designa a una circunvolución que constituye una parte importante del sistema límbico; produce una elevación del suelo del asta temporal del ventrículo lateral.

Hipófisis. Gr. *hypo,* bajo + *phytin,* crecer. Glándula hipófisis o pituitaria (que está unida al encéfalo, por debajo de él).

Hipotálamo. Gr. *hypo,* bajo + *thalamos,* habitación interior. Región del diencéfalo que actúa como centro de control principal del sistema nervioso autónomo.

Homeostasis. Gr. *homois,* parecido + *stasis,* estado. Tendencia hacia la estabilidad del medio interno del organismo.

Homónimo. Gr. *homonymos* y L. *homonymus,* que tienen el mismo nombre. Se aplica a los defectos del mismo lado del campo visual (izquierdo o derecho) como consecuencia de la sección de la vía visual por detrás del quiasma óptico.

Hormona. Gr. *hormaein,* excitar. Sustancia secretada en la sangre que ejerce una función biológica específica en otras partes del organismo.

Hoz. L. La hoz del cerebro y la hoz del cerebelo, de menor tamaño, son dos de las divisiones durales de la cavidad craneal.

I

Inducción. L. *inducere,* traer. En embriología, acción de una población de células sobre el desarrollo de otra población cercana.

Indusium. L. vestimenta, de *induo,* ponerse. El *indusium griseum* (túnica gris) es una lámina fina de sustancia gris situada en la superficie dorsal del cuerpo calloso.

Inervación. Situación normal en la que los axones y sus terminales presinápticas establecen contactos funcionales con otras células. El verbo correspondiente es **inervar.**

Infarto. L. *infarcire,* llenar o rellenar. Muerte regional de tejido causada por pérdida del riego sanguíneo. Porción de tejido no funcional resultante. En el sistema nervioso central, el infarto sustituye los axones, los cuerpos celulares de las neuronas, o ambos.

Inferior. L. comparativo de *inferus* (de *infra*), más bajo o por debajo. En anatomía humana, cercano a las plantas de los pies. En los animales que no son bípedos, el término no equivalente es posterior.

Infundíbulo. L. embudo. Tallo infundibular de la neurohipófisis.

Ínsula. L. isla. Corteza cerebral oculta en la vista superficial, situada en el fondo del surco lateral. También se denomina ínsula de Reil.

Interoceptor. L. *inter,* entre + *receptor,* receptor. Uno de los órganos terminales sensitivos del interior de las vísceras.

Intersticial. L. *inter,* entre + *statum,* colocado. Dentro de los espacios. Las células intersticiales de los testículos se encuentran en los espacios entre los túbulos seminíferos.

Intrafusal. L. *intra,* dentro + *fusus,* huso. Relativo a las fibras musculares contráctiles del interior de la cápsula de un huso neuromuscular.

Ipsilateral. L. *ipse,* mismo + *lateris,* de un lado. Del mismo lado (izquierdo o derecho) del cuerpo. Contrario de contralateral.

Isocorteza. Gr. *isos,* igual + L. *cortex,* corteza. Corteza cerebral que tiene seis láminas (neocorteza).

Isquemia. Gr. *ischein,* parar + *haimos,* sangre. Situación del tejido que no es perfundido adecuadamente con sangre oxigenada.

L

Laberinto. Gr. *labyrinthos,* edificio con pasadizos intrincados. Cavidades y canales del oído interno, en el interior de la parte petrosa (peñasco) del hueso temporal.

Lámina propia. L. *lamina,* placa u hoja + *propria,* propia. Capa de tejido conjuntivo situada bajo un epitelio.

Laminilla. Diminutivo de L. *lamina,* hoja o lámina. Capa o membrana fina.

Lemnisco. Gr. *lemniskos,* filete (cinta o banda). Designa un fascículo de fibras nerviosas del sistema nervioso central (p. ej., lemnisco medio y lemnisco lateral).

Lenticular. L. *lens (lent-),* lenteja + forma. Con forma de lente. Núcleo lenticular, un componente del cuerpo estriado. También se denomina núcleo lentiforme.

Leptomeninges. Gr. *leptos,* delgado + *meninx,* membrana. Aracnoides y piamadre.

Lesión. L. *laesum,* daño o herida. Se aplica a cualquier anomalía. En el sistema nervioso central, las lesiones pueden ser destructivas (p. ej., infarto, herida, hemorragia o tumor) o estimular a las neuronas (como ocurre en la epilepsia).

Limbo. L. ribete o límite. Lóbulo límbico: estructura con forma de C de la corteza cerebral, en la superficie medial del hemisferio cerebral, que consiste en el área septal y las circunvoluciones parahipocampal y del cuerpo calloso (o del cíngulo). Sistema límbico: lóbulo límbico, formación hipocámpica y partes del diencéfalo, en especial el cuerpo mamilar y los núcleos anteriores del tálamo.

Limen. L. umbral. Limen insular: parte ventral de la ínsula (isla de Reil); forma parte del área olfatoria lateral.

Locus caeruleus. L. lugar + *caeruleus,* azul oscuro. Pequeña mancha oscura a ambos lados del suelo del cuarto ventrículo; marca la posición de un grupo de células nerviosas que contienen el pigmento melanina.

M

Macrófago. Gr. *makros,* grande + *phagein,* comer. Un tipo de leucocito (monocito) que ha entrado en el tejido conjuntivo y ha adquirido propiedades fagocíticas.

Macroglia. Gr. *makros,* grande + *glia,* pegamento. Neurogliocitos de mayor tamaño: astrocitos, oligodendrocitos y células ependimarias.

Macrosmático. Gr. *makros,* grande + *osme,* olfato. Que tiene el sentido del olfato muy desarrollado o aguzado.

Mácula. L. mancha. Mácula lútea: punto del polo posterior del ojo que se aprecia color amarillo cuando se ve con luz que no contiene rojo. Máculas del sáculo y el utrículo: áreas sensitivas de la porción vestibular del laberinto membranoso.

Mamilar. L. *mammilla,* diminutivo de *mamma,* seno (con forma de pezón). Cuerpos mamilares: formaciones de la superficie ventral del hipotálamo. También se denominan tubérculos mamilares.

Masa intermedia. Puente de sustancia gris que conecta los tálamos de ambos lados a través del tercer ventrículo; lo presentan el 70% de los cerebros humanos. También se denomina adherencia intertalámica.

Mastoides. Gr. *mastos,* mama + *oeides,* forma. La apófisis mastoides es la parte del hueso temporal que protruye hacia abajo, por detrás del oído.

Meato. L. pasadizo. El meato acústico interno es el conducto óseo que contiene los ocho nervios craneales y los vasos laberínticos, a su paso por dentro de la porción petrosa del hueso temporal.

Medial. L. *medius,* medio. Hacia la línea media (un término relativo).

Medio. L. *medianus,* en el medio. Situado en la línea media.

Médula. L. médula, de *medius,* medio. Médula espinal. Médula oblongada o bulbo raquídeo: parte inferior del tronco encefálico.

Meduloblastoma. Tumor maligno infantil. Suele asentar en la línea media del cerebelo, crece hasta el cuarto ventrículo y se extiende a través del espacio subaracnoideo a otras partes del sistema nervioso central.

Mesencéfalo. Gr. *mesos,* medio + *enkephalos,* encéfalo. Cerebro medio; también su precursor embrionario, la parte del tubo neural situada entre el prosencéfalo y el rombencéfalo.

Mesodermo. Gr. *mesos,* medio + *derma,* piel. Capa media de células del embrión temprano, de donde se originan los tejidos conjuntivos, los músculos, etc.

Metatálamo. Gr. *meta,* después + *thalamos,* habitación interior. Cuerpos (núcleos) geniculados medial y lateral.

Metencéfalo. Gr. *meta,* después + *enkephalos,* encéfalo. Protuberancia y cerebelo; la división más rostral de las dos divisiones del rombencéfalo.

Miastenia grave. Gr. *myos,* músculo + *a,* sin + *sthenos,* fuerza + L. *gravis,* pesado (grave). Enfermedad en la que hay una deficiencia en la transmisión neuromuscular (v. cap. 3).

Microglia. Gr. *mikros,* pequeño + *glia,* pegamento. Tipo de neurogliocito.

Microsmático *mikros,* pequeño + *osme,* olfato. Que tiene sentido del olfato, pero poco desarrollado.

Microvellosidad. Gr. *mikros,* pequeño + L. *villus,* pelo. Proyecciones celulares con forma de pelo; suelen tener un aspecto estriado en la microscopía óptica, pero en el microscopio electrónico se ven diferenciadas como prolongaciones citoplasmáticas.

Midriático. Gr. *mydriasis,* agrandamiento de la pupila. Fármaco que produce dilatación de la pupila (midriasis).

Mielencéfalo. Gr. *myetos,* médula + *enkephalos,* encéfalo. Bulbo raquídeo; la más caudal de las dos divisiones del rombencéfalo.

Mielina. Gr. *myelos,* médula. Capa de sustancias lipídicas y proteicas que forman una vaina alrededor de los axones.

Mientérico. Gr. *myos,* músculo + *enteron,* intestino. El plexo mientérico está situado por debajo de las láminas circular y longitudinal (externa) de músculo liso del intestino y otras partes del tubo digestivo.

Miméticos. Gr. *mimetikos,* imitar. Músculos de la expresión inervados por el nervio facial; en ocasiones se les denomina músculos miméticos.

Miótico. Gr. *meiosis,* disminución. Fármaco que produce la constricción de la pupila.

Miótropo. Gr. *myos,* músculo + *trephein,* nutrir. Responsable del mantenimiento de la integridad estructural y funcional del músculo (principalmente, por sustancias químicas de neuronas motoras; de ahí el término ambiguo neurótrofo, que se empleaba antiguamente).

Mitocondria. Gr. *mitos,* hilo + *chondros,* gránulo. Orgánulo citoplasmático con una ultraestructura propia, que contiene enzimas respiratorias.

Mitral. L. *mitra,* turbante; posteriormente el sombrero alto y hendido (mitra) de un obispo. Células mitrales del bulbo olfatorio.

Mnemónico. Gr. *mneme,* memoria. Perteneciente a la memoria.

Molecular. L. *molecula,* diminutivo de *moles,* masa. Término utilizado en neurohistología para desginar un tejido que contiene gran número de fibras nerviosas finas y que, por tanto, tiene un aspecto punteado en un corte teñido con plata. Láminas moleculares de las cortezas cerebral y cerebelosa.

Mucosa o **membrana mucosa.** L. *mucus.* Recubrimiento húmedo de una cavidad o un órgano hueco, que consiste en un epitelio con glándulas que secretan moco, una lámina propia situada por debajo y (en el tubo digestivo) la muscular mucosa.

Muscularis mucosae. L. músculo + de la mucosa. Capa delgada de tejido muscular liso situada por debajo (externo a) la lámina propia de la mucosa del tubo digestivo.

Músculo bulboesponjoso. L. *bulbus,* bulbo o cebolla + *spongia,* esponja. Músculo que rodea al cuerpo esponjoso, el cuerpo del tejido eréctil que rodea a la uretra, en la base del pene.

Músculo isquiocavernoso. Gr. *ischion,* articulación de la cadera + L. *caverna,* cueva o agujero. Par de músculos asociados con los cuerpos de tejido eréctil a ambos lados de la base del pene.

Mutismo. L. *mutus,* silencioso o mudo. Incapacidad para hablar.

N

Neocerebelo. Gr. *neos,* nuevo + L. diminutivo de *cerebrum,* encéfalo. Parte más reciente en el desarrollo filogénico del cerebelo, que presentan los mamíferos y está muy desarrollado en el ser humano. Asegura la acción muscular precisa en los movimientos voluntarios más finos.

Neocorteza. Gr. *neos,* nuevo + L. *cortex,* corteza. Corteza de seis láminas característica de los mamíferos, que constituye la mayor parte de la corteza cerebral en los seres humanos.

Neoestriado. Gr. *neos,* nuevo + L. *striatus,* con bandas o surcos. Parte más reciente en el desarrollo filogénico del cuerpo estriado, formada por el núcleo caudado y el putamen; estriado.

Neumoencefalografía. Gr. *pneuma,* aire + *enkephalos,* encéfalo + *graphe,* escrito. Sustitución de líquido cefalorraquídeo por aire, seguida de un estudio por rayos X (neumoencefalograma), que permite observar los ventrículos y el espacio subaracnoideo. Esta técnica ha sido sustituida por la tomografía computarizada (TC).

Neuralgia. Gr. *neuron,* nervio + *algein,* sufrir. Dolor debido a la estimulación anormal de fibras sensitivas del sistema nervioso periférico.

Neurita. Gr. *neurites,* de un nervio. Prolongaciones citoplasmáticas de las neuronas. El término abarca tanto los axones como las dendritas.

Neurobiotaxis. Gr. *neuron,* nervio + *bios,* vida + *taxis,* disposición. Tendencia de las células nerviosas a moverse durante el desarrollo embriológico hacia el área de la cual reciben más estímulos.

Neuroblasto. Gr. *neuron,* nervio + L. *blastos,* germen. Célula nerviosa embrionaria.

Neurofibrilla. Gr. *neuron,* nervio + L. *fibrilla,* diminutivo de *fibra.* Filamentos del citoplasma de las neuronas (v. cap. 2).

Neuroglia. Gr. *neuron,* nervio + *glia,* pegamento. Células accesorias o intersticiales del sistema nervioso: astrocitos, oligodendrocitos, microgliocitos, células ependimarias, células satélite y células de Schwann.

Neurohipófisis. Gr. *neuron,* nervio + *hypophysis.* Órgano endocrino que constituye una protuberancia ventral del hipotálamo; comprende la eminencia media del *tuber cinereum,* el tallo infundibular (que es el tejido nervioso del tallo hipofisario) y el lóbulo neural o proceso infundibular, el cual es la parte principal del lóbulo posterior de la hipófisis o pituitaria.

Neurolema. Gr. *neuron,* nervio + *lemma,* vaina. Cubierta delgada que rodea a las fibras nerviosas periféricas, consistente en una serie de neurolemocitos o células de Schwann. También se denomina neurilema.

Neuroma. Gr. *neuron,* nervio + *oma,* indicativo de tumor. Tumefacción de un nervio cortado o lesionado que contiene un conjunto de brotes axónicos que no se han regenerado satisfactoriamente.

Neurona. Gr. nervio. Unidad morfológica del sistema nervioso formada por el cuerpo de la célula nerviosa y sus prolongaciones (dendritas y axón).

Neurópilo. Gr. *neuron,* nervio + *pilos,* fieltro. Red compleja de prolongaciones de células nerviosas que ocupa los espacios entre los cuerpos celulares en la sustancia gris.

Neuroqueratina. Gr. *neuron,* nervio + *keras (kerat-),* cuerno. Material fibrilar proteico que queda después de haberse disuelto los lípidos de las vainas de mielina.

Neurosecreción. Actividad de una célula que tiene las propiedades neuronales de conducir impulsos y las secretorias de una célula endocrina: neurona que libera una hormona hacia la sangre.

Nistagmo. Gr. *nystagmos,* cabeceo, de *nystazein,* soñoliento. Oscilación involuntaria de los ojos.

Nociceptivo. L. *noceo,* daño + *capio,* tomo. Que responde a estímulos lesivos.

Núcleo. L. nuez, almendra. (1) Corpúsculo celular que contiene, en el ADN de sus cromosomas, la información genética que codifica las secuencias de aminoácidos de las proteínas. (2) Grupo de cuerpos neuronales que puede ser grande (como el núcleo caudado) o microscópico (como muchos núcleos del tronco encefálico).

Núcleo caudado. Parte del cuerpo estriado, denominado de esta manera porque tiene una extensión o cola larga.

Nucléolo. L. diminutivo de *nucleus* (v. más abajo). Inclusión en el núcleo de una célula compuesta por proteínas y ARN.

O

Obex. L. barra, cerrojo o barrera. Pequeño pliegue transversal situado sobre la abertura del cuarto ventrículo, en el canal central de la porción cerrada del bulbo raquídeo.

Occipital. L. *occipitium,* parte posterior de la cabeza. Relativo a la parte posterior de la cabeza; puede denominarse occipucio. Hueso occipital y lóbulos occipitales del hemisferio cerebral.

Oligodendrocito. Gr. *oligos,* poco + *dendron,* árbol + *kytos,* hoyo (célula). Tipo de neurogliocito. Forma la vaina de mielina en el sistema nervioso central, de la misma manera que las células de Schwann lo hacen en los nervios periféricos.

Oliva. L. Abultamiento oval del área lateral del bulbo raquídeo. Núcleos olivares inferiores, accesorios y superiores.

Ontogenia. Gr. *ontos,* ser + *genesis,* formación. Desarrollo de un individuo. El adjetivo **ontogénico,** cuyo significado es muy similar al de «embriológico» y «en desarrollo», se usa por contraste con filogénico (v. definición).

Opérculo. L. tapa o cubierta, del L. *opertum,* cubierto. Los opérculos frontal, parietal y temporal cubren el surco lateral del hemisferio cerebral y ocultan la ínsula.

Órganos circunventriculares. Regiones pequeñas compuestas por tejido cerebral atípico en las paredes del tercer (v. cap. 11) y el cuarto (v. cap. 9) ventrículos. Estas estructuras carecen de barrera hematoencefálica y ejercen funciones quimiorreceptoras o neurosecretoras.

Óseo. L. *ossis,* de hueso. Compuesto de hueso: lámina espiral ósea de la cóclea.

Ótico. Gr. *otos,* del oído. La vesícula ótica es el *anlage* del oído interno. El ganglio ótico se encuentra cerca del oído medio.

Otolito. Gr. *otos*, del oído + *lithos*, piedra. Partícula de carbonato cálcico asociada a las células ciliadas del utrículo y el sáculo (órganos otolíticos) del oído interno.

Oxitocina. Gr. *oxys*, agudo + *tokos*, nacimiento. Hormona octapeptídica de la neurohipófisis que estimula la musculatura lisa del útero y las células mioepiteliales de las glándulas mamarias.

P

Paleocerebelo. Gr. *palaios*, viejo + L. diminutivo de cerebro. Parte antigua en el desarrollo filogénico del cerebelo que controla los cambios posturales y la locomoción.

Paleocorteza. Gr. *palaios*, viejo + L. *cortex*, corteza. Corteza olfativa formada por tres a cinco láminas (también **Paleocórtex**).

Paleoestriado. Gr. *palaios*, viejo + L. *striatum*, con bandas o surcos. Parte antigua en el desarrollo filogénico y eferente del cuerpo estriado; globo pálido, o pálido.

Pálido. L. *pallidus (-um)*, pálido. Globo pálido del cuerpo estriado; parte medial del núcleo lenticular, que incluye el paleoestriado.

Palidofugal. Pálido (v. más abajo) + L. *fugere*, huir de. Referido a los axones de las neuronas del globo pálido que conducen impulsos a otras partes del encéfalo.

Palio. L. *pallium*, capa. Corteza cerebral con sustancia blanca subyacente; por lo general, se usa como sinónimo de corteza o córtex.

Paquimeninge. Gr. *pachys*, grueso + *meninx*, membrana. Duramadre.

Parálisis. Gr. descomposición secreta, de *para*, al lado + *lyein*, aflojar. Pérdida de la fuerza del movimiento.

Paramediano. Gr. *para*, junto a + L. *medianus*, en el centro. En un plano paralelo al plano medio o mediosagital.

Paraplejía. Gr. *para*, al lado o más allá + *plégé*, golpe o azote. Parálisis de ambas piernas y la parte inferior del tronco.

Parasagital. Gr. *para*, junto a + L. *sagitta*, flecha. Término utilizado en ocasiones en lugar de sagital para designar un plano o un corte sagital paralelo a la línea media, pero no en dicha línea.

Parénquima. Gr. *parenchein*, vertir al lado. Tejido esencial y distintivo de un órgano. (El nombre proviene de la antigua idea de que los órganos internos contenían materiales que se vaciaban en los vasos sanguíneos.)

Paresia. Gr. *parienai*, relajar. Parálisis parcial.

Parietal. L. *parietalis*, relativo a los muros. Los lóbulos parietales se encuentran por debajo de los huesos parietales, que forman gran parte de la parte superior del cráneo.

Pericarion. Gr. *peri*, alrededor + *karyon*, nuez, grano. Citoplasma que rodea al núcleo. En ocasiones, se refiere al cuerpo celular de una neurona.

Perineo. Gr. *perinaion*. Región que consiste en los genitales, el ano y la zona que hay entre ambos y a su alrededor.

Perineuro. Gr. *peri*, alrededor + *neuron*, nervio. Vaina celular y de tejido conjuntivo que rodea a un fascículo de fibras nerviosas de un nervio periférico.

Petroso. L. *petrosus*, rocoso. La parte petrosa (o peñasco) del hueso temporal, que contiene el oído interno, tiene un aspecto escarpado.

Piamadre. L. madre amorosa. Capa delgada y más interna de las meninges, que se encuentra adherida a la superficie del encéfalo y médula espinal; forma el límite externo del espacio subaracnoideo.

Pico. L. Parte curva del cuerpo calloso que pasa hacia atrás desde la rodilla hasta la lámina terminal.

Pie. L. *pes*. Pie del hipocampo: extremo anterior engrosado del hipocampo, ligeramente parecida a una pata de gato.

Pineal. L. *pineus*, relativo al pino. Con forma de pino (relativo a la epífisis o glándula pineal).

Piriforme. L. *pyrum*, pera + *forma*. El área piriforme es una región de la corteza olfativa formada por el *uncus*, el límen insular y el área entorrinal; tiene un contorno en forma de pera en los animales con un sistema olfativo bien desarrollado.

Plantar. L. *planta*, planta; también aplicado al pie. Un adjetivo relativo a la planta del pie (que a menudo camina sobre plantas pequeñas). El músculo **plantar** es un pequeño músculo de la pantorrilla que tira de la planta del pie. En la pierna humana es muy pequeño, pero en los cuadrúpedos es más grande. La **flexión plantar** consiste en doblar el tobillo de forma que los dedos de los pies miren hacia abajo.

Plexo. L. trenzado, entretejido. Disposición de fibras o troncos nerviosos o vasos sanguíneos entretejidos e intercomunicados.

Portal. L. *porta*, puerta. Una vena porta drena un lecho capilar, pero en lugar de unirse a una vena más grande que se dirige al corazón, acaba ramificándose en capilares en otra área.

Positrón. (De *electrón positivo*.) Partícula subatómica que tiene la masa de un electrón y su misma carga, pero opuesta. Los positrones emitidos por elementos radiactivos se combinan con electrones, con eliminación de materia y emisión de rayos X. La detección de los últimos es la base de la tomografía por emisión de positrones (TEP).

Posparto. L. después + *parturire*, parir. Relativo a la madre en el período posterior al parto.

Posterior. L. comparativo de *post*, después. Más cercano a la espalda o la cola. En anatomía humana, sinónimo de dorsal cuando se aplica a estructuras de la cabeza o el tronco.

Progesterona. Hormona esteroide secretada por el cuerpo lúteo y la placenta.

Propioceptor. L. *proprius*, propio + *capere*, tomar (o *receptor*, receptor). Una de las terminaciones sensitivas de los músculos, los tendones y las articulaciones; proporciona información relativa al movimiento y la posición de las partes del cuerpo (propiocepción).

Prosencéfalo. Gr. *pros*, antes + *enkephalos*, encéfalo. Cerebro anterior, consistente en el telencéfalo (hemisferios cerebrales) y el diencéfalo (tálamo y estructuras cercanas).

Prosopagnosia. Gr. *prosopon*, persona o cara + *agnosia* (v. definición). Incapacidad para reconocer rostros que anteriormente eran familiares.

Protuberancia. L. Parte del tronco encefálico situada entre el bulbo raquídeo y el mesencéfalo; parece constituir un puente entre las mitades derecha e izquierda del cerebelo. También se denomina puente.

Proyección. L. *proiectus*, lanzado hacia adelante. Se aplica a los axones de una población de neuronas y sus lugares de terminación. Se utiliza con frecuencia cuando los axones no constituyen un tracto circunscrito.

Ptosis. Gr. *ptosis*, caída. Caída del párpado superior.

Pulvinar. L. asiento almohadillado. Proyección posterior del tálamo, por encima de los cuerpos geniculados medial y lateral.

Punteado. L. *punctum,* punteado. Compuesto aparentemente por puntos, como los grupos de axones o dendritas en un corte transversal.

Putamen. L. cáscara, concha. Porción mayor y lateral del núcleo lenticular del cuerpo estriado.

R

Rafe. Gr. costura. Estructura anatómica situada en la línea media. En el encéfalo, varios núcleos del rafe están situados en la línea media del bulbo raquídeo, la protuberancia y el mesencéfalo. Sus nombres están parcialmente latinizados; por ejemplo: núcleo magno del rafe.

Ramo. L. rama. Una de las primeras ramas (*anterior, posterior*) de un nervio raquídeo o un ramo comunicante que va (*blanco*) o viene (*gris*) de un ganglio simpático. Algunas ramas de los surcos cerebrales se denominan ramos.

Rampa. Las rampas timpánica, media y vestibular llegan hasta el vértice de la cóclea.

Reacción axónica. Cambios en el cuerpo celular de una neurona después de haberse dañado su axón.

Receptor. L. *receptus,* recibido. Término que se usa con dos sentidos en neurobiología: 1) estructura de cualquier tamaño o complejidad que recoge y, por lo general, también transmite información acerca de las condiciones que hay dentro o fuera del cuerpo. Son ejemplos el ojo, el huso muscular o las terminaciones libres de las neuritas periféricas de una neurona sensitiva, y 2) molécula proteica incrustada en la superficie de una célula (o, en ocasiones, dentro de la célula), que se une de manera específica a moléculas de hormonas, neurotransmisores, fármacos u otras sustancias que pueden modificar la actividad celular.

Restiforme. L. *restis,* cuerda + *forma.* Cuerpo restiforme es una denominación antigua del pedúnculo cerebeloso inferior.

Reticular. L. *reticularis,* perteneciente o parecido a una red. Formación reticular del tronco encefálico.

Retículo endoplasmático. Gr. *endon,* dentro + *una forma moldeada* (citoplasma) + L. *reticulum,* red pequeña. Disposición de membranas dentro de una célula. El retículo endoplasmático rugoso tiene ribosomas donde se ensamblan las moléculas de proteínas.

Rinal. Gr. *rhis,* nariz, relacionado con la nariz. El surco rinal del lóbulo temporal indica el margen del área olfativa lateral.

Rinencéfalo. Gr. *rhis (rhin-),* nariz + *enkephalos,* encéfalo. Término obsoleto que se refiere a los componentes del sistema olfativo. En neurología comparada, incluía estructuras incorporadas en el sistema límbico (en especial, el hipocampo y la circunvolución dentada).

Rodilla. L. *genu,* rodilla. Extremo anterior del cuerpo calloso; rodilla del nervio facial. También se refiere al ganglio geniculado del nervio facial y los cuerpos geniculados del tálamo.

Roentgenografía. Por Wilhelm Konrad Roentgen (1845-1923), descubridor de los rayos X, + Gr. *gramma,* letra o registro. Término antiguo sinónimo de radiografía, imagen obtenida por rayos X.

Rombencéfalo. Gr. *rhombos,* rombo + *enkephalos,* encéfalo. Protuberancia y cerebelo (metencéfalo) y bulbo raquídeo (mielencéfalo).

Rostral. Adjetivo del L. *rostrum,* pico. Cefálico; a lo largo del eje del sistema nervioso central, hacia la nariz. En anatomía humana, equivale aproximadamente a «superior» en el tronco encefálico y la médula espinal y a «anterior» en el prosencéfalo. Contrario de caudal.

Rótula. L. *rotula,* rueda pequeña. Hueso comprendido en el tendón del grupo muscular del cuádriceps (extensores de la articulación de la rodilla).

Rubro-. L. *ruber,* rojo. Relativo al núcleo rojo (*nucleus ruber*), como en rubroespinal y corticorrúbrico.

S

Sacádico. Fr. *saccader,* sacudir. Sacudidas oculares rápidas, alternando la dirección de la mirada.

Sagital. L. *sagitta,* flecha. La sutura sagital se encuentra en la línea media de la bóveda craneal, entre los huesos parietales. Una sección sagital es un corte en el plano medio o paralelo a él.

Salterio. Gr. *psalterion,* instrumento musical antiguo similar a una cítara. Término utilizado en ocasiones para designar la parte posterior el cuerpo del *fornix,* que incluye la comisura del hipocampo.

Satélite. L. *satteles,* acompañante, asistente. Las células satélite son células aplanadas de origen ectodérmico que encapsulan cuerpos neuronales en ganglios. Los oligodendrocitos satélite se encuentran junto a los cuerpos celulares de las neuronas en el sistema nervioso central.

Seno. L. Término aplicado a diversas formas curvadas, plegadas o huecas. En anatomía, se emplea para designar las cavidades aéreas de algunos huesos craneales y los canales venosos grandes de la duramadre, entre otros usos.

Septo pelúcido. L. tabique + transparente. Doble membrana triangular entre las astas frontales de los ventrículos laterales; llena el espacio entre el cuerpo calloso y el *fornix.*

Silla turca. Fosa hipofisaria, depresión en la línea media del hueso esfenoides, que contiene la hipófisis o pituitaria.

Sinapsis. Gr. *synapsis,* unión. Término introducido por Sherrington en 1897 para designar la zona donde una neurona excita o inhibe a otra neurona.

Síndrome. Gr. *syndrome,* correr juntos. Conjunto de síntomas y signos clínicos concurrentes. Un síndrome suele deberse a una sola causa. Este término se usa a menudo, de forma incorrecta, como sinónimo de enfermedad.

Sinusoide. L. *seno* (v. definición) + Gr. *oeides,* forma. Componente de una red de vasos sanguíneos de pared fina con un diámetro mayor que el de los capilares normales, presente en el hígado, el bazo y algunos órganos endocrinos, como el lóbulo anterior de la hipófisis.

Siringomielia. Gr. *syrinx,* tubo, tubería + *myelos,* médula. Enfermedad caracterizada por la formación de una cavidad central en la médula espinal y gliosis en torno a ella.

Sistema extrapiramidal. Término vago y confuso con el que se definen las partes motoras del sistema nervioso central distintas del sistema motor piramidal.

Sistema piramidal. Tractos corticoespinal y corticobulbar. Se denomina así porque los primeros ocupan un área con forma que recuerda a una pirámide en la superficie ventral del bulbo raquídeo. El término tracto piramidal se utiliza específicamente para referirse al tracto corticoespinal.

Sóleo. Del L. *solea,* suela, planta. Músculo de la pantorrilla, en la parte interna del gastrocnemio, cuya acción presiona la planta contra el suelo.

Somático. Gr. *somatikos,* corporal. Relativo al cuerpo, específico de las vísceras (como las neuronas eferentes somáticas que inervan el músculo esquelético).

Somatosensorial. Relativo a las sensaciones somáticas. Sinónimo de **somestésico**.

Somatotópico. Gr. *soma*, cuerpo + *topos*, lugar. Representación de las partes del cuerpo en regiones correspondientes del encéfalo.

Somestésico. Gr. *soma*, cuerpo + *aisthesis*, percepción. Consciencia de tener un cuerpo. Los sentidos somestésicos son los del dolor, la temperatura, el tacto, la presión, la posición, el movimiento y la vibración.

Subículo. L. *subicere*, poner debajo o cerca. Estructura subyacente. El subículo del hipocampo es la corteza transicional situada entre la de la circunvolución parahipocámpica y el hipocampo. En un corte coronal del lóbulo temporal humano, el subículo se observa por debajo del hipocampo.

Submucosa. L. *sub*, debajo + *mucosa* (de moco). En la pared de un órgano hueco, capa que separa la mucosa de las capas musculares externas; consiste en tejido conjuntivo vascularizado rico en colágeno, y también contiene el plexo submucoso (de Meissner).

Subtálamo. L. debajo + Gr. *thalamus*, habitación interior. Región del diencéfalo situada por debajo del tálamo, que contiene tractos y el núcleo subtalámico.

Sudomotoras. L. *sudor*, sudor + *motor*, que mueve. Relativo a las neuronas simpáticas que estimulan la secreción de las glándulas sudoríparas.

Superior. L. comparativo de *superus* (de *super*), por encima. En anatomía humana, cercano a la parte alta de la cabeza. En los animales que no son bípedos, el término equivalente es anterior.

Sustancia gelatinosa. Columna de neuronas pequeñas situada en la punta del asta gris posterior a lo largo de la médula espinal.

Sustancia negra. L. Núcleo del mesencéfalo de gran tamaño con funciones motoras; muchas de las células que la forman contienen melanina.

T

Tálamo. Gr. *thalamus*, habitación interior; también significaba lecho nupcial, por lo que el pulvinar (v. definición) era su cojín o almohada. Galeno acuñó la palabra tálamo, y Willis fue, probablemente, el primero en usarlo en el sentido actual.

Tangencial. L. *tangens*, que toca. En la dirección de una línea o un plano que toca una superficie curva. Se usa en anatomía para designar un corte aproximadamente paralelo a la superficie de un órgano.

Tanicito. Gr. *tanyo*, estirar + *kytos*, hueco (célula). Tipo especializado de célula ependimaria alargada del suelo del tercer ventrículo.

Tapetum. L. *tapete*, alfombra. Fibras del cuerpo calloso extendidas sobre el ventrículo lateral, que forman la pared lateral de su parte temporal.

Tectum. L. techo. Techo del mesencéfalo que consiste en los pares de tubérculos cuadrigéminos (colículos) superiores e inferiores.

Tegmento. L. *tegmentum*, cobertura. Parte dorsal de la protuberancia o puente; también se emplea para designar la parte principal del pedúnculo cerebral del mesencéfalo, entre la sustancia negra y el *tectum*.

Tela coroidea. L. red + Gr. *chorioeides*, similar a una membrana. Tejido conjuntivo vascularizado continuo con el de la piamadre, que continúa hasta el centro de los plexos coroideos.

Telencéfalo. Gr. *telos*, fin + *enkephalos*, encéfalo. Hemisferios cerebrales; la más lateral y rostral de las dos divisiones del prosencéfalo o cerebro anterior.

Telodendria. Gr. *telos*, fin + *dendrion*, árbol. Ramas terminales de los axones.

Temporal. L. *tempus*, tiempo. El lóbulo temporal recibe su nombre del hueso temporal del cráneo que lo cubre. El hueso recibe su nombre por la piel que lo recubre (la sien o templa), que es donde primero se vuelve gris el cabello por los estragos del tiempo.

Tendón. L. *tendo*. Cordón, cinta o lámina de fibras de colágeno (tendón) que une un músculo a un hueso o a otra estructura. El **tendón calcáneo o de Aquiles** es compartido por los músculos de la pantorrilla (gastrocnemio, plantar y sóleo), que se insertan en el hueso calcáneo o del talón para producir la flexión plantar en la articulación del tobillo.

Tetraplejía. Gr. *tetra-*, cuatro + *plege*, golpe o azote. Parálisis que afecta a las cuatro extremidades (también **Cuadriplejía**).

Tienda. L. *tentorium*. La tienda del cerebelo es un tabique dural entre los lóbulos occipitales de los hemisferios cerebrales y el cerebelo (adjetivo, **tentorial**).

Tomografía. Gr. *tomos*, corte + *graphein*, escribir. Obtención de imágenes de cortes a través de una parte del cuerpo. La tomografía computarizada con rayos X y la resonancia magnética son técnicas diagnósticas muy útiles.

Tono. Gr. *tonos*, tono (sonido) o tensión. Estado normal de firmeza y elasticidad de los músculos que se mantiene por la contracción parcial de algunas de sus fibras.

Tonofibrilla. Gr. *tonos*, tensión + L. *fibra*. Filamento intracelular que contribuye a mantener la forma y la posición de la célula.

Tórcula. L. presa para el vino, de *torquere*, torcer. Confluencia de los senos venosos durales en la protuberancia occipital interna, que anteriormente se conocía como prensa o tórcula de Herófilo.

Trabécula. Diminutivo del L. *traba* o el Gr. *trapes*, madero. Componente de una estructura ósea, muscular o fibrosa con forma de red, como los filamentos de tejido conjuntivo que forman un puente en el espacio subaracnoideo, o las espículas y laminillas del hueso esponjoso.

Tracto. L. *tractus*, región o distrito. Región del sistema nervioso central ocupada principalmente por una población de axones con el mismo origen y destino (que, a menudo, se agrupan con un término; p. ej., tracto espinotalámico).

Transductor. L. *transducere*, guiar a través de. Estructura o mecanismo para convertir una forma de energía en otra; se aplica a los receptores sensitivos.

Trigémino. L. parto de tres. El nervio trigémino tiene tres grandes ramas o divisiones.

Troclear. L. *trochlea*, polea. El nervio troclear inerva el músculo oblicuo superior, cuyo tendón pasa a través de un anillo fibroso, la tróclea. Este anillo cambia la dirección en que tira el músculo.

Trófico (-trofo). Gr. *trephein*, alimentar; *trophe*, alimento; *trophos*, que alimenta. Relativo a la alimentación. Este término se extiende a las interacciones químicas beneficiosas entre células y órganos. Existen numerosos términos compuestos o derivados, como tirotropina, que es la hormona que estimula el tiroides.

Trombo. Gr. *thrombos*, coágulo. Sangre coagulada en un vaso sanguíneo vivo. La trombosis se produce en áreas irregulares; por lo general, se debe a una placa de atero-ma arterial.

Tronco encefálico. En el encéfalo humano maduro, está formado por el bulbo raquídeo, la protuberancia y el mesencéfalo. En las descripciones del encéfalo embrionario también se incluye el diencéfalo.

Tropismo. Gr. *tropos,* giro. Influencia que cambia o controla la dirección en que se mueve una molécula, una célula o un órgano. Suele utilizarse en los sufijos -**tropo** o -**tropismo**. Los tropismos son importantes en el desarrollo embrionario del sistema nervioso. Como sufijo, -**tropo** es a veces intercambiable con -**trofo**. El término hormona tirotropa (tirotropina) significa que esta hormona hipofisaria pasa de la sangre al tiroides, mientras que el nombre hormona tirotrofa indica su acción sobre esta glándula.

U

Umbral. Dintel de la puerta de una casa o punto de entrada. En fisiología, punto a partir del cual un estímulo desencadena una respuesta.

Uncinado. L. con forma de gancho. El fascículo uncinado es un conjunto de fibras de asociación que conectan la corteza de la superficie ventral del lóbulo frontal con la del polo temporal. También designa a las fibras fastigio-bulbares (fascículo uncinado de Russell) que se curvan sobre el pedúnculo cerebeloso superior en su paso hacia el pedúnculo cerebeloso inferior.

Uncus. L. gancho. Prolongación en forma de gancho del extremo rostral de la circunvolución parahipocámpica del lóbulo temporal, donde se encuentra el área olfativa lateral.

Úvula. L. uva pequeña. Parte del vermis inferior del cerebelo.

V

Vago. L. *vagus,* errante. Décimo nervio craneal cuyo nombre proviene de la amplia distribución de sus ramas por el tórax y el abdomen.

Valécula. L. diminutivo de *vallis,* valle. Depresión en la línea media de la cara inferior del cerebelo.

Varicosidad. L. *uarix,* vena varicosa. En el sistema nervioso, una de las numerosas dilataciones en distintos puntos de la longitud de una neurita.

Vasopresina. L. vaso + presión. Hormona octapeptídica de la neurohipófisis. Las concentraciones elevadas incrementan la tensión arterial, mediante la constricción de arterias pequeñas. El nombre alternativo de hormona antidiurética describe su acción fisiológica en el riñón.

Velado. L. *velum,* vela, cortina, velo. Los astrocitos velados o protoplasmáticos tienen unas prolongaciones aplanadas.

Velo. L. vela, cortina, velo. Estructura membranosa. Los velos medulares superior e inferior forman el techo del cuarto ventrículo.

Ventana. L. Orificio. Las ventanas redonda y oval se encuentran entre el oído medio y el oído interno. Los vasos sanguíneos capilares están fenestrados cuando sus células endoteliales tienen poros, cerrados cada uno de ellos por un diafragma que no evita la salida de moléculas grandes. Estos vasos son característicos de los órganos endocrinos.

Ventral. L. *venter,* vientre. Opuesto a dorsal. En anatomía humana, sinónimo de anterior cuando se aplica a estructuras de la cabeza y el tronco. En los animales que no son bípedos, ventral y anterior son direcciones distintas.

Ventrículo. L. *ventriculus,* diminutivo de *venter,* vientre. Los ventrículos laterales, tercero y cuarto del encéfalo.

Vergencia. L. *vergere,* doblar o inclinar. Relativo a los movimientos coordinados de ambos ojos en sentidos opuestos, ya sea medial (convergencia) o lateralmente (divergencia).

Vermis. L. gusano. Porción media del cerebelo; su superficie ventral recuerda un poco a un gusano de tierra enrollado.

Vértigo. L. remolino, de *vertere,* girar. Sensación falsa de rotación, ya sea de uno mismo o del entorno.

Vestibular. L. *vestibulum,* vestíbulo. Relativo a los órganos sensitivos del equilibrio del oído interno, que conectan con una cavidad común, el vestíbulo del laberinto.

Vía. Ruta dentro del sistema nervioso central formada por poblaciones interconectadas de neuronas con una función común. Con frecuencia, una vía contiene uno o más tractos.

Z

Zona incerta. L. *zona,* cinturón + incierta. Sustancia gris del subtálamo que corresponde a la extensión rostral de la fomación reticular del tronco encefálico.

Zónula ocluyente. L. diminutivo de *zona,* cinturón + ocluyente. También denominada unión estrecha. Forma de aposición cercana y continua de las membranas de células vecinas, impermeable a las macromoléculas.

Bibliografía recomendada

Dobson J. *Anatomical Eponyms,* 2nd ed. London: Livingstone, 1962.

Field EJ, Harrison RJ. *Anatomical Terms. Their Origin and Derivation,* 3rd ed. Cambridge: Heffer, 1968.

Índice alfabético de materias

Los números de página en *cursiva* indican figuras, y los números seguidos por una t indican tablas.